Excel

# VBA

# Excel
# VBA

Excel

# VBA

## 最強權威

### Power Programming

## 全方位實作範例聖經

國際中文版

Amazon
Best Seller
No.1

Michael Alexander、Dick Kuşleika

著

姚瑤、王戰紅

譯

# 前言

對大多數人來講，想要學習 Excel VBA 程式設計技術都起因於需要執行一些利用 Excel 的標準工具無法完成的任務。對於我們每個人來講，任務都各不相同。這任務可能需要為資料集中的所有列自動建立單獨的活頁簿，也可能需要自動發送很多報告郵件。不管你面對的是什麼樣的任務，基本上都可以肯定已經有人使用 Excel VBA 來解決跟你一樣的問題了。

就 Excel VBA 來講，最美妙的事莫過於你不必成為專家後才能解決問題。你可以只為解決一個具體問題而學習相關知識，也可以為處理各種自動化而深入學習各種技巧。

無論你的目標如何，本書都可以教你駕馭 VBA 語言的強大功能，使任務自動化、工作更省事更有效率。

## 本書涵蓋的內容

本書主要介紹 VBA（Visual Basic for Applications），這是建構於 Excel（和其他 Microsoft Office 應用程式）中的程式設計語言。更具體地說，本書將展示如何撰寫 Excel 中各種任務自動化的程式。本書全面性地從錄製簡單的巨集一直到建立複雜的、使用者導向應用和實用程式等所有內容。

你可以按照自己所需來學習本書的內容。可以從頭讀到尾，也可以從中挑出覺得對自己有用的部分。VBA 程式設計通常都是任務導向的，因此在面對一個具有挑戰性的任務時，可以先從本書中查一查哪些章節是專門針對你所面對的問題。

本書並沒有涵蓋 VSTO（Visual Studio Tools for Office）中的內容。VSTO 是一項較新的技術，它使用了 Visual Basic .NET 和 Microsoft Visual C#。VSTO 也可用於控制 Excel 和其他 Microsoft Office 應用程式。

你可能知道，Excel 2016 也可用於其他平台。例如，你可以在瀏覽器中使用微軟的 Excel Web App，甚至在 iPad 和平板電腦上執行 Excel。這些版本不支援 VBA。也就是說，本書介紹的是針對 Windows 平台的 Excel 2016 桌面版。

## 本書讀者物件

本書並不是為了 Excel 的初學者撰寫的。如果讀者對使用 Excel 沒有任何經驗，那麼最好先閱讀 Wiley 出版社出版的 John Walkenbach 撰寫的《Excel 2016 Bible》，該書全面涵蓋 Excel 的所有功能，它適合各個層次的讀者。

為發揮本書的最大功效，讀者應該是有使用 Excel 經驗的使用者。本書假設讀者已經掌握了以下技能：

- 如何建立活頁簿、插入工作表、儲存文件等
- 如何探索活頁簿中的各項元素
- 如何使用 Excel 功能區使用者介面
- 如何輸入公式
- 如何使用 Excel 的工作表函數
- 如何幫儲存格和儲存格區域命名
- 如何使用基本的 Windows 功能，例如檔案管理方法和剪貼簿的使用

## 所需的資源

為了充分學習本書的知識，需要安裝 Excel 的完整版。如果想要學習本書中的進階技術（如 Excel）與其他 Office 程式之間的應用，你還需要安裝 Office 軟體。

雖然本書大部分內容都可在 Excel 舊版上使用，但還是假設你已安裝了 Excel 2016。如果你計畫開發相容舊版 Excel 的應用程式，還是強烈建議使用舊版本。

你使用什麼版本的 Windows 並不太重要。只要能執行 Windows 的電腦系統都沒問題，但最好還是使用記憶體大速度快的機器。因為 Excel 程式比較大，如果在速度慢記憶體小的系統上使用會容易當機。

本書沒有介紹適用於 Mac 電腦上的 Excel 版本。

## 本書約定

請花點時間閱讀本節內容，這裡介紹本書使用的一些慣例。

# Excel 指令

Excel 使用上下文相關的功能區系統。頂部的單字（如〔插入〕、〔檢視〕等）稱為〔活頁標籤〕。按一下某個活頁標籤，圖示的功能區就將顯示最適合目前任務的指令。每個圖示都有一個名稱，通常顯示在該圖示的旁邊或下方。圖示是按群組排列的，群組名稱顯示在圖示下方。

本書慣例：最先提到的是活頁標籤的名稱，隨後是群組的名稱，最後是圖示的名稱。例如，用於處理儲存格中自動換行的指令如下所示：

〔常用〕→〔對齊方式〕→〔自動換行〕

按一下第一個活頁標籤，即〔檔案〕，會跳出一個名為 Backstage 的新畫面。左側有一列指令。為了凸顯 Backstage 指令，先使用單字〔檔案〕，然後是命令名。例如，下面的指令將顯示「Excel 選項」對話盒：

〔檔案〕〔選項〕

# VBE 指令

VBE 是在其中使用 VBA 程式碼的視窗。VBE 使用傳統的「選單和工具列」介面。下面的指令指的是按一下「工具」選單並選擇〔設定引用項目〕功能表項目：

〔工具〕→〔設定引用項目〕

# 鍵盤的約定

需要使用鍵盤來輸入資料。此外，使用鍵盤還可以直接操作選單和對話盒，如果雙手已經放到鍵盤上，那麼這種方法會更方便一些。

輸入

較長的輸入通常以等寬字體顯示在單獨一行中。例如，書中可能提示輸入以下公式：

```
=VLOOKUP(StockNumber,PriceList,2)
```

VBA 程式碼

本書包含許多 VBA 程式碼片段以及完整的程序清單。每個清單以等寬字體顯示，每行程式碼佔據單獨一行（筆者直接從 VBA 模組中複製這些清單，並把它們貼上到了自己的文書處理軟體中）。為使程式碼更易於閱讀，書中使用一個或多個定位字元進行縮排。縮排是可選的，但確實可以幫助限制一起出現的語句。

當本書中的單獨一行放不下一行程式碼時，本書使用標準的 VBA 續行符號：在一行的結尾採用底線，表示程式碼行延伸到了下一行。例如，下面兩行是一項程式碼語句：

```
columnCount = Application.WorksheetFunction._
    CountA(Range ("A:A"))+1
```

可以按照上面的顯示把程式碼輸入到兩行中，或者刪除底線並把程式碼輸入到一行中。

### 函數、檔案名和命名儲存格區域

Excel 的工作表函數以大寫字母顯示，如「在儲存格 C20 中輸入一個 SUM 公式」。對於 VBA 程序名稱、屬性、方法和物件，本書經常混合使用大寫和小寫字母以便讀者閱讀這些名稱。

## 圖示的含義

本書使用一些圖示來引起讀者的注意，告訴讀者這些資訊非常重要。

 使用「注意」圖示來告訴讀者這些資訊很重要，也許是有助於讀者掌握隨後任務的概念，或是有助於理解後面資料的一些基礎知識。

 「提示」圖示指出更有效的工作方式或可能不是很明顯的方法。

 這類圖示表示範例檔案可在下載連結中找到。具體說明參見前言中的「關於下載的範例檔案」一節。
線上資源

 「警告」圖示表示在操作時不小心可能會導致出現問題。
警告

 這類圖示表示請讀者查閱其他章節中關於某個主題的詳細資訊。
交叉參考

## 本書的組織結構

本書的章節分為 5 個主要部分。

### 第 I 部分　　Excel VBA 基礎知識

第 I 部分介紹 Excel VBA，為建立和管理 Excel 子常式和函數提供程式設計基礎知識。第 1 章全面介紹 Excel 應用開發方面的各種概念。第 2 章到第 6 章討論在進行 VBA 程式設計時需要了解的各種知識。第 7 章則列舉許多有用的範例幫助你記起前面所學的 VBA 知識。

## 第 II 部分　進階 VBA 技術

第 II 部分涵蓋一些 VBA 進階程式設計技術。第 8 章和第 9 章討論如何使用 VBA 來處理樞紐分析表和圖表（包括走勢圖）。第 10 章討論在與其他應用程式（如 Word 和 Outlook）互動時所採用的各種技術。第 11 章介紹如何處理文件和外部資料來源。

## 第 III 部分　操作使用者表單

該部分的 4 章內容主要介紹自訂對話盒（也稱為使用者表單）。第 12 章介紹建立自訂使用者表單的一些內建方法。第 13 章介紹使用者表單以及可供使用的各種控制項。第 14 章和第 15 章則列舉從基本到進階的自訂對話盒的大量範例。

## 第 IV 部分　開發 Excel 應用程式

該部分講述建立導向使用者的應用程式的重要內容。第 16 章教你建立增益集。第 17 章和第 18 章討論如何修改 Excel 的功能區和快速選單。第 19 章介紹向應用程式提供線上說明的幾種不同方法。第 20 章展示如何開發導向使用者的應用程式。第 21 章探討在進行 Excel VBA 程式設計時與相容性相關的一些資訊。

## 第 V 部分　附錄

附錄 A 是一份參考指南，列出作為 VBA 中關鍵字的所有語句和函數。

## 關於下載的範例檔案

本書中討論過的幾乎所有知識都搭配實作範例。可以下載本書中所包含的很多有用範例。

本書的官方網站是「http://www.wiley.com/go/excel2016powerprogramming」。

也可以登錄下列網址下載相關內容。

# https://goo.gl/wuaMWZ

（全英文字，留意大小寫）

# Contents

# 目錄

## I Excel VBA 基礎知識

# 3 VBA 程式設計基礎

# 4　VBA 的子程序 ................................................................ 94

# 5 建立函數程序 ........................................................................ 129

# 6　了解 Excel 事件 ................................................. 165

# 7　VBA 程式設計範例與技巧 ................................................ 196

# II 進階 VBA 技巧

# 8 使用樞紐分析表 .................................................. 264

# 9 使用圖表 ......................................................... 278

# III 操作使用者表單

# 12 使用自訂對話盒 ...................................................................378

# 13 使用者表單概述.................................................................396

# 14 使用者表單範例 ..................................................... 429

# 15 進階使用者表單技巧 ............................................ 464

# IV　開發 Excel 應用程式

# 16　建立和使用增益集 ...................................................508

# 17 使用功能區

# 18 使用快速選單 ..................................................565

# V　附　錄

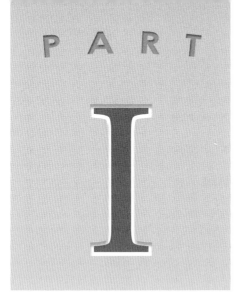

P A R T

I

# Excel VBA 基礎知識

# 試算表應用開發入門

- 了解試算表應用開發中的基本步驟
- 確定終端使用者的需求
- 設計應用以滿足使用者的需求
- 開發並測試應用
- 記錄開發過程並撰寫使用者手冊

## 1.1 關於試算表應用

就本書的目的而言,試算表應用是一種電子表格(或與之相關的一組文件),用來幫助未經專門培訓的非開發人員執行各種有用的操作。如果這樣定義的話,已開發的絕大多數試算表大概並不符合要求。在你的硬碟上,可能會有幾十個或幾百個試算表,不過可以肯定地說,其中大部分的設計都難以令人滿意。

一個好的試算表應用應該要:

➤ 終端使用者可以用來執行在其他情況下無法執行的任務。
➤ 對於問題提供合適的解決方案(試算表環境不可能總是最佳的方法)。
➤ 完成預設的目標。這一段看起來很簡單,但實際上應用經常無法完成預設目標。
➤ 產生精確的結果並排除漏洞。
➤ 運用恰當有效的方法和演算法來完成工作。
➤ 在使用者被迫面對錯誤之前先捕獲這些錯誤。
➤ 不允許使用者無意或有意地刪除或修改重要的元件。
➤ 使用者介面清晰而且邏輯一致,使用者可以一眼看出該如何進行操作。
➤ 公式、巨集、使用者介面元素有據可查,如有必要可進行後續的修改。
➤ 當使用者的需求隨時間發生變化時,只需要對應用進行簡單修改而不必做重大改變。
➤ 具有簡單易用的說明系統,至少在主要操作步驟中能提供有用的資訊。
➤ 是輕量的,可在裝有適當軟體(本書中指的是某個版本的 Excel)的任何系統上運作。

在日常應用開發中，我們通常需要建立很多不同使用級別的試算表應用，這一點顯而易見，也許是只需要填入空白的範本，也可能是極其複雜的應用，用了自訂的介面，看起來都已經不像是試算表了。

## 1.2 應用開發的步驟

開發有效的試算表應用並沒有什麼簡單的萬全之策。在建立這類應用時每個人都有各自的風格，另外，每個專案（project）也都不一樣，因此需要適合應用自身的建立方法。在開發過程中，還需要你所服務的客戶提供具體的需求和技術專長。

注意，本章後面將交替使用「應用」和「應用程式」，它們的含義是相同的。

試算表開發人員通常進行如下活動：

- ➢ 確定使用者的需求
- ➢ 對滿足這些需求的應用進行規劃
- ➢ 確定最合適的使用者介面
- ➢ 建立試算表、公式、巨集和使用者介面
- ➢ 測試和偵錯應用
- ➢ 使應用更安全
- ➢ 使應用更加簡明美觀
- ➢ 將開發成果進行歸檔
- ➢ 開發使用者手冊和說明系統
- ➢ 發佈應用給使用者
- ➢ 必要時對應用進行更新

不是每個應用都需要上述所有步驟，不同專案之間上述活動的執行順序也有所不同。下面將對每個活動進行詳細描述，對於這些活動中會涉及的具體技術細節，我們將在後續章節中進行討論。

## 1.3 確定使用者的需求

當開發新 Excel 專案時，首先要做的就是準確識別出最終使用者的需求。如果沒有儘早詳盡評估出使用者的需要，通常在後期就不得不對應用進行調整，進而增加了額外工作量。因此，在起始階段就應該確定到底有哪些需求。

有些專案中，你會非常熟悉最終使用者：甚至有時你就是最終使用者。但有些專案中（例如，如果你是為新客戶開發應用的諮詢顧問），你可能會對使用者或使用者的情況一無所知。

那麼，如何確定使用者的需求呢？如果準備開發試算表應用，最好直接接觸最終使用者並詢問具體問題。要是把所有收集到的資訊都寫下來，畫好流程圖，關注最具體的細節，那就更

好了。總之，儘量做好充足準備以確保你最終交付的產品正是客戶所需要的。

下面是一些指導原則，能幫助你在這一階段更輕鬆一些：

首先，不要假定你了解使用者的需求。這階段的自作聰明只會導致後續的一系列問題；

> 如有可能，直接與應用的終端使用者（而非他們的管理人員或經理）對話；
> 若說最該做的事，應該是了解目前要做哪些改變以滿足使用者的需求。如果可以在現有的應用上進行簡單修改，你就可以節省一部分工作量。看看目前解決方案至少能讓你對操作更熟悉一些。
> 確定在使用者的網站上有哪些可用的資源。例如，確定是否需要面對工作環境中硬體或軟體的限制。
> 如有可能，確定一下將要用到的具體硬體系統。如果應用會在較慢的系統中運作，就得考慮這個因素。
> 確定將使用哪個版本的 Excel。雖然微軟已經設法敦促使用者將軟體更新到最新版本，但大多數 Excel 使用者還是沒有更新。
> 了解終端使用者的軟體使用水準。這一資訊可以說明你更合理地設計應用。
> 確定開發應用需要的時間，以及整個專案的生命週期中是否已預料到了所有變化。這個資訊對你在專案中付出的所有努力有所影響，可以幫助你有計劃地應對變化。

最後，如果在完成應用開發前發現專案規範發生了改變，你也別太驚訝，這種事情很常見，如果有心理準備面對變化，而不受到變化的驚嚇，這已經是件好事了。反正你只要能確保合約（如果有的話）已經納入規範發生改變時的對策就行了。

## 1.4 對滿足這些需求的應用進行規劃

確定了終端使用者的需求後，接下來就該直接進入 Excel 的開發工作了。要相信面臨同樣問題的人的忠告：試著控制自己。沒有一套設計藍圖，建築師就無法蓋房子。同樣的，沒有一些計畫，也沒辦法開發試算表應用程式。計畫的形式取決於專案的範圍以及你的整體工作風格，不過最好花點時間去想想接下來要做什麼並拿出活動計畫。

在你捲起袖子在鍵盤前面準備開工前，最好再想想還沒有其他途徑解決問題，在這個計畫過程中可以用到 Excel 的所有知識，最好避免鑽牛角尖，不要盲目地一直前進。

如果你去問一打 Excel 專家如何去根據確切的規範來設計一個應用，大概你會得到一打能夠滿足這些規範的且各不相同的專案實現方案。在這些解決方案中，有些將優於另一些，因為 Excel 會為解決同一問題提供多種選項。如果對 Excel 瞭若指掌，就可以隨心所欲地選擇最合適的方法來很好地解決專案中的問題。有時一個小創意都可以產生明顯優於其他方法的奇效。

因此，在列計畫的開始階段，應該考慮如下一些常見的問題：

- **檔案結構**：想想是要用一個有多個工作表的活頁簿、多個使用單一工作表的活頁簿還是範本檔案。
- **資料結構**：要先考慮如何排列資料，還要確定是要使用外部資料庫檔案，還是在工作表中儲存資料。
- **擴充元件或活頁簿文件**：某些情況下，對於你的最終產品來講，擴充元件可能是最好的選擇。或者可能需要為標準的活頁簿使用擴充元件。
- **Excel 的版本**：你現在只使用 Excel 2016 嗎？還是也使用 Excel 2010 及其之後的版本？Excel 2003 及其更早的版本怎麼樣？你的應用程式也會在麥金塔上運作嗎？這些問題都很重要，因為 Excel 的每個新版本新增的功能都不會適用於先前的版本。在用 Excel 建立應用方面，Excel 2007 中導入的功能區介面就比舊版本功能強大很多。
- **錯誤處理**：錯誤處理是應用程式中的主要問題。你需要確定應用程式如何刪除和處理錯誤。例如，如果你的應用程式對活頁簿進行格式化操作，你就需要能夠處理圖表的情況。
- **具體功能的使用**：如果你的應用程式需要匯總大量資料，就可以考慮使用 Excel 的樞紐分析表功能。或者可以使用 Excel 的資料驗證對資料項目輸入進行有效性驗證。
- **性能問題**：關於提高應用的速度和效率，這一步應該在應用開發階段就開始考慮，以免應用開發結束後使用者在使用過程中發出抱怨。
- **安全級別**：Excel 提供了多種保護選項以限制連接活頁簿中的特定元素。例如你可以鎖定儲存格以防止公式被更改，可對檔案進行加密，以防止未授權使用者查看或連接。預先確定你需要保護的內容，以及對此採用什麼級別的保護措施，可讓工作變得容易些。

**注意**

> 需要注意，Excel 的保護功能並非百分之百有效，如果你希望完全解決應用程式的安全問題，Excel 並不是最佳平臺。

在該階段，你可能需要去處理許多與專案相關的因素，儘量考慮所有的選擇，而不要一想到某個方案就趕緊使用。

要記住設計時需要考慮的另一個因素，那就是對變化要有所計畫。如果你將應用程式設計得儘量通用，那就當是幫自己忙了。例如，不要為一段具體範圍內的儲存格單獨撰寫一個過程，而應該撰寫將任何範圍作為一個變數的過程。這樣，當需要進行不可避免的改變時，這樣的設計能幫助你在進行修正時更輕鬆一些。而且，你將看到，做某個專案時的工作與做另一個專案時的工作類似，因此，在做專案規劃時要儘量考慮再利用性。

避免讓終端使用者完全影響你解決問題的方法。例如，你碰到一位經理，他說部門需要一個應用程式，以便將文字檔導入到另一個應用中。別被使用者對解決方案的需求所迷惑，其實使用者的真實需求是共用資料。使用中間文字檔進行處理只是一種可能的辦法，應該還存在更好的解決辦法。換言之，不要讓使用者來定義用什麼樣的方法來解決他們的問題。確定最佳方法是你的工作。

# 1.5 確定最適用的使用者介面

在開發供他人使用的試算表應用時，需要額外關注使用者介面問題。透過使用者介面，使用者就可以與應用進行交互以及執行 VBA 巨集。

自從 Excel 2007 問世以來，有些使用者介面方面的功能就落伍了。從實際用途來講，自訂功能表和工具列就被淘汰了。因此，開發人員必須學習如何使用功能區。

Excel 提供了一些與使用者介面設計相關的功能：

➢ 自訂功能區
➢ 自訂快顯功能表
➢ 建立快速鍵
➢ 自訂對話盒（UserForm）
➢ 可直接放在工作表上的控制項（例如清單方塊或指令按鈕）

下面將簡單討論這些功能，後續章節還會更深入地進行講解。

## 1.5.1 自訂功能區

Excel 2007 導入的功能區介面是使用者介面設計中的重大改變。在功能區中開發人員可以使用數量相當多的控制項。雖然 Excel 允許終端使用者修改功能區，但透過程式碼來改變使用者介面也不太容易。

關於功能區的使用資訊請參閱第 17 章。

## 1.5.2 自訂快顯功能表

Excel 允許 VBA 開發人員自訂右鍵快顯功能表。快顯功能表可以讓使用者方便地觸發某個事件，而不需要費力地從工作區域中讓游標移動太遠的距離。圖 1-1 展示了右擊儲存格時出現的自訂快顯功能表。

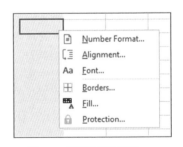

▲ 圖 1-1：自訂快顯功能表

第 18 章描述了如何使用 VBA 建立快顯功能表，包括 Excel 2013 中導入的單一文件介面帶來的一些侷限性。

### 1.5.3 建立快速鍵

另一個可由你自由選擇的使用者介面選項是自訂快顯功能表。Excel 可以用〔Ctrl〕（或〔Shift〕+〔Ctrl〕）快速鍵來定義巨集。當使用者按下定義好的快速鍵時，就可以執行巨集。

不過，需要先宣告兩點。第一，要讓使用者清楚哪些鍵是現成的，這些鍵能做什麼。第二，不要再給已作他用的快速鍵定義新功能。你為巨集設定的快速鍵優先順序將高於內建的快速鍵。例如，〔Ctrl〕+〔S〕是用來儲存目前檔案的內建 Excel 快速鍵。如果你將這個快速鍵定義為一個巨集的快速鍵，就不能再用〔Ctrl〕+〔S〕儲存檔案了，記住，快速鍵是區分大小寫的，所以，你可以使用像〔Ctrl〕+〔Shift〕+〔S〕這樣的快速鍵。

### 1.5.4 建立自訂對話盒

對於對話盒，用過電腦的人都很熟悉。因此在設計應用時，自訂 Excel 對話盒將在使用者介面中扮演重要角色。圖 1-2 就是一個自訂對話盒的例子。

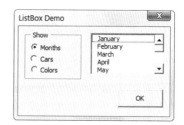

▲ 圖 1-2：Excel 的 UserForm 功能中的對話盒

自訂對話盒即 UserForm，UserForm 可以讓使用者輸入資訊，獲得使用者的選擇或偏好，能夠指引整個應用的使用過程。組成 UserForm 的元素（按鈕、下拉清單、核取方塊等），我們稱為控制項；更確切地說，是 ActiveX 控制項。Excel 提供了 ActiveX 控制項的標準種類，當然，你也可以導入協力廠商控制項。

在對話盒中新增完控制項後，可將其關聯到工作表儲存格，這樣就不需要任何巨集（除了用來顯示對話盒的簡單巨集）。將控制項和儲存格相關聯很簡單，但並不是從對話盒中獲得使用者輸入的最好辦法。這時最常見的做法是為自訂對話盒開發 VBA 巨集。

 交叉參考　第 III 部分將詳細討論 UserForm。

### 1.5.5 在工作表中使用 ActiveX 控制項

Excel 同樣允許你將 UserForm 的 ActiveX 控制項與工作表的繪圖層（位於表頂部的可以儲存圖像、圖表和其他物件的不可見層）相關聯。圖 1-3 展示了一個將一些 UserForm 控制項直接內嵌到工作表的簡單工作表模型。這個表包含下列 ActiveX 控制項：核取方塊、捲軸以及兩組選項按鈕。這個活頁簿沒有使用巨集，而是直接將控制項關聯到工作表儲存格上。

這個工作表可從範例檔案中找到，檔案名稱是「worksheet controls.xlsx」。

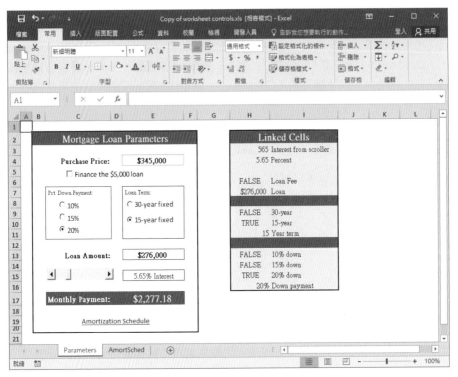

▲ 圖 1-3：可將 UserForm 控制項新增到工作表中，並將它們與儲存格關聯

最常用的控制項應該是指令按鈕。就它自身而言，並沒有什麼功能，你需要幫每個指令按鈕新增一個巨集。

如果在工作表中直接使用對話盒控制項，就不再需要自訂對話盒。只要向工作表中新增少量的 ActiveX 控制項（或表單控制項）就可以極大地簡化試算表的操作。選擇這些 ActiveX 控制項時，使用者可透過選中熟悉的控制項（而不用在儲存格中輸入對應條目）來完成。

透過〔開發人員〕→〔插入〕→〔控制項〕指令（如圖 1-4 所示）可以連接這些控制項。如果「開發人員」活頁標籤不在功能區中，則可以透過使用「Excel 選項」對話盒中的「自訂功能區」選項來新增。

▲ 圖 1-4：使用功能區幫工作表新增控制項

控制項有兩種類型：表單控制項和 ActiveX 控制項。兩種控制項有各自的優缺點。通常來講，表單控制項更易於使用，但 ActiveX 控制項使用起來更靈活一些。表 1-1 總結了這兩類控制項。

| | ActiveX 控制項 | 表單控制項 |
|---|---|---|
| Excel 版本 | 97、2000、2002、2003、2007、2010、2013、2016 | 5、95、97、2000、2003、2007、2010、2013、2016 |
| 可用控制項 | 核取方塊、文字方塊、指令按鈕、選項按鈕、清單方塊、下拉式清單、切換按鈕、微調按鈕、捲軸、標籤、圖像控制項（以及其他可新增的控制項） | 群組方塊、按鈕、核取方塊、選項按鈕、清單方塊、組合下拉編輯方塊、捲軸、下拉清單 |
| 巨集程式碼儲存位置 | 工作表的程式碼模組中 | 任何標準 VBA 模組中 |
| 巨集名稱 | 對應控制項名（例如 CommandButton1_Click） | 指定的任意名稱 |
| 對應 | UserForm 控制項 | Excel 97 之前版本中的 Dialog Sheet 控制項 |
| 自訂 | 範圍很廣，使用「屬性」對話盒 | 很少 |
| 回應事件 | 是 | 僅在按一下或改變事件時 |

## 1.5.6 開始開發工作

確認使用者需求後，確定你將採用什麼方法來滿足這些需求，並確定在使用者介面上使用哪些元件，現在該著手處理細節問題開始建立應用了。對於具體專案來講，這一步顯然要花費整個開發週期的絕大部分時間。

如何進行應用的開發由你個人的開發風格以及應用的性質決定。除了簡單的填空型範本活頁簿外，你的應用基本都會用到巨集。在 Excel 中建立巨集挺簡單的，但要建立出優秀的巨集並不容易。

# 1.6 將注意力放在終端使用者身上

本節將討論一些重要開發問題；在應用開發即將結束，準備輸出並發佈時，這些問題將浮出檯面。

## 1.6.1 測試應用

在使用商務軟體應用時，是不是碰到過很多次應用程式在關鍵時刻出問題？這問題很可能是因為程式未經充分測進而未發現所有 bug 引起的。所有著名軟體都有 bug，但最優秀軟體中的 bug 都是很隱密的。因此，有時你也必須解決 Excel 中的 bug 以使你的應用能正確執行。

建立完應用程式後，就該進行測試。測試是最重要的步驟之一，當然，測試和偵錯工具時所花費的時間並不會和建立程式一樣多。實際上，在開發階段應該做大量的測試。不過別忘了，不管是在工作表中撰寫 VBA 常式還是建立公式，都應該確定應用程式是按照設定好的方式運作。

像標準的編譯後的應用程式一樣，你所開發的試算表應用也很容易有 bug。bug 的定義有兩種：一、程式（或應用）運作時本不該發生的事情發生了；二、程式運作時本該發生的事情沒有發生。這兩類 bug 都很令人生厭，你必須將一部分開發時間分配出來對應用程式在所有可能的條件下進行測試，並修復你發現的任何問題。

對你為其他人所開發的試算表應用程式進行詳盡測試是非常重要的。而且，考慮到它的終端使用者，你還需要注意到應用程式的安全問題。換句話說，你要儘量預測到可能會發生的所有錯誤和其他亂七八糟的事情，並努力去避免：至少能透過和緩的手段來解決它們。這種預見不僅能幫助終端使用者也能讓你的工作更容易些。你也可以考慮進行 beta 測試，那你的終端使用者就是最合適的人選了，因為他們是將要使用你產品的人（下面將解釋什麼是 beta 測試）。

雖然你不可能對所有的可能性都進行有效測試，但巨集可以處理一些常見類型的錯誤。例如，如果使用者在輸入數值型字元時輸入了文字字串會發生什麼情況？如果活頁簿還沒打開時使用者就想運作巨集會怎麼樣？如果使用者沒有進行任何選擇就取消了對話盒會發生什麼？如果使用者按下〔Ctrl〕+〔F6〕跳轉到下一個視窗又會怎麼樣？如果你經驗豐富，就會對這些類型的問題很熟悉，不用多想就知道該如何處理它們。

### 什麼是 beta 測試？

對於新產品來講，軟體生產通常都會有一個嚴格的測試週期，經過全面的內部測試，預先發佈產品通常會讓一些感興趣的使用者進行 beta 測試。這一階段通常會暴露出產品最終版發佈前要解決的一些問題。

如果你正在開發的 Excel 應用的終端使用者人數不少，你就需要考慮一下 beta 測試。這個測試可以讓你的預期使用者在具有不同預先設定的硬體上使用你的應用。

在自行完成對應用的個人測試並覺得應用可以發佈後就可以開始 beta 測試了。你需要向一批使用者說明。如果將使用者手冊、安裝程式、說明等最終都包含在應用中的內容也發佈出來，測試過程會更順暢。可透過多種方法對測試進行評估，如面對面的討論、電子郵件、調查問卷以及電話調查等。

在你準備全面發佈應用之前，你大概一直要關注那些你需要解決的問題以及需要做的改進。當然，beta 測試階段會額外花費一些時間，所以不是所有的專案都能這麼奢侈地擠出時間來進行 beta 測試。

## 1.6.2 應用的安全問題

提到這個問題，其實會發現摧毀試算表其實相當容易。刪除一段關鍵公式或值所引起的錯誤會影響整個試算表，甚至影響其他相關的工作表。甚至更糟的是，如果儲存了已被破壞的工作表，還會覆蓋掉硬碟上原本完好的備份。除非有備份的過程能進行替代，否則使用者就會陷入麻煩，而你就可能會因此而被抱怨。

當使用者（尤其是初學者）使用你的應用時，你顯然應該已經知道為什麼要替應用加一些保護了。Excel 提供了一些技術來保護整個工作表及工作表的局部：

- **鎖定指定儲存格**：可鎖定指定的儲存格（利用「儲存格」的「儲存格格式」對話盒中的〔保護〕活頁標籤），這樣使用者就不能修改它們。僅當使用〔校閱〕→〔變更〕→〔保護工作表〕指令來保護檔案時鎖定會生效。「保護工作表」對話盒中的選項允許你指定使用者可以在受保護工作表上執行哪些操作（如圖 1-5 所示）。
- **隱藏指定儲存格中的公式**：你可以隱藏指定儲存格中的公式（利用「儲存格」的「格式」對話盒中的〔保護〕活頁標籤），這樣其他使用者就看不到了。同樣，僅當使用〔校閱〕→〔變更〕→〔保護工作表〕指令來保護檔案時隱藏生效。
- **保護整個活頁簿**：你可以保護整個活頁簿：活頁簿的結構、視窗的位置和大小。使用〔校閱〕→〔變更〕→〔保護活頁簿〕指令可以生效。

▲ 圖 1-5：使用「保護工作表」對話盒來指定使用者能做什麼和不能做什麼

- **鎖定工作表中的物件**：使用任務面板上的「屬性」區域可以鎖定物件（例如形狀），防止物件被移動或更改。要連接任務面板的屬性區域，可以右擊物件，選擇「大小和屬性」。僅當使用〔校閱〕→〔變更〕→〔保護工作表〕指令來保護檔案時鎖定物件會生效。預設情況下，所有物件都是被鎖定的。
- **隱藏列、欄、工作表和檔案**：可隱藏列、欄、工作表和整個活頁簿。把它們隱藏起來可以讓工作表看起來沒那麼亂，還可以防止別人的窺探。
- **將 Excel 活頁簿指定為推薦的唯讀模式**：可將 Excel 活頁簿指定為推薦的唯讀模式（和使用密碼），以確保檔案不會被任何修改所覆蓋。可在〔一般選項〕對話盒中進行這種指定。在〔檔案〕→〔另存新檔〕對話盒中，按一下〔工具〕按鈕，從下拉選單就可以選擇〔一般選項〕。
- **設定密碼**：可對活頁簿設定密碼以防其他未授權使用者打開你的文件。選擇〔檔案〕→〔資訊〕→〔保護活頁簿〕→〔以密碼加密〕。
- **使用密碼保護的增益集**：可使用經過密碼保護過的增益集，這樣可防止使用者對工作表進行任何修改。

> **Excel 的密碼並不是萬無一失的**
>
> 需要注意，利用一些商業的密碼破解工具，可輕易繞開 Excel 的密碼。Excel 2007 及後續版本的安全性看起來比先前的版本更高些，但實際上還是防不住有心破解密碼的使用者。所以，不要認為密碼保護萬無一失，對於無心的使用者來講密碼是有用的，但對於有意想破解密碼的人來講，他們很可能得逞。

## 1.6.3 如何讓應用程式看起來更簡明美觀

如果你用過很多不同的套裝軟體，絕對知道很多程式使用者介面設計很差，使用起來困難，外觀簡陋。如果你幫他人開發試算表，最好多花點精力設計一下應用的外觀。

電腦程式的外觀對使用者有非常重大的影響，對於用 Excel 開發的應用程式來講，也同樣如此。不過，「情人眼裡出西施」，所以，如果你確實更擅長於執行問題分析之類的工作，那可以考慮找些審美能力更強的人來幫你提供外觀設計方面的協助。

不過，比較值得欣慰的是，Excel 2007 及後續版本中的有些功能可以相對輕鬆地幫助你建立出更好看的試算表。如果你堅持使用已經預設好的儲存格樣式，那基本上可以保證程式外觀還不錯。另外，動動滑鼠，你還可以輕鬆地為活頁簿更換新的主題樣式，看起來同樣美觀。

最終使用者都喜歡美觀的使用者介面，如果你多花點時間去考慮設計和審美問題，你的應用程式的外觀看起來就會更美觀更專業。一個讓人眼前一亮的應用至少說明了它的開發者願意花時間和精力去盡力完善這個產品。你可以參考以下建議：

- **保持一致性**。例如，在設計對話盒時，盡可能去模仿 Excel 對話盒的外觀和感覺。在格式、字體、文字大小以及顏色方面要保持一致。
- **儘量簡潔**。開發人員有個常見的錯誤是在單個螢幕或對話盒中塞進去大量資訊。較好的做法是一次只出現一塊或兩塊資訊。
- **劃分介面**。如果使用輸入介面來徵求使用者的資訊，就要考慮將其分成若干個看起來不那麼擁擠的介面。如果使用了複雜的對話盒，就需要使用標籤控制項為對話盒定義多個頁面，建立出一個類似於活頁標籤的對話盒。
- **不要過度使用顏色**。少用點顏色。用的顏色太多容易讓介面看起來花俏且俗豔。
- **留意版型和圖表**。注意數字的格式和使用一致的字體、字型大小和邊框。

不過，對於審美的評價都是主觀的，如果心有疑慮，儘量保持簡潔清晰就好了。

## 1.6.4 建立使用者說明系統

就使用者檔案而言，基本上你有兩種選擇：紙本或電子檔案。對 Windows 應用程式來講提供電子說明是標準配置。

幸運的是，Excel 也提供了幫助：而且是上下文相關的幫助。撰寫說明書內容需要花費不少額外的精力，但對於大型專案來講，還是有必要的。

另一個需要注意的是對應用的支援。換句話說就是如果使用者碰到困難了，誰來接電話解決？如果你不打算自己來處理一般問題，就需要指定專人。有些情況下，你需要做好安排以便將技術性較強或與 bug 相關的問題提交給開發人員。

交叉參考　　*第 19 章將討論為應用提供幫助的一些替代方案。*

## 1.6.5　將開發成果歸檔

將試算表應用組成一個整體是一回事，想讓它為其他人所知又是另一回事了。和傳統的程式設計一樣，徹底整理並將工作歸檔很重要。如果你想重新維護的話，這樣的檔案可以提供很大幫助，同時，該檔案也可以幫助接手你工作的其他人。

如何對活頁簿應用進行歸檔呢？可將資訊儲存在工作表中或者使用其他檔案。如果願意的話，你甚至可以使用紙本。最簡單的方式應該就是用一個單獨的工作表來儲存專案的註解和關鍵資訊。對於 VBA 程式碼，可隨意使用註解（註解符號之後的 VBA 文字都會被忽略，因為該文字會被視為註解）。雖然現在你覺得一段簡潔的 VBA 程式碼看起來非常易於理解，但如果過幾個月後再來看，除非使用了 VBA 註解功能，否則會發現你對程式碼的理解完全模糊了。

## 1.6.6　對使用者發佈應用程式

完成專案後，就應該要發佈應用給終端使用者了。你打算如何發佈呢？有很多種途徑可以選擇，具體選擇哪種全看現實面了。

可將應用放到 CD 或隨身碟上，加入幾行指令，就可以安裝了。或者你想親自安裝應用程式：但這種方法並不總是可行的。另一種選擇是開發可以自動執行任務的官方安裝程式。你可以用傳統的程式設計語言撰寫這樣的程式、購買通用的安裝程式，或者用 VBA 撰寫該程式。

Excel 中可以讓開發人員對自己的應用留下數字簽章。數字簽章可以幫助最終使用者識別出應用的作者，以確保該專案沒被竄改過，而且還可以防止巨集病毒的擴散或其他潛在的破壞性程式碼。要對專案進行數字簽章，首先要從正規的憑證授權申請數字憑證（或者透過建立你自己的數字憑證對應你的專案簽名）。參考說明系統或微軟的網站可獲得更多資訊。

## 1.6.7　在必要時對應用進行更新

發佈完應用後，是不是就萬事大吉了呢？可以輕鬆坐著享受，忘掉開發應用時遇到或解決掉的各種問題。在極少數情況下，你確實可以這樣。不過，更常見的情況是，使用你應用的使用者不會完全滿意。哪怕你的應用完全遵循最初所有的規範要求，但使用者在使用應用時，還是會生出其他要求希望應用能夠滿足。

當你更新或修正應用時，將發現在第一階段就做好設計並且對開發過程進行歸檔是件非常明智的事。

## 1.7　其他開發問題

在開發應用時你就需要關注一些問題：尤其是你不能完全確定使用你應用的使用者是誰的話。如果你所開發的應用將會被廣泛應用（例如共用應用軟體），你沒辦法知道應用將會被如何使用，會在什麼系統上運作，或者會同時運作其他什麼軟體。

### 1.7.1　使用者安裝的 Excel 版本

雖然 Excel 2016 已經發佈了，但很多大公司還在使用早期版本的 Excel。

不過，誰都不能保證為 Excel 2010 開發的應用程式能和 Excel 的後續版本完美配合。如果你希望自己的應用適用於各種版本的 Excel，最好的辦法是針對最低版本進行開發，但在各種版本下進行測試。

同樣，你需要留意微軟發佈的所有升級檔和安全更新。雖然這些發佈中導入的變化可能很小，但有可能會讓你應用中的某些元件不能再如設計時所設定的那樣工作。

第 21 章將討論相容性問題。

### 1.7.2　語言問題

如果你的終端使用者使用的都是英文版的 Excel，那你很幸運。因為非英文版的 Excel 並不能百分百地相容，這也就意味著你還需要做些額外的測試工作。另外需要記住，兩個使用者雖然都使用英文版的 Excel，但 Windows 的區域設定可能並不一樣。某些情況下，你需要注意到這些潛在的問題。

第 21 章將重點討論語言問題。

### 1.7.3　系統速度

你可能是緊跟時代潮流的電腦使用者，經常更新自己的硬體設備。也就是說，你的系統比所有電腦使用者系統的平均水準更好。有時，你可能恰好知道你所開發的應用的終端使用者用什麼樣的硬體，那你就很有必要在那種硬體條件下對應用進行測試。在你的機器上瞬間就能執行完畢的過程，在另一系統上很可能就需要花費好幾秒。對於電腦使用者來講，數秒鐘時間就已經很難接受了。

如果對使用 VBA 已經有一定的經驗，你會發現想達到一個目標以及儘快達成目標有多種方法。在編譯時考慮到運作速度是個很好的習慣。本書中有些章節會對這一問題進行講解。

## 1.7.4 顯示模式

要知道，每個使用者的螢幕設定差別很大，目前最常見的解析度是 1280*1024，其次是 1024*768。解析度設定為 800*600 的系統現在已經很少見，但還有相當一部分使用者在使用。高解析度螢幕及雙螢幕慢慢流行起來。如果你有超高解析度的螢幕，並不能假定別人的螢幕都和你的一樣。

如果你的應用中指定如何在單個螢幕中顯示具體資訊，那解析度就是個問題。例如，你開發一個解析度為 1280*1024 全螢幕的輸入畫面，那如果使用者的電腦解析度設定成 1024*768，就需要拖捲軸或進行縮放才能看到完整螢幕。

另外必須注意，還原後（即不是最大化也不是最小化）的活頁簿應該以還原前的視窗大小和位置顯示出來。在有些極端情況下，可能會出現這樣的狀況：在高解析度螢幕儲存的視窗，在低解析度系統上運作時，可能在螢幕上完全顯示不出來。

不過，由於你不可能自動處理這種小事，因此除了顯示解析度外，其他都沒什麼區別。有些情況下，可縮放工作表（使用狀態列中的縮放控制項），不過這樣做確實很困難。因此，如果不能確定使用你的應用的使用者的解析度是多少的話，在設計應用時最好還是採用大眾化的選擇：800*600 或者 1024*768 模式。

在本書後續章節中，可以了解到從 VBA 中呼叫 Windows API 就可以確定使用者的畫面解析度。有時，可能需要根據使用者的畫面解析度透過程式設計方式來判斷某些情況。

# VBA 概述

- 使用 Excel 巨集錄製器
- 使用 VBE（Visual Basic 編輯器）
- 理解 Excel 物件模型
- 深入介紹 Range 物件
- 了解如何求助

## 2.1 巨集錄製器

從本質上講，巨集就是你可以呼叫的，會執行很多動作的 VBA 程式碼，在 Excel 中，可以撰寫或錄製巨集。

Excel 程式設計中的術語會有點混亂。從技術角度看，已錄製的巨集和手動建立的 VBA 程序沒什麼區別。術語「巨集」和「VBA 程序」通常會交叉使用。很多 Excel 使用者會將所有 VBA 程序都稱為巨集。不過，絕大多數人一說起巨集，指的都是已錄製的巨集。

錄製巨集類似於在你的手機裡新增一段電話。先打一次電話讓手機留下記錄，然後在有需要時，按按鈕就可以重撥該號碼了。如同手機的操作一樣，你可以在 Excel 中錄製動作並執行它們。在錄製時，Excel 在後臺會很忙碌，將按下鍵盤和滑鼠的操作翻譯並儲存為 VBA 程式碼。錄製完巨集後，你可以在需要時重現錄製下來的這些動作。

毫無疑問，熟悉 VBA 的最好方式就是在 Excel 中打開巨集錄製器，然後錄製所執行的一些動作。採用這種方法可以快速學習與任務相關的 VBA 語法。

在本節中，將對巨集進行介紹，並學習如何使用巨集錄製器來熟悉 VBA。

### 2.1.1 建立你的第一個巨集

在開始錄製你的第一個巨集前，首先需要找到巨集錄製器，它位於〔開發人員〕活頁標籤上。不過，Excel 預設情況下會隱藏〔開發人員〕活頁標籤：你一開始在 Excel 中是看不到它的。

如果打算使用 VBA 巨集，就需要使〔開發人員〕活頁標籤可見。透過下列步驟可以使之變為可見：

(1) 〔檔案〕→〔Excel 選項〕。

(2) 在「Excel 選項」對話盒中選擇「自訂功能區」。

(3) 在右邊的主要索引標籤清單中，勾選「開發人員」。

(4) 按一下〔確定〕按鈕。

現在，在 Excel 功能區中就可以看到〔開發人員〕活頁標籤了，可以在〔開發人員〕活頁標籤上的「程式碼」群組中選擇〔錄製巨集〕指令。該選擇將會啟動「錄製巨集」對話盒，如圖 2-1 所示。

▲ 圖 2-1：「錄製巨集」對話盒

下面是「錄製巨集」對話盒中的 4 個部分：

- **巨集名稱**：這就不用解釋了，就是用來命名巨集。Excel 會給巨集指定一個預設名稱，如「巨集 1」，但你應該重新命名才能更恰當地描述這個巨集實際是用來做什麼的。例如，可將用來格式化通用表單的巨集命名為 FormatTable。
- **快速鍵**：每個巨集都需要事件或發生點什麼才會執行。這個事件可以是按下按鈕、打開活頁簿或者這裡所說的快速鍵組合。如果你想給巨集指定一個快速鍵，可以輸入按鍵的組合以觸發巨集的執行，這是可選擇而不是必需的。
- **將巨集儲存在**：目前活頁簿是預設選項。將巨集儲存在目前工作表中意味著巨集是和現有的 Excel 檔一起儲存的。再次打開該活頁簿時，可以執行該巨集。同樣，如果你將該活頁簿傳送給另一個使用者，該使用者也可以執行該巨集 ( 使用者應該正確設定巨集的安全性：本章後面將會詳細講解 )。
- **描述**：這也是可選的，不過如果活頁簿中的巨集太多或者你需要幫使用者詳細說明一下這個巨集的作用是什麼，這個說明就會派上用場。

打開「錄製巨集」對話盒後，按照下面的步驟就可以建立一個簡單的巨集，該巨集可以在「工作表」儲存格裡輸入你的姓名：

(1) 在為巨集命名時輸入一個新名稱，替換掉預設名稱「巨集 1」，本例中命名為「MyName」。

(2) 在快速鍵區域的編輯方塊中輸入大寫的 N，就會幫該巨集指定快速鍵〔Ctrl〕+〔Shift〕+〔N〕。

(3) 按一下〔確定〕關閉「錄製巨集」對話盒，開始錄製動作。

(4) 在 Excel 工作表中任意選取一個儲存格，在所選儲存格中輸入你的姓名，然後按一下〔確定〕按鈕。

(5) 選擇〔開發人員〕→〔程式碼〕→〔停止錄製〕（或按一下狀態列上的〔停止錄製〕按鈕）。

## 檢查巨集

該巨集被錄製成一個名為 Module1 的新模組。啟動 Visual Basic 編輯器，可以檢視該模組的程式碼。有兩種方法可以啟動 VB 編輯器：

> 按〔Alt〕+〔F11〕。
> 選擇〔開發人員〕→〔程式碼〕→〔Visual Basic〕。

在 VB 編輯器中，專案視窗顯示了所有打開的活頁簿和載入項。該清單以樹狀圖形式顯示在螢幕左側，可以展開或折疊。剛才所錄製的程式碼就儲存在目前活頁簿的 Module1 中。按兩下 Module1，模組中的程式碼就會在程式碼視窗中顯示出來。

---

**注意**

如果你在 VB 編輯器中看不到專案總管，可以到功能表中啟動一下，選擇〔檢視〕→〔專案總管〕，或者使用快速鍵〔Ctrl〕+〔R〕。

---

這個巨集的程式碼應該與下列程式碼類似：

```
Sub MyName()
'
' MyName Macro
'
' Keyboard Shortcut: Ctrl+Shift+N
'
    ActiveCell.FormulaR1C1 = "Michael Alexander"
End Sub
```

所錄製的這個巨集就是被命名為 MyName 的子程序。該語法可以告訴 Excel 執行該巨集時應該做什麼。

注意，Excel 會在程序的頂部插入一些註解。這些註解是顯示在「錄製巨集」對話盒中的一些資訊。這些註解行（以單引號開頭）並不是必需的，把它們刪掉對巨集的執行沒有任何影響。如果忽略掉這些註解，可以看到這個程序其實只有一段 VBA 陳述式。

這條陳述式可以讓你在錄製時輸入的姓名插入到儲存格中。

```
ActiveCell.FormulaR1C1 = "Michael Alexander"
```

### 測試巨集

要記錄該巨集前，可設定選項，將該巨集指定給〔Ctrl〕+〔Shift〕+〔N〕快速鍵。要測試巨集，可使用以下兩種方法之一回到 Excel：

➢ 按〔Alt〕+〔F11〕。
➢ 在 VB 編輯器工具列中選擇〔檢視 Microsoft Excel〕按鈕。

當 Excel 處於現用狀態時，啟動一個工作表，該工作表可能在包含 VBA 模組的活頁簿中，也可能在其他活頁簿中。選擇一個儲存格，按下〔Ctrl〕+〔Shift〕+〔N〕快速鍵。該巨集會立即將巨集名稱輸入儲存格中。

> **注意**
>
> 在上例中，你在開始記錄巨集之前選擇了目標儲存格。這個步驟非常重要。如果在啟用巨集錄製器期間選擇了一個儲存格，則會將你選擇的實際儲存格記錄到巨集中。此時，巨集始終設定那個儲存格為特定的格式，將不會是一個通用的巨集。

### 編輯巨集

錄製完巨集後，你還可以修改它。例如，假如你希望姓名被加粗，當然，你可以重新錄製一個巨集，但顯然修改一下更簡單，只需要編輯一下程式碼就可以了。按下〔Alt〕+〔F11〕啟動 VB 編輯器視窗，啟動 Module1，在範例程式碼的下方插入「ActiveCell.Font.Bold = True：」

```
ActiveCell.Font.Bold = True
The edited macro appears as follows:
Sub MyName()
'
' MyName Macro
'
' Keyboard Shortcut: Ctrl+Shift+N
'
    ActiveCell.Font.Bold = True
    ActiveCell.FormulaR1C1 = "Michael Alexander"
End Sub
```

測試一下這個新的巨集，可以看到名字被加粗了。

## 2.1.2 比較巨集錄製的絕對模式和相對模式

剛才已經講解了巨集錄製器介面的基礎知識，現在要深入學習如何錄製更複雜一些的巨集。首先你需要了解 Excel 有兩種錄製模式：絕對參照和相對參照。

## 1. 透過絕對參照錄製巨集

Excel 的預設錄製模式就是絕對參照 。你可能知道，術語「絕對參照」通常用於公式中的儲存格參照中。如果一個公式中的儲存格參照是一個絕對參照，該公式被貼上到其他位置後，儲存格參照不會自動進行調整。

親自動手試一試，就能很好地理解巨集是如何應用這個概念的。打開第 2 章中的「Sample.xlsm」檔，錄製一個對 Branchlist 工作表中的列進行計數的巨集（如圖 2-2 所示）。

根據下列步驟錄製巨集：

(1) 在錄製前，選取儲存格 A1。

(2) 從〔開發人員〕活頁標籤中選擇〔錄製巨集〕。

| | A | B | C | D | E | F | G | H | I |
|---|---|---|---|---|---|---|---|---|---|
| 1 | | Region | Market | Branch | | | Region | Market | Branch |
| 2 | | NORTH | BUFFALO | 601419 | | | SOUTH | CHARLOTTE | 173901 |
| 3 | | NORTH | BUFFALO | 701407 | | | SOUTH | CHARLOTTE | 301301 |
| 4 | | NORTH | BUFFALO | 802202 | | | SOUTH | CHARLOTTE | 302301 |
| 5 | | NORTH | CANADA | 910181 | | | SOUTH | CHARLOTTE | 601306 |
| 6 | | NORTH | CANADA | 920681 | | | SOUTH | DALLAS | 202600 |
| 7 | | NORTH | MICHIGAN | 101419 | | | SOUTH | DALLAS | 490260 |
| 8 | | NORTH | MICHIGAN | 501405 | | | SOUTH | DALLAS | 490360 |
| 9 | | NORTH | MICHIGAN | 503405 | | | SOUTH | DALLAS | 490460 |
| 10 | | NORTH | MICHIGAN | 590140 | | | SOUTH | FLORIDA | 301316 |
| 11 | | NORTH | NEWYORK | 801211 | | | SOUTH | FLORIDA | 701309 |
| 12 | | NORTH | NEWYORK | 802211 | | | SOUTH | FLORIDA | 702309 |
| 13 | | NORTH | NEWYORK | 804211 | | | SOUTH | NEWORLEANS | 601310 |
| 14 | | NORTH | NEWYORK | 805211 | | | SOUTH | NEWORLEANS | 602310 |
| 15 | | NORTH | NEWYORK | 806211 | | | SOUTH | NEWORLEANS | 801607 |

▲ 圖 2-2：統計前包含了兩個表的工作表

(3) 將巨集命名為 AddTotal。

(4) 在「將巨集儲存在」中選擇「目前的活頁簿」作為儲存位置。

(5) 按一下〔確定〕開始錄製。

這時 Excel 開始錄製你的動作。錄製時執行以下步驟：

(6) 選取儲存格 A16，並在儲存格中輸入 Total。

(7) 選取 D 欄中的第一個空儲存格 (D16)，輸入 =COUNTA(D2:D15)。這時在 D 欄底部會出現 Branch 的個數。COUNTA 函數可用來將所有的 Branch 數量儲存為文字格式。

(8) 按一下〔開發人員〕活頁標籤上的〔停止錄製〕按鈕結束對巨集的錄製。

處理過的工作表應如圖 2-3 所示。

| ▲ | A | B | C | D | E | F | G | H | I |
|---|---|---|---|---|---|---|---|---|---|
| 1 | | Region | Market | Branch | | | Region | Market | Branch |
| 2 | | NORTH | BUFFALO | 601419 | | | SOUTH | CHARLOTTE | 173901 |
| 3 | | NORTH | BUFFALO | 701407 | | | SOUTH | CHARLOTTE | 301301 |
| 4 | | NORTH | BUFFALO | 802202 | | | SOUTH | CHARLOTTE | 302301 |
| 5 | | NORTH | CANADA | 910181 | | | SOUTH | CHARLOTTE | 601306 |
| 6 | | NORTH | CANADA | 920681 | | | SOUTH | DALLAS | 202600 |
| 7 | | NORTH | MICHIGAN | 101419 | | | SOUTH | DALLAS | 490260 |
| 8 | | NORTH | MICHIGAN | 501405 | | | SOUTH | DALLAS | 490360 |
| 9 | | NORTH | MICHIGAN | 503405 | | | SOUTH | DALLAS | 490460 |
| 10 | | NORTH | MICHIGAN | 590140 | | | SOUTH | FLORIDA | 301316 |
| 11 | | NORTH | NEWYORK | 801211 | | | SOUTH | FLORIDA | 701309 |
| 12 | | NORTH | NEWYORK | 802211 | | | SOUTH | FLORIDA | 702309 |
| 13 | | NORTH | NEWYORK | 804211 | | | SOUTH | NEWORLEANS | 601310 |
| 14 | | NORTH | NEWYORK | 805211 | | | SOUTH | NEWORLEANS | 602310 |
| 15 | | NORTH | NEWYORK | 806211 | | | SOUTH | NEWORLEANS | 801607 |
| 16 | | Total | | 14 | | | | | |

▲ 圖 2-3：統計後的工作表

為了看清楚巨集是如何工作的，刪除剛才新增的統計列，透過下列步驟試用一下巨集：

(1) 從〔開發人員〕活頁標籤中選擇〔巨集〕。

(2) 找到剛才錄製的巨集「AddTotal」。

(3) 按一下〔執行〕按鈕。

如果沒有問題的話，巨集會重複執行一遍你的動作並會對表格進行統計。不過這裡有個問題：不管你怎麼試，AddTotal 巨集都不能在第二張工作表上執行。為什麼？因為你將它錄製成了一個絕對模式的巨集。

為了理解這究竟是什麼意思，我們可檢查一下底層的程式碼。從〔開發人員〕活頁標籤中選取〔巨集〕，打開如圖 2-4 所示的「巨集」對話盒。預設情況下，「巨集」對話盒會列出所有打開的 Excel 活頁簿（包括你可能安裝的增益集）中可用的巨集。在「巨集存放在」中選擇「所有開啟的活頁簿」，你就可以只顯示出包含在所有開啟的活頁簿中的那些巨集。

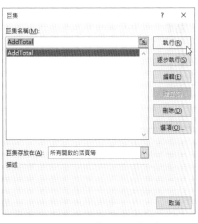

▲ 圖 2-4：Excel 的「巨集」對話盒

選擇 AddTotal 巨集，按一下〔編輯〕按鈕，打開 VB 編輯器，就可以看到在錄製巨集時所撰寫的程式碼：

```
Sub AddTotal()
    Range("A16").Select
    ActiveCell.FormulaR1C1 = "Total"
```

```
    Range("D16").Select
    ActiveCell.FormulaR1C1 = "=COUNTA(R[-14]C:R[-1]C)"
End Sub
```

特別需要注意巨集的第2和第4行程式碼。你要求Excel選擇的儲存格區域是A16和D16時，程式碼中顯示的儲存格區域正是你所選的。因為是在絕對參照模式下錄製的巨集，Excel會將你對區域的選擇視為絕對的。也就是說，如果你選擇了儲存格A16，Excel就會給你指定這個儲存格。在下一節中，將分析在相對參照模式下錄製巨集時做同樣的選擇時會有什麼不同。

## 2. 透過相對參照錄製巨集

在Excel的巨集環境下，相對是指相對於目前儲存格。因此在錄製相對參照巨集和執行這類巨集時，你也應該要注意一下現用儲存格的選擇。

首先，打開第2章的「Sample.xlsm」檔案（該檔案可從本書的網站下載）。接下來透過下列操作步驟錄製相對參照巨集：

(1) 從〔開發人員〕活頁標籤中選擇〔以相對位置錄製〕選項，如圖2-5所示。

(2) 錄製前，先選取儲存格A1。

(3) 從〔開發人員〕活頁標籤中選擇「錄製巨集」。

(4) 將巨集命名為AddTotalRelative。

(5) 為儲存位置選擇「所有開啟的活頁簿」。

(6) 按一下〔確定〕開始錄製。

(7) 選擇儲存格A16並在儲存格中輸入Total。

(8) 在D列中選擇第一個空的儲存格D16，輸入＝COUNTA(D2:D15)。

(9) 在〔開發人員〕活頁標籤上按一下〔停止錄製〕，完成對巨集的錄製。

▲ 圖2-5：錄製相對參照巨集

這時，你已經有兩個巨集了，下面看一下新錄製巨集的程式碼。

從〔開發人員〕活頁標籤中選擇巨集，打開「巨集」對話盒。選取AddTotalRelative巨集並按一下〔編輯〕。

打開VB編輯器，可以看到錄製巨集時所撰寫的程式碼如下所示：

```
Sub AddTotalRelative()
  ActiveCell.Offset(15, 0).Range("A1").Select
  ActiveCell.FormulaR1C1 = "Total"
  ActiveCell.Offset(0, 3).Range("A1").Select
  ActiveCell.FormulaR1C1 = "=COUNTA(R[-14]C:R[-1]C)"
End Sub
```

注意，程式碼中完全沒有指向任何具體儲存格區域的參照（除了起始點 A1）。我們來看一下這段 VBA 程式碼中的相關部分究竟是什麼樣的。

注意，在第二行中，Excel 使用現用儲存格的 Offset 屬性。這個屬性告訴指標向上、向下、向左或向右移動多少個儲存格。

Offset 屬性程式碼告訴 Excel 相對現用儲存格 ( 本例中是 A1) 向下移動 15 列，移動 0 欄。這時不需要像錄製絕對參照巨集時 Excel 必須明確選定一個儲存格。

下面看一下這個巨集是如何執行的，先刪除統計列，並按下列步驟進行操作：

(1) 選取儲存格 A1。

(2) 從〔開發人員〕活頁標籤中選擇〔巨集〕。

(3) 選取 AddTotalRelative 巨集。

(4) 按一下〔執行〕按鈕。

(5) 選取儲存格 F1。

(6) 從〔開發人員〕活頁標籤中選擇〔巨集〕。

(7) 選取 AddTotalRelative 巨集。

(8) 按一下〔執行〕按鈕。

注意一下這個巨集，與先前的巨集並不一樣，是對兩組資料進行處理。因為巨集是相對於目前儲存格的資料進行統計，統計結果是準確的。

要想讓這個巨集正確執行，需要確保以下兩點：

➢ 在執行巨集前要選擇正確的起始儲存格。

➢ 對於將要錄製巨集的資料，要保證資料中的列數一樣，欄數也一樣。

希望這個簡單範例能幫助你對絕對參照和相對參照巨集錄製有個初步的掌握。

## 2.1.3 關於巨集錄製的其他概念

到此你應該已經能比較順利地錄製 Excel 巨集了。下面還將介紹其他幾個重要概念，在撰寫或錄製巨集時也需要牢記在心中。

## 1. 支援巨集的檔案副檔名

從 Excel 2007 開始，Excel 活頁簿就有了標準的檔副檔名 .xlsx。帶有 .xlsx 副檔名的檔案不能包含巨集。如果你的活頁簿包含了巨集，又將它儲存為副檔名 .xlsx 的活頁簿檔案，所有 VBA 程式碼都將被自動刪除。不過在你準備將內有巨集的活頁簿儲存為 .xlsx 前，Excel 會警告你巨集的內容會被刪除。

如果你想保留巨集，就必須將檔案儲存為支援巨集的 Excel 活頁簿，其副檔名為 .xlsm。這樣一看到帶有 .xlsx 副檔名的所有活頁簿，我們就知道這些都是安全的。而副檔名為 .xlsm 的檔案就會有一定危險。

## 2. Excel 中的巨集安全問題

隨著 Office 2010 的發佈，微軟在 Office 安全模型中進行了重大的改變。最重大的改變之一就是受信任的文件檔案這一概念。不需要在技術細節上鑽牛角尖，我們只要知道受信任的文件檔案本質上就是你已認定安全的包含了巨集的活頁簿。

如果你打開包含了巨集的活頁簿，將在功能區中出現黃色訊息欄說明已禁用巨集（目前內容）。

如果按一下〔啟用內容〕，該檔就會自動成為受信任的文件檔案。這就意味著只要你在電腦上打開該檔案，就不會再被提醒啟用目前內容。基本想法就是：如果你告訴 Excel 你「信任」某個啟用了巨集的活頁簿，那以後每次打開該活頁簿時都很可能要使用這些巨集。因此，Excel 會記住你之前啟用過的巨集，不再在該活頁簿中提示有關巨集的更多資訊。

這對於你和你的客戶來講是個好消息。只要啟用過一次你的巨集，客戶就不會再收到與這個巨集相關的警告訊息了，你也不用因為巨集被禁用而擔心你建立的巨集不能使用。

## 3. 信任位置

如果你一想到與巨集相關的訊息還是覺得很受困擾的話，可以為你的檔案設定一個信任位置。信任位置是一個隻存放受信任活頁簿的目錄，該目錄被視為安全區域。只要活頁簿位於信任位置中，你和你的客戶不必受到安全限制就能執行啟用了巨集的活頁簿。

按下列步驟可以設定信任位置：

(1) 在〔開發人員〕活頁標籤上選取〔巨集安全性〕按鈕。這將啟動「信任中心」對話盒。

(2) 按一下〔信任位置〕按鈕，打開「信任位置」選單（如圖 2-6 所示），將顯示出所有被認為可信任的目錄。

(3) 按一下〔新增位置〕按鈕。

(4) 按一下〔瀏覽〕，尋找並指定你認為可作為信任位置的資料夾路徑。

指定了信任位置後，從該位置打開的任何 Excel 檔都可以自動啟動巨集。

## 4. 將巨集儲存到個人巨集活頁簿中

大多數使用者自己建立的巨集都用於特定活頁簿中，但有些情況下可能希望能在所有的活頁簿中使用某些巨集。這時你可以將這些通用的巨集儲存到個人巨集活頁簿中，以方便使用。當啟動 Excel 後就會載入個人巨集活頁簿。只有使用個人巨集活頁簿錄製了巨集，才會出現這個名為 personal.xlsb 的檔案。

要在個人巨集活頁簿中錄製巨集，可先在「錄製巨集」對話盒中選擇「個人巨集活頁簿」。這個選項位於「將巨集儲存在」旁邊的下拉清單中（可參見圖 2-1）。

如果你在個人巨集活頁簿中儲存巨集，那在載入使用了巨集的活頁簿時就不用記著再去打開個人巨集活頁簿了。想退出時，Excel 會詢問是否想將這些改變儲存到個人巨集活頁簿中。

▲ 圖 2-6：在「信任位置」功能表中可以新增被認為受信任的目錄

---

**注意**

為免礙事，個人巨集活頁簿通常都是隱藏的。

---

## 5. 將巨集指定給按鈕和其他表單控制項

我們在建立巨集時，都希望以後能以一種簡單易行的方法來執行巨集。一個基本的按鈕就可以提供這種簡單有效的使用者介面。

很巧，為了幫助使用者直接在試算表上建立使用者介面，Excel 專門設計並提供了一組表單控制項。表單控制項有多種不同的類型，從按鈕（最常用的控制項）到捲軸都有。

表單控制項使用起來很簡單，只需要將表單控制項放到試算表上，並將巨集指定給它；當然，巨集需要先錄製完成。巨集指定給控制項後，按一下控制項就可執行該巨集。

為你之前建立的 AddTotalRelative 巨集建立一個按鈕，步驟如下所示：

(1)	按一下〔開發人員〕活頁標籤中的〔插入〕按鈕（如圖 2-7 所示）。

(2)	從顯示出來的下拉清單中選擇「按鈕」表單控制項。

(3)	按一下你想放置按鈕的位置。

▲ 圖 2-7：〔開發人員〕活頁標籤中的表單控制項

將按鈕控制項拖至試算表上時，就會跳出「指定巨集」對話盒，如圖 2-8 所示，會詢問你將哪個巨集指定給這個按鈕。

(4)	選擇你想指定給該按鈕的巨集，按一下〔確定〕。

選擇你想指定給該按鈕的巨集，按一下〔確定〕。

現在，只要按一下這個按鈕就可以執行你的巨集了。記住，表單控制項組（如圖 2-7 所示）中的所有控制項的工作方式都和指令控制項一樣，因為只要按一下控制項巨集就會執行。

▲ 圖 2-8：剛新增的按鈕指定一個巨集

---

注意

看一下圖 2-7 中的表單控制項和 ActiveX 控制項。雖然看起來類似，但實際上是截然不同的。表單控制項是為試算表專門設計的，而 ActiveX 控制項則是為 Excel 的使用者表單設計的。通常來講，在試算表中必須使用表單控制項。為什麼呢？表單控制項需要的資源較少，因此執行起來更好，設定表單控制項遠比設定 ActiveX 控制項更為簡單。

## 6. 將巨集放置到快速存取工具列上

你還可以將巨集指定給快速存取工具列上的按鈕。快速存取工具列位於功能區的上方或下方。透過下列步驟你可以新增執行巨集的自訂按鈕：

(1) 滑鼠右擊「快速存取工具列」並選擇「自訂快速存取工具列」。打開如圖 2-9 所示的對話盒。

(2) 按一下「Excel 選項」對話盒左側的「快速存取工具列」。

(3) 從左邊的「由此選擇命令」下拉式清單中選擇巨集。

(4) 選擇你想要新增的巨集並按一下〔新增〕按鈕。

(5) 按一下〔修改〕按鈕可改變該巨集前面的圖示。

(6) 按一下〔確定〕按鈕。

▲ 圖 2-9：將巨集新增到快速存取工具列

## 2.2 Visual Basic 編輯器概述

打開 Excel 後，Visual Basic 編輯器實際上是一個單獨執行的應用程式。要想看到這個隱藏的 VBE 環境，需要啟動它才行。啟動 VBE 的最快捷方法是打開 Excel 後按〔Alt〕+〔F11〕。要想回到 Excel，再按一下〔Alt〕+〔F11〕。

### 2.2.1 了解 VBE 組件

圖 2-10 就是 VBE 程式設計介面，你的 VBE 程式設計視窗未必和圖 2-10 所示的介面完全一樣。VBE 包含了一些視窗，而且可高度自訂。可以隱藏視窗、重新放置視窗、固定視窗位置等。

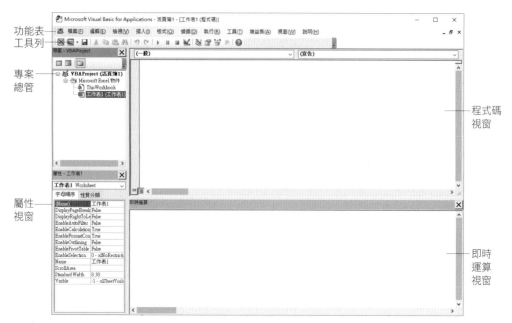

▲ 圖 2-10：標注出重要區域的 VBE

## 1. 功能表

VBE 功能表的使用方法和你以前遇到的所有功能表一樣。功能表中包含了各種可以使用 VBE 中大量元件的指令。你還可以看到許多功能表指令後面有與之對應的快速鍵。

VBE 也支援快速選單，在 VBE 視窗內的任何地方右擊滑鼠就可以跳出常見指令的快速選單。

## 2. 工具列

預設情況下，標準工具列就位於功能表的正下方，是 VBE 可用的 4 大工具列之一。可以自訂工具列、把它們來回移動、顯示其他工具列等。如果願意，可使用〔檢視〕→〔工具列〕對工具列進行各種調整。不過大多數人都使用預設樣式。

## 3. 專案總管

專案總管中的樹狀圖顯示出 Excel 中目前打開了的所有活頁簿（包含載入項和隱藏活頁簿）。按兩下這些 Project 物件就可以展開或折疊。本章 2.2.2 一節將對專案總管進行更詳細的討論。

如果專案總管不可見，可按〔Ctrl〕+〔R〕或者使用〔檢視〕→〔專案總管〕指令。按一下專案總管標題列上的〔關閉〕按鈕就可隱藏。也可以在專案總管的任意位置用滑鼠右擊，跳出快速選單後選擇「隱藏」指令。

## 4. 程式碼視窗

程式碼視窗中包含了 VBA 程式碼。Project 中的任何一個物件都有一個與之相關聯的程式碼視窗。如果想檢視物件的程式碼視窗，可以按兩下專案總管中的物件。例如，如果想檢視工作表 1 這個物件的程式碼視窗，可以在專案總管中按兩下工作表 1。如果你沒有新增過 VBA 程式碼，程式碼視窗就會是空的。

本章 2.2.3 一節將會對程式碼做進一步的講解。

## 5. 即時運算視窗

即時運算視窗可能可見也可能不可見。如果不可見，可按〔Ctrl〕+〔G〕或者使用〔檢視〕→〔即時運算視窗〕指令。按一下即時運算視窗標題列上的〔關閉〕按鈕就可隱藏。你也可以在即時運算視窗的任意位置右擊，跳出快速選單後選擇「隱藏」指令。

在直接執行 VBA 函數以及偵錯程式碼時，即時運算視窗非常有用。如果你才開始使用VBA，這個視窗的作用並不大，可以先隱藏起來給其他視窗騰出螢幕空間。

## 2.2.2 使用專案總管

在使用 VBE 時，認為目前打開的每個 Excel 活頁簿和載入項都是一個「Project」。可以把 Project 當成按照可擴展樹的形式來排列的物件集合。透過按一下「專案總管」視窗中的Project 名稱左側的加號（＋）可以展開一個 Project。透過按一下 Project 名稱左側的減號 (–)可以折疊 Project。或者，你可以按兩下該 Project 來展開或折疊它們。

圖 2-11 顯示了專案總管，其中列出了兩個 Project：名為「活頁簿 1」的活頁簿和名為「活頁簿 2」的活頁簿。

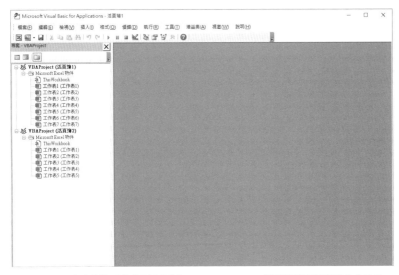

▲ 圖 2-11：專案總管視窗中列出兩個 Project，Project 都已展開顯示出所有的物件

每個 Project 展開後，至少顯示一個節點：「Microsoft Excel 物件」。這個節點展開後，會為活頁簿中的每個工作表（每個工作表都被視為一個物件）顯示一個項目，還會顯示另一個名為 ThisWorkbook 的物件（它代表的是 Workbook 物件）。如果 Project 中包含任何 VBA 模組，那麼 Project 清單還會顯示「模組」節點。

## 1. 新增新的 VBA 模組

在錄製巨集時，Excel 將自動插入一個 VBA 模組，以儲存錄製的程式碼。錄製巨集對應的模組儲存在哪個活頁簿中，取決於你在錄製巨集前選擇將巨集儲存在什麼位置。

一般情況下，VBA 模組儲存三種類型的程式碼：

- **宣告**：提供給 VBA 的一段或多條資訊語句。例如，你可以宣告你準備使用的變數的資料類型，或者設定一些其他模組範圍內的選項。
- **子程序**：一組執行一些動作的程式設計指令。所有的錄製巨集都是子程序。
- **函數程序**：一組傳回單個值的程式設計指令（類似於工作表函數，如 Sum）。

單個 VBA 模組可以儲存任意數量的子程序、函數程序和宣告。如何撰寫 VBA 模組完全由你自己決定。有些人更傾向於將一個應用的所有 VBA 程式碼都儲存在單個 VBA 模組中；也有些人喜歡將程式碼分散到多個不同的模組中。這都是個人選擇，跟擺放自己家裡的傢俱差不多。

採用下列步驟可以將一個新的 VBA 模組手動新增到 Project 中：

(1) 在專案總管視窗選擇 Project 的名稱。

(2) 選擇〔插入〕→〔模組〕。

或者可以：

(1) 右擊 Project 的名稱。

(2) 從快速選單中選擇〔插入〕→〔模組〕。

新模組將被新增到專案總管視窗中的模組資料夾下（如圖 2-12 所示）。在指定活頁簿中建立的所有模組都會被放置到該〔模組〕資料夾中。

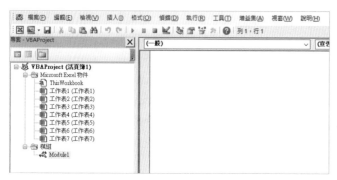

▲ 圖 2-12：〔模組〕資料夾下的程式碼模組在專案總管視窗中都是可見的

## 2. 刪除 VBA 模組

如果想刪除以後不再用的程式碼模組，只需要按以下步驟進行操作：

(1) 在專案總管視窗中選擇模組的名稱。

(2) 選擇〔檔案〕→〔刪除 XXX〕，XXX 指模組名稱。

或者可以：

(1) 右擊專案總管視窗中的模組名稱。

(2) 從快速選單中選擇「刪除 XXX」。

> **注意**
>
> 可以刪除 VBA 模組，但是不能刪除與活頁簿關聯的模組 ( 如 ThisWorkbook 模組 ) 和與表物件相關聯的模組 ( 如工作表模組 )。

## 2.2.3 使用程式碼視窗

隨著你對 VBA 的了解更加深入，將需要花費很多時間來學習如何使用程式碼視窗。所錄製的巨集都儲存在模組中，你可以直接進入到 VBA 模組中輸入 VBA 程式碼。

### 1. 視窗的最大化和最小化

在 Excel 中，程式碼視窗和活頁簿視窗非常相似。可將它最大化、最小化、調整大小、隱藏、調整位置等。大多數人認為在工作時最大化視窗最方便，因為這樣可以看到更多的程式碼，還可以避免分心。

如果要最大化「程式碼」視窗，只需要在標題列中按一下最大化按鈕（在 X 按鈕前面）或按兩下標題列即可。如果想將程式碼視窗還原到原來的大小，按一下還原按鈕即可。最大化視窗後，標題列會不可見，在功能表這一行〔說明〕的最右邊，可以找到還原按鈕。

有時，希望看到兩個或多個程式碼視窗。例如，要比較兩個模組中的程式碼或者要把一個模組中的程式碼複製到另一個模組中。可以手動調整視窗的大小，或者透過〔視窗〕→〔水平並排〕或者〔視窗〕→〔垂直並排〕指令來自動調整視窗大小。

可以透過選擇〔Ctrl〕+〔Tab〕快速鍵在程式碼視窗之間快速切換。如果持續按著該快速鍵，則會在所有打開的程式碼視窗中迴圈切換。選擇〔Ctrl〕+〔Shift〕+〔Tab〕快速鍵則會以相反的順序在視窗間迴圈切換。

最小化「程式碼」視窗可以使其不再礙事，還可以按一下某個「程式碼」視窗的標題列中的〔關閉〕按鈕完全關閉視窗（關閉視窗只是將之隱藏，並不會遺失任何東西）。如果要重新打開該視窗，只需要在「專案總管」視窗中按兩下相關的物件即可。這些程式碼視窗使用起來非常簡單。

## 2. 在模組中放置 VBA 程式碼

在進行實質性操作前,首先必須保證 VBA 模組中要有一些 VBA 程式碼。有三種方式可以實現:

➤ 用 Excel 巨集錄製器錄製你的動作,將它們轉變成 VBA 程式碼。
➤ 直接輸入這些程式碼。
➤ 從一個模組中複製 VBA 程式碼,將這些程式碼貼上到另一個模組中。

你已經了解了一些透過使用 Excel 巨集錄製器建立程式碼的好辦法。不過,錄製巨集後,不是所有的任務都可以被轉換成 VBA 程式碼。經常會出現需要直接在模組中輸入程式碼的情況。直接輸入程式碼主要是指你手動輸入一行行程式碼或者從其他地方將程式碼複製貼上。

在 VBA 模組中輸入和編輯文字,效果會和你預期的一樣。可以選擇、複製、剪下、貼上文字等。

VBA 中的一段指令可以要多長有多長。但是,考慮到可讀性,你可以用換行符號把一段很長的指令分解成長度適中的多行。因此,在程式碼行的末尾加上一個空格和一個底線(_),然後按〔Enter〕鍵並繼續在下一行輸入這條指令(又稱為陳述式)。例如,下面的程式碼中將一段 VBA 陳述式分成 3 行:

```
Selection.Sort Key1:=Range("A1"), _
    Order1:=xlAscending, Header:=xlGuess, _
    Orientation:=xlTopToBottom
```

這條陳述式如果在一行上(即沒有換行符號),其執行結果和上述程式碼的結果是完全一樣的。注意該陳述式的第二行和第三行縮排了,縮排是可選的,但可以幫助你看清楚這三行程式碼並不是獨立陳述式,而屬於同一段陳述式。

VBE 可以進行多級的「復原」和「重做」操作。如果你不小心刪除了一段不該刪除的陳述式,可重複按一下工具列上的〔復原〕按鈕(或者按下〔Ctrl〕+〔Z〕),直到該指令恢復為止。使用「復原」操作後,也可以使用〔重做〕按鈕來恢復之前「復原」時所做的更改。

現在想試試如何輸入程式碼了?按下述步驟試一試吧:

(1) 在 Excel 中建立一個新的活頁簿。
(2) 按〔Alt〕+〔F11〕啟動 VBE。
(3) 在專案總管視窗中按一下新活頁簿的名稱。
(4) 選擇〔插入〕→〔模組〕,向專案總管視窗中插入 VBA 模組。
(5) 將下列程式碼輸入到模組中:

```
Sub GuessName()
    Dim Msg as String
    Dim Ans As Long
    Msg = "Is your name " & Application.UserName & "?"
```

```
        Ans = MsgBox(Msg, vbYesNo)
        If Ans = vbNo Then MsgBox "Oh, never mind."
        If Ans = vbYes Then MsgBox "I must be clairvoyant!"
    End Sub
```

(6) 確保游標位於你剛才輸入的程式碼文字範圍內，然後按〔F5〕鍵執行該程序。

提示 ................................................................................................................ •

是〔執行〕→〔執行巨集〕指令的快速鍵。

當你輸入第 5 步中的程式碼時，VBE 會對你所輸入的文字進行調整。例如，輸入 Sub 陳述式後，VBE 會自動插入 End Sub 陳述式。如果沒有在等號兩側加上空格，VBE 會幫助插入空格。VBE 還會對有些文字進行變色及大寫處理。這都是很正常的，VBE 可以透過這些方式使得程式碼更整潔，可讀性更強。

按上述步驟操作後，將可以建立出一個 VBA 子程序，即我們所說的巨集。按下〔F5〕後，Excel 就會執行程式碼遵從指令。也就是說，Excel 會評估每一段陳述式，按你的意圖去執行。你可以無限次執行這條巨集：不過很可能執行幾十次後你就沒興趣了。

這條簡單的巨集涉及下述概念：

➢ 定義子程序（第一行）
➢ 宣告變數（Dim 陳述式）
➢ 為變數賦值（Msg 和 Ans）
➢ 連接兩個字串（用 & 符號）
➢ 使用內建的 VBA 函數（MsgBox）
➢ 使用內建的 VBA 常數（vbYesNo、vbNo 和 vbYes）
➢ 使用 If-Then 結構（兩次）
➢ 結束子程序（最後一行）

如前所述，你可將程式碼複製貼上到 VBA 模組中。例如你為一個 Project 所撰寫的子程序或函數程序也可以用於另一個 Project。啟動模組後使用常見的複製貼上方式（即〔Ctrl〕+〔C〕是複製，〔Ctrl〕+〔V〕是貼上），將程式碼貼上後可免除再次輸入程式碼的麻煩。貼上到 VBA 模組中的程式碼，同樣可以按需要進行修改。

## 2.2.4 自訂 VBA 環境

如果你立志要成為一名 Excel 程式設計師，那肯定需要花費大量時間來研究 VBA 模組。為了使程式設計過程更舒適，VBE 提供了相當多的自訂選項。

啟動 VBE 後，選擇〔工具〕→〔選項〕，就可以看到一個有四個活頁標籤的對話盒：〔編輯器〕、〔撰寫風格〕、〔一般〕、〔停駐〕。下面花點時間來研究一下各個活頁標籤中的選項。

## 1.〔編輯器〕活頁標籤

按一下「選項」對話盒中的〔編輯器〕活頁標籤,能看到的選項如圖 2-13 所示。使用〔編輯器〕
活頁標籤中的選項可以控制 VBE 中的某些設定。

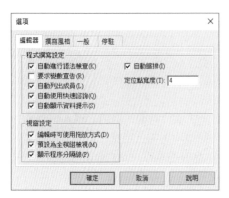

▲ 圖 2-13:「選項」對話盒中的〔編輯器〕活頁標籤

**「自動進行語法檢查」選項**:自動進行語法檢查用來確定在輸入 VBA 程式碼時如果發現了
語法錯誤 VBE 是否跳出一個對話盒。該對話盒會告訴使用者大概出了什麼問題。如果不選
取該設定,VBE 會用不同顏色將語法錯誤顯示出來,以便與其他程式碼區分開來,這樣你可
以不用處理螢幕上跳出來的任何對話盒了。

**「要求變數宣告」選項**:如果設定了「要求變數宣告」選項,VBE 會在你插入的任何新 VBA
模組的最開始處插入下述陳述式:Option Explicit。改變該設定只會影響到新模組,對已有
模組沒有任何影響。如果該語句出現在你的模組中,就必須顯式定義你所使用的每個變數。
使用 Dim 陳述式是宣告變數的一種方式。

**「自動列出成員」選項**:如果設定了「自動列出成員」選項,在輸入 VBA 程式碼時 VBE 就
會提供一些幫助。它所顯示的清單內容可以從邏輯上改善你所要輸入的陳述式。這是 VBE 最
好的功能之一。

**「自動使用快速諮詢」選項**:如果設定了「自動使用快速諮詢」選項,VBE 將顯示出與你輸
入的函數及它們的引數相關的資訊。這跟你開始輸入新模組時 Excel 會列出和某個函數相關
的引數有點類似。

**「自動顯示資料提示」選項**:如果設定了「自動顯示資料提示」選項,在偵錯程式碼時,游
標放到哪個變數上,VBE 就會顯示出該變數的值。預設情況下該設定是開啟的,因為相當有
用,沒理由把它關閉。

**「自動縮排」設定**:「自動縮排」設定用來確定在輸入新的程式碼行時 VBE 是否自動將之
如前面行的縮排量那樣進行縮排。大多數 Excel 開發人員都會在程式碼中使用縮排,因此這
個選項通常都是開啟的。

「編輯時可使用拖放方式」選項：選取「編輯時可使用拖放方式」選項，可讓你透過滑鼠拖放操作複製和移動文字。

**「預設為全模組檢視」選項：**「預設為全模組檢視」選項為新模組設定預設狀態（不影響已有的模組）。如果設定了該選項，程式碼視窗中的程序就會以單個可滾動清單顯示出來。如果關閉該選項，你一次就只能看到一個程序。

**「顯示程序分隔線」選項：**選取「顯示程序分隔線」選項，在程式碼視窗中每個程序的底部就會出現分隔線。分隔線會給程序之間提供一段可見的線，可幫助你清晰地看出一段程式碼從什麼地方結束從什麼地方開始。

## 2.〔撰寫風格〕活頁標籤

圖 2-14 顯示了「選項」對話盒中的〔撰寫風格〕活頁標籤。有了該活頁標籤，可以自訂 VBE 的外觀。

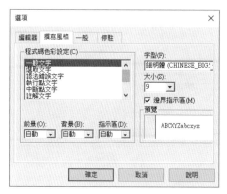

▲ 圖 2-14：利用〔撰寫風格〕活頁標籤可以改變 VBE 的外觀

**「程式碼色彩設定」選項：**「程式碼色彩設定」選項可以讓你設定文字的顏色以及 VBA 程式碼中各類元素的背景色。這主要是個人偏好問題。大多數 Excel 開發人員會使用預設顏色。不過如果你想改變一下的話，就可以使用這些設定。

**「字型」選項：**「字型」選項允許選擇在 VBA 模組中使用的字體。為獲得最佳效果，還是使用等寬字體，如 Courier New。在等寬字體中，所有字元的寬度完全相同。這樣使得程式碼更便於閱讀，這是因為字元在垂直方向上排列得非常好，而且很容易就能辨別出多個空格（有時這樣會比較有用）。

**「大小」選項：**「大小」選項指定 VBA 模組中的字體大小。這同樣可以完全根據個人的喜好來設定，由顯示器的解析度和自己的視力來決定。

**「邊界指示區」選項：**「邊界指示區」選項控制是否在模組中顯示垂直邊界標示。應該保持它的選取狀態，否則在偵錯程式碼時，就看不到提供說明的圖形標示。

### 3. 〔一般〕活頁標籤

圖 2-15 顯示了「選項」對話盒中〔一般〕活頁標籤下可用的所有選項。在幾乎所有情況下，使用預設選項就可以了。〔一般〕活頁標籤中的最重要設定是「錯誤捕捉方式」。如果你準備開始編輯 Excel 巨集，最好將「錯誤捕捉方式」設定為「中斷在尚未處理的錯誤」。這樣可以保證當你輸入程式碼時 Excel 會警告你出錯了；而不是等到執行程式碼時才一一改錯。

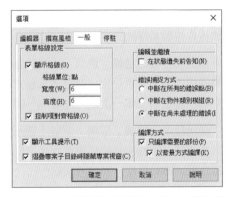

▲ 圖 2-15：「選項」對話盒中的〔一般〕活頁標籤

### 4. 〔停駐〕活頁標籤

圖 2-16 顯示了〔停駐〕活頁標籤。這些選項用來確定 VBE 中各類視窗的表現方式。在停放視窗時，它沿 VBE 程式設計視窗的一個邊緣放置並固定位置，這樣更容易識別和定位具體視窗。如果所有視窗都未連接到 VBE 的邊框上，那麼會有太多視窗浮動在其中，這種狀況就非常混亂。一般情況下，會發現預設設定效果不錯。

▲ 圖 2-16：「選項」對話盒中的〔停駐〕活頁標籤

## 2.3 VBA 的基礎知識

VBA 是一種物件導向的程式設計語言。物件導向的程式設計，其基本概念就是軟體應用程式（本例中指的是 Excel）是由各種各樣單獨的物件組成，每個物件都有其自身獨特的功能和使用方式。Excel 應用包含了活頁簿、工作表、儲存格、圖表、透視表、形狀等。每個物件都有其自己的功能，我們稱之為屬性，以及都有其自身的使用方式，我們稱之為方法。

可將這個概念理解為你每天都要碰到的物件，比如電腦、汽車或者廚房裡的冰箱。這些物件都有可識別點，例如高度、重量和顏色。它們又都有各自的用途，例如電腦可用來使用 Excel，汽車可載你長途旅行，冰箱可冷藏冷凍易腐爛食品。

VBA 物件也有它們可識別的屬性和使用方法。工作表儲存格是一個物件，它有一些可描述的功能（即它的屬性），如它的位置、高度、所填入的顏色等。活頁簿也是 VBA 物件，它有一些可用的功能（即它的方法），如打開、關閉活頁簿，將圖表或樞紐分析表新增到活頁簿中。

在 Excel 中，每天都會接觸到 Workbook 物件、Worksheet 物件和 Range 物件。你可能會將這些物件看成是 Excel 的全部，而不會真正認為它們是獨立的。然而，Excel 本質上是將這些物件看成一個名為 Excel 物件模型的分層模型的部分。Excel 物件模型是一組被清晰定義的物件，透過物件之間的關係可以將這些物件排列起來。

## 2.3.1 了解物件

在真實世界中，可將你看到的任何事物都稱為物件。你所居住的房子，這是物件。房子裡的房間，也都是一個個單獨的物件。房間裡可能會有壁櫥，這些壁櫥同樣也是物件。房子、房間、壁櫥，你可以發現這三者之間存在著分層的關係。Excel 中也運用了同樣的道理。

在 Excel 中，Application 物件是包羅萬象的物件：類似於你的房子。在 Application 物件中，Excel 有 Workbook 物件，在 Workbook 物件中有 Worksheet 物件，在 Worksheet 物件中有 Range 物件。它們是分層結構中的所有物件。

要獲得 VBA 中的特定物件，可尋訪（traverse）一下物件模型。例如，要獲得工作表 1 中的儲存格 A1，需要輸入下列程式碼：

```
Application.ThisWorkbook.Sheets(" 工作表 1").Range("A1").Select
```

大多數情況下，我們都清楚物件模型的層級，所以不需要把每一級都寫出來。

輸入下述程式碼也可以得到儲存格 A1，因為 Excel 會推斷出你指的是現用活頁簿和現用工作表：

```
Range("A1").Select
```

實際上，如果游標已經在儲存格 A1 上，你就可以只使用 ActiveCell 物件，而不需要將區域指出來：

```
Activecell.Select
```

## 2.3.2 了解集合

許多 Excel 物件都屬於集合。例如，你的房子位於一個街區中，這個街區就是房子的集合。每個街區都位於城市中，這個城市就是街區的集合。Excel 將集合看成物件本身。

在每個 Workbook 物件中，都會有 Worksheet 集合。Worksheet 集合是一個可透過 VBA 呼叫的物件。Workbook 物件中的每個 Worksheet 物件都位於 Worksheet 集合中。

如果你想參照 Worksheet 集合中的一個 Worksheet 物件，可以透過它在集合中的位置來參照它，如從 1 開始的索引號，或將它的名稱作為參照文字。如果你在只包含了一個名為 MySheet 的工作表的活頁簿中執行下面兩行程式碼，會發現它們所做的事是一樣的：

```
Worksheets(1).Select
Worksheets("MySheet").Select
```

如果現用活頁簿中有兩張工作表，分別名為 MySheet 和 YourSheet，輸入下列任意一行陳述式都可以參照第二個工作表：

```
Worksheets(2).Select
Worksheets("YourSheet").Select
```

如果你想參照某個非使用中的工作表中名為 MySheet 的工作表，就需要限定工作表的參照和活頁簿的參照，如下所示：

```
Workbooks("MyData.xlsx").Worksheets("MySheet").Select
```

## 2.3.3 了解屬性

屬性本質上就是物件的特徵。房子會有顏色、面積、房齡等。有些屬性可以改變：如房子的顏色。有些屬性就不能修改：如房子的建成年份。

同樣，Excel 中的物件（如 Worksheet 物件）的表名屬性可以改變，但 Rows.Count 行屬性就不能改變。

透過參照某個物件及其屬性就可以參照物件的屬性了。例如，你可以透過改變工作表的 Name 屬性來改變工作表的名稱。

在這個例子中，將工作表 1 重新命名為 MySheet：

```
Sheets(" 工作表 1").Name = "MySheet"
```

有些屬性是唯讀的，這意味著你不能直接給它賦值：比如，儲存格的 Text 屬性。Text 屬性直接給儲存格指定了格式化了的值，你不能重寫或修改。

有些帶有引數的屬性可以進一步指定屬性的值。比如，下面這行程式碼就使用 RowAbsolute 和 ColumnAbsolute 變數將儲存格 A1 的 Address 屬性傳回為絕對參照 ($A$1)：

```
MsgBoxRange("A1").Address(RowAbsolute:=True, ColumnAbsolute:=True)
```

### 為目前物件指定屬性

在使用 Excel 時，一次只能啟動一個活頁簿。在被啟動的活頁簿中，一次也僅能啟動一個表。如果該表是工作表，就只有一個儲存格是現用儲存格（即使選取了多個儲存格區域也是如此）。對現用活頁簿、工作表和儲存格有所了解後，將發現 VBA 還提供了參照這些現用物件的簡便方法。

這種參照物件的方法非常有用，因為你不必知道所要操作的具體活頁簿、工作表以及儲存格區域。透過利用 Application 物件的屬性，VBA 可以輕鬆參照物件。例如，Application 物件有一個 ActiveCell 屬性，可以傳回對現用儲存格的參照。下列指令將值 1 賦給了現用儲存格：

```
ActiveCell.Value = 1
```

注意，在上述例子中，我們忽略掉了對 Application 物件和對現用工作表的參照，因為這兩者都是預設的。如果該現用表不是工作表的話，這條指令就會失敗。例如，如果啟動圖表工作表再讓 VBA 執行這條陳述式，過程就會中斷，出現一段錯誤訊息。

如果在工作表中選定了區域，現用儲存格就是所選區域內的一個儲存格。也就是說，現用儲存格永遠是單個儲存格（不可能是多個儲存格）。

Application 物件還有 Selection 屬性，可以傳回對任何所選物件的參照。這些物件可以是單個儲存格（現用儲存格）、一段區域內的儲存格，或者類似 ChartObject、TextBos、Shape 這樣的物件。

表 2-1 列出了 Application 物件的其他一些屬性，它們在處理儲存格和區域時比較有用。

▼ 表 2-1：Application 物件的一些有用屬性

| 屬性 | 傳回物件 |
| --- | --- |
| ActiveCell | 使用中的儲存格 |
| ActiveChart | 使用中的圖表工作表或工作表中包含在 ChartObject 物件中的圖表。如果沒有啟動圖表，該屬性為 Nothing |
| ActiveSheet | 使用中的表（工作表或圖表工作表） |
| ActiveWindow | 使用中的視窗 |
| ActiveWorkbook | 使用中的活頁簿 |
| Selection | 被選取的物件。可以是 Range 物件、Shape 物件、ChartObject 物件等 |
| ThisWorkbook | 包含了正被執行的 VBA 程序的活頁簿。該物件和 ActiveWorkbook 物件可能一樣也可能不一樣 |

使用這些屬性來傳回物件，好處是不需要知道哪個儲存格、哪個工作表或哪個活頁簿是使用中的，也不需要給物件提供具體的參照。這樣撰寫 VBA 程式碼時就不需要指定到具體的活頁簿、工作表和區域。例如，下列指令雖然不清楚現用儲存格的位置，但同樣可以清除使用中儲存格的內容：

```
ActiveCell.ClearContents
```

下面這條指令可顯示出使用中工作表的名稱：

```
MsgBox ActiveSheet.Name
```

如果想知道現用活頁簿的名稱和目錄路徑，可以使用如下陳述式：

```
MsgBox ActiveWorkbook.FullName
```

如果選取了工作表中儲存格的區域，透過執行一段陳述式就可以用值填入這個區域的儲存格。在下面的例子裡，Application 物件的 Selection 屬性傳回與所選儲存格相對應的 Range 物件。這條指令簡單地修改了這個 Range 物件的 Value 屬性，其結果是用單個值填入了所選取的儲存格區域：

```
Selection.Value = 12
```

注意，如果選取了其他物件（如 ChartObject 或者 Shape），上述陳述式就會產生錯誤，因為 ChartObject 物件和 Shape 物件沒有 Value 屬性。

不過，下列陳述式會將值 12 填入到在選取非 Range 物件之前就已經選取的 Range 物件中。如果在說明系統中查詢 RangeSelection 屬性，會發現該屬性僅能用於 Window 物件：

```
ActiveWindow.RangeSelection.Value = 12
```

如果想知道現用視窗中選取了多少個儲存格，則可以連接 Count 屬性，具體如下所示：

```
MsgBox ActiveWindow.RangeSelection.Count
```

## 了解方法

方法是可在物件上執行的動作。將方法當作動詞會有助於你理解，比如你可以粉刷房子，在 VBA 中就可翻譯成 house.paint。

舉個 Excel 方法的簡單例子，Range 物件的 Select 方法，如下所示：

```
Range("A1").Select
```

Range 物件的 Copy 方法：

```
Range("A1").Copy
```

有些方法會帶有引數，表明是如何應用它們的。例如，如果顯式（explicitly）定義 Destination 引數，就可以更有效地使用 Paste 方法：

```
ActiveSheet.Paste Destination:=Range("B1")
```

## 關於引數

經常會引發 VBA 新程式設計師困惑的問題大多和引數有關。有些方法使用引數來進一步明確所要採取的動作,有些屬性使用引數來進一步指定屬性的值。在有些情況下,使用一個或多個引數是可選的。

我們來看一下 Workbook 物件的 Protect 方法。檢視一下說明系統,會發現 Protect 方法有 3 個引數:password、structure 和 windows。這 3 個引數對應了「保護結構及視窗」對話盒中的選項。

例如,如果想保護名為 MyBook.xlsx 的活頁簿,可以使用如下陳述式:

```
Workbooks("MyBook.xlsx").Protect "xyzzy", True, False
```

在這個例子中,活頁簿被密碼(引數 1)保護了,它的結構也被保護了(引數 2),但沒有保護視窗(引數 3)。

如果不想幫密碼賦值,則可以使用如下陳述式:

```
Workbooks("MyBook.xlsx").Protect , True, False
```

注意,第一個引數被忽略了,而且我們用逗號隔出了預留位置。

如果使用具名引數,會使得程式碼的可讀性更強,還是舉上面的例子,在程式碼中使用具名引數:

```
Workbooks("MyBook.xlsx").Protect Structure:=True, Windows:=False
```

對於帶有多個可選引數的方法,以及你只需要使用其中幾個引數時,使用具名引數是個好辦法。如果使用了具名引數,就不需要為省略掉的引數使用預留位置了。

對於傳回值的屬性(和方法),必須給引數加上括號。例如,Range 物件的 Address 屬性帶有 5 個可選引數。因為 Address 屬性會傳回值,但引數上沒加括號,下述陳述式就是無效的:

```
MsgBoxRange("A1").Address False ' invalid
```

加了括號後才是正確的語法,如下所示:

```
MsgBoxRange("A1").Address(False)
```

也可以用具名引數來撰寫陳述式:

```
MsgBoxRange("A1").Address(rowAbsolute:=False)
```

深入學習 VBA 後你會更清晰地發現其中的細微差別。

## 2.4 使用 Range 物件

在 VBA 中大量的工作都會涉及工作表中的儲存格和儲存格區域。下面將以 Range 物件作為案例分析來研究具體的物件。

### 2.4.1 找到 Range 物件的屬性

打開 VB 編輯器，按一下功能表中的〔說明〕→〔Microsoft Visual Basic for Application 說明〕，將會進入到 Microsoft Developer Network(MSDN) 網站。在 MSDN 上，搜尋 Range 可以看到與 Range 物件相關的網頁。你會看到 Range 物件有 3 個屬性，可用來透過 VBA 處理工作表。

➤ Worksheet 或 Range 類物件的 Range 屬性
➤ Worksheet 物件的 Cells 屬性
➤ Range 物件的 Offset 屬性

### 2.4.2 Range 屬性

Range 屬性傳回一個 Range 物件。如果在說明系統中查閱有關 Range 屬性的資訊，就會了解到該屬性有下列兩種語法：

```
object.Range(cell1)
object.Range(cell1, cell2)
```

Range 屬性應用於兩類物件：Worksheet 物件或 Range 物件。這裡的 cell1 和 cell2 指的是預留位置，Excel 認為它們是確定儲存格區域（第一個實例）和描繪儲存格區域（第二個實例）的項。下面列舉了幾個使用 Range 屬性的範例。

在本章前面的部分中也曾看到類似下面陳述式的範例。下面的指令只是在指定的儲存格中輸入一個值。在這個範例中，將數值 12.3 放到現用活頁簿的工作表「工作表 1」的儲存格 A1 中：

```
Worksheets(" 工作表 1").Range("A1").Value = 12.3
```

Range 屬性還可以識別活頁簿中定義的名稱。因此，如果儲存格名為 Input，那麼可以使用下列陳述式把數值輸入到這個命名的儲存格內：

```
Worksheets(" 工作表 1").Range("Input").Value = 100
```

下面的範例把數值輸入到現用工作表上包含 20 個儲存格的儲存格區域內。如果現用工作表不是工作表，將出現一段錯誤訊息：

```
ActiveSheet.Range("A1:B10").Value = 2
```

下面的範例產生的結果與上面的範例產生的結果相同：

```
Range("A1", "B10") = 2
```

然而，這個範例中省略了工作表參照，因此假定為現用工作表。此外，還省略了數值的屬性，因此該屬性是預設的屬性（對於 Range 物件而言即為 Value 屬性）。這個範例還使用了 Range 屬性的第二種語法。在這種語法下，第一個引數是儲存格區域左上角的儲存格，而第二個引數是儲存格區域右下角的儲存格。

下面的範例使用了 Excel 儲存格區域交集運算子（空格表示），進而傳回兩個儲存格區域的交集。在這個範例中，交集為儲存格 C6。因此，該陳述式在儲存格 C6 中輸入 3：

```
Range("C1:C10 A6:E6") = 3
```

最後，下面的範例在下列 5 個儲存格中輸入了數值 4，也就是說，這是一個非隔壁的儲存格區域。其中的逗號作為聯集運算子。注意逗號都在引號中。

```
Range("A1,A3,A5,A7,A9") = 4
```

至此，所有範例都在 Worksheet 物件上使用了 Range 屬性。正如前面所提到的那樣，還可以使用 Range 物件的 Range 屬性。

這個範例將 Range 物件看成工作表中左上角的儲存格，然後在儲存格 B2 中輸入數值 5。換句話說，傳回的參照相對於 Range 物件的左上角。因此，下面的陳述式將把數值 5 直接輸入現用儲存格右下方的儲存格中：

```
ActiveCell.Range("B2") = 5
```

幸好，除了透過 Range 屬性連接儲存格，還有一種更清晰的方式：Offset 屬性。在下一節中將討論這一屬性。

## 2.4.3 Cells 屬性

參照儲存格區域的另一種方法是使用 Cells 屬性。與 Range 屬性類似，可在 Worksheet 物件和 Range 物件上使用 Cells 屬性。在查閱說明系統後，就會明白 Cells 屬性有下列 3 種語法格式：

```
object.Cells(rowIndex, columnIndex)
object.Cells(rowIndex)
object.Cells
```

下面舉例說明如何使用 Cells 屬性。第一個範例將數值 9 輸入工作表 1 的儲存格 A1 中。在這個範例中，使用的是第一種語法，其中接收列的索引號（1～1048576）和欄的索引號（I～16384）作為引數：

```
Worksheets("工作表 1").Cells(1, 1) = 9
```

下面的範例把數值 7 輸入到現用工作表的儲存格 D3（也就是第 3 列、第 4 欄中的儲存格）中：

```
ActiveSheet.Cells(3, 4) = 7
```

還可以在 Range 物件上使用 Cells 屬性。為此，Cells 屬性傳回的 Range 物件是相對於被參照 Range 的左上方的儲存格。這有點令人迷惑。下面的範例可能有助於弄清楚這一問題。接下來的指令將把數值 5 輸入到現用儲存格內。請記住，在這個範例中，把現用儲存格看成是工作表中的儲存格 A1：

```
ActiveCell.Cells(1, 1) = 5
```

> **注意**
>
> 這種儲存格參照方式真正的好處將在討論變數的迴圈時顯示出來（具體請參見第 3 章），大部分情況下，不使用實際數值而是使用變數作為引數。

為將數值 5 輸入到現用儲存格正下方的儲存格中，可以使用下列指令：

```
ActiveCell.Cells(2, 1) = 5
```

上面這個範例的含義是：從現用儲存格開始，把這個儲存格看成儲存格 A1。把數值 5 輸入到位於第 2 列、第 1 欄中的儲存格中。

Cells 屬性的第二種語法是使用單個引數，數值範圍是 1 ～ 17179869184。這個數字與 Excel 工作表中的儲存格數目相等。儲存格從 A1 開始編號，然後向右編號，並依次向下進入到下一行。第 16384 個儲存格編號為 XFD1，第 16385 個儲存格編號為 A2。

下面的範例把數值 2 輸入到現用工作表的儲存格 SZ1（它是工作表中的第 520 個儲存格）中：

```
ActiveSheet.Cells(520) = 2
```

為了顯示工作表的最後一個儲存格（XFD1048576）中的數值，採用下列陳述式：

```
MsgBox ActiveSheet.Cells(17179869184)
```

這種語法還可用在 Range 物件上。這種情況下，傳回的儲存格是相對於參照的 Range 物件。例如，如果 Range 物件是 A1:D10（40 個儲存格），那麼 Cells 屬性可以有一個數值為 1 ～ 40 的引數，該屬性傳回 Range 物件中的一個儲存格。在接下來的範例中，數值 2000 輸入到儲存格 A2 中，因為 A2 是所參照的儲存格區域中的第 5 個儲存格（從上至下，然後向下計算）：

```
Range("A1:D10").Cells(5) = 2000
```

在上面的範例中，Cells 屬性的引數值並不侷限於 1 ～ 40。如果該引數的值超過了儲存格區域中儲存格的數量，就繼續計算，就像儲存格區域比實際的要大一樣。因此，類似前面範例的陳述式就可以更改儲存格 A1:D10 區域之外的某個儲存格的數值。例如，如下陳述式可修改儲存格 A11 中的數值：

```
Range("A1:D10").Cells(41)=2000
```

Cells 屬性的第三種語法僅傳回所參照的工作表上的所有儲存格。與前面兩種語法所不同的是，在這種語法中，傳回的資料不是單個儲存格。下面的範例在現用工作表上使用了 Cells 屬性，又在它傳回的儲存格區域上使用了 ClearContents 方法，結果是清除了工作表上每個儲存格中的內容：

```
ActiveSheet.Cells.ClearContents
```

### 從儲存格中獲得資訊

如果需要獲得儲存格的內容，VBA 提供了幾個選項。下面列出了最常用的屬性：

- Formula 屬性用於傳回公式（如果儲存格中有公式的話）。如果儲存格不包含公式，則傳回儲存格中的一個值。Formula 屬性是一個「讀 / 寫」屬性，有 FormulaR1C1、FormulaLocal 和 FormulaArray 等變體（詳情請參閱說明系統）。

- Value 屬性傳回儲存格中一個原始的、未經格式化的值。該屬性是一個「讀 / 寫」屬性。

- Text 屬性傳回儲存格中顯示的文字。如果儲存格中包含數字值，這個屬性將包含所有格式，例如逗號和貨幣符號。Text 屬性是一個唯讀屬性。

- Value2 屬性與 Value 屬性類似，不過不使用 Date 和 Currency 資料類型。相反，Value2 把 Date 和 Currency 資料類型轉換成包含 Double 類型的 Variant 資料類型。如果儲存格中包含日期 3/16/2016，Value 會將其作為 Date 傳回，而 Value2 會將其作為一個 double 類型 (如 42445) 傳回。

## 2.4.4 Offset 屬性

與 Range 和 Cells 屬性一樣，Offset 屬性也傳回 Range 物件。但與討論的其他兩種方法不同的是，Offset 屬性只應用於 Range 物件，而不應用於其他的類型。它的語法如下所示：

```
object.Offset(rowOffset, columnOffset)
```

Offset 屬性接收兩個引數，位置都相對於指定的 Range 物件的左上角儲存格。引數的值可以是正值（向下或向右的儲存格）、負值（向上或向左的儲存格）或者零。下面的範例把數值 12 輸入到使用中儲存格正下方的儲存格內：

```
ActiveCell.Offset(1,0).Value = 12
```

下面的範例把數值 15 輸入到使用中儲存格正上方的儲存格內：

```
ActiveCell.Offset(-1,0).Value = 15
```

如果使用中儲存格位於第一行，那麼上面範例中的 Offset 屬性將產生錯誤，因為它不能傳回不存在的 Range 物件。

Offset 屬性很好用，特別是在迴圈過程中使用變數時。第 3 章將討論這些主題。

當使用相對參照模式錄製巨集時，Excel 使用 Offset 屬性參照相對於起始位置的儲存格（也就是巨集錄製開始的現用儲存格）。例如，使用巨集錄製器產生了下列程式碼。從儲存格 B1 中的儲存格指標開始，將值輸入到 B1:B3 的儲存格區域中，然後傳回到 B1。

```
Sub Macro1()
    ActiveCell.FormulaR1C1 = "1"
    ActiveCell.Offset(1, 0).Range("A1").Select
    ActiveCell.FormulaR1C1 = "2"
    ActiveCell.Offset(1, 0).Range("A1").Select
    ActiveCell.FormulaR1C1 = "3"
    ActiveCell.Offset(-2, 0).Range("A1").Select
End Sub
```

注意，巨集錄製器使用了 FormulaR1C1 屬性。一般來說，希望使用 Value 屬性把數值輸入到某個儲存格中。然而，使用 FormulaR1C1 甚至 Formula 都會產生同樣的結果。

此外要注意，產生的程式碼參照了儲存格 A1，然而這個巨集中根本沒有用到這個儲存格。這是巨集錄製過程中的一種很奇怪的現象，它產生的程式碼比較複雜，不一定是必需的程式碼。可以刪除對 Range("A1") 的所有參照，但巨集仍然能工作得很好：

```
Sub Modified_Macro1()
    ActiveCell.FormulaR1C1 = "1"
    ActiveCell.Offset(1, 0).Select
    ActiveCell.FormulaR1C1 = "2"
    ActiveCell.Offset(1, 0).Select
    ActiveCell.FormulaR1C1 = "3"
    ActiveCell.Offset(-2, 0).Select
End Sub
```

實際上，還有一個效率更高的巨集版本，它不需要做任何的選擇，如下所示：

```
Sub Macro1()
    ActiveCell = 1
    ActiveCell.Offset(1, 0) = 2
    ActiveCell.Offset(2, 0) = 3
End Sub
```

# 2.5 需要記住的基本概念

在本節中，對於想要成為 VBA 高手的人來講，增加了一些很重要的基本概念。在使用 VBA 並閱讀後續章節的過程中，這些概念將會越來越清晰：

- **物件有獨特的屬性和方法。** 每個物件都有自己的一套屬性和方法。然而，某些物件的一些屬性（如 Name）和方法（如 Delete）是相同的。

- **不進行選擇的情況下即可處理物件。** 這與平常認為的在 Excel 中處理物件的方式正好相反。通常，在首先沒有進行選擇的情況下，在物件上執行動作的效率更高。在錄製巨集時，Excel 通常會先選擇物件。這是沒有必要的，而且實際上這樣可能會使得巨集的執行更慢。

- **理解集合的概念很重要。** 大多數時候，透過參照物件所在的集合可以間接地參照某個物件。例如，要連接名為 Myfile 的 Workbook 物件，按照如下方式參照 Workbooks 集合：

```
Workbooks("Myfile.xlsx")
```

該參照傳回一個物件，該物件就是要處理的活頁簿。

- **屬性可以傳回對另一個物件的參照。** 例如，在下面的陳述式中，Font 屬性傳回 Range 物件中包含的一個 Font 物件。Bold 是 Font 物件中而不是 Range 物件中的一個屬性。

```
Range("A1").Font.Bold = True
```

- **有很多不同的方法可以參照相同的物件。** 假設有一個名為 Sales 的活頁簿，它是唯一打開的活頁簿。該活頁簿只有一個名為 Summary 的工作表。可以採用下列任意一種方式參照這個工作表：

```
Workbooks("Sales.xlsx").Worksheets("Summary")
Workbooks(1).Worksheets(1)
Workbooks(1).Sheets(1)
Application.ActiveWorkbook.ActiveSheet
ActiveWorkbook.ActiveSheet
ActiveSheet
```

使用哪種方法通常是由對工作區的了解程度決定的。例如，如果有多個活頁簿是打開的，那麼第二種或第三種方法就不可靠。如果要使用現用工作表（不管是哪一個工作表），可以使用後三種方法中的任意一種。如果希望完全確定所參照的是某個特定活頁簿上的特定工作表，第一種方法是最佳選擇。

### 關於程式碼範例

本書呈現了許多簡短的 VBA 程式碼片段，讓你在學習過程中重視起來，或者給你提供範例。有些情況下，這些程式碼僅是單條陳述式或者只是一段運算式，本身並不是一段有效的指令。

例如，下面就是一段運算式：

```
    Range("A1").Value
```

為測試這條運算式，你需要驗證它。MsgBox 函式就是個很方便實用的工具：

```
    MsgBoxRange("A1").Value
```

為檢驗這些範例，要將陳述式放到 VBA 模組的過程中，如下所示：

```
Sub Test()
' statement goes here
End Sub
```

然後將游標放到過程上，按下〔F5〕來執行程式碼。還要確保這些程式碼是在正確的環境下執行。比如，如果陳述式參照了工作表 1，就要確保使用中活頁簿有一個名為「工作表 1」的工作表。

如果程式碼僅僅是單條陳述式，可以使用 VBE 即時運算視窗。即時運算視窗在立即執行陳述式時很有用：因為不需要建立過程。如果即時運算視窗沒有顯示出來，在 VBE 中按〔Ctrl〕+〔G〕即可。

只需要在即時運算視窗中輸入 VBA 函式然後按〔Enter〕鍵。要在即時運算視窗中驗證運算式，需要在運算式前加上問號（？），這是代替 Print 的簡便方式。

```
    ? Range("A1").Value
```

在即時運算視窗中，該運算式的結果就會在下一行顯示出來。

## 2.6 學習更多資訊

如果你是首次接觸 VBA，可能會被物件、屬性和方法這堆名詞弄得頭很大。這也很正常，羅馬不是一天建成的，你也不可能一天就成為 VBA 專家。學習 VBA 是個花時間且需要實踐的過程，在這條路上，你並不孤獨，有很多資源可以幫助你深入學習下去。本節將再介紹一些你在學習時可能會用到的一些資源。

### 2.6.1 閱讀本書剩餘的章節

請別忘了，本章的章名為「VBA 概述」。本書剩餘的章節講述了大量其他的細節內容，還提供了很多有用的範例。

### 2.6.2 讓 Excel 來說明撰寫巨集

獲得巨集說明的最佳地點之一就是 Excel 中的巨集錄製器。用巨集錄製器錄製巨集時，Excel

會自動撰寫該巨集的底層 VBA。錄製完畢後，就可以查閱程式碼，看看錄製器做了什麼，還可以將所建立的巨集修改得更符合自己的需求。

例如，假如你需要建立一個巨集，能夠重新整理活頁簿中的所有透視表，以及清除每個透視表中的所有篩選器。從無到有地撰寫這樣一個巨集是較麻煩的任務。但你可以開啟巨集錄製器，記錄下重新整理所有透視表以及清除所有篩選器的動作。停止錄製後，你可以檢查一下這個巨集，並對它做些必要的修改。

## 2.6.3 使用說明系統

對於一個 Excel 新使用者來講，說明系統可能就像個笨重的裝置，只會傳回一些和最初的搜尋主題沒什麼關係的混亂主題清單。但事實上，如果你學會如何使用 Excel 說明系統後，這基本上是能為搜尋主題提供說明的最簡捷方式了。

在使用 Excel 的說明系統時，你只需要謹記兩條原則：尋求說明時的位置問題，以及需要連接到網路上來使用 Excel 說明系統。

### 尋求幫助時的位置問題

在 Excel 中實際上有兩個說明系統：一個提供 Excel 功能上的幫助，另一個則提供 VBA 程式設計主題方面的說明。在搜尋時建議不要隨便進行全面搜尋，因為 Excel 只會根據與你在 Excel 中目前位置相關的說明系統來設定搜尋標準。這就意味著你得到的說明內容是由你在 Excel 中工作的位置決定的。因此，如果你想得到與巨集和 VBA 程式設計這類主題相關的說明，就應該位於 VBA 編輯器中再進行搜尋，這樣可以確保在正確的說明系統中執行關鍵字搜尋。

### 需要連上網路

在搜尋某個主題的說明內容時，Excel 會先檢查一下你是否連網。如果連上了，Excel 就會轉到 MSDN 網站，在該網站中，你可以根據想要得到說明的主題進行搜尋。如果沒連到網路上，會跳出訊息提示「您尚未連接到網路」。

## 2.6.4 使用物件瀏覽器

「物件瀏覽器」工具很方便，它為每個可用的物件列出了所有屬性和方法。啟動了 VBE 之後，就可以採用下列 3 種方式之一打開「物件瀏覽器」：

➢ 按下〔F2〕鍵。
➢ 從功能表中選擇〔檢視〕→〔瀏覽物件〕。
➢ 按一下「一般」工具列上的〔瀏覽物件〕按鈕。

「物件瀏覽器」如圖 2-17 所示。

▲ 圖 2-17：物件瀏覽器是一個內容廣泛的參考來源

「物件瀏覽器」左上角的下拉清單中包含了有權連接的所有物件程式庫的列表：

➢ Excel 本身

➢ MSForms（用於建立自訂的對話盒）

➢ Office（所有 Microsoft Office 應用程式共有的物件）

➢ Stdole（OLE 自動化物件）

➢ VBA

➢ 目前的 Project
　（在〔專案總管〕中選擇的 Project）以及該 Project 所參照的所有活頁簿

在左上角下拉清單中所做的選擇決定了顯示在「物件類別」視窗中的內容，而在「物件類別」視窗中所做的選擇決定了成員視窗中可見的內容。

選擇了一種 Libraries 後，可以搜尋特殊的文字字串，進而獲得包含該文字的屬性和方法的清單。為此，在第二個下拉清單中輸入文字，然後按一下〔搜尋〕按鈕。

(1) 選擇感興趣的物件庫。如果不能確定哪個 Libraries 合適，可選擇「<All Libraries>」。

(2) 在 Libraries 列表下的下拉清單中輸入想要查詢的物件。

(3) 按一下〔搜尋〕按鈕開始文字搜尋。

「搜尋結果」視窗顯示出比對的文字。選擇一個物件，進而在「物件類別」視窗中顯示它的 Libraries。選擇一個 Libraries，進而顯示它的成員（屬性、方法和常數）。請注意底部的窗格，其中顯示了有關該物件的更多資訊。可按〔F1〕鍵直接找到合適的說明主題。

「物件瀏覽器」一開始看起來有點複雜，但是會越來越覺得它很有用。

### 2.6.5 從網路上獲得

你肯定需要的所有巨集語法都可能會從網路上的某處找到。

就程式設計而言，從很多方面來講，程式設計師從無到有地建立程式碼變得越來越少見，而如何獲得現成的程式碼並將它合理修改後應用到具體場景中變得越來越普遍。

如果打算為某個具體任務建立一個巨集，可以到網路上簡單搜尋一下你想要完成的任務，搜尋前別忘了輸入「Excel VBA」，會有意想不到的驚喜。

例如，如果想要編輯一個刪除工作表中所有空白行的巨集，可以搜尋「Excel VBA 刪除工作表中的空白行」。從網路上就可以找到曾經解決過同樣問題的解決方案。而且，十有八九，你會找到一些範例程式碼，利用這些資源就可以逐步構建自己的巨集了。

### 2.6.6 利用使用者社群

如果你覺得自己對巨集很困擾，可以去相關討論版提問，以獲得你問題的具體指導。

使用者討論版包含特定主題的線上社群。在這類討論版中，你可以提問如何解決你的具體問題，會有專家提出建議。回答問題的使用者通常都是願意熱心幫助社群使用者解決實際困難的版工。

Excel 的專業討論版很多，要找到 Excel 討論版，在搜尋引擎中輸入「Excel 討論版」即可。

要想搜尋到更多的使用者討論版，有一些小技巧：

➢ 在討論版發文前先閱讀並遵守討論版規則，這些規則包括如何提問，社群交談的禮儀等。

➢ 為所提的問題擬定簡潔的標題，別用類似「求助」、「求建議」之類的抽象標題。

➢ 盡可能地縮小所提問題的範圍，不要提類似「我怎麼在 Excel 裡建個能開發票的巨集啊」這樣的問題。

➢ 需要注意，回答你提問的人都是些有自己本職工作的版工，拿業餘時間在社群裡回答問題。

➢ 常去討論版看看。提問後可能會收到具體的各類解決方法。那你應該回覆一下別人的回答或者繼續提問。

➢ 感謝回答你的問題的專家。如果覺得有些回答對你自己有幫助，應該花點時間回應一下提供幫助的專家或網友，感謝他的熱心回答。

### 2.6.7 閱讀專家部落格

有些專家樂意將自己的研究成果透過部落格分享出來，這類部落格基本都是各類技巧和訣竅的匯總，能幫助你提升自己的應用技能，更讓人開心的是，它們是免費的！

雖然這些部落格未必能直接解決你的具體需求，但提供的文章可以提升 Excel 操作技能，會引導你思考如何在實際應用環境中使用 Excel。

下面是網路上最優秀的 Excel 部落格的部分清單：

http://chandoo.org
http://www.contextures.com
http://www.datapigtechnologies.com/blog
http://www.dailydoseofexcel.com
http://www.excelguru.ca/blog
http://www.mrexcel.com

## 2.6.8 透過 YouTube 查詢影片

有些人透過觀看如何完成任務的影片可能學習效果會更好些。如果你覺得看影片比看線上文件檔案效果更好，可以考慮挖掘一下 YouTube 裡的影片資源。YouTube 中有很多頻道，有很多讓人驚歎的使用者熱心分享自己的知識，你會很驚訝地發現居然有那麼多高品質的免費影片。

輸入網址 www.YouTube.com，可輸入關鍵字「Excel VBA」查詢。

## 2.6.9 透過 Microsoft OfficeDev Center 獲得資訊

「Microsoft OfficeDev Center」這個網站可以幫助新開發人員迅速熟悉 Office 產品。想要了解和 Excel 相關的內容，可連上 https://msdn.microsoft.com/en-us/library/office/fp179694.aspx。

雖然這個網址連過去有點慢，但確實可以提供所有免費的資源，包括範例程式碼、工具、循序漸進的操作指令等。

## 2.6.10 分析其他的 Excel 檔案

就像從後院裡挖金子似的，已有的 Excel 檔也是個可以學習的寶庫。你可以打開這些包含了巨集的檔，檢視一下底層程式碼，看看是如何使用巨集的。你可以一行行地檢視這些程式碼行，或許能從中學到點新技術。甚至你可能會發現可以整塊複製過來的有用程式碼可馬上用於自己的活頁簿中。

## 2.6.11 諮詢周圍的 Excel 人才

在你的公司、部門、小組或者社區裡有沒有 Excel 方面的人才？可以和他們交交朋友，很多 Excel 專家都樂於分享自己的知識。可向他們提問或者尋求如何解決巨集問題的建議。

# Chapter 3

# VBA 程式設計基礎

- 理解 VBA 語言元素,包括變數、資料類型、常數和陣列
- 使用 VBA 內建的函數
- 處理物件和集合
- 控制程序的執行

## 3.1 VBA 語言元素概覽

如果你以前使用過其他程式設計語言,可能會比較熟悉本章中的許多內容。不過 VBA 還有一些獨特之處,因此即使經驗豐富的程式設計人員也可能會發現一些新的內容。

本章將探討 VBA 語言元素的內容,這些元素是用來撰寫 VBA 常式的關鍵字和控制結構。

首先從一個簡單的 VBA Sub 程序開始講述。這個簡單程序儲存在一個 VBA 模組中,它計算前 100 個正數的總和。在程式碼執行完畢後,此程序顯示一段表示結果的訊息。

```
Sub VBA_Demo()
' This is a simple VBA Example
    Dim Total As Long, i As Long
    Total = 0
    For i = 1 To 100
        Total = Total + i
    Next i
    MsgBox Total
End Sub
```

這個程序使用了一些常見的 VBA 語言元素,其中包括:

➢ 一行註解(註解行前面使用了單引號)
➢ 一段變數宣告(該行以 Dim 陳述式開頭)
➢ 兩個變數(Total 和 i)
➢ 兩條設定陳述式(Total = 0 和 Total = Total + i)
➢ 一個迴圈結構(For-Next 結構)

> ➤ 一個 VBA 函數（MsgBox 函數）

所有這些語言元素都將在本章後續的小節中進行描述。

注意

VBA 程序不需要處理任何物件。例如上面的程序沒有在物件上做任何事情，只是對幾個
資料進行處理。

## 輸入 VBA 程式碼

VBA 模組中的 VBA 程式碼由指令組成。按照慣例，每一行使用一段指令。然而，這個標
準不是必須要遵守的，在一行中可以使用冒號隔開多條指令。在下面的範例中，在一行上
組合了 4 段指令：

```
Sub OneLine()
    x= 1: y= 2: z= 3: MsgBox x + y + z
End Sub
```

大部分程式設計人員都認為每行使用一段指令會使得程式碼更容易閱讀：

```
Sub MultipleLines()
    x = 1
    y = 2
    z = 3
    MsgBox x + y + z
End Sub
```

每行的長度不受限制，在看到 VBA 模組視窗的右邊緣時，可以使用捲軸把內容往左移。
對於稍長的程式碼，可能會使用 VBA 的換行連續序列，用空格和底線表示。例如：

```
Sub LongLine()
    SummedValue = _
        Worksheets("Sheet1").Range("A1").Value + _
        Worksheets("Sheet2").Range("A1").Value
End Sub
```

在錄製巨集時，Excel 通常使用底線將長陳述式分在多行內。

在輸入指令之後，VBA 執行下列動作以提高可讀性：

■ 在運算子之間插入空格。例如，如果輸入 Ans=1+2（不包含空格），VBA 將其轉換成：

```
Ans = 1 + 2
```

■ VBA 調整關鍵字、屬性和方法的字母的大小寫。例如，如果輸入下面的文字：

```
Result=activesheet.range("a1").value=12
```

VBA 就將其轉換為：

```
Result = ActiveSheet.Range("a1").Value = 12
```

請注意，這裡沒有更改引號中的文字（在這個範例中即為「a1」）。

■ 因為 VBA 變數的名稱不區分大小寫，所以預設情況下 VBE 將調整擁有相同字母的所有變數的名稱，以便它們的大小寫與最近輸入的字母的大小寫比對。例如，如果一開始指定了一個變數 myvalue（所有字母都是小寫），然後又輸入變數 MyValue（大小寫混合），那麼 VBA 就把這個變數出現的所有其他地方都改為 MyValue。當用 Dim 或類似的陳述式宣告變數時，情況有所例外，此時，變數的名稱總是與它宣告時一樣。

■ VBA 將掃描指令以檢查是否存在語法錯誤。如果 VBA 發現了一個錯誤，那麼它會改變這行程式碼的顏色，並且可能顯示一段描述此問題的訊息。選擇 Visual Basic 編輯器的〔工具〕→〔選項〕指令，顯示「選項」對話方塊，在這裡可以控制錯誤程式碼的顏色（使用〔編輯器格式〕活頁標籤）以及是否顯示錯誤訊息（使用〔編輯器〕活頁標籤中的「自動進行語法檢查」選項）。

## 3.2 註解

「註解」就是嵌入在程式碼中的描述性文字，VBA 會忽略註解中的文字。使用註解可以清晰地描述正在做的事情，這是很好的想法，因為指令的目的不一定總是很明顯。

可以使註解佔用整行，也可在位於同一行指令的後面插入註解。註解用單引號標明。除非單引號包含在引號中，否則 VBA 將忽略單引號之後直到該行最後面的任何文字。例如，下面的陳述式不包含註解，即使它含有一個單引號：

```
Msg = "Can't continue"
```

下面的範例顯示了一個具備 3 條註解的 VBA 程序：

```
Sub CommentDemo()
'   This procedure does nothing of value
    x = 0     'x represents nothingness
'   Display the result
    MsgBox x
End Sub
```

儘管單引號是首選的註解符號，但也可以使用關鍵字 Rem 將程式碼行標示為註解。例如：

```
Rem -- The next statement prompts the user for a filename
```

關鍵字 Rem（Remark 的簡寫）實際上是從 BASIC 的舊版本中沿襲而來的，出於相容性的目的才包含在 VBA 中。與單引號不同的是，Rem 關鍵字只能用在一行的開始處，而不能與其他指令共用同一行。

為充分地利用註解的作用，下面列出提示：

➢ 使用註解來簡要描述撰寫每個程序的目的。

➢ 使用註解來描述對程序所做的修改。

➢ 使用註解指出正在以一種與眾不同的或不標準的方式使用函數或構件。

➢ 使用註解描述變數的目的，以便本人和其他人都能明白含義模糊的名稱所隱藏的內容。

➢ 使用註解描述為了克服 Excel 的故障和侷限而開發出的解決辦法。

➢ 與其撰寫程式碼後寫註解，倒不如撰寫程式碼的同時寫註解。

# 3.3 變數、資料類型和常數

VBA 的主要目的就是處理資料。某些資料存於物件中，如工作表的儲存格區域內。其他資料儲存在建立的變數中。

「變數」只是一些已命名的位於電腦記憶體中的儲存位置。變數可以接納很多種的「資料類型」，從簡單的布林值（True 或 False）到複雜的雙精確度數值（詳見下一節）。幫變數賦值時，使用等號運算子（詳情請參閱 3.4 節）。

如果盡可能用描述性的語言定義變數的名稱，會省很多事。然而，VBA 還規定了一些有關變數名稱的規則：

➢ 可以使用字母、數字和一些標點符號，但是第一個字元必須是字母。

➢ VBA 不區分大小寫。為了使得變數的名稱更具有可讀性，程式設計人員常常使用混合的大小寫（如 InterestRate 而不是用 interestrate）。

➢ 不能使用空格或句點。為使變數名稱更具有可讀性，程式設計人員常使用底線（如 Interest_Rate）。

➢ 不能在變數名稱中嵌入特殊類型的宣告字元（#、$、%、& 或！）。

➢ 變數名稱最多可以包含 254 個字元，但是不推薦建立如此長的變數名稱。

下面列出一些賦值運算式的範例，其中使用了各種類型的變數。變數名稱位於等號的左側，每條陳述式都把等號右側的數值賦給左側的變數。

```
x = 1
InterestRate = 0.075
LoanPayoffAmount = 243089.87
DataEntered = False
x = x + 1
MyNum = YourNum * 1.25
UserName = "Bob Johnson"
DateStarted = #12/14/2012#
```

VBA 有很多「保留字」，這些單字不能用在變數或程序的名稱中。如果使用其中的一個保留字作為名稱，就會跳出一段錯誤訊息。例如，儘管保留字 Next 可能讓變數名稱更具有描述性，但是下面的指令會產生語法錯誤：Next = 132

但是，語法錯誤訊息不一定將錯誤描述準確。如果打開了「自動進行語法檢查」選項，上面的指令將產生下列錯誤訊息：「編譯錯誤：必須是：變數（Compile error：Expected：variable）」。如果關閉「自動進行語法檢查」選項，執行這段陳述式將得到下列錯誤訊息：「編譯錯誤：語法錯誤 (Compile error：Syntax error)」。如果這段錯誤訊息說「把保留字作為變數名稱」就簡單易懂了。因此，如果某條指令產生一段奇怪的錯誤訊息，那麼可以查看 VBA 的說明系統來確保變數的名稱在 VBA 中沒有特殊的用法。

## 3.3.1 定義資料類型

因為 VBA 可自動處理運用資料時涉及的所有細節，所以會使得程式設計人員更省事。不是所有的程式設計語言都是這樣省事的。例如，某些語言是嚴格類型的，這意味著程式設計人員必須顯式定義每個變數所使用的資料類型。

「資料類型」是指如何把資料儲存在記憶體中，如作為整數、實數和字串等。儘管 VBA 可以自動維護資料的類型，但這是要付出代價的：執行的速度更慢以及對記憶體的使用效率不夠高。其結果是，在運行大型的或複雜的應用程式時，VBA 處理資料類型的工作可能會導致產生問題。將變數顯式地宣告為某種特殊的資料類型的另一個好處是在編譯階段 VBA 可以執行其他某些錯誤檢測，而在其他的應用程式中可能很難定位這些錯誤。

表 3-1 列出了 VBA 內建的資料類型的分類（請注意，還可以定義自訂的資料類型，詳情請參閱 3.7 節）。

▼ 表 3-1：VBA 內建的資料類型

| 資料類型 | 所使用的位元組 | 數值的範圍 |
|---------|-------------|-----------|
| Byte | 1 個位元組 | 0 ～ 255 |
| Boolean | 2 個位元組 | True 或 False |
| Integer | 2 個位元組 | −32768~32767 |
| Long | 4 個位元組 | −2147483648 ～ 2147483647 |

| 資料類型 | 所使用的位元組 | 數值的範圍 |
|---|---|---|
| Single | 4 個位元組 | −3.402823E38 ～ −1.401298E-45（適用於負值）；l.401298E–45 ～ 3.402823E38（適用於正值） |
| Double | 8 個位元組 | −1.79769313486232E308 ～ −4.94065645841247E−324（適用於負值）；4.94065645841247E–324 ～ 1.79769313486232E308（適用於正值） |
| Currency | 8 個位元組 | −922337203685477.5808 ～ 922337203685477.5807 |
| Decimal | 12 個位元組 | 沒有小數字數時 +/−79228162514264337593543950335；有 28 個小數字數時 +/−7.9228162514264337593543950335 |
| Date | 8 個位元組 | 0100 年 1 月 1 日～ 9999 年 12 月 31 日 |
| Object | 4 個位元組 | 任意物件的參照 |
| String（變動長度） | 10 個位元組 + 字串的長度 | 0 ～大約 20 億個字元 |
| String（固定長度） | 字串的長度 | 1 ～大約 65400 個字元 |
| Variant（數字） | 16 個位元組 | 最大到雙精確度資料類型的任意數值。也可以儲存如 Empty、Error、Nothing 和 Null 之類的特殊數值 |
| Variant（字元） | 22 個位元組 + 字串的長度 | 0 ～大約 20 億 |
| 使用者自訂 | 因元素類型而異 | 因元素類型而異 |

> **注意**
>
> Decimal 是一種與眾不同的資料類型，因為實際上是不能宣告該資料類型的。事實上，它是 Variant 的子類型，必須使用 VBA 的 CDec 函數將 Variant 類型轉換為 Decimal 資料類型。

一般來說，最好使用佔用位元組最少卻能處理所有賦給它的資料的資料類型。在 VBA 使用資料時，執行的速度與 VBA 為其配置的位元組數量有關。換言之，資料使用的位元組數量越少，VBA 連接和處理資料的速度就越快。

對於工作表計算而言，Excel 使用 Double 資料類型。為了能夠在 VBA 中處理數字時不遺失任何的精確度，使用這種資料類型非常好。對於整數計算而言，如果確定數值不會超過 32767，則可以使用 Integer 資料類型。否則，要使用 Long 資料類型。事實上，因為 Long 資料類型可能要比使用 Integer 資料類型的速度要快一些，所以甚至在數值小於 32767 時也推薦使用 Long 資料類型。在處理 Excel 工作表行的編號時，就要使用 Long 資料類型，這是因為工作表中行的編號超過了 Integer 資料類型所允許的最大值。

## 3.3.2 宣告變數

如果不為 VBA 常式中使用的某個變數宣告資料類型，VBA 將使用預設的資料類型 Variant。儲存為 Variant 資料類型的資料行為根據所處理的內容不同將改變資料的類型。

下面的程序描述了變數如何假設不同的資料類型：

```
Sub VariantDemo()
    MyVar = True
    MyVar = MyVar *100
    MyVar = MyVar / 4
    MyVar = "Answer: " & MyVar
    MsgBox MyVar
End Sub
```

在 VariantDemo 程序中，MyVar 最開始為 Boolean 型。乘法運算將其轉換為 Integer 型，而除法運算將其轉換成 Double 型。最後，把 MyVar 附加到一個字串後，又把 MyVar 轉換成字串。MsgBox 陳述式顯示出最後的字串：

```
Answer: -25.
```

為了進一步解說處理 Variant 資料類型中存在的潛在問題，可以試試執行下面這個程序：

```
Sub VariantDemo2()
    MyVar = "123"
    MyVar = MyVar + MyVar
    MyVar = "Answer: " & MyVar
    MsgBox MyVar
End Sub
```

訊息將顯示「Answer:123123」。這可能不是期望得到的結果。在處理包含文字字串的變數時，運算子「+」將執行字串的連接操作。

### 確定資料類型

可以使用 VBA 的 TypeName 函數來確定變數的資料類型。下面是對上一個程序修改後的版本。在這個版本中，每一步都顯示出 MyVar 的資料類型。

```
Sub VariantDemo3()
    MyVar = True
    MsgBox TypeName(MyVar)
    MyVar = MyVar * 100
    MsgBox TypeName(MyVar)
    MyVar = MyVar / 4
    MsgBox TypeName(MyVar)
    MyVar = "Answer: "& MyVar
    MsgBox TypeName(MyVar)
    MsgBox MyVar
End Sub
```

多虧了 VBA，未宣告變數的資料類型轉換是自動的行為，這個程序看起來像一種簡單的解決之道，但請記住這是以速度和記憶體為代價的，而且可能出現錯誤，甚至都無法了解到底是什麼錯誤。

在程序中使用每個變數之前，對變數進行宣告是一種非常好的習慣。對變數的宣告將告訴 VBA 變數的名稱和資料類型。宣告變數有兩個主要好處：

- **程式運行得更快並能更有效地使用記憶體**：預設的資料類型 Variant 將導致 VBA 重複執行那些耗時的檢查並佔據更多的記憶體。如果 VBA 知道了資料的類型，就不必進行檢查，而且可以保留剛好足夠的記憶體來儲存資料。
- **避免出現與錯誤拼寫變數名稱有關的問題**：前提是使用 Option Explicit 強制宣告所有的變數（請參閱下一節）。假設使用了一個未加宣告的變數 CurrentRate，然後在這個常式中插入了陳述式 CurentRate= .075，那麼很難察覺這個拼寫錯誤的變數名稱，它將導致常式得到不正確的結果。

### 強制宣告所有變數

為了強制宣告所使用的所有變數，在 VBA 模組中使用下列陳述式作為第一段指令：

```
Option Explicit
```

當上述陳述式存在時，如果程序中含有一個未宣告的變數名稱，VBA 甚至不會執行該程序。VBA 將發出一段錯誤訊息（如圖 3-1 所示），在繼續執行之前必須宣告變數。

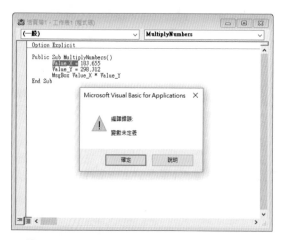

▲ 圖 3-1：VBA 告知程序中含有未宣告變數名稱的方法

> **提示**
>
> 為確保無論何時插入新的 VBA 模組都會自動插入 OptionExplicit 陳述式，應該在 VBE 的「選項」對話方塊的〔編輯器〕活頁標籤中啟用「要求變數宣告」選項（選擇〔工具〕→〔選項〕指令）。強烈建議這麼設定。請注意這個選項不會影響現有的模組。

## 3.3.3 變數的有效範圍

變數的「有效範圍」決定了變數可以用在哪些模組和程序中。表 3-2 列出了變數有效範圍的
三種類型。

▼ 表 3-2：變數的有效範圍

| 有效範圍 | 如何宣告這種有效範圍的變數 |
| --- | --- |
| 單個程序 | 在程序中包括一個 Dim 或 Static 陳述式 |
| 單個模組 | 在模組內的第一個程序之前包括一個 Dim 或 Private 陳述式 |
| 所有模組 | 在模組內的第一個程序之前包括一個 Public 陳述式 |

下面將進一步討論每種有效範圍。

### 關於本章範例的註解

這一章包含了 VBA 程式碼的很多範例，通常都是以簡單程序的形式呈現。這些範例盡可
能簡單地描述各種概念，大部分這些範例都不執行任何特別有用的任務。實際上，通常都
以另一種（可能更有效的）方式執行這些任務。換言之，實際工作中不會使用這些範例。
後續章節提供了更多有用的程式碼範例。

### 區域變數

「區域變數」是在程序中宣告的一種變數。區域變數只能用在宣告它的程序中。當此程序結
束時，變數也就不再存在，Excel 也會釋放出它佔有的記憶體。如果需要在程序結束時，變
數保留自己的數值，那麼可以把該變數宣告為靜態變數（請參閱稍後的「靜態變數」一節）。

最常用的宣告區域變數的方式是將一段 Dim 陳述式放在 Sub 和 End Sub 兩個陳述式之間。
通常，Dim 陳述式放在 Sub 陳述式的後面、程序程式碼的前面。

### 注意

你可能會對單字 Dim 感到奇怪，實際上 Dim 是 Dimension 的簡寫形式。在舊版的 BASIC
中，該陳述式專門用於宣告陣列的維度。在 VBA 中，Dim 關鍵字可以用於宣告任意變數，
而不只是陣列。

下面的程序中使用了 6 個區域變數，它們都用 Dim 陳述式進行了宣告：

```
Sub MySub()
    Dim x As Integer
    Dim First As Long
    Dim InterestRate As Single
    Dim TodaysDate As Date
```

```
      Dim UserName As String
      Dim MyValue
'       - [The procedure's code goes here] -
End Sub
```

注意，上面範例中的最後一段 Dim 陳述式並沒有宣告資料類型；只是命名了變數。因此，該變數變成了 Variant 資料類型。

也可以用一段 Dim 陳述式宣告多個變數。例如：

```
Dim x As Integer, y As Integer, z As Integer
Dim First As Long, Last As Double
```

**警告**

與其他一些語言不同，VBA 不允許將一組變數以逗號分開的方式宣告為某個特殊的資料類型。例如，下面的陳述式儘管有效，卻不能把所有的變數宣告為整數類型：

```
Dim i, j, k As Integer
```

在 VBA 中，只把 k 宣告為整數類型，其他的變數為 Variant 類型。要想把 i、j 和 k 宣告為整數類型，可使用下面的陳述式：

```
Dim i As Integer, j As Integer, k As Integer
```

如果把某個變數宣告為具有局部有效範圍的變數，那麼同一個模組中的其他程序可以使用相同的變數名稱，但是該變數的每個實例在它自己的程序中是唯一的。

一般來說，區域變數是最高效率的，這是因為當程序結束後，VBA 將釋放這些變數佔用的記憶體。

## 模組有效範圍下的變數

有時，希望在模組的所有程序中都可以使用某個變數。如果是這樣，只需要在模組的第一個程序之前（在任何程序或函數之外）宣告這個變數即可。

在下面的範例中，Dim 陳述式是模組中的第一段指令。Procedure1 程序和 Procedure2 程序都有權連接 CurrentValue 變數。

```
Dim CurrentValue as Long

Sub Procedure1()
'                - [Code goes here] -
End Sub

Sub Procedure2()
'                - [Code goes here] -
End Sub
```

通常，當某個程序正常結束時（也就是說當陳述式執行到 End Sub 或 End Function 陳述式時），模組有效範圍下的變數的值不會改變。但有一種情況例外，那就是使用 End 陳述式中止程序時。當 VBA 遇到 End 陳述式時，所有模組有效範圍下的變數都將遺失它們的值。

### 公開變數

為能在專案的所有 VBA 模組的所有程序中都可以使用某個變數，需要將變數宣告為模組層次上的變數（即在第一個程序之前進行變數的宣告），此時使用關鍵字 Public 進行宣告而不是使用 Dim 進行宣告。舉例如下：

```
Public CurrentRate as Long
```

關鍵字 Public 使得變數 CurrentRate 在 VBA 專案內的任意程序中都可以使用，甚至在專案內的其他模組中也可以使用。必須在模組中（任意模組）的第一個程序之前插入這段陳述式。這種宣告必須出現在標準的 VBA 模組中，而不能出現在工作表或使用者表單的程式碼模組中。

### 靜態變數

靜態變數的情況比較特殊。這些變數在程序層次上進行變數的宣告，當程序正常結束時，靜態變數保持它們的值不變。然而，如果有一段 End 陳述式中止了該程序，靜態變數將遺失它的值。注意，End 陳述式與 End Sub 陳述式並不相同。

使用關鍵字 Static 可以宣告靜態變數：

```
Sub MySub()
   Static Counter as Long
   '- [Code goes here] -
End Sub
```

## 3.3.4  使用常數

在程序執行時，變數的值可能會發生變化（這就是為什麼稱之為「變數」的緣故）。有時候，還需要參照從不發生改變的值或字串，即「常數」。

可以在程式碼中使用常數來代替寫死（hard-coded）的值或字串，這是一個非常好的程式設計習慣。例如，如果程序需要多次參照某個具體的值（如利率），那麼最好把該值宣告為一個常數，並在運算式中使用該常數的名稱而不是值。這項技術不僅可以讓程式碼更具可讀性，而且在需要修改程式碼時使得修改的工作變得更加簡單：只需要修改一段指令就可以了，不必修改多個地方。

### 宣告常數

規定使用 Const 陳述式來宣告常數。這裡有一些範例，如下所示：

```
Const NumQuarters as Integer = 4
```

```
Const Rate = .0725, Period = 12
Const ModName as String = "Budget Macros"
Public Const AppName as String = "Budget Application"
```

上面第二個範例並沒有宣告資料的類型。因此，VBA 將根據它的值確定資料類型。Rate 變數的類型為 Double，Period 變數的類型為 Integer。因為常數的值從不會發生改變，所以通常會將常數宣告為某種特定的資料類型。

與變數相同，常數也有有效範圍。如果希望只在某個程序中使用常數，應在 Sub 或 Function 陳述式之後宣告它，使其成為一個局部常數。如果要在某個模組的所有程序中使用某個常數，應在該模組中的第一個程序之前宣告它。如果要在活頁簿的所有模組中使用某個常數，應使用 Public 關鍵字並在一個模組的第一個程序之前宣告它。例如：

```
Public Const InterestRate As Double = 0.0725
```

> **注意**
>
> 如果 VBA 程式碼試圖修改常數的值，則會產生錯誤（對常數進行賦值是不被允許的）。這可能正是所期望的。畢竟常數就是常數，不是變數，因此不需要它發生變化。

### 使用預先定義的常數

Excel 和 VBA 提供了很多預先定義的常數，這些常數不用宣告即可使用。實際上，甚至不需要知道這些常數的值就可以使用它們。一般來說，巨集錄製器使用的是常數而不是實際的值。下面的程序使用一個內建的常數（xlLandscape）將現用工作表的頁面方向設定為橫向：

```
Sub SetToLandscape()
    ActiveSheet.PageSetup.Orientation = xlLandscape
End Sub
```

在錄製巨集時發現 xlLandscape 是個常數，在說明系統中也能找到這個資訊。如果選擇了「自動列出成員」選項，那麼在輸入程式碼的同時通常會獲得一些協助（如圖 3-2 所示）。很多情況下，VBA 列出了可以賦給一個屬性的所有常數。

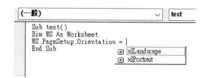

▲ 圖 3-2：VBA 顯示一列可以賦予某個屬性的常數

xlLandscape 的實際值為 2（使用「即時運算視窗」就可以發現這個設定）。用於更改頁面方向的另一個內建常數是 xlPortrait，它的值為 1。很顯然，如果使用內建的常數，就沒必要知道它們的值。

「瀏覽物件」可以顯示出 Excel 和 VBA 的所有常數的列表。在 VBE 中，按〔F2〕鍵就可以打開「瀏覽物件」。

## 3.3.5 使用字串

與 Excel 一樣，VBA 既可以處理數字又可以處理文字（字串）。VBA 中有兩類字串：

➢ 固定長度的字串：宣告時包含指定的字元個數。最大長度為 65535 個字元。
➢ 變動長度的字串：理論上最多可以容納 20 億個字元。

字串中的每個字元都需要一個位元組的儲存空間，此外還需要少量的儲存空間用來儲存每個字串的標題（header）。當用 Dim 陳述式把一個變數宣告為 String 資料類型時，可以指定字串的長度（也就是固定長度的字串），還可以讓 VBA 動態處理字串的長度（變動長度字串）。

在下面的範例中，把 MyString 變數宣告為一個最大長度為 50 個字元的字串。也把 YourString 宣告為一個字串，但它是一個變動長度字串，因此長度不固定。

```
Dim MyString As String * 50
Dim YourString As String
```

## 3.3.6 使用日期

可以使用字串變數儲存日期，但是字串不是真正的日期（意味著不能在字串變數上面執行日期計算）。使用 Date 資料類型是處理日期的最佳方式。

定義為日期的變數將使用 8 個位元組的儲存空間，日期的範圍可以從 0100 年 1 月 1 日到 9999 年 12 月 31 日，跨越了將近 1 萬年，對於甚至是最為苛刻的財務預算來說已足夠了。Date 資料類型還可以用於儲存與時間有關的資料。在 VBA 中，指定日期和時間時使用散列符號（#）把它們包起來。

VBA 能夠處理的日期範圍遠遠大於 Excel 自己的日期範圍。Excel 是從 1900 年 1 月 1 日開始，一直到 9999 年 12 月 31 日。因此，請注意，不要試圖在工作表中使用超出 Excel 許可日期範圍的日期。

交叉參考　第 5 章將介紹一些相對簡單的 VBA 函數，使用它們可以建立能夠在工作表中操作 1900 年之前的日期的公式。

眾所周知，Excel 錯誤地假設 1900 年是一個閏年。即使沒有 1900 年 2 月 29 日這一天，Excel 還是接受下面的公式並顯示結果為 1900 年 2 月 29 日：

```
=Date(1900,2,29)
```

VBA 沒有這種日期錯誤。VBA 中的 DateSerial 函數等同於 Excel 的 DATE 函數。下面的運算式傳回 1900 年 3 月 1 日（正確結果）：

```
DateSerial(1900,2,29)
```

因此，Excel 的日期序號系統與 VBA 的日期序號系統還不完全一致。對於 1900 年 1 月 1 日到 1900 年 2 月 28 日之間的日期，這兩個系統傳回的數值不同。

下面舉例說明將變數和常數宣告為 Date 資料類型：

```
Dim Today As Date
Dim StartTime As Date
Const FirstDay As Date = #1/1/2013#
Const Noon = #12:00:00#
```

警告　即使系統可能設定為以另一種格式來顯示日期（如日／月／年），但是日期總是使用月／日／年的格式來定義的。

如果使用一個訊息來顯示日期，那麼它就會根據系統的短日期格式進行顯示。同樣，也會根據系統的時間格式（12 小時或 24 小時）顯示時間。可以在 Windows 的「控制台」中使用「區域設定」選項修改這些系統的設定。

# 3.4 設定陳述式

「設定陳述式」是一段 VBA 指令，它進行數學計算並將結果賦給某個變數或物件。Excel 的說明系統把「運算式」定義為「輸出字串、數字或物件的關鍵字、運算子、變數和常數的組合。運算式可以執行計算、處理字元或測試資料」。

這是對運算式很準確的解釋。在 VBA 中所做的很多事情都涉及開發（以及偵錯）運算式。如果知道如何在 Excel 中建立公式，那麼在 VBA 中建立運算式也沒有任何問題。輸入工作表公式之後，Excel 就可以在儲存格中顯示出結果。另一方面，VBA 運算式的結果可以賦值給變數或用作屬性值。

VBA 使用等號（=）作為設定運算子。下面是一些設定陳述式的範例（運算式位於等號的右側）：

```
x = 1
x = x + 1
x = (y * 2) / (z  * 2)
```

```
FileOpen = True
FileOpen = Not FileOpen
Range("TheYear").Value = 2010
```

3

提示

運算式可能非常複雜。可以使用換行連續序列（空格後面再加上底線），進而使得長運算式變得更便於閱讀。

運算式常使用函數。這些函數可以是內建的 VBA 函數、Excel 的工作表函數或是使用 VBA 開發的自訂函數。3.8 一節將討論內建的 VBA 函數。

在 VBA 中，運算子扮演著非常重要的角色。比較熟悉的運算子可用來描述數學運算，其中包括加（+）、減（−）、乘（*）、除（/）、乘冪（^）以及字元串連接（&）。不太熟悉的運算子是反斜線（\，用於整數除法中）和 Mod 運算子（用在取模運算中）。Mod 運算子傳回兩個數相除後的餘數。例如，下面的運算式傳回值為 2：

```
17 Mod 3
```

VBA 還支援比較運算子，這些運算子與 Excel 公式中使用的比較運算子相同：等於（=）、大於（>）、小於（<）、大於等於（>=）、小於等於（<=）和不等於（<>）。

除了一個例外，VBA 中的運算子的優先順序與 Excel 中的完全一樣（如表 3-3 所示）。當然，可以添加括弧來改變本來的優先順序。

警告

VBA 中對反運算子（負號）採取了與 Excel 不同的處理方式。在 Excel 中，下面的公式傳回 25：

```
=-5^2
```

在 VBA 中，執行這段陳述式後 x 等於 -25：

```
=-5^2
```

VBA 首先執行乘冪運算，然後應用求反運算子。下面的陳述式傳回 25：

```
x = (-5) ^ 2
```

▼ 表 3-3：運算子的優先順序

| 運算子 | 運算 | 優先順序 |
|---|---|---|
| ^ | 乘冪 | 1 |
| * 和 / | 乘和除 | 2 |
| + 和 − | 加和減 | 3 |
| & | 字元串連接 | 4 |
| =、〈、 〉、〈=、〉=、〈〉 | 比較 | 5 |

在下面的陳述式中，最後 x 的賦值為 10，這是因為乘法運算子的優先順序要高於加法運算子。

```
x = 4 + 3 * 2
```

為了避免混淆，最好把上述陳述式寫成：

```
x = 4 + (3 * 2)
```

此外，VBA 提供了一套完備的邏輯運算子，如表 3-4 所示。更多關於這些運算子的完整資訊（包括範例），可以使用 VBA 的說明系統。

▼ 表 3-4 VBA 的邏輯運算子

| 運算子 | 用途 |
| --- | --- |
| Not | 執行運算式的邏輯「非」運算 |
| And | 執行兩個運算式的邏輯「與」運算 |
| Or | 執行兩個運算式的邏輯「或」運算 |
| Xor | 執行兩個運算式的邏輯「異或」運算 |
| Eqv | 執行兩個運算式的邏輯「等價」運算 |
| Imp | 執行兩個運算式的邏輯「包含」運算 |

下面的指令使用 Not 運算子，進而在使用中視窗是否顯示格線的兩種選項之間切換。DisplayGridlines 屬性的值為 True 或 False。因此，使用 Not 運算子將把 False 值改為 True，True 值改為 False。

```
ActiveWindow.DisplayGridlines = Not ActiveWindow.DisplayGridlines
```

下面的運算式執行邏輯 And（與）運算。當工作表 Sheet1 是現用工作表而且作用中儲存格位於第一行時，MsgBox 陳述式將顯示 True。如果其中一個條件或兩個條件都不滿足，陳述式將顯示為 False。

```
MsgBox ActiveSheet.Name = "Sheet1" And ActiveCell.Row = 1
```

下面的運算式執行邏輯 Or（或）運算。當工作表 Sheet1 或工作表 Sheet2 是現用工作表時，MsgBox 陳述式將顯示為 True。

```
MsgBox ActiveSheet.Name = "Sheet1" Or ActiveSheet.Name = "Sheet2"
```

## 3.5 陣列

「陣列」是一組擁有相同名稱的同類元素。使用陣列名稱和一個索引號可以參照陣列中的某個特定元素。例如，可定義一個包含 12 個字串變數的陣列，這樣每個變數就對應於一個月份的名稱。如果把該陣列命名為 MonthNames，那麼可以把這個陣列的第一個元素稱為 MonthNames(0)，第二個陣列元素稱為 MonthNames(1)，依此類推，直到 MonthNames(11)。

## 3.5.1　宣告陣列

可以用 Dim 或 Public 陳述式來宣告陣列，就像宣告普通的變數一樣。還可以指定陣列中包含的元素數目。為此，需要指定第一個索引號、關鍵字 To 以及最後一個索引號，這些都用括弧括起來。下面舉例說明如何宣告一個包含 100 個整數的陣列，如下所示：

```
Dim MyArray(1 To 100) As Integer
```

提示

> 在宣告陣列時，必須指定的只有上界索引號；如果只指定上界索引號，VBA 將假設 0 是下界索引號。因此，下面兩條陳述式的效果完全一樣：
>
> ```
> Dim MyArray(0 to 100) As Integer
> Dim MyArray(100) As Integer
> ```
>
> 這兩種情況下，陣列均由 101 個元素組成。

預設情況下，VBA 假設陣列的索引號是從 0 開始的。如果想讓 VBA 假設 1 是所有只宣告了上界索引號的陣列的下界索引號，就要在模組的任意程序之前包含下列陳述式：

```
Option Base 1
```

## 3.5.2　宣告多維陣列

上一節中的陣列範例都是一維陣列。雖然很少有超過三維的陣列，但是 VBA 陣列的維度最多可達 60 維。下列陳述式宣告一個包含 100 個整數的二維陣列：

```
Dim MyArray(1 To 10, 1 To 10) As Integer
```

可以認為上面的陣列為一個 10×10 的矩陣。為了參照二維陣列中的某個特定的元素，必須指定兩個索引號。例如，下面說明了如何把數值賦給上述陣列中的一個元素：

```
MyArray(3, 4) = 125
```

下面的範例宣告了一個含有 1000 個元素的三維陣列（可將三維陣列視為一個立方體）。

```
Dim MyArray(1 To 10, 1 To 10, 1 To 10) As Integer
```

參照該陣列中的一個項需要使用 3 個索引號：

```
MyArray(4, 8, 2) = 0
```

### 3.5.3 宣告動態陣列

動態陣列沒有提供元素的數目。因此，在宣告動態陣列時應使用一組空括弧：

```
Dim MyArray() As Integer
```

然而，在程式碼中使用動態陣列之前，必須使用 ReDim 陳述式說明 VBA 陣列中包含多少個元素。常常使用一個變數來指定陣列中元素的個數，直到程序執行結束後才知道該變數的值。例如，如果變數 x 含有一個數值，那麼可使用如下陳述式來定義陣列的大小：

```
ReDim MyArray (1 to x)
```

可使用任意次數的 ReDim 陳述式，每當需要時就可以更改陣列的大小。如果改變了陣列的維度，那麼將破壞現有的數值。如果要保持陣列中的現有值，可以使用 ReDim Preserve 陳述式。例如：

```
ReDim Preserve MyArray (1 to y)
```

本章在討論迴圈時還會談到陣列（請參閱第 3.10.4 節）。

## 3.6 物件變數

「物件變數」是代表一個完整物件的變數，如儲存格區域或工作表。物件變數很重要，原因有如下兩個：

➢ 可以顯著地簡化程式碼。
➢ 可使程式碼的執行速度更快。

與普通變數一樣，使用 Dim 或 Public 陳述式宣告物件變數。例如，下面的陳述式把變數 InputArea 宣告為一個 Range 物件變數：

```
Dim InputArea As Range
```

使用關鍵字 Set 可以把物件賦給變數，例如：

```
Set InputArea = Range("C16:E16")
```

為了查看物件變數如何簡化程式碼，可以試試下面的程序，其中沒有使用物件變數：

```
Sub NoObjVar()
    Worksheets("Sheet1").Range("A1").Value = 124
    Worksheets("Sheet1").Range("A1").Font.Bold = True
    Worksheets("Sheet1").Range("A1").Font.Italic = True
    Worksheets("Sheet1").Range("A1").Font.Size = 14
    Worksheets("Sheet1").Range("A1").Font.Name = "Cambria"
End Sub
```

這個常式把數值輸入到現用活頁簿的工作表 Sheet1 上的儲存格 A1 中，然後應用一些格式設定改變了字體和字型大小。需要手動輸入很多程式碼。為了減少手動的操作（並提高程式碼的效率），可以用一個物件變數簡化此常式：

```
Sub ObjVar()
    Dim MyCell As Range
    Set MyCell = Worksheets("Sheet1").Range("A1")
    MyCell.Value = 124
    MyCell.Font.Bold = True
    MyCell.Font.Italic = True
    MyCell.Font.Size = 14
    MyCell.Font.Name = Cambria
End Sub
```

將變數 MyCell 宣告為一個 Range 物件後，Set 陳述式把一個物件賦給它。然後，後面的陳述式就可以使用更簡單的 MyCell 參照來代替冗長的 Worksheets("Sheet1"). Range("A1") 參照。

---

**提示**

把物件賦給一個變數後，VBA 就可以更快地連接它，這要比使用普通的長參照快得多。因此，當速度變得很重要時，就應該使用物件變數。之所以出現速度的不同，是與「點的處理」有關。VBA 每次遇到一個點，如 Sheets(1).Range("A1")，就需要花費時間去解析這個參照。使用物件變數可以減少要處理的點的數目。處理的點越少，處理的時間也就越短。加快程式碼執行速度的另一種方法是使用 With-End With 構造，它也會減少要處理的點的數目。本章後續部分將討論這個構造。

---

在本章後面討論迴圈時，物件變數的真正價值將越來越清晰。

## 3.7 使用者自訂的資料類型

VBA 允許使用者建立自訂的資料類型。使用者自訂資料類型可以方便處理一些資料類型。例如，如果應用程式要處理客戶的資訊，可能需要建立一個名為 CustomerInfo 的使用者自訂資料類型，如下所示：

```
Type CustomerInfo
    Company As String
    Contact As String
    RegionCode As Long
    Sales As Double
End Type
```

---

**注意**

在模組的最上面與任何程序之前定義自訂的資料類型。

---

在建立了使用者自訂的資料類型後，可使用 Dim 陳述式把變數宣告為這種類型。通常，將陣列定義為這種類型。例如：

```
Dim Customers(1 To 100) As CustomerInfo
```

該陣列中的這 100 個元素由 4 部分組成（像使用者自訂的資料類型 CustomerInfo 指定的那樣），可採用如下陳述式參照記錄中某個特定的部分：

```
Customers(1).Company = "Acme Tools"
Customers(1).Contact = "Tim Robertson"
Customers(1).RegionCode = 3
Customers(1).Sales = 150674.98
```

還可以作為一個整體處理陣列中的元素。例如，要把 Customers(l) 中的資訊複製到 Customers(2) 中，可以使用下面的指令：

```
Customers(2) = Customers(1)
```

上面的範例等同於下面的指令：

```
Customers(2).Company = Customers(1).Company
Customers(2).Contact = Customers(1).Contact
Customers(2).RegionCode = Customers(1).RegionCode
Customers(2).Sales = Customers(1).Sales
```

## 3.8 內建函數

與大多數程式設計語言一樣，VBA 包含各種內建函數，它們可以簡化計算和操作。很多 VBA 函數都與 Excel 的工作表函數類似（或一樣）。例如，VBA 函數 UCase 可以把字串引數的值轉換為大寫字母，該函數等同於 Excel 的工作表函數 UPPER。

交叉參考　附錄 A 中包含了 VBA 函數的完整清單，並對每個函數有簡單的說明。所有這些函數的詳細說明都在 VBA 說明系統中可以找到。

提示

在撰寫程式碼時，為獲得 VBA 函數的清單，可以輸入 VBA，後面再跟一個句點（「.」）。VBE 就會顯示出包含其所有成員的清單，其中包括函數（如圖 3-3 所示）。函數的前面都有綠色的圖示。如果這個功能沒出現的話，就要確保選擇了「自動列出成員」選項。選擇〔工具〕→〔選項〕指令，然後按一下〔編輯器〕活頁標籤即可選擇該選項。

▲ 圖 3-3：在 VBE 中顯示 VBA 函數的清單

在 VBA 運算式中使用函數的方式與在工作表公式中使用函數的方式相同。下面舉例說明，假設有一個簡單的程序，該程序使用 VBA 的 Sqr 函數計算某個變數的平方根，然後把結果儲存在另一個變數中，最後顯示出結果：

```
Sub ShowRoot()
    Dim MyValue As Double
    Dim SquareRoot As Double
    MyValue = 25
    SquareRoot = Sqr(MyValue)
    MsgBox SquareRoot
End Sub
```

VBA 的 Sqr 函數等同於 Excel 中的 SQRT 工作表函數。

在 VBA 程式碼中，可使用很多（但不是所有的）Excel 的工作表函數。

WorksheetFunction 物件包含在 Application 物件中，WorksheetFunction 物件包含可從 VBA 程序呼叫的所有工作表函數。

為在 VBA 函式中使用工作表函數，只需要在函數名稱的前面加上如下所示的陳述式：

```
Application.WorksheetFunction
```

下面的範例描述了如何在 VBA 程序中使用 Excel 的工作表函數。在 Excel 中很少用到 ROMAN 函數，它可以將十進位數字轉換成羅馬數字。

```
Sub ShowRoman()
    Dim DecValue As Long
    Dim RomanValue As String
    DecValue = 1939
    RomanValue = Application.WorksheetFunction.Roman(DecValue)
    MsgBox RomanValue
End Sub
```

在執行這個程序時，MsgBox 函數將顯示出字串 MCMXXXIX。

不能使用具有等價的 VBA 函數的工作表函數，理解這一點很重要。例如，VBA 不能連接 Excel 的 SQRT 工作表函數，這是因為 VBA 有它自己的該函數的版本：Sqr。因此，下面的陳述式將產生錯誤訊息：

```
MsgBox Application.WorksheetFunction.Sqrt(123)    'error
```

正如將在第 5 章中詳細討論的，可使用 VBA 來建立使用者定義的工作表函數，使得函數可以像 Excel 內建的工作表函數一樣工作。

## MsgBox 函數

MsgBox 函數是最有用的 VBA 函數之一。本章的很多範例都使用了這個函數來顯示變數的數值。

這個函數常是簡單自訂對話方塊的一個很好替代品，也是一種優秀的偵錯工具。因為可在任意時刻插入 MsgBox 函數，進而暫停程式碼的執行並顯示計算或賦值的結果。

大多數函數都傳回一個值，也就是賦給變數的值。MsgBox 函數不僅傳回一個值，還顯示一個對話方塊，使用者可以對其做出反應。MsgBox 函數傳回的數值代表了使用者對該對話方塊的反應。在不需要使用者做出反應，而希望利用顯示的訊息的優點時，也可以使用 MsgBox 函數。

MsgBox 函數正式的語法包含 5 個引數（中括弧中的引數是可選的）：MsgBox(prompt[, buttons][, title][, helpfile, context])

- `prompt`（必需的）：該訊息顯示在彈出的對話方塊中。
- `buttons`（可選的）：指定在訊息中出現哪些按鈕和圖示的值。使用內建常數，如 vbYesNo。
- `title`（可選的）：出現在訊息標題列中的文字。預設值為 Microsoft Excel。
- `helpfile`（可選的）：與訊息關聯的幫助檔的名稱。
- `context`（可選的）：說明主題的上下文 ID。它表示要顯示的某個特定的說明主題。如果使用了 context 引數，還必須使用 helpfile 引數。

可把訊息傳回的數值賦給一個變數，或在不使用設定陳述式的情況下使用函數，如圖 3-4 所示。下面的範例把結果值賦給了變數 Ans：

```
Dim Ans As Long
Ans = MsgBox("Continue?", vbYesNo + vbQuestion, "Tell me")
If Ans = vbNo Then Exit Sub
```

注意，buttons 引數中使用了兩個內建常數之和（vbYesNo +vbQuestion）。使用 vbYesNo 可以在訊息中顯示兩個按鈕：一個按鈕的標籤為「是」，另一個按鈕的標籤為「否」。把 vbQuestion 添加到引數中還會顯示一個問號圖示。在執行了第一段陳述式之後，Ans 就包含兩個數值中的其中一個值，分別用常數 vbYes 或 vbNo 表示。在這個範例中，如果使用者按一下了「否」按鈕，程序將結束，如圖 3-4 所示。

▲ 圖 3-4：顯示的對話方塊

更多關於 MsgBox 函數的資訊請參考第 12 章。

# 3.9 處理物件和集合

作為 Excel 程式設計人員，要在處理物件和集合方面花費大量的時間。因此，需要知道最有效的撰寫程式碼方式，進而處理這些物件和集合。VBA 提供了兩個重要的結構，這些結構可以簡化物件和集合的處理：

➢ With-End With 結構
➢ For Each-Next 結構

## 3.9.1 With-End With 結構

With-End With 結構允許在單個物件上執行多項操作。為了理解 With-End With 結構的工作原理，可以試驗一下下面的程序，該程序修改了選擇區域格式的 6 個屬性（選擇區域假設為一個 Range 物件）：

```
Sub ChangeFont1()
    Selection.Font.Name = "Cambria"
    Selection.Font.Bold = True
    Selection.Font.Italic = True
    Selection.Font.Size = 12
    Selection.Font.Underline = xlUnderlineStyleSingle
    Selection.Font.ThemeColor = xlThemeColorAccent1
End Sub
```

可使用 With-End With 結構重新撰寫該程序。下面的程序執行的操作與上面的程序完全一樣：

```
Sub ChangeFont2()
    With Selection.Font
        .Name = "Cambria"
        .Bold = True
        .Italic = True
        .Size = 12
        .Underline = xlUnderlineStyleSingle
        .ThemeColor = xlThemeColorAccent1
    End With
End Sub
```

有些人認為該程序的第二種形式實際上更難閱讀。請記住，我們的目的是提高速度。雖然第一個版本可能更直接、更容易讀懂，但在更改某個物件的多個屬性時，使用 With-End With 結構的程序要比在每個陳述式中更明確地參照物件程序快得多。

在錄製 VBA 巨集時，一旦有機會，Excel 就使用 With-End With 結構。要看到一個好的
這種結構的範例，可以試著錄製如下動作：使用〔版面配置〕→〔版面設定〕→〔方向〕
→〔橫向〕指令來把頁面修改為橫向。

## 3.9.2 For Each-Next 結構

在前面的章節中講過，「集合」是一組相關的物件。例如，Workbooks 集合是所有打開的
Workbook 物件的集合，還可以使用其他很多集合。

假設要在集合的所有物件上執行某個動作，或要對集合的所有物件求值並在特定條件下採取
動作，這些都是使用 For Each-Next 結構的好機會，因為在使用 For Each-Next 結構時，不
必知道集合中有多少元素。

For Each-Next 結構的語法如下所示：

```
For Each element In collection
    [instructions]
    [Exit For]
    [instructions]
Next [element]
```

下面的程序在現用活頁簿中的 Worksheets 集合上使用 For Each-Next 結構。在執行這個程
序時，MsgBox 函數顯示出每個工作表的 Name 屬性（如果使用中活頁簿中有 5 個工作表，
就呼叫 MsgBox 函數 5 次）。

```
Sub CountSheets()
    Dim Item as Worksheet
    For Each Item In ActiveWorkbook.Worksheets
        MsgBox Item.Name
    Next Item
End Sub
```

在前面的範例中，Item 是一個物件變數（更確切地講是 Worksheet 物件）。名稱 Item 並
沒有什麼特別之處；可以在該處使用任何有效的變數名稱。

下面的範例使用了 For Each-Next 結構來通過 Windows 集合中的所有物件，並計算隱藏視
窗的總數：

```
Sub HiddenWindows()
    Dim Cnt As Integer
    Dim Win As Window
```

```
        Cnt = 0
        For Each Win In Windows
            If Not Win.Visible Then Cnt = Cnt + 1
        Next Win
        MsgBox Cnt & " hidden windows."
    End Sub
```

對於每個視窗而言，如果視窗是隱藏的，那麼變數 Cnt 將遞增。當迴圈結束後，訊息將顯示 Cnt 的數值。

在下面的範例中，關閉了除使用中活頁簿之外的所有活頁簿。這個程序使用了 If-Then 結構對 Workbooks 集合中的每個活頁簿求值。

```
Sub CloseInactive()
    Dim Book as Workbook
    For Each Book In Workbooks
        If Book.Name <> ActiveWorkbook.Name Then Book.Close
    Next Book
End Sub
```

For Each-Next 結構常見的一個用法是通過儲存格區域中的所有儲存格。下一個 For Each-Next 結構的範例將在使用者選擇了儲存格區域之後才執行。因為選擇區域中的每個儲存格都是一個 Range 物件，所以 Selection 物件將扮演由 Range 物件組成的集合的角色。這個程序對每個儲存格求值，並使用 VBA 的 UCase 函數把儲存格的內容轉換為大寫字母（數字儲存格不受影響）。

```
Sub MakeUpperCase()
    Dim Cell as Range
    For Each Cell In Selection
        Cell.Value = UCase(Cell.Value)
    Next Cell
End Sub
```

VBA 提供在計算集合中所有元素之前就退出 For-Next 迴圈的方法，即添加一段 Exit For 陳述式。下面的範例選擇了現用工作表的第一行中第一個負數。

```
Sub SelectNegative()
    Dim Cell As Range
    For Each Cell In Range("1:1")
        If Cell.Value < 0 Then
            Cell.Select
            Exit For
        End If
    Next Cell
End Sub
```

該範例使用 If-Then 結構來檢查每個儲存格的數值。如果儲存格是負值，那麼選擇該儲存格，然後在執行 Exit For 陳述式時結束該迴圈。

# 3.10 控制程式碼的執行

一些 VBA 程序從最上面一行程式碼逐行執行到最下面一行程式碼。如錄製的巨集通常就以這種方式工作。然而，經常需要控制常式的流程，透過跳過某些陳述式、多次執行某些陳述式以及測試條件來決定常式接下來要做什麼。

前面詳細介紹 For Each-Next 結構，這是一種迴圈類型。這一節將討論控制 VBA 程序執行的其他方式：

> ➢ GoTo 陳述式
> ➢ If-Then 結構
> ➢ Select Case 結構
> ➢ For-Next 迴圈
> ➢ Do While 迴圈
> ➢ Do Until 迴圈

## 3.10.1 GoTo 陳述式

改變程式流程最直接的方法就是使用 GoTo 陳述式。該語句只是將程式的執行轉移到一段新的指令，必須要有標籤標示此指令（帶冒號的文字字串或不帶冒號的數字）。VBA 程序可以包含任意數量的標籤，但是 GoTo 陳述式不能轉移到程序之外的指令。

在下面的程序中，使用了 VBA 的 InputBox 函數來獲得使用者的姓名。如果姓名不是 Howard，那麼程序將轉移到執行帶有 WrongName 標籤的分支並結束。否則，該程序執行其他程式碼。Exit Sub 陳述式將結束該程序的執行。

```
Sub GoToDemo()
    UserName = InputBox("Enter Your Name:")
    If UserName <> "Howard" Then GoTo WrongName
    MsgBox ("Welcome Howard...")
' -[More code here] -
    Exit Sub
WrongName:
    MsgBox "Sorry. Only Howard can run this macro."
End Sub
```

這個簡單程序也一樣有用，但是這並不是一個程式設計的好範例。一般來說，只在沒有其他辦法可以執行某些動作時才使用 GoTo 陳述式。實際上，在 VBA 中只在一種情況下必須使用 GoTo 陳述式，那就是進行錯誤處理時（請參閱本書第 7 章）。

最後，需要指出的是，上面範例的目的並非為了描述有用的安全技巧。

## 3.10.2 If-Then 結構

VBA 中最常用的指令分組可能就是 If-Then 結構。這種常用的指令提供了賦予應用程式決策能力的方式。好的決策是成功撰寫程式的關鍵。

If-Then 結構的基本語法如下所示：

```
If condition Then true_instructions [Else false_instructions]
```

If-Then 結構用於有條件地執行一段或多條陳述式。Else 子句是可選的，如果包含了 Else 子句，那麼當正在測試的條件結果不是 True 時，Else 子句允許執行一段或多條指令。

下面的程序描述了不含 Else 子句的 If-Then 結構。這個範例處理的內容與時間有關。VBA 使用了與 Excel 相似的日期和時間序號系統。把一天之內的時間表示為小數，如正午表示為 0.5。VBA 的 Time 函數傳回代表時間的值，與系統時鐘一樣。在下面的範例中，如果時間是在正午之前，就顯示一段訊息。如果目前的系統時間大於等於 0.5，這個程序就結束，而且不發生任何狀況。

```
Sub GreetMe1()
    If Time < 0.5 Then MsgBox "Good Morning"
End Sub
```

另一種幫該常式撰寫程式碼的方法是使用多個陳述式，如下所示：

```
Sub GreetMe1a()
    If Time < 0.5 Then
        MsgBox "Good Morning"
    End If
End Sub
```

請注意，If 陳述式有一個對應的 End If 陳述式。在該範例中，如果條件為 True，那麼只執行一個陳述式。然而，可以把任意數量的陳述式放在 If 和 End If 陳述式之間。

如果希望在時間過了正午之後顯示不同的問候語，就添加另一個 If-Then 陳述式，如下所示：

```
Sub GreetMe2()
    If Time < 0.5 Then MsgBox "Good Morning"
    If Time >= 0.5 Then MsgBox "Good Afternoon"
End Sub
```

注意，第二個 If-Then 語句中使用了「>=」（大於等於）來表示時間。這種情況就包括正午時分（12:00）。

還有一種方法運用 If-Then 結構的 Else 子句，例如：

```
Sub GreetMe3()
    If Time < 0.5 Then MsgBox "Good Morning" Else _
        MsgBox "Good Afternoon"
```

```
End Sub
```

請注意，這裡使用了換行連續序列，If-Then-Else 實際上是一段陳述式。

如果需要執行基於條件的多條陳述式，使用下面的形式：

```
Sub GreetMe3a()
    If Time < 0.5 Then
        MsgBox "Good Morning"
        ' Other statements go here
    Else
        MsgBox "Good Afternoon"
        ' Other statements go here
    End If
End Sub
```

如果想把這個常式進行擴展，以便處理 3 個條件（如早、中和晚），可使用 3 條 If-Then 陳述式或一個 ElseIf 的格式。第一種方法更簡單：

```
Sub GreetMe4()
    If Time < 0.5 Then MsgBox "Good Morning"
    If Time >= 0.5 And Time < 0.75 Then MsgBox "Good Afternoon"
    If Time >= 0.75 Then MsgBox "Good Evening"
End Sub
```

數值 0.75 表示下午 6 點，說明已經度過了一天的四分之三，也可以稱為傍晚。

在上面的範例中，即使滿足了第一個條件（也就是在早晨），程序中的每條指令仍然都得以執行。更有效的程序可以包含一個當條件滿足時結束常式的結構。例如，在早晨顯示訊息 Good Morning，然後不對多餘的條件進行評估就退出程序。在設計如此小的程序時，速度上的差異是無關緊要的。但是對於更複雜的應用程式來說，則需要另一種語法，如下。

```
If condition Then
    [true_instructions]
[ElseIf condition-n Then
    [alternate_instructions]]
[Else
    [default_instructions]]
End If
```

下面介紹如何使用上述語法重新撰寫 GreetMe 程序：

```
Sub GreetMe5()
    If Time < 0.5 Then
        MsgBox "Good Morning"
    ElseIf Time >= 0.5 And Time < 0.75 Then
        MsgBox "Good Afternoon"
    Else
        MsgBox "Good Evening"
```

```
      End If
   End Sub
```

使用這種語法，當條件為 True 時，就執行條件陳述式並結束 If-Then 結構的執行。換句話說，不評估多餘的條件。儘管這種語法的效率更高，但是程式碼可能更難理解。

下面的程序描述了使用另一種方法來撰寫上述範例的程式碼。其中使用了巢狀的 If-Then-Else 結構（沒有使用 ElseIf）。這個程序效率更高，也更容易讀懂。請注意，每個 If 陳述式都有一個相應的 End If 陳述式。

```
Sub GreetMe6()
   If Time < 0.5 Then
      MsgBox "Good Morning"
   Else
      If Time >= 0.5 And Time < 0.75 Then
      MsgBox "Good Afternoon"
   Else
      If Time >= 0.75 Then
            MsgBox "Good Evening"
         End If
      End If
   End If
End Sub
```

下面的範例中使用了 If-Then 結構的簡單形式。這個程序提示使用者輸入 Quantity 的值，然後，它會顯示出基於這個數值的相應折扣。注意，這裡的 Quantity 宣告為 Variant 資料類型。這是因為如果取消了 InputBox，Quantity 包含空字串（而不是數值）。為簡化程式碼，這個程序不執行其他任何錯誤檢測。例如，該程序不保證輸入的數值為非負數值。

```
Sub Discount1()
   Dim Quantity As Variant
   Dim Discount As Double
   Quantity = InputBox("Enter Quantity: ")
   If Quantity = "" Then Exit Sub
   If Quantity >= 0 Then Discount = 0.1
   If Quantity >= 25 Then Discount = 0.15
   If Quantity >= 50 Then Discount = 0.2
   If Quantity >= 75 Then Discount = 0.25
   MsgBox "Discount: " & Discount
End Sub
```

注意，總是會執行這個程序中的每一個 If-Then 陳述式，而 Discount 的值可能發生變化。然而，最終得到的值即為期望的值。

下面的程序使用另一種語法對上一個程序的程式碼重新進行撰寫。這種情況下，在執行 True 指令區塊後，該程序立即結束。

```
Sub Discount2()
    Dim Quantity As Variant
    Dim Discount As Double
    Quantity = InputBox("Enter Quantity:")
    If Quantity = "" Then Exit Sub
    If Quantity >= 0 And Quantity < 25 Then
        Discount = 0.1
    ElseIf Quantity < 50 Then
        Discount = 0.15
    ElseIf Quantity < 75 Then
        Discount = 0.2
    Else
        Discount = 0.25
    End If
    MsgBox "Discount: " & Discount
End Sub
```

### 📖 VBA 的 IIf 函數

VBA 提供了替代 If-Then 結構的另一種方法，即使用 IIf 函數。這個函數包含 3 個引數，功能類似於 Excel 的 IF 工作表函數。語法格式如下所示：

```
IIf(expr, truepart, falsepart)
```

- expr（必需的）：需要求值的運算式。
- truepart（必需的）：當 expr 傳回為 True 時，傳回的值或運算式。
- falsepart（必需的）：當 expr 傳回為 False 時，傳回的值或運算式。

下面的指令描述了 IIf 函數的用法。如果儲存格 A1 包含零值或為空時，訊息將顯示 Zero；如果儲存格 A1 包含其他內容，訊息將顯示 Nonzero。

```
MsgBox IIf(Range("A1") = 0, "Zero", "Nonzero")
```

即使第一個引數（expr）為 True，第三個引數（falsepart）仍然要進行計算，理解這一點是非常重要的。因此，如果 n 的值為 0，下面的陳述式將產生一個除零的錯誤訊息：

```
MsgBox IIf(n = 0, 0, 1 / n)
```

## 3.10.3 Select Case 結構

在三個或多個選項之間做出選擇時，Select Case 結構很有用處。該結構還可以處理兩個選項的問題，它是 If-Then-Else 結構很好的替代。Select Case 結構的語法格式如下：

```
Select Case testexpression
    [Case expressionlist-n
        [instructions-n]]
    [Case Else
```

```
        [default_instructions]]
    End Select
```

下面的Select Case結構的範例說明3.10.2節講述的GreetMe範例的另一種程式碼撰寫方式：

```
Sub GreetMe()
    Dim Msg As String
    Select Case Time
        Case Is < 0.5
        Msg = "Good Morning"
    Case 0.5 To 0.75
        Msg = "Good Afternoon"
    Case Else
        Msg = "Good Evening"
    End Select
    MsgBox Msg
End Sub
```

下面的範例使用 Select Case 結構對 Discount 範例進行重新撰寫。該程序假設 Quantity 的數值總是為整數。為簡單起見，該程序沒有執行錯誤檢測。

```
Sub Discount3()
    Dim Quantity As Variant
    Dim Discount As Double
    Quantity = InputBox("Enter Quantity: ")
    Select Case Quantity
        Case ""
            Exit Sub
        Case 0 To 24
            Discount = 0.1
        Case 25 To 49
            Discount = 0.15
        Case 50 To 74
            Discount = 0.2
        Case Is >= 75
            Discount = 0.25
    End Select
    MsgBox "Discount: " & Discount
End Sub
```

Case 陳述式還可以使用逗號把一種情況下多個數值分開。下面的程序使用 VBA 的 WeekDay 函數確定當天是否為週末（即 Weekday 函數傳回 1 或 7）。然後，該程序顯示相應的訊息：

```
Sub GreetUser1()
    Select Case Weekday(Now)
        Case 1, 7
            MsgBox "This is the weekend"
```

```
        Case Else
            MsgBox "This is not the weekend"
    End Select
End Sub
```

下面的範例顯示對前面的程序進行編碼的另一種方法：

```
Sub GreetUser2()
    Select Case Weekday(Now)
        Case 2, 3, 4, 5, 6
            MsgBox "This is not the weekend"
        Case Else
            MsgBox "This is the weekend"
    End Select
End Sub
```

還有一種對該程序編碼的方式，即使用 To 關鍵字指定值的範圍：

```
Sub GreetUser3()
    Select Case Weekday(Now)
        Case 2 To 6
            MsgBox "This is not the weekend"
        Case Else
            MsgBox "This is the weekend"
    End Select
End Sub
```

為了展示 VBA 的靈活性，最後的範例中評估每個情況，直到其中一個運算式為 True：

```
Sub GreetUser4()
    Select Case True
        Case Weekday(Now) = 1
            MsgBox "This is the weekend"
        Case Weekday(Now) = 7
            MsgBox "This is the weekend"
        Case Else
            MsgBox "This is not the weekend"
    End Select
End Sub
```

每個 Case 陳述式下面都可以撰寫任意數量的指令。如果這種情況下求出的值為 True，就執行所有指令。如果每個情況下都只有一段指令，那麼和前面的範例一樣，可能想把指令與關鍵字 Case 放在同一行上（但不要忘記 VBA 函式分隔符號：冒號）。這種處理方式使得程式碼變得更簡潔，例如：

```
Sub Discount3()
    Dim Quantity As Variant
    Dim Discount As Double
```

```
        Quantity = InputBox("Enter Quantity:")
        Select Case Quantity
            Case "": Exit Sub
            Case  0 To 24: Discount = 0.1
            Case 25 To 49: Discount = 0.15
            Case 50 To 74: Discount = 0.2
            Case Is >= 75: Discount = 0.25
        End Select
        MsgBox "Discount: " & Discount
    End Sub
```

3

提示

只要發現為 True 的情況，VBA 就退出 Select Case 結構。因此，為了最大限度地提高效率，應先檢測最可能發生的情況。

還可以用巢狀 Select Case 結構。例如，在下面的程序中，使用 VBA 的 TypeName 函數來確定選擇的物件（儲存格區域、什麼都不選擇或其他物件）。如果選擇的是儲存格區域，程序將執行巢狀的 Select Case 結構並測試儲存格區域內的儲存格數目。如果選擇的是一個儲存格，將顯示「One cell is selected」。否則將顯示一段關於所選擇行數的訊息。

```
Sub SelectionType()
    Select Case TypeName(Selection)
        Case "Range"
            Select Case Selection.Count
                Case 1
                    MsgBox "One cell is selected"
                Case Else
                    MsgBox Selection.Rows.Count &" rows"
            End Select
        Case "Nothing"
            MsgBox "Nothing is selected"
        Case Else
            MsgBox "Something other than a range"
    End Select
End Sub
```

該程序還描述 Case Else 的用法，這是一個針對一切情況的情形。只要需要，就可以多層巢狀 Select Case 結構，但是請確保每個 Select Case 陳述式都有一個對應的 End Select 語句。

這個程序也展示在程式碼中使用縮排可以使結構清晰易懂。例如，請看如下沒有使用縮排程式碼的同一個程序：

```
Sub SelectionType()
Select Case TypeName(Selection)
Case "Range"
```

```
Select Case Selection.Count
Case 1
MsgBox "One cell is selected"
Case Else
MsgBox Selection.Rows.Count &" rows"
End Select
Case "Nothing"
MsgBox "Nothing is selected"
Case Else
MsgBox "Something other than a range"
End Select
End Sub
```

看到沒有，上述程式碼因為結構不清晰讀起來很困難。

## 3.10.4 指令區塊的迴圈

「迴圈」是指重複指令區塊的程序。要麼知道迴圈的次數，要麼可以由程式中變數的值來確定迴圈的次數。

下面的程式碼把相鄰的數字輸入到一個儲存格區域中，這是一種「很糟糕的迴圈」。這個程序使用兩個變數分別來儲存起始值（StartVal）以及要填入的儲存格的總數目（NumToFill）。這個迴圈使用 GoTo 陳述式來控制流程。如果 Cnt 變數（它跟蹤已填入的儲存格數目）的值小於 NumToFill，那麼程式控制迴圈回到 DoAnother。

```
Sub BadLoop()
    Dim StartVal As Integer
    Dim NumToFill As Integer
    Dim Cnt As Integer
    StartVal = 1
    NumToFill = 100
    ActiveCell.Value = StartVal
    Cnt = 1
DoAnother:
    ActiveCell.Offset(Cnt, 0).Value = StartVal + Cnt
    Cnt = Cnt + 1
    If Cnt < NumToFill Then GoTo DoAnother Else Exit Sub
End Sub
```

這個程序按照預定的設計執行，那麼為什麼要說它是「糟糕的迴圈」呢？這是因為，一般來說，在不是絕對必要的情況下，不贊成程式設計人員使用 GoTo 陳述式。使用 GoTo 陳述式進行迴圈違背了結構化程式設計的理念（請參閱本節下文中的補充說明「什麼是結構化程式設計」）。實際上，GoTo 陳述式使得程式碼更加難以閱讀，因為幾乎不可能通程序式碼縮排來表示一個迴圈。此外，這種條理不清的迴圈使得程序更容易出錯。而且，使用大量的標籤將導致「義大利麵條式程式碼」（這種程式碼結構性很差，而且流程沒有規則可言）。

因為 VBA 有很多結構化的迴圈指令，所以絕對沒必要依賴於 GoTo 陳述式進行決策。

## For-Next 迴圈

最簡單的一種好迴圈就是 For-Next 迴圈。它的語法如下所示：

```
For counter = start To end [Step stepval]
    [instructions]
    [Exit For]
    [instructions]
Next [counter]
```

在下面的 For-Next 迴圈範例中，沒有使用可選的 Step 值或可選的 Exit For 陳述式。這個常式執行 Sum = Sum + Sqr(Count) 陳述式 100 次，然後顯示出結果（也就是前 100 個整數的平方根的總和）。

```
Sub SumSquareRoots()
    Dim Sum As Double
    Dim Count As Integer
    Sum = 0
    For Count = 1 To 100
        Sum = Sum + Sqr(Count)
    Next Count
    MsgBox Sum
End Sub
```

在這個範例中，Count（迴圈的計數器變數）從 1 開始，每迴圈重複一次，Count 就增加 1。Sum 變數只是累加 Count 的每個值的平方根。

### 什麼是結構化程式設計？

從程式設計人員那裡總能聽到術語「結構化程式設計」，還會發現人們認為結構化程式要優於非結構化程式。

那麼什麼才是結構化程式設計呢？用 VBA 可以實現結構化程式設計嗎？

作為結構化程式設計，基本的前提是常式或程式碼片段應該只有一個入口和一個出口。換言之，程式碼的主體應該是獨立的單元，而程式控制應該不跳入這個單元內部或從這個單元中間退出。其結果是，結構化程式設計排除了對 GoTo 陳述式的使用。在撰寫結構化程式碼時，程式會有序前進並易於跟蹤，而在義大利麵條式程式碼中程式則四處轉移。

與非結構化程式相比，結構化程式方便了閱讀和理解。更重要的是，這樣的程式碼還更易修改。

VBA 是一種結構化的語言，它提供了標準的結構化構造，如 If-Then-Else、Select Case、For-Next、Do Until 以及 Do While 迴圈。而且，VBA 完全支援模組化的程式碼結構。

如果是程式設計方面的初學者，最好養成良好的結構化程式設計習慣。

警告

在使用 For- Next 迴圈時，迴圈計數器是一個普通的變數，沒有什麼特別的，理解這一點很重要。因此，在 For 和 Next 陳述式之間執行的程式碼塊內，迴圈計數器上的數值可能會發生變化。然而，這是一種不良的程式設計習慣，而且可能導致不可預知的結果產生。事實上，應該採取一些預防措施以確保程式碼不會修改迴圈計數器的數值。

還可以使用 Step 值跳過迴圈中的某些值。下面對上例進行了改寫，它對 1～100 之間的奇數的平方根求和。

```
Sub SumOddSquareRoots()
    Dim Sum As Double
    Dim Count As Integer
    Sum = 0
    For Count = 1 To 100 Step 2
        Sum = Sum + Sqr(Count)
    Next Count
    MsgBox Sum
End Sub
```

在這個程序中，Count 從 1 開始，然後提取 3、5、7 等奇數。在這個迴圈中 Count 的最後一個值是 99。當迴圈結束時，Count 的值為 101。

For-Next 迴圈中的 Step 數值也可能是負值。下面的程序刪除了現用工作表中第 2、4、6、8 和第 10 行的內容：

```
Sub DeleteRows()
    Dim RowNum As Long
    For RowNum = 10 To 2 Step -2
        Rows(RowNum).Delete
    Next RowNum
End Sub
```

讀者可能會疑惑為什麼在 DeleteRows 程序中使用一個負的 Step 數值。如下面的程序所示，如果使用一個正的 Step 數值，將刪除一些錯誤的行。這是因為被刪除行下方的行的號碼將得到一個新行號。例如，如果刪除了第 2 行，那麼第 3 行將變成新的第 2 行。使用負的 Step 值則確保刪除正確的行。

```
Sub DeleteRows2()
    Dim RowNum As Long
    For RowNum = 2 To 10 Step 2
        Rows(RowNum).Delete
    Next RowNum
End Sub
```

下面的程序執行與本節開頭的 BadLoop 範例相同的任務。但是，這裡去掉了 GoTo 陳述式，進而由一個糟糕的迴圈變成了使用 For-Next 結構的良好迴圈。

```
Sub GoodLoop()
    Dim StartVal As Integer
    Dim NumToFill As Integer
    Dim Cnt As Integer
    StartVal = 1
    NumToFill = 100
    For Cnt = 0 To NumToFill - 1
        ActiveCell.Offset(Cnt, 0).Value = StartVal + Cnt
    Next Cnt
End Sub
```

For-Next 迴圈還可在迴圈中包含一段或多條 Exit For 陳述式。在遇到這段陳述式時,迴圈立即中止,控制權交給目前 For-Next 迴圈的 Next 陳述式後面的一段陳述式。下面的範例說明了 Exit For 陳述式的用法。這個程序確定了在現用工作表中的列 A 中包含最大值的儲存格是哪一個:

```
Sub ExitForDemo()
    Dim MaxVal As Double
    Dim Row As Long
    MaxVal = Application.WorksheetFunction.Max(Range("A:A"))
    For Row = 1 To 1048576
        If Cells(Row, 1).Value = MaxVal Then
            Exit For
        End If
    Next Row
    MsgBox "Max value is in Row " & Row
    Cells(Row, 1).Activate
End Sub
```

使用 Excel 的 MAX 函數可以計算出列中的最大值,然後將這個值賦值給 MaxVal 變數。For-Next 迴圈將檢查該列中的每一個儲存格。如果被檢查的儲存格的值等於 MaxVal 變數的值,Exit For 陳述式就結束這個程序,並執行 Next 陳述式後面的陳述式。這些陳述式將顯示最大值所在的行並啟動這個儲存格。

---

**注意**

此處的 ExitForDemo 程序是為了說明如何退出 For-Next 迴圈。然而,這還不是啟動儲存格區域中最大值的最有效方法。實際上,用一段陳述式即可完成此項任務:

```
Range("A:A").Find(Application.WorksheetFunction.Max _
    (Range("A:A"))).Activate
```

---

前面的範例使用了比較簡單的迴圈。但迴圈中可以包含任意數量的陳述式,甚至可以將 For-Next 迴圈巢狀在其他 For-Next 迴圈中。如下例所示,使用巢狀的 For-Next 迴圈來初始化一個 10×10×10 的陣列,使得陣列中的元素值都為 -1。當程序結束時,MyArray 中的 1000 個元素每一個的取值都為 -1。

```
Sub NestedLoops()
    Dim MyArray(1 to 10, 1 to 10, 1 to 10)
    Dim i As Integer, j As Integer, k As Integer
    For i = 1 To 10
      For j = 1 To 10
         For k = 1 To 10
            MyArray(i, j, k) = -1
         Next k
      Next j
    Next i
' [More code goes here]
End Sub
```

### Do While 迴圈

Do While 迴圈是 VBA 中提供的另一種迴圈結構。與 For-Next 迴圈不同的是,只有在滿足指定的條件時才會執行 Do While 迴圈。

Do While 迴圈有兩種語法格式,如下所示:

```
Do [While condition]
    [instructions]
    [Exit Do]
    [instructions]
Loop
```

或

```
Do
    [instructions]
    [Exit Do]
    [instructions]
Loop [While condition]
```

正如所看到的那樣,VBA 允許把 While 條件放在迴圈的開頭或結尾處。這兩種語法的區別在於對條件進行評估時,在第一種語法中,有可能從來都不執行迴圈的內容,而在第二種語法中,則至少執行一次迴圈的內容。

下面的範例把一組日期插入現用工作表中。日期對應於目前這個月的日曆,日期輸入到作用中儲存格開頭的欄中。

注意

這些範例使用了一些與日期有關的 VBA 函數:

- Date 傳回目前日期。
- Month 傳回作為引數的日期對應的月份。
- DateSerial 傳回以年、月、日作為引數對應的日期。

第一個範例描述了 Do While 迴圈的用法。它在迴圈開始處就測試條件：EnterDates1 程序把當月的日期寫到工作表的一個以作用中儲存格為起點的列中。

```
Sub EnterDates1()
'  Do While, with test at the beginning
   Dim TheDate As Date
   TheDate = DateSerial(Year(Date), Month(Date), 1)
   Do While Month(TheDate) = Month(Date)
      ActiveCell = TheDate
      TheDate = TheDate + 1
      ActiveCell.Offset(1, 0).Activate
   Loop
End Sub
```

這個程序使用一個名為 TheDate 的變數，該變數包含了寫到工作表中的日期。該變數的初始值為當月的第一天。在該循環體內，變數 TheDate 的數值將輸入到作用中儲存格中，然後 TheDate 將遞增，並啟動下一個儲存格。繼續迴圈，直到變數 TheDate 的月份與目前日期中的月份相同時為止。

下面的程序與 EnterDates1 程序的效果一樣，但它採用了 Do While 的第二種語法格式，該迴圈將在迴圈末尾處檢查迴圈條件：

```
Sub EnterDates2()
'  Do While, with test at the end
   Dim TheDate As Date
   TheDate = DateSerial(Year(Date), Month(Date), 1)
   Do
      ActiveCell = TheDate
      TheDate = TheDate + 1
      ActiveCell.Offset(1, 0).Activate
   Loop While Month(TheDate) = Month(Date)
End Sub
```

Do While 迴圈也可以包含一段或多條 Exit Do 陳述式。遇到 Exit Do 陳述式時，迴圈會立即結束，控制權將交給 Loop 陳述式後面的陳述式。

## Do Until 陳述式

Do Until 迴圈結構非常類似於 Do While 結構。只有在測試條件時，這兩種結構的區別才很明顯。在 DoWhile 迴圈中，當迴圈條件值為 True 時就執行迴圈；而在 Do Until 迴圈中，一直執行迴圈，直至迴圈條件值為 True。

Do Until 也有兩種語法格式：

```
Do [Until condition]
   [instructions]
   [Exit Do]
```

```
    [instructions]
Loop
```

或

```
Do
    [instructions]
    [Exit Do]
    [instructions]
Loop [Until condition]
```

下面的兩個範例與前一節中 Do While 日期錄入範例所完成的功能相同。唯一的區別在於這兩個程序計算條件的位置不同（位於迴圈開始處或結尾處）。下面是第一個範例：

```
Sub EnterDates3()
'   Do Until, with test at beginning
    Dim TheDate As Date
    TheDate = DateSerial(Year(Date), Month(Date), 1)
    Do Until Month(TheDate) <> Month(Date)
        ActiveCell = TheDate
        TheDate = TheDate + 1
        ActiveCell.Offset(1, 0).Activate
    Loop
End Sub
```

下面是第二個範例：

```
Sub EnterDates4()
'   Do Until, with test at end
    Dim TheDate As Date
    TheDate = DateSerial(Year(Date), Month(Date), 1)
    Do
        ActiveCell = TheDate
        TheDate = TheDate + 1
        ActiveCell.Offset(1, 0).Activate
    Loop Until Month(TheDate) <> Month(Date)
End Sub
```

以下範例原來用於 Do Whole 迴圈中，但重新撰寫之後用於 Do Until 迴圈中。兩者的區別在於 Do 陳述式那一行。下面的範例使得程式碼更簡單一些，因為它避免使用 Do While 範例中的負值。

```
Sub DoUntilDemo1()
    Dim LineCt As Long
    Dim LineOfText As String
    Open "c:\data\textfile.txt" For Input As #1
    LineCt = 0
    Do Until EOF(1)
```

```
        Line Input #1, LineOfText
        Range("A1").Offset(LineCt, 0) = UCase(LineOfText)
        LineCt = LineCt + 1
    Loop
    Close #1
End Sub
```

VBA 還支援另一種迴圈：While Wend。包含這種迴圈結構主要是出於相容性的目的。下面的範例就是透過 While Wend 迴圈撰寫的日期寫入程序的程式碼：

```
Sub EnterDates5()
    Dim TheDate As Date
    TheDate = DateSerial(Year(Date), Month(Date), 1)
    While Month(TheDate) = Month(Date)
        ActiveCell = TheDate
        TheDate = TheDate + 1
        ActiveCell.Offset(1, 0).Activate
    Wend
    End Sub
```

# VBA 的子程序

- 宣告和建立 **VBA** 的子程序
- 執行程序
- 向程序傳遞引數
- 使用錯誤處理技術
- 開發一個有用的程序範例

## 4.1 關於程序

「程序」是一系列位於 VBA 模組中的 VBA 函式，在 VBE 中可以連接這些 VBA 模組。一個模組可以包含任意數量的程序。程序中保存一組完成預定任務的 VBA 函式。大多數 VBA 程式碼都包含在程序中。

可透過多種方式來呼叫或執行程序。執行程序時，將從頭到尾執行其中的程式碼，但也可能中途結束程序的執行。

> **提示**
>
> 程序的程式碼可以任意長，但很多人都不願意建立執行很多不同操作的且非常長的程序。實際上，採用幾個更小的程序會更便於撰寫程序的程式碼，要求每個小程序都有其自身的目的。然後設計一個主程序來呼叫這些小程序。這種方法使得程式碼更易於維護。

需要撰寫一些程序來接收引數。「引數」只是程序使用的資訊，在執行程序時才傳遞到這個程序中。程序引數與在 Excel 工作表函數中使用的引數功能一樣。程序中的指令通常在這些引數上執行邏輯運算，程序的結果通常就基於這些引數。

儘管本章主要介紹子程序，但 VBA 還支援函數程序，這部分內容將在第 5 章中討論。第 7 章還將介紹關於這兩個程序（子程序和函數程序）的很多範例，你可以將這些融入到自己的工作中。

## 4.1.1 子程序的宣告

使用 Sub 關鍵字宣告的程序必須依循下面的語法格式：

```
[Private | Public][Static] Sub name ([arglist])
    [instructions]
    [Exit Sub]
    [instructions]
End Sub
```

下面簡單介紹組成子程序的各個元素：

- ➢ Private（可選的）：表明只有同一個模組中的其他程序才可以連接這個程序。
- ➢ Public（可選的）：表明該活頁簿中所有模組中的所有其他程序都可以連接這個程序。如果該程序用在包含 Option Private Module 陳述式的模組中，那麼這個程序就不可以用於該專案之外。
- ➢ Static（可選的）：表明程序結束時將保存程序的變數。
- ➢ Sub（必需的）：這個關鍵字表示程序的開始點。
- ➢ name（必需的）：任何有效的程序名稱。
- ➢ arglist（可選的）：代表一系列的變數，用括弧括起來。這些變數將接收傳遞到程序中的引數值，並使用逗號分隔引數。如果程序沒有使用任何引數，就必須有一組空的括弧。
- ➢ instructions（可選的）：代表有效的 VBA 指令。
- ➢ Exit Sub（可選的）：在正式結束之前，強制立即從程序中退出的陳述式。
- ➢ End Sub（必需的）：表示程序的結束。

---

**幫程序命名**

每個程序都必須有一個名稱。一般來說，給程序命名的規則與變數名稱相同。理想情況下，程序的名稱應該描述其內在進程的目標。比較好的規則是使用包括一個動詞和一個名詞的名稱（如 ProcessDate、PrintReport、Sort_Array 或 CheckFilename 等）。如果不是撰寫使用一次後就會刪除的程序，避免使用沒有意義的名稱，如 DoIt、Update 和 Fix 等。

一些程式設計人員還喜歡使用類似於句子一樣的名稱來描述程序 ( 如 WriteReportToTextFile 和 Get_Print_Options_ and_Print_Report)。

---

**注意**

除了一些例外情況，模組中的所有 VBA 指令都必須包含在程序中。例外的情況包括模組層次上的變數宣告、使用者自訂資料類型的定義以及其他一些用於指定模組層次上項目的指令等（如 Option Explicit）。

## 4.1.2 程序的有效範圍

第 3 章講述變數的有效範圍決定了可以使用該變數的模組和程序。同樣地，程序的有效範圍也決定其他哪些程序可以呼叫它。

### 1. 公用的程序

預設情況下，程序是「公用的」。也就是說，活頁簿中所有模組中的其他程序都可以呼叫該程序。使用關鍵字 Public 不是必需的，但為清楚起見，程式設計人員通常都寫上這個關鍵字。下面的兩個程序都是公用的：

```
Sub First()
'   ... [code goes here] ...
End Sub
Public Sub Second()
'   ... [code goes here] ...
End Sub
```

### 2. 私有的程序

私有的程序可以被同一模組中的其他程序呼叫，但不可以被其他模組中的其他程序呼叫。

> **注意**
>
> 在使用者使用「巨集」對話盒時（按〔Alt〕+〔F8〕快速鍵），Excel 只顯示公用的程序。因此，如果某個程序設計為只能被同一模組中的其他程序呼叫，就應該確保這些程序宣告為 Private，這樣就可以避免使用者從「巨集」對話盒執行這些程序。

下面的範例宣告一個名為 MySub 的私有程序：

```
Private Sub MySub()
'   ... [code goes here] ...
End Sub
```

> **提示**
>
> 可將模組中的所有程序強制設為私有的程序（甚至在這些程序都是透過關鍵字 Public 宣告的情況下），方法是在第一個 Sub 陳述式之前包含下列陳述式：
>
> ```
> Option Private Module
> ```
>
> 如果在模組中撰寫以上陳述式，那麼可在 Sub 宣告中省略掉關鍵字 Private。

Excel 的巨集錄製器一般將新的子程序建立為 Macro1、Macro2 等。除非需要修改錄製的程式碼，否則這些程序都是公用的程序，而且從不使用任何引數。

## 4.2 執行子程序

本節將講述執行或呼叫 VBA 的子程序的多種方法：

➤ 使用〔執行〕→〔執行 Sub 或 UserForm〕指令（在 VBE 功能表中），或按〔F5〕快速鍵，還可以使用「一般」工具列中的〔執行 Sub 或 UserForm〕按鈕。這些方法都假定滑鼠游標在程序中。

➤ 透過在 Excel 的「巨集」對話盒中執行。

➤ 使用指定給程序的〔Ctrl〕鍵（假定已經指定了一個）。

➤ 在工作表上按一下某個按鈕或形狀。這個按鈕或形狀必須有對應的程序。

➤ 透過撰寫的另一個程序。子程序和函數程序可以執行其他程序。

➤ 透過加上到快速連接工具列的一個圖示。

➤ 透過加上到功能區中的某個按鈕。

➤ 從某個自訂快顯功能表中。

➤ 當事件發生時。這些事件包括打開活頁簿、儲存活頁簿、關閉活頁簿、對儲存格進行修改、啟動工作表以及其他一些事件。

➤ 從 VBE 中的「即時運算視窗」中。只要輸入程序的名稱（包括應用的所有引數），然後按下〔Enter〕鍵即可。

下面將討論這些用於執行程序的方法。

> **注意**
>
> 很多情況下，如果不是在合適的上下文中，程序會不能正常執行。例如，如果程序需要使用現用工作表，而目前圖表工作表是現用的，那麼這個程序將會執行失敗。在好的程序中，應融入用於檢查合適的上下文以及在無法正常執行時安全退出的程式碼。

### 4.2.1 透過「執行 Sub 或 UserForm」指令執行程序

VBE 的〔執行〕→〔執行 Sub 或 UserForm〕功能表指令主要用於在開發的同時測試程序。程式設計人員可能從未期望使用者必須啟動 VBE 來執行某個程序。在 VBE 中選擇〔執行〕→〔執行 Sub 或 UserForm〕指令來執行目前程序（換句話說，是包含滑鼠游標的程序）。還可以按〔F5〕鍵或使用「一般」工具列中的〔執行 Sub 或 UserForm〕按鈕。

在發出〔執行 Sub 或 UserForm〕指令時，如果滑鼠游標不在程序當中，VBE 將顯示「巨集」對話盒，以便選擇要執行的程序。

### 4.2.2 從「巨集」對話盒執行程序

按下〔Alt〕+〔F8〕快速鍵或選擇〔開發人員〕→〔程式碼〕→〔巨集〕來連接這個對話盒，如圖 4-1 所示。使用「巨集存放在」下拉式清單方塊限制顯示的巨集的範圍（如只顯示現用活頁簿中的巨集）。

「巨集」對話盒不顯示以下資訊：

➢ 函數程序

➢ 使用關鍵字 Private 宣告的子程序

➢ 需要一個或多個引數的子程序

➢ 包含在載入項目中的子程序

➢ 儲存在 ThisWorkbook、Sheet1 或 UserForm1 等物件的程式碼模組中的事件程序

**提示**

即使「巨集」對話盒中沒有列出儲存在載入項目中的程序，只要知道名稱，仍可以執行這一程序。只需要在「巨集」對話盒中的「巨集名稱」文字方塊中輸入程序名稱，然後按一下〔執行〕按鈕即可。

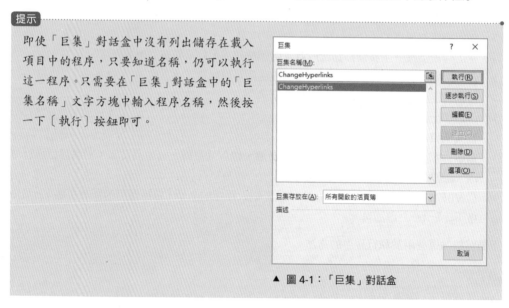

▲ 圖 4-1：「巨集」對話盒

## 4.2.3 用〔Ctrl〕+ 快速鍵組合執行程序

可以給沒有使用任何引數的任意程序指定一個〔Ctrl〕快速鍵組合。例如，如果把〔Ctrl〕+〔U〕快速鍵組合指定給名為 UpdateCustomer List 的程序，那麼按〔Ctrl〕+〔U〕快速鍵即可執行該程序。

當開始錄製巨集時，在「錄製巨集」對話盒中可以指定一個快速鍵。然而，也可以在任意時刻指定快速鍵。如果要給程序指定〔Ctrl〕快速鍵（或更改某個程序的快速鍵），可按步驟操作：

(1) 啟動 Excel 並顯示「巨集」對話盒（〔Alt〕+〔F8〕快速鍵是其中一種打開方法）。

(2) 從「巨集」對話盒的清單方塊中選擇合適的程序。

(3) 按一下〔選項〕按鈕顯示「巨集選項」對話盒（如圖 4-2 所示）。

(4) 在〔Ctrl〕+ 文字方塊中輸入字元。

▲ 圖 4-2：「巨集選項」對話盒允許指定〔Ctrl〕鍵快捷方式，還可以根據自己的意願為程序加上說明

(5) 輸入說明資訊（可選的）。如果為巨集輸入了說明，那麼當在清單方塊中選擇這個程序之後，說明就會顯示在「巨集」對話盒的底部。

(6) 按一下〔確定〕按鈕關閉「巨集選項」對話盒，然後按一下〔取消〕按鈕關閉「巨集」對話盒。

如果把 Excel 的一個預先定義的快速鍵組合指定給了某個程序，那麼自訂的快速鍵組合的指定優先於 Excel 預先定義的快速鍵組合的指定。例如，〔Ctrl〕+〔S〕是用來儲存活頁簿的預先定義快速鍵。但是，如果把〔Ctrl〕+〔S〕快速鍵指定給了某個程序，那麼按下〔Ctrl〕+〔S〕快速鍵就不再儲存現用活頁簿。

**提示**

Excel 2013 不使用鍵盤上的〔J〕、〔M〕和〔Q〕鍵作為〔Ctrl〕+鍵組合。Excel 也沒有使用很多〔Ctrl〕+〔Shift〕+鍵的組合，它們主要用於不太明確的指令。

## 4.2.4 從功能區執行程序

Excel 2007 中導入功能區使用者介面。在 Excel 2007 版本中，為了自訂功能區，需要撰寫 XML 程式碼向功能區中加上新的按鈕（或其他控制項）。請注意，功能區的修改是在 Excel 之外進行的，不能使用 VBA 進行修改。

從 Excel 2010 起，使用者可直接在 Excel 中修改功能區。只要右擊功能區的任一部分並從快顯功能表中選擇「自訂功能區」。在功能區加上新控制項並為該控制項指定 VBA 巨集這一程序十分簡單。不過，這必須手動完成。換句話說，不能使用 VBA 在功能區中加上控制項。

更多關於自訂功能區的資訊請參閱第 17 章。

## 4.2.5 從自訂快顯功能表中執行程序

透過按一下自訂快顯功能表中的功能表項目也可以執行巨集。當在 Excel 中的某個物件或儲存格區域上右擊時，就會出現快顯功能表。可以相當容易地撰寫在任一 Excel 快顯功能表中加上新的 VBA 程式碼。

更多關於自訂快顯功能表的資訊請參閱第 18 章。

## 4.2.6 從另一個程序中執行程序

執行程序最常用的一種方法是從另一個 VBA 程序中呼叫此程序。為此，可以採用下列 3 種方式：

➤ 輸入程序的名稱以及它的引數（如果有的話），引數用逗號隔開。不要將引數列表放在括弧內。

➤ 在程序名稱以及它的引數（如果有的話）前使用關鍵字 Call，引數用括弧括起來並用逗號隔開。

➤ 使用 Application 物件的 Run 方法。當需要執行某個程序，而又把程序的名稱指定給某個變數時，Run 方法是很有用的。然後可將這個變數作為引數傳遞給 Run 方法。

下面是一個採用兩個引數的簡單子程序。這個程序顯示兩個引數的乘積。

```
Sub AddTwo (arg1, arg2)
    MsgBox arg1 * arg2
End Sub
```

下列 3 段陳述式顯示執行 AddTwo 程序並傳遞兩個引數的 3 種不同方式。三者產生相同的結果。

```
AddTwo 12, 6
Call AddTwo (12, 6)
Run "AddTwo", 12, 6
```

雖然是可選的，但一些程式設計人員通常使用關鍵字 Call 來清楚地表明正在呼叫另一個程序。

使用 Run 方法最佳時機可能是在程序名稱指定給某個變數時。實際上，這是以這種方式執行程序的唯一方式。下面的範例展示這一點。Main 程序使用 VBA 的 WeekDay 函數確定一周內的哪一天（從星期天開始，用 1 ～ 7 之間的整數表示）。SubToCall 變數被賦予一個代表程序名稱的字串，Run 方法然後呼叫相應的程序（WeekEnd 或 Daily 程序）。

```
Sub Main()
    Dim SubToCall As String
    Select Case WeekDay(Now)
        Case 1, 7: SubToCall = "WeekEnd"
        Case Else: SubToCall = "Daily"
    End Select
        Application.Run SubToCall
End Sub

Sub WeekEnd()
    MsgBox "Today is a weekend"
'   Code to execute on the weekend
'   goes here
End Sub
```

```
Sub Daily()
    MsgBox "Today is not a weekend"
'  Code to execute on the weekdays
'  goes here
End Sub
```

## 1. 呼叫另一個模組中的程序

如果 VBA 在目前模組中不能找到要呼叫的程序，那麼它將在同一個專案的其他模組中尋找公用的程序。

如果必須從另一個程序中呼叫一個私有的程序，那麼這兩個程序必須位於同一個模組中。

在同一個模組中，兩個程序不能擁有相同的名稱，但在不同的模組中可以有名稱一樣的程序。可以強制 VBA 執行命名會產生歧義的程序，也就是說，可執行另一個模組中也有相同名稱的另一個程序。為此，要在程序名稱的前面加上模組名稱和一個句點。

例如，假設在 Module1 和 Module2 中都定義了名為 MySub 的程序。如果希望 Module2 中的某個程序呼叫 Module1 中的 MySub 程序，可使用下面兩段陳述式中的任意一段陳述式：

```
Module1.MySub
Call Module1.MySub
```

如果對同名的兩個程序不加以區分，就會得到一段「發現不確定的名稱」的錯誤訊息。

## 2. 呼叫另一個活頁簿中的程序

某些情況下，可能需要程序執行定義在另一個活頁簿中的另一個程序。要達到此目的，主要有兩種選擇：一種是建立對另一個活頁簿的參照，另一種是使用 Run 方法並顯式地指定活頁簿的名稱。

要加上對另一個活頁簿的參照，可選擇 VBE 的〔工具〕→〔設定參照項目〕指令。Excel 將顯示出「設定參照項目」對話盒（如圖 4-3 所示），其中列出所有可用的參照，也包括所有打開的活頁簿。只要選中對應於要加上參照的活頁簿的核取方塊，然後按一下〔確定〕按鈕即可。建立參照後，就可以呼叫這個活頁簿中的程序了，就像這些程序位於發出呼叫指令的程序所在的活頁簿中一樣。

▲ 圖 4-3：「設定參照項目」對話盒允許建立對另一個活頁簿的參照

建立參照時，被參照的活頁簿不必處於打開狀態；可將其視為單獨的物件程式庫。使用「設定參照項目」對話盒中的〔瀏覽〕按鈕可以建立對沒有打開的活頁簿的參照。

如果一個活頁簿中包含對另外一個活頁簿的參照，那麼在打開這個活頁簿時，被參照的活頁簿也將自動打開。

對話盒中顯示的參照清單還包含系統上註冊的物件程式庫和 ActiveX 控制項。Excel 活頁簿通常包括對下列物件程式庫的參照：

- Visual Basic for Applications
- Microsoft Excel 15.0 Object Library
- OLE Automation
- Microsoft Office 15.0 Object Library
- Microsoft Forms 2.0 Object Library（可選的，只有當專案中包含使用者表單時才包括這種物件程式庫）

例如，如果已經建立了對包含 YourSub 程序的活頁簿的參照，那麼可以使用下列兩段陳述式中的任意一段陳述式來呼叫 YourSub：

```
YourSub
Call YourSub
```

為準確識別出另一個活頁簿中的某個程序，可使用下列語法指定專案名稱、模組名稱和程序名稱：

```
YourProject.YourModule.YourSub
```

或使用關鍵字 Call 來呼叫：

```
Call YourProject.YourModule.YourSub
```

呼叫位於另一個活頁簿中的程序還有一種方法，就是使用 Application 物件的 Run 方法。這種方法不需要建立參照，但是含有該程序的活頁簿必須是打開的。下列陳述式執行位於 budget macros.xlsm 活頁簿中的 Consolidate 程序：

```
Application.Run "'budget macros.xlsm'!Consolidate"
```

注意，活頁簿名稱括在單引號內。這種語法只有當檔案名包括一個或多個空格字元時才是必需的。這裡有一個呼叫沒有包含空格字元的活頁簿中的程序的範例：

```
Application.Run "budgetmacros.xlsm!Consolidate"
```

### 為什麼要呼叫其他程序

對於程式設計方面的初學者而言，可能比較奇怪為什麼需要從一個程序中呼叫另一個程序，而不是把被呼叫的程序的程式碼放到發出呼叫的程序中。

一個原因是為了使程式碼更加清晰。程式碼越簡單，就越便於維護和修改。較小的常式容易解釋以及隨後進行調試。查看下面的程序程式碼，它只是在呼叫其他的程序。這個程序非常容易理解。

```
Sub Main()
    Call GetUserOptions
    Call ProcessData
    Call CleanUp
    Call CloseItDown
End Sub
```

呼叫其他程序還可以消除冗餘的程序。假設必須在常式中 10 個不同的地方執行某項目操作，那麼不用輸入 10 次程式碼，只需先撰寫一個執行該操作的程序，然後呼叫該程序 10 次即可。如果需要做出更改，只需修改一次，而不是 10 次。

而且，可能有一連串頻繁使用的通用程序。如果把它們儲存在某個單獨的模組中，那麼可以先將這個模組導入到目前的專案中，然後在需要時呼叫這些程序即可：這樣做比把程式碼複製、貼上到新的程序要簡單得多。

通常，建立一些小型程序而不是單個大型程序的做法是非常好的程式設計習慣。模組化方法不僅使得工作更加容易，而且可以簡化處理程式碼的人員的工作。

## 4.2.7 透過按一下物件執行程序

Excel 提供可以放在工作表或圖表工作表上的各種物件，還可以把巨集附加到這些物件上。這些物件包括如下幾類：

➢ ActiveX 控制項
➢ 表單控制項
➢ 插入的物件（形狀、SmartArt、藝術字、圖表和圖片）

〔開發人員〕→〔控制項〕→〔插入〕指令中的下拉清單中包含了可以插入到工作表中的兩種控制項：表單控制項和 ActiveX 控制項。表單控制項通常設計為在試算表中使用，ActiveX 控制項通常在 Excel 的使用者表單中使用。通常來講，在處理試算表時必須使用表單控制項。在試算表中執行表單控制項更易於配置。

與表單控制項不同，ActiveX 控制項不能用於執行任意的巨集。ActiveX 控制項只用於執行特殊命名的巨集。例如，如果插入一個名為 CommandButton1 的 ActiveX 按鈕控制項，那麼按一下該按鈕就可以執行名為 CommandButton1_Click 的巨集，要求這個巨集必須位於插入控制項所在工作表的程式碼模組中。

更多關於使用工作表上控制項的資訊可參閱第 13 章。

要想把程序指定給表單控制項上的 Button 物件，可以採取以下步驟：

(1) 選擇〔開發人員〕→〔控制項〕→〔插入〕指令，然後按一下「表單控制項」組中的按鈕。

(2) 按一下工作表建立按鈕。或者可以在工作表上拖動滑鼠以更改按鈕預設的大小。

Excel 會馬上顯示「指定巨集」對話盒（如圖 4-4 所示）。

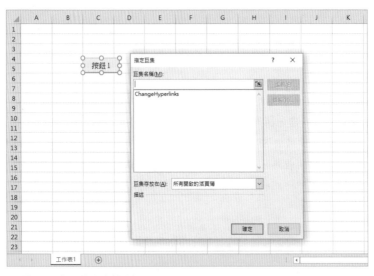

▲ 圖 4-4：把巨集指定給按鈕

(3) 選擇或輸入想要指定給按鈕的巨集，然後按一下〔確定〕按鈕。

透過在該按鈕上右擊，並在跳出的快顯功能表中選擇「指定巨集」指令，就可以修改巨集的指定。

要把巨集指定給形狀、SmartArt、藝術字或圖片，可在物件上右擊，然後從跳出的快顯功能表中選擇「指定巨集」指令即可。

要想把巨集指定給嵌入的圖表，可按住〔Ctrl〕鍵並按一下該圖表（作為物件選擇圖表）。然後可以在物件上右擊，從跳出的快顯功能表中選擇「指定巨集」指令。

## 4.2.8 在事件發生時執行程序

有時候，可能希望在某個具體的事件發生時執行程序。如打開活頁簿、向工作表中輸入資料、儲存活頁簿、按一下 CommandButton ActiveX 控制項等事件。當事件發生時執行的程序稱為「事件處理常式」程序，事件處理常式程序具有以下一些特點：

➤ 它們都有具體的名稱，這些名稱由物件、底線和事件名稱組成。例如，在打開某個活頁簿時執行的程序可以命名為 Workbook_Open。
➤ 它們都儲存在具體物件（例如 ThisWorkbook 或 Sheet1）的〔程式碼〕模組中。

 交叉參考　第 6 章將重點介紹事件處理常式。

## 4.2.9 從「即時運算視窗」執行程序

還可透過在 VBE 的「即時運算視窗」中輸入程序的名稱來執行這個程序。如果「即時運算視窗」不可見，可以按〔Ctrl〕+〔G〕快速鍵。在輸入 VBA 函式的同時，「即時運算視窗」會執行它們。要執行程序，在「即時運算視窗」中輸入程序的名稱並按〔Enter〕鍵即可。

在開發程序時，這種方法非常有用，因為可以隨時插入指令，進而在「即時運算視窗」中顯示出結果。下面的程序說明這種方法：

```
Sub ChangeCase()
    Dim MyString As String
    MyString = "This is a test"
    MyString = UCase(MyString)
    Debug.Print MyString
End Sub
```

圖 4-5 顯示當在「即時運算視窗」中輸入 ChangeCase 時發生的狀況：Debug.Print 陳述式將立即顯示出結果。

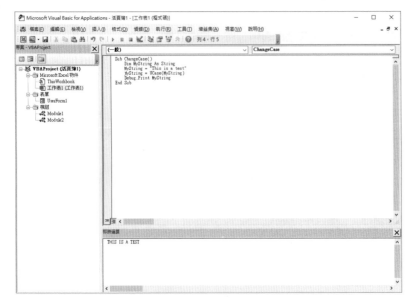

▲ 圖 4-5：透過在「即時運算視窗」中輸入程序名稱執行程序

# ◢4.3 向程序中傳遞引數

程序的「引數」提供了它在指令中要使用的資料。透過引數傳遞的資料可能是下列任何一種：

- ➢ 變數
- ➢ 常數
- ➢ 運算式
- ➢ 陣列
- ➢ 物件

程序使用的引數在以下方面非常類似於工作表函數：

- ➢ 程序可能不需要任何引數。
- ➢ 程序可能需要固定數量的引數。
- ➢ 程序可能接收不固定數量的引數。
- ➢ 程序可能需要某些引數，而另一些為可選的。
- ➢ 程序的所有引數可能都是可選的。

例如，Excel 的少數工作表函數不使用引數，如 RAND 和 NOW。而有一些工作表函數則需要兩個引數，如 COUNTIF。另外有一些諸如 SUM 這樣的工作表函數最多可以使用 255 個引數。還有一些工作表函數的引數是可選的，如 PMT 函數可以有 5 個引數（其中 3 個是必需的，2 個是可選的）。

至此，在本書中見到的大部分程序在宣告時都不包含任何引數。它們只是用關鍵字 Sub、程序的名稱和一組空的括弧進行宣告。空括弧表示程序不接收任何引數。

下面列舉了兩個程序。Main 程序呼叫 ProcessFile 程序 3 次（Call 陳述式位於 For-Next 迴圈中）。然而，在呼叫 ProcessFile 程序前，建立一個包含 3 個元素的陣列。在迴圈內部，每個陣列元素都變成這個程序呼叫的引數。ProcessFile 程序接收一個引數（名為 TheFile）。注意，這裡把引數放在 Sub 陳述式中的括弧內。當 ProcessFile 結束時，程式控制繼續交給 Call 陳述式後面的函式。

```
Sub Main()
   Dim File(1 To 3) As String
   Dim i as Integer
   File(1) = "dept1.xlsx"
   File(2) = "dept2.xlsx"
   File(3) = "dept3.xlsx"
   For i = 1 To 3
      Call ProcessFile(File(i))
   Next i
End Sub

Sub ProcessFile(TheFile)
   Workbooks.Open FileName:=TheFile
'  ...[more code here]...
End Sub
```

當然，還可以把字面上的名稱（不是變數）傳遞到程序中，例如：

```
Sub Main()
   Call ProcessFile("budget.xlsx")
End Sub
```

可採用下列兩種方式將引數傳遞給程序：

- **透過參照**：透過參照傳遞引數的方法（預設方法）只是傳遞變數的記憶體位址。對程序中引數的修改將影響到原始變數。
- **透過數值**：透過數值傳遞引數傳遞的是原始變數的副本。因此，對程序中引數所做的修改不會影響到原變數。

下面的範例說明了這個概念。Process 程序的引數透過參照來傳遞（預設方法）。在 Main 程序把數值 12 賦給 MyValue 變數後，就呼叫 Process 程序並把 MyValue 作為引數來傳遞。Process 程序把它的引數（名為 YourValue）的數值乘以 10。當 Process 程序結束時，又把程式的控制權傳遞回 Main 程序，接著 MsgBox 函數顯示出 MyValue 的值：120。

```
Sub Main()
   Dim MyValue As Integer
   MyValue = 12
   Call Process(MyValue)
```

```
    MsgBox MyValue
End Sub


Sub Process(YourValue)
    YourValue = YourValue * 10
End Sub
```

如果不希望被呼叫的程序修改任何作為引數傳遞的變數值，那麼可以修改被呼叫的程序的引數列表，使得透過「數值」而不是透過「參照」傳遞引數值。為此，在引數的前面加上關鍵字 ByVal。這種方法導致被呼叫的常式使用的是被傳遞變數的資料的副本而不是資料本身。例如，在下面的程序中，在 Process 程序中對 YourValue 的修改不會影響到 Main 程序中的 MyValue 變數的值。因此，MsgBox 函數顯示出的值是 12 而不是 120。

```
Sub Process(ByVal YourValue)
YourValue = YourValue * 10
End Sub
```

大多數情況下，都將使用預設的參照方法來傳遞引數。然而，如果程序需要使用在引數中傳遞給它的資料（但又絕不能修改原始資料），那麼可以透過值來傳遞資料。

程序的引數可以混合使用值和參照這兩種方法。前面有關鍵字 ByVal 的引數透過值傳遞，其他引數透過參照傳遞。

> **注意**
>
> 如果要把一個定義為使用者自訂資料類型的變數傳遞給程序，那麼必須透過參照方式來傳遞。如果透過值來傳遞該引數將產生一個錯誤。

因為前面的範例中沒有為任何引數宣告資料類型，所以所有的引數都是 Variant 資料類型。但是，使用這些引數的程序可以直接在引數列表中定義資料類型。下面這個程序的 Sub 陳述式接收兩個資料類型不同的引數。第一個引數宣告為整數類型，而第二個引數宣告為字串類型。

```
Sub Process(Iterations As Integer, TheFile As String)
```

在把引數傳遞給程序時，作為引數傳遞的資料必須與這個引數的資料類型相符。例如，如果在上一個範例中呼叫 Process 程序時，把一個字串變數傳遞給第一個引數，就會得到一段錯誤訊息：「ByRef 引數類型不符」。

> **注意**
>
> 引數與子程序和函數程序密切相關。實際上，通常在函數程序中會更多地用到引數。第 5 章將集中介紹函數程序，並列舉其他一些使用引數的常式範例，其中包括了如何處理可選的引數。

第 3 章說明把變數宣告為 Public 變數（位於模組最頂端）後，在模組的所有程序中都可以使用這種變數。某些情況下，可能希望連接 Public 變數，而不是在呼叫其他程序時作為引數傳遞變數的值。

例如，下面的程序把變數 MonthVal 的值傳遞給 ProcessMonth 程序：

```
Sub MySub()
    Dim MonthVal as Integer
'   ... [code goes here]
    MonthVal = 4
    Call ProcessMonth(MonthVal)
'   ... [code goes here]
End Sub
```

另一種方法沒有使用引數，如下所示：

```
Public MonthVal as Integer

    Sub MySub()
'   ... [code goes here]
    MonthVal = 4
    Call ProcessMonth2
'   ... [code goes here]
End Sub
```

在修改過的程式碼中，因為 MonthVal 是一個公開變數，所以 ProcessMonth2 程序可以連接它，因此就不需要作為引數將其傳遞給 ProcessMonth2 程序了。

## 4.4 錯誤處理技術

當某個 VBA 程序正在執行時，可能會出現錯誤。這些錯誤可能是「語法錯誤」（在執行程序之前必須偵錯），也可能是「執行階段錯誤」（發生在程序執行時）。本節將講述執行階段錯誤的內容。

為了讓錯誤處理程序能起作用，必須關閉「中斷在所有的錯誤點」的設定。在 VBE 中，選擇〔工具〕→〔選項〕指令，然後在「選項」對話盒中按一下〔一般〕活頁標籤。如果選擇了「中斷在所有的錯誤點」選項，那麼 VBA 將忽略錯誤處理程式碼。通常我們選擇「中斷在尚未處理的錯誤」選項。

一般而言，執行階段錯誤將導致 VBA 停止執行程式碼，而且使用者將看到顯示了錯誤編號和錯誤說明的對話盒。好的應用程式不會讓使用者處理這些訊息，而是在應用程式中整合了錯誤處理程式碼，進而可以偵錯並採取相應的動作。至少，錯誤處理程式碼可顯示更有意義的錯誤訊息，而不是那些 VBA 跳出的錯誤訊息。

## 4.4.1 偵錯

可使用 On Error 陳述式指定錯誤發生時應採取的措施。基本上有下列兩種辦法：

- 忽略錯誤並允許 VBA 繼續執行程式碼：程式碼可以在稍後檢查 Err 物件，進而確定錯誤是什麼，然後在必要時採取動作。
- 跳轉到程式碼中特殊的錯誤處理部分，進而採取動作：這一程式碼部分位於程序的末尾，還用標籤進行了標示。

當錯誤發生時，為了使 VBA 程式碼繼續執行，可以在程式碼中插入如下陳述式：

```
On Error Resume Next
```

有些錯誤無關緊要，可以忽略不計而不會產生問題，但是可能會想知道發生了什麼錯誤。當錯誤發生時，可以使用 Err 物件確定錯誤的編號。VBA 的 Error 函數可用於顯示與 Err.Number 數值相對應的文字。例如，下面的陳述式顯示出與普通的 VB 錯誤對話盒一樣的資訊（錯誤編號以及錯誤說明）：

```
MsgBox "Oops! Can't find the object being referenced. " & _
MsgBox "Error "& Err & ": " & Error(Err.Number)
```

圖 4-6 顯示了一段 VBA 錯誤訊息，圖 4-7 在一個對話盒中顯示了同樣的錯誤訊息。當然，可以使用更具描述性的文字，進而為最終使用者提供更有意義的錯誤訊息。

▲ 圖 4-6：VBA 錯誤訊息不一定總是具有對使用者友善的介面

▲ 圖 4-7：可建立對話盒來顯示錯誤程式碼和說明資訊

參照 Err 物件等同於連接 Err 物件的 Number 屬性。因此，下面兩段陳述式的效果相同：

```
MsgBox Err
MsgBox Err.Number
```

此外，還可以使用 On Error 陳述式指定在錯誤發生時應跳轉到程序中的某個位置。可以使用標籤來標示出這個位置，例如：

```
On Error GoTo ErrorHandler
```

## 4.4.2 錯誤處理範例

第一個範例說明了一段可以忽略掉而不會產生危險的錯誤。SpecialCells 方法選中與某個特定條件相吻合的儲存格。

SpecialCells 方法與另一種方法具有同樣的效果，即選擇〔開始〕→〔編輯〕→〔尋找與選取〕→〔到〕指令。「到」對話盒提供了很多選擇。例如，可以選擇含有常數（而不是公式）的儲存格。

下面這個範例沒有使用錯誤處理。在這個範例中，SpecialCells 方法選中了目前的儲存格區域選區中的所有儲存格，該選擇區域包含傳回數字的公式。通常，如果沒有符合要求的儲存格，VBA 將顯示一段如圖 4-8 所示的錯誤訊息。

▲ 圖 4-8：如果沒有發現儲存格，那麼 SpecialCells 方法將產生以上錯誤

```
Sub SelectFormulas()
    Selection.SpecialCells(xlFormulas).Select
'   ...[more code goes here]
End Sub
```

下面的範例使用 On Error Resume Next 陳述式防止顯示錯誤訊息：

```
Sub SelectFormulas2()
    On Error Resume Next
    Selection.SpecialCells(xlFormulas).Select
    On Error GoTo 0
'   ...[more code goes here]
End Sub
```

為了繼續執行該程序中剩下的陳述式，On Error GoTo 0 陳述式將恢復為普通的錯誤處理。

下面的程序使用了另一段陳述式來確定是否有錯誤發生。如果發生錯誤，就向使用者顯示一段訊息：

```
Sub SelectFormulas3()
    On Error Resume Next
    Selection.SpecialCells(xlFormulas).Select
    If Err.Number = 1004 Then MsgBox "No formula cells were found."
    On Error GoTo 0
'   ...[more code goes here]
End Sub
```

如果 Err 的 Number 屬性的值不等於 0，就表明曾經發生過錯誤。If 陳述式將檢查 Err.Number 的數值是否等於 1004。如果等於 1004，將顯示一個對話盒。在該範例中，對程式碼進行檢查以查明是否為特定的錯誤編號。要檢查是否存在任何錯誤，可使用下面的陳述式：

```
If Err.Number <> 0 Then MsgBox "An error occurred."
```

下一個範例說明透過跳轉到某個標籤而進行的錯誤處理：

```
Sub ErrorDemo()
    On Error GoTo Handler
    Selection.Value = 123
    Exit Sub
Handler:
    MsgBox "Cannot assign a value to the selection."
End Sub
```

該程序試圖把值賦給目前選中的區域。如果出現錯誤（例如沒有選中儲存格區域或工作表受到保護），設定陳述式就會出錯。如果出現錯誤，On Error 陳述式就指定跳轉到 Handler 標籤。注意，在這個標籤之前使用了 Exit Sub 陳述式，這就避免在沒有出現錯誤時執行錯誤處理程式碼。如果省略掉這段陳述式，那麼即使沒有出現錯誤，也會顯示錯誤訊息。

有時，可利用錯誤訊息取得資訊。下面的範例只是檢測某個特定的活頁簿是否打開。這裡沒有用到任何錯誤處理程式碼。

```
Sub CheckForFile1()
    Dim FileName As String
```

```
    Dim FileExists As Boolean
    Dim book As Workbook
    FileName = "BUDGET.XLSX"
    FileExists = False

'   Cycle through all open workbooks
    For Each book In Workbooks
        If UCase(book.Name) = FileName Then FileExists = True
    Next book

'   Display appropriate message
    If FileExists Then
        MsgBox FileName & " is open."
    Else
        MsgBox FileName & " is not open."
    End If
End Sub
```

這裡的 For Each-Next 迴圈通過了 Workbooks 集合中的所有物件。如果該活頁簿是打開的，FileExists 變數將設定為 True。最後，顯示出一段訊息告訴使用者活頁簿是否處於打開狀態。

以上的常式可以進行改寫，使用錯誤處理程式碼即可確定檔是否打開。在下面的範例中，On Error Resume Next 語句導致 VBA 忽略任何錯誤。透過把活頁簿賦值給某個物件變數，接下來的指令參照這個活頁簿（透過使用關鍵字 Set）。如果活頁簿沒有打開，就會出現錯誤。If-Then-Else 結構將檢查 Err 的 value 屬性並顯示出相對應的訊息。這個程序沒有使用迴圈，所以效率稍微高一些。

```
Sub CheckForFile()
    Dim FileName As String
    Dim x As Workbook
    FileName = "BUDGET.XLSX"
    On Error Resume Next
    Set x = Workbooks(FileName)
    If Err = 0 Then
        MsgBox FileName & " is open."
    Else
        MsgBox FileName & " is not open."
    End If
    On Error GoTo 0
End Sub
```

 交叉參考　第 7 章還提供了幾個關於使用錯誤處理的其他範例。

## 4.5 使用子程序的實際範例

本章介紹了建立子程序的基礎知識。前面大部分範例的功能性都不強,因此,本章剩下的部分將介紹一個現實生活中的範例,這個範例把這一章以及前面兩章中的很多概念都表達得十分清楚。

這一節描述了一個很有用的實用程式的開發程序。更重要的是,描述了使用 VBA 來分析問題、解決問題的程序。

範例檔案中可以找到該應用程式最終完成的版本,其名稱為「sheet sorter.xlsm」。

線上資源

### 4.5.1 目標

這個練習的目的是開發一個實用程式,使其透過工作表的字母順序重新整理所在的活頁簿(Excel 本身不能實現這種操作)。如果建立了由很多工作表組成的活頁簿,就會知道很難定位到某個特定的工作表。但是,如果工作表是按照字母順序排列的,就很容易找到所要的工作表。

### 4.5.2 專案需求

從何處著手呢?一種開始的方式是列出對這個應用程式的所有需求。在開發應用程式時,可以檢查需求列表,進而確保包含了所有需求。

下面列出了為這個範例應用程式搜集到的需求清單:

(1) 應該能夠按照工作表名稱的字母昇冪的順序給現用活頁簿中的工作表(包括工作表和圖表工作表)排序。

(2) 應該很容易執行。

(3) 應該總是可用的。換言之,使用者不必非得打開活頁簿才能使用這個實用程式。

(4) 對於任何打開的活頁簿都能夠順利執行。

(5) 應該優雅地偵錯,不顯示任何 VBA 錯誤訊息。

### 4.5.3 已經瞭解的資訊

通常,一個專案最難的部分就是解決從哪裡入手的問題。在這個範例中,首先列出了可能與這個專案需求有關的、已經瞭解到的關於 Excel 的資訊:

- Excel 沒有對工作表進行排序的指令。因此建立這個應用程式不是在做重複工作。
- 巨集錄製器不能用來錄製工作表的排序動作。因為使用者可能將來還會加上新工作表

（也就是在錄製時還不存在的工作表）。儘管如此，已錄製的巨集還是可以對如何正確使用語法提供了些說明。

- 對工作表排序要求對其中一些或全部工作表進行移動。透過拖動工作表的標籤可以很容易移動工作表。
- 備忘錄：打開巨集錄製器，然後將某個工作表拖放到新位置，可以找出這個動作所產生的程式碼。
- Excel 還有一個〔移動或複製〕功能（在工作表的標籤上右擊並選擇〔移動或複製〕指令）。這個指令的巨集所產生的程式碼與手動移動工作表所產生的程式碼有區別嗎？
- 必須知道現用活頁簿中有多少張工作表。可以使用 VBA 取得這個資訊。
- 必須知道所有工作表的名稱。同樣，可以使用 VBA 來取得這個資訊。
- Excel 有對儲存格中資料進行排序的指令。
- 備忘錄：也許可以把工作表的名稱傳輸到某個儲存格區域並使用這個功能。或者，也許 VBA 中有可以利用的排序方法。
- 在開發的同時將會測試活頁簿，但不會使用開發程式碼所在的活頁簿進行測試。這就意味著我們需要把巨集儲存在個人巨集活頁簿中，這樣就可以在其他活頁簿中使用。
- 備忘錄：為達到測試目的，可建立一個「虛擬的」活頁簿。

## 4.5.4 解決方法

儘管依然不能確切地知道如何去做，但是可以設計一個初步的方案，描述必須要完成的一般任務，這裡需要使用 VBA 來完成下列任務：

(1) 標示出現用活頁簿。

(2) 取得活頁簿中所有工作表名稱的列表。

(3) 計算工作表的數目。

(4) 以某種方式給工作表的名稱進行排序。

(5) 重新安排工作表以便它們對應於被排序的工作表名稱。

> **提示**
>
> 有時你可能不太清楚該如何正確撰寫完成自己所接任務所需的程式碼，別為這件事沮喪。雖然確實很多開發人員不知道該如何從無到有地使用正確的語法，然而，在巨集錄製器、VBA 說明系統以及網上現成的各種範例的幫助下，你最終都可以找到正確的語法。

## 4.5.5 初步的錄製工作

巨集錄製器是瞭解各類 VBA 程序的最佳場所，是所有開發人員的好幫手，下面討論一下移動工作表的 VBA 語法。

我們打開巨集錄製器，將指定「個人巨集活頁簿」（因為測試程式碼時，就不用測試自己所工作的活頁簿中的程式碼）作為巨集的儲存目的地。巨集錄製器執行之後，將 Sheet3 拖到 Sheet1 的前面，然後停止錄製。查看已錄製巨集的程式碼時就可以看到 Excel 使用了 Move 方法：

```
Sub Macro1()
Sheets("Sheet3").Select
Sheets("Sheet3").Move Before:=Sheets(1)
End Sub
```

在 VBA 的說明系統上尋找 Move 方法，會發現該方法可以在活頁簿中把工作表移動到新位置。該方法還可以接收一個引數，用來指定工作表的新位置。這就是為什麼所錄製的巨集中包含了 Before:=Sheet(1)。

接下來需要找到現用活頁簿中有多少張工作表。在 VBA 說明系統上查閱 Count，就可以知道這是集合的一種屬性。這就意味著類似表、列、儲存格、形狀這樣的集合都有 Count 屬性。請記住這一點。

為了測試這個最新的程式碼片斷，可以打開 VBE，啟動「即時運算視窗」並輸入下列陳述式：

```
? ActiveWorkbook.Sheets.Count
```

成功了。圖 4-9 就是測試結果。

▲ 圖 4-9：使用 VBE 的「即時運算視窗」來測試陳述式

那麼工作表的名稱又是什麼呢？可以進行下一個測試，即在「即時運算視窗」中輸入下列陳述式：

```
? ActiveWorkbook.Sheets(1).Name
```

上面的陳述式執行結果是第一個工作表的名稱 Sheet3，這是正確的（因為之前已經做了移動）。這些資訊也應牢記在心。

然後使用一個簡單的 For Each-Next 結構（本書第 3 章中討論了這個結構），用它來通過集合中的每個成員：

```
Sub Test()
    For Each Sht In ActiveWorkbook.Sheets
        MsgBox Sht.Name
    Next Sht
End Sub
```

又成功了。這個巨集顯示 3 個對話盒，每一個對話盒中顯示出了不同的工作表名稱。

最後，考慮排序的問題。從說明系統中，瞭解到 Sort 方法應用於 Range 物件。所以，一種方法就是把工作表的名稱傳輸到某個儲存格區域中，然後對這個儲存格區域進行排序，但是對於這個應用程式來說，有點大費周章。還有一種更好的方法，即把工作表名稱儲存到字串類型的陣列中，然後使用 VBA 程式碼對這個陣列進行排序。

## 4.5.6 初始設定

知道了這麼多資訊，現在已經可以開始撰寫真正的程式碼了。但在撰寫程式碼之前，還需要完成一些初始設定工作。按照如下步驟操作：

(1) 建立一個包含 5 個工作表的空白活頁簿，分別命名為工作表 Sheet1、Sheet2、Sheet3、Sheet4 和 Sheet5。

(2) 隨意移動工作表，這樣它們的順序是打亂的。只要按一下並拖動工作表標籤。

(3) 把活頁簿儲存為 Test.xlsx。

(4) 啟動 VBE，然後在「專案」視窗中選中 Personal.xlsb 專案。

如果 VBE 的「專案」視窗中沒有出現 Personal.xlsb，那麼意味著使用者從來沒有使用過「個人巨集活頁簿」。為讓 Excel 自動建立一個這樣的活頁簿，只需錄製一個巨集（任意的巨集），然後指定「個人巨集活頁簿」作為這個巨集的儲存目的地即可。

(5) 向 Personal.xlsb 中插入新的 VBA 模組（選擇〔插入〕→〔模組〕指令）。

(6) 建立一個空的子程序，稱其為 SortSheets（如圖 4-10 所示）。實際上，可以把這個巨集儲存個人巨集活頁簿中的任意模組中。把每一組相關的巨集儲存在單獨的一個模組中是一個不錯的主意。這樣的話，就可以很容易地匯出模組並把模組導入到其他專案中。

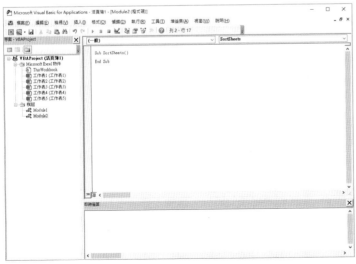

▲ 圖 4-10：位於「個人巨集活頁簿」的模組中的空程序

(7) 啟動 Excel。選擇〔開發人員〕→〔程式碼〕→「巨集」指令，顯示「巨集」對話盒。

(8) 在「巨集」對話盒中，選擇 SortSheets 程序，然後按一下〔選項〕按鈕，給這個巨集指定一個快速鍵。〔Ctrl〕+〔Shift〕+〔S〕快速鍵組合是個不錯的選擇。

## 4.5.7 程式碼的撰寫

現在該撰寫程式碼了，這裡需要把工作表的名稱放入字串類型的陣列中。因為不知道現用活頁簿中有多少張工作表，所以使用帶空括弧的 Dim 陳述式宣告這個陣列。以後可以使用 ReDim 陳述式重新定義陣列的維度，使其等於實際的元素數目。

輸入下列程式碼，這些程式碼把工作表的名稱插入到 SheetNames 陣列中。此外，還在迴圈中加上了一個 MsgBox 函數，以便確保將工作表的名稱輸入到這個陣列中。

```
Sub SortSheets()
'   Sorts the sheets of the active workbook
    Dim SheetNames() as String
    Dim i as Long
    Dim SheetCount as Long
    SheetCount = ActiveWorkbook.Sheets.Count
    ReDim SheetNames(1 To SheetCount)
    For i = 1 To SheetCount
        SheetNames(i) = ActiveWorkbook.Sheets(i).Name
        MsgBox SheetNames(i)
    Next i
End Sub
```

為了測試上面的程式碼，啟動了 Test.xlsx 活頁簿並按〔Ctrl〕+〔Shift〕+〔S〕快速鍵。隨後出現了 5 個對話盒，每一個對話盒都顯示出現用活頁簿中工作表的名稱。

當確認程式碼執行正確後，刪除 MsgBox 函數（這些對話盒過一會就會顯得很煩人了）。

> **提示**
>
> 除了使用 MsgBox 函數來測試工作外，還可以使用 Debug 物件的 Print 方法在「即時運算視窗」中顯示資訊。針對這個範例，可使用下面的陳述式代替 MsgBox 函數：
>
> ```
> Debug.Print SheetNames(i)
> ```
>
> 這項技術要比使用 MsgBox 函數更加直接。只須記住在工作完成時刪除該陳述式就可以了。

至此，SortSheets 程序只建立了一個工作表名稱的陣列，這些工作表名稱對應於現用活頁簿中的工作表。還剩下兩個步驟：對 SheetNames 陣列中的元素進行排序；然後重新排列工作表，使得它們對應於排序後的陣列。

## 4.5.8 排序程序的撰寫

接下來要對 SheetNames 陣列中的元素進行排序。其中一種方法是把排序程式碼插入 SortSheets 程序中，但是還有一種更好的辦法就是撰寫通用的排序程序，這樣其他專案可以重複利用這個排序程序（幫陣列排序的操作很常見）。

不要對撰寫排序程序有所顧慮。從網上可以很容易找到可供自己使用的常用常式。使用「氣泡排序」可以對陣列進行快速排序。雖然這種方法並不是特別快，但是很容易撰寫。在這個應用程式中，並沒有要求很快的速度。

氣泡排序方法使用了巢狀的 For-Next 迴圈對每個陣列元素進行求值。如果陣列元素的值大於下一個元素的值，那麼這兩個元素就交換位置。程式碼中包含一個巢狀迴圈，所以會對每一對元素重複以上這樣的步驟（共重複 n-1 次）。

第 7 章介紹了其他一些排序常式，並比較了不同常式的速度。

下面是筆者開發的排序程序：

```
Sub BubbleSort(List() As String)
'   Sorts the List array in ascending order
    Dim First As Long, Last As Long
    Dim i As Long, j As Long
    Dim Temp As String
    First = LBound(List)
    Last = UBound(List)
    For i = First To Last - 1
        For j = i + 1 To Last
            If List(i) > List(j) Then
                Temp = List(j)
                List(j) = List(i)
                List(i) = Temp
            End If
        Next j
    Next i
End Sub
```

這個程序接收一個引數：一個名為 List 的一維陣列。傳遞給程序的陣列可以任意長。這裡使用了 LBound 和 UBound 兩個函數把陣列的下界和上界分別指定給 First 和 Last 變數。

這裡有一個臨時程序可用來測試 BubbleSort 程序：

```
Sub SortTester()
    Dim x(1 To 5) As String
    Dim i As Long
    x(1) = "dog"
```

```
    x(2) = "cat"
    x(3) = "elephant"
    x(4) = "aardvark"
    x(5) = "bird"
    Call BubbleSort(x)
    For i = 1 To 5
        Debug.Print i, x(i)
    Next i
End Sub
```

SortTester 常式建立了一個由 5 個字串組成的陣列,並把該陣列傳遞到 BubbleSort 程序中,然後在「即時運算視窗」中顯示排序過的陣列(如圖 4-11 所示)。最後,刪除該程式碼,因為它已經完成了自己的測試任務。

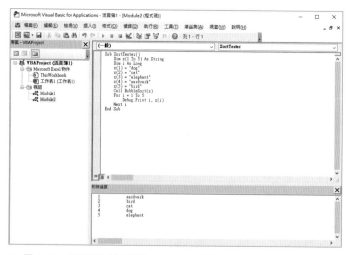

▲ 圖 4-11:使用臨時程序測試 BubbleSort 程式碼

對這個程序的可靠性工作比較滿意之後,可修改 SortSheets 程序,在其中呼叫 BubbleSort 程序,並傳遞 SheetNames 陣列作為其引數。修改後的模組程式碼如下所示:

```
Sub SortSheets()
    Dim SheetNames() As String
    Dim SheetCount as Long
    Dim i as Long
    SheetCount = ActiveWorkbook.Sheets.Count
    ReDim SheetNames(1 To SheetCount)
    For i = 1 To SheetCount
        SheetNames(i) = ActiveWorkbook.Sheets(i).Name
    Next i
    Call BubbleSort(SheetNames)
End Sub
```

```
Sub BubbleSort(List() As String)
' Sorts the List array in ascending order
   Dim First As Long, Last As Long
   Dim i As Long, j As Long
   Dim Temp As String
   First = LBound(List)
   Last = UBound(List)
   For i = First To Last - 1
      For j = i + 1 To Last
         If List(i) > List(j) Then
            Temp = List(j)
            List(j) = List(i)
            List(i) = Temp
         End If
      Next j
   Next i
End Sub
```

當 SheetSort 程序結束時,它包含了一個陣列,這個陣列由現用活頁簿中排序後的工作表名稱組成。為加以檢驗,可在 VBE 的「即時運算視窗」中顯示陣列的內容。具體操作是把下面的程式碼加上到 SortSheets 程序的結尾處(如果「即時運算視窗」不可見,可按〔Ctrl〕+〔G〕快速鍵使其可見):

```
For i = 1 To SheetCount
    Debug.Print SheetNames(i)
Next i
```

至此,程式已經很不錯了。下一步撰寫程式碼以重新排列工作表的順序,使得順序對應於 SheetNames 陣列中排序後的項目。

此時證明了之前錄製的程式碼很有用。還記得在活頁簿中把工作表移到第一個位置時所錄製的指令嗎?如下所示:

```
Sheets("Sheet3").Move Before:=Sheets(1)
```

接下來就能夠撰寫 For-Next 迴圈,使其通過每個工作表,並把工作表移到對應的工作表位置上,這個位置由 SheetNames 陣列指定:

```
For i = 1 To SheetCount
    Sheets(SheetNames(i)).Move Before:=Sheets(i)
Next i
```

例如,第一次通過迴圈時,迴圈計數器 i 為 1。SheetNames 陣列中的第一個元素(在本範例中)是 Sheet1。因此,對迴圈中的 Move 方法的運算式求值:

```
Sheets("Sheet1").Move Before:= Sheets(1)
```

第二次通過迴圈時，對下列運算式求值：

```
Sheets("Sheet2").Move Before:= Sheets(2)
```

然後，把新程式碼加上到 SortSheets 程序中：

```
Sub SortSheets()
    Dim SheetNames() As String
    Dim SheetCount as Long
    Dim i as Long
    SheetCount = ActiveWorkbook.Sheets.Count
    ReDim SheetNames(1 To SheetCount)
    For i = 1 To SheetCount
        SheetNames(i) = ActiveWorkbook.Sheets(i).Name
    Next i
    Call BubbleSort(SheetNames)
    For i = 1 To SheetCount
        ActiveWorkbook.Sheets(SheetNames(i)).Move _
            Before:=ActiveWorkbook.Sheets(i)
    Next i
End Sub
```

下面對程式碼進行整理。確保這個程序中的所有變數都進行了宣告，然後加上了一些注釋行和空行，使得程式碼更便於閱讀：

```
Sub SortSheets()
'   This routine sorts the sheets of the
'   active workbook in ascending order.
'   Use [Ctrl]+[Shift]+[S] to execute

    Dim SheetNames() As String
    Dim SheetCount As Long
    Dim i As Long

'   Determine the number of sheets & ReDim array
    SheetCount = ActiveWorkbook.Sheets.Count
    ReDim SheetNames(1 To SheetCount)

'   Fill array with sheet names
    For i = 1 To SheetCount
        SheetNames(i) = ActiveWorkbook.Sheets(i).Name
    Next i

'   Sort the array in ascending order
    Call BubbleSort(SheetNames)

'   Move the sheets
    For i = 1 To SheetCount
        ActiveWorkbook.Sheets(SheetNames(i)).Move _
```

```
          Before:= ActiveWorkbook.Sheets(i)
     Next i
  End Sub
```

為進一步測試程式碼,向 Test.xlsx 活頁簿中又加上了一些工作表,還更改了其中一些工作表的名稱。程式碼仍然很奏效。

## 4.5.9 更多測試

似乎可以到此為止了。但只使用 Test.xlsx 活頁簿測試成功的程序並不意味著對所有活頁簿都奏效。為進一步進行測試,又載入了其他一些活頁簿並重新測試了這個常式。很快發現這個應用程式並不完美。

實際上,距離完美還很遠。出現了下列一些問題:

* 包含很多工作表的活頁簿要花費很長的時間進行排序,因為在移動操作期間,螢幕需要不停地更新。
* 排序並不總是成功的。例如,在其中一個測試中,名為 SUMMARY(所有字母都是大寫字母)的工作表出現在了 Sheet1 工作表之前。這個問題是由於 BubbleSort 程序而引起的:大寫字母 U 的值要「大於」小寫字母 h 的值。
* 如果 Excel 沒有可見的活頁簿視窗,那麼這個巨集會執行失敗。
* 如果活頁簿的結構受到保護,那麼 Move 方法將執行失敗。
* 排序後,活頁簿中的最後一個工作表成為現用工作表。改變使用者的現用工作表並不是好做法,最好還是保持使用者原來的現用工作表的現用狀態。
* 如果透過按〔Ctrl〕+〔Break〕快速鍵中斷巨集的執行,VBA 就會顯示出一段錯誤訊息。
* 這個巨集是不能傳回的(也就是說,取消指令是無法起作用的)。如果使用者不小心按下了〔Ctrl〕+〔Shift〕+〔S〕快速鍵,就將對活頁簿的工作表進行排序,只能透過手動方式恢復到最初順序。

## 4.5.10 修復問題

修復螢幕更新的問題其實很簡單。在移動工作表時,插入如下的指令即可關閉螢幕的更新動作:

```
Application.ScreenUpdating = False
```

這個函數將導致在巨集執行時,Excel 的視窗保持不動,這樣顯著地加快了巨集的執行速度。在巨集完成其操作後,螢幕更新的動作將自動恢復。

修復與 BubbleSort 程序有關的問題也很容易:為進行比較,可使用 VBA 的 UCase 函數把工作表的名稱轉換為大寫字母。這樣的話,所有的比較都在大寫字母版本的工作表名稱基礎上進行。修正後的程式碼行如下所示:

```
If UCase(List(i)) > UCase(List(j)) Then
```

解決這種大小寫問題的另一種方法是將下列函數加上到模組的頂部：

```
Option Compare Text
```

這個函數導致 VBA 在不區分大小寫的文字排序順序的基礎上執行字串的比較。換而言之，認為 A 與 a 是相同的。

為避免當沒有可見的活頁簿時出現錯誤訊息，這裡加上一些檢測程式碼來看一看現用活頁簿是否可用。如果沒有可用的現用活頁簿，就簡單地退出程序。該函數就會回到 SortSheet 程序的頂部。

```
If ActiveWorkbook Is Nothing Then Exit Sub
```

通常，使活頁簿結構受到保護有一個很好的理由。最好的辦法不是嘗試去取消對活頁簿的保護。相反，程式碼應該顯示一個對話盒發出警告，並讓使用者取消對活頁簿的保護以及重新執行巨集。測試活頁簿結構是否受到保護很簡單：如果活頁簿受到保護，那麼 Workbook 物件的 ProtectStructure 屬性就傳回 True。加上如下程式碼：

```
' Check for protected workbook structure
    If ActiveWorkbook.ProtectStructure Then
        MsgBox ActiveWorkbook.Name & " is protected.", _
            vbCritical, "Cannot Sort Sheets."
        Exit Sub
    End If
```

如果活頁簿的結構受到保護，使用者將看到如圖 4-12 所示的對話盒。

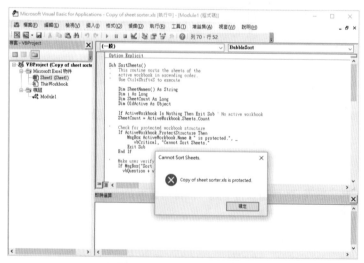

▲ 圖 4-12：該對話盒將告知使用者不能對該工作表進行排序

在執行排序動作後，為重新啟動原來現用的工作表，撰寫程式碼將原來的工作表賦給一個物件變數（OldActiveSheet），然後當常式結束時再啟動這個工作表。下面的陳述式可用來指定變數：

```
Set OldActive = ActiveSheet
```

下面的陳述式將啟動原來的現用工作表：

```
OldActive.Activate
```

通常，按〔Ctrl〕+〔Break〕快速鍵將中止巨集的執行，而且VBA會顯示一段錯誤訊息。但是，因為這個程式的其中一個目標是避免出現VBA的錯誤訊息，所以必須插入一段指令才能防止這種情況出現。從VBA說明系統那裡，瞭解到Application物件的EnableCancelKey屬性可以禁用〔Ctrl〕+〔Break〕快速鍵的功能。因此，在這個常式的頂部加上下列陳述式：

```
Application.EnableCancelKey = xlDisabled
```

禁用 Cancel 鍵時要非常小心。如果程式碼進入閉環，就無法從其中跳出來。為取得最好的結果，只有在確定一切工作正常的情況下才能插入以上陳述式。

為避免出現不小心對工作表排序的情況，可以加上一些對話盒去詢問使用者是否需要確認動作。在禁用〔Ctrl〕+〔Break〕快速鍵之前把下面的陳述式加上到程序中：

```
If MsgBox("Sort the sheets in the active workbook?", _
    vbQuestion + vbYesNo) <> vbYes Then Exit Sub
```

在使用者執行 SortSheets 程序時，將看到如圖 4-13 所示的對話盒。

▲ 圖 4-13：在對工作表進行
排序之前將出現該對話盒

執行所有修正後，SortSheets 程序將如下所示：

```
Option Explicit
Sub SortSheets()
'  This routine sorts the sheets of the
'  active workbook in ascending order.
'  Use [Ctrl]+[Shift]+[S] to execute

    Dim SheetNames() As String
    Dim i As Long
    Dim SheetCount As Long
    Dim OldActiveSheet As Object
```

```
        If ActiveWorkbook Is Nothing Then Exit Sub ' No active workbook
        SheetCount = ActiveWorkbook.Sheets.Count

    ' Check for protected workbook structure
        If ActiveWorkbook.ProtectStructure Then
            MsgBox ActiveWorkbook.Name & " is protected.", _
                vbCritical, "Cannot Sort Sheets."
        Exit Sub
    End If

    ' Make user verify
        If MsgBox("Sort the sheets in the active workbook?", _
            vbQuestion + vbYesNo) <> vbYes Then Exit Sub

    ' Disable [Ctrl]+[Break]
        Application.EnableCancelKey = xlDisabled

    ' Get the number of sheets
        SheetCount = ActiveWorkbook.Sheets.Count

    ' Redimension the array
        ReDim SheetNames(1 To SheetCount)

    ' Store a reference to the active sheet
        Set OldActiveSheet = ActiveSheet

    ' Fill array with sheet names
        For i = 1 To SheetCount
            SheetNames(i) = ActiveWorkbook.Sheets(i).Name
        Next i

    ' Sort the array in ascending order
        Call BubbleSort(SheetNames)

    ' Turn off screen updating
        Application.ScreenUpdating = False

    ' Move the sheets
        For i = 1 To SheetCount
            ActiveWorkbook.Sheets(SheetNames(i)).Move _
            Before:=ActiveWorkbook.Sheets(i)
        Next i

    ' Reactivate the original active sheet
        OldActiveSheet.Activate
    End Sub
```

## 4.5.11 實用程式的可用性

因為 SortSheets 巨集儲存在個人巨集活頁簿中,所以只要 Excel 在執行,都可以使用這個巨集。執行這個巨集的方法是從「巨集」對話盒中選擇這個巨集的名稱 ( 按〔Alt〕+〔F8〕快速鍵顯示「巨集」對話盒 ),或按〔Ctrl〕+〔Shift〕+〔S〕快速鍵即可。另一種方法是把指令加上到功能區。

要加上指令,需要執行如下步驟:

(1) 右擊功能區中的任何區域,然後選擇「自訂功能區」指令。

(2) 在「Excel 選項」對話盒的「自訂功能區」活頁標籤中,從「從下列位置選擇指令」下拉清單中選擇「巨集」。

(3) 按一下 SortSheets 項目。

(4) 使用右側的控制項,指定一個功能區活頁標籤,並建立一個新群組(不能向已有的組中加上指令)。

在〔檢視〕活頁標籤中建立了一個名為 Sheets 的群組,並將這個新項目命名為「Short Sheets」(如圖 4-14 所示)。

▲ 圖 4-14:在功能區中加上一個新指令

## 4.5.12 對專案進行評估

至此,實用程式已經完成。這個實用程式滿足所有最初的專案需求:實用程式對現用活頁簿中的所有工作表進行排序,很容易即可執行它,並且適用於任意活頁簿。

注意

這個程序還有一個小問題：嚴格進行的排序並不總是符合「邏輯」的。例如，在排序後，工作表 Sheet10 位於工作表 Sheet2 之前。大多數人都希望工作表 Sheet2 位於工作表 Sheet10 之前。這個問題的解決方法不在本練習的範圍之內。

# 建立函數程序

- 理解子程序和函數程序之間的區別
- 建立自訂的函數
- 關於函數程序和函數的引數
- 建立類似 Excel 的 SUM 函數的函數
- 使用允許在工作表中操作 1900 年之前的日期的函數
- 函數偵錯、處理「插入函數」對話盒以及使用增益集儲存自訂的函數
- 呼叫 Windows API 來執行原本無法實現的任務

## 5.1 子程序與函數程序的比較

所謂 VBA「函數」是指執行計算並傳回一個值的程序。可以在 VBA 程式碼或工作表公式中使用這些函數。

VBA 允許建立子程序和函數程序。子程序可被看成由使用者或另一個程序執行的指令。而函數程序通常傳回一個數值（或一個陣列），就像 Excel 的工作表函數和 VBA 內建的函數一樣。與內建的函數一樣，函數程序也可以使用引數。

函數程序用途廣泛，可以用在以下兩種情況：

➢ 作為 VBA 程序中的某個運算式的一部分
➢ 位於在工作表中建立的公式中

實際上，在使用 Excel 工作表函數或 VBA 內建函數的任何地方都可以使用函數程序。目前只有一個例外，即不能在資料驗證公式中使用 VBA 函數。不過，可以在條件格式公式中使用自訂的 VBA 函數。

第 4 章介紹了子程序，本章將討論函數程序。

第 7 章中有很多有用且實用的函數程序的範例，可以在自己的工作中融入很多這些技術。

## 5.2 為什麼建立自訂的函數

你無疑對 Excel 的工作表函數很熟悉,甚至初學者也知道如何使用最常用的工作表函數,如 SUM、AVERAGE 和 IF。Excel 包含了超過 450 種預先定義的工作表函數,可以在公式中使用它們。如果覺得不夠的話,還可以透過使用 VBA 來建立自訂的函數。

Excel 和 VBA 中提供了許多可用的函數,為什麼還要建立新的函數呢?是為了簡化工作。透過一定的設計,在工作表公式和 VBA 程序中,自訂函數非常有用。

例如,通常可以建立一個自訂的函數來顯著縮短公式長度。較短的公式更便於閱讀和使用。然而還應該指出,在公式中使用的自訂函數通常要比內建函數的執行速度慢得多。當然,為使用這些函數,使用者必須啟用這些巨集。

在建立應用程式時,可能會注意到一些程序在重複某些計算。這種情況下,就要考慮進行這種計算的自訂函數,然後從程序中呼叫這個函數即可。自訂函數可以消除對複製程式碼的需要,這樣可以減少錯誤的出現。

在建立應用時,你可能會發現有些程序會重複一些計算。這種情況下,可以先自訂一個函數來執行這些計算,然後你在程序中可以呼叫這個自訂函數。自訂函數可簡化程式碼,因此減少程式碼中的錯誤。

## 5.3 自訂函數範例

這一節將介紹一個 VBA 的函數程序的範例。

下面是在 VBA 的一個模組中定義的一個自訂函數。這個函數名為「REMOVEVOWELS」,它只使用了一個引數。這個函數傳回引數,但是刪除了所有的母音字母。

```
Function REMOVEVOWELS(Txt) As String
' Removes all vowels from the Txt argument
    Dim i As Long
    RemoveVowels = ""
    For i = 1 To Len(Txt)
        If Not UCase(Mid(Txt, i, 1)) Like "[AEIOU]" Then
            REMOVEVOWELS = REMOVEVOWELS&Mid(Txt, i, 1)
        End If
    Next i
End Function
```

這個函數當然不是最有用的函數,但是這個範例闡述一些與函數有關的非常重要的概念。後面的 5.3.3 節中解釋這個函數的工作原理。

警告

在建立使用於工作表公式中的自訂函數時,請確保這些程式碼位於普通的 VBA 模組中(使用〔插入〕→〔模組〕建立一個普通的 VBA 模組)。如果把自訂函數放在 UserForm、Sheet 或 ThisWorkbook 的程式碼模組中,那麼它們在公式中就不能工作了。公式將傳回 #NAME? 錯誤。

## 5.3.1 在工作表中使用函數

在輸入一個使用 REMOVEVOWELS 函數的公式時，Excel 執行這些程式碼進而取得一個值。
下面舉例說明如何在公式中使用函數：

```
=REMOVEVOWELS(A1)
```

這個函數的執行效果如圖 5-1 所示。公式位於列 B 中，它們使用列 A 中的文字作為它們的引
數。正如所看到的那樣，函數將傳回單個引數，但刪除了其中的母音字母。

| | A | B |
|---|---|---|
| 1 | Every good boy does fine. | vry gd by ds fn. |
| 2 | antidisestablishmentarianism | ntdsstblshmntrnsm |
| 3 | Microsoft Excel | Mcrsft xcl |
| 4 | abcdefghijklmnopqrstuvwxyz | bcdfghjklmnpqrstvwxyz |
| 5 | A failure to communicate. | flr t cmmnct. |
| 6 | This sentence has no vowels. | Ths sntnc hs n vwls. |
| 7 | Vowels: AEIOU | Vwls: |
| 8 | Humuhumunukunukuapua'a is a fish | Hmhmnknkp's fsh |
| 9 | Honorificabilitudinitatibus | Hnrfcbltdnttbs |
| 10 | Do you like custom worksheet functions? | D y lk cstm wrksht fnctns? |
| 11 | | |

▲ 圖 5-1：在工作表公式中使用一個自訂函數

實際上，這種自訂函數的效果幾乎與內建的工作表函數一樣。可以把自訂函數插入某個公式
中，方法是選擇〔公式〕→〔函數程式庫〕→〔插入函數〕指令，或者按一下位於公式欄左
側的〔插入函數精靈〕圖示。不管採取哪一種方法，都會顯示出「插入函數」對話盒。在「插
入函數」對話盒中，預設情況下自訂函數字於「使用者定義」類別中。

還可以巢狀自訂函數並把它們與公式中的其他元素組合在一起。例如，下面的公式將
REMOVEVOWELS 函數巢狀在 Excel 的 UPPER 函數內部。結果是原來的字串（母音字母除
外）變為大寫字母：

```
=UPPER(REMOVEVOWELS(A1))
```

## 5.3.2 在 VBA 程序中使用函數

除了在工作表公式中使用自訂函數以外，還可在其他 VBA 程序中使用。下面的 VBA 程序與
自訂函數 REMOVEVOWELS 的定義在同一個模組中，這個程序首先顯示了一個輸入欄位，
要求使用者輸入文字。然後，此程序又使用 VBA 內建的 MsgBox 函數顯示出使用者輸入的
內容，只不過使用者輸入的文字經過了 REMOVEVOWELS 函數的處理（如圖 5-2 所示）。
原來輸入的文字則作為訊息方塊的標題出現。

```
Sub ZapTheVowels()
    Dim UserInput as String
    UserInput = InputBox("Enter some text:")
```

```
        MsgBox REMOVEVOWELS(UserInput), vbInformation, UserInput
   End Sub
```

圖 5-2 顯示了輸入到輸入欄位中的文字以及出現在訊息方塊中的結果。

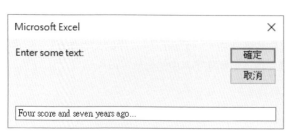

▲ 圖 5-2：在 VBA 的程序中使用自訂函數

## 5.3.3 分析自訂函數

函數程序的複雜程度可以根據需要而定。大部分時候，函數程序都比上述的程序複雜，而且更有用。儘管如此，對這個範例的分析仍然有助於理解函數程序。

請看下列程式碼：

```
Function REMOVEVOWELS(Txt) As String
'Removes all vowels from the Txt argument
   Dim i As Long
   RemoveVowels = ""
   For i = 1 To Len(Txt)
      If Not UCase(Mid(Txt, i, 1)) Like "[AEIOU]" Then
         REMOVEVOWELS = REMOVEVOWELS&Mid(Txt, i, 1)
      End If
   Next i
End Function
```

注意，這個程序的開頭使用了關鍵字 Function，而不是 Sub，其後面緊跟著函數的名稱（REMOVEVOWELS）。這個自訂函數只使用了一個引數（Txt），它用括弧括起來。As String 定義了函數傳回值的資料類型。如果沒有指定資料類型，Excel 就使用 Variant 資料類型。

第二行僅是一個注釋（可選的），用來描述函數的功能。接下來的程序中使用了一個宣告變數 i 的 Dim 陳述式，該變數宣告為 Long 資料類型。

接下來的 5 條指令構成一個 For-Next 迴圈。該程序迴圈通過輸入的每個字元，然後構建成一個字串。迴圈中的第一項指令使用了 VBA 的 Mid 函數從輸入的字串中傳回一個字元，並把該字元轉換成大寫字母。然後，使用 Excel 的 Like 運算子來比較一列字元。換言之，如果字元不是 A、E、I、O 或 U，那麼 If 子句就為 true。這種情況下，字元就加入到了變數

REMOVEVOWELS 中。

當迴圈結束時，變數 REMOVEVOWELS 就由刪除了母音字母的輸入字串組成。該字串就是函數傳回的值。

該程序以 End Function 陳述式結束。

請記住可以透過不同的方式為該函數撰寫程式碼。下面的函數可以達到相同的效果，但是撰寫程式碼的方式卻不相同：

```
Function REMOVEVOWELS(txt) As String
'Removes all vowels from the Txt argument
    Dim i As Long
    Dim TempString As String
    TempString = ""
    For i = 1 To Len(txt)
        Select Case ucase(Mid(txt, i, 1))
            Case "A", "E", "I", "O", "U"
                'Do nothing
            Case Else
                TempString = TempString &Mid(txt, i, 1)
        End Select
    Next i
    REMOVEVOWELS = TempString
End Function
```

在這個版本的程式碼中，用了一個字串變數（TempString）來儲存沒有母音的字串。然後，在程序結束之前，把 TempString 的內容賦給函數的名稱。該版本還使用了一個 Select Case 結構，而不是 If-Then 結構。

線上資源  該函數的兩個版本都可以在範例檔案中找到，檔案名稱為「remove vowels.xlsm」。

---

### 自訂工作表函數不能完成的任務

在開發自訂函數時，需要理解從其他 VBA 程序呼叫和在工作表公式中使用自訂函數之間的主要區別，這一點很重要。在工作表公式中使用的函數程序必須是被動式的。例如，函數程序中的程式碼不能處理儲存格區域或在工作表上進行修改。下面舉例說明。

假設要撰寫一個更改單元格格式的自訂工作表函數。例如，建立一個使用自訂函數的公式，進而基於儲存格的值更改儲存格中的文字顏色。然而，無論怎麼嘗試都不可能撰寫出這種函數。無論採取何種措施，函數都不會修改工作表。請記住，函數只會傳回數值，它不能執行與物件有關的動作。

不過需要指出一個很明顯的例外。可以使用自訂的 VBA 函數來修改儲存格中的注釋文字。筆者不能確定這種行為是有意為之，還是 Excel 的一個故障。但無論如何，透過函數可以可靠地修改注釋。請看下面這個函數：

```
Function MODIFYCOMMENT(Cell As Range, Cmt As String)
    Cell.Comment.Text Cmt
End Function
```

下面的範例在公式中使用了上述函數。該公式使用新文字來代替儲存格 A1 中的注釋。如果儲存格 A1 中沒有注釋，那麼該函數就不會起作用。

```
= MODIFYCOMMENT(A1,"Hey, I changed your comment")
```

## 5.4 函數程序

自訂的函數程序有很多地方都與子程序相同（更多關於子程序的資訊，請參閱第 4 章）。

宣告函數的語法如下所示：

```
[Public | Private][Static] Function name ([arglist])[As type]
    [instructions]
    [name = expression]
    [Exit Function]
    [instructions]
    [name = expression]
End Function
```

函數程序包含如下元素：

➤ Public（可選的）：表示所有現用的 ExcelVBA 工程中所有其他模組的所有其他程序都可以連接函數程序。

➤ Private（可選的）：表示只有同一個模組中的其他程序才能連接函數程序。

➤ Static（可選的）：在兩次呼叫之間，保留在函數程序中宣告的變數值。

➤ Function（必須的）：表示傳回一個值或其他資料的程序的開頭。

➤ name（必須的）：代表任何有效的函數程序的名稱，它必須遵守與變數名稱一樣的規則。

➤ arglist（可選的）：代表一個或多個變數的清單，這些變數是傳遞給函數程序的引數。這些引數用括弧括起來，並用逗號隔開每對引數。

➤ type（可選的）：是函數程序傳回的資料類型。

➤ instructions（可選的）：任意數量的有效 VBA 指令。

➤ Exit Function（可選的）：強制在結束之前從函數程序中立即退出的陳述式。

➤ End Function（必須的）：表示函數程序結束的關鍵字。

對於使用 VBA 撰寫的自訂函數，需要牢記的是：通常都是在執行結束時，至少給函數的名稱賦值一次。

要建立自訂函數，首先要插入一個 VBA 模組（或使用已有的標準 VBA 模組）。然後輸入關鍵字 Function 和函數名稱，並用括弧括起引數列表（如果有）。還可以透過使用關鍵字 As

宣告傳回值的資料類型（這是可選擇的動作，但是建議這麼做）。然後插入 VBA 程式碼以便執行任務，還要在函數程序的主體中，確保至少一次把適當的值賦給函數的名稱。最後用 End Function 陳述式結束函數。

函數名必須遵守與變數名稱一樣的命名規則。如果計畫在工作表公式中使用自訂函數，就要確保函數名稱不採取儲存格位址的形式。例如，名為 ABC123 的函數就不能用在工作表公式中，因為它是一個儲存格位址。如果這麼做的話，Excel 會顯示一個 #REF! 錯誤。

最好的建議是避免使用同時也是儲存格參照的函數名稱，包括命名的儲存格區域。而且，還要避免使用與 Excel 的內建函數名稱對應的函數名稱。如果函數名稱之間存在衝突，Excel 總是會使用它的內建函數。

## 5.4.1 函數的變數範圍

第 4 章討論了程序的變數範圍（公共的或私有的）的概念。這些討論也同樣適用於函數：函數的變數範圍決定了在其他模組或工作表中是否可以呼叫該函數。

關於函數的變數範圍，需要記住以下幾點：

➢ 如果不宣告函數的變數範圍，那麼預設變數範圍是 Public。
➢ 宣告為 As Private 的函數不會出現在 Excel 的「插入函數」對話盒中。因此，在建立只用在某個 VBA 程序中的函數時，應將其宣告為 Private，這樣使用者就不能在公式中使用它。
➢ 如果 VBA 程式碼需要呼叫在另一個活頁簿中定義的某個函數，可以設定對其他活頁簿的參照，方法是在 VBE 中選擇〔工具〕→〔設定參照項目〕指令。
➢ 如果函數在增益集中定義，則不必建立參照。這樣的函數可以用在所有活頁簿中。

## 5.4.2 執行函數程序

雖然可以採用多種方式執行子程序，但是只能用下列 4 種方式執行函數程序：

➢ 從另一個程序呼叫它。
➢ 在工作表公式中使用它。
➢ 在用來指定條件格式的公式中使用它。
➢ 從 VBE 的「即時運算視窗」中呼叫它。

### 1. 從某個程序中呼叫函數程序

可從某個 VBA 程序中呼叫自訂函數，方法與呼叫內建函數的方法相同。例如，在定義了名為 SUMARRAY 函數之後，可以輸入下列函數：

```
Total = SUMARRAY(MyArray)
```

這條函數執行 SUMARRAY 函式，並使用 MyArray 作為它的引數。傳回該函數的結果，並將其賦值給 Total 變數。

還可以使用 Application 物件的 Run 方法。如下所示：

```
Total = Application.Run ("SUMARRAY", "MyArray")
```

Run 方法的第一個引數是該函數的名稱，後面的引數代表該函數的引數。Run 方法的引數可以是字面字串（如上所示）、數字、運算式或變數。

## 2. 在工作表的公式中使用函數程序

在工作表公式中使用自訂函數類似於使用內建的函數，只不過必須確保 Excel 能夠找到這個函數程序。如果這個函數程序與工作表位於同一個活頁簿中，就不必做任何具體的事情。如果它們在不同的活頁簿中，那麼可能必須提示 Excel 在哪裡才能夠找到這個自訂函數。

為此，可以採取下列 3 種方式：

- **在函數名稱前加上檔案參照**：例如，如果要使用在打開的 Myfuncs.xlsm 活頁簿中定義的 COUNTNAMES 函數，可使用下列參照：

```
=Myfuncs.xlsm! COUNTNAMES(A1:A1000)
```

如果使用「插入函數」對話盒插入函數，就會自動插入活頁簿參照。

- **設定對活頁簿的參照**：為此，選擇 VBE 的〔工具〕→〔設定參照項目〕指令。如果是在某個被參照的活頁簿中定義的函數，就不必使用活頁簿的名稱。甚至在相關的活頁簿被指定為參照時，「貼上函數」對話盒仍會繼續插入活頁簿參照（雖然這完全沒有必要）。
- **建立增益集**：當在活頁簿中建立了一個包含函數程序的增益集時，如果在公式中使用了其中一個函數，就不用檔案參照了。然而，必須安裝增益集。有關增益集的討論請參閱本書第 16 章。

請注意，與子程序不同，在選擇〔開發人員〕→〔程式碼〕→〔巨集〕指令後，函數程序並沒有出現在「巨集」對話盒中。此外，在執行 VBE 的〔執行〕→〔執行 Sub 或 UserForm〕指令（或者按〔F5〕鍵）時，如果滑鼠游標位於某個函數程序中，就不能選擇函數（跳出「巨集」對話盒並從中選擇要執行的巨集）。其結果是，在開發程序時，必須額外做一些準備工作測試一下函數。一種辦法是設定呼叫該函數的簡單程序。如果該函數是設計用在工作表公式中的，就要輸入簡單的公式測試它。

## 3. 在條件格式公式中呼叫函數程序

指定條件格式時，選項之一是建立一個公式。公式必須是一個邏輯公式（即必須傳回 TRUE 或 FALSE）。如果公式傳回 TRUE，表示條件得到滿足，格式將被應用到儲存格上。

在條件格式公式中可以使用自訂 VBA 函數。例如，下面有一個簡單的 VBA 函數，如果引數是一個包含公式的儲存格，該函數將傳回 TRUE：

```
Function CELLHASFORMULA(cell) As Boolean
    CELLHASFORMULA = cell.HasFormula
End Function
```

在 VBA 模組中定義了這個函數後，可以設定條件格式規則，使包含公式的儲存格具有不同的格式：

(1) 選擇將包含條件格式的儲存格區域。例如，選擇 A1:G20。

(2) 選擇〔開始〕→〔樣式〕→〔設定格式化的條件〕→〔新增規則〕指令。

(3) 在「新增格式化規則」對話盒中，選擇「使用公式來決定要格式化哪些儲存格」選項。

(4) 在公式框中輸入下面的公式，但是確保儲存格傳址引數對應於在第 (1) 步驟中選擇的儲存格區域左上角的儲存格：

    =CELLHASFORMULA(A1)

(5) 按一下〔格式〕按鈕，指定為滿足此條件的儲存格應用的格式。

(6) 按一下〔確定〕按鈕，為選定的儲存格區域應用條件格式規則。

包含公式的儲存格區域中的儲存格將以指定的格式顯示。圖 5-3 顯示了「新增格式化規則」對話盒，在公式中指定自訂函數。

▲ 圖 5-3：用自訂 VBA 函數設定條件格式

> **注意**
>
> Excel 2013 導入的新工作表函數 ISFORMULA 的工作方式與自訂函數 CELLHASFORMULA 類似。不過，如果你計畫將你的活頁簿與其他還在使用 Excel 2010 或之前版本的人共用，那麼 CELLHASFORMULA 仍然可用。

## 4. 從 VBE 的「即時運算視窗」中呼叫函數程序

最後一種方法是從 VBE 的「即時運算視窗」中呼叫函數程序。一般來說，這種方法只用於測試。圖 5-4 有一個範例。? 符號是輸出的快捷方式。

▲ 圖 5-4：從 VBE 的「即時運算視窗」中呼叫一個函數程序

## 5.5 函數程序的引數

關於函數程序的引數,請記住以下幾點:

➤ 引數可以是變數(包括陣列)、常數、字面常數或運算式。

➤ 某些函數沒有引數。

➤ 某些函數有固定數量的必需的引數(引數個數可以為 1 ～ 60 個)。

➤ 某些函數既有必需的引數,又有可選的引數。

> **注意**
>
> 如果公式使用了自訂的工作表函數,而且傳回 #VALUE!,就表示函數中有錯。造成錯誤的原因很多,可能是程式碼中的邏輯錯誤,也可能是給函數傳遞了不正確的引數等。詳情請參閱第 5.9 節。

## 5.6 函數範例

本節將列舉一些範例,用於說明如何有效地使用函數的引數。順便說一下,這些討論同樣適用於子程序。

### 5.6.1 無引數的函數

與子程序一樣,函數程序不一定非得有引數。例如,Excel 中的一些內建函數就沒有使用引數,其中包括 RAND、TODAY 和 NOW。你可以建立類似的函數。

本節列舉了一些沒有使用引數的函數。

線上資源　範例檔案中提供一個含有這些無引數函數的活頁簿,檔案名稱為「no argument. xlsm」。

下面列舉了一個沒有使用引數的函數。下面的函數傳回 Application 物件的 UserName 屬性。這個名稱將出現在「Excel 選項」對話盒(〔一般〕活頁標籤)中並儲存在 Windows 註冊表中。

```
Function USER()
'  Returns the name of the current user
   USER = Application.UserName
End Function
```

在輸入下列公式時,儲存格傳回目前使用者的姓名:=USER()

不需要在另一程序中使用這個函數,因為可在程式碼中直接連接 UserName 屬性。

USER 函數說明了如何建立一個包裝函式,使它只傳回一個屬性或一個 VBA 函數的結果。下面有另外 3 個沒有引數的包裝函式。

```
Function EXCELDIR() As String
'  Returns the directory in which Excel is installed
   EXCELDIR = Application.Path
End Function
Function SHEETCOUNT()
'  Returns the number of sheets in the workbook
   SHEETCOUNT = Application.Caller.Parent.Parent.Sheets.Count
End Function

Function SHEETNAME()
'  Returns the name of the worksheet
   SHEETNAME = Application.Caller.Parent.Name
End Function
```

你可能會想到其他可用的包裝函式。例如,可撰寫一個函數顯示範本的位置(Application.TemplatesPath)、預設檔案位置(Application.DefaultFilePath)以及 Excel 的版本(Application.Version)。同時要注意,Excel 2013 導入一個新的工作表函數 SHEETS,而作廢了 SHEETCOUNT 函數。

這裡還有另一個無引數的函數。大多數人習慣使用 Excel 的 RAND 函數來將數值快速填入儲存格區域。但是,一旦重新計算了工作表,亂數字都會發生改變。因此,為彌補這一缺陷,通常必須把公式轉換為值。

然後,你可以建立一個傳回不變的亂數的自訂函數。其中使用了 VBA 內建的 Rnd 函數,它傳回的亂數在 0 ~ 1 之間。該自訂函數的程式碼如下所示:

```
Function STATICRAND()
'  Returns a random number that doesn't
'  change when recalculated
   STATICRAND = Rnd()
End Function
```

如果想要產生一系列 0 ~ 1000 之間的隨機整數,可以使用如下的公式:

```
=INT(STATICRAND()*1000)
```

當正常計算工作表時，由這個公式產生的值不會改變。然而，可透過按〔Ctrl〕+〔Alt〕+〔F9〕快速鍵組合來強制重新計算該公式。

---

**📖 控制函數的重新計算**

在工作表公式中使用自訂函數時，什麼時候會重新計算該函數呢？

自訂函數的行為類似於 Excel 內建的工作表函數。通常，只有在需要這麼做時，即只有在函數的任意引數變化時，才重新計算自訂函數。然而，可強制函數更頻繁地進行重新計算。在向函數程序中加入下列陳述式之後，無論何時重新計算工作表，都會重新計算函數。如果是在自動計算的模式下，那麼一旦更改了任何儲存格，都會發生重新計算的動作。

```
Application.Volatile True
```

Application 物件的 Volatile 方法只有一個引數（值為 True 或 False）。把函數程序標記為揮發性函數，因此一旦重新計算了工作表中的任意儲存格，都會強制計算該函數。

例如，可使用 Volatile 方法把自訂的 STATICRAND 函數改為模仿 Excel 的 RAND 函數，如下所示：

```
Function NONSTATICRAND()
'   Returns a random number that changes with each calculation
    Application.Volatile True
    NONSTATICRAND = Rnd()
End Function
```

使用 Volatile 方法的 False 引數，將導致只有在重新計算後函數的一個或多個引數發生改變時，才重新計算該函數（如果函數沒有引數，那麼這個方法也就無效）。

為強行實施整個重新計算（也包括非揮發性自訂函數），可以按〔Ctrl〕+〔Alt〕+〔F9〕快速鍵組合。這個快速鍵組合將為本章中列舉的 STATICRAND 函數產生新的亂數。

## 5.6.2 具有一個引數的函數

這一小節為銷售經理提供了一個函數，用來計算銷售人員的傭金。在該範例中，計算是建立在表 5-1 的基礎上的。

▼ 表 5-1：月銷售額和傭金率

| 月銷售額 | 傭金率 |
|---|---|
| 0 ～ $9999 | 8.0% |
| $10000 ～ $19999 | 10.5% |
| $20000 ～ $39999 | 12.0% |
| $40000+ | 14.0% |

請注意，備金率不是線性增長的，而是依賴於每個月總的銷售額。銷售得越多，雇員備金率也就越高。

為計算輸入到工作表中的各種銷售額的備金率，可採取幾種辦法。如果沒有考慮清楚，就可能會浪費很多時間並且寫出很長的公式，如下所示：

```
=IF(AND(A1>=0,A1<=9999.99),A1*0.08,
IF(AND(A1>=10000,A1<=19999.99),A1*0.105,
IF(AND(A1>=20000,A1<=39999.99),A1*0.12,
IF(A1>=40000,A1*0.14,0))))
```

這種辦法很糟糕，有以下兩個原因：第一，公式太複雜，令人難以理解；第二，數值是寫死到公式中的，所以很難修改公式。

一個更好的方法（非 VBA 方法）是使用查閱資料表的函數來計算備金。例如，下面的公式使用 VLOOKUP 函數從名為 Table 的儲存格區域內搜尋備金值，然後用儲存格 A1 中的值與之相乘。

```
=VLOOKUP(A1,Table,2)*A1
```

還有一種辦法是建立自訂函數（這樣就不必使用查閱資料表），如下所示：

```
Function COMMISSION(Sales)
    Const Tier1 = 0.08
    Const Tier2 = 0.105
    Const Tier3 = 0.12
    Const Tier4 = 0.14
'   Calculates sales commissions
    Select Case Sales
        Case 0 To 9999.99: COMMISSION = Sales * Tier1
        Case 1000 To 19999.99: COMMISSION = Sales * Tier2
        Case 20000 To 39999.99: COMMISSION = Sales * Tier3
        Case Is >= 40000: COMMISSION = Sales * Tier4
    End Select
End Function
```

在 VBA 模組中輸入上述函數後，就可以在工作表公式中使用它，或從其他的 VBA 程序中呼叫該函數。

在儲存格中輸入下列公式後，將產生結果 3000；25000 的銷售額取得的備金率為 12%：

```
=COMMISSION(25000)
```

即使工作表中不需要自訂函數，但是建立函數程序可以使得 VBA 編碼更加簡單。例如，如果撰寫的 VBA 程序計算了銷售備金，就可以使用完全相同的函數，並從某個 VBA 程序中呼叫它。在下面這個很簡短程序中，首先要求使用者輸入銷售額，然後使用 COMMISSION 函數計算出應該得到的備金：

```
Sub CalcComm()
    Dim Sales as Long
    Sales = InputBox("Enter Sales:")
    MsgBox "The commission is " & COMMISSION(Sales)
End Sub
```

CalcComm程序首先顯示一個輸入欄位，它要求使用者輸入銷售額。然後顯示一個訊息方塊，其中就計算出了該銷售額下應該取得的傭金。

也可以使用子程序，但採取的辦法有點粗糙。下面的程式碼是增強版的，其中顯示了格式化後的數值，並一直迴圈，直到使用者按一下了〔否〕按鈕為止（如圖 5-5 所示）。

▲ 圖 5-5：使用函數顯示計算的結果

```
Sub CalcComm()
    Dim Sales As Long
    Dim Msg As String, Ans As String
'   Prompt for sales amount
    Sales = Val(InputBox("Enter Sales:", _
    "Sales Commission Calculator"))

'    Exit if canceled
    If Sales = 0 Then Exit Sub

'Build the Message
    Msg = "Sales Amount:" & vbTab &Format(Sales, "$#,##0.00")
    Msg = Msg & vbCrLf & "Commission:" & vbTab
    Msg = Msg &Format(COMMISSION(Sales), "$#,##0.00")
    Msg = Msg & vbCrLf & vbCrLf & "Another?"

'   Display the result and prompt for another
    Ans = MsgBox(Msg, vbYesNo, "Sales Commission Calculator")
    If Ans = vbYes Then CalcComm
End Sub
```

上述函數使用了 VBA 內建的兩個常數：vbTab 代表一個定位字元（隔開輸出的不同部分），vbCrLf 指定〔Enter〕和換行（跳到下一行）。VBA 的 Format 函數可以顯示指定格式的值（這種情況下，有一個美元符號、千位元分隔符號和兩個小數字數）。

在這兩個範例中，Commission 函數必須可以用在現用活頁簿中，否則 Excel 將顯示一項錯誤訊息，指出沒有定義這個函數。

在自訂函數中使用的所有儲存格區域必須作為引數來傳遞。考慮下面的一個函數,它將儲存格 A1 中的值乘以 2 以後傳回:

```
Function DOUBLECELL()
    DOUBLECELL = Range("A1") * 2
End Function
```

儘管該函數可以正常運作,但是有時它可能傳回不正確的結果。Excel 的計算引擎不能統計程式碼中沒有作為引數傳遞的儲存格區域的數目。因此,在一些情況下,在傳回函數的數值之前,可能不會計算所有的前序工作。DOUBLECELL 函數應該寫成如下的形式,並把儲存格 A1 作為引數來傳遞:

```
Function DOUBLECELL(cell)
    DOUBLECELL= cell * 2
End Function
```

## 5.6.3 具有兩個引數的函數

假設前面提到的銷售經理要實行一個新策略來幫助減少人員流動,銷售人員在公司工作的時間每增長 1 年,支付的總傭金就增長 1%。

對自訂的 COMMISSION 函數(前一節中定義的)進行修改,使得該函數接收兩個引數。新加入的引數代表年數,稱這個新函數為 COMMISSION2:

```
Function COMMISSION2(Sales, Years)
'    Calculates sales commissions based on
'    years in service
    Const Tier1 = 0.08
    Const Tier2 = 0.105
    Const Tier3 = 0.12
    Const Tier4 = 0.14
    Select Case Sales
        Case 0 To 9999.99: COMMISSION2 = Sales * Tier1
        Case 1000 To 19999.99: COMMISSION2 = Sales * Tier2
        Case 20000 To 39999.99: COMMISSION2 = Sales * Tier3
        Case Is >= 40000: COMMISSION2 = Sales * Tier4
    End Select
    COMMISSION2 = COMMISSION2 + (COMMISSION2 * Years / 100)
End Function
```

這個函數很簡單吧?只是向 Function 陳述式中加入了第二個引數(Years),然後另外撰寫一種演算法來調整傭金率。

下面舉例說明如何使用該函數來撰寫公式(假設銷售額位於儲存格 A1 中,銷售人員工作的年數字於儲存格 B1 中):

```
= COMMISSION2(A1,B1)
```

範例檔案中提供與該任務有關的所有程序，檔案名稱為「commission functions.

線上資源　xlsm」。

## 5.6.4 使用陣列作為引數的函數

函數程序還可以接收一個或多個陣列，作為引數、處理陣列並傳回一個值。該陣列也可以由儲存格區域組成。

下面的函數接收一個陣列作為它的引數並傳回其元素的總和：

```
Function SUMARRAY(List) As Double
    Dim Item As Variant
    SumArray = 0
    For Each Item In List
       If WorksheetFunction.IsNumber(Item) Then _
           SUMARRAY = SUMARRAY + Item
    Next Item
End Function
```

在把各個元素加入到總和之前，Excel 的 ISNUMBER 函數檢測每個元素是不是數字。加入這種簡單的錯誤檢測函數後，可以避免在試圖對非數字類型執行數學運算時，出現類型不符合的錯誤。

下面的程序說明了如何從子程序呼叫這種函數。MakeList 程序建立了一個包含 100 個元素的陣列，並把亂數賦值給了每個元素，然後使用 MsgBox 函數來顯示透過呼叫 SUMARRAY 函數取得的陣列中數值的總和。

```
Sub MakeList()
    Dim Nums(1 To 100) As Double
    Dim i as Integer
    For i = 1 To 100
       Nums(i) = Rnd * 1000
    Next i
    MsgBox SUMARRAY(Nums)
End Sub
```

注意，SUMARRAY 函數沒有宣告它的引數的資料類型（為 Variant 資料類型）。因為函數沒有把引數宣告為具體的數字類型，所以該函數可用在引數為 Range 物件的工作表公式中。例如，下面的公式傳回儲存格 A1:C10 之中值的總和：

```
=SUMARRAY(A1:C10)
```

你可能還會注意到，當在工作表公式中使用 SUMARRAY 函數時，這個函數的功能非常類似於 Excel 的 SUM 函數。然而，兩者之間存在一個區別，即 SUMARRAY 不接收多個引數。

這個範例只是用於教學的目的。相對於 Excel 的 SUM 函數而言，在公式中使用 SUMARRAY 函數完全沒有優勢。

線上資源　這個範例在範例檔案中也可以找到，檔案名稱為「array argument.xlsm」。

## 5.6.5　具有可選引數的函數

很多 Excel 的內建工作表函數都使用可選的引數。如 LEFT 函數，它傳回從字串左側開始的字元。該函數的語法格式如下所示：

```
LEFT(text,num_chars)
```

第一個引數是必需的，而第二個引數是可選的。如果省略了可選的引數，那麼 Excel 就假定其值為 1。因此，下面的兩個公式傳回相同的結果：

```
=LEFT(A1,1)
=LEFT(A1)
```

在 VBA 中開發的自訂函數也可以有可選的引數。在引數名前加上關鍵字 Optional 即可指定一個可選的引數。在引數列表中，可選引數必須出現在任何必需的引數之後。

在下面這個簡單的函數範例中，傳回了使用者名稱，這個函數的引數是可選的。

```
Function USER(Optional UpperCase As Variant)
    If IsMissing(UpperCase) Then UpperCase = False
    USER = Application.UserName
    If UpperCase Then USER = UCase(User)
End Function
```

如果引數的值為 False 或省略了這個引數，那麼傳回的使用者名稱不會改變。如果這個引數的值為 True，那麼在傳回使用者名稱之前要把它轉換為大寫字母（使用 VBA 的 UCase 函數）。注意，這個程序的第一項陳述式使用 VBA 的 IsMissing 函數，因此確定是否提供了這個引數。如果缺少該引數，該陳述式就把 UpperCase 變數設定為 False（預設值）。

下面所有的公式都是有效的（前兩個公式的結果相同）：

```
=USER()
=USER(False)
=USER(True)
```

注意

如果必須確定是否把一個可選引數傳遞到函數中，就必須把這個可選的引數宣告為 Variant 資料類型。然後，就可在程序中使用 IsMissing 函數，如上述範例所示。換句話說，IsMissing 函數的引數必須總是 Variant 資料類型。

下面列舉了另一個使用可選引數的自訂函數。該函數隨機地從輸入儲存格區域中選擇一個儲存格並傳回它的內容。如果第二個引數的值為 True，那麼只要重新計算工作表，所選擇的儲存格的值就會發生變化（也就是說，把這個函數標記成揮發性函數）。如果第二個引數的值為 False 或省略了，那麼不會重新計算這個函數，除非修改了輸入儲存格區域中的一個儲存格的內容。

```
Function DRAWONE(Rng As Variant, Optional Recalc As Variant = False)
'    Chooses one cell at random from a range

'    Make function volatile if Recalc is True
    Application.Volatile Recalc

'    Determine a random cell
    DRAWONE = Rng(Int((Rng.Count) * Rnd + 1))
End Function
```

注意，DRAWONE 的第二個引數包含關鍵字 Optional 以及一個預設值。

以下所有公式都是有效的，而且前兩個公式的結果相同：

```
=DRAWONE(A1:A100)
=DRAWONE(A1:A100,False)
=DRAWONE(A1:A100,True)
```

DRAWONE 函數可以用於選擇抽獎號碼，從一堆姓名中挑選出獲勝者。

線上資源　範例檔案中也提供了這個函數，檔案名稱為「draw.xlsm」。

## 5.6.6　傳回 VBA 陣列的函數

VBA 包含了一個很有用的函數，稱為 Array。Array 函數傳回包含一個陣列的 Variant 資料類型的值（就是說有多個值）。如果對 Excel 中的陣列公式很熟悉，那麼理解 VBA 的 Array 函數可能就比較快。按〔Ctrl〕+〔Shift〕+〔Enter〕快速鍵即可向儲存格中輸入陣列公式。Excel 在這種公式中插入了中括號，因此表示這是一個陣列公式。

> **注意**
>
> Array 函數傳回的陣列與由 Variant 資料類型的元素構成的普通陣列不一樣，理解這一點很重要。換言之，Variant 資料類型的陣列不同於 Variant 資料類型元素構成的陣列。

下面有一個簡單範例，在自訂函數 MONTHNAMES 中，使用了 VBA 的 Array 函數：

```
Function MONTHNAMES()
    MONTHNAMES = Array("Jan", "Feb", "Mar", "Apr","May", "Jun", _
        "Jul", "Aug", "Sep", "Oct", "Nov", "Dec")
```

```
   End Function
```

MONTHNAMES 函數傳回包含月份名稱的水準方向的陣列。可以建立使用 MONTHNAMES 函數的多儲存格陣列公式。下面講述如何使用該函數：確保這個函數的程式碼位於某個 VBA 模組中，然後在工作表中選擇一行中的多個儲存格（一開始選擇了 12 個儲存格）。接著輸入下列公式（不包括一對大括號），最後按〔Ctrl〕+〔Shift〕+〔Enter〕快速鍵：

```
{=MONTHNAMES()}
```

如果想產生垂直方向的月份名稱列表，該如何處理呢？沒有問題，只需選擇垂直方向上的儲存格區域，然後輸入下列公式（不包括一對大括號），並按〔Ctrl〕+〔Shift〕+〔Enter〕快速鍵：

```
{=TRANSPOSE(MONTHNAMES())}
```

這個公式使用了 Excel 的 TRANSPOSE 函數把水平方向的陣列轉置為垂直方向的陣列。

下面的範例是對 MONTHNAMES 函數修改後的版本：

```
Function MonthNames(Optional MIndex)
    Dim AllNames As Variant
    Dim MonthVal As Long
    AllNames = Array("Jan", "Feb", "Mar", "Apr", _
        "May", "Jun", "Jul", "Aug", "Sep", "Oct", _
        "Nov", "Dec")
    If IsMissing(MIndex) Then
        MONTHNAMES = AllNames
    Else
        Select Case MIndex
            Case Is >= 1
                ' Determine month value (for example, 13=1)
                MonthVal = ((MIndex - 1) Mod 12)
                MONTHNAMES = AllNames(MonthVal)
            Case Is <= 0 ' Vertical array
                MONTHNAMES = Application.Transpose(AllNames)
        End Select
    End If
End Function
```

注意，這裡使用了 VBA 的 IsMissing 函數來測試是否缺少引數。這種情況下，不可能為函數的引數清單中省略的引數指定預設值，原因在於預設值要在函數內定義。只有當可選擇的引數為 Variant 資料類型時，才可以使用 IsMissing 函數。

這個增強型函數使用了一個可選引數，該引數的功能如下所示：

➢ 如果省略了這個引數，函數將傳回一個包含月份名稱的水準方向的陣列。

➢ 如果該引數的值小於或等於 0，該函數將傳回一個包含月份名稱的垂直方向的陣列。其中使用了 Excel 的 TRANSPOSE 函數來轉置該陣列。

➤ 如果該引數的值大於或等於 1，該函數將傳回對應於引數值的月份名稱。

> **注意**
>
> 這個程序使用 Mod 運算子來確定月份的值。Mod 運算子傳回第一個運算元除以第二個
> 運算元後剩下的餘數。記住，AllNames 陣列是建立在 0 的基礎上的，索引的範圍為 0 ～
> 11。在使用 Mod 運算子的函數中，要從該函數的引數中減去 1。因此，值為 13 的引數傳
> 回的是 0（對應的是一月份），值為 24 的引數傳回的是 11（對應的是十二月份）。

可採用多種方法來使用這個函數，如圖 5-6 所示。

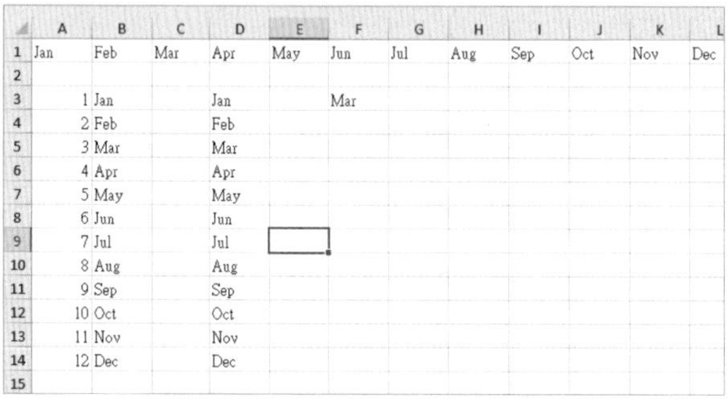

| | A | B | C | D | E | F | G | H | I | J | K | L |
|---|---|---|---|---|---|---|---|---|---|---|---|---|
| 1 | Jan | Feb | Mar | Apr | May | Jun | Jul | Aug | Sep | Oct | Nov | Dec |
| 2 | | | | | | | | | | | | |
| 3 | | 1 | Jan | | Jan | | Mar | | | | | |
| 4 | | 2 | Feb | | Feb | | | | | | | |
| 5 | | 3 | Mar | | Mar | | | | | | | |
| 6 | | 4 | Apr | | Apr | | | | | | | |
| 7 | | 5 | May | | May | | | | | | | |
| 8 | | 6 | Jun | | Jun | | | | | | | |
| 9 | | 7 | Jul | | Jul | | | | | | | |
| 10 | | 8 | Aug | | Aug | | | | | | | |
| 11 | | 9 | Sep | | Sep | | | | | | | |
| 12 | | 10 | Oct | | Oct | | | | | | | |
| 13 | | 11 | Nov | | Nov | | | | | | | |
| 14 | | 12 | Dec | | Dec | | | | | | | |
| 15 | | | | | | | | | | | | |

▲ 圖 5-6：向工作表中傳遞陣列或單個數值的不同方法

A1:L1 的儲存格區域中包含作為陣列輸入的下列公式。首先選擇 A1:L1 的儲存格區域，然後
輸入公式（不包括一對大括號），最後按下〔Ctrl〕+〔Shift〕+〔Enter〕快速鍵。

```
{=MONTHNAMES()}
```

A3:A14 的儲存格區域包含 1 ～ 12 的整數。儲存格 B3 包含下列非陣列的公式，在這個儲存
格正下方的 11 個儲存格內複製了這個公式：

```
=MONTHNAMES(A3)
```

D3:D14 的儲存格區域包含作為陣列輸入的下列公式：

```
{=MONTHNAMES(-1)}
```

儲存格 F3 包含下列（非陣列的）公式：

```
=MONTHNAMES(3)
```

> **注意**
>
> 要輸入一個陣列公式，必須按〔Ctrl〕+〔Shift〕+〔Enter〕快速鍵（並且不要輸入一對
> 大括號）。

範例檔案中提供說明 MONTHNAMES 函數的活頁簿，檔案名稱為「month names. xslm」。

線上資源

## 5.6.7 傳回錯誤值的函數

某些情況下，可能希望自訂函數傳回某個特殊的錯誤值。考慮本章前面討論的 REMOVEVOWELS 函數：

```
Function REMOVEVOWELS(Txt) As String
'Removes all vowels from the Txt argument
    Dim i As Long
    RemoveVowels = ""
    For i = 1 To Len(Txt)
        If Not UCase(Mid(Txt, i, 1)) Like "[AEIOU]" Then
            REMOVEVOWELS = REMOVEVOWELS&Mid(Txt, i, 1)
        End If
    Next i
End Function
```

當在工作表公式中使用這個自訂函數時，該函數將移除單個儲存格引數中的母音字母。如果引數是一個數字型的值，該函數就以字串形式傳回該值。這時可能更希望函數傳回一個錯誤值（#N/A），而不是把數字的值轉變為字串。

有時，可能想把看上去像 Excel 公式的錯誤值的字串賦值給該函數，例如：

```
REMOVEVOWELS = "#N/A"
```

雖然這個字串看上去像一個錯誤值，但參照該函數的其他公式可能並不這麼認為。要讓函數傳回一個真正錯誤值，可使用 VBA 的 CVErr 函數，它會把錯誤編號轉換為真正的錯誤值。

幸運的是，VBA 所包含內建的常數，可用來表示希望由自訂函數傳回的錯誤值。這些錯誤值都是 Excel 公式中的錯誤值，而不是 VBA 執行時的錯誤值。這些常數包括：

➢ xlErrDiv0（針對 #DIV/0!）
➢ xlErrNA（針對 #N/A）
➢ xlErrName（針對 #NAME?）
➢ xlErrNull（針對 #NULL!）
➢ xlErrNum（針對 #NUM!）
➢ xlErrRef（針對 #REF!）
➢ xlErrValue（針對 #VALUE!）

為從自訂函數中傳回錯誤值 #N/A，可使用如下陳述式：

```
REMOVEVOWELS = CVErr(xlErrNA)
```

接下來是修改後的 REMOVEVOWELS 函數。這個函數使用了 If-Then 結構，進而確定當引數不是文字時應該採取的措施。它使用 Excel 中的 ISTEXT 函數來確定引數是否為文字。如果引數是文字，該函數將繼續正常執行。如果儲存格中不包含文字（或者為空），該函數傳回錯誤值 #N/A：

```
Function REMOVEVOWELS(Txt) As Variant
'Removes all vowels from the Txt argument
'Returns #VALUE if Txt is not a string
    Dim i As Long
    RemoveVowels = ""
    If Application.WorksheetFunction.IsText(Txt) Then
        For i = 1 To Len(Txt)
            If Not UCase(Mid(Txt, i, 1)) Like "[AEIOU]" Then
                REMOVEVOWELS = REMOVEVOWELS&Mid(Txt, i, 1)
            End If
        Next i
    Else
        REMOVEVOWELS = CVErr(xlErrNA)
    End If
End Function
```

注意

上述程式碼還更改了函數傳回值的資料類型。因為該函數現在可以傳回非字串的值，所以這裡把資料類型改為 Variant 類型。

## 5.6.8 具有不定數量引數的函數

某些 Excel 工作表函數可以接收不定數量的引數。比較熟悉的範例是 SUM 函數，該函數的語法如下所示：

```
SUM(number1,number2...)
```

該函數的第一個引數是必需的，但還可以有其他 254 個引數。下面舉例說明，一個帶有 4 個儲存格區域引數的 SUM 函數：

```
=SUM(A1:A5,C1:C5,E1:E5,G1:G5)
```

甚至可以混合搭配不同類型的引數。例如，下面的範例中使用了 3 個引數：第一個引數是一個儲存格區域，第二個引數是一個數值，第三個引數是一個運算式。

```
=SUM(A1:A5,12,24*3)
```

可以建立包含不定數量引數的函數程序。技巧是使用一個陣列作為最後一個（或者是唯一一個）引數，前面加上關鍵字 ParamArray。

> ParamArray 只能用於程序的引數列表中的最後一個引數。它的資料類型總是 Variant，而且總是一個可選的引數（儘管沒有使用關鍵字 Optional）。

下面的函數可以包含任意數量的單個值的引數（不適用於多個儲存格區域的引數）。該函數僅傳回這些引數值的總和。

```
Function SIMPLESUM(ParamArray arglist() As Variant) As Double
    For Each arg In arglist
        SIMPLESUM = SIMPLESUM + arg
    Next arg
End Function
```

要修改該函數以便它能處理多個儲存格區域的引數，需要另外加入一個迴圈，使其處理位於每個引數中的所有儲存格：

```
Function SIMPLESUM(ParamArray arglist() As Variant) As Double
    Dim cell As Range
    For Each arg In arglist
        For Each cell In arg
            SIMPLESUM = SIMPLESUM + cell
        Next cell
    Next arg
End Function
```

SIMPLESUM 函數類似於 Excel 中的 SUM 函數，但不如 SUM 函數靈活。使用各種引數類型進行測試，就可以發現：如果任意儲存格包含了一個非數值的元素，或為某個引數使用了字面常數，該函數就將執行失敗。

## 5.7 模擬 Excel 的 SUM 函數

本節將建立一個自訂函數 MYSUM。與上節介紹的 SIMPLESUM 函數不同的是，MYSUM 函數將（幾乎）相似 Excel 中的 SUM 函數。

在列出 MYSUM 函數的程式碼之前，先來思考一下 Excel 的 SUM 函數。實際上，這是一個運用非常廣泛的函數，它最多可以接收 255 個引數（甚至包括省略的引數），而且引數的值可以是數值、儲存格、儲存格區域、數字的文字表示、邏輯值甚至是嵌入的函數。例如，考慮下面的公式：

```
=SUM(B1,5,"6",,TRUE,SQRT(4),A1:A5,D:D,C2*C3)
```

這是一個完全有效的公式，包含了下列所有類型的引數，按照公式中引數的順序條列如下：

➤ 單個儲存格參照
➤ 字面常數
➤ 看起來像數值一樣的字串
➤ 省略的引數
➤ 邏輯值 TRUE
➤ 使用了另一個函數的運算式
➤ 簡單的儲存格區域參照
➤ 含有整個一列的儲存格區域的參照
➤ 計算兩個儲存格乘積的運算式

MYSUM 函數（如程式碼清單 5-1 所示）可處理所有這些引數類型。

線上資源

範例檔案中可以找到包含 MYSUM 函數的活頁簿，檔案名稱為「mysum function. xlsm」。

程式碼清單 5-1　MYSUM 函數

```
Function MYSUM(ParamArray args() As Variant) As Variant
'Emulates Excel's SUM function
'Variable declarations
    Dim i As Variant
    Dim TempRange As Range, cell As Range
    Dim ECode As String
    Dim m, n
    MYSUM = 0

'Process each argument
    For i = 0 To UBound(args)
'    Skip missing arguments
    If Not IsMissing(args(i)) Then
'      What type of argument is it?
    Select Case TypeName(args(i))
        Case "Range"
'          Create temp range to handle full row or column ranges
            Set TempRange = Intersect(args(i).Parent.UsedRange, _
                args(i))
            For Each cell In TempRange
                If IsError(cell) Then
                    MYSUM = cell ' return the error
                    Exit Function
                End If
                If cell = True Or cell = False Then
                    MYSUM = MYSUM+ 0
                Else
                    If IsNumeric(cell) Or IsDate(cell) Then _
```

```
                MYSUM = MYSUM + cell
            End If
        Next cell
    Case "Variant()"
        n = args(i)
        For m = LBound(n) To UBound(n)
            MYSUM = MYSUM(MYSUM, n(m))  'recursive call
        Next m
    Case "Null"   'ignore it
    Case "Error"  'return the error
        MYSUM = args(i)
        Exit Function
    Case "Boolean"
'       Check for literal TRUE and compensate
        If args(i) = "True" Then MYSUM = MYSUM + 1
    Case "Date"
        MYSUM = MYSUM + args(i)
    Case Else
        MYSUM = MYSUM + args(i)
    End Select
        End If
    Next i
End Function
```

圖 5-7 有使用了 SUM 函數（E 欄）與 MYSUM 函數（G 欄）公式的一個活頁簿。如下所示，兩個函數傳回的結果完全一樣。

MYSUM 和 SUM 函數最接近，但並不完美。它不能處理陣列上的操作。例如，下面這個陣列公式傳回 A1:A4 儲存格區域中平方值的總和：

```
{=SUM(A:A4^2)}
```

下面這個公式傳回一個 #VALUE! 錯誤。

```
{=MYSUM(A1:A4^2)}
```

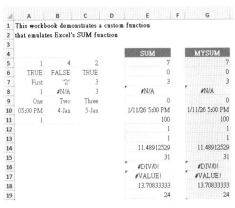

▲ 圖 5-7：SUM 函數與 MYSUM 函數的比較

如果你對該函數的工作原理很感興趣，可建立一個使用該函數的公式。然後，在程式碼中設定一個中斷點，然後逐行按步驟執行陳述式（參見本章後面的 5.9 節）。可以嘗試幾種不同的引數類型，很快就能對該函數的工作原理有一些認識。

在探究 MYSUM 函數的程式碼時，請記住以下幾點：

> 完全忽略那些省略的引數（由 IsMissing 函數確定）。

> 該程序使用了 VBA 的 TypeName 函數來確定引數的類型（Range、Error 等）。處理每種引數類型的方式不盡相同。

> 對於儲存格區欄位型別的引數，該函數將迴圈通過儲存格區域中的每個儲存格、確定儲存格中資料的類型以及（在適當的情況下）把它的值加到匯總值中。

> 該函數的資料類型為 Variant，因為如果這個函數的任意一個引數的值為錯誤值時，該函數需要傳回一項錯誤訊息。

> 如果某個引數包含一個錯誤值（如 #DIV/0!），MYSUM 函數將只傳回這個錯誤訊息（就像 Excel 的 SUM 函數一樣）。

> 除非它是字面常數引數（也就是實際的值而不是變數），否則 Excel 的 SUM 函數認為文字字串的值為 0。因此，只有當可以作為數字求值時，MYSUM 函數才把儲存格的值加進來（VBA 的 IsNumeric 函數用於這種目的）。

> 對於儲存格區欄位型別的引數，該函數使用 Intersect 方法建立了一個臨時儲存格區域，它由這個儲存格區域和工作表用過的儲存格區域的交集構成。這樣就可以處理儲存格引數由完整的行或列構成的情況，否則計算時間就太久了。

你可能會對 SUM 和 MYSUM 函數的速度比較感興趣。MYSUM 函數的速度當然要慢一些，但是慢多少取決於系統的速度和公式本身。不過這個範例的目的並不在於建立一個新的 SUM 函數，而用於說明如何建立自訂工作表函數，使其外觀和行為都極像 Excel 中內建的函數。

# 5.8 擴展後的日期函數

Excel 使用者經常抱怨不能處理 1900 年之前的日期。例如，系譜學家經常使用 Excel 來記錄出生和死亡日期。如果某個人的出生或死亡日期是 1900 年之前的日期，就無法計算出這個人的壽命。

VBA 可以處理的日期範圍則要大得多，它能夠識別的最早的日期為 0100 年 1 月 1 日。

請注意日曆的變化。如果使用了 1752 年之前的日期，一定要小心。歷史上使用的美國日曆、英國日曆、格里曆（Gregorian）和儒略曆（Julian）之間的差異會導致計算不夠精確。

警告

這些函數包括：

> XDATE(y,m,d,fmt)：傳回給定年、月、日的日期。可以選擇提供日期格式字串。

➢ `XDATEADD(xdate1,days,fmt)`：將一個日期增加指定的天數。可以選擇提供日期格式字串。

➢ `XDATEDIF(xdate1,xdate2)`：傳回兩個日期之間相隔的天數。

➢ `XDATEYEARDIF(xdate1,xdate2)`：傳回兩個日期之間相隔的年數（對於計算年齡很有用）。

➢ `XDATEYEAR(xdate1)`：傳回一個日期的年份。

➢ `XDATEMONTH(xdate1)`：傳回一個日期的月份。

➢ `XDATEDAY(xdate1)`：傳回一個日期的日子。

➢ `XDATEDOW(xdate1)`：傳回一個日期是一周中的哪一天（1～7 之間的整數）。

圖 5-8 所示為使用其中一些函數的一個活頁簿。

請記住，這些函數傳回的日期是一個字串，而不是真正日期。因此，不能使用 Excel 的標準運算子對傳回值執行數學運算。然而，可使用傳回值作為其他擴展日期函數的引數。

| | A | B | C | D | E | F | G | H |
|---|---|---|---|---|---|---|---|---|
| 5 | | | | | | | | |
| 6 | President | Year | Month | Day | XDATE | XDATEDIF | DATEYEARDIF | XDATEDOW |
| 7 | George Washington | 1732 | 2 | 22 | February 22, 1732 | 104,563 | 286 | Friday |
| 8 | John Adams | 1735 | 10 | 30 | October 30, 1735 | 103,217 | 282 | Sunday |
| 9 | Thomas Jefferson | 1743 | 4 | 13 | April 13, 1743 | 100,495 | 275 | Saturday |
| 10 | James Madison | 1751 | 3 | 16 | March 16, 1751 | 97,601 | 267 | Tuesday |
| 11 | James Monroe | 1758 | 4 | 28 | April 28, 1758 | 95,001 | 260 | Friday |
| 12 | John Quincy Adams | 1767 | 7 | 11 | July 11, 1767 | 91,640 | 250 | Saturday |
| 13 | Andrew Jackson | 1767 | 3 | 15 | March 15, 1767 | 91,758 | 251 | Sunday |
| 14 | Martin Van Buren | 1782 | 12 | 5 | December 5, 1782 | 86,014 | 235 | Thursday |
| 15 | William Henry Harrison | 1773 | 2 | 9 | February 9, 1773 | 89,600 | 245 | Tuesday |
| 16 | John Tyler | 1790 | 3 | 29 | March 29, 1790 | 83,343 | 228 | Monday |
| 17 | James K. Polk | 1795 | 11 | 2 | November 2, 1795 | 81,299 | 222 | Monday |
| 18 | Zachary Taylor | 1784 | 11 | 24 | November 24, 1784 | 85,294 | 233 | Wednesday |
| 19 | Millard Fillmore | 1800 | 1 | 7 | January 7, 1800 | 79,772 | 218 | Tuesday |
| 20 | Franklin Pierce | 1804 | 11 | 23 | November 23, 1804 | 77,991 | 213 | Friday |
| 21 | James Buchanan | 1791 | 4 | 23 | April 23, 1791 | 82,953 | 227 | Saturday |
| 22 | Abraham Lincoln | 1809 | 2 | 12 | February 12, 1809 | 76,449 | 209 | Sunday |
| 23 | Andrew Johnson | 1808 | 12 | 29 | December 29, 1808 | 76,494 | 209 | Thursday |
| 24 | Ulysses S. Grant | 1822 | 4 | 27 | April 27, 1822 | 71,627 | 196 | Saturday |
| 25 | Rutherford B. Hayes | 1822 | 10 | 4 | October 4, 1822 | 71,467 | 195 | Friday |
| 26 | James A. Garfield | 1831 | 11 | 19 | November 19, 1831 | 68,134 | 186 | Saturday |
| 27 | Chester A. Arthur | 1829 | 10 | 5 | October 5, 1829 | 68,909 | 188 | Monday |
| 28 | Grover Cleveland | 1837 | 3 | 18 | March 18, 1837 | 66,188 | 181 | Saturday |
| 29 | Benjamin Harrison | 1833 | 8 | 20 | August 20, 1833 | 67,494 | 184 | Tuesday |

▲ 圖 5-8：公式中使用了擴展的日期函數

這些函數非常簡單。例如下面的程式碼清單使用的是 XDATE 函數：

```
Function XDATE(y, m, d, Optional fmt As String) As String
    If IsMissing(fmt) Then fmt = "Short Date"
    XDATE = Format(DateSerial(y, m, d), fmt)
End Function
```

XDATE 的引數為：

➢ `y`( 必需 )：一個包含 4 個數字的年份，介於 0100～9999 之間。

➢ `m`( 必需 )：月份（1～12）。

➢ `d`( 必需 )：天（1～31）。

➢ `fmt`( 可選 )：日期格式字串。

如果省略 fmt 引數，則使用系統的短日期設定（在 Windows 的「控制台」中指定）顯示日期。

如果 m 或 d 引數超出了有效的數字，則捲動到下一年或者下個月份。例如，如果指定了月份為 13，則這個值將被解釋為下一年的一月份。

線上資源　範例檔案中提供擴展日期函數的 VBA 程式碼，檔案名稱為「extended date function. xlsm」。範例檔案中還包含一個名為「extended date functions help.docx」的 Word 文件檔案，有這些函數的說明。

## 5.9 函數的偵錯

在工作表中使用公式來測試函數程序時，VBA 的執行錯誤不會出現在熟悉的彈出式錯誤框中。如果出現錯誤，公式就傳回一個錯誤值（#VALUE!）。幸運的是，有很多解決的辦法，因此，在偵錯函數時這並不是一個問題：

- 把 **MsgBox** 函數放在關鍵位置中以監視特定變數的值：在執行程序時，會彈出函數程序中的訊息方塊。但是要確保在工作表中只有一個公式使用這種函數，否則將為估算的每個公式呈現訊息方塊，不停重複出現訊息方塊，很快就會變得很煩人。
- 透過從子程序中呼叫函數而不是從工作表公式來測試程序：採用常見的方式顯示執行時的錯誤，可以修復這個問題（如果知道的話）或利用偵錯器。
- 在函數中設定中斷點，然後逐句偵錯函數：隨後可以連接所有標準的 VBA 偵錯工具。要設定中斷點，可把滑鼠游標移到希望暫停執行的陳述式，接著選擇〔偵錯〕→〔切換中斷點〕指令（或按〔F9〕鍵）。在函數執行時，可以按〔F8〕鍵逐行陳述式執行程序。
- 在程式碼中使用一個或多個臨時的 **Debug.Print** 陳述式，進而在 **VBE** 的「即時運算視窗」中寫入數值：例如，如果希望監視迴圈中的某個數值，可使用下列常式：

```
Function VOWELCOUNT(r) As Long
    Dim Count As Long
    Dim i As Long
    Dim Ch As String * 1
    Count = 0
    For i = 1 To Len(r)
        Ch = UCase(Mid(r, i, 1))
        If Ch Like "[AEIOU]" Then
            Count = Count + 1
            Debug.Print Ch, i
        End If
    Next i
    VOWELCOUNT = Count
End Function
```

在這個範例中，無論何時遇到 Debug.Print 陳述式，都會把兩個變數 Ch 和 i 的值輸出到「即時運算視窗」中。圖 5-9 顯示了當函數的引數值為 Tucson Arizona 時的結果。

▲ 圖 5-9：在函數執行的同時使用「即時運算視窗」顯示結果

## ᴏᵈ **5.10** 使用「插入函數」對話盒

Excel 的「插入函數」對話盒是一個非常方便的工具。在建立工作表公式時，這種工具允許從函數清單中選擇一種特定的工作表函數。這些函數按照類型分成了不同的組，這樣更容易找到某個特定函數。選擇一個函數並按一下〔確定〕按鈕後，將顯示〔函數引數〕對話盒，說明插入函數的引數。

「插入函數」對話盒還會顯示出自訂的工作表函數。預設情況下，自訂函數列在「使用者定義」類別中。「函數引數」對話盒會提示輸入函數的引數。

「插入函數」對話盒允許透過關鍵字來搜尋函數。但是，這種搜尋特性不能用於定位在 VBA 中建立的自訂函數。

**注意**

如果使用 Private 關鍵字來定義自訂的函數程序，那麼該函數程序就不會出現在「插入函數」對話盒中。如果是專門為其他的 VBA 程序開發函數，就應該使用 Private 關鍵字進行宣告。然而，把函式宣告為私有（Private）函數並不會妨礙在其他工作表公式中使用它。它只會防止函數出現在「插入函數」對話盒中。

### 5.10.1 使用 MacroOptions 方法

透過使用 Application 物件的 MacroOptions 方法，可以使函數看上去與內建函數一樣。具體來說，使用這個方法可提供的資訊如下：

> ➤ 提供函數說明
> ➤ 指定函數類別
> ➤ 提供對函數引數的說明

提示

使用 MacroOptions 方法的另一個有用的好處是允許 Excel 自動將函數的字母轉換為大寫。例如，建立一個名為 MyFunction 的函數，輸入運算式 =myfunction(a)，Excel 會自動將運算式改成 =MyFunction(a)。當函數名出現拼寫錯誤（例如沒將小寫字母改成大寫，拼錯了函數名稱等）時，使用該方法可以快速提醒並自動修正一些錯誤。

下面的程序範例使用 MacroOptions 方法提供關於一個函數的資訊。

```
Sub DescribeFunction()
    Dim FuncName As String
    Dim FuncDesc As String
    Dim FuncCat As Long
    Dim Arg1Desc As String, Arg2Desc As String

    FuncName = "DRAWONE"
    FuncDesc = "Displays the contents of a random cell from a range"
    FuncCat = 5
    Arg1Desc = "The range that contains the values"
    Arg2Desc = "(Optional) If False or missing, a new cell is selected when"
    Arg2Desc = Arg2Desc & "recalculated. If True, a new cellis selected"
    Arg2Desc = Arg2Desc & " selected when recalculated."

    Application.MacroOptions _
        Macro:=FuncName, _
        Description:=FuncDesc, _
        Category:=FuncCat, _
        ArgumentDescriptions:=Array(Arg1Desc, Arg2Desc)
End Sub
```

這個程序使用變數來儲存各種資訊，這些變數被用作 MacroOptions 方法的引數。這個程序中為函數類別指定的值為 5（「查閱與參照」）。注意，透過使用一個陣列作為 MacroOptions 方法的最後一個引數，表示這是兩個引數的說明。

注意

Excel 2010 中新導入了提供引數說明的能力。但是，如果使用 Excel 2010 之前的版本打開包含函數的活頁簿，則不會顯示引數說明。

圖 5-10 所示為執行這個程序後的「插入函數」和「函數引數」對話盒。

▲ 圖 5-10：自訂函數的「插入函數」和「函數引數」對話盒

只需要執行 DescribeFunction 程序一次。然後，活頁簿中就儲存了指定給該函數的資訊。也可以省略引數。例如，如果不需要給引數提供說明，可以忽略 ArgumentDescriptions 引數。

交叉參考　第 19 章將詳細討論在「插入函數」對話盒中如何建立可以連接的自訂說明主題。

## 5.10.2 指定函數類別

如果沒有使用 MacroOptions 方法指定另一個類別，自訂工作表函數將出現在「插入函數」對話盒中的「使用者定義」類別中。讀者可能希望把函數指派到另外一個類別中，這還將使自訂函數顯示在功能區的〔公式〕→〔函數程式庫〕組合中的下拉控制項中。

表 5-2 列出了可為 MacroOptions 方法的 Category 引數使用的類別編號。請注意，其中某些類別（編號為 10 ～ 13 的類別）通常不會在「插入函數」對話盒中顯示。如果把函數指派給其中一個類別，該類別將出現在這個對話盒中。

▼ 表 5-2：函數的類別

| 類別編號 | 類別名稱 |
|---|---|
| 0 | 全部（沒有特別指定的類別） |
| 1 | 財務 |
| 2 | 日期與時間 |
| 3 | 數學與三角函數 |
| 4 | 統計 |
| 5 | 查閱與參照 |
| 6 | 資料庫 |
| 7 | 文字 |
| 8 | 邏輯 |
| 9 | 信息 |
| 10 | 指令 |
| 11 | 自訂 |
| 12 | 巨集控制項 |
| 13 | DDE/ 外部 |
| 14 | 使用者定義 |
| 15 | 工程 |
| 16 | Cube |
| 17 | 相容性 * |
| 18 | Web** |

* 「相容性」類別是 Excel 2010 中導入的類別。
** Web 類別是 Excel 2013 中導入的類別。

也可以建立自訂函數類別。為此，對 MacroOptions 的 Category 引數使用一個文字字串，而不是數字。下面的函數建立了一個名為 VBA Functions 的函數類別，並把 COMMISSION 函數指派到這個類別中。

```
Application.MacroOptions Macro:="COMMISSION", _
    Category:="VBA Functions"
```

## 5.10.3 手動加入函數說明

除了使用 MacroOptions 方法提供函數說明外，還可以使用「巨集」對話盒。

> 注意
>
> 如果沒有為自訂函數提供說明，「插入函數」對話盒將顯示如下文字：沒有說明資訊。

可按如下步驟為自訂函數提供說明：

(1) 在 VBE 中建立函數。

(2) 啟動 Excel，確保包含這個函數的活頁簿為現用活頁簿。

(3) 選擇〔開發人員〕→〔程式碼〕→〔巨集〕指令（或者按〔Alt〕+〔F8〕快速鍵）。

　　「巨集」對話盒列出了可以使用的程序，但是建立的函數將不在這個清單中。

(4) 在「巨集名稱」欄位中輸入函數的名稱。

(5) 按一下〔選項〕按鈕以顯示「巨集選項」對話盒。

(6) 在「說明」欄位中輸入對函數的說明。「快速鍵」欄位與函數無關。

(7) 按一下〔確定〕按鈕，然後按一下〔取消〕按鈕。

在採取了上述步驟後，當選擇這個函數時，「插入函數」對話盒將顯示出在第 (6) 步中輸入的說明。

# 5.11 使用增益集儲存自訂函數

你可能願意把經常用到的自訂函數儲存在某個增益集檔案中。這麼做的主要好處是可在任意活頁簿中使用這一函數。

此外，還可以在不使用檔案名限定詞的情況下使用該函數。假設有一個名為 ZAPSPACES 的自訂函數，它儲存在 Myfuncs.xlsm 文件中。為在 Myfuncs.xlsm 之外的活頁簿中的某個公式內使用該函數，就必須輸入下列公式：

```
=Myfuncs.xlsm!ZAPSPACES(A1)
```

如果從 Myfuncs.xlsm 中建立了一個增益集，並載入了這個增益集，就可以省略掉對該檔的參照，然後輸入公式，例如：

```
=ZAPSPACES(A1)
```

 第 16 章將討論增益集的問題。

 使用增益集來儲存自訂函數存在一個潛在問題，即活頁簿依賴於該增益集文件。如果需要與同事共用活頁簿，還需要共用含有函數的增益集的副本。

# 5.12 使用 Windows API

VBA 可從其他與 Excel 或 VBA 無關的檔案中借用方法，如 Windows 和其他軟體使用的 DLL（Dynamic Link Library，動態連結程式庫）檔。因此，可使用 VBA 做 VBA 語言範疇之外的事情。

Windows API 是 Windows 程式設計人員可以使用的一套函數。當從 VBA 中呼叫某個 Windows 函數時，就是在連接 WindowsAPI。Windows 程式設計人員使用的很多 Windows 資源都可在 DLL 中取得，DLL 儲存了程式和函數，並將在執行時（而不是編譯時）連結這些 DLL。

---

### 64 位元 Excel 和 API 函數

從 Excel 2010 起，在程式碼中使用 Windows API 函數提出了一個新挑戰，因為 Excel 2010 和 2013 還提供了一個 64 位元版本。如果想讓程式碼在 Excel 的 32 位版本和 64 位元版本之間相容，需要兩次宣告 API 函數，並使用編譯器指令確保使用正確的宣告。

例如，下面的宣告適用於 32 位元 Excel 版本，而在 Excel 2010 或 2013 的 64 位元版本中會造成編譯錯誤：

```
Declare Function GetWindowsDirectoryA Lib "kernel32" _
    (ByVal lpBuffer As String, ByVal nSize As Long) As Long
```

許多情況下，使宣告與 64 位元 Excel 相容十分簡單，只需要在 Declare 關鍵字的後面加入單詞 PtrSafe 即可。下面的宣告就同時與 Excel 的 32 位元版本和 64 位元版本相容：

```
Declare PtrSafe Function GetWindowsDirectoryA Lib "kernel32" _
    (ByVal lpBuffer As String, ByVal nSize As Long) As Long
```

但是，程式碼在 Excel 2007(和更早的版本)中將會失敗，因為這些版本中不能識別 PtrSafe 關鍵字。

第 21 章將討論如何使 API 函式宣告與所有 32 位元和 64 位元的 Excel 版本相容。

---

## 5.12.1 Windows API 範例

在使用某個 Windows API 函數之前，必須在程式碼模組的頂部宣告這個函數。如果程式碼模組是 UserForm、Sheet 或 ThisWorkbook 的程式碼模組，就必須用 Private 關鍵字宣告這個 API 函數。

必須準確地宣告 API 函數。這些宣告函式將告訴 VBA：

➢ 在使用哪個 API 函數
➢ 這個 API 函數字於哪個函式庫
➢ 這個 API 函數的引數

宣告了 API 函數後，就可以在 VBA 程式碼中使用它。

## 5.12.2 確定 Windows 目錄

本節的 API 函數範例將顯示 Windows 目錄名稱，這是使用標準的 VBA 函數無法完成的。範例程式碼在 Excel 2010 及後續版本中可生效。

下面舉例說明 API 函數的宣告：

```
Declare PtrSafe Function GetWindowsDirectoryA Lib "kernel32" _
    (ByVal lpBuffer As String, ByVal nSize As Long) As Long
```

這個函數有兩個引數，傳回安裝 Windows 所在的目錄名稱。在呼叫該函數後，Windows 目錄就包含在了引數 lpBuffer 中，該目錄名稱的字串長度包含在引數 nSize 中。

將 Declare 陳述式插入模組頂部後，透過呼叫 GetWindowsDirectoryA 函數就可以連接該函數。下面舉例說明如何呼叫該函數並在訊息方塊中顯示結果：

```
Sub ShowWindowsDir()
    Dim WinPath As String * 255
    Dim WinDir As String
    WinPath = Space(255)
    WinDir = Left(WinPath, GetWindowsDirectoryA (WinPath, Len(WinPath)))
    MsgBox WinDir, vbInformation, "Windows Directory"
End Sub
```

執行 ShowWindowsDir 程序將顯示出包含 Windows 目錄名稱的訊息方塊。

通常，需要建立 API 函數的包裝器。換言之，就是要自己建立使用 API 函數的函數。這將極大地簡化對 API 函數的使用。下面舉例說明作為包裝器的 VBA 函數：

```
Function WINDOWSDIR() As String
'   Returns the Windows directory
    Dim WinPath As String * 255
    WinPath = Space(255)
    WindowsDir = Left(WinPath, GetWindowsDirectoryA _
        (WinPath, Len(WinPath)))
End Function
```

宣告這個函數後，就可以從別的程序中呼叫它：

```
MsgBox WINDOWSDIR()
```

甚至可以在工作表公式中使用這個函數：

```
=WINDOWSDIR()
```

 範例檔案中也提供了這個範例，檔案名為「windows directory.xlsm」，其中的 API 函式宣告與 Excel 2007 及更高版本相容。
線上資源

使用 API 呼叫的原因是執行不大可能或幾乎不可能（至少很難）完成的動作。如果應用程式需要找到 Windows 目錄，那麼可能在 Excel 或 VBA 中找上一整天都沒能找到這樣的函數。但是如果知道如何連接 Windows API 就可能解決問題。

在使用 API 呼叫時，測試期間經常會碰到系統當機的情形，因此要經常儲存所做的工作。

警告

### 5.12.3 檢測〔Shift〕鍵

再舉一個範例，假設撰寫了一個透過工作表上的按鈕執行的 VBA 巨集。而且，假設希望在按一下這個按鈕的同時，如果使用者按了〔Shift〕鍵，這個巨集執行的動作有所不同。在 VBA 中無法檢測出是否按了〔Shift〕鍵，但可使用 API 的函數 GetKeyState 查閱出來。GetKeyState 函數能夠檢測出是否按了某個特殊的鍵。該函數只接收一個引數 nVirtKey，它代表所感興趣的鍵的編碼。

下面的程式碼說明了如何檢測出在執行 Button_Click 事件處理常式時是否按了〔Shift〕鍵。注意，這裡為〔Shift〕鍵定義了一個常數（使用一個十六進位值），然後使用這個常數作為傳遞給 GetKeyState 函數的引數。如果 GetKeyState 函數傳回的值小於 0，就意味著按了〔Shift〕鍵，否則就表示沒有按〔Shift〕鍵。這段程式碼與 Excel 2007 及更早期版本不相容。

```
Declare PtrSafe Function GetKeyState Lib "user32" _
    (ByVal nVirtKey As Long) As Integer

Sub Button_Click()
    Const VK_SHIFT As Integer = &H10
    If GetKeyState(VK_SHIFT) < 0 Then
        MsgBox "Shift is pressed"
    Else
        MsgBox "Shift is not pressed"
    End If
End Sub
```

線上資源

本書的範例檔案上含有一個名為「key press.xlsm」的活頁簿，它說明了如何檢測出是否按了下面的鍵（以及任何的複合鍵）：〔Ctrl〕、〔Shift〕和〔Alt〕。這個活頁簿中的 API 函式宣告與 Excel 2007 及更高版本相容。圖 5-11 顯示了來自這個程序的訊息。

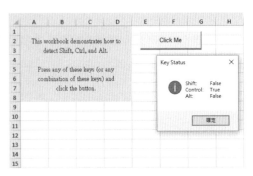

▲ 圖 5-11：使用 Windows API 函數確定按了哪個鍵

# 了解 Excel 事件

- 識別 Excel 可以監視的事件類型
- 使用事件必須了解的背景資訊
- 了解關於活頁簿事件和工作表事件的範例
- 使用應用程式事件監視所有開啟的活頁簿
- 處理基於時間的事件和鍵盤事件的範例

## 6.1 Excel 可以監視的事件類型

在本書中的許多巨集範例中,都顯示出事件程序的具體程式碼,這些程式碼都是根據所發生的事件自動觸發的程序。在 Excel 中,事件就是在會話中發生的動作。

對於 Excel 中的物件來說,發生任何事情都要透過事件。例如,開啟活頁簿、加入工作表、改變儲存格中的值、儲存活頁簿、按兩下儲存格和列表等這類動作都是事件。當某個具體事件發生時,就是告訴 Excel 要執行某個巨集或某段程式碼。

Excel 可監視很多不同的事件。這些事件可以分成以下幾類:

- **活頁簿事件**:某個具體活頁簿發生的事件。此類事件的範例包括 Open 事件(開啟或建立活頁簿)、BeforeSave 事件(活頁簿即將被儲存)和 NewSheet 事件(加入新工作表)等。

- **工作表事件**:某個具體的工作表發生的事件。此類事件包括 Change 事件(修改工作表上的某個儲存格)、SelectionChange 事件(使用者移動儲存格指標)和 Calculate 事件(重新計算工作表)等。

- **圖表事件**:某個具體的圖表發生的事件。此類事件包括 Select 事件(選擇圖表中的某個物件)和 SeriesChange 事件(修改序列中的某個資料點的值)等。

- **應用程式事件**:應用程式(Excel)發生的事件。此類事件包括 NewWorkbook 事件(建立一個新活頁簿)、WorkbookBeforeClose 事件(某個活頁簿即將被關閉)和 SheetChange 事件(更改開啟的活頁簿中的某個儲存格)等。要監視應用程式級別的事件,需要使用一個物件類別模組。

- **使用者表單事件**：具體的使用者表單或包含在該使用者表單中的物件發生的事件。例如，使用者表單有一個 Initialize 事件（在顯示使用者表單之前發生），使用者表單中的指令按鈕有一個 Click 事件（按一下按鈕時發生）。
- **與物件無關的事件**：最後這種事件包含兩個有用的應用程式級別的事件：Ontime 事件和 Onkey 事件。這些事件的工作方式與其他事件不同。

本章根據上述清單進行組織。每一部分都列舉一些範例來示範其中一些事件。

## 6.1.1 了解事件發生的順序

有些行為會觸發多個事件。例如，向活頁簿中插入一個新的工作表時，該行為將觸發下列 3 個應用程式級別的事件：

- **WorkbookNewSheet**：加入一個新的工作表時發生。
- **SheetDeactivate**：現用工作表取消啟動時發生。
- **SheetActivate**：新加入的工作表被啟動時發生。

注意

> 事件發生的順序比想像的可能要複雜一些。上面列出的事件是應用程式級別的事件。
>
> 加入一個新的工作表時，活頁簿級別和工作表級別會發生其他一些事件。

在此，只需要記住事件以特定順序發生，知道發生的具體順序在撰寫事件處理常式時十分重要。6.4 一節將介紹如何確定某個動作發生時的事件順序。

## 6.1.2 存放事件處理常式的位置

VBA 新手常常會感到疑惑的是，為何有時候相應事件發生時並不執行事件處理常式。答案是：之所以出現這種情況，幾乎都是因為這些程序放在了錯誤位置。

在 Visual Basic 編輯器（VBE）視窗中，每個專案（每個活頁簿都有一個專案）都被列在「專案」視窗中。專案元件被排列在一個折疊視窗中，如圖 6-1 所示。

▲ 圖 6-1：每個 VBA 專案的元件都列在「專案」視窗中

下列每個元件都有自己的程式碼模組：

- **Sheet** 對象（如 **Sheet1**、**Sheet2** 等）：使用這個模組處理與特定工作表有關的事件處理程式碼。
- **Chart** 物件（即圖表工作表）：使用這個模組處理與圖表有關的事件處理程式碼。
- **ThisWorkbook** 對象：使用這個模組處理與活頁簿有關的事件處理程式碼。
- **通用 VBA 模組**：不能把事件處理常式放在一個通用（即非物件）模組中。
- **UserForm** 對象：使用這個模組處理與使用者表單或使用者表單上的控制項有關的事件處理常式程式碼。
- **類別模組**：使用類別模組處理特定的事件處理常式，包括應用程式級別的事件和嵌入式圖表的事件。

即使事件處理常式必須放在正確的模組中，程序也可以呼叫儲存在其他模組中的其他標準程序。例如，下面的事件處理常式位於 ThisWorkbook 物件的模組中，該事件處理常式呼叫了一個名為 WorkbookSetup 的程序，該程序儲存在一般的 VBA 模組中：

```
Private Sub Workbook_Open()
Call WorkbookSetup
End Sub
```

### 舊版 Excel 中的事件

Office 97 以前的 Excel 版本也支援事件，但其程式設計技術的要求與本章所介紹的完全不同。

例如，如果有一個名為 Auto_Open 的程序儲存在一般的 VBA 模組中，該程序在開啟活頁簿時執行。從 Excel 97 開始，Auto_Open 程序由 Workbook_Open 事件處理常式進行了補充，這個事件處理常式儲存在 ThisWorkbook 物件的程式碼模組中，而且優先於 Auto_Open 執行。

在 Excel 97 之前，經常需要顯式建立事件。例如，如果需要在將資料登錄到某儲存格中時執行某個程序，則需要執行如下陳述式：

```
Sheets("Sheet1").OnEntry = "ValidateEntry"
```

該陳述式指示 Excel 在有資料登錄到儲存格中時，執行 ValidateEntry 程序。從 Excel 97 版本開始，只需要建立一個 Worksheet_Change 程序，並將其儲存到 Sheet1 物件的程式碼模組中。

出於相容性考慮，Excel 97 及其以後的版本仍然支援老式的事件處理機制（雖然說明系統中不再為它們提供說明文件）。

### 6.1.3 禁用事件

預設情況下，所有事件都是可用的。如果要禁用所有事件，則執行下列 VBA 指令：

```
Application.EnableEvents = False
```

可以使用下列陳述式啟用事件：

```
Application.EnableEvents = True
```

> **注意**
>
> 禁用事件並不會應用到由 UserForm 控制項觸發的事件中：例如，按一下使用者表單上的 CommandButton 控制項產生的 Click 事件。

為何需要禁用事件呢？通常是為了防止級聯事件的無限迴圈。

例如，假設工作表中的儲存格 A1 所包含的值必須始終小於或等於 12。可以撰寫程式碼，當資料登錄到儲存格中時執行程式碼，驗證儲存格內容的有效性。本例中使用了 Worksheet_change 程序來監視 Worksheet 的 Change 事件。該程序可以檢查使用者的輸入，如果輸入值大於 12，則顯示一項訊息，然後清除輸入值。問題是，用 VBA 程式碼清除輸入值會產生一個新的 Change 事件，因此事件處理常式會再次執行。這是我們不想發生的，因此需要在清除儲存格之前禁用事件，然後啟用事件來監視使用者的下一個輸入。

防止級聯事件無限迴圈的另一種方法是在事件處理常式的開頭宣告一個 Static 布林變數，如下所示：

```
Static AbortProc As Boolean
```

如果程序本身需要進行修改，則將 AbortProc 變數設定為 True（否則，確保其設定為 False）。在程序頂端插入下列程式碼：

```
IfAbortProc Then
    AbortProc = False
    Exit Sub
End if
```

該事件程式被再次輸入，但 AbortProc 的 True 狀態會引起程序結束。此外，AbortProc 被重置為 False。

交叉參考　第 6.3.2 一節將介紹驗證資料有效性的實例。

警告　在 Excel 中禁用事件會應用到所有活頁簿中。例如，如果在程序中禁用事件，然後開啟另一個含有 Workbook_Open 程序的活頁簿，則該程序不會被執行。

## 6.1.4 輸入事件處理程式碼

每個事件處理常式都有一個預先確定的名稱,這些名稱是不能修改的。下面是一些事件處理常式名稱的範例:

➤ Worksheet_SelectionChange

➤ Workbook_Open

➤ Chart_Activate

➤ Class_Initialize

可以透過手動輸入來宣告程序,但是更好的方法是讓 VBE 代勞。

圖 6-2 顯示了 ThisWorkbook 物件的程式碼模組。要插入一個程序宣告,首先從左邊的物件清單中選擇 Workbook。然後從右邊的程序列表中選擇與之對應的事件。這樣就取得了一個程序的「外殼」,該程序包含了程序宣告程式碼和一項 End Sub 陳述式。

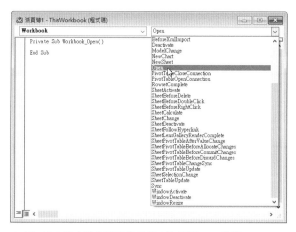

▲ 圖 6-2:建立事件程序的最好方法是讓 VBE 代勞

例如,如果從物件清單中選擇 Workbook,並從程序列表中選擇 Open,則 VBE 將插入下列(空)程序:

```
Private Sub Workbook_Open()

End Sub
```

當然,VBA 程式碼置於這兩個陳述式之間。

> 注意
>
> 一旦從物件清單中選定了一項(例如 Workbook 或 Worksheet),VBE 會自動插入一個程序宣告。通常情況下,程序定義並非如你所想的那樣。而只是簡單地從右側的程序清單中選擇你所需要的事件,然後將自動產生的那個刪除掉。

## 6.1.5 使用引數的事件處理常式

有些事件處理常式會使用一個引數列表。例如，建立一個事件處理常式來監視活頁簿的 SheetActivate 事件。如果使用前面部分介紹的技術，則 VBE 會為 ThisWorkbook 物件在程式碼模組中建立下列程序：

```
Private Sub Workbook_SheetActivate(ByVal Sh As Object)

End Sub
```

該程序使用了一個引數（Sh），該引數表示被啟動的工作表。本例中，Sh 被宣告為一個 Object 資料類型，而非 Worksheet 資料類型，這是因為被啟動的工作表也可能是一個圖表工作表。

程式碼還可以使用傳遞的資料作為引數。下列程序在啟動一個工作表時執行。它使用 VBA 的 TypeName 函數並連接引數中傳遞物件的 Name 屬性，來顯示被啟動工作表的類型和名稱：

```
Private Sub Workbook_SheetActivate(ByVal Sh As Object)
    MsgBox TypeName(Sh) & vbCrLf & Sh.Name
End Sub
```

圖 6-3 顯示工作表 Sheet1 被啟動時出現的訊息。

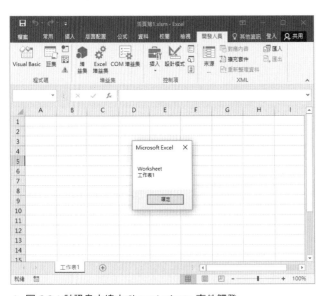

▲ 圖 6-3：該訊息方塊由 SheetActivate 事件觸發

有些事件處理常式使用一個名為 Cancel 的布林引數。例如，活頁簿的 BeforePrint 事件的宣告如下：

```
Private Sub Workbook_BeforePrint(Cancel As Boolean)
```

傳遞給程序的引數 Cancel 值為 False。但是，可將引數 Cancel 設定為 True，這樣就會取消列印。下列範例示範了該程序：

```
Private Sub Workbook_BeforePrint(Cancel As Boolean)
    Dim Msg As String, Ans As Integer
    Msg = "Have you loaded the 5164 label stock?"
    Ans = MsgBox(Msg, vbYesNo, "About to print...")
    If Ans = vbNo Then Cancel = True
End Sub
```

Workbook_BeforePrint 程序在活頁簿被列印之前執行。該程序顯示了圖 6-4 中所示的訊息方塊。如果使用者按一下〔否〕按鈕，則引數 Cancel 被設定為 True，不進行列印。

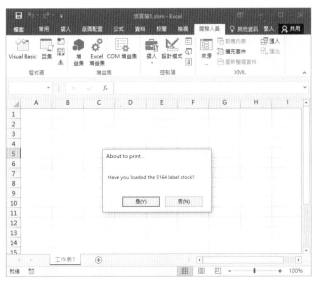

▲ 圖 6-4：可透過修改事件處理常式的 Cancel 引數來取消列印操作

提示

使用者預覽工作表時也會發生 BeforePrint 事件。

遺憾的是，Excel 並不提供工作表級別的 BeforePrint 事件。因此，程式碼不能決定列印哪一個工作表。通常情況下，可以假設 ActiveSheet 是將要被列印的工作表。但是，無法檢測使用者是否要求列印整個活頁簿。

## 6.2 活頁簿等級的事件

活頁簿級別的事件發生在特定的活頁簿中。表 6-1 列出了常用的活頁簿事件，並對每個事件進行了簡要說明。想了解完整的活頁簿級別的事件清單，可查閱說明系統。Workbook 事件處理常式儲存在 ThisWorkbook 物件的程式碼模組中。

▼ 表 6-1：常用的活頁簿事件

| 事件 | 觸發事件的行為 |
| --- | --- |
| Activate | 啟動一個活頁簿 |
| AddinInstall | 將一個活頁簿作為控制項安裝 |
| AddinUninstall | 將一個活頁簿作為控制項卸載 |
| AfterSave | 活頁簿已被儲存 |
| BeforeClose | 即將關閉一個活頁簿 |
| BeforePrint | 即將列印或預覽一個活頁簿（或活頁簿中的內容） |
| BeforeSave | 即將儲存一個活頁簿 |
| Deactivate | 使活頁簿取消啟動 |
| NewChart | 已經建立一個圖表 |
| NewSheet | 在活頁簿中建立一個新的工作表 |
| Open | 開啟一個活頁簿 |
| SheetActivate | 啟動任意工作表 |
| SheetBeforeDoubleClick | 按兩下任意工作表。該事件在預設的按兩下行為之前觸發 |
| SheetBeforeRightClick | 右擊任意工作表。該事件在預設的右擊行為之前觸發 |
| SheetCalculate | 計算（或重新計算）任意工作表 |
| SheetChange | 使用者或外部連結修改任意工作表 |
| SheetDeactivate | 使任意工作表取消啟動 |
| SheetFollowHyperlink | 按一下工作表上的一個超連結 |
| SheetPivotTableUpdate | 修改或刷新一個樞紐分析表 |
| SheetSelectionChange | 改變任意工作表上的選擇 |
| WindowActivate | 啟動任意活頁簿視窗 |
| WindowDeactivate | 使任意活頁簿視窗取消啟動 |
| WindowResize | 調整活頁簿視窗的大小 |

## 6.2.1 Open 事件

最常被監視的事件之一是活頁簿的 Open 事件。該事件在開啟活頁簿（或控制項）時被觸發，並執行 Workbook_Open 程序。Workbook_Open 程序經常在下列任務中使用：

➢ 顯示歡迎訊息。

➢ 開啟其他活頁簿。

➢ 建立快速選單。

➢ 啟動特定工作表或儲存格。

➢ 確保符合了某些條件。例如，活頁簿可能要求安裝了某個特定的控制項。

➢ 建立某些自動功能。例如，可以定義快速鍵（參見本章後面的 6.5.2 節）。

➢ 設定工作表的 ScrollArea 屬性（並沒有儲存在活頁簿中）。

➢ 設定工作表的 UserInterfaceOnly 屬性，以便程式碼可以操作被保護的工作表。該設定為 Protect 方法的引數，並不儲存在活頁簿中。

注意

> 建立事件處理常式並不能保證它們會執行。如果使用者在開啟活頁簿時按下〔Shift〕鍵，則不會執行活頁簿的 Workbook_Open 程序。而且，如果在開啟活頁簿時禁用了巨集，也不會執行該程序。

下面是 Workbook_Open 程序的一個範例。它使用 VBA 的 Weekday 函數來確定今天是星期幾。如果為星期五，則出現一個訊息方塊，提醒使用者執行每週的檔案備份。如果不是星期五，則不會發生任何事件。

```
Private Sub Workbook_Open()
    If Weekday(Now) = vbFriday Then
        Msg = "Today is Friday. Make sure that you "
        Msg = Msg & "do your weekly backup!"
        MsgBox Msg, vbInformation
    End If
End Sub
```

## 6.2.2 Activate 事件

下列程序在活頁簿被啟動時執行。該程序最大化啟動的視窗。如果活頁簿視窗已經最大化，則看不到程序執行的效果。

```
Private Sub Workbook_Activate()
    ActiveWindow.WindowState = xlMaximized
End Sub
```

### 6.2.3 SheetActivate 事件

下列程序在使用者啟動活頁簿中的任意工作表時執行。如果該表是一個工作表，則程式碼會選擇儲存格 A1。如果該表不是工作表，則什麼也不會發生。該程序使用 VBA 的 TypeName 函數，確保被啟動的表是一個工作表（而不是圖表工作表）。

```
Private Sub Workbook_SheetActivate(ByVal Sh As Object)
    If TypeName(Sh) = "Worksheet" Then _Range("A1").Select
End Sub
```

在選擇圖表工作表上的儲存格時避免出現錯誤的一種可選方法是忽略錯誤，這種方法不要求檢查工作表的類型。

```
Private Sub Workbook_SheetActivate(ByVal Sh As Object)
    On Error Resume Next
    Range("A1").Select
End Sub
```

### 6.2.4 NewSheet 事件

在向活頁簿中加入一個新工作表時執行下列程序。該工作表將作為引數傳遞給程序。由於新表可以是一個工作表，也可以是一個圖表工作表，因此，程序需要確定工作表的類型。如果是工作表，程式碼會調整全部欄的寬度，並在新工作表的儲存格 A1 中插入一個日期和時間戳記。

```
Private Sub Workbook_NewSheet(ByVal Sh As Object)
    If TypeName(Sh) = "Worksheet" Then
        Sh.Cells.ColumnWidth = 35
        Sh.Range("A1") = "Sheet added " & Now()
    End If
End Sub
```

### 6.2.5 BeforeSave 事件

BeforeSave 事件在實際儲存活頁簿之前發生。選擇〔檔案〕→〔儲存檔案〕指令有時會調出「另存新檔」對話盒。如果活頁簿從未被儲存過或者是以唯讀模式開啟的，就會出現這種情況。

Workbook_BeforeSave 程序在執行時，會接收一個引數（SaveAsUI），該引數表示是否顯示「另存新檔」對話盒。下面的範例示範了這種情況：

```
Private Sub Workbook_BeforeSave _
    (ByVal SaveAsUI As Boolean, Cancel As Boolean)
    IfSaveAsUI Then
```

```
        MsgBox "Make sure you save this file on drive J."
    End If
End Sub
```

當使用者儲存活頁簿時，就會執行 Workbook_BeforeSave 程序。如果儲存操作會調出 Excel 的「另存新檔」對話盒，此時 SaveAsUI 變數值為 True。上述程序檢驗了該變數，如果顯示「另存新檔」對話盒，則將顯示一項訊息。如果程序將 Cancel 引數設定為 True，則檔不會被儲存（或不會顯示「另存新檔」對話盒）。

## 6.2.6 Deactivate 事件

下面的範例介紹了 Deactivate 事件。該程序在活頁簿被禁用並且不再讓使用者禁用該活頁簿時執行。觸發 Deactivate 事件的一種方法是啟動一個不同的活頁簿視窗。當 Deactivate 事件發生時，下列程式碼重新啟動活頁簿，並顯示一項訊息。

```
Private Sub Workbook_Deactivate()
    Me.Activate
    MsgBox "Sorry, you may not leave this workbook"
End Sub
```

這個簡單範例顯示了理解事件發生的順序的重要性。如果使用該程序進行試驗，會發現如果使用者試圖啟動另一個活頁簿，那麼程序也能照常執行。無論如何，理解活頁簿的 Deactivate 事件也會被下列行為觸發是很重要的：

➢ 關閉活頁簿
➢ 開啟一個新的活頁簿
➢ 最小化活頁簿

換言之，該程序可能不會按最初的意圖執行。撰寫事件程序時，必須確保理解了可能觸發事件的所有行為。

## 6.2.7 BeforePrint 事件

BeforePrint 事件在使用者請求列印或預覽列印，而實際的列印或預覽尚未執行時發生。該事件使用一個 Cancel 引數，因此，程式碼中可透過將 Cancel 變數設定為 True 來取消列印或預覽。遺憾的是，無法確定 BeforePrint 事件是由列印請求還是預覽請求觸發的。

### 1. 更新頁首或頁尾

雖然 Excel 的頁首和頁尾選項是非常靈活的，但是仍然不能滿足下列這種常見的請求：在 Excel 中列印頁首或頁尾中特定儲存格的內容。Workbook_BeforePrint 事件提供了一種方法，在列印活頁簿時顯示頁首或頁尾中的儲存格的內容。下面的程式碼在活頁簿列印或預覽時更新每個工作表的左頁尾。具體而言，它在工作表 Sheet1 上插入儲存格 A1 的內容：

```
Private Sub Workbook_BeforePrint(Cancel As Boolean)
    Dim sht As Object
    For Each sht In ThisWorkbook.Sheets
        sht.PageSetup.LeftFooter = _
        Worksheets("Sheet1").Range("A1")
    Next sht
End Sub
```

該程序迴圈瀏覽活頁簿中的每個工作表，並將 PageSetup 物件的 LeftFooter 屬性設定為工作表 Sheet1 中儲存格 A1 的值。

## 2. 在列印之前隱藏欄

下面的範例使用一個 Workbook_BeforePrint 程序，在列印或預覽之前隱藏工作表 Sheet1 中的 B:D 欄。

```
Private Sub Workbook_BeforePrint(Cancel As Boolean)
    'Hide columns B:D on Sheet1 before printing
    Worksheets("Sheet1").Range("B:D").EntireColumn.Hidden = True
End Sub
```

理想情況下，我們希望在完成列印操作後顯示這些欄。如果 Excel 提供一個 AfterPrint 事件就好了，但是該事件是不存在的。然而，仍有一種方法可以自動顯示這些欄。下面的改進程序調度了 OnTime 事件，該事件在列印或預覽 5 秒後呼叫一個名為 UnhideColumns 的程序。

```
Private Sub Workbook_BeforePrint(Cancel As Boolean)
    'Hide columns B:D on Sheet1 before printing
    Worksheets("Sheet1").Range("B:D").EntireColumn.Hidden = True
    Application.OnTime Now()+ TimeValue("0:00:05"), "UnhideColumns"
End Sub
```

UnhideColumns 程序位於一個標準的 VBA 模組中：

```
Sub UnhideColumns()
    Worksheets("Sheet1").Range("B:D").EntireColumn.Hidden = False
End Sub
```

線上資源　　該範例名稱為「hide columns before printing.xlsm」，可以從範例檔案中取得。

交叉參考　更多關於 OnTime 事件的資訊，可以參見第 6.5.1 節。

## 6.2.8 BeforeClose 事件

BeforeClose 事件在關閉一個活頁簿時發生。該事件常與 Workbook_Open 事件處理常式配套使用。例如，使用 Workbook_Open 程序為活頁簿加入快速選單項目，然後在活頁簿被關閉時使用 Workbook_BeforeClose 程序刪除快速選單項目。這樣，自訂選單就只能在活頁簿被開啟時可用了。

但是，Workbook_BeforeClose 事件並沒有成功的執行。例如，如果試圖關閉一個尚未儲存的活頁簿，Excel 會顯示一個提示資訊，詢問是否想在關閉之前儲存該對話盒，如圖 6-5 所示。問題是使用者看到該訊息時，Workbook_BeforeClose 事件已經發生了。如果使用者選擇〔取消〕，事件處理常式也已經被執行了。

▲ 圖 6-5：當該訊息出現時，Workbook_BeforeClose 事件已經完成了它的工作

考慮一下這種情形：開啟一個特定的活頁簿時，希望能顯示自訂快速選單。因此，當活頁簿被開啟時，活頁簿使用 Workbook_Open 程序來建立功能表項目，並且在活頁簿被關閉時，使用 Workbook_BeforeClose 程序來刪除這些功能表項目。這兩個事件處理常式如下所示，它們都呼叫了其他程序，但並未在這裡顯示。

```
Private Sub Workbook_Open()
    Call CreateShortcutMenuItems
End Sub

Private Sub Workbook_BeforeClose(Cancel As Boolean)
    Call DeleteShortcutMenuItems
End Sub
```

如前所述，在 Workbook_BeforeClose 事件處理常式執行後，Excel 會出現「Do you want to save…」的提示。因此，如果使用者按一下〔取消〕按鈕，活頁簿仍然是開啟的，但是自訂選單項目已經被刪除了。

該問題的一個解決方法是跳過 Excel 的提示，在 Workbook_BeforeClose 程序中撰寫自己的程式碼來要求使用者儲存活頁簿。下列程式碼示範了該程序：

```
Private Sub Workbook_BeforeClose(Cancel As Boolean)
    Dim Msg As String
    If Me.Saved = False Then
        Msg = "Do you want to save the changes you made to "
        Msg = Msg & Me.Name & "?"
        Ans = MsgBox(Msg, vbQuestion + vbYesNoCancel)
```

```
        Select Case Ans
            Case vbYes
                Me.Save
            Case vbCancel
                Cancel = True
                Exit Sub
        End Select
    End If
    Call DeleteShortcutMenuItems
    Me.Saved = True
End Sub
```

該程序檢查了 Workbook 物件的 Saved 屬性，確定活頁簿是否已經被儲存。如果已儲存，那麼沒問題，就執行 DeleteShortcutMenuItems 程序，然後關閉活頁簿。但是，如果活頁簿沒有儲存，該程序會顯示一個訊息方塊，該訊息方塊複製了 Excel 正常顯示時的內容，如圖 6-6 所示。分別按一下 3 個按鈕時效果如下：

➤ Yes：儲存活頁簿，刪除選單，並且關閉活頁簿。

➤ No：程式碼將 Workbook 物件的 Saved 屬性設定為 True（但是實際上並沒有儲存檔案），刪除功能表，並且關閉檔案。

➤ Cancel：取消 BeforeClose 事件，在程序結束時沒有刪除快速選單項目。

▲ 圖 6-6：Workbook_BeforeClose 事件程序顯示的訊息方塊

線上資源　該範例中的活頁簿可從範例檔案中取得，名為「workbook_beforeclose workaround. xlsm」。

# 6.3 檢查工作表事件

Worksheet 物件的事件是非常有用的，因為 Excel 中發生的動作大都出現在工作表上。監視這些事件可以使應用程式執行原本無法完成的操作。

表 6-2 列出了最常用的工作表事件，並對每個事件做簡要說明。

| 事件 | 觸發事件的行為 |
|------|----------------|
| Activate | 啟動工作表 |
| BeforeDelete | 刪除工作表之前發生 |
| BeforeDoubleClick | 按兩下工作表 |
| BeforeRightClick | 右擊工作表 |
| Calculate | 計算 ( 或重新計算 ) 工作表 |
| Change | 使用者或外部連結修改工作表中的儲存格 |
| Deactivate | 使工作表取消啟動 |
| FollowHyperlink | 按一下工作表上的超連結 |
| PivotTableUpdate | 更新工作表上的樞紐分析表 |
| SelectionChange | 改變或重新整理工作表中的選擇 |

記住，工作表事件的程式碼必須儲存在特定工作表的程式碼模組中。

> **提示** ............................................................................
>
> 要快速啟動工作表的程式碼模組，可以右擊工作表活頁標籤，然後選擇〔檢視程式碼〕
> 項目。

## 6.3.1 Change 事件

當使用者或 VBA 程序修改工作表中的任何儲存格時，就會觸發 Change 事件。當計算某個公式而產生一個不同的值或向工作表加入一個物件時，並不會觸發 Change 事件。

在執行 Worksheet_Change 程序時，會接收一個 Range 物件作為它的 Target 引數。這個 Range 物件表示的是內容被修改、觸發事件的儲存格或儲存格區域。以下程序在工作表被修改時執行。它顯示一個訊息方塊，這個訊息方塊用來顯示 Targe 儲存格區域的位址：

```
Private Sub Worksheet_Change(ByVal Target As Excel.Range)
    MsgBox "Range " & Target.Address &" was changed."
End Sub
```

為了更好地理解產生工作表的 Change 事件的行為類型，在 Worksheet 物件的程式碼模組中輸入上述程序。輸入該程序後，透過使用各種技術來啟動 Excel，並對工作表做一些修改。每次 Change 事件發生時，就會看到一個訊息方塊，其中顯示了被修改儲存格區域的位址。

執行該程序時，筆者發現了一些有趣的情況。某些應當觸發事件的行為並沒有觸發事件，而其他不應當觸發事件的行為卻觸發了事件！

- ➤ 改變一個儲存格的格式並不會（像預期那樣）觸發 Change 事件。但是複製並貼上格式則會觸發 Change 事件。選擇〔常用〕→〔編輯〕→〔清除〕→〔清除格式〕指令也會觸發 Change 事件。
- ➤ 合併儲存格並不會觸發 Change 事件，即使在這個程序中會刪除一些合併的儲存格的內容也是如此。
- ➤ 加入、編輯或刪除一個儲存格注釋並不會觸發 Change 事件。
- ➤ 即使開始執行的儲存格是空的，按下〔Delete〕鍵也會產生一個事件。
- ➤ 使用 Excel 指令來修改儲存格可能會（也可能不會）觸發 Change 事件。例如，對某個儲存格區域進行排序並不會觸發 Change 事件。但使用拼寫檢查則會觸發該事件。
- ➤ 如果 VBA 程序修改了某個儲存格，就會觸發 Change 事件。

從列表中可以看出，依靠 Change 事件來檢測關鍵應用程式的儲存格改動並不一定可靠。

## 6.3.2 監視特定儲存格區域的修改

在工作表中有任何儲存格被修改時，將發生 Change 事件。但大多數情況下，所關注的是對某個特定儲存格或儲存格區域的修改。Worksheet_Change 事件處理常式被呼叫時，會接收一個 Range 物件作為它的引數。該 Range 物件表示被修改的儲存格。

假設工作表有一個名為 InputRange 的儲存格區域，只希望監視該儲存格區域中的修改情況。Range 物件不含 Change 事件，但可在 Worksheet_Change 程序中執行快速檢查：

```
Private Sub Worksheet_Change(ByVal Target As Range)
    Dim MRange As Range
    Set MRange = Range("InputRange")
    If Not Intersect(Target, MRange) Is Nothing Then _
        MsgBox "A changed cell is in the input range."
End Sub
```

該範例使用了一個名為 MRange 的 Range 物件變數，表示想要監視其改動的工作表儲存格區域。該程序使用 VBA 的 Intersect 函數來確定 Target 儲存格區域（作為引數傳遞給程序）是否與 MRange 儲存格區域相交叉。Intersect 函數傳回一個物件，該物件由同時包含在 Intersect 的兩個引數中的所有儲存格組成。如果 Intersect 函數傳回 Nothing，則這兩個儲存格區域中沒有公共儲存格。其中使用了 Not 運算子，這樣，如果這兩個儲存格區域中至少有一個公共儲存格，運算式就會傳回 True。因此，如果被修改的儲存格區域中有任何儲存格包含在名為 InputRange 的儲存格區域中，那麼會顯示一個訊息方塊。否則，程序結束，不發生任何操作。

### 1. 監視儲存格區域，將公式加粗

下面的範例監視一個工作表，並且將公式項加粗，非公式項則不加粗。

```
Private Sub Worksheet_Change(ByVal Target As Range)
```

```
    Dim cell As Range
    For Each cell In Target
        If cell.HasFormula Then cell.Font.Bold = True
    Next cell
End Sub
```

由於傳遞給 Worksheet_Change 程序的物件包含多個儲存格區域，因此該程序迴圈通過 Target 儲存格區域中的每個儲存格。如果儲存格中包含公式，則將其加粗。否則，Bold 屬性將被設定為 False。

該程序可以執行，但是存在一個問題。如果使用者刪除一行或一列，會怎麼樣？這種情況下，Target 儲存格區域包含大量儲存格。For Each 迴圈將花費很長一段時間來檢驗這些儲存格：而且不會發現任何公式。

下面列出的是修改過的程序，透過將 Target 儲存格區域修改為 Target 儲存格區域與工作表的已使用儲存格區域的交集來解決這個問題。透過檢驗確認 Target 是 Not Nothing，這樣就處理了刪除所使用儲存格區域之外的空行或空列的情況。

```
Private Sub Worksheet_Change(ByVal Target As Range)
    Dim cell As Range
    Set Target = Intersect(Target, Target.Parent.UsedRange)
    If Not Target Is Nothing Then
        For Each cell In Target
            cell.Font.Bold = cell.HasFormula
        Next cell
    End If
End Sub
```

線上資源 　該範例名稱為「make formulas bold.xlsm」，可從範例檔案中取得。

警告 　使用 Worksheet_Change 程序的一個潛在的副作用是，它可能會關閉 Excel 的 Undo 功能。一旦有事件程序修改了工作表，Excel 的 Undo 堆疊就會被銷毀。在前面提到的例子中，對儲存格輸入修改會觸發格式變化：因此導致 Undo 堆疊銷毀。

## 2. 監視儲存格區域驗證資料登錄的有效性

Excel 的資料有效性驗證是一個有用的工具，但會遇到一個潛在的嚴重問題。向使用資料有效性驗證的儲存格中貼上資料時，所貼上的值不僅不能得到驗證，而且會刪除與該儲存格相關聯的有效性驗證規則。這一情況使資料的有效性驗證功能變得對關鍵應用程式毫無意義。下面介紹如何在工作表中使用 Change 事件來建立資料有效性驗證程序。

線上資源 　範例檔案中包含該範例的兩個版本。一個名為「validate entry1.xlsm」使用 EnableEvents 屬性來防止級聯的 Change 事件；另一個名為「validate entry2.xlsm」使用 Static 變數。參見本章前面的 6.1.3 節。

下面的 Worksheet_Change 程序在使用者修改儲存格時執行。有效性驗證被限定在名為 InputRange 的儲存格區域中。輸入該儲存格區域的值必須是 1 ～ 12 之間的整數。

```
    Private Sub Worksheet_Change(ByVal Target As Range)
      Dim VRange As Range, cell As Range
      Dim Msg As String
      Dim ValidateCode As Variant
      Set VRange = Range("InputRange")
      If Intersect(VRange, Target) Is Nothing Then Exit Sub
      For Each cell In Intersect(VRange, Target)
        ValidateCode = EntryIsValid(cell)
        If TypeName(ValidateCode) = "String" Then
          Msg = "Cell " & cell.Address(False, False) & ":"
          Msg = Msg & vbCrLf & vbCrLf & ValidateCode
          MsgBox Msg, vbCritical, "Invalid Entry"
          Application.EnableEvents = False
          cell.ClearContents
          cell.Activate
          Application.EnableEvents = True
        End If
      Next cell
    End Sub
```

Worksheet_Change 程序建立了一個 Range 物件（名為 VRange），表示待驗證的工作表儲存格區域。然後迴圈通過 Target 引數中的每個儲存格，該引數表示被修改的儲存格。程式碼確定是否每個儲存格都包含在待驗證的儲存格區域中。如果是，則會將該儲存格作為引數傳遞給一個自訂函數（EntryIsValid），如果該儲存格是一個有效的輸入，則傳回 True。

如果輸入不是有效的，EntryIsValid 函數將傳回一個字串來說明該問題，並透過一個訊息方塊通知使用者（參見圖 6-7）。訊息方塊被解除後，無效輸入會從儲存格中清除，儲存格被啟動。請注意，在清空儲存格前，事件是禁用的。如果事件沒有禁用，那麼清空儲存格會產生 Change 事件，因此引起閉環。

另外注意，輸入無效值會銷毀 Excel 的 Undo 堆疊。

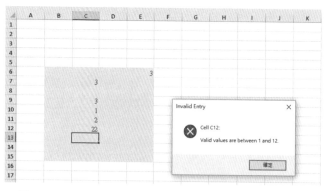

▲ 圖 6-7：該訊息方塊說明了使用者輸入無效值時的問題

EntryIsValid 函數程序顯示如下：

```
Private Function EntryIsValid(cell) As Variant
'   Returns True if cell is an integer between 1 and 12
'   Otherwise it returns a string that describes the problem

'   Numeric?
    If Not WorksheetFunction.IsNumber (cell) Then
        EntryIsValid = "Non-numeric entry."
        Exit Function
    End If
'   Integer?
    If CInt(cell) <> cell Then
        EntryIsValid = "Integer required."
        Exit Function
    End If
'   Between 1 and 12?
    If cell < 1 Or cell > 12 Then
        EntryIsValid = "Valid values are between 1 and 12."
        Exit Function
    End If
'   It passed all the tests
    EntryIsValid = True
End Function
```

上述方法可以實現，但是建立起來比較乏味而且有多餘的程式碼。如果能利用 Excel 的資料有效性驗證功能，同時仍然確保使用者向驗證儲存格區域內貼上資料時，資料有效性驗證規則不會被刪除，這樣不是更好嗎？下面的範例解決了該問題。

```
Private Sub Worksheet_Change(ByVal Target As Range)
    Dim VT As Long
    'Do all cells in the validation range
    'still have validation?
    On Error Resume Next

    VT = Range("InputRange").Validation.Type
    If Err.Number <> 0 Then
        Application.Undo
        MsgBox "Your last operation was canceled." & _
        "It would have deleted data validation rules.", vbCritical
    End If
End Sub
```

這個事件程序檢查應當包含資料有效性驗證規則的儲存格區域 ( 名為 InputRange) 內的驗證類型。如果 VT 變數包含一個錯誤，這意味著 InputRange 中的一個或多個儲存格不再包含資料有效性驗證。換言之，工作表的改變可能是由於資料被複製到包含資料有效性驗證的儲存格區域中引起的。如果是這樣，那麼程式碼會執行 Application 物件的 Undo 方法，復原使用者的行為。然後將顯示如圖 6-8 所示的訊息方塊。

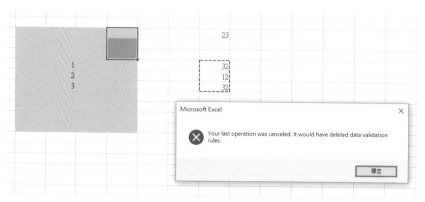

▲ 圖 6-8：Worksheet_Change 程序確保資料有效性驗證不會被刪除

注意

僅當驗證儲存格區域的所有儲存格包含相同的資料驗證類型時，該程序才能正確工作。

注意

使用該程序的另一個好處是 Undo 堆疊不會被銷毀。

線上資源

該範例名稱為「validate entry3.xlsm」，可從範例檔案中取得。

## 6.3.3 SelectionChange 事件

以下程序顯示 SelectionChange 事件。使用者在工作表上做出新的選擇時會執行該事件。

```
Private Sub Worksheet_SelectionChange(ByVal Target As Range)
    Cells.Interior.ColorIndex = xlNone
    With ActiveCell
        .EntireRow.Interior.Color = RGB(219, 229, 241)
        .EntireColumn.Interior.Color = RGB(219, 229, 241)
    End With
End Sub
```

該程序對作用中儲存格所在的行和列使用了陰影，這樣就容易識別出作用中儲存格。第一個陳述式將工作表中所有儲存格的背景色刪除。然後，作用中儲存格所在的整行和整列都被加上淡藍色的陰影。圖 6-9 顯示了陰影效果。

| | A | B | C | D | E | F |
|---|---|---|---|---|---|---|
| 1 | | Project-1 | Project-2 | Project-3 | Project-4 | Project-5 |
| 2 | Jan-2010 | 2158 | 1527 | 3870 | 4863 | 3927 |
| 3 | Feb-2010 | 4254 | 28 | 4345 | 2108 | 412 |
| 4 | Mar-2010 | 3631 | 1240 | 4208 | 452 | 3443 |
| 5 | Apr-2010 | 724 | 4939 | 1619 | 1721 | 3631 |
| 6 | May-2010 | 3060 | 1034 | 1646 | 345 | 978 |
| 7 | Jun-2010 | 394 | 1241 | 2965 | 1411 | 3545 |
| 8 | Jul-2010 | 2080 | 3978 | 3304 | 1460 | 4533 |
| 9 | Aug-2010 | 411 | 753 | 732 | 1207 | 1902 |
| 10 | Sep-2010 | 2711 | 95 | 2267 | 2634 | 1944 |
| 11 | Oct-2010 | 2996 | 4934 | 3932 | 2938 | 4730 |
| 12 | Nov-2010 | 2837 | 1116 | 3879 | 1740 | 1466 |
| 13 | Dec-2010 | 300 | 2917 | 321 | 1219 | 841 |
| 14 | Jan-2011 | 1604 | 768 | 2617 | 3414 | 4732 |

▲ 圖 6-9：移動儲存格指標時，引起作用中儲存格所在行和列被加上陰影

如果工作表包含背景陰影，就可能不想使用該程序，因為背景陰影會被抹除。下列情況例外，即已經應用了一種樣式並由條件格式設定背景色的表格。這兩種情況下，都不會改變背景色。但要記住，執行 Worksheet_SelectionChange 巨集會銷毀 Undo 堆疊，因此使用該技術實際上會禁用 Excel 的復原功能。

線上資源　　該範例名稱為「shade active row and column.xlsm」，可從範例檔案中取得。

## 6.3.4 BeforeDoubleClick 事件

你可建立一個 VBA 程序，在使用者按兩下儲存格時執行。在下面的範例中（儲存在 Sheet 物件的「程式碼」視窗中），按兩下儲存格會切換儲存格的樣式。如果儲存格樣式為 Normal，則應用 Good 樣式。如果儲存格樣式為 Good，則應用 Normal 樣式。

```
Private Sub Worksheet_BeforeDoubleClick _
    (ByVal Target As Range, Cancel As Boolean)
    If Target.Style = "Good" Then

        Target.Style = "Normal"
    Else
        Target.Style = "Good"
    End If
    Cancel = True
End Sub
```

如果引數 Cancel 被設定為 True，則預設的按兩下行為不會發生。換言之，按兩下儲存格不會將 Excel 變成儲存格編輯模式。要注意，每次按兩下操作也會銷毀復原堆疊。

## 6.3.5 BeforeRightClick 事件

使用者在工作表中右擊時，Excel 會顯示一個快速選單。如果出於某種原因，想要阻止快速選單出現在特定工作表中，可捕獲 RightClick 事件。下面的程序將 Cancel 引數設定為 True，這樣就取消了 RightClick 事件，因此取消了快速選單。但會顯示一個訊息方塊。

```
Private Sub Worksheet_BeforeRightClick _
    (ByVal Target As Range, Cancel As Boolean)
        Cancel = True
        MsgBox "The shortcut menu is not available."
End Sub
```

記住，使用者仍可透過使用〔Shift〕+〔F10〕快速鍵來連接快速選單。但是，僅有極少 Excel 使用者了解該按鍵組合。

 要找出如何截獲〔Shift〕+〔F10〕按鍵組合，請參見 6.5.2 節。第 18 章將說明禁用快速選單的其他方法。

下面是使用 BeforeRightClick 事件的另一個範例。該程序檢驗右擊的儲存格是否包含數值。如果包含，則程式碼會顯示「設定單元格格式」對話盒的〔數字〕活頁標籤，並將 Cancel 引數設定為 True（避免顯示正常的快速選單）。如果儲存格不包含數值，則不發生任何事：快速選單照常顯示。

```
Private Sub Worksheet_BeforeRightClick _
    (ByVal Target As Range, Cancel As Boolean)
        If IsNumeric(Target) And Not IsEmpty(Target) Then
            Application.CommandBars.ExecuteMso ("NumberFormatsDialog")
            Cancel = True
        End If
End Sub
```

注意，程式碼還執行了其他檢查，檢視儲存格是否為空。這是因為 VBA 將空儲存格視為包含數字的儲存格。

---

### 使用「瀏覽物件」定位事件

「瀏覽物件」是一個有用的工具，它有助於你學習物件及其屬性和方法，還有助於找出哪些物件支援某個特定事件。例如，想要找出哪些物件支援 MouseMove 事件。啟動 VBE，並按〔F2〕鍵，就會顯示「瀏覽物件」視窗。確保 <All Libraries> 被選擇，然後輸入 MouseMove，按一下望遠鏡圖示。

「瀏覽物件」顯示了一個相符項目清單。事件用事件名旁邊的一個淡黃色閃電小圖示表示。按一下所要尋找的事件，可在列表底部的狀態列檢查對應的語法。

## 6.4 監視應用程式事件

在前面的章節中介紹了活頁簿事件和工作表事件。這些事件監視的是特定活頁簿。如果要監視所有開啟的活頁簿或工作表，可使用應用程式級別的事件。

> **注意**
>
> 如果要建立事件處理常式來處理應用程式事件，通常還需要一個類別模組，並完成一些設定工作。

表 6-3 列出了常用的應用程式事件以及相應的簡要說明資訊。詳細資訊可以查閱說明系統。

表 6-3：應用程式物件認可的常用事件

| 事件 | 觸發事件的行為 |
| --- | --- |
| AfterCalculate | 計算已完成，不存在未完成的查詢 |
| NewWorkbook | 建立一個新的活頁簿 |
| SheetActivate | 啟動任意工作表 |
| SheetBeforeDoubleClick | 按兩下任意工作表。該事件在預設的按兩下行為之前觸發 |
| SheetBeforeRightClick | 右擊任意工作表。該事件在預設的右擊行為之前觸發 |
| SheetCalculate | 計算（或重新計算）任意工作表 |
| SheetChange | 任意工作表中的儲存格被使用者或外部連結修改 |
| SheetDeactivate | 使任意工作表取消啟動 |
| SheetFollowHyperlink | 按一下超連結 |
| SheetPivotTableUpdate | 更新任意樞紐分析表 |
| SheetSelectionChange | 任意工作表上的選擇被修改，圖表工作表除外 |
| WindowActivate | 啟動任意活頁簿視窗 |
| WindowDeactivate | 使任意活頁簿視窗取消啟動 |
| WindowResize | 調整任意活頁簿視窗的大小 |
| WorkbookActivate | 啟動任意活頁簿 |
| WorkbookAddinInstall | 活頁簿被安裝為控制項 |
| WorkbookAddinUninstall | 任意控制項活頁簿被移除 |
| WorkbookBeforeClose | 關閉任意開啟的活頁簿 |
| WorkbookBeforePrint | 列印任意開啟的活頁簿 |
| WorkbookBeforeSave | 儲存任意開啟的活頁簿 |
| WorkbookDeactivate | 使開啟的活頁簿取消啟動 |
| WorkbookNewSheet | 在任意開啟的活頁簿中建立了一個新工作表 |
| WorkbookOpen | 開啟一個活頁簿 |

## 6.4.1 啟用應用程式級別的事件

要使用 Application 級別的事件，需要執行如下操作：

(1) 建立一個新的類別模組。

(2) 在「屬性」視窗中的「名稱」欄位下設定類別模組的名稱。

預設情況下，VBA 會為每個類別模組指定一個預設名稱，如 Class1、Class2 等。可以為類別模組指定一個更有意義的名稱，如 clsApp。

(3) 在該類別模組中，使用 WithEvents 關鍵字來宣告一個公共的 Application 物件。

例如：

```
Public WithEvents XL As Application
```

(4) 建立一個變數，該變數將用來指向類別模組中宣告的 Application 物件。

該變數應當是在一般 VBA 模組（而非類別模組）中宣告的模組級別的物件變數。例如：

```
Dim X As New clsApp
```

(5) 將宣告的物件與 Application 物件連接在一起。這通常在 Workbook_Open 程序中完成。例如：

```
Set X.XL = Application
```

(6) 為類別模組中的 XL 物件撰寫事件處理常式。

## 6.4.2 確定活頁簿何時被開啟

本節的範例透過將資訊儲存在 CSV（逗號分隔變數）文字檔案中，來追蹤開啟的每個活頁簿。該文件可導入到 Excel 中。

首先插入一個新的類別模組，將其命名為 clsApp。類別模組中的程式碼如下：

```
Public WithEvents AppEvents As Application

Private Sub AppEvents_WorkbookOpen (ByVal Wb As Excel.Workbook)
    Call UpdateLogFile(Wb)
End Sub
```

該段程式碼將 AppEvents 宣告為一個包含事件的 Application 物件。一旦開啟一個活頁簿，就會呼叫 AppEvents_WorkbookOpen 程序。該事件處理常式呼叫了 UpdateLogFile 程序，並傳遞 Wb 變數，該變數表示的是開啟的活頁簿。然後加入一個 VBA 模組，並插入下列程式碼：

```
Dim AppObject As New clsApp

Sub Init()
'   Called by Workbook_Open
    Set AppObject.AppEvents = Application
End Sub

Sub UpdateLogFile(Wb)
    Dim txt As String
    Dim Fname As String
    txt = Wb.FullName
    txt = txt & "," & Date & "," & Time
    txt = txt & "," & Application.UserName
    Fname = Application.DefaultFilePath & "\logfile.csv"
    Open Fname For Append As #1
    Print  #1, txt
    Close #1
    MsgBox txt
End Sub
```

注意，最上面的 AppObject 變數被宣告為 clsApp（類別模組的名稱）類型。對 Init 程序的呼叫放在 Workbook_Open 程序中，該程序位於 ThisWorkbook 的程式碼模組中。該程序如下所示：

```
Private Sub Workbook_Open()
    Call Init
End Sub
```

UpdateLogFile 程序開啟一個文字檔：如果不存在，則建立一個文字檔。然後寫入被開啟的活頁簿的關鍵資訊：檔案名、完整路徑、日期、時間以及使用者名稱。

Workbook_Open 程序呼叫了 Init 程序。因此，當活頁簿被開啟時，Init 程序就會建立物件變數。最後一項陳述式使用訊息方塊來顯示寫入 CSV 檔的資訊。如果不想看到該訊息，可以刪除這條陳述式。

線上資源　　該範例名稱為「log workbook open.xlsm」，可從範例檔案中取得。

## 6.4.3　監視應用程式級別的事件

要了解事件產生程序，可檢視工作時產生的事件列表。

圖 6-10 是本章的範例文件「ApplicationEventTracker.xlsm」。這個活頁簿顯示了在每個應用程式級別的事件發生時，該事件的說明資訊。你可能會發現，這有助於學習事件的類型和

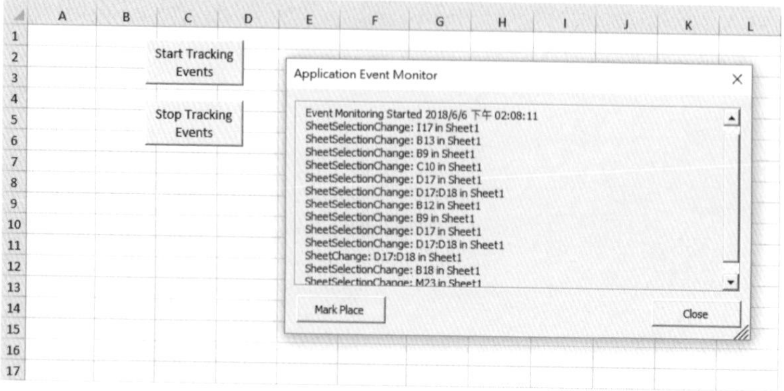

▲ 圖 6-10：該活頁簿使用一個類別模組來監視所有的應用程式級別事件

線上資源　　　該範例可從範例檔案中取得，檔案名為「application event tracker.xlsm」。

該活頁簿包含一個類別模組，定義 21 個程序，每個應用程式級別的事件對應一個程序。

## 6.5 連接與物件無關聯的事件

本章前面討論的事件都與某個物件（Application、Workbook 和 Sheet 等）關聯。本節將討論另外兩個事件：OnTime 和 OnKey。這兩個事件與物件無關聯。它們透過使用 Application 物件的方法來連接。

> **注意**
>
> 與本章討論的其他事件不同，可在通用 VBA 模組中編輯這些 On 事件。

### 6.5.1 OnTime 事件

OnTime 事件在一天中的某特定時刻發生。下例展示了如何進行 Excel 程式設計，使其在下午 3 點發出聲音並顯示訊息：

```
Sub SetAlarm()
    Application.OnTime TimeValue("15:00:00"), "DisplayAlarm"
End Sub


Sub DisplayAlarm()
    Beep
    MsgBox "Wake up. It's time for your afternoon break!"
```

```
    End Sub
```

該範例中，SetAlarm 程序使用 Application 物件的 OnTime 方法來設定 OnTime 事件。該方法使用了兩個引數：時間（在範例中為 3 p.m.）和該時間到來時執行的程序（在範例中為 DisplayAlarm 程序）。執行 SetAlarm 程序後，DisplayAlarm 程序將在下午 3 點被呼叫，彈出如圖 6-11 所示的對話盒。

▲ 圖 6-11：該訊息方塊在一天中的特定時刻顯示

如果要相對於目前時間來確定事件的發生時間，例如，從現在開始的 20 分鐘之後，那麼可以這樣來撰寫指令：

```
    Application.OnTime Now + TimeValue("00:20:00"), "DisplayAlarm"
```

也可以使用 OnTime 方法來確定某個特定日期程序發生的時間。下列陳述式在 2013 年 4 月 1 日上午 12:01 執行 DisplayAlarm 程序。

```
    Application.OnTime DateSerial(2013, 4, 1) + _
    TimeValue("00:00:01"), "DisplayAlarm"
```

> **注意**
>
> OnTime 方法還有另外兩個引數。如果打算使用該方法，可參考線上說明來取得更多資訊。

下面的兩個程序展示了如何編輯重複事件。範例中，儲存格 A1 每隔 5 秒使用目前時間更新一次。執行 UpdateClock 程序會將時間寫入儲存格 A1 中，5 秒後則編輯另一個事件。該事件重複執行 UpdateClock 程序。如果要停止事件，則執行 StopClock 程序（取消事件）。注意，NextTick 是一個模組級別的變數，它儲存下一個事件的時間。

線上資源　　該範例名稱為「ontime event demo.xlsm」，可從範例檔案中找到。

```
    Dim NextTick As Date

    Sub UpdateClock()
    '   Updates cell A1 with the current time
        ThisWorkbook.Sheets(1).Range("A1") = Time
```

```
'   Set up the next event five seconds from now
    NextTick = Now + TimeValue("00:00:05")
    Application.OnTime NextTick, "UpdateClock"
End Sub


Sub StopClock()
'   Cancels the OnTime event (stops the clock)
    On Error Resume Next
    Application.OnTime NextTick, "UpdateClock", , False
End Sub
```

OnTime 事件在活頁簿關閉之後仍然在執行。換言之,如果在關閉活頁簿之前不執行 StopClock 程序,那麼 5 秒之後活頁簿會自行重新開啟(假設 Excel 仍然在執行)。要避免發生這種情況,可以使用包含下列陳述式的 Workbook_BeforeClose 事件程式:

```
    Call StopClock
```

## 6.5.2 OnKey 事件

在工作時,Excel 會始終監視使用者輸入的內容。因此,可以設定按鍵或按鍵組合,當其按下時,會執行特定程序。這些按鍵不被識別的唯一情況是正在輸入一個公式或使用對話盒時。

建立一個程序來響應 OnKey 事件並不局限於單個活頁簿,理解這一點非常重要。重新設計的按鍵在所有開啟的活頁簿中都是有效的,並非僅在建立事件程式的活頁簿中有效。

同樣,如果設定了一個 OnKey 事件,請確保提供了一種方法用來取消該事件。通常的做法是使用 Workbook_BeforeClose 事件程序。

### 1. OnKey 事件範例

下面的範例使用 OnKey 方法來建立一個 OnKey 事件。該事件重新指定了〔PgDn〕和〔PgUp〕鍵。執行 Setup_OnKey 程序後,按下〔PgDn〕鍵會執行 PgDn_Sub 程序,按下〔PgUp〕鍵會執行 PgUp_Sub 程序。最終效果是,按〔PgDn〕鍵會將指針下移一行,按〔PgUp〕鍵會將指針上移一行。使用〔PgUp〕和〔PgDn〕的按鍵組合不受影響。所以,諸如〔Ctrl〕+〔PgDn〕的快速鍵仍會啟動活頁簿中的下一個工作表。

```
Sub Setup_OnKey()
    Application.OnKey "{PgDn}", "PgDn_Sub"
    Application.OnKey "{PgUp}", "PgUp_Sub"
End Sub


Sub PgDn_Sub()
    On Error Resume Next
    ActiveCell.Offset(1, 0).Activate
```

```
    End Sub

Sub PgUp_Sub()
    On Error Resume Next
    ActiveCell.Offset(-1, 0).Activate
End Sub
```

**線上資源** 該範例名稱為「onkey event demo.xlsm」，可以從範例檔案中取得。

在上面的範例中，使用 On Error Resume Next 陳述式來忽略產生的所有錯誤。例如，如果作用中儲存格位於第一行，那麼上移一行會引起錯誤。同樣，如果現用工作表是一個圖表工作表，那麼也會發生錯誤，因為在圖表工作表中沒有作用中儲存格。

透過執行下列程序，將 OnKey 事件取消，將這些按鍵恢復到正常的功能。

```
Sub Cancel_OnKey()
    Application.OnKey "{PgDn}"
    Application.OnKey "{PgUp}"
End Sub
```

可能與所期望的相反，將空字串作為 OnKey 方法的第二個引數並不會取消 OnKey 事件。相反，這會使Excel忽略按鍵，而不做任何操作。例如，下面的指令告訴Excel忽略〔Alt〕+〔F4〕快速鍵（百分號代表 Alt 鍵）：

```
Application.OnKey "%{F4}", ""
```

**交叉參考** 雖然可使用 OnKey 方法指定快速鍵來執行巨集，但最好使用「巨集選項」對話盒來完成。詳細資訊請參閱第 4 章。

## 2. 按鍵程式碼

在上一節中，請注意〔PgDn〕按鍵是出現在大括號 {} 中的。表 6-4 顯示了 OnKey 程序中可以使用的按鍵程式碼。

▼ 表 6-4：OnKey 事件的按鍵程式碼

| 按鍵 | 程式碼 |
|---|---|
| 〔Backspace〕 | {BACKSPACE} 或 {BS} |
| 〔Break〕 | {BREAK} |
| 〔Caps Lock〕 | {CAPSLOCK} |
| 〔Delete〕或〔Del〕 | {DELETE} 或 {DEL} |

| 按鍵 | 程式碼 |
|---|---|
| 〔↓〕 | {DOWN} |
| 〔End〕 | {END} |
| 〔Enter〕 | ~（波浪號） |
| 〔Enter〕（數字鍵區中） | {ENTER} |
| 〔Escape〕 | {ESCAPE} 或 {ESC} |
| 〔Home〕 | {HOME} |
| 〔Ins〕 | {INSERT} |
| 〔←〕 | {LEFT} |
| 〔NumLock〕 | {NUMLOCK} |
| 〔Page Down〕 | {PGDN} |
| 〔Page Up〕 | {PGUP} |
| 〔→〕 | {RIGHT} |
| 〔Scroll Lock〕 | {SCROLLLOCK} |
| 〔Tab〕 | {TAB} |
| 〔↑〕 | {UP} |
| 〔F1〕至〔F15〕 | {F1} 至 {F15} |

還可以指定〔Shift〕、〔Ctrl〕和〔Alt〕的快速鍵。要指定將某個鍵與其他鍵組合使用，則使用下列符號：

➢ 〔Shift〕：加號（+）
➢ 〔Ctrl〕：跳脫字元號（^）
➢ 〔Alt〕：百分號（%）

例如，要給〔Ctrl〕+〔Shift〕+〔A〕快速鍵指派一個程序，則使用下列程式碼：

```
Application.OnKey "^+A", "SubName"
```

要給〔Alt〕+〔F11〕快速鍵指派一個程序（通常用來切換到 VBE 視窗），則使用下列程式碼：

```
Application.OnKey "^{F11}", "SubName"
```

## 3. 禁用快速選單

本章先前介紹了 Worksheet_BeforeRightClick 程序，用來禁用右擊快速選單。下列程序放在 ThisWorkbook 程式碼模組中：

```
Private Sub Worksheet_BeforeRightClick _
    (ByVal Target As Range, Cancel As Boolean)Cancel = True
```

```
        MsgBox "The shortcut menu is not available."
    End Sub
```

注意,使用者仍可透過〔Shift〕+〔F10〕快速鍵來顯示快速選單。要阻止〔Shift〕+〔F10〕按鍵組合,可在標準 VBA 模組加入下列程序:

```
Sub SetupNoShiftF10()
    Application.OnKey "+{F10}", "NoShiftF10"
End Sub

Sub TurnOffNoShiftF10()
    Application.OnKey "+{F10}"
End Sub

Sub NoShiftF10()
    MsgBox "Nice try, but that doesn't work either."
End Sub
```

執行 SetupNoShiftF10 程序後,按〔Shift〕+〔F10〕鍵將顯示如圖 6-12 所示的訊息方塊。記住,Worksheet_BeforeRightClick 程序僅在包含它的活頁簿中有效。換言之,〔Shift〕+〔F10〕按鍵組合可以應用於所有開啟的活頁簿。

▲ 圖 6-12:按〔Shift〕+〔F10〕快速鍵會顯示該訊息方塊

線上資源　範例檔案中有一個包含所有這些 OnKey 程序的活頁簿。該檔案名為「no shortcut menus.xlsm」,其中包含活頁簿事件處理常式:Workbook_Open 事件執行 Setup-NoShiftF10 程序,Workbook_BeforeClose 事件呼叫 TurnOffNoShiftF10 程序。

# Chapter 7

# VBA 程式設計範例與技巧

- 使用 VBA 處理儲存格區域
- 使用 VBA 處理活頁簿和工作表
- 建立用於 VBA 程序和工作表公式的自訂函數
- 展示各種 VBA 技巧和方法
- 使用 Windows API 函數

## 7.1 透過範例學習

絕大多數 VBA 程式設計師初學者都可以從一步一步教學的範例學到很多知識。通常，設計良好的範例比對基礎理論的敘述更具有說服力。因此，本書不打算寫成描述 VBA 各個方面的參考書。而是準備了大量的範例來解說有用的 Excel 程式設計技巧。

本章在進一步介紹 VBA 知識的同時，還將展示一些解決實際問題的範例，具體如下所示：

- ➢ 處理儲存格區域
- ➢ 處理活頁簿和工作表
- ➢ VBA 技巧
- ➢ VBA 程序中的有用函數
- ➢ 可用於工作表公式中的函數
- ➢ Windows API 呼叫

 交叉參考　後續章節還將展示一些有特色的範例：圖表、樞紐分析表、事件以及使用者表單等。

## 7.2 處理儲存格區域

這一節中的範例解說了如何使用 VBA 處理工作表的儲存格區域。

具體來說，本章提供了以下方面的範例：複製儲存格區域、移動儲存格區域、選擇儲存格區域、確定儲存格區域內資訊的類型、提示輸入儲存格的值、確定一欄中第一個空儲存格、暫停巨集以允許使用者選擇儲存格區域、統計儲存格區域中的儲存格數、瀏覽儲存格區域中的儲存格，以及其他幾個與儲存格有關的常用操作。

## 7.2.1 複製儲存格區域

Excel 的巨集錄製器非常有用，不僅可產生可用的程式碼，還可發現相關的物件、方法和屬性的名稱。由巨集錄製器產生的程式碼並不總是最有效的，但是它通常可以提供很多有用的資訊。

例如，錄製簡單的複製和貼上操作就會產生 5 行 VBA 程式碼：

```
Sub Macro1()
    Range("A1").Select
    Selection.Copy
    Range("B1").Select
    ActiveSheet.Paste
    Application.CutCopyMode = False
End Sub
```

注意，上述產生的程式碼選擇了儲存格 A1，將其複製下來，然後選擇儲存格 B1，並執行貼上操作。但在 VBA 中沒必要先選擇要處理的儲存格。無法透過類似上面錄製的巨集程式碼學到這個要點。上述程式碼中有兩條陳述式都使用了 Select 方法。這個程序可以更加簡單，程式碼中不選擇任何儲存格，如下面的常式所示。下面的程式碼還利用了 Copy 方法可以使用一個引數，該引數代表已複製儲存格區域的目標：

```
Sub CopyRange()
    Range("A1").Copy Range("B1")
End Sub
```

上述兩個巨集的前提是有一個現用工作表，而且這些操作都發生在這個現用工作表中。如果要把儲存格區域複製到另一個工作表或活頁簿中，只要限定目標儲存格區域參照即可。在下面的範例中，從 File1.xlsx 的工作表 Sheet1 中將一個儲存格區域複製到 File2.xlsx 的工作表 Sheet2 中。因為這個參照是完全限定的，所以不管該活頁簿是不是使用中的，這個範例都會順利執行。

```
Sub CopyRange2()
    Workbooks("File1.xlsx").Sheets("Sheet1").Range("A1").Copy _
        Workbooks("File2.xlsx").Sheets("Sheet2").Range("A1")
End Sub
```

另一種完成此任務的方法是：使用物件變數來代表儲存格區域，如下面的程式碼所示。當程式碼將使用其他位置的儲存格區域時，使用物件變數特別有用。

```
Sub CopyRange3()
    Dim Rng1 As Range, Rng2 As Range
    Set Rng1 = Workbooks("File1.xlsx").Sheets("Sheet1").Range("A1")
```

```
    Set Rng2 = Workbooks("File2.xlsx").Sheets("Sheet2").Range("A1")
    Rng1.Copy Rng2
End Sub
```

正如你所期望的那樣，複製操作並不限於一次複製一個儲存格。例如，下面的程序就複製一個很大的儲存格區域。不過請注意，這裡的目標只由一個儲存格（它代表目標左上方的儲存格）組成。之所以使用目標的這個儲存格，就像是在 Excel 中手動複製貼上儲存格區域一樣，先選擇該區域左上方的儲存格。

```
Sub CopyRange4()
    Range("A1:C800").Copy Range("D1")
End Sub
```

## 7.2.2 移動儲存格區域

如下面的範例所示，VBA 的移動儲存格區域的指令非常類似於複製儲存格區域的指令。區別在於用 Cut 方法代替 Copy 方法。注意，需要指定目的地儲存格區域左上方的儲存格。

下面的範例把 18 個儲存格（位於儲存格 A1:C6 中）移到了一個新位置，這個新位置從儲存格 H1 開始：

```
Sub MoveRange1()
    Range("A1:C6").Cut Range("H1")
End Sub
```

## 7.2.3 複製大小可變的儲存格區域

很多情況下需要複製儲存格區域，卻不知道這個儲存格區域中確切的列數和欄數。例如，有一個用於跟蹤周銷售額的活頁簿，當每週加入了新的資料後，行數就會發生改變。

圖 7-1 顯示了一個很常見的工作表。這個儲存格區域由幾行組成，而行數每週都會發生改變。因為在任意時刻都不能確切地知道儲存格區域的位址，所以要撰寫巨集來複製儲存格區域，還需要額外進行編碼。

| | A | B | C |
|---|---|---|---|
| 1 | Week | Total Sales | New Customers |
| 2 | 1 | 71831 | 92 |
| 3 | 2 | 51428 | 13 |
| 4 | 3 | 86302 | 93 |
| 5 | 4 | 76278 | 89 |
| 6 | 5 | 68053 | 11 |
| 7 | 6 | 75636 | 80 |
| 8 | 7 | 47464 | 22 |

▲ 圖 7-1：儲存格區域的行數每週都會發生改變

下面的巨集解說了如何從工作表 Sheet1 中把這個儲存格區域複製到工作表 Sheet2 中（從儲存格 A1 開始）。這個巨集使用了 CurrentRegion 屬性，它傳回一個 Range 物件，該物件對應於包含某個特殊儲存格（在這個範例中為儲存格 A1）的儲存格區域。

```
Sub CopyCurrentRegion2()
    Range("A1").CurrentRegion.Copy Sheets("Sheet2").Range("A1")
End Sub
```

使用 CurrentRegion 屬性等價於選擇〔常用〕→〔編輯〕→〔尋找與選取〕→〔到〕指令，
並選擇「目前區域」選項（或透過使用〔Ctrl〕+〔Shift〕+〔 ＊ 〕快速鍵）。為了檢視其
中的運作原理，在下達指令的同時錄製動作即可。一般來說，CurrentRegion 屬性設定為
由一個矩形儲存格區域組成，這個區域由一個或多個空列或欄包圍。

如果要複製的儲存格區域是一個表格（使用〔插入〕→〔表格〕→〔表格〕指令指定），可
以使用如下程式碼（假定表格名稱為 Table1）：

```
Sub CopyTable()
    Range("Table1[#All]").Copy Sheets("Sheet2").Range("A1")
End Sub
```

## 使用儲存格區域的提示

在處理儲存格區域時，請記住以下幾點：

- 處理儲存格區域時，程式碼中不需要先選擇這個儲存格區域。
- 不能選擇非現用工作表上的儲存格區域。所以，如果程式碼要選擇儲存格區域，則它所
  在的工作表必須是現用的。可使用 Worksheets 集合中的 Activate 方法來啟用某個特殊的
  工作表。
- 巨集錄製器產生的程式碼不見得是最有效的。通常，可以透過使用巨集錄製器自行建立
  巨集，然後編輯它產生的程式碼，使其效率更高。
- 在 VBA 程式碼中使用命名的儲存格區域是個好主意。例如，參照 Range("Total") 就比參
  照 Range("D45") 更好。在後一種參照的情況下，如果在第 45 行的上面加入了一行，那
  麼原來第 45 行的儲存格位址就會改變，接著就需要修改巨集，這樣才能使用正確的儲
  存格位址（D46）。
- 如果在選擇儲存格區域時需要依靠巨集錄製器產生程式碼，那麼應確保使用相對參照來
  錄製巨集。方法是使用〔開發人員〕→〔程式碼〕→〔以相對位置錄製〕控制項來切換
  這個設定。
- 如果某個巨集應用於目前的儲存格區域選擇區域中的每個儲存格，那麼在執行這個巨集
  時，使用者就可能選擇整個列或欄。大多數情況下，不希望通過選擇區域中的每個儲存格。
  這個巨集應該建立一個子選擇區域，使其只由非空白的儲存格組成。請參閱後面的 7.2.11
  節。
- Excel 允許同時存在多個選擇區域。例如，選擇某個儲存格區域後，按〔Ctrl〕鍵還可選
  擇另一個儲存格區域。可以在巨集中親自測試一下，然後再採取適當的動作。請參閱後
  面的 7.2.10 節。

## 7.2.4 選擇或者識別各種類型的儲存格區域

在 VBA 中要做的大部分工作都涉及對儲存格區域的處理,如選擇某個儲存格區域或識別儲存格區域,這樣就可以針對這些儲存格採取相應的動作。

除了 CurrentRegion 屬性(前面的章節已經討論過)外,還應該瞭解 Range 物件的 End 方法。End 方法接收一個引數,這個引數決定了選擇區域的擴展方向。以下陳述式就從作用儲存格一直選擇到表格中的最後一個非空白儲存格:

```
Range(ActiveCell, ActiveCell.End(xlDown)).Select
```

下面這個類似的範例使用一個特定的儲存格作為起點:

```
Range(Range("A2"), Range("A2").End(xlDown)).Select
```

正如所期望的那樣,還有 3 個常數模擬往其他方向擴展的快速鍵組合,它們分別是 xlUp、xlToLeft 和 xlToRight。

在 End 方法中使用 ActiveCell 屬性時一定要小心。如果作用儲存格位於儲存格區域的邊緣或者儲存格區域包含一個或多個空儲存格,那麼 End 方法就可能無法產生所需的結果。

**警告**

範例檔案中包含一個活頁簿,其中解說了幾種常見類型的儲存格區域選擇區域。在開啟這個活頁簿(檔案名稱為「range selections.xlsm」),右擊一個儲存格時,程式碼就把一個新功能表項目加入到快速選單中,這個功能表項目就是 Selection Demo。這個選單中包含的指令允許使用者產生各種類型的選擇區域,如圖 7-2 所示。

**線上資源**

▲ 圖 7-2:該活頁簿借助一個自訂快速選單解說了如何透過使用 VBA 來選擇大小可變的儲存格區域

下面的巨集位於上述範例活頁簿中。SelectCurrentRegion 巨集類似按下〔Ctrl〕+〔Shift〕+〔＊〕快速鍵的動作。

```
Sub SelectCurrentRegion()
    ActiveCell.CurrentRegion.Select
End Sub
```

此外，經常會遇到不想實際選擇儲存格，而希望以某種方式處理它們的情況（如格式化這些儲存格）。要修改儲存格的選取程序其實很容易。下面的程序就是修改 SelectCurrentRegion 程序後的結果。這個程序沒有選擇任何儲存格，它對定義為包含作用儲存格的目前區域的儲存格區域進行格式化。還可採用這種方式修改這個範例活頁簿中的其他程序。

```
Sub FormatCurrentRegion()
    ActiveCell.CurrentRegion.Font.Bold = True
End Sub
```

### 參照儲存格區域的另一種方法

如果檢視別人撰寫的 VBA 程式碼，可能會注意到參照儲存格區域的不同方式。例如，下面的陳述式選擇一個儲存格區域：

```
[C2:D8].Select
```

這個儲存格區域位址被放在中括號中，而沒有放在引號中。前面的陳述式等價於：

```
Range("C2:D8").Select
```

使用方括號是 Application 物件的 Evaluate 方法的一種快捷方式。在本例中，它是 Application.Evaluate("C2:D8").Select 的快捷方式。

這樣做在輸入程式碼時可以減少輸入量。不過，使用方括號要比使用普通類型參照慢，因為需要時間對文字字串求值並確定它是一個儲存格參照。

## 7.2.5 調整儲存格區域大小

Range 物件的 Resize 屬性使得很容易改變儲存格區域的大小。Resize 屬性有兩個引數，分別表示被調整的儲存格區域內的總行數和總列數。

例如，在執行下列陳述式後，MyRange 物件是 20 列 5 欄（儲存格區域 A1:E20）：

```
Set MyRange = Range("A1")
Set MyRange = MyRange.Resize(20, 5)
```

執行完下列陳述式後，MyRange 的大小增加一行。注意，第二個引數省略了，因此列數不變。

```
Set MyRange = MyRange.Resize(MyRange.Rows.Count + 1)
```

更實際的例子涉及更改儲存格區域名稱的定義。假定活頁簿有一個名為 Data 的儲存格區域。程式碼需要加入額外一行來擴展命名的儲存格區域。下面這個程式碼片段將完成這項工作：

```
With Range("Data")
    .Resize(.Rows.Count + 1).Name = "Data"
End With
```

## 7.2.6 提示輸入儲存格中的值

下面的程序解說了如何要求使用者輸入一個值，然後將其插入工作表的儲存格 A1 中：

```
Sub GetValue1()
    Range("A1").Value = InputBox("Enter the value")
End Sub
```

圖 7-3 顯示這個輸入欄位的樣子。

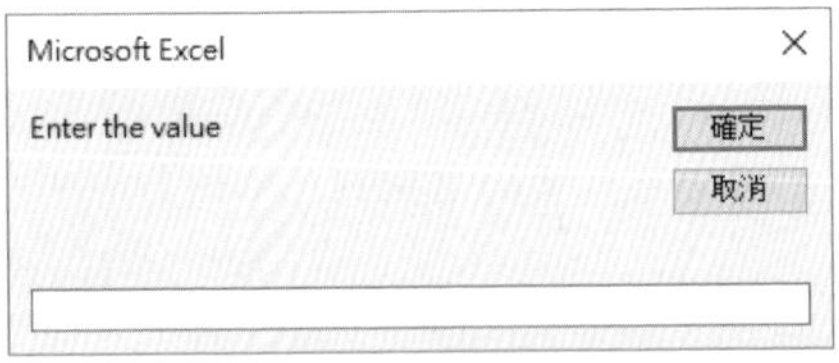

▲ 圖 7-3：InputBox 函數從使用者那裡取得要插入儲存格中的值

但這個程序存在一個問題。如果使用者在輸入欄位中按一下了〔取消〕按鈕，該程序將刪除這個儲存格中的任何資料。下面的程序進行了這方面的修改，這樣如果按一下了〔取消〕按鈕（導致 UserEntry 變數為空字串），就不採取任何動作：

```
Sub GetValue2()
    Dim UserEntry As Variant
        UserEntry = InputBox("Enter the value")
    If UserEntry <> "" Then Range("A1").Value = UserEntry
End Sub
```

很多情況下，需要驗證使用者輸入到輸入欄位中的值是否有效。例如，可能需要一個介於 1～12 之間的數字。下例解說驗證使用者輸入值的有效性的一種方法。在這個範例中，將忽略無效的輸入值並再次顯示輸入欄位。不斷重複上述操作，直到使用者輸入有效的數字或者按下〔取消〕按鈕為止。

```
Sub GetValue3()
    Dim UserEntry As Variant
    Dim Msg As String
    Const MinVal As Integer = 1
    Const MaxVal As Integer = 12
    Msg = "Enter a value between " & MinVal & " and " & MaxVal
    Do
```

```
        UserEntry = InputBox(Msg)
        If UserEntry = "" Then Exit Sub
        If IsNumeric(UserEntry) Then
            If UserEntry >= MinVal And UserEntry <= MaxVal Then Exit Do
        End If
        Msg = "Your previous entry was INVALID."
        Msg = Msg & vbNewLine
        Msg = Msg & "Enter a value between " & MinVal & " and " & MaxVal
    Loop
    ActiveSheet.Range("A1").Value = UserEntry
End Sub
```

如圖 7-4 所示，如果使用者輸入的值無效，那麼上述程式碼還會改變顯示的訊息。

▲ 圖 7-4：透過 VBA 的 InputBox 函數驗證使用者輸入值的有效性

範例檔案中提供 3 個 GetValue 程序，檔案名稱為「inputbox demo.xlsm」。
線上資源

## 7.2.7 在下一個空儲存格中輸入一個值

通常我們需要在某一行或某一列的下一個空儲存格內輸入數值。下例提示使用者輸入姓名和數值，然後把這些資料登錄至下一個空白行中（如圖 7-5 所示）。

```
Sub GetData()
    Dim NextRow As Long
    Dim Entry1 As String, Entry2 As String
    Do
    'Determine next empty row
    NextRow = Cells(Rows.Count, 1).End(x1Up).Row + 1

'    Prompt for the data
    Entry1 = InputBox("Enter the name")
    If Entry1 = "" Then Exit Sub
    Entry2 = InputBox("Enter the amount")
    If Entry2 = "" Then Exit Sub

'    Write the data
    Cells(NextRow, 1) = Entry1
    Cells(NextRow, 2) = Entry2
```

```
        Loop
    End Sub
```

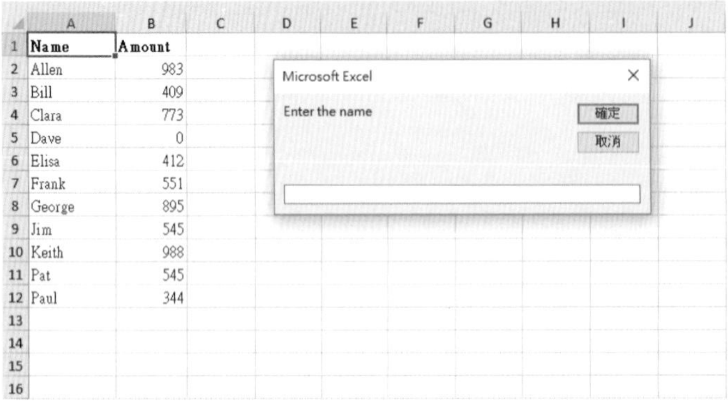

▲ 圖 7-5：這個巨集把資料插入工作表中的下一個空白行

為簡單起見，這個程序沒有執行任何有效性驗證。注意，上述迴圈將一直繼續下去。因此使用了 Exit Sub 陳述式，使得當使用者在輸入欄位中按一下〔取消〕按鈕時就跳出這個迴圈。

範例檔案中提供一個 GetData 程序，檔案名稱為「next empty cell.xlsm」。

線上資源

注意確定 NextRow 變數的值的陳述式。如果不理解它的運作原理，可以試試手動的等效動作：啟動欄 A 中的最後一個儲存格（儲存格 A1048576），按〔End〕鍵，再按向上的方向鍵。這樣就選擇了欄 A 中的最後一個非空白儲存格。Row 屬性將傳回這一列的編號，為得到這個儲存格下一列（下一個空列）的編號，把傳回的編號值加 1。在該範例中，沒有在 A 欄的最後一個儲存格中寫死，而使用了 Rows.Count，因此這一程序對舊版本的 Excel（包括 Excel 2007 及更早的版本，這些版本中工作表的列數最多只有 65536 列）也可以起作用。

注意，上述這種選擇下個空儲存格的方法存在一些問題。如果這一欄全是空的，它將把第 2 列當作下一個空列。透過撰寫額外的程式碼來解決這一問題將是相當容易的。

## 7.2.8 暫停巨集的執行以便取得使用者選擇的儲存格區域

某些情況下，可能需要一個交互的巨集。例如，可以建立一個巨集，使得當使用者指定儲存格區域時可以暫停巨集的執行。本節中的程序描述了如何透過 Excel 的 InputBox 方法實現這一目的。

> **注意**
>
> 不要把 Excel 的 InputBox 方法與 VBA 的 InputBox 函數混淆。雖然這兩個函數的名稱一樣，但它們是兩個不同的函數。

下面的 Sub 程序解說了如何暫停巨集的執行，並允許使用者選擇儲存格。隨後，程式碼把公式插入指定儲存格區域的每個儲存格中。

```
Sub GetUserRange()
    Dim UserRange As Range

    Prompt = "Select a range for the random numbers."
    Title = "Select a range"

'   Display the Input Box
    On Error Resume Next
    Set UserRange = Application.InputBox( _
        Prompt:=Prompt, _
        Title:=Title, _
        Default:=ActiveCell.Address, _
        Type:=8) 'Range selection
    On Error GoTo 0

'   Was the Input Box canceled?
    If UserRange Is Nothing Then
        MsgBox "Canceled."
    Else
        UserRange.Formula = "=RAND()"
    End If
End Sub
```

這個輸入欄位如圖 7-6 所示。

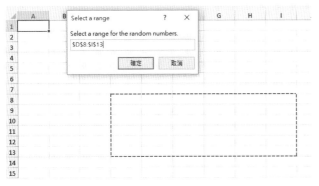

▲ 圖 7-6：使用一個輸入欄位暫停巨集的執行

線上資源　　範例檔案中提供了該範例，檔案名稱為「prompt for a range.xlsm」。

把 InputBox 方法的 Type 引數的值指定為 8 是這個程序的關鍵。Type 引數為 8 是告訴 Excel 該輸入欄位只接受有效的儲存格區域。

這裡還要注意 On Error Resume Next 陳述式的用法。該陳述式忽略了當使用者按一下〔取消〕按鈕時發生的錯誤。如果使用者按一下〔取消〕按鈕，就不定義 UserRange 變數。這個範例顯示了一個具有文字「Canceled」的訊息方塊。如果使用者按一下了〔確定〕按鈕，這個巨集將繼續執行。使用 On Error GoTo 0 陳述式將恢復為普通的錯誤處理方式。

順便提一下，這裡沒必要檢測儲存格區域選擇區域的有效性，Excel 已經替使用者想到了。如果使用者輸入了一個無效的儲存格區域位址，Excel 將顯示一個訊息方塊並指出如何選擇儲存格區域。

## 7.2.9 計算選擇儲存格的數目

可建立巨集來處理使用者選擇的儲存格區域。使用 Range 物件的 Count 屬性來確定儲存格區域選擇區域（或者任意的儲存格區域）中包含的儲存格的數目。例如，下面的陳述式顯示出一個訊息方塊，其中包含了目前選擇區域中的儲存格數目：

```
MsgBox Selection.Count
```

如果工作表中包含一個名為 Data 的儲存格區域，下面的陳述式就將把 Data 儲存格區域中的儲存格數目賦給變數 CellCount：

```
CellCount = Range("Data").Count
```

警告

Excel 2007 使用更大的工作表，因此 Count 屬性可能會產生一個錯誤。Count 屬性使用的是 Long 資料類型，因此，可儲存的最大數值為 2147483647。例如，如果使用者選擇了完整的 2048 欄（共 2147483648 個儲存格），那麼 Count 屬性將產生一個錯誤。幸運的是，Microsoft 從 Excel 2007 開始加入了一個新屬性：CountLarge。CountLarge 使用 Double 資料類型，它可以處理 1.79+E^308 以內的數值。

大多數情況下，Count 屬性執行良好。如果需要計算更多的儲存格（如工作表中的所有儲存格），則用 CountLarge 替代 Count。

還可確定儲存格區域中包含的列數和欄數。下面的運算式計算出目前選擇的儲存格區域中的欄數：

```
Selection.Columns.Count
```

當然，還可以使用 Rows 屬性確定儲存格區域中的列數。下面的語句計算出名為 Data 的儲存格區域中的列數，並將這個數字賦給變數 RowCount：

```
RowCount = Range("Data").Rows.Count
```

## 7.2.10 確定選擇的儲存格區域的類型

Excel 支援下列幾種類型的儲存格區域選擇區域：

- ➢ 單個儲存格
- ➢ 內含鄰接儲存格的儲存格區域
- ➢ 一個或多個整欄
- ➢ 一個或多個整欄
- ➢ 整個工作表
- ➢ 上述任意類型的組合（也就是多個選擇區域）

因此，在 VBA 程序處理選擇的儲存格區域時，無法對儲存格區域做任何假設。例如，儲存格區域選擇區域可能由兩個區域組成，如 A1:A10 和 C1:C10。為選擇多個選擇區域，在使用滑鼠選擇儲存格區域時按下〔Ctrl〕鍵。

在選擇區域包含多個儲存格區域的情況下，Range 物件由一些各自獨立的區域組成。要確定這種選擇區域是不是多個選擇區域，可使用 Areas 方法，它將傳回一個 Areas 集合。這個集合代表多儲存格區域的選擇區域中的所有儲存格區域。

可使用以下運算式來確定選擇的儲存格區域是否包含多個區域：

```
NumAreas = Selection.Areas.Count
```

如果 NumAreas 變數包含的值大於 1，那麼選擇區域就是包含了多個區域的選擇區域。

下面的程序使用名為 AreaType 的函數，該函數傳回一個說明儲存格區域的選擇區域類型的文字字串：

```
Function AreaType(RangeArea As Range) As String
'    Returns the type of a range in an area
     Select Case True
         Case RangeArea.Cells.CountLarge = 1
             AreaType = "Cell"
         Case RangeArea.CountLarge = Cells.CountLarge
             AreaType = "Worksheet"
         Case RangeArea.Rows.Count = Cells.Rows.Count
             AreaType = "Column"
         Case RangeArea.Columns.Count = Cells.Columns.Count
             AreaType = "Row"
         Case Else
             AreaType = "Block"
     End Select
End Function
```

該函數接收一個 Range 物件作為它的引數，最後傳回描述區域的下列 5 個字串的其中之一：Cell、Worksheet、Column、Row 或 Block。該函數使用 Select Case 結構確定這 5 個比較運算式中哪一個為 True。例如，如果儲存格區域由單個儲存格組成，那麼該函數傳回 Cell。如果儲存格區域中儲存格的數目等於工作表中的儲存格數目，該函數將傳回 Worksheet。如果儲存格區域中的行數等於工作表中的行數，那麼函數傳回 Column。如果儲存格區域中的欄數等於工作表中的欄數,那麼函數傳回 Row。如果 Case 運算式中沒有一個為 True,該函數傳回 Block。

注意,在計算儲存格數目時,使用了 CountLarge 屬性。正如本章前面提到的,選擇的儲存格的數目可能會超過 Count 屬性的上限。

**交叉參考** 範例檔案中提供這一範例,檔案名稱為「about range selection.xlsm」。該活頁簿包含一個名為 RangeDescription 的程序,該程序使用 AreaType 函數來顯示一項說明目前的儲存格區域選擇區域情況的訊息方塊。圖 7-7 列舉出一個範例。理解該範例的工作原理可為如何使用 Range 物件打下基礎。

**注意**

你可能驚奇地發現,Excel 允許多個完全一樣的選擇區域。例如,如在按住〔Ctrl〕鍵時在儲存格 A1 上按一下 5 次,這個選擇區域就會包含 5 個一樣的區域。RangeDescription 程序考慮到這種情況,並且不會多次計算相同的儲存格。還應該注意一個新功能:儲存格區域重疊程度越高,所顯示的陰影就越深。

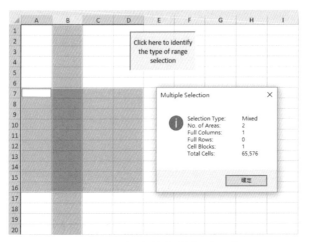

▲ 圖 7-7:VBA 程序可分析目前選擇的儲存格區域

## 7.2.11 有效地迴圈通過選擇的儲存格區域

有個任務比較常見,即建立巨集使其對儲存格區域中的每個儲存格求值,然後如果儲存格滿足某個特定條件,就執行某個操作。下面的程序列舉了這樣的巨集。在這個範例中,ColorNegative 程序給選擇區域中內容為負值的所有儲存格都應用紅色背景,而內容非負的其他儲存格的背景色則被清除。

```
Sub ColorNegative()
'   Makes negative cells red
    Dim cell As Range
    If TypeName(Selection) <> "Range" Then Exit Sub
    Application.ScreenUpdating = False
    For Each cell In Selection
        If cell.Value < 0 Then
            cell.Interior.Color = RGB(255, 0, 0)
        Else
            cell.Interior.Color = xlNone
        End If
    Next cell
End Sub
```

ColorNegative 程序肯定能執行，但也存在缺陷。例如，如果工作表上的使用區域很小，但使用者又選擇了整欄，那會怎樣呢？或者選擇區域由 10 列或整個工作表組成又如何呢？實際上，沒必要處理所有這些空儲存格，在對所有儲存格求值之前，大概使用者就放棄執行該程序了。

下面有更好的解決辦法（ColorNegative2 程序）。在這個修改程序中，建立一個 Range 物件變數 WorkRange，這個變數由選擇儲存格區域和工作表中所使用的儲存格區域的交集組成。

```
Sub ColorNegative2()
'   Makes negative cells red
    Dim WorkRange As Range
    Dim cell As Range
    If TypeName(Selection) <> "Range" Then Exit Sub
    Application.ScreenUpdating = False
    Set WorkRange = Application.Intersect(Selection, ActiveSheet.UsedRange)
    For Each cell In WorkRange
        If cell.Value < 0 Then
            cell.Interior.Color = RGB(255, 0, 0)
        Else
            cell.Interior.Color = xlNone
        End If
    Next cell
End Sub
```

圖 7-8 給出這樣一個範例，選擇整個 D 列（1048576 個儲存格）。然而，工作表使用的儲存格區域由儲存格 B2:I16 組成。因此，這個儲存格區域的交集是儲存格 D2:D16，這個儲存格

區域比最初的選擇區域要小很多。處理 15 個儲存格與處理 1048576 個儲存格所需的時間差異是非常明顯的。

| | A | B | C | D | E | F | G | H | I |
|---|---|---|---|---|---|---|---|---|---|
| 1 | | | | | | | | | |
| 2 | | -5 | 0 | -7 | 3 | -3 | 7 | -6 | -9 |
| 3 | | -5 | -6 | -6 | -10 | -1 | 10 | 9 | -10 |
| 4 | | -2 | 5 | 1 | 4 | -3 | 3 | -8 | -3 |
| 5 | | 1 | 8 | -3 | -8 | 1 | 8 | 8 | 6 |
| 6 | | 0 | -4 | -3 | 3 | -1 | 7 | 5 | 2 |
| 7 | | -10 | 4 | 1 | 8 | 1 | -8 | 7 | 9 |
| 8 | | 5 | -4 | -1 | 7 | 10 | -1 | 8 | -3 |
| 9 | | 1 | 4 | 1 | -8 | -2 | -1 | -6 | 8 |
| 10 | | -8 | -3 | 10 | -1 | 7 | 6 | 7 | 9 |
| 11 | | 0 | -2 | -2 | -1 | 9 | 7 | 7 | 7 |
| 12 | | 10 | 4 | 7 | 6 | 10 | -10 | 10 | 4 |
| 13 | | -5 | -1 | 9 | 7 | 0 | 8 | 6 | 9 |
| 14 | | 3 | -4 | 10 | -10 | 9 | -9 | 2 | -4 |
| 15 | | 4 | 9 | 0 | 8 | 4 | 7 | -1 | -4 |
| 16 | | 0 | 1 | 9 | -9 | 2 | 7 | -7 | 0 |
| 17 | | -9 | 6 | 4 | 7 | -1 | 3 | -2 | 8 |
| 18 | | 6 | -1 | -2 | -4 | 2 | -6 | -4 | 3 |
| 19 | | 1 | 8 | 2 | -3 | 7 | -5 | -10 | -8 |

▲ 圖 7-8：使用選擇的儲存格區域，與所使用的儲存格區域的交集來產生待處理的較少儲存格

ColorNegative2 程序是一個改進版本，但仍然沒那麼高效，原因在於它處理了空的儲存格。第三個版本 ColorNegative3 程序又進行了一次改進，雖然程式碼較長，但效率更高。這裡使用 SpecialCells 方法產生了選擇區域的兩個子集：一個子集（ConstantCells）只包括那些含有數字常數的儲存格；另一個子集（FormulaCells）只包括那些含有數字公式的儲存格。然後程式碼使用兩個 ForEach-Next 結構來處理這些子集中的儲存格。實際效果是只對非空白的、非文字的儲存格求值，因此極大地加快了巨集的執行速度。

```
Sub ColorNegative3()
'    Makes negative cells red
    Dim FormulaCells As Range, ConstantCells As Range
    Dim cell As Range
    If TypeName(Selection) <> "Range" Then Exit Sub
    Application.ScreenUpdating = False

'    Create subsets of original selection
    On Error Resume Next
    Set FormulaCells = Selection.SpecialCells(xlFormulas, xlNumbers)
    Set ConstantCells = Selection.SpecialCells(xlConstants, xlNumbers)
    On Error GoTo 0

'    Process the formula cells
    If Not FormulaCells Is Nothing Then
        For Each cell In FormulaCells
            If cell.Value < 0 Then
                cell.Interior.Color = RGB(255, 0, 0)
            Else
                cell.Interior.Color = xlNone
            End If
```

```
                    Next cell
        End If

    '   Process the constant cells
        If Not ConstantCells Is Nothing Then
            For Each cell In ConstantCells
                If cell.Value < 0 Then
                    cell.Interior.Color = RGB(255, 0, 0)
                Else
                    cell.Interior.Color = xlNone
                End If
            Next cell
        End If
    End Sub
```

注意

如果任何儲存格都不符合要求，SpecialCells 方法將產生一個錯誤，因此 On Error 陳述式是必需的。

線上資源

範例檔案中提供一個含有 3 個 ColorNegative 程序的活頁簿，名稱為「efficient looping.xlsm」。

## 7.2.12 刪除所有空列

下面的程序刪除工作表中的所有空列。這個常式快捷高效，其原因在於它不會檢測所有的列，而只檢測已使用儲存格區域中的列，是否使用了某一列由 Worksheet 物件的 UsedRange 屬性來確定。

```
Sub DeleteEmptyRows()
    Dim LastRow As Long
    Dim r As Long
    Dim Counter As Long
    Application.ScreenUpdating = False
    LastRow = ActiveSheet.UsedRange.Rows.Count+ActiveSheet.UsedRange.
Rows(1).Row-1
    For r = LastRow To 1 Step -1
        If Application.WorksheetFunction.CountA(Rows(r)) = 0 Then
            Rows(r).Delete
            Counter = Counter + 1
        End If
    Next r
    Application.ScreenUpdating = True
    MsgBox Counter & " empty rows were deleted."
End Sub
```

第一步是確定儲存格區域中使用的最後一列，然後把這一列的編號賦值給 LastRow 變數。這些步驟並不像想像的那樣簡單，因為所使用的儲存格區域也許從第一列開始，也許不從第一列開始。因此，透過確定儲存格區域使用的列數，加上儲存格區域中使用的第一列的編號，再減去 1 來計算 LastRow 的值。

上述程序使用了 Excel 的 COUNTA 工作表函數來確定某一列是否為空。對於某個特殊的列，如果該函數傳回 0，則表示這一列為空。注意，這個程序是自下而上處理列的，而且 For-Next 迴圈中的步長是負值。因為刪除列的操作將導致工作表中所有後續列上移，因此需要這樣設定步長。如果自上而下執行迴圈操作，那麼當刪除了某一列之後，這個迴圈中的計數器就不準確了。

這個巨集使用了另一個變數 Counter 來跟蹤刪除了多少列。當程序結束後，訊息方塊將顯示這個數目。

線上資源　範例檔案中提供一個含有該範例的活頁簿，檔案名稱為「delete empty rows. xlsm」。

## 7.2.13 任意次數地複製列

本節給出的範例解說了如何使用 VBA 來建立行的副本。圖 7-9 顯示一個辦公室抽獎販售的工作表。其中 A 欄包含姓名，B 欄包含每人購買的票數，C 欄包含一個亂數（由 RAND 函數產生）。根據 C 欄對資料進行排序，亂數最高的數字將獲勝，透過這種方法來確定獲勝者。

| | A | B | C |
|---|---|---|---|
| 1 | Name | No. Tickets | Random |
| 2 | Alan | 1 | 0.75827616 |
| 3 | Barbara | 2 | 0.88931459 |
| 4 | Charlie | 1 | 0.09032432 |
| 5 | Dave | 5 | 0.64619709 |
| 6 | Frank | 3 | 0.88959341 |
| 7 | Gilda | 1 | 0.42042894 |
| 8 | Hubert | 1 | 0.60459674 |
| 9 | Inez | 2 | 0.18028426 |
| 10 | Mark | 1 | 0.6848488 |
| 11 | Norah | 10 | 0.44123226 |
| 12 | Penelope | 2 | 0.55026773 |
| 13 | Rance | 1 | 0.64317316 |
| 14 | Wendy | 2 | 0.41301405 |

▲ 圖 7-9：目標是根據 B 欄中的數值來複製列

該巨集複製列，因此，每個人擁有的列數對應於所購票的數量。例如，Barbara 購買了兩張票，因此她有兩列。插入新列的程序如下所示：

```
Sub DupeRows()
  Dim cell As Range
' First cell with number of tickets
  Set cell = Range("B2")
  Do While Not IsEmpty(cell)
    If cell > 1 Then
```

```
        Range(cell.Offset(1, 0), cell.Offset(cell.Value - 1, _
            0)).EntireRow.Insert
        Range(cell, cell.Offset(cell.Value - 1, 1)).EntireRow.FillDown
      End If
      Set cell = cell.Offset(cell.Value, 0)
      Loop
End Sub
```

透過儲存格 B2 來初始化 cell 物件變數，也是第一個含有數字的儲存格。該迴圈使用了 FillDown 方法來插入新列，然後複製該列。遞增 cell 變數，依次跳到下一個人，然後迴圈繼續進行，直至碰到空儲存格。圖 7-10 顯示了執行該程序後的工作表。

| | A | B | C |
|---|---|---|---|
| 1 | **Name** | **No. Tickets** | **Random** |
| 2 | Alan | 1 | 0.13815886 |
| 3 | Barbara | 2 | 0.27389031 |
| 4 | Barbara | 2 | 0.18271292 |
| 5 | Charlie | 1 | 0.43147709 |
| 6 | Dave | 5 | 0.43768594 |
| 7 | Dave | 5 | 0.22813699 |
| 8 | Dave | 5 | 0.20477036 |
| 9 | Dave | 5 | 0.16568097 |
| 10 | Dave | 5 | 0.9046671 |
| 11 | Frank | 3 | 0.92002184 |
| 12 | Frank | 3 | 0.14681597 |
| 13 | Frank | 3 | 0.26710214 |
| 14 | Gilda | 1 | 0.19264262 |

▲ 圖 7-10：根據 B 欄中的數值加入了新列

線上資源　範例檔案中提供一個含有該範例的活頁簿，檔案名稱為「duplicate rows.xlsm」。

## 7.2.14 確定儲存格區域是否包含在另一個儲存格區域內

下面的 InRange 函數接收兩個引數，都是 Range 對象。如果第一個儲存格區域包含在第二個儲存格區域內，則該函數傳回 True。這個函數可用在工作表公式中，但當被其他程序呼叫時更有用。

```
Function InRange(rng1, rng2) As Boolean
'   Returns True if rng1 is a subset of rng2
    On Error GoTo ErrHandler
    If Union(rng1, rng2).Address = rng2.Address Then
        InRange = True
        Exit Function
    End If
ErrHandler:
    InRange = False
End Function
```

Application 物件的 Union 方法傳回一個表示合併了兩個 Range 物件的 Range 物件。合併後的儲存格區域包含這兩個儲存格區域中的所有儲存格。如果這兩個儲存格區域的合併區域的位址與第二個儲存格區域的位址相同，即第一個儲存格區域包含在第二個儲存格區域中。

如果兩個儲存格區域在不同的工作表中，Union 方法將產生錯誤。On Error 陳述式處理這一情況。

範例檔案中提供一個含有該函數的活頁簿，檔案名稱為「inrange function.xlsm」。

線上資源

## 7.2.15 確定儲存格的資料類型

Excel 提供了很多可以幫助確定儲存格內資料類型的內建函數，其中包括 ISTEXT、ISLOGICAL 和 ISERROR。此外，VBA 還包括諸如 IsEmpty、IsDate 和 IsNumeric 的函數。

下面名為 CellType 的函數接收一個儲存格區欄位型別的引數，並傳回一個字串（Blank、Text、Logical、Error、Date、Time 或 Number），這個字串說明了儲存格區域中左上角儲存格內資料的類型。

```
Function CellType(Rng) As String
'    Returns the cell type of the upper left cell in a range
    Dim TheCell As Range
    Set TheCell = Rng.Range("A1")
    Select Case True
        Case IsEmpty(TheCell)
            CELLTYPE = "Blank"
        Case TheCell.NumberFormat = "@"
            CELLTYPE = "Text"
        Case Application.IsText(TheCell)
            CELLTYPE = "Text"
        Case Application.IsLogical(TheCell)
            CELLTYPE = "Logical"
        Case Application.IsErr(TheCell)
            CELLTYPE = "Error"
        Case IsDate(TheCell)
            CELLTYPE = "Date"
        Case InStr(1, TheCell.Text, ":") <> 0
            CELLTYPE = "Time"
        Case IsNumeric(TheCell)
            CELLTYPE = "Number"
    End Select
End Function
```

可在工作表公式或另一個 VBA 程序中使用這個函數。在圖 7-11 中，函數用在 B 欄的公式中。這些公式使用 A 欄的資料作為引數。C 欄只是資料的描述。

| | A | B | C |
|---|---|---|---|
| 1 | 145.4 | Number | *A simple value* |
| 2 | 8.6 | Number | *Formula that returns a value* |
| 3 | Budget Sheet | Text | *Simple text* |
| 4 | FALSE | Logical | *Logical formula* |
| 5 | TRUE | Logical | *Logical value* |
| 6 | #DIV/0! | Error | *Formula error* |
| 7 | 2018/6/9 | Date | *Formula that returns a date* |
| 8 | 04:00 PM | Time | *A time* |
| 9 | 1/13/10 5:25 AM | Date | *A date and a time* |
| 10 | 143 | Text | *Value preceded by apostrophe* |
| 11 | 434 | Text | *Cell formatted as Text* |
| 12 | A1:C4 | Text | *Text with a colon* |
| 13 | | Blank | *Empty cell* |
| 14 | | Text | *Cell with a single space* |
| 15 | | Text | *Cell with an empty string (single apostrophe)* |

▲ 圖 7-11：使用函數確定儲存格中資料的類型

請注意 Set TheCell 陳述式的用法。CellType 函數接收的引數可以是任意大小的儲存格區域，但該程序中這條陳述式只應用於儲存格區域中的左上方儲存格（用 TheCell 變數表示）。

範例檔案中提供一個含有該函數的活頁簿，檔案名稱為「celltype function.xlsm」。
線上資源

## 7.2.16 讀寫儲存格區域

很多 VBA 任務都涉及一些操作，如把數值從陣列傳送給儲存格區域，或者反過來從儲存格區域傳到陣列中。Excel 從儲存格區域讀取資料的速度比向儲存格區域中寫入資料的速度快，因為寫操作要用到計算引擎。下面的 WriteReadRange 程序說明了讀寫儲存格區域的相對速度。

這個程序先建立了一個陣列，然後使用 For-Next 迴圈把陣列寫到某個儲存格區域，接著把儲存格區域中的值讀到這個陣列中。透過使用 Excel 的 Timer 函數來計算每項操作所需的時間。

```
Sub WriteReadRange()
    Dim MyArray()
    Dim Time1 As Double
    Dim NumElements As Long, i As Long
    Dim WriteTime As String, ReadTime As String
    Dim Msg As String

    NumElements = 250000
    ReDim MyArray(1 To NumElements)

'   Fill the array
    For i = 1 To NumElements
        MyArray(i) = i
    Next i
```

```
'   Write the array to a range
    Time1 = Timer
    For i = 1 To NumElements
        Cells(i, 1) = MyArray(i)
    Next i
    WriteTime = Format(Timer - Time1, "00:00")

'   Read the range into the array
    Time1 = Timer
    For i = 1 To NumElements
        MyArray(i) = Cells(i, 1)
    Next i
    ReadTime = Format(Timer - Time1, "00:00")

'   Show results
    Msg = "Write: " & WriteTime
    Msg = Msg & vbCrLf
    Msg = Msg & "Read: " & ReadTime
    MsgBox Msg, vbOKOnly, NumElements & " Elements"
End Sub
```

計時測試的結果如圖 7-12 所示。可以看出把 25000 個元素寫到陣列中以及從陣列中讀取資料到花費了多長時間。

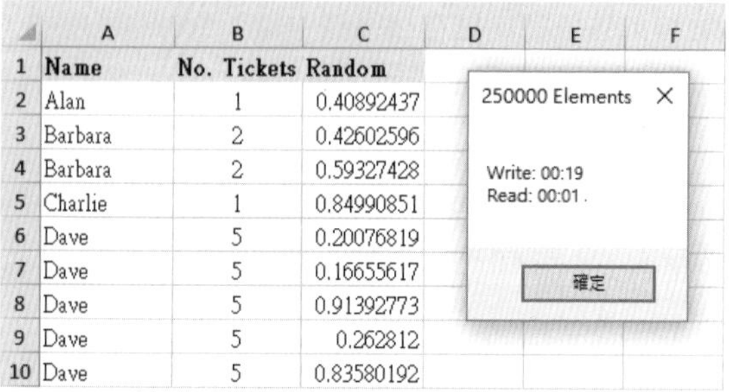

| ▲ | A | B | C | D | E | F |
|---|---|---|---|---|---|---|
| 1 | Name | No. Tickets | Random | | | |
| 2 | Alan | 1 | 0.40892437 | | | |
| 3 | Barbara | 2 | 0.42602596 | | | |
| 4 | Barbara | 2 | 0.59327428 | | | |
| 5 | Charlie | 1 | 0.84990851 | | | |
| 6 | Dave | 5 | 0.20076819 | | | |
| 7 | Dave | 5 | 0.16655617 | | | |
| 8 | Dave | 5 | 0.91392773 | | | |
| 9 | Dave | 5 | 0.262812 | | | |
| 10 | Dave | 5 | 0.83580192 | | | |

250000 Elements

Write: 00:19
Read: 00:01 .

確定

▲ 圖 7-12：顯示使用迴圈向儲存格區域寫入資料和從儲存格區域讀取資料所用的時間

## 7.2.17 在儲存格區域中寫入值的更好方法

上一節中的範例使用 For-Next 迴圈把陣列的內容傳到某個工作表儲存格區域中。本節將介紹一種更有效地完成這個任務的方法。

從下面的範例開始，舉例說明填入儲存格區域最容易理解的（但不是最有效的）方法。這個範例使用一個 For-Next 迴圈把陣列的值插入某個儲存格區域中。

```
Sub LoopFillRange()
'   Fill a range by looping through cells
```

```
        Dim CellsDown As Long, CellsAcross As Integer
        Dim CurrRow As Long, CurrCol As Integer
        Dim StartTime As Double
        Dim CurrVal As Long

'       Get the dimensions
        CellsDown = InputBox("How many cells down?")
        If CellsDown = 0 Then Exit Sub
        CellsAcross = InputBox("How many cells across?")
        If CellsAcross = 0 Then Exit Sub

'       Record starting time
        StartTime = Timer

'       Loop through cells and insert values
        CurrVal = 1
        Application.ScreenUpdating = False
        For CurrRow = 1 To CellsDown
            For CurrCol = 1 To CellsAcross
                ActiveCell.Offset(CurrRow - 1, _
                CurrCol - 1).Value = CurrVal
                CurrVal = CurrVal + 1
            Next CurrCol
        Next CurrRow

'       Display elapsed time
        Application.ScreenUpdating = True
        MsgBox Format(Timer - StartTime, "00.00") & " seconds"
End Sub
```

下例介紹一種可產生同樣效果但更快捷的方法。該程序先把值插入某個陣列,然後使用一項陳述式把陣列的內容傳遞到儲存格區域中。

```
Sub ArrayFillRange()
'   Fill a range by transferring an array

    Dim CellsDown As Long, CellsAcross As Integer
    Dim i As Long, j As Integer
    Dim StartTime As Double
    Dim TempArray() As Long
    Dim TheRange As Range
    Dim CurrVal As Long

'   Get the dimensions
    CellsDown = InputBox("How many cells down?")
    If CellsDown = 0 Then Exit Sub
    CellsAcross = InputBox("How many cells across?")
```

```
            If CellsAcross = 0 Then Exit Sub

    ' Record starting time
    StartTime = Timer

    ' Redimension temporary array
    ReDim TempArray(1 To CellsDown, 1 To CellsAcross)

    ' Set worksheet range
    Set TheRange = ActiveCell.Range(Cells(1, 1), _
        Cells(CellsDown, CellsAcross))

    ' Fill the temporary array
    CurrVal = 0
    Application.ScreenUpdating = False
    For i = 1 To CellsDown
        For j = 1 To CellsAcross
            TempArray(i, j) = CurrVal + 1
            CurrVal = CurrVal + 1
        Next j
    Next i

    ' Transfer temporary array to worksheet
    TheRange.Value = TempArray

    ' Display elapsed time
    Application.ScreenUpdating = True
    MsgBox Format(Timer - StartTime, "00.00") & " seconds"
End Sub
```

在筆者的系統上，使用迴圈方法來填入包含 1000×250 個儲存格的儲存格區域（共 250000個儲存格）要花費 15.80 秒。而上述這種陣列傳遞值的方法只花費 0.15 秒，即可產生同樣的結果（速度快了 100 多倍）。如果需要把大量資料傳遞到某個工作表中，就要盡可能避免使用迴圈方法。

> **注意**
>
> 最終的用時與是否存在公式關係密切。一般來說，如果開啟的活頁簿中未含公式，或者如果將計算模式設為「手動」，那麼得到的傳遞速度會更快。

**線上資源**　範例檔案中提供一個含有 WriteReadRange、LoopFillRange 和 ArrayFill Range 程序的活頁簿，檔案名稱為「loop vs array fill range.xlsm」。

## 7.2.18 傳遞一維陣列中的內容

上一節中的範例涉及一個二維陣列，這已能很好地解決基於列欄的工作表的問題。

把一維陣列的內容傳遞給某個儲存格區域中時，這個儲存格區域中的儲存格必須是水平方向的（也就是說，含有多欄的一列）。如果需要使用垂直方向的儲存格區域，那麼首先必須把陣列轉置成垂直的。可使用 Excel 的 TRANSPOSE 函數完成陣列轉置任務。例如將一個含有 100 個元素的陣列轉置成垂直方向的工作表儲存格區域（儲存格 A1:A100）：

```
Range("A1:A100").Value = Application.WorksheetFunction.Transpose(MyArray)
```

## 7.2.19 將儲存格區域傳遞給 Variant 類型的陣列

本節將討論在 VBA 中處理工作表資料的另一種方法。下例把儲存格區域中的資料傳遞給一個 Variant 類型的二維陣列，然後用訊息方塊顯示出這個 Variant 陣列每一維的上界。

```
Sub RangeToVariant()
    Dim x As Variant
    x = Range("A1:L600").Value
    MsgBox UBound(x, 1)
    MsgBox UBound(x, 2)
End Sub
```

在這個範例中，第一個訊息方塊顯示 600（原來儲存格區域中的列數），第二個訊息方塊顯示 12（欄數）。實際上，把儲存格區域中的資料傳遞給 Variant 類型的陣列在瞬間完成。

在下例中，先把儲存格區域（名為 data）中的資料讀入 Variant 類型的陣列中，然後對該陣列中的每一個元素執行乘法運算，接著把該 Variant 類型陣列中的數據傳回這個儲存格區域。

```
Sub RangeToVariant2()
    Dim x As Variant
    Dim r As Long, c As Integer

'   Read the data into the variant
    x = Range("data").Value


'   Loop through the variant array
    For r = 1 To UBound(x, 1)
        For c = 1 To UBound(x, 2)
'           Multiply by 2
            x(r, c) = x(r, c) * 2
        Next c
    Next r


'   Transfer the variant back to the sheet
    Range("data") = x
End Sub
```

上述這個程序執行速度非常快。處理 30000 個儲存格只需要不到 1 秒的時間。

線上資源　　範例檔案中提供一個含有該範例的活頁簿，檔案名稱為「variant transfer.xlsm」。

## 7.2.20　按數值選擇儲存格

本節的範例將解說如何根據數值來選擇儲存格。令人感到奇怪的是，Excel 沒有提供直接方法來完成此項操作。下面的範例是筆者撰寫的 SelectByValue 程序。在該範例中，程式碼選擇的是含有負值的儲存格，但可很容易對程式碼進行修改，以根據其他條件選擇儲存格。

```
Sub SelectByValue()
    Dim Cell As Object
    Dim FoundCells As Range
    Dim WorkRange As Range

    If TypeName(Selection) <> "Range" Then Exit Sub

'   Check all or selection?
    If Selection.CountLarge = 1 Then
        Set WorkRange = ActiveSheet.UsedRange
    Else
        Set WorkRange = Application.Intersect(Selection, ActiveSheet.
UsedRange)
    End If

'   Reduce the search to numeric cells only
    On Error Resume Next
    Set WorkRange = WorkRange.SpecialCells(xlConstants, xlNumbers)
    If WorkRange Is Nothing Then Exit Sub
    On Error GoTo 0

'   Loop through each cell, add to the FoundCells range if it qualifies
    For Each Cell In WorkRange
        If Cell.Value < 0 Then
            If FoundCells Is Nothing Then
                Set FoundCells = Cell
            Else
                Set FoundCells = Union(FoundCells, Cell)
            End If
        End If
    Next Cell

'   Show message, or select the cells
    If FoundCells Is Nothing Then
```

```
            MsgBox "No cells qualify."
        Else
            FoundCells.Select
            MsgBox "Selected " & FoundCells.Count & " cells."
        End If
    End Sub
```

該程序從檢查選擇區域開始。如果只是一個儲存格,那麼隨後就將搜尋整個工作表。如果選擇區域至少含有兩個儲存格,那麼只搜尋選擇的儲存格區域。使用 SpecialCells 方法可進一步對被搜尋的儲存格區域進行細化,進而建立一個僅由數值常數組成的 Range 物件。

包含在 For-Next 迴圈中的程式碼可檢查儲存格的值。如果它滿足標準(即小於 0),就可以使用 Union 方法把該儲存格加入到 Range 物件 FoundCells 中。注意,不能在第一個儲存格中使用 Union 方法。如果 FoundCells 儲存格區域內不含任何儲存格,那麼嘗試使用 Union 方法將產生一個錯誤。因此,上述程式碼將檢查 FoundCells 是不是 Nothing(什麼都沒有)。

迴圈結束時,FoundCells 物件將由滿足標準的儲存格組成(如果沒有發現任何儲存格,那麼就是 Nothing)。如果沒有發現任何儲存格,就會出現一個訊息方塊。否則,將選擇這些儲存格。

線上資源

範例檔案中提供一個含有該範例的活頁簿,檔案名稱為「select by value.xlsm」。

## 7.2.21 複製非連續的儲存格區域

如果想要複製一個非連續的儲存格區域的選擇區域,就會發現 Excel 並不支援這種操作。如果想這樣做,就會產生一項錯誤訊息:不能對多重選定區域使用此指令。

不過存在一個例外,即當嘗試複製由整列或整欄組成的多個選擇區域或者同行或同列中的多個選擇區域時,Excel 會允許該操作。但當貼上複製的儲存格時,將刪除所有空白。

在遇到 Excel 中本身侷限的問題時,常可透過建立一個巨集來幫忙解決問題。本節的範例是一個 VBA 程序,它允許把多個選擇區域複製到另一個位置。

```
    Sub CopyMultipleSelection()
        Dim SelAreas() As Range
        Dim PasteRange As Range
        Dim UpperLeft As Range
        Dim NumAreas As Long, i As Long
        Dim TopRow As Long, LeftCol As Long
        Dim RowOffset As Long, ColOffset As Long

        If TypeName(Selection) <> "Range" Then Exit Sub
```

```
'   Store the areas as separate Range objects
    NumAreas = Selection.Areas.Count
    ReDim SelAreas(1 To NumAreas)
    For i = 1 To NumAreas
        Set SelAreas(i) = Selection.Areas(i)
    Next

'   Determine the upper-left cell in the multiple selection
    TopRow = ActiveSheet.Rows.Count
    LeftCol = ActiveSheet.Columns.Count
    For i = 1 To NumAreas
        If SelAreas(i).Row < TopRow Then TopRow = SelAreas(i).Row
        If SelAreas(i).Column < LeftCol Then LeftCol = SelAreas(i).Column
    Next
    Set UpperLeft = Cells(TopRow, LeftCol)

'   Get the paste address
    On Error Resume Next
    Set PasteRange = Application.InputBox _
      (Prompt:="Specify the upper-left cell for the paste range:", _
       Title:="Copy Multiple Selection", _
       Type:=8)
    On Error GoTo 0
'   Exit if canceled
    If TypeName(PasteRange) <> "Range" Then Exit Sub

'   Make sure only the upper-left cell is used
    Set PasteRange = PasteRange.Range("A1")

'   Copy and paste each area
    For i = 1 To NumAreas
        RowOffset = SelAreas(i).Row - TopRow
        ColOffset = SelAreas(i).Column - LeftCol
        SelAreas(i).Copy PasteRange.Offset(RowOffset, ColOffset)
    Next i
End Sub
```

圖 7-13 是一個提示選擇目標位置的對話盒。

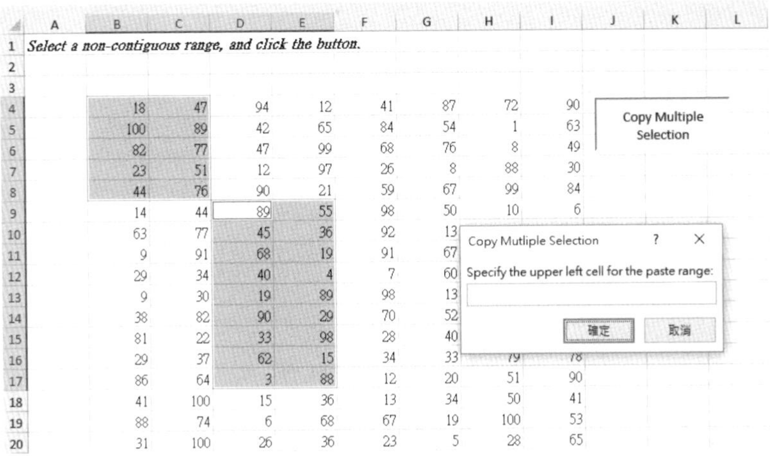

▲ 圖 7-13：使用 Excel 的 InputBox 方法來提示輸入儲存格的位置

範例檔案中提供一個含有該範例的活頁簿，還包括另一個在資料將被覆蓋的情況下向使用者發出警告的版本，檔案名稱為「copy multiple selection.xlsm」。

## 7.3 處理活頁簿和工作表

這一節中的範例解說了使用 VBA 來處理活頁簿和工作表的各種方式。

### 7.3.1 儲存所有活頁簿

下面的程序將通過 Workbooks 集合中的所有活頁簿，並儲存以前儲存的每個檔案：

```
Public Sub SaveAllWorkbooks()
    Dim Book As Workbook
    For Each Book In Workbooks
        If Book.Path <> "" Then Book.Save
    Next Book
End Sub
```

請注意 Path 屬性的用法。如果活頁簿的 Path 屬性的值為空，就表示從未儲存過這個檔（這是一個新活頁簿）。上述程序將忽略此類活頁簿，並只儲存 Path 屬性值非空白的活頁簿。

更有效的方法也是檢查 Saved 屬性。如果活頁簿自上次儲存以來未修改過，則這個屬性為 True。SaveAllWorkbooks2 程序不會儲存不需要儲存的檔案。

```
Public Sub SaveAllWorkbooks2()
    Dim Book As Workbook
    For Each Book In Workbooks
```

```
                If Book.Path <> "" Then
                    If Book.Saved <> True Then
                        Book.Save
                    End If
                End If
        Next Book
    End Sub
```

## 7.3.2 儲存和關閉所有活頁簿

下面的程序將迴圈通過 Workbooks 集合，該程式碼將儲存和關閉所有活頁簿。

```
Sub CloseAllWorkbooks()
    Dim Book As Workbook
    For Each Book In Workbooks
        If Book.Name <> ThisWorkbook.Name Then
            Book.Close savechanges:=True
        End If
    Next Book
    ThisWorkbook.Close savechanges:=True
End Sub
```

上述程序在 For-Next 迴圈中使用了一項 If 陳述式，用它來確定該活頁簿是不是包含這些程式碼的活頁簿。程序中必須有這條陳述式，原因是關閉包含上述程序的活頁簿將結束程式碼，而不會影響後續活頁簿。在其他所有活頁簿關閉後，包含程式碼的活頁簿會自行關閉。

## 7.3.3 隱藏除選擇區域之外的區域

本節中的範例將隱藏除目前的儲存格區域選擇區域之外所有的列和欄。

```
Sub HideRowsAndColumns()
    Dim row1 As Long, row2 As Long

    Dim col1 As Long, col2 As Long

    If TypeName(Selection) <> "Range" Then Exit Sub

'   If last row or last column is hidden, unhide all and quit
    If Rows(Rows.Count).EntireRow.Hidden Or _
      Columns(Columns.Count).EntireColumn.Hidden Then
        Cells.EntireColumn.Hidden = False
        Cells.EntireRow.Hidden = False
        Exit Sub
    End If

    row1 = Selection.Rows(1).Row
```

```
        row2 = row1 + Selection.Rows.Count - 1
        col1 = Selection.Columns(1).Column
        col2 = col1 + Selection.Columns.Count - 1

        Application.ScreenUpdating = False
        On Error Resume Next
    '   Hide rows
        Range(Cells(1, 1), Cells(row1 - 1, 1)).EntireRow.Hidden = True
        Range(Cells(row2 + 1, 1), Cells(Rows.Count, 1)).EntireRow.Hidden = True
    '   Hide columns
        Range(Cells(1, 1), Cells(1, col1 - 1)).EntireColumn.Hidden = True
        Range(Cells(1, col2 + 1), Cells(1, Columns.Count)).EntireColumn.Hidden
    = True
    End Sub
```

圖 7-14 列舉一個範例。如果儲存格區域選擇區域由非連續的儲存格區域組成，那麼第一個
區域將被用作隱藏列和欄的基礎。反之，如果在最後一列或最後一欄隱藏時執行程序，則會
顯示所有列和欄。

▲ 圖 7-14：隱藏了除儲存格區域（儲存格 G7:L19）之外的所有列和欄

範例檔案中提供一個含有該範例的活頁簿，名稱為「hide rows and columns.xlsm」。
線上資源

## 7.3.4 建立超連結內容表

CreateTOC 程序在活頁簿開頭插入一個新工作表。然後，它以每個工作表的超連結清單形式
建立一個目錄表（table of contents）。

```
Sub CreateTOC()
    Dim i As Integer
    Sheets.Add Before:=Sheets(1)
```

```
        For i = 2 To Worksheets.Count
           ActiveSheet.Hyperlinks.Add _
              Anchor:=Cells(i, 1), _
              Address:="", _
              SubAddress:="'" & Worksheets(i).Name & "'!A1", _
              TextToDisplay:=Worksheets(i).Name
        Next i
     End Sub
```

由於不可以建立圖表工作表的超連結，因此，程式碼使用 Worksheets 集合而不是 Sheets
集合。

圖 7-15 顯示一個超連結內容表的範例，其中包含了由月份名組成的工作表。

線上資源

範例檔案中提供一個含有該範例的活頁簿，檔案名稱為「create hyperlinks.xlsm」。

|    | A | B | C | D | E | F | G | H |
|----|---|---|---|---|---|---|---|---|
| 1  |   |   |   |   |   |   |   |   |
| 2  | January |   |   |   |   |   |   |   |
| 3  | February |   |   |   |   |   |   |   |
| 4  | March |   |   |   |   |   |   |   |
| 5  | April |   |   |   |   |   |   |   |
| 6  | May |   |   |   |   |   |   |   |
| 7  | June |   |   |   |   |   |   |   |
| 8  | July |   |   |   |   |   |   |   |
| 9  | August |   |   |   |   |   |   |   |
| 10 | September |   |   |   |   |   |   |   |
| 11 | October |   |   |   |   |   |   |   |
| 12 | November |   |   |   |   |   |   |   |
| 13 | December |   |   |   |   |   |   |   |
| 14 |   |   |   |   |   |   |   |   |

▲ 圖 7-15：巨集建立的指向每個工作表的超連結

## 7.3.5 同步工作表

如果使用的是包含多個工作表的活頁簿，可能知道 Excel 不能在一個活頁簿的多個工作表中
同步操作。換言之，沒有自動方式可強制所有工作表選擇相同的儲存格區域和左上角的儲存
格。下面的 VBA 巨集使用目前工作表作為基礎，然後在這個活頁簿中的所有其他工作表上
執行下列操作：

- 選擇與目前工作表上同樣的儲存格區域。
- 使得左上角的儲存格等同於目前工作表上的左上方儲存格。

下面是這個子常式的程式碼清單：

```
     Sub SynchSheets()
```

```
'   Duplicates the active sheet's active cell and upper left cell
'   Across all worksheets
    If TypeName(ActiveSheet) <> "Worksheet" Then Exit Sub
    Dim UserSheet As Worksheet, sht As Worksheet
    Dim TopRow As Long, LeftCol As Integer
    Dim UserSel As String

    Application.ScreenUpdating = False

'   Remember the current sheet
    Set UserSheet = ActiveSheet

'   Store info from the active sheet
    TopRow = ActiveWindow.ScrollRow
    LeftCol = ActiveWindow.ScrollColumn
    UserSel = ActiveWindow.RangeSelection.Address

'   Loop through the worksheets
    For Each sht In ActiveWorkbook.Worksheets
        If sht.Visible Then 'skip hidden sheets
            sht.Activate
            Range(UserSel).Select
            ActiveWindow.ScrollRow = TopRow
            ActiveWindow.ScrollColumn = LeftCol
        End If
    Next sht

'   Restore the original position
    UserSheet.Activate
    Application.ScreenUpdating = True
End Sub
```

範例檔案中提供一個含有該範例的活頁簿，檔案名稱為「synchronize sheets. xlsm」。

線上資源

# 7.4 VBA 技巧

本節中的範例將解說常用的 VBA 技巧，你可將這些技巧用於自己的專案中。

## 7.4.1 切換布林類型的屬性值

布林類型屬性的值要嘛是 True，要嘛是 False。切換布林類型屬性的最簡單方法是使用 Not 運算子，如下例所示，該範例切換了某個選擇區域的 WrapText 屬性的值。

```
Sub ToggleWrapText()
'    Toggles text wrap alignment for selected cells
    If TypeName(Selection) = "Range" Then
      Selection.WrapText = Not ActiveCell.WrapText
    End If
End Sub
```

可修改這個程序來切換其他布林屬性的值。

注意,這裡用作切換操作的基礎是作用儲存格。在選擇某個儲存格區域,並且當這些儲存格中的屬性值不一致時(例如,有些儲存格的內容是粗體,而另一些不是粗體),那麼 Excel 以作用儲存格為基準來確定如何切換。例如,如果作用儲存格的內容是粗體,那麼當按一下〔粗體〕工具列按鈕時,選擇區域中的所有儲存格都會變成非粗體。這個簡單程序模仿了 Excel 工作的方式,這通常是最佳做法。

還要注意,上述程序使用了 TypeName 函數來檢測選擇區域是否是儲存格區域。如果不是,就不會發生任何狀況。

可使用 Not 運算子來切換其他很多屬性的值。例如,要切換顯示工作表中的列和欄邊界,那麼可以使用下列程式碼:

```
ActiveWindow.DisplayHeadings = Not ActiveWindow.DisplayHeadings
```

要切換是否顯示目前工作表中的格線,可使用下列程式碼:

```
ActiveWindow.DisplayGridlines = Not ActiveWindow.DisplayGridlines
```

## 7.4.2 顯示日期和時間

如果讀者理解 Excel 用於儲存日期和時間的序號系統,那麼在 VBA 程序中使用日期和時間時就不會有任何問題。

DateAndTime 程序顯示了包含目前日期和時間的對話盒,如圖 7-16 所示。這個範例還在訊息方塊的標題列中顯示了一項自訂訊息。

▲ 圖 7-16:顯示日期
和時間的訊息方塊

下面的程序使用 Date 函數作為傳遞給 Format 函數的引數,其結果是一個字串,包含經過格式化的日期,這裡採用同樣的方法對時間進行了格式化。

```
Sub DateAndTime()
    Dim TheDate As String, TheTime As String
```

```
        Dim Greeting As String
        Dim FullName As String, FirstName As String
        Dim SpaceInName As Long

        TheDate = Format(Date, "Long Date")
        TheTime = Format(Time, "Medium Time")

    '   Determine greeting based on time
        Select Case Time
            Case Is < TimeValue("12:00"): Greeting = "Good Morning, "
            Case Is >= TimeValue("17:00"): Greeting = "Good Evening, "
            Case Else: Greeting = "Good Afternoon, "
        End Select

    '   Append user's first name to greeting
        FullName = Application.UserName
        SpaceInName = InStr(1, FullName, " ", 1)

    '   Handle situation when name has no space
        If SpaceInName = 0 Then SpaceInName = Len(FullName)
        FirstName = Left(FullName, SpaceInName)
        Greeting = Greeting & FirstName

    '   Show the message
        MsgBox TheDate & vbCrLf & vbCrLf & "It's " & TheTime, vbOKOnly, Greeting
    End Sub
```

上例使用了命名的格式（Long Date 和 Medium Time），以便確保不管使用者所在國家的設定有何不同，這個巨集都能正常執行。然而，可使用其他格式。例如，為以 mm/dd/yy 格式顯示日期，可使用類似下面的陳述式：

```
    TheDate = Format(Date, "mm/dd/yy")
```

我們使用 Select Case 結構，以當天時間作為訊息方塊標題列中顯示的問候語的基礎。VBA 時間值的設定類似於 Excel。如果時間值小於 0.5（正午），就是早晨。如果時間值大於 0.7083（下午 5 點），就是晚上，否則就是下午。這裡採用了這種簡單設定並使用了 VBA 的 TimeValue 函數，它將傳回表示時間值的字串。

隨後一系列陳述式確定使用者的姓名，這與「Excel 選項」對話盒中〔一般〕活頁標籤中設定的一樣。我們使用了 VBA 的 InStr 函數來定位使用者姓名中的第一個空格，MsgBox 函數把日期和時間連接在一起，但使用內建的 vbCrLf 常數在其間插入一個分行符號。vbOKOnly 是一個預先定義常數，其傳回值為 0，其結果是訊息方塊中只顯示〔確定〕按鈕。最後一個引數是 Greeting，在這個程序的開頭部分就已經建構了。

範例檔案中提供一個含有 DateAndTime 程序的活頁簿，名稱為「date and time. xlsm」。

線上資源

## 7.4.3 顯示易讀的時間格式

如果你不是一個追求百分百精確的人,那麼可能喜歡這裡的 FT 函數。FT(表示「友善時間」)
用文字形式顯示時間差。

```vba
Function FT(t1, t2)
    Dim SDif As Double, DDif As Double

    If Not (IsDate(t1) And IsDate(t2)) Then
      FT = CVErr(xlErrValue)
      Exit Function
    End If

    DDif = Abs(t2 - t1)
    SDif = DDif * 24 * 60 * 60

    If DDif < 1 Then
      If SDif < 10 Then FT = "Just now": Exit Function
      If SDif < 60 Then FT = SDif & " seconds ago": Exit Function
      If SDif < 120 Then FT = "a minute ago": Exit Function
      If SDif < 3600 Then FT = Round(SDif / 60, 0) & "minutes ago": Exit
Function
      If SDif < 7200 Then FT = "An hour ago": Exit Function
      If SDif < 86400 Then FT = Round(SDif / 3600, 0) & " hours ago": Exit
Function

    End If
    If DDif = 1 Then FT = "Yesterday": Exit Function
    If DDif < 7 Then FT = Round(DDif, 0) & " days ago": Exit Function
    If DDif < 31 Then FT = Round(DDif / 7, 0) & " weeks ago": Exit Function
    If DDif < 365 Then FT = Round(DDif / 30, 0) & " months ago": Exit Function
    FT = Round(DDif / 365, 0) & " years ago"
End Function
```

圖 7-17 顯示在公式中使用這一函數的範例。如果實際需要採用這種方式顯示時間差,那
麼這個程序還有很大的改進空間。例如,可撰寫程式碼阻止顯示 1 months ago 和 1 years
ago 等。

| | A | B | C |
|---|---|---|---|
| 1 | **Time1** | **Time 2** | **Time Difference** |
| 2 | 3/30/2013 8:45 AM | 3/30/2013 8:46 AM | a minute ago |
| 3 | 3/30/2013 8:45 AM | 4/1/2013 1:33 AM | 2 days ago |
| 4 | 3/30/2013 8:45 AM | 4/13/2013 1:47 AM | 2 weeks ago |
| 5 | 3/30/2013 8:45 AM | 5/1/2013 2:20 PM | 1 months ago |
| 6 | 3/30/2013 8:45 AM | 6/28/2013 2:04 PM | 3 months ago |
| 7 | 3/30/2013 8:45 AM | 1/24/2014 11:37 AM | 10 months ago |
| 8 | 3/30/2013 8:45 AM | 4/21/2014 11:09 PM | 1 years ago |
| 9 | 3/30/2013 8:45 AM | 6/16/2021 4:25 PM | 8 years ago |

▲ 圖 7-17:使用函數以友善方式顯示時間差

範例檔案中提供這個範例，檔案名稱為「friendly time.xlsm」。

## 7.4.4 取得字體清單

如果想要取得包含所有已安裝字體的清單，會發現 Excel 沒有提供一種直接的方法來搜尋這些資訊。這裡介紹的這種技術利用一個事實，即為了相容 Excel 2007 之前的版本，Excel 仍支援舊式的 CommandBar 屬性和方法。這些屬性和方法主要用來處理工具列和選單。

ShowInstalledFonts 巨集在目前工作表的列 A 中顯示安裝的字體清單。這個巨集建立一個臨時工具列（一個 CommandBar 物件），然後加入 Font 控制項，並從該控制項中讀取字體。最後刪除臨時工具列。

```
Sub ShowInstalledFonts()
    Dim FontList As CommandBarControl
    Dim TempBar As CommandBar

    Dim i As Long

'   Create temporary CommandBar
    Set TempBar = Application.CommandBars.Add
    Set FontList = TempBar.Controls.Add(ID:=1728)

'   Put the fonts into column A
    Range("A:A").ClearContents
    For i = 0 To FontList.ListCount - 1
        Cells(i + 1, 1) = FontList.List(i + 1)
    Next i

'   Delete temporary CommandBar
    TempBar.Delete
End Sub
```

**提示**

作為一個選項，還可顯示實際字體的每個字體名稱（如圖 7-18 所示）。要達到此目的，可在 For-Next 迴圈結構內部加入如下陳述式：

```
Cells(i+1,1).Font.Name = FontList.List(i+1)
```

不過要知道，在一個活頁簿中使用多種字體會耗費大量系統資源，甚至可能使系統當機。

該程序可在範例檔案中找到，檔案名稱為「list fonts.xlsm」。

▲ 圖 7-18：列出實際字體中的字體名稱

## 7.4.5 對陣列進行排序

雖然 Excel 有一個內建的指令可對工作表的儲存格區域進行排序，但 VBA 沒有提供一種對陣列進行排序的方法。一個可行但較複雜的解決辦法是先把陣列中的資料傳遞到工作表的儲存格區域中，然後使用 Excel 的指令排序，最後再把結果傳回陣列。但是，如果對速度提出更高要求，那麼最好使用 VBA 撰寫一個排序常式。

本節將介紹下列 4 種不同的排序方法：

- **工作表排序**：把陣列中的資料傳遞到工作表的儲存格區域，進行排序，再將資料傳遞回陣列。這種程序把陣列作為唯一引數。
- **冒泡排序**：這種排序方法很簡單（第 4 章中的排序範例就使用了這種方法）。雖然這種方法很容易程式設計，但冒泡排序的演算法速度相當慢，當元素的數目很大時尤其如此。
- **快速排序**：這種排序方法比冒泡排序方法快得多，但更難讀懂。並且這種方法只能處理 Integer 或 Long 資料類型。
- **計數排序**：這種排序方法非常快捷，但很難讀懂。與快速排序一樣，這種方法只能處理 Integer 或 Long 資料類型。

範例檔案提供一個解說這些排序方法的活頁簿應用程式，檔案名稱為「sorting demo.xlsm」。與其他改變陣列大小的技術相比，該活頁簿非常有用。當然，也可線上資源　以複製程序，並在自己的程式碼中使用它們。

工作表排序演算法速度非常快，特別是當考慮到它把陣列中的資料傳遞到工作表，排序後再傳回陣列時。

對於小型陣列，冒泡排序方法相當快，但對於大型陣列（超過 10000 個元素的陣列），就不推薦使用這種方法。快速排序方法和計數排序方法速度都非常快，但它們只限於 Integer 和 Long 資料類型。

圖 7-19 展示了該專案的對話盒。

## 7.4.6 處理一系列檔案

當然，巨集的一個常見用法是用於多次重複某項操作。本節中的範例解說了如何對儲存在硬碟上的幾個不同檔案執行某個巨集。這個範例提示使用者輸入檔案規範（該範例可能還將幫助讀者建立自己的關於此類任務的常式），然後處理所有符合的檔案。在這個範例中，處理工作包括導入檔案和輸入一系列匯總公式，這些公式用於描述檔中的資料。

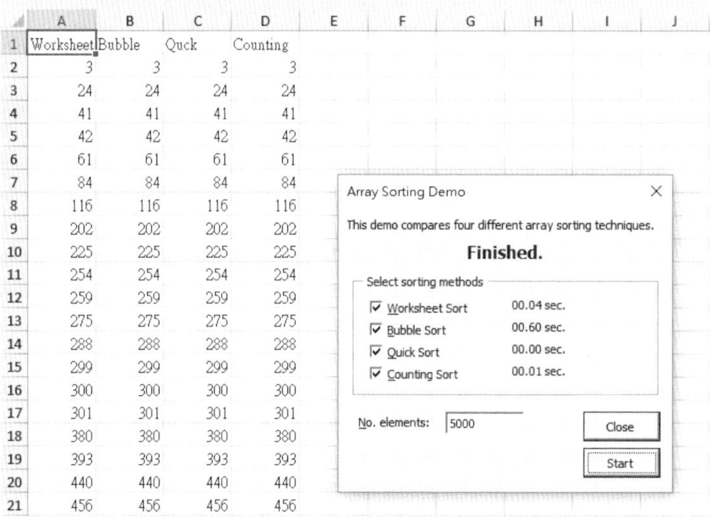

▲ 圖 7-19：對各種大小的陣列執行排序操作所需時間的比較

```
Sub BatchProcess()
    Dim FileSpec As String
    Dim i As Integer
    Dim FileName As String
    Dim FileList() As String
    Dim FoundFiles As Integer

'   Specify path and file spec
    FileSpec = ThisWorkbook.Path & "\" & "text??.txt"
    FileName = Dir(FileSpec)

'   Was a file found?
```

```
        If FileName <> "" Then
            FoundFiles = 1
            ReDim Preserve FileList(1 To FoundFiles)
            FileList(FoundFiles) = FileName

        Else
            MsgBox "No files were found that match " & FileSpec
            Exit Sub
        End If

'   Get other filenames
        Do
            FileName = Dir
            If FileName = "" Then Exit Do
            FoundFiles = FoundFiles + 1
            ReDim Preserve FileList(1 To FoundFiles)
            FileList(FoundFiles) = FileName & "*"
        Loop

'   Loop through the files and process them
        For i = 1 To FoundFiles
            Call ProcessFiles(FileList(i))
        Next i
    End Sub
```

 範例檔案中提供這個範例，檔案名稱為「batch processing.xlsm」。它使用了另外 3 個檔案（也位於範例檔中）：text01.txt、text02.txt 以及 text03.txt。要導入其他文字

線上資源 檔案，需要修改這一常式

符合的檔案名稱儲存在名為 FoundFiles 的陣列中，該程序使用一個 For-Next 迴圈來處理這些檔。在這個迴圈中，透過呼叫下面的 ProcessFiles 程序完成處理工作。在這個簡單程序中，使用 OpenText 方法來導入檔案，並插入 5 個公式。當然，你可自行撰寫這樣一個常式：

```
Sub ProcessFiles(FileName As String)
'   Import the file
    Workbooks.OpenText FileName:=FileName, _
        Origin:=xlWindows, _
        StartRow:=1, _
        DataType:=xlFixedWidth, _
        FieldInfo:= _
        Array(Array(0, 1), Array(3, 1), Array(12, 1))
'   Enter summary formulas
    Range("D1").Value = "A"
    Range("D2").Value = "B"
    Range("D3").Value = "C"
    Range("E1:E3").Formula = "=COUNTIF(B:B,D1)"
    Range("F1:F3").Formula = "=SUMIF(B:B,D1,C:C)"
```

```
        End Sub
```

交叉參考　　更多關於使用 VBA 處理檔案的資訊，請參閱第 11 章。

# 7.5 用於程式碼中的一些有用函數

本節將展示一些實用程式函數，你可以採用這些函數，或從中取得建立類似函數的靈感。當從另一個 VBA 程序中呼叫這些函數時，會發現這些函數非常有用。因此，這裡使用 Private 關鍵字宣告了這些函數，所以它們不會出現在 Excel 的「插入函數」對話盒中。

線上資源　　範例檔案中提供本節展示的範例，檔案名稱為「VBA utility functions.xlsm」。

## 7.5.1 FileExists 函數

該函數接收一個引數（具有檔案名稱的路徑）。如果檔案存在，那麼傳回 True：

```
Private Function FileExists(fname) As Boolean
'   Returns TRUE if the file exists
    FileExists = (Dir(fname) <> "")
End Function
```

## 7.5.2 FileNameOnly 函數

該函數接收一個引數（具有檔案名稱的路徑），它只傳回檔案名稱。換言之，從路徑中取得檔案名稱：

```
Private Function FileNameOnly(pname) As String
'   Returns the filename from a path/filename string
    Dim temp As Variant
    length = Len(pname)
    temp = Split(pname, Application.PathSeparator)
    FileNameOnly = temp(UBound(temp))
End Function
```

該函數使用了 VBA 的 Split 函數，Split 函數接收一個字串（包含分隔符號），並傳回包含分隔符號之間的元素的 Variant 陣列。在本例中，temp 變數包含一個由 Application. PathSeparater（通常是一個反斜線）之間的每個文字字串組成的陣列。本章後面的 7.6.8 節列舉了另一個使用 Split 函數的範例。

如果該引數是「c:\excel files\2013\backup\budget.xlsx」，函數將傳回字串 budget.xlsx。

FileNameOnly 函數可以對任意的路徑和檔案名稱進行處理（即使檔案不存在也可以）。如果檔案存在，那麼下面的方法更簡單，它將從路徑中取得且只傳回檔案名稱：

```
Private Function FileNameOnly2(pname) As String
    FileNameOnly2 = Dir(pname)
End Function
```

## 7.5.3 PathExists 函數

該函數接收一個引數（路徑）。如果路徑存在，那麼傳回 True：

```
Private Function PathExists(pname) As Boolean
' Returns TRUE if the path exists
  If Dir(pname, vbDirectory) = "" Then
    PathExists = False
  Else
    PathExists = (GetAttr(pname) And vbDirectory) = vbDirectory
  End If
End Function
```

## 7.5.4 RangeNameExists 函數

該函數接收一個引數（儲存格區域的名稱）。如果活頁簿中存在這個儲存格區域的名稱，則傳回 True：

```
Private Function RangeNameExists(nname) As Boolean
'   Returns TRUE if the range name exists
    Dim n As Name
    RangeNameExists = False
    For Each n In ActiveWorkbook.Names
        If UCase(n.Name) = UCase(nname) Then
            RangeNameExists = True
            Exit Function
        End If
    Next n
End Function
```

此外，還有一種方法來撰寫該函數，如下所示。該版本的函數將使用名稱建立一個物件變數。如果這樣做產生了一個錯誤，那麼表示不存在這個名稱：

```
Private Function RangeNameExists2(nname) As Boolean
'   Returns TRUE if the range name exists
    Dim n As Range
    On Error Resume Next
    Set n = Range(nname)
```

```
        If Err.Number = 0 Then RangeNameExists2 = True _
            Else RangeNameExists2 = False
    End Function
```

## 7.5.5 SheetExists 函數

該函數接收一個引數 ( 工作表的名稱 )。如果活頁簿中包含這個工作表，則傳回 True：

```
    Private Function SheetExists(sname) As Boolean
    '   Returns TRUE if sheet exists in the active workbook
        Dim x As Object
        On Error Resume Next
        Set x = ActiveWorkbook.Sheets(sname)
        If Err.Number = 0 Then SheetExists = True Else SheetExists = False
    End Function
```

## 7.5.6 WorkbookIsOpen 函數

該函數接收一個引數 ( 活頁簿的名稱 )。如果開啟這個活頁簿，則傳回 True：

```
    Private Function WorkbookIsOpen(wbname) As Boolean
    '   Returns TRUE if the workbook is open
        Dim x As Workbook
        On Error Resume Next
        Set x = Workbooks(wbname)
        If Err.Number = 0 Then WorkbookIsOpen = True _
            Else WorkbookIsOpen = False
    End Function
```

### 測試集合中的成員關係

下面的 Function 程序是較通用的函數，可用於確定某個物件是不是某個集合中的成員：

```
    Private Function IsInCollection(Coln As Object, _
        Item As String) As Boolean
        Dim Obj As Object
        On Error Resume Next
        Set Obj = Coln(Item)
        IsInCollection = Not Obj Is Nothing
    End Function
```

該函數接收兩個引數，分別是集合（一個物件）和項（一個字串），這個項可能是也可能不是該集合中的成員。該函數嘗試建立一個物件類型的變數來代表集合中的這個項。如果成功，那麼該函數傳回 True；否則，該函數傳回 False。

可使用 IsInCollection 函數來替代本章中列出的其他 3 個函數：RangeNameExists、SheetExists 和 WorkbookIsOpen。要確定 Data 儲存格區域是否包含在活頁簿中，可使用下列陳述式呼叫 IsInCollection 函數：

```
MsgBox IsInCollection(ActiveWorkbook.Names, "Data")
```

要確定是否開啟了名為 Budget 的活頁簿，則使用下列陳述式：

```
MsgBox IsInCollection(Workbooks, "budget.xlsx")
```

要確定活頁簿是否包含名為 Sheet1 的工作表，可使用下列陳述式：

```
MsgBox IsInCollection(ActiveWorkbook.Worksheets, "Sheet1")
```

## 7.5.7 搜尋已經關閉的活頁簿中的值

VBA 沒有提供從關閉的活頁簿檔中搜尋值的方法。然而，可以利用 Excel 來處理連結的檔案。本節包含的自訂 VBA 函數（GetValue）可以從關閉的活頁簿中搜尋值，如下所示。它透過呼叫一個 XLM 巨集來達到此目的，這是 Excel5 之前的版本中使用的舊式巨集。幸運的是，Excel 仍支援這種舊式巨集系統。

```
Private Function GetValue(path, file, sheet, ref)
'    Retrieves a value from a closed workbook
     Dim arg As String

'    Make sure the file exists
     If Right(path, 1) <> "\" Then path = path & "\"
     If Dir(path & file) = "" Then
         GetValue = "File Not Found"
         Exit Function
     End If

'    Create the argument
     arg = "'" & path & "[" & file & "]" & sheet & "'!" & _
       Range(ref).Range("A1").Address(, , xlR1C1)

'    Execute an XLM macro
     GetValue = ExecuteExcel4Macro(arg)
End Function
```

GetValue 函數接收下列 4 個引數：

➢ path：已經關閉的檔案所在的磁碟機代號和路徑（如 D:\files）。

➢ file：活頁簿的名稱（如 budget.xlsx）。

➢ sheet：工作表的名稱（如 Sheet1）。

➢ ref：儲存格參照（如 C4）。

下面的 Sub 程序解說了如何使用 GetValue 函數。其中顯示了位於「2013budget.xlsx」文件中 Sheet1 工作表上的儲存格 A1 中的值，該檔位於「C:\XLFiles\Budget」目錄下。

```
Sub TestGetValue()
    Dim p As String, f As String
    Dim s As String, a As String

    p = "c:\XLFiles\Budget"
    f = "2013budget.xlsx"
    s = "Sheet1"
    a = "A1"
    MsgBox GetValue(p, f, s, a)
End Sub
```

下面是另一個範例。這個程序從已經關閉的檔案中讀取了 1200 個值（100 列和 12 欄），然後把這些值放在工作表中。

```
Sub TestGetValue2()
    Dim p As String, f As String
    Dim s As String, a As String
    Dim r As Long, c As Long

    p = "c:\XLFiles\Budget"
    f = "2013Budget.xlsx"
    s = "Sheet1"
    Application.ScreenUpdating = False
    For r = 1 To 100
        For c = 1 To 12
            a = Cells(r, c).Address
            Cells(r, c) = GetValue(p, f, s, a)
        Next c
    Next r
End Sub
```

另一種選擇是撰寫程式碼關閉螢幕更新、開啟檔案、獲得數值，然後關閉文件。除非檔案非常大，否則使用者不會注意到檔案被開啟。

---

注意

如果在工作表公式中使用 GetValue 函數，那麼該函數不能執行。實際上，沒必要在公式中使用這個函數。可建立一個連結公式從已經關閉的檔案中搜尋數值。

範例檔案中提供這個範例，檔案名稱為「value from a closed workbook.xlsm」。該範例使用名為「myworkbook.xlsx」的檔案作為已經關閉的檔案。

線上資源

## 7.6 一些有用的工作表函數

本節中的範例都是自訂函數，可用於工作表的公式中。請記住，必須在一個 VBA 模組中定義這些 Function 程序（而不是在與 ThisWorkbook、Sheet 或 UserForm 關聯的程式碼模組中）。

線上資源　範例檔案中提供本節中的這個範例，檔案名稱為「worksheet functions.xlsm」。

### 7.6.1 傳回儲存格的格式資訊

本節包含了很多自訂函數，它們都傳回與儲存格格式有關的資訊。如果要基於格式對資料進行排序（如對粗體顯示的儲存格資料進行排序），那麼這些函數將很有用。

警告　讀者可能發現這些函數不一定會自動更新，這是因為更改格式不能觸發 Excel 的重新計算引擎。為強制實施全域的重新計算和更新所有自訂函數，可按〔Ctrl〕+〔Alt〕+〔F9〕快速鍵。

還有一種方法是在函數中加入如下陳述式：

```
Application.Volatile
```

使用這段語句後，按〔F9〕鍵將重新計算函數。

如果單個儲存格引數包含粗體格式，那麼下面的函數傳回 TRUE。如果儲存格區域是作為一個引數傳遞的，該函數將使用儲存格區域左上方的儲存格。

```
Function ISBOLD(cell) As Boolean
'   Returns TRUE if cell is bold
    ISBOLD = cell.Range("A1").Font.Bold
End Function
```

注意，這些函數只對那些顯式運用的格式才有效，它們不適用於使用條件格式化來運用的格式。Excel 2010 導入了一個新物件，即 DisplayFormat。這個物件考慮到條件樣式。下面重寫 ISBOLD 函數，使其也可以應用於根據條件設定的粗體樣式中：

```
Function ISBOLD (cell) As Boolean
'   Returns TRUE if cell is bold, even if from conditional formatting
    ISBOLD = cell.Range("A1").DisplayFormat.Font.Bold
End Function
```

如果單個儲存格引數包含斜體樣式，那麼下面的函數傳回 TRUE：

```
Function ISITALIC(cell) As Boolean
```

```
'    Returns TRUE if cell is italic
    ISITALIC = cell.Range("A1").Font.Italic
End Function
```

如果儲存格中包含混合樣式（例如，只有部分字元是粗體顯示的），上述兩個函數都將傳回錯誤資訊。只有當儲存格中的所有字元都粗體顯示時，下面的函數才會傳回 TRUE：

```
Function ALLBOLD(cell) As Boolean
'   Returns TRUE if all characters in cell are bold
    If IsNull(cell.Font.Bold) Then
        ALLBOLD = False
    Else
        ALLBOLD = cell.Font.Bold
    End If
End Function
```

ALLBOLD 函數可簡化成如下形式：

```
Function ALLBOLD (cell) As Boolean
'   Returns TRUE if all characters in cell are bold
    ALLBOLD = Not IsNull(cell.Font.Bold)
End Function
```

下面的 FILLCOLOR 函數將傳回一個整數，它對應於儲存格網底顏色（儲存格的填入顏色）的索引號。實際使用的顏色依賴於應用的活頁簿主題。如果沒有用顏色填入儲存格，那麼該函數就傳回 -4142。這個函數不適用於應用到表格（使用〔插入〕→〔表格〕）或者樞紐分析表的顏色。如前所述，需要使用 DisplayFormat 物件檢測填入色彩的類型。

```
Function FILLCOLOR(cell) As Integer
'   Returns an integer corresponding to
'   cell's interior color
    FILLCOLOR = cell.Range("A1").Interior.ColorIndex
End Function
```

## 7.6.2 會說話的工作表

SAYIT 函數使用了 Excel 的文字轉換成語音的轉換生成器，來「講述」它的引數（該引數可以是文字文字或是儲存格參照）。

```
Function SAYIT(txt)
    Application.Speech.Speak (txt)
    SAYIT = txt
End Function
```

該函數有一些娛樂作用，有時候還是很有用的。例如，在公式中使用該函數：

```
=IF(SUM(A:A)>25000,SayIt("Goal Reached"))
```

如果列 A 中數值的和超過了 25000，將會聽到一個合成的聲音，告訴你目標已經達到了。還可在冗長程序的末尾使用 Speak 方法。透過該方法，可以邊做其他事，並在程序結束時聽見提示。

## 7.6.3 顯示儲存或列印檔案的時間

Excel 活頁簿包含一些內建的文件屬性，可從 Workbook 物件的 BuiltinDocumentProperties 屬性來連接這些文件屬性。下面的函數將傳回上一次儲存活頁簿的日期和時間：

```
Function LASTSAVED()
    Application.Volatile
    LASTSAVED = ThisWorkbook. _
      BuiltinDocumentProperties("Last Save Time")
End Function
```

這個函數傳回的日期和時間與選擇〔檔案〕→〔資訊〕時在 Backstage 視圖的「相關日期」部分顯示的日期和時間相同。注意，自動儲存功能也會改變這個值。換句話說，「上次修改時間」並不一定是使用者上一次儲存檔案的時間。

下面是一個類似於 LASTSAVED 的函數，但傳回的是上次列印或預覽活頁簿的時間和日期。如果該活頁簿從未被列印或預覽過，則函數傳回 #VALVE 錯誤。

```
Function LASTPRINTED()
    Application.Volatile
    LASTPRINTED = ThisWorkbook. _
      BuiltinDocumentProperties("Last Print Date")
End Function
```

如果在公式中使用了這些函數，那麼可能需要強制進行重新計算（透過按下〔F9〕鍵），以便取得這些屬性的目前值。

> **注意**
>
> 還有其他一些內建屬性，但 Excel 不能使用所有這些屬性。例如，如果連接 Number of Bytes 屬性，通常會產生一項錯誤訊息。要取得內建屬性的清單，可以參考說明系統。

上述 LASTSAVED 和 LASTPRINTED 函數儲存在使用這些函數的活頁簿中。某些情況下，可能希望把它們儲存在另一個活頁簿（如 personal.xlsb）或載入項中。因為這些函數參照了 ThisWorkbook，所以它們將無法正確執行。下面提供了這些函數更通用的版本。它們使用了 Application.Caller，它將傳回一個 Range 物件，而該物件代表了呼叫該函數的儲存格。Parent.Parent 的使用將傳回活頁簿（即 Range 物件父物件的父物件，也是一個 Workbook 物件）。這個主題將在下一節進一步說明。

```
Function LASTSAVED2()
```

```
        Application.Volatile
        LASTSAVED2 = Application.Caller.Parent.Parent. _
          BuiltinDocumentProperties("Last Save Time")
    End Function
```

## 7.6.4 理解物件的父物件

Excel 的物件模型是一種層次結構：物件包含在其他物件中。層次結構的最頂端是 Application 物件。Excel 包含其他物件，而這些物件又包含其他的物件等。下面的層次結構表示了 Range 物件在這種體系中的位置：

```
Application 對象
    Workbook 對象
        Worksheet 對象
            Range 對象
```

如果以物件導向程式設計的術語來表述這種關係，Range 物件的父物件就是包含它的 Worksheet 物件。Worksheet 物件的父物件是包含這個工作表的 Workbook 物件，而 Workbook 物件的父物件則是 Application 對象。

如何利用這些資訊呢？請參閱下面的 VBA 函數 SheetName。該函數只接收一個引數（儲存格區域）並傳回包含這個儲存格區域的工作表的名稱。這裡使用了 Range 物件的 Parent 屬性，Parent 屬性傳回一個包含 Range 物件的物件。

```
Function SHEETNAME(ref) As String
    SHEETNAME = ref.Parent.Name
End Function
```

下一個函數 WORKBOOKNAME 傳回包含某個特殊儲存格的活頁簿的名稱。注意，它使用了兩次 Parent 屬性，第一次使用的 Parent 屬性傳回一個 Worksheet 物件，而第二次使用的 Parent 屬性傳回一個 Workbook 物件。

```
Function WORKBOOKNAME(ref) As String
    WORKBOOKNAME = ref.Parent.Parent.Name
End Function
```

下面的 APPNAME 函數深化了這個練習，它連接了 3 次 Parent 屬性。該函數傳回包含某個特殊儲存格的 Application 物件的名稱。當然，它一定傳回 Microsoft Excel。

```
Function APPNAME(ref) As String
    APPNAME = ref.Parent.Parent.Parent.Name
End Function
```

## 7.6.5 計算介於兩個值之間的儲存格數目

下面是 COUNTBETWEEN 函數，它傳回在第一個引數代表的儲存格區域內，值介於第二個引數和第三個引數代表的兩個值之間的儲存格數目：

```
Function COUNTBETWEEN(InRange, num1, num2) As Long
'   Counts number of values between num1 and num2
    With Application.WorksheetFunction
        If num1 <= num2 Then
            COUNTBETWEEN = .CountIfs(InRange, ">=" & num1, _
                InRange, "<=" & num2)
        Else
            COUNTBETWEEN = .CountIfs(InRange, ">=" & num2, _
                InRange, "<=" & num1)
        End If
    End With
End Function
```

注意，該函數使用了 Excel 的 COUNTIFS 函數。實際上，CountBetween 函數基本上是一個可以簡化公式的包裝器。

**注意**

> COUNTIFS 是在 Excel 2007 中導入的，所以不適用於 Excel 之前的版本。

下面的公式就使用了 COUNTBETWEEN 函數。這個公式傳回 A1:A100 儲存格區域中值大於等於 10 且小於等於 20 的儲存格數目。

```
=COUNTBETWEEN(A1:A100,10,20)
```

該函數接收兩個任意順序的數值引數。因此，它與上面的公式等效：

```
=COUNTBETWEEN(A1:A100,20,10)
```

使用這個 VBA 函數要比輸入下列冗長（且有點令人迷惑）的公式簡單得多：

```
=COUNTIFS(A1:A100,">=10",A1:A100,"<=20")
```

不過，採用公式的方法更快速。

## 7.6.6 確定列或欄中最後一個非空白的儲存格

本節展示了兩個有用的函數：LASTINCOLUMN 函數傳回列中最後一個非空白儲存格的內容；LASTINROW 函數傳回行中最後一個非空白儲存格的內容。這兩種函數都把一個儲存格區欄位型別的變數作為它唯一的引數。儲存格區域引數的值可以是一整欄（對於 LASTINCOLUMN 函數）或一整列（對於 LASTINROW 函數）。如果提供的引數不是整列或整欄，那麼這些函數將使用儲存格區域中左上方儲存格所在的欄或列。例如，下面的公式將傳回 B 欄中的最後一個非空白儲存格中的值：

```
=LASTINCOLUMN(B5)
```

下面的公式將傳回第 7 列中的最後一個非空白儲存格中的值：

```
=LASTINROW(C7:D9)
```

LASTINCOLUMN 函數的程式碼如下所示：

```
Function LASTINCOLUMN(rng As Range)
'   Returns the contents of the last non-empty cell in a column
    Dim LastCell As Range
    Application.Volatile
    With rng.Parent
        With .Cells(.Rows.Count, rng.Column)
            If Not IsEmpty(.Value) Then
                LASTINCOLUMN = .Value
            ElseIf IsEmpty(.End(xlUp)) Then
                LASTINCOLUMN = ""
            Else
                LASTINCOLUMN = .End(xlUp).Value
            End If
        End With
    End With
End Function
```

上述函數程式碼相當複雜，因此下面條列了幾點，以幫助讀者理解：

➢ Application.Volatile 使得無論何時計算工作表都會執行這個函數。
➢ Rows.Count 傳回工作表中的列數。因為不是所有的工作表都含有相同的列數，所以這裡沒有使用寫死的值，而使用了 Count 屬性。
➢ rng.Column 傳回 rng 引數中的左上角儲存格所在的列號。
➢ 使用 rng.Parent 後，即使 rng 引數參照其他工作表或活頁簿，該函數也能正確執行。
➢ End 方法（使用 xlUp 引數）等同於啟動列中的最後一個儲存格，即按〔End〕鍵，然後按向上方向鍵。
➢ IsEmpty 函數檢測儲存格是否為空。如果為空，就傳回空字串。如果沒有這條陳述式，那麼空儲存格傳回的值是 0。

LASTINROW 函數如下所示。該函數與 LASTINCOLUMN 函數非常類似：

```
Function LASTINROW(rng As Range)
'   Returns the contents of the last non-empty cell in a row
    Application.Volatile
    With rng.Parent
        With .Cells(rng.Row, .Columns.Count)
```

```
                If Not IsEmpty(.Value) Then
                    LASTINROW = .Value
                ElseIf IsEmpty(.End(xlToLeft)) Then
                    LASTINROW = ""
                Else
                    LASTINROW = .End(xlToLeft).Value
                End If
            End With
        End With
    End Function
```

## 7.6.7 字串與模式符合

ISLIKE 函數非常簡單（但是也很有用）。如果文字字串與指定的模式符合，那麼該函數就傳回 TRUE。

```
    Function ISLIKE(text As String, pattern As String) As Boolean
    '   Returns true if the first argument is like the second
        ISLIKE = text Like pattern
    End Function
```

這個函數的程式碼非常簡單。正如看到的那樣，該函數基本上是一個包裝器，它允許在公式中利用 VBA 功能強大的 Like 運算子。

這個 ISLIKE 函數接收下列兩個引數：

➢ text：文字字串或對包含文字字串的儲存格的參照。

➢ pattern：包含如表 7-1 所示的萬用字元的字串。

▼ 表 7-1：pattern 中的字元

| pattern 中的字元 | 符合 text 中的文字 |
|---|---|
| ? | 任意單個字元 |
| * | 0 或多個字元 |
| # | 任意單個數字（0～9） |
| [charlist] | 字元清單中的任意單個字元 |
| [!charlist] | 不在字元清單中的任意單個字元 |

下面的公式傳回 TRUE，原因是萬用字元「＊」符合任意數量的字元。如果第一個引數是以 g 開始的任意文字，那麼傳回 TRUE：

```
    =ISLIKE("guitar","g*")
```

下面的公式傳回 TRUE，原因是萬用字元「？」符合任意的單個字元。如果第一個引數是 Unit12，那麼函數傳回 FALSE：

```
=ISLIKE("Unit1","Unit?")
```

下面的公式傳回 TRUE，原因是第一個引數是第二個引數中的單個字元：

```
=ISLIKE("a","[aeiou]")
```

如果儲存格 A1 包含 a、e、i、o、u、A、E、I、O 或 U，那麼下面的公式傳回 TRUE。使用
UPPER 函數作為引數，可以使得公式不區分大小寫：

```
=ISLIKE(UPPER(A1), UPPER("[aeiou]"))
```

如果儲存格 A1 包含以 1 開始並擁有 3 個數字的值（也就是 100 ～ 199 之間的任意整數），
那麼下面的公式傳回 TRUE：

```
=ISLIKE(A1,"1##")
```

## 7.6.8 從字串中取得第 n 個元素

EXTRACTELEMENT 是一個自訂工作表函數（也可從 VBA 程序中呼叫），它從文字字串中
取得一個元素。例如，如果儲存格中包含下列文字，那麼可使用 EXTRACTELEMENT 函數取
得介於兩個連字號之間的任意子字串。

```
123-456-789-0133-8844
```

例如，以下公式將傳回 0133，它是字串中的第 4 個元素。這個字串使用連字號（－）作為
分隔符號。

```
=EXTRACTELEMENT("123-456-789-0133-8844",4,"-")
```

EXTRACTELEMENT 函數使用了如下 3 個引數：

➢ Txt：從中進行取得的文字字串，可以是字面上的字串或儲存格參照。
➢ n：整數，代表要取得的元素個數。
➢ Separator：用作分隔符號的單個字元。

注意

如果指定空格作為 Separator 分隔符號，那麼多個空格被當作一個空格，這也是使用者
所期望的。如果 n 超出了字串的元素數目，該函數將傳回一個空字串。

EXTRACTELEMENT 函數的 VBA 程式碼如下所示：

```
Function EXTRACTELEMENT(Txt, n, Separator) As String
'   Returns the <i>n</i>th element of a text string, where the
'   elements are separated by a specified separator character
    Dim AllElements As Variant
```

```
        AllElements = Split(Txt, Separator)
        EXTRACTELEMENT = AllElements(n - 1)
    End Function
```

上述函數使用了 VBA 的 Split 函數，它將傳回 Variant 類型的陣列，該陣列包含文字字串中的每個元素。該陣列的下標從 0（而不是 1）開始，因此使用 n-1 參照所需元素。

## 7.6.9 拼寫出數字

SPELLDOLLARS 函數傳回使用文字拼寫出的數字，就像支票上的那樣。例如，下面的公式傳回字串 One hundred twenty-three and 45/100 dollars：

```
=SPELLDOLLARS(123.45)
```

圖 7-20 顯示了 SPELLDOLLARS 函數的其他一些範例。C 列包含使用該函數的公式。例如，C1 中的公式為：

```
=SPELLDOLLARS(A1)
```

| | A | B | C | D | E | F | G |
|---|---|---|---|---|---|---|---|
| 1 | 32 | | Thirty-Two and 00/100 Dollars | | | | |
| 2 | 37.56 | | Thirty-Seven and 56/100 Dollars | | | | |
| 3 | -32 | | (Thirty-Two and 00/100 Dollars) | | | | |
| 4 | -26.44 | | (Twenty-Six and 44/100 Dollars) | | | | |
| 5 | -4 | | (Four and 00/100 Dollars) | | | | |
| 6 | 1.87341 | | One and 87/100 Dollars | | | | |
| 7 | 1.56 | | One and 56/100 Dollars | | | | |
| 8 | 1 | | One and 00/100 Dollars | | | | |
| 9 | 6.56 | | Six and 56/100 Dollars | | | | |
| 10 | 12.12 | | Twelve and 12/100 Dollars | | | | |
| 11 | 1000000 | | One Million and 00/100 Dollars | | | | |
| 12 | 10000000000 | | Ten Billion and 00/100 Dollars | | | | |
| 13 | 1111111111 | | One Billion One Hundred Eleven Million One Hundred Eleven Thousand One Hundre | | | | |
| 14 | | | | | | | |
| 15 | | | | | | | |
| 16 | | | | | | | |
| 17 | | | | | | | |

▲ 圖 7-20：SPELLDOLLARS 函數的範例

請注意，負數在拼寫出來以後會將它放到括號中。

線上資源

SPELLDOLLARS 函數太長，這裡無法列出，不過可從本書範例檔案中的文件「spelldollars function.xlsm」中檢視完整的 SPELLDOLLARS 程式碼。

## 7.6.10 多功能函數

這個範例描述了在某些情況下可能很有用的一種方法，使得一個工作表函數就像多個函數一樣。例如，下面的 STATFUNCTION 自訂函數的 VBA 程式碼清單。它包含兩個引數：儲存格區域（rng）和操作（op）。根據 op 值的不同，該函數將傳回使用下列任意一種工作表函數計算出的值：AVERAGE、COUNT、MAX、MEDIAN、MIN、MODE、STDEV、SUM 或 VAR。

例如，可按如下形式在工作表中使用這個函數：

```
=STATFUNCTION(B1:B24,A24)
```

根據儲存格 A24 的內容不同，上述公式的結果也會有所不同，結果應該是一個字串，如 Average、Count 和 Max 等。其他類型的函數也可以採用這種方法。

```
Function STATFUNCTION (rng, op)
    Select Case UCase(op)

        Case "SUM"
            STATFUNCTION = WorksheetFunction.Sum(rng)
        Case "AVERAGE"
            STATFUNCTION = WorksheetFunction.Average(rng)
        Case "MEDIAN"
            STATFUNCTION = WorksheetFunction.Median(rng)
        Case "MODE"
            STATFUNCTION = WorksheetFunction.Mode(rng)
        Case "COUNT"
            STATFUNCTION = WorksheetFunction.Count(rng)
        Case "MAX"
            STATFUNCTION = WorksheetFunction.Max(rng)
        Case "MIN"
            STATFUNCTION = WorksheetFunction.Min(rng)
        Case "VAR"
            STATFUNCTION = WorksheetFunction.Var(rng)
        Case "STDEV"
            STATFUNCTION = WorksheetFunction.StDev(rng)
        Case Else
            STATFUNCTION = CVErr(xlErrNA)
    End Select
End Function
```

## 7.6.11 SHEETOFFSET 函數

Excel 對三維活頁簿的支援是有限的。例如，如果需要參照活頁簿中的另一個工作表，就必須在公式中包含這個工作表的名稱。加入工作表的名稱這個問題不是很大，不過當試圖跨工作表複製公式時，問題就大了。複製後的公式繼續參照原來的工作表的名稱，但是工作表參照卻不像真正位於三維活頁簿中時一樣得到調整。

這一節中討論的範例是一個 VBA 函數（名為 SHEETOFFSET），它允許以相對方式定址工作表。例如，可使用下列公式參照前一個工作表中的儲存格 A1：

```
=SHEETOFFSET(-1,A1)
```

該函數的第一個引數代表相對的工作表，這個引數的值可以是正的、負的或者 0。第二個引數必須是對某個單個儲存格的參照。可將這個公式複製到其他工作表中，在所有複製的公式中，相對參照都將生效。

SHEETOFFSET 函數的 VBA 程式碼如下所示：

```
Function SHEETOFFSET (Offset As Long, Optional Cell As Variant)
'    Returns cell contents at Ref, in sheet offset
     Dim WksIndex As Long, WksNum As Long

     Dim wks As Worksheet
     Application.Volatile
     If IsMissing(Cell) Then Set Cell = Application.Caller
     WksNum = 1
     For Each wks In Application.Caller.Parent.Parent.Worksheets
       If Application.Caller.Parent.Name = wks.Name Then
         SHEETOFFSET = Worksheets(WksNum + Offset).Range(Cell(1).Address)
         Exit Function
       Else
         WksNum = WksNum + 1
       End If
     Next wks
End Function
```

## 7.6.12 傳回所有工作表中的最大值

如果需要跨很多工作表確定儲存格 B1 中的最大值，可以使用如下公式：

```
=MAX(Sheet1:Sheet4!B1)
```

上述公式傳回工作表 Sheet1、工作表 Sheet4 以及這兩個工作表之間的所有工作表內儲存格 B1 中的最大值。

但是，如果在工作表 Sheet4 之後又加入了一個新的工作表 Sheet5，又該如何呢？這個公式不會自動進行調整，因此需要編輯它使其包含新加入的工作表參照：

```
=MAX(Sheet1:Sheet5!B1)
```

下面的 MaxAllSheets 函數只接收一個儲存格引數，它傳回活頁簿中所有工作表內該儲存格中的最大值。例如，以下公式傳回活頁簿中所有工作表內儲存格 B1 中的最大值：

```
=MAXALLSHEETS(B1)
```

如果加入了新的工作表，也沒必要編輯上述公式：

```
Function MAXALLSHEETS (cell)
    Dim MaxVal As Double
```

```
        Dim Addr As String
        Dim Wksht As Object
        Application.Volatile

        Addr = cell.Range("A1").Address
        MaxVal = -9.9E+307
        For Each Wksht In cell.Parent.Parent.Worksheets
            If Wksht.Name = cell.Parent.Name And _
              Addr = Application.Caller.Address Then
            ' avoid circular reference
            Else
                If IsNumeric(Wksht.Range(Addr)) Then
                    If Wksht.Range(Addr) > MaxVal Then _
                      MaxVal = Wksht.Range(Addr).Value
                End If
            End If
        Next Wksht
        If MaxVal = -9.9E+307 Then MaxVal = 0
        MAXALLSHEETS = MaxVal
    End Function
```

For Each 陳述式使用下列運算式連接該活頁簿：

```
    cell.Parent.Parent.Worksheets
```

這個儲存格的父物件是一個工作表，這個工作表的父物件是活頁簿。因此，For Each-Next 迴圈通過該活頁簿中的所有工作表。這個迴圈內的第一條 If 陳述式檢測正在接受檢測的儲存格是不是包含這個函數的儲存格。如果是，將忽略這個儲存格，以免產生迴圈參照錯誤。

> **注意**
>
> 很容易就可以對該函數進行修改，使其執行其他跨工作表的計算，如求最小值 （minimum）、求平均值（average）以及求和（sum）等。

## 7.6.13 傳回沒有重複隨機整數元素的陣列

本節的 RANDOMINTEGERS 函數將傳回沒有重複整數元素的陣列，規定在多個儲存格陣列公式中使用該函數。

```
    {=RANDOMINTEGERS()}
```

首先選擇儲存格區域，然後按〔Ctrl〕+〔Shift〕+〔Enter〕快速鍵輸入公式。公式傳回沒有重複整數（隨機排列）的陣列。例如，如果在包含50個儲存格的儲存格區域中輸入該公式，那麼公式將傳回 1 ～ 50 的無重複整數。

RANDOMINTEGERS 函數的程式碼如下所示：

```
Function RANDOMINTEGERS()
    Dim FuncRange As Range
    Dim V() As Variant, ValArray() As Variant
    Dim CellCount As Double

    Dim i As Integer, j As Integer
    Dim r As Integer, c As Integer
    Dim Temp1 As Variant, Temp2 As Variant
    Dim RCount As Integer, CCount As Integer

'   Create Range object
    Set FuncRange = Application.Caller

'   Return an error if FuncRange is too large
    CellCount = FuncRange.Count
    If CellCount > 1000 Then
        RANDOMINTEGERS = CVErr(xlErrNA)
        Exit Function
    End If

'   Assign variables
    RCount = FuncRange.Rows.Count
    CCount = FuncRange.Columns.Count
    ReDim V(1 To RCount, 1 To CCount)
    ReDim ValArray(1 To 2, 1 To CellCount)

'   Fill array with random numbers
'   and consecutive integers
    For i = 1 To CellCount
        ValArray(1, i) = Rnd
        ValArray(2, i) = i
    Next i

'   Sort ValArray by the random number dimension
    For i = 1 To CellCount
        For j = i + 1 To CellCount
            If ValArray(1, i) > ValArray(1, j) Then
                Temp1 = ValArray(1, j)
                Temp2 = ValArray(2, j)
                ValArray(1, j) = ValArray(1, i)
                ValArray(2, j) = ValArray(2, i)
                ValArray(1, i) = Temp1
                ValArray(2, i) = Temp2
            End If
        Next j
    Next i
```

```
'   Put the randomized values into the V array
    i = 0
    For r = 1 To RCount
        For c = 1 To CCount
            i = i + 1
            V(r, c) = ValArray(2, i)
        Next c
    Next r
    RANDOMINTEGERS = V
End Function
```

## 7.6.14 隨機化儲存格區域

下面的 RANGERANDOMIZE 函數接收一個儲存格區欄位類型的引數，傳回輸入儲存格區域組成的陣列（隨機順序）：

```
Function RANGERANDOMIZE(rng)
    Dim V() As Variant, ValArray() As Variant
    Dim CellCount As Double
    Dim i As Integer, j As Integer
    Dim r As Integer, c As Integer
    Dim Temp1 As Variant, Temp2 As Variant
    Dim RCount As Integer, CCount As Integer

'   Return an error if rng is too large
    CellCount = rng.Count
    If CellCount > 1000 Then
        RANGERANDOMIZE = CVErr(xlErrNA)
        Exit Function
    End If

'   Assign variables
    RCount = rng.Rows.Count
    CCount = rng.Columns.Count
    ReDim V(1 To RCount, 1 To CCount)
    ReDim ValArray(1 To 2, 1 To CellCount)

'   Fill ValArray with random numbers
'   and values from rng
    For i = 1 To CellCount
        ValArray(1, i) = Rnd
        ValArray(2, i) = rng(i)
    Next i

'   Sort ValArray by the random number dimension
    For i = 1 To CellCount
```

```
                For j = i + 1 To CellCount
                    If ValArray(1, i) > ValArray(1, j) Then
                        Temp1 = ValArray(1, j)
                        Temp2 = ValArray(2, j)
                        ValArray(1, j) = ValArray(1, i)
                        ValArray(2, j) = ValArray(2, i)
                        ValArray(1, i) = Temp1
                        ValArray(2, i) = Temp2
                    End If
                Next j
        Next i

    '   Put the randomized values into the V array
        i = 0

        For r = 1 To RCount
            For c = 1 To CCount
                i = i + 1
                V(r, c) = ValArray(2, i)
            Next c
        Next r
        RANGERANDOMIZE = V
    End Function
```

上述程式碼與 RANDOMINTEGERS 函數的程式碼非常類似。記住使用該函數作為陣列公式
（按〔Ctrl〕+〔Shift〕+〔Enter〕鍵）。

```
    {= RANGERANDOMIZE(A2:A11)}
```

該函數以隨機順序傳回儲存格 A2:A11 中的內容。

## 7.6.15 對儲存格區域進行排序

SORTED 函數接收一個單列儲存格區域引數，並傳回排序的儲存格區域。

```
Function SORTED(Rng)
    Dim SortedData() As Variant
    Dim Cell As Range
    Dim Temp As Variant, i As Long, j As Long
    Dim NonEmpty As Long

'   Transfer data to SortedData
    For Each Cell In Rng
        If Not IsEmpty(Cell) Then
            NonEmpty = NonEmpty + 1
            ReDim Preserve SortedData(1 To NonEmpty)
            SortedData(NonEmpty) = Cell.Value
```

```
            End If
        Next Cell

'   Sort the array
    For i = 1 To NonEmpty
        For j = i + 1 To NonEmpty
            If SortedData(i) > SortedData(j) Then
                Temp = SortedData(j)
                SortedData(j) = SortedData(i)
                SortedData(i) = Temp
            End If
        Next j
    Next i

'   Transpose the array and return it
    SORTED = Application.Transpose(SortedData)
End Function
```

將 SORTED 函數作為陣列公式（按〔Ctrl〕+〔Shift〕+〔Enter〕鍵）。SORTED 函數傳回排過序的陣列內容。

SORTED 函數首先建立一個名為 SortedData 的陣列。這個陣列包括引數儲存格區域中的所有非空白值。接著，陣列使用冒泡排序演算法進行排序。由於該陣列是一個水平陣列，所以必須在函數傳回之前轉置它。

SORTED 函數可用於任意大小的儲存格區域，只要它在單行或單列中。如果非排序的資料在一行中，那麼公式需要使用 Excel 的 TRANSPOSE 函數水準顯示排序的資料。例如：

```
=TRANSPOSE(SORTED(A16:L16))
```

## 7.7 Windows API 呼叫

VBA 能夠使用儲存在 DLL（Dynamic Link Library，動態連結程式庫）中的函數。DLL 中儲存了 Windows 作業系統所使用的函數和程序，其他程式可以透過程式設計的方式呼叫這些函數和程序。這就是所謂的進行應用程式設計發展介面呼叫（即 API 呼叫）。這一節中的範例使用了一些常見的 Windows API 來呼叫 DLL。

### 7.7.1 理解 API 宣告

在進行 API 呼叫時，需要先進行 API 宣告。所謂的 API 宣告本質上就是要告訴 Excel 想要使用哪個 Widows 函數或程序、可從哪裡找到、有什麼引數以及傳回什麼值。

例如，下列 API 宣告呼叫了演奏音效檔的函數：

```
Public Declare Function PlayWavSound Lib "winmm.dll" _
Alias "sndPlaySoundA" (ByVal LpszSoundName As String, _
ByVal uFlags As Long) As Long
```

這宣告告訴 Excel：

- 該函數是公開的（可被任何模組使用）
- 在程式碼中可作為 PlayWavSound 對該函數進行參照
- 可在 winmm.dll 檔中找到該函數
- 在 DLL 中的名稱為 sndPlaySoundA（注意大小寫）
- 該函數帶了兩個引數，一個是指定了音效檔的字串，另一個是指定用來演奏聲音的任何特定方法的長整型值。

API 呼叫的用法與任何其他標準的 VBA 函數或程序的用法一樣。下例展示了如何在巨集中使用 PlayWavSound API：

```
Public Declare PtrSafe Function PlayWavSound Lib "winmm.dll" Alias
 "sndPlaySoundA"_
 (ByVal LpszSoundName As String, ByVal uFlags As Long) As LongPtr
Sub PlayChimes ()
PlayWavSound "C:\Windows\Media\Chimes.wav", 0
End Sub
```

## 32 位元或 64 位元宣告

隨著 64 位元 Microsoft Office 的導入，許多 Windows API 宣告都不得不調整以適應 64 位元平臺。這就意味著安裝了 64 位元 Excel 的使用者不能執行帶有舊 API 宣告的程式碼。

為解決相容性問題，需要使用調整後的宣告以確保 API 呼叫可以在 32 位元及 64 位元的 Excel 中正常使用。分析下面這個例子，斟酌情況呼叫 ShellExecute API：

```
#If VBA7 Then
Private Declare PtrSafe Function ShellExecute Lib "shell32.dll" Alias _
"ShellExecuteA" (ByVal hwnd As LongPtr, ByVal lpOperation As String, _
ByVal lpFile As String, ByVal lpParameters As String, ByVal lpDirectory _

As String, ByVal nShowCmd As Long) As LongPtr
#Else
Private Declare Function ShellExecute Lib "shell32.dll" Alias "ShellExecuteA" _
(ByVal hwnd As Long, ByVal lpOperation As String, ByVal lpFile As _
String, ByVal lpParameters As String, ByVal lpDirectory As String, _
ByVal nShowCmd As Long) As Long
#End If
```

井字號 # 用來標記是否進行條件編譯，在本例中，如果程式碼是在 64 位元 Excel 中執行就會編譯第一個宣告。如果在 32 位元 Excel 中執行程式碼，則編譯第二個宣告。

## 7.7.2 確定檔案的關聯性

在 Windows 中，很多檔案類型都與某個特殊應用程式關聯。有了這種關聯，就有可能透過按兩下檔案將其載入到關聯的應用程式中。

在下面的 GetExecutable 函數程式碼中，使用一個 Windows API 呼叫來獲得與某個特殊檔案相關的應用程式的完整路徑。例如，系統中有很多包含 .txt 副檔名的檔案，在 Windows 目錄中可能就有一個名為 Readme.txt 的文件。可使用 GetExecutable 函數來確定按兩下檔案時開啟的應用程式的完整路徑。

> **注意**
>
> Windows API 的宣告必須位於 VBA 模組的頂部。

```
Private Declare PtrSafe Function FindExecutableA Lib "shell32.dll" _
    (ByVal lpFile As String, ByVal lpDirectory As String, _
    ByVal lpResult As String) As Long
Function GetExecutable(strFile As String) As String
    Dim strPath As String
    Dim intLen As Integer
    strPath = Space(255)
    intLen = FindExecutableA(strFile, "\", strPath)
    GetExecutable = Trim(strPath)
End Function
```

圖 7-21 顯示了呼叫 GetExecutable 函數的結果，函數的引數使用的是某個 MP3 音訊檔的檔案名稱，該函數傳回與這個檔案關聯的應用程式的完整路徑。

線上資源　範例檔案中提供該範例，檔案名稱為「file association.xlsm」。

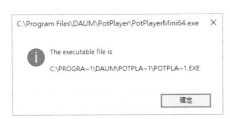

▲ 圖 7-21：確定與某個具體檔案關聯的應用程式的路徑和名稱

### 7.7.3 確定預設印表機的資訊

本節中的範例使用一個 Windows API 函數,該函數傳回與目前印表機有關的資訊。這些資訊包含在一個文字字串中。該範例會解析字串並透過更可被理解的格式顯示這些資訊。

```vba
Private Declare PtrSafe Function GetProfileStringA Lib "kernel32" _
  (ByVal lpAppName As String, ByVal lpKeyName As String, _
  ByVal lpDefault As String, ByVal lpReturnedString As _
  String, ByVal nSize As Long) As Long


Sub DefaultPrinterInfo()
    Dim strLPT As String * 255
    Dim Result As String
    Call GetProfileStringA _
      ("Windows", "Device", "", strLPT, 254)

    Result = Application.Trim(strLPT)
    ResultLength = Len(Result)

    Comma1 = InStr(1, Result, ",", 1)
    Comma2 = InStr(Comma1 + 1, Result, ",", 1)

'   Gets printer's name
    Printer = Left(Result, Comma1 - 1)

'   Gets driver
    Driver = Mid(Result, Comma1 + 1, Comma2 - Comma1 - 1)

'   Gets last part of device line
    Port = Right(Result, ResultLength - Comma2)

'   Build message
    Msg = "Printer:" & Chr(9) & Printer & Chr(13)
    Msg = Msg & "Driver:" & Chr(9) & Driver & Chr(13)
    Msg = Msg & "Port:" & Chr(9) & Port

'   Display message
    MsgBox Msg, vbInformation, "Default Printer Information"
End Sub
```

> **注意**
>
> Application 物件的 ActivePrinter 屬性傳回目前印表機的名稱(允許對其進行修改),但無法直接確定正在使用哪個印表機驅動器或埠,這也是該函數非常有用的原因。

範例檔案中提供該範例,檔案名稱為「printer info.xlsm」。

**線上資源**

## 7.7.4 確定影像顯示器的資訊

本節的範例使用 Windows API 呼叫為主要顯示監視器確定其系統目前的視訊模式。如果應用程式需要在螢幕上顯示特定數量的資訊,那麼知道顯示尺寸有助於相應地縮放文字。此外,以下程式碼還可確定監視器的數量。如果安裝了多個監視器,那麼該程序將報告虛擬的螢幕尺寸。

```vba
Declare PtrSafe Function GetSystemMetrics Lib "user32" _
   (ByVal nIndex As Long) As Long

Public Const SM_CMONITORS = 80
Public Const SM_CXSCREEN = 0
Public Const SM_CYSCREEN = 1
Public Const SM_CXVIRTUALSCREEN = 78
Public Const SM_CYVIRTUALSCREEN = 79

Sub DisplayVideoInfo()
    Dim numMonitors As Long
    Dim vidWidth As Long, vidHeight As Long
    Dim virtWidth As Long, virtHeight As Long
    Dim Msg As String

    numMonitors = GetSystemMetrics(SM_CMONITORS)
    vidWidth = GetSystemMetrics(SM_CXSCREEN)
    vidHeight = GetSystemMetrics(SM_CYSCREEN)
    virtWidth = GetSystemMetrics(SM_CXVIRTUALSCREEN)
    virtHeight = GetSystemMetrics(SM_CYVIRTUALSCREEN)

    If numMonitors > 1 Then
        Msg = numMonitors & " display monitors" & vbCrLf
        Msg = Msg & "Virtual screen: " & virtWidth & " X "
        Msg = Msg & virtHeight & vbCrLf & vbCrLf
        Msg = Msg & "The video mode on the primary display is: "
        Msg = Msg & vidWidth & " X " & vidHeight
    Else
        Msg = Msg & "The video display mode: "
        Msg = Msg & vidWidth & " X " & vidHeight
    End If
    MsgBox Msg
End Sub
```

範例檔案中提供該範例,檔案名稱為「video mode.xlsm」。

線上資源

## 7.7.5 讀寫登錄檔

大部分 Windows 應用程式都使用 Windows 登錄檔資料庫來儲存設定。VBA 程序可以從這個登錄檔中讀取值並把新值寫到這個登錄檔中。為此，需要如下 Windows API 宣告：

```
Private Declare PtrSafe Function RegOpenKeyA Lib "ADVAPI32.DLL" _
    (ByVal hKey As Long, ByVal sSubKey As String, _

    ByRef hkeyResult As Long) As Long

Private Declare PtrSafe Function RegCloseKey Lib "ADVAPI32.DLL" _
    (ByVal hKey As Long) As Long

Private Declare PtrSafe Function RegSetValueExA Lib "ADVAPI32.DLL" _
    (ByVal hKey As Long, ByVal sValueName As String, _
    ByVal dwReserved As Long, ByVal dwType As Long, _
    ByVal sValue As String, ByVal dwSize As Long) As Long

Private Declare PtrSafe Function RegCreateKeyA Lib "ADVAPI32.DLL" _
    (ByVal hKey As Long, ByVal sSubKey As String, _
    ByRef hkeyResult As Long) As Long

Private Declare PtrSafe Function RegQueryValueExA Lib "ADVAPI32.DLL" _
    (ByVal hKey As Long, ByVal sValueName As String, _
    ByVal dwReserved As Long, ByRef lValueType As Long, _
    ByVal sValue As String, ByRef lResultLen As Long) As Long
```

**線上資源** 範例檔案中有一個名為「windows registry.xlsm」的文件，在這個文件中可看到兩個包裝函式 GetRegistry 和 WriteRegistry，這兩個函式可用來簡化處理 Windows 登錄檔的任務。你還可以看到如何使用這兩個包裝函式。

### 1. 讀取登錄檔

GetRegistry 函數傳回位於 Windows 登錄檔指定位置上的設定，該函數接收下列三個引數：

- ➢ RootKey：代表要定址的 Windows 登錄檔分支的字串。這個字串可以為以下任意一種：
  - HKEY_CLASSES_ROOT
  - HKEY_CURRENT_USER
  - HKEY_LOCAL_MACHINE
  - HKEY_USERS
  - HKEY_CURRENT_CONFIG
- ➢ Path：正在定址的登錄檔類別的完整路徑。
- ➢ RegEntry：要搜尋的設定的名稱。

下面舉例說明。如果要尋找正在使用哪一幅圖片檔作為桌布（如果有），可按如下方式呼叫 GetRegistry 函數（注意，這些引數不區分大小寫）。

```
RootKey = "hkey_current_user"
Path = "Control Panel\Desktop"
RegEntry = "Wallpaper"
MsgBox GetRegistry(RootKey, Path, RegEntry), _
    vbInformation, Path & "\RegEntry"
```

訊息方塊將顯示出該圖形檔的路徑和檔案名稱（如果沒有使用桌布，則顯示空字串）。

## 2. 寫入登錄檔

WriteRegistry 函數將某個值寫到 Windows 登錄檔的指定位置上。如果操作成功，該函數就傳回 True；否則傳回 False。WriteRegistry 接收下列引數（所有引數都是字串類型）：

- ➤ Rootkey：代表要定址的 Windows 登錄檔分支的字串。這個字串可為下面任意一種：
  - HKEY_CLASSES_ROOT
  - HKEY_CURRENT_USER
  - HKEY_LOCAL_MACHINE
  - HKEY_USERS
  - HKEY_CURRENT_CONFIG
- ➤ Path：登錄檔中的完整路徑。如果路徑不存在，就建立一個。
- ➤ RegEntry：要寫入值的 Windows 登錄檔類別的名稱。如果不存在，就加入一個。
- ➤ RegVal：正在寫入的值。

在下例中，把代表 Excel 的啟動日期和時間的值寫到 Windows 登錄檔中。這些資訊寫到儲存 Excel 設定的地方。

```
Sub Workbook_Open()
    RootKey = "hkey_current_user"
    Path = "software\microsoft\office\15.0\excel\LastStarted"
    RegEntry = "DateTime"
    RegVal = Now()
    If WriteRegistry(RootKey, Path, RegEntry, RegVal) Then
        msg = RegVal & " has been stored in the registry."
    Else
        msg = "An error occurred"
    End If
    MsgBox msg
End Sub
```

如果把這個常式儲存在個人巨集活頁簿的 ThisWorkbook 模組中，那麼無論何時啟動 Excel，這個設定都會自動更新。

## 連接 Windows 登錄檔的更簡單方法

如果希望使用 Windows 登錄檔為 Excel 應用程式儲存和搜尋設定，就不必非要呼叫 Windows API，而可以使用 VBA 的 GetSetting 和 SaveSetting 函數，後者更簡單。

說明系統中描述了這兩個函數，這裡不再詳細介紹。然而，這些函數只使用下面的鍵值名稱，理解這一點很重要：

```
HKEY_CURRENT_USER\Software\VB and VBA Program Settings
```

換言之，不能使用這些函數來連接 Windows 登錄檔中的任意鍵值。當儲存需要在兩個會話之間維護的 Excel 應用程式的相關資訊時，這些函數非常有用。

PART

II

# 進階 VBA 技巧

# 使用樞紐分析表

- 使用 **VBA** 建立樞紐分析表
- 建立樞紐分析表的 **VBA** 程序範例
- 使用 **VBA** 在匯總表中建立工作表

## 8.1 樞紐分析表範例

Excel 的樞紐分析表功能可能是其最具創新性且最強大的功能。樞紐分析表首次出現在 Excel 5 中，後續每個版本都對這種功能做了改進。本章並不是對樞紐分析表的入門介紹，而假定你已對這項功能和術語比較熟悉，並且已經知道如何手動建立和修改樞紐分析表。

大概你也知道，根據資料庫或清單來建立樞紐分析表，以便透過某些方式匯總資料（這是其他方式不可能辦到的），不僅速度快，而且不需要使用公式。我們也可撰寫 VBA 程式碼來產生和修改樞紐分析表。

本節將介紹一個使用VBA建立樞紐分析表的簡單範例。

圖 8-1 顯示了一個非常簡單的工作表儲存格區域。它包含 4 個欄位：SalesRep、Region、Month 和 Sales。每項記錄描述的是某特定銷售代表在某特定月份的銷售量。

| | A | B | C | D |
|---|---|---|---|---|
| 1 | **SalesRep** | **Region** | **Month** | **Sales** |
| 2 | Amy | North | Jan | 33,488 |
| 3 | Amy | North | Feb | 47,008 |
| 4 | Amy | North | Mar | 32,128 |
| 5 | Bob | North | Jan | 34,736 |
| 6 | Bob | North | Feb | 92,872 |
| 7 | Bob | North | Mar | 76,128 |
| 8 | Chuck | South | Jan | 41,536 |
| 9 | Chuck | South | Feb | 23,192 |
| 10 | Chuck | South | Mar | 21,736 |
| 11 | Doug | South | Jan | 44,834 |
| 12 | Doug | South | Feb | 32,002 |
| 13 | Doug | South | Mar | 23,932 |

▲ 圖 8-1：這個簡單的表為樞紐分析表
做好了準備

線上資源 「simple pivot table.xlsm」活頁簿可從本書的範例檔案中取得。

## 8.1.1 建立樞紐分析表

圖 8-2 顯示一個用上面的資料建立的樞紐分析表，以及一個 PivotTable Field List 工作列。該樞紐分析表按照銷售代表和月份匯總了銷售業績。它由下列 4 個欄位組成：

➢ Region：樞紐分析表中的報表篩選欄位。

➢ SalesRep：樞紐分析表中的列欄位。

➢ Month：樞紐分析表中的欄欄位。

➢ Sales：樞紐分析表中使用 SUM 函數的值欄位。

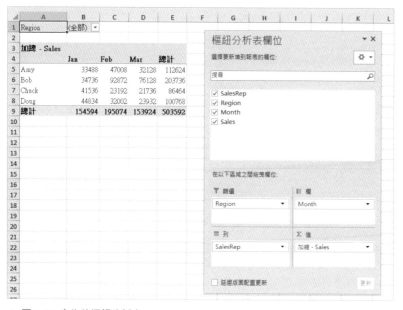

▲ 圖 8-2：產生的樞紐分析表

在建立圖 8-2 中的樞紐分析表之前在 Excel 2016 中開啟巨集錄製器，巨集錄製器所產生的程式碼如下：

```
Sub CreatePivotTable()
    Sheets.Add
    ActiveWorkbook.PivotCaches.Create _
        (SourceType:=xlDatabase, _
        SourceData:="Sheet1!R1C1:R13C4", _

        Version:=6).CreatePivotTable _
        TableDestination:="Sheet2!R3C1", _
        TableName:="PivotTable1", _
        DefaultVersion:=6
    Sheets("Sheet2").Select
    Cells(3, 1).Select
```

```
      With ActiveSheet.PivotTables("PivotTable1").PivotFields("Region")
          .Orientation = xlPageField
          .Position = 1
      End With
      With ActiveSheet.PivotTables("PivotTable1").PivotFields("SalesRep")
          .Orientation = xlRowField
          .Position = 1
      End With
      With ActiveSheet.PivotTables("PivotTable1").PivotFields("Month")
          .Orientation = xlColumnField
          .Position = 1
      End With
      ActiveSheet.PivotTables("PivotTable1").AddDataField _
          ActiveSheet.PivotTables("PivotTable1").PivotFields("Sales"), _
          "Sum of Sales", xlSum
  End Sub
```

如果執行該巨集,很可能會產生錯誤。檢查程式碼,我們會發現巨集錄製器為樞紐分析表「寫死」了工作表名稱(Sheet2)。如果該工作表已經存在(或者加入的新工作表另有名稱),巨集會因錯誤而結束。巨集錄製器還寫死了樞紐分析表的名稱。如果活頁簿有其他樞紐分析表,那麼它的名稱不會是 PivotTable1。

即使錄製的巨集不生效,也並非完全無用,我們可借助它們了解如何撰寫產生樞紐分析表的程式碼。

### 適合樞紐分析表的資料

樞紐分析表要求資料以矩陣資料庫形式存在。可將資料庫儲存在工作表儲存格區域(可以是一個表格,或者一個普通的儲存格區域)或者外部資料庫中。雖然 Excel 可以根據任意資料庫產生樞紐分析表,但這種做法並非適用於所有資料庫。

一般來說,資料庫表中的欄位由下列兩種類型組成:

- 數據:包含要匯總的值或資料。對於銷售範例來說,Sales 欄位就是一個資料欄位。
- 類別:描述資料。對於銷售資料,SalesRep、Region 和 Month 欄位都是類別欄位,因為它們描述了 Sales 欄位中的資料。

適合樞紐分析表的資料庫表被稱為標準化表。換言之,每條記錄(或列)包含了描述資料的資訊。

一個資料庫表可以有任意數量的資料欄位和類別欄位。在建立樞紐分析表時,我們通常想要匯總一個或多個資料欄位。而類別欄位中的值在樞紐分析表中表現為列、欄或篩選器。

如果對這些概念感到有些困惑,可以檢視本書範例檔案中的檔案「normalized data.xlsx」。這個活頁簿包含為適合樞紐分析表而經過標準化的資料儲存格區域,以及標準化之前的資料儲存格區域。

## 8.1.2 檢查錄製的樞紐分析表程式碼

使用樞紐分析表的 VBA 程式碼可能會有點亂。要了解錄製的巨集，需要了解一些相關物件，所有這些都在說明系統中進行說明。

➤ PivotCaches：Workbook 物件中的 PivotCashe 物件集合（樞紐分析表使用的資料儲存在樞紐分析快取中）

➤ PivotTables：Worksheet 物件中的 PivotTable 物件集合。

➤ PivotFields：PivotTable 物件中欄位的集合。

➤ PivotItems：欄位類別中的各個資料項目的集合。

➤ CreatePivotTable：一種使用樞紐分析快取中的資料來建立樞紐分析表的方法。

## 8.1.3 整理錄製的樞紐分析表程式碼

與大多數錄製的巨集一樣，前面的範例並不那麼有效，而且很可能產生錯誤。可簡化程式碼片段使其易於理解，並防止發生錯誤。下列程式碼會產生一個與前面所列程序一樣的樞紐分析表：

```
Sub CreatePivotTable()
    Dim PTCache As PivotCache
    Dim PT As PivotTable

'   Create the cache
    Set PTCache = ActiveWorkbook.PivotCaches.Create( _
        SourceType:=xlDatabase, _
        SourceData:=Range("A1").CurrentRegion)

'   Add a new sheet for the pivot table

    Worksheets.Add

'   Create the pivot table
    Set PT = ActiveSheet.PivotTables.Add( _
        PivotCache:=PTCache, _
        TableDestination:=Range("A3"))

'   Specify the fields
    With PT
        .PivotFields("Region").Orientation = xlPageField
        .PivotFields("Month").Orientation = xlColumnField
        .PivotFields("SalesRep").Orientation = xlRowField
        .PivotFields("Sales").Orientation = xlDataField

        'no field captions
        .DisplayFieldCaptions = False
```

```
        End With
    End Sub
```

CreatePivotTable 程序已經簡化（可能更便於理解）它宣告了兩個物件變數：PTCache 和 PT。程式碼中使用 Create 方法建立一個新的 PivotCache 物件。加入一個工作表，並使它成為現有的工作表（樞紐分析表的目標工作表）隨後使用 PivotTables 集合的 Add 方法建立一個新的 PivotTable 物件。程式碼片段的最後部分將 4 個欄位加入到樞紐分析表中，並透過為 Orientation 屬性賦值指定了它們在表中的位置。

初始巨集同時寫死了用來建立 PivotCache 物件（'Sheet1!R1C1:R13C4'）的資料區域和樞紐分析表的位置（Sheet2）。在 CreatePivotTable 程序中，樞紐分析表基於儲存格 A1 周圍的目前區域，這樣就確保加入更多資料時巨集能繼續工作。

建立樞紐分析表前，加入工作表就不需要寫死工作表參照。另一個不同之處在於，手動撰寫的巨集並不指定樞紐分析表的名稱。由於建立 PT 物件變數，因此，再也不需要透過名稱來參照樞紐分析表。

> **注意**
>
> 對於 PivotFields 集合來說，程式碼使用索引會比使用字面字串更通用。這樣，如果使用者改變列標題，這些程式碼仍是有效的。例如，通常程式碼會使用 PivotFields(1) 而非 PivotFields('Region')。

正如一直強調的那樣，掌握這些內容最好的方法是在巨集中錄製操作，以了解相關物件、方法和屬性。然後學習「說明」主題，理解這些是如何結合在一起的。幾乎每個案例中都需要修改錄製的巨集。或者可在理解如何使用樞紐分析表之後，撰寫程式碼來抓取和消除巨集錄製器。

### 📖 樞紐分析表的可相容性

如果打算與使用以前版本的 Excel 的使用者共用包含樞紐分析表的活頁簿，必須注意相容性問題。如果檢視 8.1.1 節中錄製的巨集，可看到如下陳述句：

```
DefaultVersion:=6
```

如果活頁簿處於相容模式，錄製的陳述句是：

```
DefaultVersion:=xlPivotTableVersion10
```

你還會發現錄製的巨集完全不同，這是因為從 Excel 2007 開始，Microsoft 在樞紐分析表中做了重要的修改。

假設在 Excel 2016 中建立了一個樞紐分析表，並把活頁簿交給使用 Excel 2003 的同事。同事仍然可以看到樞紐分析表，但不可以更新它。也就是說，他們不能修改這個表。

如果要在 Excel 2016 中建立向後相容的樞紐分析表，必須以 XLS 格式儲存檔，然後重新開啟它。完成上述操作後，建立的樞紐分析表就可用在 Excel 2007 之前的版本中。不過，這樣做顯然無法利用 Excel 後期版本中導入的所有新的樞紐分析表功能。

Excel 的相容性檢查器會對這種相容性問題提供警告（參見圖 8-3）。不過相容性檢查器不會對與樞紐分析表有關的巨集檢查相容性。本章的巨集不會產生向後相容的樞紐分析表。

▲ 圖 8-3：警告訊息

## 8.2 建立更複雜的樞紐分析表

本節介紹如何使用 VBA 程式碼來建立一個相對複雜的樞紐分析表。

圖 8-4 顯示一個大工作表的一部分。該表共有 15840 行，包含某個公司的各級預算資料。該公司分為 5 個區域，每個區域分為 11 個部門。每個部門有 4 個預算類別，每個預算類別中包含多個預算專案。表中包含一年中每個月的預算金額和實際金額。目標是使用樞紐分析表匯總這些資訊。

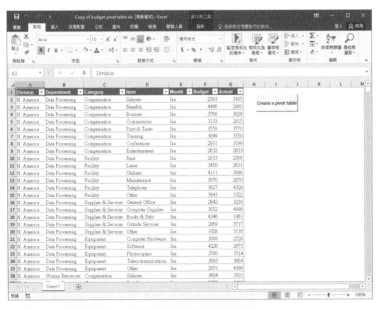

▲ 圖 8-4：這個活頁簿中的資料將匯總到樞紐分析表中

該活頁簿可以從範例檔案中取得，檔案名稱為「budget pivot table.xlsm」。

圖 8-5 顯示使用這些資料建立的一個樞紐分析表。注意，樞紐分析表中包含一個名為 Variance 的計算欄位。該欄位是 Budget 欄位的金額和 Actual 欄位的金額之差。

---

**注意**

另一種選擇是在表中插入一個新列，然後建立一個公式來計算預算金額和實際金額之間的差值。如果資料來自外部來源（而非工作表），那麼這種選擇可能是不可行的。

---

| | A | B | C | D | E | F | G | H | I | J | K | L |
|---|---|---|---|---|---|---|---|---|---|---|---|---|
| 1 | Division | (全部) | ▼ | | | | | | | | | |
| 2 | Category | (全部) | ▼ | | | | | | | | | |
| 3 | | | | | | | | | | | | |
| 4 | | Jan | Feb | Mar | Apr | May | Jun | Jul | Aug | Sep | Oct | Nov |
| 5 | Accounting | | | | | | | | | | | |
| 6 | 加總 - Budget | 422,455 | 433,317 | 420,522 | 417,964 | 411,820 | 414,012 | 427,431 | 418,530 | 412,134 | 421,678 | 426, |
| 7 | 加總 - Actual | 422,662 | 413,163 | 416,522 | 420,672 | 431,303 | 429,993 | 425,879 | 415,253 | 417,401 | 417,806 | 425, |
| 8 | 加總 - Variance | -0,207 | 20,154 | 4,000 | -2,708 | -19,483 | -15,981 | 1,552 | 3,277 | -5,267 | 3,872 | 1, |
| 9 | Advertising | | | | | | | | | | | |
| 10 | 加總 - Budget | 424,590 | 419,331 | 417,949 | 420,324 | 427,150 | 424,169 | 421,183 | 420,245 | 429,454 | 412,078 | 411, |
| 11 | 加總 - Actual | 416,008 | 420,828 | 425,437 | 417,310 | 419,996 | 428,330 | 428,958 | 420,856 | 416,067 | 419,232 | 411, |
| 12 | 加總 - Variance | 8,582 | -1,497 | -7,488 | 3,014 | 7,154 | -4,161 | -7,775 | -0,611 | 13,387 | -7,154 | 0, |
| 13 | Data Processing | | | | | | | | | | | |
| 14 | 加總 - Budget | 422,197 | 422,057 | 419,659 | 417,260 | 422,848 | 421,038 | 421,676 | 418,093 | 419,999 | 418,752 | 421, |
| 15 | 加總 - Actual | 414,743 | 438,990 | 430,545 | 424,214 | 411,775 | 421,909 | 420,210 | 414,966 | 419,913 | 430,262 | 417, |
| 16 | 加總 - Variance | 7,454 | -16,933 | -10,886 | -6,954 | 11,073 | -0,871 | 1,466 | 3,127 | 0,086 | -11,510 | 3, |
| 17 | Human Resources | | | | | | | | | | | |
| 18 | 加總 - Budget | 422,053 | 425,313 | 418,634 | 423,038 | 423,514 | 419,602 | 415,197 | 419,701 | 422,762 | 413,741 | 410, |
| 19 | 加總 - Actual | 424,934 | 429,275 | 407,053 | 429,187 | 410,258 | 421,870 | 428,551 | 422,469 | 422,252 | 421,838 | 415, |
| 20 | 加總 - Variance | -2,881 | -3,962 | 11,581 | -6,149 | 13,256 | -2,268 | -13,354 | -2,768 | 0,510 | -8,097 | -4, |
| 21 | Operations | | | | | | | | | | | |
| 22 | 加總 - Budget | 413,530 | 427,975 | 419,527 | 422,299 | 415,298 | 414,805 | 413,149 | 425,287 | 412,284 | 414,242 | 427, |

▲ 圖 8-5：使用預算資料建立的樞紐分析表

## 8.2.1 建立樞紐分析表的程式碼

下面是建立樞紐分析表的 VBA 程式碼：

```
Sub CreatePivotTable()
    Dim PTcache As PivotCache
    Dim PT As PivotTable

    Application.ScreenUpdating = False
'   Delete PivotSheet if it exists
    On Error Resume Next
    Application.DisplayAlerts = False
    Sheets("PivotSheet").Delete
    On Error GoTo 0

'   Create a Pivot Cache
    Set PTcache = ActiveWorkbook.PivotCaches.Create( _
        SourceType:=xlDatabase, _
        SourceData:=Range("A1").CurrentRegion.Address)
```

```
'   Add new worksheet
    Worksheets.Add

    ActiveSheet.Name = "PivotSheet"
    ActiveWindow.DisplayGridlines = False

'   Create the Pivot Table from the Cache
    Set PT = ActiveSheet.PivotTables.Add( _
      PivotCache:=PTcache, _
      TableDestination:=Range("A1"), _
      TableName:="BudgetPivot")

    With PT
'       Add fields
        .PivotFields("Category").Orientation = xlPageField
        .PivotFields("Division").Orientation = xlPageField
        .PivotFields("Department").Orientation = xlRowField
        .PivotFields("Month").Orientation = xlColumnField
        .PivotFields("Budget").Orientation = xlDataField
        .PivotFields("Actual").Orientation = xlDataField
        .DataPivotField.Orientation = xlRowField

'       Add a calculated field to compute variance
        .CalculatedFields.Add "Variance", "=Budget-Actual"
        .PivotFields("Variance").Orientation = xlDataField

'       Specify a number format
        .DataBodyRange.NumberFormat = "0,000"

'       Apply a style
        .TableStyle2 = "PivotStyleMedium2"

'       Hide Field Headers
        .DisplayFieldCaptions = False

'       Change the captions
        .PivotFields("Sum of Budget").Caption = " Budget"
        .PivotFields("Sum of Actual").Caption = " Actual"
        .PivotFields("Sum of Variance").Caption = " Variance"
    End With
End Sub
```

## 8.2.2 更複雜樞紐分析表的工作原理

CreatePivotTable 程序首先刪除 PivotSheet 工作表（如果存在）。然後建立一個
PivotCache 物件，插入一個名為 PivotSheet 的新工作表，並從 PivotCache 中建立樞紐分
析表。然後，程式碼將下列欄位加入到樞紐分析表中：

> Category：報表篩選（頁）欄位。
> Division：報表篩選（頁）欄位。
> Department：列欄位。
> Month：欄欄位。
> Budget：資料欄位。
> Actual：資料欄位。

注意，在下列陳述句中，DataPivotField 的 Orientation 屬性被設定為 xlRowField：

```
.DataPivotField.Orientation = xlRowField
```

該陳述句確定整個樞紐分析表的排序方向，在「樞紐分析表欄位」中表示「Σ數值」欄位（如圖 8-6 所示）。試著將該欄位移到「欄」區域中，看它如何影響樞紐分析表的佈局。

接下來，該程序使用 CalculatedFields 集合的 Add 方法來建立計算欄位 Variance，其值等於 Budget 金額減去 Actual 金額。該計算欄位指定為資料欄位。

▲ 圖 8-6：「樞紐分析表欄位」對話盒

注意

要將一個計算欄位手動加入到樞紐分析表中，應選擇〔樞紐分析表工具〕→〔選項〕→〔計算〕→〔欄位、項目和集〕→〔計算欄位〕指令，將會彈出「插入計算欄位」對話盒。

最後，程式碼會做出一些外觀上的調整：

> 將某種數字格式應用到 DataBodyRange（表示整個樞紐分析表的資料）中。
> 應用某種樣式。
> 隱藏標題（相當於選擇了〔樞紐分析表工具〕→〔選項〕→〔顯示〕→〔欄位標題〕）。
> 改變顯示在樞紐分析表中的標題。例如，用 Budget 替換 Sum of Budget。注意，Budget 字串的前面要加上一個空格。Excel 不允許修改與欄位名對應的標題，因此加入一個空格可以避開這個限制。

記住,可充分利用巨集錄製器來學習各種屬性。錄製巨集時產生程式碼這一動作能展示出你所需要的正確程式設計語法。巨集錄製器與「說明」系統中的資訊(以及相當多的反覆試驗和錯誤)一起,為我們提供需要的所有資訊。

## 8.3 建立多個樞紐分析表

最後一個範例建立一系列樞紐分析表,這些樞紐分析表對從客戶調查中收集的資料進行匯總。這些資料儲存在工作表資料庫中,共 150 列。每列包含了回答者的性別,並對 14 個調查專案都提供 1 ～ 5 的數字等級。

名為「survey data pivot tables.xlsm」的活頁簿可從範例檔案中取得。

線上資源

圖 8-7 顯示了由巨集產生的 28 個樞紐分析表的其中一部分。每個調查項目均在兩個樞紐分析表中進行匯總(一個顯示百分率,另一個顯示實際頻率)。

| | A | B | C | D | E | F | G | H | I | J |
|---|---|---|---|---|---|---|---|---|---|---|
| 3 | | Female | Male | 總計 | | | Female | Male | 總計 | |
| 4 | Strongly Disagree | 28 | 40 | 68 | | Strongly Disagree | 39.4% | 50.6% | 45.3% | |
| 5 | Disagree | 20 | 16 | 36 | | Disagree | 28.2% | 20.3% | 24.0% | |
| 6 | Undecided | 15 | 9 | 24 | | Undecided | 21.1% | 11.4% | 16.0% | |
| 7 | Agree | 6 | 14 | 20 | | Agree | 8.5% | 17.7% | 13.3% | |
| 8 | Strongly Agree | 2 | | 2 | | Strongly Agree | 2.8% | 0.0% | 1.3% | |
| 9 | 總計 | 71 | 79 | 150 | | | | | | |
| 10 | | | | | | | | | | |
| 11 | Store hours are convenient | | | | | Store hours are convenient | | | | |
| 12 | 計數 - Store hours are convenient | | | | | 計數 - Store hours are convenient | | | | |
| 13 | | Female | Male | 總計 | | | Female | Male | 總計 | |
| 14 | Strongly Disagree | 11 | 13 | 24 | | Strongly Disagree | 15.5% | 16.5% | 16.0% | |
| 15 | Disagree | 7 | 11 | 18 | | Disagree | 9.9% | 13.9% | 12.0% | |
| 16 | Undecided | 30 | 26 | 56 | | Undecided | 42.3% | 32.9% | 37.3% | |
| 17 | Agree | 20 | 22 | 42 | | Agree | 28.2% | 27.8% | 28.0% | |
| 18 | Strongly Agree | 3 | 7 | 10 | | Strongly Agree | 4.2% | 8.9% | 6.7% | |
| 19 | 總計 | 71 | 79 | 150 | | | | | | |
| 20 | | | | | | | | | | |
| 21 | Stores are well-maintained | | | | | Stores are well-maintained | | | | |
| 22 | 計數 - Stores are well-maintained | | | | | 計數 - Stores are well-maintained | | | | |
| 23 | | Female | Male | 總計 | | | Female | Male | 總計 | |
| 24 | Strongly Disagree | 7 | 14 | 21 | | Strongly Disagree | 9.9% | 17.7% | 14.0% | |
| 25 | Disagree | 7 | 4 | 11 | | Disagree | 9.9% | 5.1% | 7.3% | |
| 26 | Undecided | 16 | 14 | 30 | | Undecided | 22.5% | 17.7% | 20.0% | |
| 27 | Agree | 29 | 29 | 58 | | Agree | 40.8% | 36.7% | 38.7% | |
| 28 | Strongly Agree | 12 | 18 | 30 | | Strongly Agree | 16.9% | 22.8% | 20.0% | |

▲ 圖 8-7:由 VBA 程序建立的一些樞紐分析表

建立樞紐分析表的 VBA 程式碼如下:

```
Sub MakePivotTables()
'   This procedure creates 28 pivot tables
    Dim PTCache As PivotCache
    Dim PT As PivotTable
    Dim SummarySheet As Worksheet
```

```
            Dim ItemName As String
            Dim Row As Long, Col As Long, i As Long

            Application.ScreenUpdating = False

        '   Delete Summary sheet if it exists
            On Error Resume Next
            Application.DisplayAlerts = False
            Sheets("Summary").Delete
            On Error GoTo 0

        '   Add Summary sheet
            Set SummarySheet = Worksheets.Add
            ActiveSheet.Name = "Summary"

        '   Create Pivot Cache

            Set PTCache = ActiveWorkbook.PivotCaches.Create( _
              SourceType:=xlDatabase, _
              SourceData:=Sheets("SurveyData").Range("A1"). _
                CurrentRegion)

            Row = 1
            For i = 1 To 14
              For Col = 1 To 6 Step 5 '2 columns
                ItemName = Sheets("SurveyData").Cells(1, i + 2)
                With Cells(Row, Col)
                    .Value = ItemName
                    .Font.Size = 16
                End With

        '       Create pivot table
                Set PT = ActiveSheet.PivotTables.Add( _
                  PivotCache:=PTCache, _
                  TableDestination:=SummarySheet.Cells(Row + 1, Col))

        '       Add the fields
                If Col = 1 Then 'Frequency tables
                    With PT.PivotFields(ItemName)
                      .Orientation = xlDataField
                      .Name = "Frequency"
                      .Function = xlCount
                    End With
                Else ' Percent tables
                With PT.PivotFields(ItemName)
                    .Orientation = xlDataField
                    .Name = "Percent"
                    .Function = xlCount
```

```
                .Calculation = xlPercentOfColumn
                .NumberFormat = "0.0%"
            End With
            End If


            PT.PivotFields(ItemName).Orientation = xlRowField
            PT.PivotFields("Sex").Orientation = xlColumnField
            PT.TableStyle2 = "PivotStyleMedium2"
            PT.DisplayFieldCaptions = False
            If Col = 6 Then
'               add data bars to the last column
                PT.ColumnGrand = False
                PT.DataBodyRange.Columns(3).FormatConditions. _
                    AddDatabar
            With pt.DataBodyRange.Columns(3).FormatConditions(1)
              .BarFillType = xlDataBarFillSolid
              .MinPoint.Modify newtype:=xlConditionValueNumber, newvalue:=0
              .MaxPoint.Modify newtype:=xlConditionValueNumber, newvalue:=1
            End With


            End If
        Next Col
            Row = Row + 10
      Next i


'   Replace numbers with descriptive text
      With Range("A:A,F:F")
          .Replace "1", "Strongly Disagree"
          .Replace "2", "Disagree"
          .Replace "3", "Undecided"
          .Replace "4", "Agree"
          .Replace "5", "Strongly Agree"
      End With
End Sub
```

注意，所有這些樞紐分析表都是從一個 PivotCache 物件中建立的。

樞紐分析表在巢狀迴圈中建立。Col 迴圈計數器使用 Step 引數從 1 前進到 6。該指令對於樞紐分析表的第二欄來說略有不同。具體來說，對樞紐分析表中的第二欄執行如下操作：

➢ 將計數顯示為列的百分比。

➢ 不顯示列的總數。

➢ 指定了數字格式。

➢ 顯示的格式為資料欄符合條件的格式。

Row 變數跟蹤了每個樞紐分析表的起始列。最後一步是將 A 欄和 F 欄的數字類別用文字代替。例如，1 用 Strongly Agree 代替。

# 8.4 建立轉換的樞紐分析表

樞紐分析表的功能是將資料匯總到一個表中。但是如果已經有了一個匯總表，想根據這個匯總表再建立一個表，又該如何操作呢？圖 8-8 顯示一個範例。儲存格區域 B2 ～ F14 內包含一個匯總表：類似於一個非常簡單的樞紐分析表。儲存格區域 I ～ K 欄包含一個從該匯總表建立的共有 48 列的表。在這個表中，每一列都包含一個數據點，前兩欄描述這個數據點。換句話說，轉換的資料被標準化了（參見前面 8.1.1 一節的補充說明中提供的註解）。

Excel 並沒有提供將匯總表轉換成標準化表的方法，因此可用 VBA 巨集來實現。例如，如圖 8-9 所示，使用者表單可取得輸入區域和輸出區域，並且可選擇將輸出區域轉換成表格。

| Month | Amy | Bob | Chuck | Doug | | | | Column1 | Column2 | Column3 |
|---|---|---|---|---|---|---|---|---|---|---|
| Jan | 47,955 | 34,240 | 55,560 | 56,380 | | | | Jan | Amy | 47,955 |
| Feb | 44,715 | 35,435 | 61,810 | 63,325 | | | | Jan | Bob | 34,240 |
| Mar | 41,635 | 34,005 | 58,655 | 60,055 | | | | Jan | Chuck | 55,560 |
| Apr | 48,515 | 32,065 | 63,530 | 57,700 | | | | Jan | Doug | 56,380 |
| May | 53,945 | 39,225 | 67,860 | 57,900 | | | | Feb | Amy | 44,715 |
| Jun | 50,990 | 38,305 | 64,370 | 61,760 | | | | Feb | Bob | 35,435 |
| Jul | 49,235 | 38,675 | 66,020 | 65,220 | | | | Feb | Chuck | 61,810 |
| Aug | 55,725 | 34,300 | 70,160 | 63,140 | | | | Feb | Doug | 63,325 |
| Sep | 57,710 | 26,615 | 68,985 | 65,740 | | | | Mar | Amy | 41,635 |
| Oct | 54,020 | 24,220 | 70,035 | 63,300 | | | | Mar | Bob | 34,005 |
| Nov | 52,055 | 19,365 | 65,240 | 62,905 | | | | Mar | Chuck | 58,655 |
| Dec | 48,690 | 20,440 | 64,165 | 54,915 | | | | Mar | Doug | 60,055 |
| | | | | | | | | Apr | Amy | 48,515 |

▲ 圖 8-8：左邊的匯總表被轉換成右邊的表

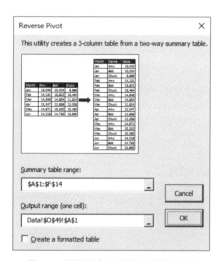

▲ 圖 8-9：該對話盒要求使用者選擇區域

使用者按一下使用者表單中的〔OK〕按鈕時，VBA 程式碼會驗證區域的有效性，並使用下列陳述句呼叫 ReversePivot 程序：

```
Call ReversePivot(SummaryTable, OutputRange, cbCreateTable)
```

該程序傳遞了下列 3 個引數：

➢ SummaryTable：表示匯總表的 Range 物件。
➢ OutputRange：表示輸出區域的左上角儲存格的 Range 物件。
➢ cbCreateTable：表示使用者表單上的 Checkbox 物件。

該程序對於任意大小的匯總表都是有效的。輸出表中的資料行數等於 (r-1)*(c-1)，r 和 c 分表表示匯總表中的行數和列數。

ReversePivot 程序中的程式碼如下：

```
Sub ReversePivot(SummaryTable As Range, _
  OutputRange As Range, CreateTable As Boolean)
    Dim r As Long, c As Long
    Dim OutRow As Long, OutCol As Long

'   Convert the range
    OutRow = 2
    Application.ScreenUpdating = False
    OutputRange.Range("A1:C3") = Array("Column1", "Column2", "Column3")
    For r = 2 To SummaryTable.Rows.Count
        For c = 2 To SummaryTable.Columns.Count
            OutputRange.Cells(OutRow, 1) = SummaryTable.Cells(r, 1)
            OutputRange.Cells(OutRow, 2) = SummaryTable.Cells(1, c)
            OutputRange.Cells(OutRow, 3) = SummaryTable.Cells(r, c)
            OutRow = OutRow + 1
        Next c
    Next r

'   Make it a table?
    If CreateTable Then _
      ActiveSheet.ListObjects.Add xlSrcRange, _
        OutputRange.CurrentRegion, , xlYes
End Sub
```

該程序非常簡單。程式碼在輸入區域的列和欄中迴圈，然後將資料寫到輸出區域中。輸出區域總是包含 3 欄。OutRow 變數跟蹤輸出區域的目前列。最後，如果使用者選擇核取方塊，輸出區域將透過使用 ListObjects 集合的 Add 方法轉換為表格。

# 使用圖表

- 瞭解 Excel 圖表的基本背景資訊
- 瞭解嵌入式圖表和圖表工作表之間的區別
- 理解 Chart 物件模型
- 使用除了巨集錄製器外的其他方法來說明學習 Chart 物件
- 探索 VBA 的常見製圖任務的範例
- 更複雜的製圖巨集的範例
- 一些有趣（和有用）的製圖技巧
- 使用走勢圖表

## 9.1 關於圖表

Excel 的製圖功能可使用儲存在工作表中的資料來建立各種圖表，你幾乎可控制每一種圖表的每個方面。

Excel 圖表中包含的是物件，每個物件都有各自的屬性和方法。因此，用 VBA 來操作圖表有一定挑戰性。本章介紹一些關鍵概念，這些概念是撰寫 VBA 程式碼來產生或操作圖表所需理解的。在此基礎上可更好地理解圖表的物件層次結構。

### 9.1.1 圖表的位置

在 Excel 中，圖表可以放在一個活頁簿的下列兩個地方：

➤ 作為一個內嵌物件放在工作表上：一個工作表可以包含任意數量的嵌入式圖表。
➤ 放在一個單獨的圖表工作表中：一個圖表工作表中通常包含一個圖表。

大多數使用者透過使用指令手動建立圖表：〔插入〕→〔圖表〕群組指令。也可以使用 VBA 來建立圖表。當然，還可以使用 VBA 來修改現有的圖表。

使用圖表時的一個關鍵性概念是現有的圖表：即目前選定的圖表。使用者按一下一個嵌入式圖表或啟動一個圖表工作表時，便啟動了一個 Chart 物件。在 VBA 中，ActiveChart 屬性會傳回這個啟動的 Chart 物件（如果存在）。可撰寫程式碼來使用這個 Chart 物件，就像撰寫程式碼來使用由 ActiveWorkbook 屬性傳回的 Workbook 物件一樣。

下面是一個範例：如果某個圖表被啟動，則下列陳述句會顯示 Chart 物件的 Name 屬性：

```
MsgBox ActiveChart.Name
```

如果圖表沒有被啟動，那麼上述陳述句會產生錯誤。

## 9.1.2 巨集錄製器和圖表

如果已經閱讀本書的其他章節，就會知道我們經常推薦使用巨集錄製器來學習物件、屬性和方法。一直以來，已錄製的巨集都作為很好的學習工具。錄製得到的程式碼總是可以引導我們找到相關的物件、屬性和方法。

## 9.1.3 Chart 物件模型

當你首次接觸 Chart 物件的物件模型時，可能會混淆：但這並不奇怪，物件模型確實容易讓人產生混淆，而且也非常深奧。

例如，假設想要改變顯示在一個嵌入式圖表中的標題。最高層的物件當然是 Application（Excel）。Application 物件包含 Workbook 物件，而 Workbook 物件又包含 Worksheet

物件。Worksheet 物件包含 ChartObject 物件，ChartObject 物件則包含 Chart 物件。Chart 物件包含 ChartTitle 物件，ChartTitle 物件則包含 Text 屬性，用來儲存顯示為圖表標題的文字。

下面以另一種方式來表示嵌入式圖表的物件層次結構：

```
Application
    Workbook
        Worksheet
            ChartObject
                Chart
                    ChartTitle
```

當然，VBA 程式碼必須嚴格遵守該物件模型。例如，要將一個圖表的標題設定為 YTD Sales，可撰寫如下的 VBA 指令：

```
WorkSheets("Sheet1").ChartObjects(1).Chart.ChartTitle.Text = "YTD Sales"
```

該陳述式假設現有的活頁簿為 Workbook 物件。該陳述式操作的物件是工作表 Sheet 1 上的 ChartObjects 集合中的第一項。Chart 屬性傳回實際的 Chart 物件，ChartTitle 屬性傳回 ChartTitle 物件。最後到達 Text 屬性。

注意，如果圖表沒有標題，那麼前面的陳述式會執行失敗。要為圖表加入一個預設標題（顯示文字 Chart Title），可使用下面的陳述式：

```
Worksheets("Sheet1").ChartObjects(1).Chart.HasTitle = True
```

對於圖表工作表來說，物件的層次結構略有不同，因為它並不涉及 Worksheet 物件或 ChartObject 物件。例如，下面是圖表工作表中圖表的 ChartTitle 物件的層次結構：

```
Application
    Workbook
        Chart
            ChartTitle
```

在 VBA 中，可使用下列陳述式將圖表工作表中的圖表標題設定為 YTD Sales：

```
Sheets("Chart1").ChartTitle.Text = "YTD Sales"
```

圖表工作表本質上是一個 Chart 物件，而且沒有父物件 ChartObject。換言之，嵌入式圖表的父物件是 ChartObject 物件，而一個圖表工作表中的圖表的父物件是 Workbook 物件。

下列兩條陳述式都將顯示一個訊息方塊，內容為 Chart：

```
MsgBox TypeName(Sheets("Sheet1").ChartObjects(1).Chart)
Msgbox TypeName(Sheets("Chart1"))
```

注意

建立一個新的嵌入式圖表時，就對某個特定工作表中的 ChartObjects 集合和 Shapes 集合執行了加入操作（對工作表來說，沒有 Charts 集合）。建立一個新的圖表工作表時，就對某個特定活頁簿中的 Charts 集合和 Sheets 集合執行了加入操作。

# 9.2 建立嵌入式圖表

ChartObject 是一種特殊類型的 Shape 物件。因此，它是 Shapes 集合的成員。要建立一個新的圖表，可使用 Shapes 集合的 AddChart2 方法。下列陳述式建立一個空的嵌入式圖表（使用的都是預設設定）：

```
ActiveSheet.Shapes.AddChart2
```

AddChart2 方法可使用下列 7 個引數（所有引數都是可選的）：

➢ Style：指定圖表的樣式（或整體外觀）的數值程式碼。
➢ xlChartType：圖表類型。若省略，則使用預設類型。它提供了所有圖表類型常數（如 xlArea、xlColumnClustered 等）。
➢ Left：圖表左邊的位置，以點為單位。若省略，Excel 會將圖表水平置中。
➢ Top：圖表頂端的位置，以點為單位。若省略，Excel 會將圖表垂直置中。
➢ Width：圖表的寬度，以點為單位。若省略，Excel 使用的值為 354。
➢ Height：圖表的高度，以點為單位。若省略，Excel 使用的值為 210。
➢ NewLayout：指定圖表佈局的數值程式碼。

下面的陳述式建立一個柱狀直條圖，設定如下：Style 201、Layout 5、距左邊 50 像素、距頂部 60 像素、寬 300 像素以及高 200 像素：

```
ActiveSheet.Shapes.AddChart2 201, xlColumnClustered, 50, 60, 300, 200, 5
```

許多情況下，會發現在建立圖表時，建立一個物件變數是很有效的。下列程序建立一個折線圖，該折線圖可使用 MyChart 物件變數在程式碼中參照。注意，AddChart2 方法只指定開頭的兩個引數。其他 5 個引數使用預設值：

```
Sub CreateChart()
    Dim MyChart As Chart
    Set MyChart = ActiveSheet.Shapes.AddChart2(212,xlLineMarkers).Chart
End Sub
```

沒有資料的圖表用處並不大。因此需要使用下面兩種方法為圖表指定資料：

➢ 在建立圖表的程式碼前選擇儲存格。
➢ 在建立完圖表後使用 Chart 物件的 SetSourceData 方法。

下面是一個選擇資料儲存格區域然後建立圖表的簡單程序：

```
Sub CreateChart2()
    Range("A1:B6").Select
    ActiveSheet.Shapes.AddChart2 201, xlColumnClustered
End Sub
```

該程序接下來展示了 SetSourceData 方法，使用兩個物件變數：DataRange（儲存資料的 Range 物件）和 MyChart（Chart 物件）。在建立圖表的同時建立 MyChart 物件變數。

```
Sub CreateChart3()
    Dim MyChart As Chart
    Dim DataRange As Range
    Set DataRange = ActiveSheet.Range("A1:B6")
    Set MyChart = ActiveSheet.Shapes.AddChart2.Chart
    MyChart.SetSourceData Source:=DataRange
End Sub
```

注意 AddChart2 方法沒有引數，因此建立了預設的圖表。

## 9.3 在圖表工作表上建立圖表

上一節內容描述了建立嵌入式圖表的基本程序。如果要在圖表工作表上直接建立一個圖表，則可以使用 Charts 集合的 Add2 方法。Charts 集合的 Add2 方法使用了一些可選引數，但是這些引數指定的是圖表工作表的位置：而非圖表的相關資訊。

下列範例在圖表工作表上建立一個圖表，並指定資料區域和圖表類型：

```
Sub CreateChartSheet()
    Dim MyChart As Chart
    Dim DataRange As Range
    Set DataRange = ActiveSheet.Range("A1:C7")
    Set MyChart = Charts.Add2
    MyChart.SetSourceData Source:=DataRange
    ActiveChart.ChartType = xlColumnClustered
End Sub
```

## 9.4 修改圖表

Excel 2013 中增強的功能使得使用者在建立和修改圖表時更為方便。例如，啟動圖表時，Excel 在圖表的右邊顯示 3 個圖示：ChartElements（用來給圖表加入或刪除元素）、Style&Color（用來選擇圖表樣式或調色板中的顏色）、Chart Filers（用來隱藏序列或資料點）。

VBA 可執行新圖表控制項中所有可用的動作。例如，如果你準備在給圖表加入或刪除元素時開啟巨集錄製器，就會看到相關的方法是 SetElement（Chart 物件的一個方法）。這個方法有一個引數，可預先定義常數。例如，使用如下陳述式向現有的圖表中加入初始水平格線：

```
ActiveChart.SetElement msoElementPrimaryValueGridLinesMajor
```

要刪除初始水平格線，需要使用如下陳述式：

```
ActiveChart.SetElement msoElementPrimaryValueGridLinesNone
```

說明系統中列出所有常數，或者你也可以使用巨集錄製器找到它們。

使用 ChartStyle 屬性可以將圖表改成預先定義的樣式。樣式是數值，不能是描述性的常數。例如，下述陳述式將現有的圖表的樣式改為樣式 215：

```
ActiveChart.ChartStyle = 215
```

ChartStyle 屬性的有效值是 1 ～ 48 和 201 ～ 248。後面的組中集中了 Excel 2013 中的新樣式。同樣需要注意，樣式的實際外觀在不同版本中並不能保持一致。例如，樣式 48 在 Excel 2010 和 Excel 2013 中的外觀就不一樣。

要改變圖表使用的顏色模式，可將 ChartColor 屬性的值設定為 1 ～ 26 之間的數字，例如：

```
ActiveChart.ChartColor = 12
```

如果把 ChartStyle 的 96 個值以及 ChartColor 的 26 個值組合起來，將得到 2496 種組合，足夠任何人使用了。如果那些預先設定的選項不夠，還可以控制圖表中的所有元素。例如，下述程式碼可改變圖表序列中一個點的填入顏色：

```
With ActiveChart.FullSeriesCollection(1).Points(2).Format.Fill
    .Visible = msoTrue
    .ForeColor.ObjectThemeColor = msoThemeColorAccent2
    .ForeColor.TintAndShade = 0.4
    .ForeColor.Brightness = -0.25
    .Solid
End With
```

另外，在對圖表進行改變時會錄製你的動作，因此提供在撰寫程式碼時需要的物件模型資訊。

## 9.5 使用 VBA 啟動圖表

使用者按一下某個嵌入式圖表的任何區域，都會啟動該圖表。VBA 程式碼則可透過 Activate 方法啟動一個嵌入式圖表。下面是一項 VBA 函式，等同於對嵌入式圖表執行〔Ctrl〕+ 單擊滑鼠左鍵。

```
ActiveSheet.ChartObjects("Chart 1").Activate
```

如果該圖表在一個圖表工作表上，則使用下列語句：

```
Sheets("Chart1").Activate
```

也可透過選擇包含圖表的圖形來啟動圖表：

```
ActiveSheet.Shapes("Chart 1").Select
```

當圖表被啟動時，就可以在程式碼中使用 ActiveChart 屬性（傳回 Chart 物件）來參照它。例如，下列指令顯示開啟的\圖表的名稱。如果沒有開啟的圖表，則該陳述式會產生一個錯誤：

```
MsgBox ActiveChart.Name
```

如果要用 VBA 修改一個圖表，並不需要啟動它。下面兩個程序產生同樣的效果。即它們將一個名為 Chart 1 的嵌入式圖表改成了面積圖。第一個程序在執行操作前啟動了圖表，第二個程序則沒有啟動圖表。

```
Sub ModifyChart1()
    ActiveSheet.ChartObjects("Chart 1").Activate
    ActiveChart.ChartType = xlArea
End Sub

Sub ModifyChart2()
    ActiveSheet.ChartObjects("Chart 1").Chart.ChartType = xlArea
End Sub
```

## 9.6 移動圖表

嵌入在工作表中的圖表可以轉換成圖表工作表。如果選擇手動操作，只需要啟動該嵌入式圖表，並選擇〔圖表工具〕→〔設計〕→〔位置〕→〔移動圖表〕指令。在「移動圖表」對話盒中，選擇「新工作表」選項，並為它指定一個名稱。

也可透過使用 VBA 將嵌入式圖表轉換成圖表工作表。下面是一個範例，它將工作表 Sheet1上的第一個 ChartObject 轉換成圖表工作表 MyChart：

```
Sub MoveChart1()
    Sheets("Sheet1").ChartObjects(1).Chart. _
        Location xlLocationAsNewSheet, "MyChart"
End Sub
```

下面的範例正好與上述程序相反。它將圖表工作表 MyChart 上的圖表轉換為工作表 Sheet1上的嵌入式圖表。

```
Sub MoveChart2()
    Charts("MyChart").Location xlLocationAsObject, "Sheet1"
End Sub
```

使用 Location 方法也會啟動重置的圖表。

## 關於圖表名稱

每個 ChartObject 物件都有一個名稱，ChartObject 中的每個圖表也都有一個名稱。這看起來非常簡單，但是常常容易混淆。在工作表 Sheet1 上建立一個新的圖表，並啟動它。然後啟動 VBA 的「即時運算視窗」，輸入以下指令：

```
? ActiveSheet.Shapes(1).Name
Chart 1
? ActiveSheet.ChartObjects(1).Name
Chart 1
? ActiveChart.Name
Sheet1 Chart 1
? Activesheet.ChartObjects(1).Chart.Name
Sheet1 Chart 1
```

如果改變工作表的名稱，那麼圖表的名稱也會改變以包含新的工作表名稱。也可以使用「名稱」欄位（在「公式」欄的左邊）來改變 Chart 物件的名稱，也可以使用 VBA 來改變名稱。

```
Activesheet.ChartObjects(1).Name = "New Name"
```

但是，不能改變包含在 ChartObject 中的圖表名稱，要不然下面的陳述式會得到一個莫名其妙的「記憶體不足」錯誤。

```
Activesheet.ChartObjects(1).Chart.Name = "New Name"
```

奇怪的是，Excel 允許使用現有 ChartObject 已存在的名稱。換言之，一個工作表中可以有很多個嵌入式圖表，每個嵌入式圖表都可以被命名為 Chart 1。如果複製一個嵌入式圖表，得到的新圖表可與來源圖表同名。

關鍵點是什麼？注意這個怪現象。如果發現 VBA 製圖巨集不工作了，請確認沒有兩個名稱一樣的圖表。

# 9.7 使用 VBA 使圖表取消啟動

使用 Activate 方法可啟動一個圖表，那麼怎樣使一個圖表取消啟動（即未被選定）呢？

使用 VBA 來使圖表取消啟動的唯一方法是選擇圖表以外的其他物件。對於嵌入式圖表來說，可使用 ActiveWindow 物件的 RangeSelection 屬性使圖表取消啟動，並選擇圖表被啟動之前選定的區域：

```
ActiveWindow.RangeSelection.Select
```

要使圖表工作表上的圖表取消啟動，只需要撰寫選擇另一個工作表的程式碼。

# 9.8 確定圖表是否被啟動

通用類型的巨集會對開啟的圖表（使用者選定的圖表）執行一些操作。例如，巨集可能會修改圖表的類型、應用一種樣式、加入資料標籤或將圖表輸出為一個圖形檔。

問題是，VBA 程式碼如何確定使用者是否真正選定了一個圖表？選定圖表的含義是透過按一下來啟動一個圖表工作表或嵌入式圖表。你可能會首先偏向於檢查 Selection 的 TypeName 屬性，如下列運算式所示：

```
TypeName(Selection) = "Chart"
```

其實，該運算式的值永遠不會為 True。啟動一個圖表時，實際選擇將是 Chart 物件中的某個物件，如 Series 物件、ChartTitle 物件、Legend 物件以及 PlotArea 物件等。

解決方法是，確定 ActiveChart 的值是否為 Nothing。如果是，則圖表不是開啟的。下列程式碼檢查圖表是不是開啟的。如果不是，那麼使用者會看到一項訊息，程序結束：

```
If ActiveChart Is Nothing Then
    MsgBox "Select a chart."
    Exit Sub
Else
    'other code goes here
End If
```

使用 VBA 函數程序來確定圖表是否被啟動是一種非常簡便的方法。如果圖表工作表或嵌入式圖表被啟動，下面的 ChartIsSelected 函數將傳回 True；如果圖表沒有被啟動，則傳回 False：

```
Private Function ChartIsActivated() As Boolean
    ChartIsActivated = Not ActiveChart Is Nothing
End Function
```

# 9.9 從 ChartObjects 或 Charts 集合中刪除圖表

要刪除工作表上的圖表，就必須知道 ChartObject 或 Shape 物件的名稱或索引。下列陳述式將現有的工作表上名為 Chart 1 的 ChartObject 刪除：

```
ActiveSheet.ChartObjects("Chart 1").Delete
```

注意有時多個 ChartObject 的名稱是一樣的。如果遇到這種情況，可透過使用索引號來刪除圖表：

```
ActiveSheet.ChartObjects(1).Delete
```

如果要刪除工作表上所有的 ChartObject 物件，可使用 ChartObjects 集合中的 Delete 方法：

```
ActiveSheet.ChartObjects.Delete
```

也可以透過連接 Shapes 集合來刪除嵌入式圖表。下列陳述式刪除現有的工作表上的圖形
Chart 1：

```
ActiveSheet.Shapes("Chart 1").Delete
```

下列陳述式刪除現有的工作表中所有的嵌入式圖表（以及其他所有圖形）：

```
Dim shp as Shape
For Each shp In ActiveSheet.Shapes
    shp.Delete
Next shp
```

要刪除單個圖表工作表，就必須知道該圖表工作表的名稱或索引。下列陳述式刪除名為
Chart 1 的圖表工作表。

```
Charts("Chart1").Delete
```

要刪除現有的活頁簿中的所有圖表工作表，可使用下列陳述式：

```
ActiveWorkbook.Charts.Delete
```

刪除工作表時，Excel 會顯示警告。使用者只有回應該提示才能讓巨集繼續執行。如果
正用巨集刪除工作表，可能不想讓該警告提示顯示出來。如果要消除該提示，可以使用
DisplayAlerts 屬性來臨時禁止警告資訊：

```
Application.DisplayAlerts = False
ActiveWorkbook.Charts.Delete
Application.DisplayAlerts = True
```

## 9.10 迴圈通過所有圖表

某些情況下，可能需要對所有圖表執行一種操作。下例將修改應用於現有的工作表上的每個
嵌入式圖表。該程序使用一個迴圈，迴圈通過 ChartObjects 集合中的每個物件，然後連接
每個 Chart 物件，並修改一些屬性。

```
Sub FormatAllCharts()
    Dim ChtObj As ChartObject
    For Each ChtObj In ActiveSheet.ChartObjects
      With ChtObj.Chart
        .ChartType = xlLineMarkers
        .ApplyLayout 3
        .ChartStyle = 12
        .ClearToMatchStyle
        .SetElement msoElementChartTitleAboveChart
```

```
                .SetElement msoElementLegendNone
                .SetElement msoElementPrimaryValueAxisTitleNone
                .SetElement msoElementPrimaryCategoryAxisTitleNone
                .Axes(xlValue).MinimumScale = 0
                .Axes(xlValue).MaximumScale = 1000
                With .Axes(xlValue).MajorGridlines.Format.Line
                    .ForeColor.ObjectThemeColor = msoThemeColorBackground1
                    .ForeColor.TintAndShade = 0
                    .ForeColor.Brightness = -0.25
                    .DashStyle = msoLineSysDash
                    .Transparency = 0
                End With
            End With
        Next ChtObj
    End Sub
```

線上資源　　該範例可從範例檔案中取得。檔案名稱為「format all charts.xlsm」。

圖 9-1 分別顯示 4 張使用不同格式的圖表；圖 9-2 分別顯示這 4 張圖表在執行了 FormatAllCharts 巨集之後的結果。

下面的巨集執行與前面的 FormatAllCharts 程序相同的操作，但操作物件是現有的活頁簿中所有的圖表工作表。

```
    Sub FormatAllCharts2()
        Dim cht as Chart
        For Each cht In ActiveWorkbook.Charts
            With cht

                .ChartType = xlLineMarkers
                .ApplyLayout 3
                .ChartStyle = 12
                .ClearToMatchStyle
                .SetElement msoElementChartTitleAboveChart
                .SetElement msoElementLegendNone
                .SetElement msoElementPrimaryValueAxisTitleNone
                .SetElement msoElementPrimaryCategoryAxisTitleNone
                .Axes(xlValue).MinimumScale = 0
                .Axes(xlValue).MaximumScale = 1000
                With .Axes(xlValue).MajorGridlines.Format.Line
                    .ForeColor.ObjectThemeColor = msoThemeColorBackground1
                    .ForeColor.TintAndShade = 0
                    .ForeColor.Brightness = -0.25
                    .DashStyle = msoLineSysDash
                    .Transparency = 0
                End With
```

```
          End With
      Next cht
  End Sub
```

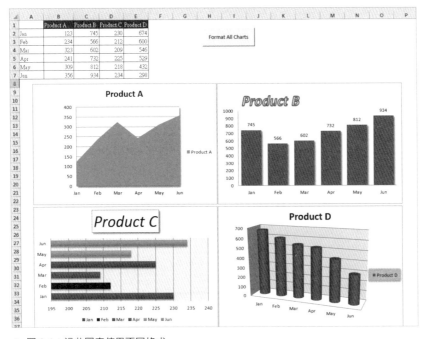

▲ 圖 9-1：這些圖表使用不同格式

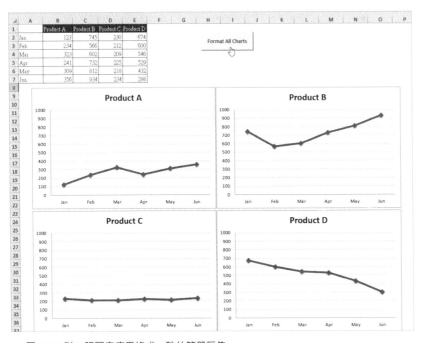

▲ 圖 9-2：對 4 張圖表應用格式一致的簡單巨集

# 9.11 調整 ChartObjects 物件的大小並對齊

ChartObject 物件具有標準的位置屬性（Top 和 Left）和大小屬性（Width 和 Height），可使用 VBA 程式碼進行連接。Excel 的功能區有控制項（選擇〔圖表工具〕→〔格式〕→〔大小〕群組指令）可用於設定 Height 和 Width 屬性，但不能設定 Top 和 Left 屬性。

下面的範例將一個工作表中的所有 ChartObject 物件重新定義大小，使其與現有的圖表尺寸相符合。它還將 ChartObject 物件按照使用者指定的欄數進行排列。

```vba
Sub SizeAndAlignCharts()
    Dim W As Long, H As Long
    Dim TopPosition As Long, LeftPosition As Long
    Dim ChtObj As ChartObject
    Dim i As Long, NumCols As Long

    If ActiveChart Is Nothing Then
        MsgBox "Select a chart to be used as the base for the sizing"
        Exit Sub

    End If

    'Get columns
    On Error Resume Next
    NumCols = InputBox("How many columns of charts?")
    If Err.Number <> 0 Then Exit Sub
    If NumCols < 1 Then Exit Sub
    On Error GoTo 0

    'Get size of active chart
    W = ActiveChart.Parent.Width
    H = ActiveChart.Parent.Height

    'Change starting positions, if necessary
    TopPosition = 100
    LeftPosition = 20
    For i = 1 To ActiveSheet.ChartObjects.Count
        With ActiveSheet.ChartObjects(i)
            .Width = W
            .Height = H
            .Left = LeftPosition + ((i - 1) Mod NumCols) * W
            .Top = TopPosition + Int((i - 1) / NumCols) * H
        End With
    Next i
End Sub
```

如果不存在現有的圖表，則會提示使用者啟動將作為定義其他圖表大小的基礎的圖表。筆者使用 InputBox 函數來取得欄數。Left 和 Top 屬性的值在迴圈中進行計算。

可從本書的範例檔案中取得「size and align charts.xlsm」活頁簿。

## 9.12 建立大量圖表

本節中的範例主要說明如何自動建立多個圖。圖 9-3 列出要被建立為圖表的部分資料。工作表中包含 50 個人員的資料,需要依照此建立 50 個圖表,格式一致,美觀整齊。

| | A | B | C | D | E | F |
|---|---|---|---|---|---|---|
| 1 | Name | Day 1 | Day 2 | Day 3 | Day 4 | Day 5 |
| 2 | Daisy Allen | 37 | 56 | 70 | 72 | 88 |
| 3 | Joe Perry | 48 | 56 | 61 | 58 | 52 |
| 4 | Joe Long | 44 | 62 | 71 | 69 | 68 |
| 5 | Stephen Mitchell | 49 | 51 | 55 | 74 | 92 |
| 6 | Thelma Carter | 32 | 25 | 15 | 31 | 50 |
| 7 | Susie Fitzgerald | 47 | 67 | 85 | 92 | 99 |
| 8 | Gerard Johnson | 40 | 56 | 75 | 86 | 79 |
| 9 | Mary Young | 33 | 34 | 33 | 50 | 41 |
| 10 | Robert Mcdonald | 39 | 57 | 72 | 89 | 96 |
| 11 | Robert Hall | 39 | 54 | 49 | 45 | 41 |
| 12 | Jennifer Head | 58 | 50 | 43 | 45 | 56 |
| 13 | Todd Fowler | 32 | 42 | 40 | 42 | 55 |
| 14 | Margaret Adams | 56 | 71 | 75 | 72 | 71 |
| 15 | William Smith | 42 | 40 | 36 | 37 | 51 |
| 16 | Douglas Taylor | 45 | 46 | 46 | 56 | 67 |
| 17 | Evelyn Reyes | 39 | 36 | 41 | 34 | 49 |
| 18 | Peter Gonzales | 54 | 49 | 47 | 64 | 66 |
| 19 | Victor Klein | 36 | 42 | 33 | 50 | 43 |

▲ 圖 9-3:每列資料都需要建立成一個圖表

首先建立 CreateChart 程序,需要下列引數:

➢ rng:圖表使用的儲存格區域

➢ l:圖表的左側位置

➢ t:圖表的頂部位置

➢ w:圖表的寬度

➢ h:圖表的高度

CreateChart 程序用這些引數來建立軸刻度的值範圍在 0 ~ 100 之間的折線圖:

```
Sub CreateChart(rng, l, t, w, h)
    With Worksheets("Sheet2").Shapes. _
      AddChart2(332, xlLineMarkers, l, t, w, h).Chart

        .SetSourceData Source:=rng
        .Axes(xlValue).MinimumScale = 0
        .Axes(xlValue).MaximumScale = 100
    End With
End Sub
```

完成上述工作後，撰寫另一個程序 Make50Chart，透過 For-Next 迴圈將 CreateChart 呼叫 50 次。注意，圖表資料包含第一列（即表頭），加上第 2 至第 50 列的數據。使用 Union 方法將這兩部分加入到一個 Range 物件中，以傳遞給 CreateChart 程序。最後撰寫程式碼來確定每個圖表的頂部及左邊位置。具體程式碼如下所示：

```
Sub Make50Charts()
    Dim ChartData As Range
    Dim i As Long
    Dim leftPos As Long, topPos As Long
'   Delete existing charts if they exist
    With Worksheets("Sheet2").ChartObjects
        If .Count > 0 Then .Delete
    End With

'   Initialize positions
    leftPos = 0
    topPos = 0

'   Loop through the data
    For i = 2 To 51
'       Determine the data range
        With Worksheets("Sheet1")
          Set ChartData = Union(.Range("A1:F1"), _
            .Range(.Cells(i, 1), .Cells(i, 6)))
        End With

'       Create a chart
        Call CreateChart(ChartData, leftPos, topPos, 180, 120)

'       Adjust positions
        If (i - 1) Mod 5 = 0 Then
            leftPos = 0
            topPos = topPos + 120
        Else
            leftPos = leftPos + 180
        End If
    Next i
End Sub
```

圖 9-4 顯示 50 個圖表中的部分圖表。

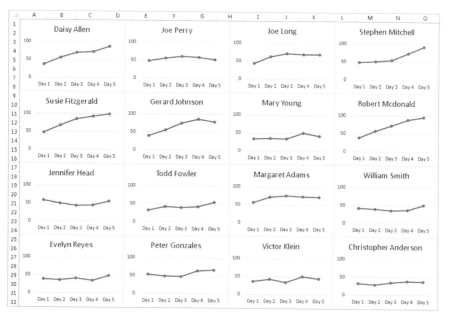

▲ 圖 9-4：由巨集建立的 50 個圖表中的部分圖表

# 9.13 匯出圖表

某些情況下，可能需要圖片檔案格式的 Excel 圖表。例如，將圖表提交到網站上。一種選擇是使用螢幕捕獲程式，直接從螢幕上複製像素。另一種選擇是撰寫一個簡單的 VBA 巨集。

以下程序使用 Chart 物件的 Export 方法將現有的圖表儲存為 GIF 檔。

```
Sub SaveChartAsGIF ()
    Dim Fname as String
    If ActiveChart Is Nothing Then Exit Sub
    Fname = ThisWorkbook.Path & "\" & ActiveChart.Name & ".gif"
    ActiveChart.Export FileName:=Fname, FilterName:="GIF"
End Sub
```

FilterName 引數的值還可以為「JPEG」和「PNG」。一般情況下，GIF 和 PNG 檔視覺效果更好。說明系統列出了 Export 方法的第三個引數：Interactive。如果這個引數為的值 True，則會顯示一個對話盒，在其中可以指定匯出選項。但這個引數不起作用中。

記住，如果使用者沒有安裝指定的圖片輸出篩選器，Export 方法就會失效。這些篩選器在 Office 安裝程式中進行安裝。

# 匯出所有圖片

從活頁簿中匯出所有圖片圖像的一種方法是將檔儲存為 HTML 格式。這麼做會建立一個目錄,其中包含圖表、圖片、剪貼簿,甚至包括複製區域圖片的 GIF 和 PNG 圖片(選擇〔常用〕→〔剪貼簿〕→〔貼上〕→〔圖片〕指令)。

下面是一個自動操作整個程序的 VBA 程序。它的操作物件是現有的活頁簿:

```vba
Sub SaveAllGraphics()
    Dim FileName As String
    Dim TempName As String
    Dim DirName As String
    Dim gFile As String

    FileName = ActiveWorkbook.FullName
    TempName = ActiveWorkbook.Path & "\" & _
        ActiveWorkbook.Name & "graphics.htm"
    DirName = Left(TempName, Len(TempName) - 4) & "_files"

'   Save active workbookbook as HTML, then reopen original
    ActiveWorkbook.Save
    ActiveWorkbook.SaveAs FileName:=TempName, FileFormat:=xlHtml
    Application.DisplayAlerts = False
    ActiveWorkbook.Close
    Workbooks.Open FileName

'   Delete the HTML file
    Kill TempName

'   Delete all but *.PNG files in the HTML folder
    gFile = Dir(DirName & "\*.*")
    Do While gFile <> ""
        If Right(gFile, 3) <> "png" Then Kill DirName & "\" & gFile
        gFile = Dir
    Loop

'   Show the exported graphics
    Shell "explorer.exe " & DirName, vbNormalFocus
End Sub
```

該程序首先儲存現有的活頁簿。然後將活頁簿儲存為 HTML 文件,關閉該文件,並重新開啟原來的活頁簿。接著刪除 HTML 檔,因為我們只對它所建立的資料夾(圖片所在的位置)感興趣。然後,程式碼迴圈通過該資料夾,刪除除了 PNG 檔外的所有檔案。最後使用 Shell 函數顯示資料夾。

交叉參考　第 11 章將詳細講解檔案處理指令。

線上資源　可從範例檔案中取得該範例，檔案名稱為「export all graphics.xlsm」。

# 9.14 修改圖表中使用的資料

本章到目前為止介紹的範例都使用 SourceData 屬性，來為圖表指定完整的資料區域。許多情況下，都需要調整某個特定圖表序列使用的資料。要實現該目的，可連接 Series 物件的 Values 屬性。Series 物件還有一個 XValues 屬性，用來儲存分類軸的值。

> **注意**
>
> Values 屬性對應於 SERIES 公式中的第三個引數，XValues 屬性對應於 SERIES 公式的第二個引數。參見這一節中的補充說明「理解圖表的 SERIES 公式」。

## 理解圖表的 SERIES 公式

圖表的每個序列使用的資料都由 SERIES 公式確定。選擇圖表中的某個資料序列時，SERIES 公式會顯示在公式欄中。它並不是真正意義上的公式：換言之，它既不能在儲存格中使用，也不能在 SERIES 公式中使用工作表函數。但可編輯 SERIES 公式中的引數。

SERIES 公式的語法如下：

```
=SERIES(series_name, category_labels, values, order, sizes)
```

SERIES 公式中可以使用的引數如下：

- series_name（可選的）：參照含有圖例中使用的序列名稱的儲存格。如果圖表只有一個序列，則名稱引數用作標題。該引數還包含由引號標出的文字。若省略該引數，則 Excel 會建立預設的序列名稱（如 Series 1）。

- category_labels（可選的）：參照包含分類軸的標籤的儲存格區域。若省略該引數，則 Excel 會使用從 1 開始的連續整數。對於 XY 圖表而言，該引數會指定 X 的值。非連續的儲存格區域參照也是有效的。儲存格區域的位址由逗號分隔，包含在括號中。該引數還包含一組由逗號分隔的值（或由引號標出的文字），包含在大括號中。

- values（必需的）：參照包含序列值的儲存格區域。對於 XY 圖表，該引數會指定 Y 值。不連續的儲存格區域參照也是有效的。儲存格區域的位址由逗號分隔，包含在括號中。該引數還包含一組由逗號分隔的值，包含在大括號中。

- order（必需的）：一個整數，用來指定序列的繪圖順序。該引數只在圖表包含多個序列時用到。例如，在一個橫條圖中，該引數確定了堆疊順序。對儲存格的參照是不允許的。

- sizes（僅用於氣泡圖）：參照包含氣泡圖中指定氣泡大小值的儲存格區域。非連續儲存格區域參照也是有效的。儲存格區域的位址由逗號分隔，包含在括號中。該引數還包含一組值，包含在大括號中。

SERIES 公式中的儲存格區域參照必須是絕對參照，並且始終包括工作表名稱。例如：

```
=SERIES(Sheet1!$B$1,,Sheet1!$B$2:$B$7,1)
```

儲存格區域參照可由非連續的儲存格區域組成。這種情況下，每個儲存格區域由逗號分隔，引數包含在括號中。在下列 SERIES 公式中，值的儲存格區域包含 B2:B3 和 B5:B7：

```
=SERIES(,,(Sheet1!$B$2:$B$3,Sheet1!$B$5:$B$7),1)
```

可用儲存格區域名稱代替儲存格區域參照。這種情況下（且儲存格區域名稱是一個活頁簿等級的名稱），Excel 會將 SERIES 公式中的參照改成包含活頁簿。例如：

```
=SERIES(Sheet1!$B$1,,budget.xlsx!CurrentData,1)
```

## 9.14.1 基於作用中儲存格修改圖表資料

圖 9-5 顯示一個基於作用中儲存格列中資料的圖表。當使用者移動儲存格指標時，圖表會自動更新。

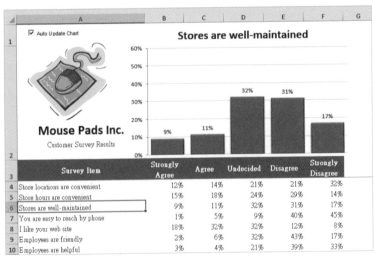

▲ 圖 9-5：該圖表始終顯示來自作用中儲存格列的資料

該範例對 Sheet1 物件使用事件處理常式。只要使用者透過移動儲存格指標改變選擇的儲存格區域，就會觸發 SelectionChange 事件。該事件的事件處理常式（位於 Sheet 1 物件的程式碼模組中）如下所示：

```
Private Sub Worksheet_SelectionChange(ByVal Target As Excel.Range)
    If CheckBox1 Then Call UpdateChart
End Sub
```

換言之，每次使用者移動儲存格指標時，就會執行 Worksheet_SelectionChange 程序。如果選擇 Auto Update Chart 核取方塊（工作表上的 ActiveX 控制項），該程序就會呼叫 UpdateChart 程序，如下所示：

```
Sub UpdateChart()
    Dim ChtObj As ChartObject
    Dim UserRow As Long
    Set ChtObj = ActiveSheet.ChartObjects(1)
    UserRow = ActiveCell.Row
    If UserRow < 4 Or IsEmpty(Cells(UserRow, 1)) Then
        ChtObj.Visible = False
    Else
        ChtObj.Chart.SeriesCollection(1).Values = _
            Range(Cells(UserRow, 2), Cells(UserRow, 6))
        ChtObj.Chart.ChartTitle.Text = Cells(UserRow, 1).Text
        ChtObj.Visible = True
    End If
End Sub
```

UserRow 變數包含作用中儲存格的列號。If 陳述式檢查作用中儲存格所在列是否含有資料（資料從第 4 列開始）。如果儲存格指標所在列不含資料，將隱藏 ChartObject 物件，底層文字是可見的（文字內容為 Cannot display chart）。否則，程式碼會將 Series 物件的 Values 屬性設定為使用中列的 2 ~ 6 欄儲存格區域。ChartTitle 物件也會被設定為 A 欄中的對應文字。

線上資源　　該範例名為「chart active cell.xlsm」，可從本書的範例檔案中取得。

## 9.14.2 用 VBA 確定圖表中使用的儲存格區域

上述範例顯示了如何使用 Series 物件的 Values 屬性來指定圖表序列所使用的資料。本節將討論使用 VBA 巨集來指定圖表中的序列所使用的儲存格區域。例如，透過將一個新儲存格加入到儲存格區域來增加每個序列的大小。

下面描述了與該任務相關的 3 個屬性：

- **Formula 屬性**：為 Series 傳回或設定 SERIES 公式。當選擇圖表中的某個序列時，其 SERIES 公式就會顯示在公式欄中。Formula 屬性將公式作為字串傳回。
- **Values 屬性**：傳回或設定序列中所有值的集合。這個屬性可以是工作表上的一個儲存格區域或一個常數值陣列，但不是兩者的組合。
- **XValues 屬性**：為圖表序列傳回或設定包含 X 軸值的陣列。XValues 屬性可以設定為工作表上的一個儲存格區域，或是包含值的陣列，但不可以是兩者的組合。XValues 屬性也可以是空的。

如果建立一個 VBA 巨集，該巨集需要確定具體的圖表序列所使用的資料儲存格區域，你可能會想到 Series 物件的 Values 屬性。類似地，XValues 屬性似乎是取得包含 X 值（或分類標籤）的儲存格區域的方法。從理論上講，這似乎是正確的。但實際情況卻不是這樣的。

當設定 Series 物件的 Values 屬性時，可指定一個 Range 物件或一個陣列。但讀取該屬性時，必須傳回陣列。遺憾的是，該物件模型並不提供方法來取得 Series 物件所使用的 Range 物件。

一種可用的方法是撰寫程式碼來分析 SERIES 公式，取得出儲存格區域的位址。這聽起來很簡單，實際上卻是一項艱鉅任務，因為 SERIES 公式可能非常複雜。下面是一些有效 SERIES 公式的範例：

```
=SERIES(Sheet1!$B$1,Sheet1!$A$2:$A$4,Sheet1!$B$2:$B$4,1)
=SERIES(,,Sheet1!$B$2:$B$4,1)
=SERIES(,Sheet1!$A$2:$A$4,Sheet1!$B$2:$B$4,1)
=SERIES("Sales Summary",,Sheet1!$B$2:$B$4,1)
=SERIES(,{"Jan","Feb","Mar"},Sheet1!$B$2:$B$4,1)
=SERIES(,(Sheet1!$A$2,Sheet1!$A$4),(Sheet1!$B$2,Sheet1!$B$4),1)
=SERIES(Sheet1!$B$1,Sheet1!$A$2:$A$4,Sheet1!$B$2:$B$4,1,Sheet1!$C$2:$C$4)
```

SERIES 公式可包含預設引數，使用陣列，甚至使用非連續的儲存格區域位址。使問題變得更複雜的是，氣泡圖有一個額外的引數（如前面的列表中的最後一個 SERIES 公式）。要分析其引數顯然不是一項簡單的程式設計任務。

透過建立 4 個自訂 VBA 函數可簡化解決方法，每個函數接收一個引數（參照一個 Series 物件），傳回一個雙元素陣列。函數如下：

- ➤ **SERIESNAME_FROM_SERIES**：第一個陣列元素包含一個字串，該字串描述 SERIES 第一個引數的資料類型（Range、Empty 或 String）。第二個陣列元素包含一個儲存格區域位址、一個空字串或一個字串。
- ➤ **XVALUES_FROM_SERIES**：第一個陣列元素包含一個字串，該字串描述 SERIES 第二個引數的資料類型（Range、Array、Empty 或 String）。第二個陣列元素包含一個儲存格區域位址、一個陣列、一個空字串或一個字串。
- ➤ **VALUES_FROM_SERIES**：第一個陣列元素包含一個字串，該字串描述 SERIES 第三個引數的資料類型（Range 或 Array）。第二個陣列元素包含一個儲存格區域位址或一個陣列。

- ➤ **BUBBLESIZE_FROM_SERIES**：第一個陣列元素包含一個字串，該字串描述 SERIES 第五個引數的資料類型（Range、Array 或 Empty）。第二個陣列元素包含一個儲存格區域位址、一個陣列或一個空字串。該函數僅與氣泡圖有關。

注意，透過使用 Series 物件的 PlotOrder 屬性可以直接取得第四個 SERIES 引數（繪製順序）。

線上資源　這些函數的 VBA 程式碼由於太長而未能在此列出，但是這些程式碼可以從範例檔案中取得，檔案名稱為「get series ranges.xlsm」。這些函數按這種方式存檔是為了便於在其他情況下使用。

下面的範例使用 VALUES_FROM_SERIES 函數。它顯示了現有的圖表中的第一個序列儲存格區域值的位址。

```
Sub ShowValueRange()
    Dim Ser As Series
    Dim x As Variant
    Set Ser = ActiveChart.SeriesCollection(1)
    x = VALUES_FROM_SERIES(Ser)
    If x(1) = "Range" Then
        MsgBox Range(x(2)).Address
    End If
End Sub
```

變數 x 被定義為 Variant 類型，儲存由 VALUES_FROM_SERIES 函數傳回的兩個元素陣列。陣列 x 的第一個元素包含了一個描述資料類型的字串。如果該字串為 Range，則訊息方塊顯示陣列 x 的第二個元素中包含的儲存格區域位址。

ContractAllSeries 程序如下所示。該程序迴圈通過 SeriesCollection 集合，使用 XVALUE_FROM_SERIES 和 VALUES_FROM_SERIES 函數來搜尋目前的儲存格區域。然後使用 Resize 方法縮小儲存格區域。

```
Sub ContractAllSeries()
    Dim s As Series
    Dim Result As Variant
    Dim DRange As Range
    For Each s In ActiveSheet.ChartObjects(1).Chart.SeriesCollection
        Result = XVALUES_FROM_SERIES(s)
        If Result(1) = "Range" Then
            Set DRange = Range(Result(2))
            If DRange.Rows.Count > 1 Then
                Set DRange = DRange.Resize(DRange.Rows.Count - 1)
                s.XValues = DRange
            End If
        End If
        Result = VALUES_FROM_SERIES(s)
        If Result(1) = "Range" Then
            Set DRange = Range(Result(2))
```

```
                If DRange.Rows.Count > 1 Then
                    Set DRange = DRange.Resize(DRange.Rows.Count - 1)
                    s.Values = DRange
                End If
            End If
        Next s
    End Sub
```

ExpandAllSeries 程序與 ContractAllSeries 程序非常類似。執行該程序時，每個儲存格區域擴大一個儲存格。

## 9.15 使用 VBA 在圖表上顯示任意資料標籤

下面介紹如何為圖表序列指定資料標籤的儲存格區域：

➤ 建立圖表，選擇將包含儲存格區域中標籤的資料序列。

➤ 按一下圖表右側的「圖表項目」圖示，選擇「資料標籤」。

➤ 按一下「資料標籤」項右邊的箭頭，選擇「其他選項」。此時將顯示「資料標籤格式」任務窗格的「標籤選項」區域。

➤ 選擇 Value From Cell。Excel 會提示你包含了標籤的儲存格區域。

如圖 9-6 所示的例子指定將儲存格區域 C2:C7 作為序列的資料標籤。在過去，只有手動或使用 VBA 巨集才能將儲存格區域指定為資料標籤。

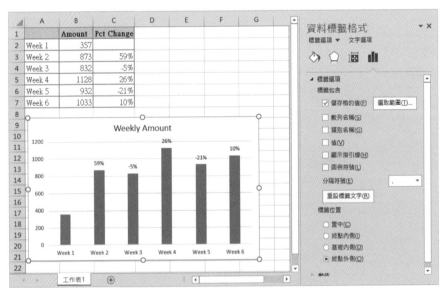

▲ 圖 9-6：來自任意儲存格區域的資料標籤可以顯示每週的百分比變化

這個功能很不錯，但不能與舊版相容。圖 9-7 顯示在 Excel 2010 中開啟這個圖表的樣子。

本節的剩餘部分將介紹如何使用 VBA 根據任意的儲存格區域來應用資料標籤。這種應用資料標籤的方式是與 Excel 的早期版本相容的。

圖 9-8 展示一個 XY 圖表。為每個數據點顯示關聯的名稱是很有用的。

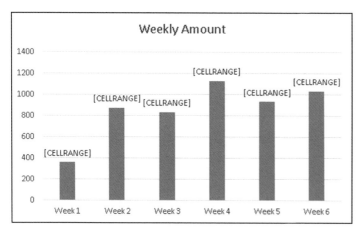

▲ 圖 9-7：根據資料的儲存格區域建立的資料標籤，不能與 Excel 2013 之前的版本相容

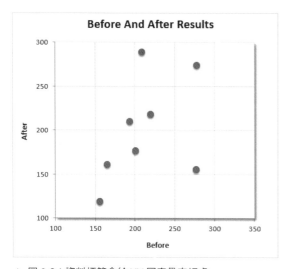

▲ 圖 9-8：資料標籤會給 XY 圖表帶來好處

DataLabelsFromRange 程序處理的是現有的工作表上的第一個圖表。它提示使用者輸入儲存格區域，然後迴圈通過 Points 集合，將 Text 屬性改為從儲存格區域中找到的值。

```
Sub DataLabelsFromRange()
    Dim DLRange As Range
    Dim Cht As Chart
    Dim i As Integer, Pts As Integer
```

```
'   Specify chart
    Set Cht = ActiveSheet.ChartObjects(1).Chart

'   Prompt for a range
    On Error Resume Next
    Set DLRange = Application.InputBox _
      (prompt:="Range for data labels?", Type:=8)
    If DLRange Is Nothing Then Exit Sub
    On Error GoTo 0

'   Add data labels
    Cht.SeriesCollection(1).ApplyDataLabels _

      Type:=xlDataLabelsShowValue, _
      AutoText:=True, _
      LegendKey:=False

'   Loop through the Points, and set the data labels
    Pts = Cht.SeriesCollection(1).Points.Count
    For i = 1 To Pts
        Cht.SeriesCollection(1). _
          Points(i).DataLabel.Text = DLRange(i)
    Next i
End Sub
```

該範例名為「data labels.xlsm」，可從範例檔案中取得。

線上資源

圖 9-9 顯示執行 DataLabelsFromRange 程序並指定資料儲存格區域為 A2:A9 之後的圖表。

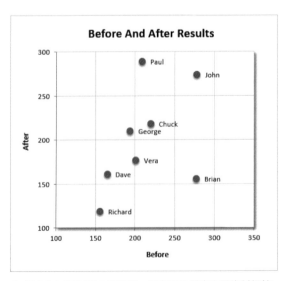

▲ 圖 9-9：使用 VBA 程序後，這個 XY 圖表有了資料標籤

圖表中的資料標籤也可由儲存格的連結組成。如果要在 DataLabelsFromRange 程序中執行此修改，因此建立儲存格連結，只需要將 For-Next 迴圈中的陳述式改為：

```
Cht.SeriesCollection(1).Points(i).DataLabel.Text = _
    "=" & "'" & DLRange.Parent.Name & "'!" & _
    DLRange(i).Address(ReferenceStyle:=xlR1C1)
```

## 9.16 在使用者表單中顯示圖表

第 15 章介紹一種在使用者表單中顯示圖表的方法。該方法將圖表儲存為 GIF 檔案，然後將 GIF 檔案載入到使用者表單的 Image 控制項中。

本節的範例使用了相同的方法，但加入一種新手法：圖表是動態建立的，使用的是作用中儲存格行中的資料。

這個範例中的使用者表單非常簡單。它包含一個 Image 控制項和一個指令按鈕控制項（Close 按鈕）。包含資料的工作表有一個執行下列程序的按鈕：

```
Sub ShowChart()
    Dim UserRow As Long
    UserRow = ActiveCell.Row
    If UserRow < 2 Or IsEmpty(Cells(UserRow, 1)) Then
        MsgBox "Move the cell pointer to a row that contains data."
        Exit Sub
    End If
    CreateChart (UserRow)
    UserForm1.Show
End Sub
```

由於圖表基於作用中儲存格行中的資料，因此如果儲存格指標指向無效行，那麼程序會警告使用者。如果作用中儲存格正確，則 ShowChart 程序呼叫 CreateChart 程序來建立圖表，然後顯示使用者表單。

CreateChart 程序接收一個引數，該引數表示的是作用中儲存格的行。該程序來自一個巨集的錄製，對其調整後使其更通用。

```
Sub CreateChart(r)
    Dim TempChart As Chart
    Dim CatTitles As Range
    Dim SrcRange As Range, SourceData As Range
    Dim FName As String

    Set CatTitles = ActiveSheet.Range("A2:F2")
    Set SrcRange = ActiveSheet.Range(Cells(r, 1), Cells(r, 6))
    Set SourceData = Union(CatTitles, SrcRange)
```

```
'    Add a chart
     Application.ScreenUpdating = False

     Set TempChart = ActiveSheet.Shapes.AddChart2.Chart
         TempChart.SetSourceData Source:=SourceData

'    Fix it up
     With TempChart
         .ChartType = xlColumnClustered
         .SetSourceData Source:=SourceData, PlotBy:=xlRows
         .ChartStyle = 25
         .HasLegend = False
         .PlotArea.Interior.ColorIndex = xlNone
         .Axes(xlValue).MajorGridlines.Delete
         .ApplyDataLabels Type:=xlDataLabelsShowValue, LegendKey:=False
         .Axes(xlValue).MaximumScale = 0.6
         .ChartArea.Format.Line.Visible = False
     End With

'    Adjust the ChartObject's size
     With ActiveSheet.ChartObjects(1)
         .Width = 300
         .Height = 200
     End With

'    Save chart as GIF

     FName = Application.DefaultFilePath & Application.PathSeparator & _
"temp.gif"

     TempChart.Export Filename:=FName, filterName:="GIF"
     ActiveSheet.ChartObjects(1).Delete
     Application.ScreenUpdating = True
End Sub
```

CreateChart 程序結束時，工作表中包含一個 ChartObject，其中包含一個現有的儲存格列資料的圖表。但 ChartObject 是不可見的，因為 ScreenUpdating 被關閉了。圖表被輸出並刪除後，ScreenUpdating 被重新開啟。

ShowChart 程序的最後一個指令載入使用者表單。下面是 UserForm_Initialize 程序。該程序只是將 GIF 檔載入到 Image 控制項中。

```
Private Sub UserForm_Initialize()
    Dim FName As String
    FName = Application.DefaultFilePath & _
        Application.PathSeparator & "temp.gif"
    UserForm1.Image1.Picture = LoadPicture(FName)
End Sub
```

圖 9-10 顯示在執行巨集後的最終使用者表單。

▲ 圖 9-10：顯示使用者表單中的圖表

線上資源

該活頁簿名稱為「chart in userform.xlsm」，可從範例檔案中取得。

## 9.17 理解圖表事件

Excel 支援一些與圖表相關聯的事件。例如，當圖表被啟動時，會產生 Activate 事件。在圖表接收新的或修改過的資料後，將產生 Calculate 事件。當然，也可以撰寫在某個特殊事件產生時執行的 VBA 程式碼。

交叉參考

參見第 6 章取得關於事件的更多資訊。

表 9-1 列出所有圖表事件。

▼ 表 9-1：圖表物件識別的事件

| 事件 | 觸發事件的行為 |
| --- | --- |
| Activate | 啟動一個圖表工作表或嵌入式圖表 |
| BeforeDoubleClick | 滑鼠左鍵雙擊一個嵌入式圖表。該事件在預設的按兩下行為之前發生 |
| BeforeRightClick | 滑鼠右鍵單擊一個嵌入式圖表。該事件在預設的右擊行為之前發生 |
| Calculate | 在圖表上寫入新資料或修改資料 |
| Deactivate | 圖表處於取消啟動狀態 |
| MouseDown | 指標位於圖表上時，按下滑鼠左鍵 |

| 事件 | 觸發事件的行為 |
|------|------|
| MouseMove | 滑鼠指標在圖表上的位置發生改變 |
| MouseUp | 指標位於圖表上時，放開滑鼠左鍵 |
| Resize | 重新定義圖表的大小 |
| Select | 選擇一個圖表項目 |
| SeriesChange | 圖表資料點的值發生改變 |

## 9.17.1 使用圖表事件的一個範例

如果要為圖表工作表發生的事件撰寫一個事件處理常式，VBA 程式碼必須放在 Chart 物件的程式碼模組中。如果要啟動該程式碼模組，只需要按兩下「專案」視窗中的「圖表」項目。然後，在程式碼視窗中，從左邊的「物件」下拉清單中選擇 Chart，從右邊的「程序」下拉清單中選擇事件（如圖 9-11 所示）。

▲ 圖 9-11：在 Chart 物件的程式碼模組中選擇事件

> **注意**
>
> 由於嵌入式圖表沒有自己的程式碼模組，因此，本節描述的程序都是針對圖表工作表的。你也可以處理嵌入式圖表的事件，但必須做一些初始設定工作，包括建立一個類別模組。該程序在稍後的 9.17.2 節中進行介紹。

下面的範例在使用者啟動一個圖表工作表、使圖表工作表取消啟動，或選擇圖表上的任意元素時顯示一項訊息。先建立一個帶有圖表工作表的活頁簿，然後撰寫 3 個事件處理常式，名稱如下：

- ➤ **Chart_Activate**：當圖表工作表被啟動時執行。
- ➤ **Chart_Deactivate**：當圖表工作表取消啟動時執行。
- ➤ **Chart_Select**：當圖表工作表中的某個元素被選擇時執行。

線上資源　該工作表名稱為「events-chart sheet.xlsm」，可從範例檔案中取得。

Chart_Activate 程序如下：

```
Private Sub Chart_Activate()
    Dim msg As String
    msg = "Hello " & Application.UserName & vbCrLf & vbCrLf
    msg = msg & "You are now viewing the six-month sales "
    msg = msg & "summary for Products 1-3." & vbCrLf & vbCrLf
    msg = msg & _
     "Click an item in the chart to find out what it is."
    MsgBox msg, vbInformation, ActiveWorkbook.Name
End Sub
```

該程序在圖表被啟動時顯示一項訊息。

下面的 Chart_Deactivate 程序顯示一項訊息，但只在圖表工作表取消啟動時才顯示：

```
Private Sub Chart_Deactivate()
    Dim msg As String
    msg = "Thanks for viewing the chart."
    MsgBox msg, , ActiveWorkbook.Name
End Sub
```

下面的 Chart_Select 程序在圖表中的項被選擇時執行：

```
Private Sub Chart_Select(ByVal ElementID As Long, _
  ByVal Arg1 As Long, ByVal Arg2 As Long)
    Dim Id As String
    Select Case ElementID
        Case xlAxis: Id = "Axis"
        Case xlAxisTitle: Id = "AxisTitle"
        Case xlChartArea: Id = "ChartArea"
        Case xlChartTitle: Id = "ChartTitle"
        Case xlCorners: Id = "Corners"
        Case xlDataLabel: Id = "DataLabel"
        Case xlDataTable: Id = "DataTable"
        Case xlDownBars: Id = "DownBars"
        Case xlDropLines: Id = "DropLines"

        Case xlErrorBars: Id = "ErrorBars"
        Case xlFloor: Id = "Floor"
        Case xlHiLoLines: Id = "HiLoLines"
        Case xlLegend: Id = "Legend"
        Case xlLegendEntry: Id = "LegendEntry"
        Case xlLegendKey: Id = "LegendKey"
        Case xlMajorGridlines: Id = "MajorGridlines"
        Case xlMinorGridlines: Id = "MinorGridlines"
        Case xlNothing: Id = "Nothing"
        Case xlPlotArea: Id = "PlotArea"
        Case xlRadarAxisLabels: Id = "RadarAxisLabels"
```

```
            Case xlSeries: Id = "Series"
            Case xlSeriesLines: Id = "SeriesLines"
            Case xlShape: Id = "Shape"
            Case xlTrendline: Id = "Trendline"
            Case xlUpBars: Id = "UpBars"
            Case xlWalls: Id = "Walls"
            Case xlXErrorBars: Id = "XErrorBars"
            Case xlYErrorBars: Id = "YErrorBars"
            Case Else:: Id = "Some unknown thing"
        End Select

        MsgBox "Selection type:" & Id & vbCrLf & Arg1 & vbCrLf & Arg2
    End Sub
```

該程序顯示一個訊息方塊,描述被選擇的項與引數 Arg1 和 Arg2 的值。當 Select 事件發生時,Element ID 引數包含一個對應於選定項目的整數。引數 Arg1 和 Arg2 提供關於選定項的附加資訊(詳細資訊可參見「說明」系統)。Select Case 結構將內建常數轉換為描述性字串。

> **注意**
>
> 因為程序中包含了 Case Else 陳述式,所以沒有列出所有出現在 Chart 物件中的項目。

## 9.17.2 為嵌入式圖表啟用事件

如上一節所述,Chart 事件對於圖表工作表來說是自動啟用的,但對於工作表中的嵌入式圖表卻並非如此。如果要在嵌入式圖表中使用事件,必須執行下列步驟。

### 1. 建立一個類別模組

在 VBE 視窗中,選擇「專案」視窗中的專案,選擇〔插入〕→〔物件類別模組〕指令。這樣就將一個新的(空的)類別模組加入到專案中。然後使用「專案屬性」視窗賦予類別模組一個更具描述性的名稱(如 clsChart)。重新命名類別模組並不是必需的,但最好更改一下。

### 2. 宣告一個公共圖表物件

下一步是宣告一個 Public 變數來表示圖表。該變數應當是 Chart 類型,必須使用 WithEvents 關鍵字在類別模組中進行宣告。如果遺漏 WithEvents 關鍵字,物件就不能回應事件。下面是一個宣告範例:

```
    Public WithEvents clsChart As Chart
```

### 3. 連接宣告物件與圖表

在事件處理常式執行前，必須將物件類別模組中的宣告物件連接到嵌入式圖表中。可以透過宣告一個 clsChart（或物件類別模組的名稱）類型的物件來完成。這必須是一個模組等級的物件變數，這個變數在一個一般 VBA 模組中（而非物件類別模組中）宣告。下面是一個範例：

```
Dim MyChart As New clsChart
```

然後撰寫程式碼，將 clsChart 物件與特定圖表關聯起來。下列陳述式執行這一操作：

```
Set MyChart.clsChart = ActiveSheet.ChartObjects(1).Chart
```

執行完上述陳述式後，物件類別模組中的 clsChart 物件就指向了現有的工作表中的第一個嵌入式圖表。這樣，物件類別模組中的事件處理常式就會在事件發生時執行。

### 4. 為圖表類撰寫事件處理常式

這一部分介紹了如何在物件類別模組中撰寫事件處理常式。記住，物件類別模組必須包含一個採用以下格式的宣告：

```
Public WithEvents clsChart As Chart
```

用 WithEvents 關鍵字宣告新物件後，新物件就會出現在物件類別模組的「物件」下拉式清單方塊中。選擇「物件」欄中的新物件時，該物件的有效事件就會在右側的「程序」下拉清單中列出。

下面的範例是一個簡單的事件處理常式，在嵌入式圖表被啟動時執行。該程序彈出一個訊息方塊，顯示 Chart 物件的父物件（是一個 ChartObject 物件）名稱。

```
Private Sub clsChart_Activate()
    MsgBox clsChart.Parent.Name & " was activated!"
End Sub
```

線上資源　範例檔案中包含一個活頁簿，介紹這一部分所描述的概念，檔案名稱為「events-embedded chart.xlsm」。

## 9.17.3 範例：在嵌入式圖表上使用圖表事件

本節的範例對上一節中提供的資訊進行了實際論證。圖 9-12 包含一個嵌入式圖表的範例，該圖表具有可點擊的圖片對應功能。使用圖表事件時，按一下圖表的某個列會啟動工作表，使其顯示該區域的詳細資料。

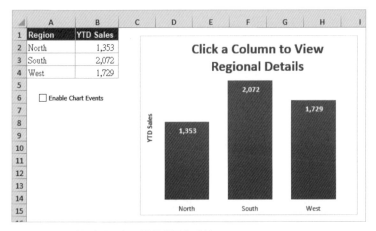

▲ 圖 9-12：該圖表是一個可點擊的圖像映射

該活頁簿有 4 個工作表。名為 Main 的工作表包含嵌入式圖表。其他工作表分別是 North、South 和 West。B2:B4 中的公式將各個工作表中的資料分別求和，匯總的資料繪製在圖表中。按一下圖表中的某一列會觸發一個事件，事件處理常式會啟動相對應的工作表，使用者就可以看到所需區域的詳細資訊。

該活頁簿包含一個類別模組 EmbChartClass 和一個一般 VBA 模組 Module1。為了更清楚地解說，Main 工作表還包含一個核取方塊控制項（位於「表單」群組）。按一下核取方塊會執行 CheckBox1_Click 程序，該程序用來開啟和關閉事件監控器。

此外，其他每個工作表都包含一個按鈕，該按鈕執行 ReturnToMain 巨集，用來重新啟動 Main 工作表。

Module1 完整的程式碼清單如下：

```
Dim SummaryChart As New EmbChartClass

Sub CheckBox1_Click()
    If Worksheets("Main").CheckBoxes("Check Box 1") = xlOn Then
        'Enable chart events
        Range("A1").Select
        Set SummaryChart.myChartClass = _
            Worksheets(1).ChartObjects(1).Chart
    Else
        'Disable chart events
        Set SummaryChart.myChartClass = Nothing
        Range("A1").Select
    End If
End Sub


Sub ReturnToMain()
```

```
     '   Called by worksheet button
         Sheets("Main").Activate
     End Sub
```

第 一 個 指 令 將 一 個 新 的 物 件 變 數 SummaryChart 宣 告 為 EmbChartClass 類 型，
EmbChartClass 是類別模組的名稱。當使用者按一下 Enable Chart Events 按鈕時，嵌入式
圖表會被指派給 SummaryChart 物件，這樣就啟動了圖表的事件。EmbChartClass 類別模
組的內容如下：

9

```
Public WithEvents myChartClass As Chart

Private Sub myChartClass_MouseDown(ByVal Button As Long, _
  ByVal Shift As Long, ByVal X As Long, ByVal Y As Long)

    Dim IDnum As Long
    Dim a As Long, b As Long

'   The next statement returns values for
'   IDnum, a, and b
    myChartClass.GetChartElement X, Y, IDnum, a, b

'   Was a series clicked?
    If IDnum = xlSeries Then
        Select Case b
            Case 1
                Sheets("North").Activate
            Case 2
                Sheets("South").Activate
            Case 3
                Sheets("West").Activate
        End Select
    End If
    Range("A1").Select
End Sub
```

按一下圖表會發生 MouseDown 事件，該事件執行 myChartClass_MouseDown 程序。該
程序使用 GetChartElement 方法來確定按一下圖表中的哪一個元素。GetChartElement
方法傳回與指定 X 和 Y 座標位置的圖表項目相關的資訊（該資訊透過 myChartClass_
MouseDown 程序的引數取得）。

線上資源　　　　該工作表名稱為「chart image map.xlsm」，可從範例檔案中取得。

## 9.18 VBA 製圖技巧

本節介紹一些製圖技巧,其中有些方法可能對你的應用程式很有說明,其他一些純屬娛樂。學習這些技巧至少可以讓你對圖表的物件模組有更深入的瞭解。

### 9.18.1 在整個頁面上列印嵌入式圖表

選擇某個嵌入式圖表時,可選擇〔檔案〕→〔列印〕指令進行列印。嵌入式圖表可以獨立列印在整個頁面上(就像一個圖表工作表一樣),但它仍是一個嵌入式圖表。

下面的巨集列印了現有的工作表上的所有嵌入式圖表,每個圖表都單獨列印在整個頁面上:

```
Sub PrintEmbeddedCharts()
    Dim ChtObj As ChartObject
    For Each ChtObj In ActiveSheet.ChartObjects
        ChtObj.Chart.PrintOut
    Next ChtObj
End Sub
```

### 9.18.2 建立未連結的圖表

Excel 圖表通常使用的是儲存在一定儲存格區域內的資料。修改該儲存格區域內的資料,則圖表會自動更新。某些情況下,可能想使圖表與資料儲存格區域不相關聯,而是產生一個死表(從不變化的表)。例如,如果要繪製由各種 what-if 陳述式產生的資料,可能需要儲存一個表示基線的圖表,以便與其他陳述式相比較。

建立這種圖表有下列 3 種方式:

- **將圖表複製為一張圖片**。啟動圖表,可以選擇〔常用〕→〔剪貼簿〕→〔複製〕→〔複製成圖片〕(接受「複製圖片」對話盒中的預設值)指令。然後按一下一個儲存格,選擇〔常用〕→〔剪貼簿〕→〔貼上〕指令。貼上結果將是被複製圖表的一張圖片。
- **將對儲存格區域的參照轉換為陣列**。按一下圖表序列,然後按一下公式欄。按〔F9〕將儲存格區域轉換為一個陣列,然後按〔Enter〕鍵。對圖表中的每個序列都重複該操作。
- **使用 VBA 把陣列**(而非儲存格區域)賦值給 **Series** 物件的 **XValues** 或 **Values** 屬性。接下來將介紹這種技術。

下列程序透過使用陣列建立一個圖表。資料並非儲存在工作表中。可以看到,SERIES 公式包含陣列而非儲存格區域的參照。

```
Sub CreateUnlinkedChart()
    Dim MyChart As Chart
    Set MyChart = ActiveSheet.Shapes.AddChart2.Chart
    With MyChart
        .SeriesCollection.NewSeries
```

```
            .SeriesCollection(1).Name = "Sales"
            .SeriesCollection(1).XValues = Array("Jan", "Feb", "Mar")
            .SeriesCollection(1).Values = Array(125, 165, 189)
            .ChartType = xlColumnClustered
            .SetElement msoElementLegendNone
        End With
    End Sub
```

由於 Excel 對圖表的 SERIES 公式的長度進行了限制,所以該方法只對較小的資料集有效。

下列程序建立現有的圖表的一個圖片(原圖表並未刪除)。它只用於嵌入式圖表。

```
    Sub ConvertChartToPicture()
        Dim Cht As Chart
        If ActiveChart Is Nothing Then Exit Sub
        If TypeName(ActiveSheet) = "Chart" Then Exit Sub
        Set Cht = ActiveChart
        Cht.CopyPicture Appearance:=xlPrinter, _
          Size:=xlScreen, Format:=xlPicture
        ActiveWindow.RangeSelection.Select
        ActiveSheet.Paste
    End Sub
```

當圖表轉換為圖片時,可使用〔圖片工具〕→〔格式〕→〔圖片樣式〕指令來建立一些有趣的顯示效果(參見圖 9-13 中的範例)。

 線上資源　本節兩個範例都可以從範例檔案中取得。檔案名稱為「unlinked charts.xlsm」。

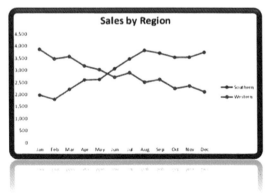

▲ 圖 9-13:將圖表轉換為圖片後,可透過使用多種格式選項來操作圖片

### 9.18.3 用 MouseOver 事件顯示文字

有個常見的製圖問題是修改圖表時的圖表提示問題。「圖表提示」是在將滑鼠指標移到一個被啟動的圖表上時，出現在滑鼠指標旁的簡短訊息。圖表提示顯示圖表項目名稱以及（為序列顯示）資料點的值。Chart 物件模型並不會顯示這些圖表提示，因此無法修改這些提示。

> **提示** ....................................................................................●
>
> 如果要開啟或關閉圖表提示，可選擇〔檔案〕→〔選項〕指令來顯示「Excel 選項」對話盒。按一下〔進階〕活頁標籤，找到「圖表」區域。這些選項為「停留時顯示圖表項目名稱」和「停留時顯示資料點的值」。

本節還將介紹另一種提供圖表提示的方法。圖 9-14 顯示使用 MouseOver 事件的直條圖。當滑鼠指標定位在柱狀圖上方時，左上角的文字方塊（一個 Shape 物件）將顯示有關資料點的資訊。該資訊儲存在儲存格區域中，可以是任何類型的內容。

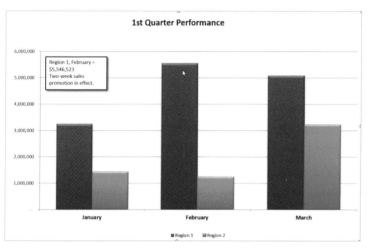

▲ 圖 9-14：文字方塊顯示滑鼠指標下面的資料點的資訊

下列事件程序位於包含圖表的 Chart 工作表程式碼模組中。

```
Private Sub Chart_MouseMove(ByVal Button As Long, ByVal Shift As Long, _
    ByVal X As Long, ByVal Y As Long)
    Dim ElementId As Long
    Dim arg1 As Long, arg2 As Long
    On Error Resume Next
    ActiveChart.GetChartElement X, Y, ElementId, arg1, arg2
    If ElementId = xlSeries Then
        ActiveChart.Shapes(1).Visible = msoCTrue
        ActiveChart.Shapes(1).TextFrame.Characters.Text = _
```

```
                Sheets("Sheet1").Range("Comments").Offset(arg2, arg1)
        Else
            ActiveChart.Shapes(1).Visible = msoFalse
        End If
    End Sub
```

該程序監視 Chart 工作表上的所有滑鼠動作。滑鼠座標包含在 X 和 Y 變數中,被傳遞給程序。並未在該程序中使用 Button 和 Shift 引數。

與前面的範例一樣,該程序中的關鍵元件是 GetChartElement 方法。如果 ElementId 為 xlSeries,那麼滑鼠指標就在序列上。文字方塊將會出現,顯示特定儲存格中的文字。該文字包含對資料點的描述資訊(參見圖 9-15)。如果滑鼠指標不在序列上,文字方塊將被隱藏。

| | A | B | C |
|---|---|---|---|
| 1 | Month | Region 1 | Region 2 |
| 2 | January | 3,245,151 | 1,434,343 |
| 3 | February | 5,546,523 | 1,238,709 |
| 4 | March | 5,083,204 | 3,224,855 |
| 5 | | | |
| 6 | Comments | | |
| 7 | | Region 1, January = $3,245,151 | Region 2, January = $1,434,343 |
| 8 | | Region 1, February = $5,546,523 Two-week sales promotion in effect. | Region 2, February = $1,238,709 |
| 9 | | Region 1, March = $5,083,204 | Region 2, March = $3,224,855 L.A. merger took place in week three. |

▲ 圖 9-15:B7:C9 儲存格區域包含顯示在圖表文字方塊中的資料點資訊

該範例中的活頁簿還包含一個 Chart_Activate 事件程序,該程序關閉正常的 ChartTip 顯示,還包含一個 Chart_Deactivate 程序,該程序會開啟之前的設定。Chart_Activate 程序如下:

```
    Private Sub Chart_Activate()
        Application.ShowChartTipNames = False
        Application.ShowChartTipValues = False
    End Sub
```

範例檔案中包含針對嵌入式工作表「mouseover event-embedded.xlsm」和圖表工作表「mouseover event-chart sheet.xlsm」的範例。

線上資源

## 9.18.4 捲動圖表

圖 9-16 是「scrolling chart.xlsm」範例活頁簿中的範例圖表。這個圖表只展示一部分資料,但可以捲動以便顯示其他值。

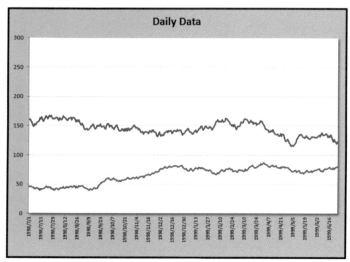

▲ 圖 9-16：可捲動圖表的範例

該活頁簿包含下列 6 個名稱：

➢ StartDay：儲存格 F1 的名稱。

➢ NumDays：儲存格 F2 的名稱。

➢ Increment：儲存格 F3 的名稱（用於自動捲動）。

➢ Date：指定如下公式：

```
=OFFSET(Sheet1!$A$1,StartDay,0,NumDays,1)
```

➢ ProdA：命名如下公式：

```
=OFFSET(Sheet1!$B$1,StartDay,0,NumDays,1)
```

➢ ProdB：命名如下公式：

```
=OFFSET(Sheet1!$C$1,StartDay,0,NumDays,1)
```

圖表中的每個 SERIES 公式的類別值和資料都使用了名稱。Product A 序列的 SERIES 公式如下（為了清楚表示，刪除了工作表名稱和活頁簿名稱）：

```
=SERIES($B$1,Date,ProdA,1)
```

Product B 序列的 SERIES 公式如下：

```
=SERIES($C$1,Date,ProdB,2)
```

使用這些名稱可以讓使用者為 StartDay 和 NumDays 指定值，圖表將顯示資料的一個子集。

範例檔案中包含的一個活頁簿包括了該動畫圖表，以及其他一些動畫範例。檔案名稱為「scrolling chart.xlsm」。

有個相對簡單的巨集可以使圖表捲動。工作表中的按鈕執行下列巨集，該巨集可以使圖表捲動（或停止捲動）：

```
Public AnimationInProgress As Boolean

Sub AnimateChart()
    Dim StartVal As Long, r As Long
    If AnimationInProgress Then
        AnimationInProgress = False
        End
    End If
    AnimationInProgress = True
    StartVal = Range("StartDay")
    For r = StartVal To 5219 - Range("NumDays")Step Range("Increment")
        Range("StartDay") = r
        DoEvents
    Next r
    AnimationInProgress = False
End Sub
```

AnimateChart 程序用一個公開變數「AnimationInProgress」來跟蹤動畫狀態。該動畫由一個改變 StartDay 儲存格值的迴圈產生。由於這兩個圖表序列都使用了這個值，所以圖表持續用一個新的開始值進行更新。Scroll Increment 設定決定了圖表的捲動速度。

為停止動畫，程序中使用了 End 陳述式而非 Exit Sub 陳述式。由於某些原因，Exit Sub 使用起來並不可靠，甚至可能會與 Excel 衝突。

## 9.19 使用走勢圖

本章最後簡要討論一下走勢圖，這是 Excel 2010 中新增的一項功能。走勢圖是在儲存格內顯示的一個小圖表，可讓使用者快速看出資料的趨勢或變化。因為走勢圖很小，所以經常成群使用。

圖 9-17 顯示 Excel 支援的 3 種走勢圖。

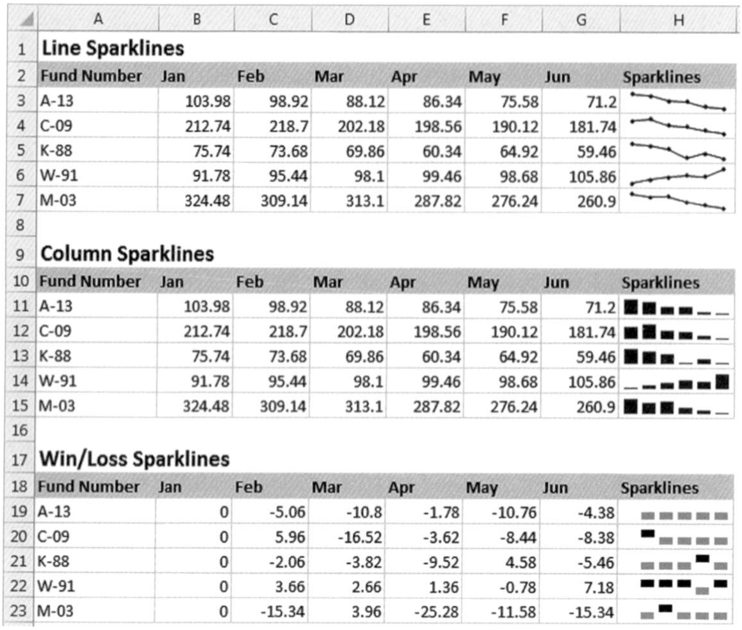

| | A | B | C | D | E | F | G | H |
|---|---|---|---|---|---|---|---|---|
| 1 | **Line Sparklines** | | | | | | | |
| 2 | Fund Number | Jan | Feb | Mar | Apr | May | Jun | Sparklines |
| 3 | A-13 | 103.98 | 98.92 | 88.12 | 86.34 | 75.58 | 71.2 | |
| 4 | C-09 | 212.74 | 218.7 | 202.18 | 198.56 | 190.12 | 181.74 | |
| 5 | K-88 | 75.74 | 73.68 | 69.86 | 60.34 | 64.92 | 59.46 | |
| 6 | W-91 | 91.78 | 95.44 | 98.1 | 99.46 | 98.68 | 105.86 | |
| 7 | M-03 | 324.48 | 309.14 | 313.1 | 287.82 | 276.24 | 260.9 | |
| 8 | | | | | | | | |
| 9 | **Column Sparklines** | | | | | | | |
| 10 | Fund Number | Jan | Feb | Mar | Apr | May | Jun | Sparklines |
| 11 | A-13 | 103.98 | 98.92 | 88.12 | 86.34 | 75.58 | 71.2 | |
| 12 | C-09 | 212.74 | 218.7 | 202.18 | 198.56 | 190.12 | 181.74 | |
| 13 | K-88 | 75.74 | 73.68 | 69.86 | 60.34 | 64.92 | 59.46 | |
| 14 | W-91 | 91.78 | 95.44 | 98.1 | 99.46 | 98.68 | 105.86 | |
| 15 | M-03 | 324.48 | 309.14 | 313.1 | 287.82 | 276.24 | 260.9 | |
| 16 | | | | | | | | |
| 17 | **Win/Loss Sparklines** | | | | | | | |
| 18 | Fund Number | Jan | Feb | Mar | Apr | May | Jun | Sparklines |
| 19 | A-13 | 0 | -5.06 | -10.8 | -1.78 | -10.76 | -4.38 | |
| 20 | C-09 | 0 | 5.96 | -16.52 | -3.62 | -8.44 | -8.38 | |
| 21 | K-88 | 0 | -2.06 | -3.82 | -9.52 | 4.58 | -5.46 | |
| 22 | W-91 | 0 | 3.66 | 2.66 | 1.36 | -0.78 | 7.18 | |
| 23 | M-03 | 0 | -15.34 | 3.96 | -25.28 | -11.58 | -15.34 | |

▲ 圖 9-17：走勢圖範例

與其他大多數功能一樣，Microsoft 將走勢圖加入到了 Excel 物件模型中，這樣就可以透過 VBA 來使用走勢圖了。該物件層的最頂端是 SparklineGroups 集合，這是所有 SparklineGroup 物件的集合。SparklineGroup 物件包含 Sparkline 物件。與你可能猜想的情況相反，SparklineGroups 集合的父物件是 Range 物件，而非 Worksheet 物件。因此，以下陳述式會產生一個錯誤：

```
MsgBox ActiveSheet.SparklineGroups.Count
```

因此，我們應該使用 Cells 屬性（它會傳回一個儲存格區域物件）：

```
MsgBox Cells.SparklineGroups.Count
```

下例列出每個走勢圖組在現有的工作表中的位址：

```
Sub ListSparklineGroups()
    Dim sg As SparklineGroup
    Dim i As Long
    For i = 1 To Cells.SparklineGroups.Count
        Set sg = Cells.SparklineGroups(i)
        MsgBox sg.Location.Address
    Next i
End Sub
```

但不能使用 For Each 結構迴圈通過 SparklineGroups 集合中的物件，而應該透過使用索引號參照這些物件。

下面是另一個使用 VBA 操作走勢圖的範例。SparklineReport 程序列出現有的工作表上每個走勢圖的資訊。

```vba
Sub SparklineReport()
    Dim sg As SparklineGroup
    Dim sl As Sparkline
    Dim SGType As String
    Dim SLSheet As Worksheet
    Dim i As Long, j As Long, r As Long

    If Cells.SparklineGroups.Count = 0 Then
        MsgBox "No sparklines were found on the active sheet."
        Exit Sub

    End If

    Set SLSheet = ActiveSheet
'   Insert new worksheet for the report
    Worksheets.Add

'   Headings
    With Range("A1")
        .Value = "Sparkline Report: " & SLSheet.Name & " in " _
            & SLSheet.Parent.Name
        .Font.Bold = True
        .Font.Size = 16
    End With
    With Range("A3:F3")
        .Value = Array("Group #", "Sparkline Grp Range", _
            "# in Group", "Type", "Sparkline #", "Source Range")
        .Font.Bold = True
    End With
    r = 4

    'Loop through each sparkline group
    For i = 1 To SLSheet.Cells.SparklineGroups.Count
        Set sg = SLSheet.Cells.SparklineGroups(i)
        Select Case sg.Type
            Case 1: SGType = "Line"
            Case 2: SGType = "Column"
            Case 3: SGType = "Win/Loss"
        End Select
        ' Loop through each sparkline in the group
        For j = 1 To sg.Count
            Set sl = sg.Item(j)
            Cells(r, 1) = i 'Group #
            Cells(r, 2) = sg.Location.Address
```

```
                Cells(r, 3) = sg.Count
                Cells(r, 4) = SGType
                Cells(r, 5) = j 'Sparkline # within Group
                Cells(r, 6) = sl.SourceData
                r = r + 1
            Next j
            r = r + 1
        Next i
    End Sub
```

圖 9-18 顯示根據這個程序產生的範例報表。

| | A | B | C | D | E | F | G |
|---|---|---|---|---|---|---|---|
| 1 | **Sparkline Report: Sheet1 in sparkline report.xlsm** | | | | | | |
| 2 | | | | | | | |
| 3 | Group # | Sparkline | # in Group | Type | | Sparkline | Source Range |
| 4 | 1 | $N$22:$N$ | 10 | Line | | 1 | B22:M22 |
| 5 | 1 | $N$22:$N$ | 10 | Line | | 2 | B23:M23 |
| 6 | 1 | $N$22:$N$ | 10 | Line | | 3 | B24:M24 |
| 7 | 1 | $N$22:$N$ | 10 | Line | | 4 | B25:M25 |
| 8 | 1 | $N$22:$N$ | 10 | Line | | 5 | B26:M26 |
| 9 | 1 | $N$22:$N$ | 10 | Line | | 6 | B27:M27 |
| 10 | 1 | $N$22:$N$ | 10 | Line | | 7 | B28:M28 |
| 11 | 1 | $N$22:$N$ | 10 | Line | | 8 | B29:M29 |
| 12 | 1 | $N$22:$N$ | 10 | Line | | 9 | B30:M30 |
| 13 | 1 | $N$22:$N$ | 10 | Line | | 10 | B31:M31 |
| 14 | | | | | | | |
| 15 | 2 | $N$9:$N$ | 10 | Column | | 1 | B9:M9 |
| 16 | 2 | $N$9:$N$ | 10 | Column | | 2 | B10:M10 |
| 17 | 2 | $N$9:$N$ | 10 | Column | | 3 | B11:M11 |
| 18 | 2 | $N$9:$N$ | 10 | Column | | 4 | B12:M12 |
| 19 | 2 | $N$9:$N$ | 10 | Column | | 5 | B13:M13 |
| 20 | 2 | $N$9:$N$ | 10 | Column | | 6 | B14:M14 |
| 21 | 2 | $N$9:$N$ | 10 | Column | | 7 | B15:M15 |
| 22 | 2 | $N$9:$N$ | 10 | Column | | 8 | B16:M16 |
| 23 | 2 | $N$9:$N$ | 10 | Column | | 9 | B17:M17 |
| 24 | 2 | $N$9:$N$ | 10 | Column | | 10 | B18:M18 |

▲ 圖 9-18：執行 SparklineReport 程序的結果

線上資源　　該活頁簿名稱為「sparkline report.xlsm」，可從範例檔案中取得。

# Chapter

# 10

# 與其他應用程式的互動

- 了解 Microsoft Office 自動化
- 從 Excel 自動化 Access
- 從 Excel 自動化 Word
- 從 Excel 自動化 PowerPoint
- 從 Excel 自動化 Outlook
- 從 Excel 啟動其他應用程式

## 10.1 了解 Microsoft Office 自動化

透過本書的學習,你可以了解如何應用 VBA 來自動化完成任務、處理和程式流程。本章將對自動化進行另一種解說。此處的自動化將被定義為從一個應用程式操作或控制另一個應用程式。

為什麼要從一個應用程式控制另一個應用程式呢?導向資料的處理通常會涉及一系列應用程式。在 Excel 中分析和匯總資料、在 PowerPoint 中將資料展示出來、透過 Outlook 將資料發送出來,這些程序並不少見。

實際情況是如果按一般的手動處理方式,每個 Microsoft Office 應用程式都有其各自的優點。透過 VBA,可能更進一步自動化 Excel 和其他 Office 應用程式之間的互動操作。

### 10.1.1 了解繫結(binding)這個概念

Microsoft Office 系列中的各個程式都有其各自的物件庫。所謂物件庫就像是百科全書,包含了每個 Office 應用程式中可用的所有物件、方法和屬性。Excel 有其自身的物件庫,所有其他 Office 應用程式也都隸屬於自己的物件庫。

為能從 Excel 中連接另一個 Office 程式,首先需要將它與另一個 Office 繫結起來。對伺服器端應用來講,繫結是一個將物件庫向使用者端應用程式進行展現的程序。繫結分為兩種:早期繫結和晚期繫結。

> **注意**
>
> 在此處所討論的環境中,使用者端應用程式是指執行控制操作的應用程式,而伺服器端應用程式是指被控制的應用程式。

## 1. 早期繫結

如果進行早期繫結,應該顯式地將使用者端應用程式指向伺服器端應用程式的物件庫,以便在設計時或程式設計時找到物件模型。接下來使用程式碼中已指定的物件去呼叫應用程式的新實例,如下所示:

```
Dim XL As Excel.Application
Set XL = New Excel.Application
```

早期繫結有如下優點:

➤ 由於在設計時就指定物件,使用者端應用程式可以在執行前就對程式碼進行編譯。和晚期繫結相比,程式碼執行起來更快。

➤ 由於在設計時就繫結了物件庫,就可以在物件瀏覽器中完全連接伺服器端應用程式的物件模型。

➤ 可使用智慧提示。當輸入關鍵字和點(.)或等號(=)時會看到一個快速選單,其中列出可用的方法和屬性,這就是智慧提示。

➤ 可自動連接伺服器端應用程式內建的常數。

要使用早期繫結,應該先建立到對應物件庫的參照,在 VBE 中選擇〔工具〕→〔設定引用項目〕指令。在「設定引用項目」對話盒中(如圖 10-1 所示),找到並勾選想要進行自動化的 Office 應用程式。系統中可用的物件庫版本就等於 Office 版本。比如,你使用的是 Office 2016,就會有 PowerPoint 16.0 Object Libary。如果使用的是 Office 2013,就會有 PowerPoint 15.0 Object Libary。

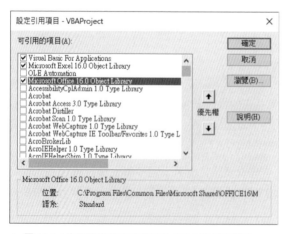

▲ 圖 10-1:為要自動執行的應用程式加入物件庫參照

## 2. 晚期繫結

晚期繫結和早期繫結並不一樣，因為不需要將使用者端應用程式指向具體的物件庫。你的處理可以模糊一些，只需要在執行時或執行程式時使用 CreatObject 函數繫結到所需的物件庫上：

```
Dim XL As Object
Set XL = CreateObject("Excel.Application")
```

晚期繫結有一個主要優點，自動化程式可以不依賴於版本。也就是說，如果有多個版本的元件，自動化程式不會因為相容性問題而執行失敗。

例如，假定你想要使用早期繫結，在系統上設定對 Excel 物件庫的參照。系統上的可用版本等於正使用的 Excel 版本。如果你的使用者在他們的機器上安裝低版本的 Excel，那他們執行你所撰寫的自動化程式就會失敗。如果採用晚期繫結就不會出現這個問題。

---

### GetObject 與 CreateObject

VBA 的 GetObject 和 CreateObject 函數都可以傳回對物件的參照，但它們以不同方式工作。

CreateObject 函數建立一個應用程式的新實例的介面。當應用程式沒有執行時，使用該函數。如果應用程式的一個實例已在執行，則啟動一個新實例。例如，下列陳述式啟動 Excel，XLApp 傳回的物件是一個對其建立的 Excel.Application 物件的參照。

```
Set XLApp = CreateObject("Excel.Application")
```

GetObject 函數可以使用已經在執行的應用程式，也可用來啟動一個已載入檔案的應用程式。例如，下列陳述式用已載入的 Myfile.xls 來啟動 Excel。XLBook 中傳回的物件是一個到 Workbook 物件（Myfile.xlsx 文件）的參照：

```
Set XLBook = GetObject("C:\Myfile.xlsx")
```

---

## 10.1.2 一個簡單的自動化範例

下面的範例展示了如何透過使用晚期繫結來建立一個 Word 物件。該程式建立了 Word 的實例，顯示目前版本號，關閉 Word 應用程式，然後銷毀該物件（因此釋放了使用的記憶體）：

```
Sub GetWordVersion()
    Dim WordApp As Object
    Set WordApp = CreateObject("Word.Application")
    MsgBox WordApp.Version
    WordApp.Quit
    Set WordApp = Nothing
End Sub
```

該程序中建立的 Word 物件是不可見的。如果要在操作時檢視物件的視窗，可將其
Visible 屬性設定為 True，如下所示：

```
WordApp.Visible = True
```

該範例還可以使用前期繫結進行撰寫。在此之前，需要先在 VBE 中啟動參照對話盒，選擇〔工
具〕→〔設定引用項目〕指令來設定一個對 Word 物件庫的參照。然後使用下列程式碼：

```
Sub GetWordVersion()
    Dim WordApp As New Word.Application
    MsgBox WordApp.Version
    WordApp.Quit
    Set WordApp = Nothing
End Sub
```

## 10.2 從 Excel 中自動執行 Access 任務

對大部分 Excel 使用者來講，都不會在 Excel 中自動啟用 Access。確實，大多數人都很難想
像什麼情況下非要這樣做不可。不可否認，沒什麼令人信服的理由，但你可以了解一些本節
將展示出來的神奇自動化技巧。誰知道什麼時候可能用得上呢？

### 10.2.1 從 Excel 中執行 Access 查詢

這裡有一個很好的巨集，對於經常需要從 Access 中將查詢結果複製貼上到 Excel 中的使用
者來講，很有幫助。在這個巨集裡，使用 DAO（Data Access Object）在後台開啟並執行
Access 查詢，然後將結果輸出到 Excel 中。

這個巨集是將 Excel 指向 Access 資料庫，從已有的 Access 查詢中將資料取出。可將查詢儲
存到 Recordset 物件中，以便將其填入到 Excel 試算表中。

線上資源　　　名為「Running an Access Query from Excel.xlsm」的活頁簿可從範例檔案中取得。

要自動啟用 Access，需要先設定對 Microsoft Access 物件庫的參照。在 Excel 中開啟
VBE，選擇〔工具〕→〔設定引用項目〕。啟動「設定引用項目」對話盒後，透過捲軸
找到「Microsoft Access XX Object Library」，此處的 XX 指你系統上的 Access 版本號，
選擇該項。

```
Sub RunAccessQuery()

'Declare your variables
    Dim MyDatabase As DAO.Database
    Dim MyQueryDef As DAO.QueryDef
    Dim MyRecordset As DAO.Recordset
    Dim i As Integer

'Identify the database and query
    Set MyDatabase = DBEngine.OpenDatabase _
                     ("C:\Temp\YourAccessDatabse.accdb")

    Set MyQueryDef = MyDatabase.QueryDefs("Your Query Name")

'Open the query
    Set MyRecordset = MyQueryDef.OpenRecordset


'Clear previous contents
    Sheets("Sheet1").Select
    ActiveSheet.Range("A6:K10000").ClearContents

'Copy the recordset to Excel

    ActiveSheet.Range("A7").CopyFromRecordset MyRecordset

'Add column heading names to the spreadsheet
    For i = 1 To MyRecordset.Fields.Count
    ActiveSheet.Cells(6, i).Value = MyRecordset.Fields(i - 1).Name
    Next i

End Sub
```

## 10.2.2 從 Excel 執行 Access 巨集

我們可從 Excel 執行 Access 巨集,利用自動化可在不開啟 Access 的情況下使用巨集。這技巧非常有用,不僅能執行那些涉及一系列查詢的優秀的巨集,還能輕鬆完成將 Access 資料輸出到 Excel 檔案等日常任務。

名為「Running an Access Macro from Excel.xlsm」的活頁簿可從範例檔案中取得。

線上資源

下面的巨集可方便地以程式設計方式觸發 Access 巨集。

需要先設定對 Microsoft Access 物件庫的參照。在 Excel 中開啟 VBE，選擇〔工具〕→〔設定引用項目〕。啟動「設定引用項目」對話盒後，透過捲軸找到 Microsoft Access XX Object Library，此處的 XX 指你系統上的 Access 版本號，選擇該項。

```
Sub RunAccessMacro()

'Declare your variables
    Dim AC As Access.Application

'Start Access and open the target database
    Set AC = New Access.Application
            AC.OpenCurrentDatabase _
          ("C:\Temp\YourAccessDatabse.accdb")

'Run the Target Macro
    With AC
        .DoCmd.RunMacro "MyMacro"
        .Quit
    End With

End Sub
```

# 10.3 從 Excel 自動執行 Word 任務

在 Word 文件檔案中包含來自 Excel 的表並不罕見。在大多數情況下，該表都是簡單地直接複製貼上到 Word 中。雖然將資料從 Excel 複製貼上到 Word 中確實是一種有效的整合形式，但還有無數種方法可將 Excel 和 Word 整合起來。本節將列舉一些範例來說明整合 Excel 和 Word 時可用的技巧。

## 10.3.1 將 Excel 資料傳遞給 Word 文件檔案

如果需要經常將 Excel 中的資料複製貼上到 Word 中，可以試試用巨集來自動完成這項任務。

在記錄這個巨集前，需要先做些準備工作。

先建立一個 Word 文件檔案範本，在這個文件檔案中，建立一個書籤標記出希望放置所複製的 Excel 資料的位置。

要在 Word 文件檔案中建立書籤，可將游標放到希望放置的位置上，選擇〔插入〕活頁標籤，選擇〔書籤〕（在〔連結〕群組中）。這樣就可以啟動「書籤」對話盒，可為書籤命名。命名完畢後，按一下〔加入〕按鈕。

線上資源

名為「Sending Excel Data to a Word Document.xlsm」的活頁簿可從範例檔案中取得。
還可以看到「PasteTable.docx」文件檔案。該文件檔案是個簡單範本,包含一個名
為「DataTableHere」的書籤。在這個範例程式碼中,使用 DataTableHere 書籤指定
位置後,可將儲存格區域複製到那個 PasteTable.docx 範本中。

注意

需要先設定對 Microsoft Word 物件庫的參照。在 Excel 中開啟 VBE,選擇〔工具〕→
〔設定引用項目〕。啟動「設定引用項目」對話盒後,透過捲軸找到 Microsoft Word XX
Object Library,此處的 XX 指你系統上的 Word 版本號,選擇該項。

10

```vba
Sub SendDataToWord()

'Declare your variables
    Dim MyRange As Excel.Range
    Dim wd As Word.Application
    Dim wdDoc As Word.Document
    Dim WdRange As Word.Range

'Copy the defined range
    Sheets("Revenue Table").Range("B4:F10").Copy

'Open the target Word document
    Set wd = New Word.Application

    Set wdDoc = wd.Documents.Open _
    (ThisWorkbook.Path & "\" & "PasteTable.docx")
    wd.Visible = True

'Set focus on the target bookmark
    Set WdRange = wdDoc.Bookmarks("DataTableHere").Range

'Delete the old table and paste new
    On Error Resume Next
    WdRange.Tables(1).Delete
    WdRange.Paste 'paste in the table

'Adjust column widths
    WdRange.Tables(1).Columns.SetWidth _
    (MyRange.Width / MyRange.Columns.Count), wdAdjustSameWidth

'Reinsert the bookmark
    wdDoc.Bookmarks.Add "DataTableHere", WdRange

'Memory cleanup
```

```
        Set wd = Nothing
        Set wdDoc = Nothing
        Set WdRange = Nothing

    End Sub
```

## 10.3.2 模擬 Word 文件檔案的合併列印功能

Word 中用得最多的整合功能之一是合併列印。很多情況下，合併列印是指為客戶清單中的每個客戶建立一封郵件或一個文件檔案的程序。例如，假定你有一個客戶清單，你想為每個客戶建立一封郵件。有了合併列印，就只需要撰寫一次郵件內容，然後使用 Word 的合併列印功能為每個客戶自動建立一封郵件，並為每封郵件附上對應的位址、姓名以及其他資訊。

如果你是一位自動化愛好者，可在 Excel 中使用巨集來模擬 Word Mail Merge 功能。處理起來很簡單，先準備一個範本，裡面帶有標識出聯絡資訊中每個元素所插入位置的書籤。啟動範本時，只需要通過連絡人列表中的每個連絡人，然後將他們的聯絡資訊的各部分內容分配給各自的書籤即可。

 名為「SimulatingMail Merge with a Word Document.xlsm」的活頁簿可從範例檔案中取得。還可以看到一個名為「MailMerge.docx」的文件檔案。該文件檔案包含執行

線上資源　本處範例檔案所需要的所有書籤。

注意

需要先設定對 Microsoft Word 物件庫的參照。在 Excel 中開啟 VBE，選擇〔工具〕→〔設定引用項目〕。啟動「設定引用項目」對話盒後，透過捲軸找到 Microsoft Word XX Object Library，此處的 XX 指你系統上的 Word 版本號，選擇該項。

```
    Sub WordMailMerge()

    'Declare your variables
        Dim wd As Word.Application
        Dim wdDoc As Word.Document
        Dim MyRange As Excel.Range
        Dim MyCell As Excel.Range
        Dim txtAddress As String
        Dim txtCity As String
        Dim txtState As String
        Dim txtPostalCode As String
        Dim txtFname As String
        Dim txtFullname As String

    'Start Word and add a new document
        Set wd = New Word.Application
```

```
    Set wdDoc = wd.Documents.Add
    wd.Visible = True

'Set the range of your contact list
    Set MyRange = Sheets("Contact List").Range("A5:A24")

'Start the loop through each cell
    For Each MyCell In MyRange.Cells

'Assign values to each component of the letter
    txtAddress = MyCell.Value
    txtCity = MyCell.Offset(, 1).Value
    txtState = MyCell.Offset(, 2).Value
    txtPostalCode = MyCell.Offset(, 3).Value
    txtFname = MyCell.Offset(, 5).Value
    txtFullname = MyCell.Offset(, 6).Value

'Insert the structure of template document
    wd.Selection.InsertFile _
    ThisWorkbook.Path & "\" & "MailMerge.docx"

'Fill each relevant bookmark with respective value

    wd.Selection.Goto What:=wdGoToBookmark, Name:="Customer"
    wd.Selection.TypeText Text:=txtFullname

    wd.Selection.Goto What:=wdGoToBookmark, Name:="Address"
    wd.Selection.TypeText Text:=txtAddress

    wd.Selection.Goto What:=wdGoToBookmark, Name:="City"
    wd.Selection.TypeText Text:=txtCity

    wd.Selection.Goto What:=wdGoToBookmark, Name:="State"
    wd.Selection.TypeText Text:=txtState

    wd.Selection.Goto What:=wdGoToBookmark, Name:="Zip"
    wd.Selection.TypeText Text:=txtPostalCode

    wd.Selection.Goto What:=wdGoToBookmark, Name:="FirstName"
    wd.Selection.TypeText Text:=txtFname

'Clear any remaining bookmarks
    On Error Resume Next
    wdDoc.Bookmarks("Address").Delete
    wdDoc.Bookmarks("Customer").Delete
    wdDoc.Bookmarks("City").Delete
    wdDoc.Bookmarks("State").Delete
    wdDoc.Bookmarks("FirstName").Delete
```

```
    wdDoc.Bookmarks("Zip").Delete

'Go to the end, insert new page, and start with the next cell
    wd.Selection.EndKey Unit:=wdStory
    wd.Selection.InsertBreak Type:=wdPageBreak
    Next MyCell

'Set cursor to beginning and clean up memory
    wd.Selection.HomeKey Unit:=wdStory
    wd.Activate
    Set wd = Nothing
    Set wdDoc = Nothing

End Sub
```

# 10.4 從 Excel 自動執行 PowerPoint 任務

可能多達半數的 PowerPoint 簡報中都包含從 Excel 中直接複製過來的資料。很顯然,與 PowerPoint 相比,在 Excel 中分析和建立圖表及資料視圖要簡單得多。如果已經建立好了這些圖表及資料視圖,那為什麼不簡單地直接將其複製到 PowerPoint 中呢?能直接從 Excel 中複製可以節省時間和精力,何樂而不為?

本節介紹一些技巧可以幫助你自動將 Excel 中的資料複製到 PowerPoint 中。

## 10.4.1 將 Excel 資料發送到 PowerPoint 簡報中

為了解一些基本操作,我們先簡單地自動建立一個 PowerPoint 簡報,該簡報帶有一張有標題的投影片。在這個範例中,從 Excel 檔中複製儲存格區域,並將該儲存格區域貼上到 PowerPoint 文件檔案新建的投影片中。

線上資源

名為「Sending Excel Data to a PowerPoint Presentation.xlsm」的活頁簿可從範例檔案中取得。

> **注意**
>
> 需要首先設定對 Microsoft PowerPoint 物件庫的參照。在 Excel 中開啟 VBE,選擇〔工具〕→〔設定引用項目〕。啟動「設定引用項目」對話盒後,透過捲軸找到 Microsoft PowerPoint XX Object Library,此處的 XX 指你系統上的 Word 版本號,選擇該項。

```
Sub CopyRangeToPresentation ()

'Declare your variables
```

```
    Dim PP As PowerPoint.Application
    Dim PPPres As PowerPoint.Presentation
    Dim PPSlide As PowerPoint.Slide
    Dim SlideTitle As String

'Open PowerPoint and create new presentation
    Set PP = New PowerPoint.Application
    Set PPPres = PP.Presentations.Add
    PP.Visible = True

Add new slide as slide 1 and set focus to it
    Set PPSlide = PPPres.Slides.Add(1, ppLayoutTitleOnly)
    PPSlide.Select

'Copy the range as a picture
    Sheets("Slide Data").Range("A1:J28").CopyPicture _
    Appearance:=xlScreen, Format:=xlPicture
'Paste the picture and adjust its position
    PPSlide.Shapes.Paste.Select
    PP.ActiveWindow.Selection.ShapeRange.Align msoAlignCenters, True
    PP.ActiveWindow.Selection.ShapeRange.Align msoAlignMiddles, True

'Add the title to the slide
    SlideTitle = "My First PowerPoint Slide"
    PPSlide.Shapes.Title.TextFrame.TextRange.Text = SlideTitle

'Memory Cleanup
    PP.Activate

    Set PPSlide = Nothing
    Set PPPres = Nothing
    Set PP = Nothing

End sub
```

## 10.4.2 將所有 Excel 圖表發送到 PowerPoint 簡報中

在一張工作表中經常可以看到多個圖表，很多人也都需要將圖表複製到 PowerPoint 簡報中。此處的巨集就可以說明完成這項任務，有效地自動將每個圖表複製到投影片中。

在這個巨集裡，通過 Activesheet.ChartObjects 集合，並將每個圖表以圖片形式複製到新建的 PowerPoint 簡報相對應的投影片上。

名為「Sending All Excel Charts to a PowerPoint Presentation.xlsm」的活頁簿可從範例檔案中取得。

線上資源

需要先設定對 Microsoft PowerPoint 物件庫的參照。在 Excel 中開啟 VBE，選擇〔工具〕→〔設定引用項目〕。啟動「設定引用項目」對話盒後，透過捲軸找到 Microsoft PowerPoint XX Object Library，此處的 XX 指你系統上的 Word 版本號，選擇該項。

```vba
Sub CopyAllChartsToPresentation()

'Declare your variables
    Dim PP As PowerPoint.Application
    Dim PPPres As PowerPoint.Presentation
    Dim PPSlide As PowerPoint.Slide
    Dim i As Integer

'Check for charts; exit if no charts exist
    Sheets("Slide Data").Select
    If ActiveSheet.ChartObjects.Count < 1 Then
    MsgBox "No charts existing the active sheet"
    Exit Sub
    End If

'Open PowerPoint and create new presentation
    Set PP = New PowerPoint.Application
    Set PPPres = PP.Presentations.Add
    PP.Visible = True

'Start the loop based on chart count
    For i = 1 To ActiveSheet.ChartObjects.Count

'Copy the chart as a picture

    ActiveSheet.ChartObjects(i).Chart.CopyPicture _
    Size:=xlScreen, Format:=xlPicture
    Application.Wait (Now + TimeValue("0:00:1"))

'Count slides and add new slide as next available slide number
    ppSlideCount = PPPres.Slides.Count
    Set PPSlide = PPPres.Slides.Add(SlideCount + 1, ppLayoutBlank)
    PPSlide.Select

'Paste the picture and adjust its position; Go to next chart
    PPSlide.Shapes.Paste.Select
    PP.ActiveWindow.Selection.ShapeRange.Align msoAlignCenters, True
    PP.ActiveWindow.Selection.ShapeRange.Align msoAlignMiddles, True
    Next i

'Memory Cleanup
```

```
        Set PPSlide = Nothing
        Set PPPres = Nothing
        Set PP = Nothing

    End Sub
```

## 10.4.3 將工作表轉換成 PowerPoint 簡報

這節裡的最後一個巨集將在 PowerPoint 簡報中使用 Excel 資料這一理念推向極致。開啟範例活頁簿「Convert a workbook into a PowerPoint Presentation.xlsm」，在這個活頁簿裡，可看到每個工作表都包含各自領域的資料。看起來就像每個工作表都是一張單獨的投影片，提供某個具體領域的資訊。

此處可採用類似於 PowerPoint 簡報的樣式建立一個活頁簿，這個活頁簿就是簡報本身，而每個工作表都是簡報中的每個投影片。這樣處理後，加入一點自動化元素就可以方便地將這個活頁簿轉換成真正的 PowerPoint 簡報了。

透過該技巧，可以在具備更好分析工具和自動化工具的 Excel 中建立整個簡報。然後可以方便地將 Excel 版的簡報轉換成 PowerPoint 簡報。

名為「Convert a Workbook into a PowerPoint Presentation.xlsm」的活頁簿可從範例檔案中取得。
線上資源

---

注意

需要先設定對 Microsoft PowerPoint 物件庫的參照。在 Excel 中開啟 VBE，選擇〔工具〕→〔設定引用項目〕。啟動「設定引用項目」對話盒後，透過捲軸找到 Microsoft PowerPoint XX Object Library，此處的 XX 指你系統上的 Word 版本號，選擇該項。

---

```
    Sub SendWorkbookToPowerPoint()

    'Declare your variables
        Dim pp As PowerPoint.Application
        Dim PPPres As PowerPoint.Presentation
        Dim PPSlide As PowerPoint.Slide
        Dim xlwksht As Excel.Worksheet
        Dim MyRange As String
        Dim MyTitle As String

    'Open PowerPoint, add a new presentation and make visible
        Set pp = New PowerPoint.Application
        Set PPPres = pp.Presentations.Add
        pp.Visible = True
```

```
'Set the ranges for your data and title
    MyRange = "A1:I27"

'Start the loop through each worksheet
    For Each xlwksht In ActiveWorkbook.Worksheets
    xlwksht.Select
    Application.Wait (Now + TimeValue("0:00:1"))
    MyTitle = xlwksht.Range("C19").Value

'Copy the range as picture
    xlwksht.Range(MyRange).CopyPicture _
    Appearance:=xlScreen, Format:=xlPicture

'Count slides and add new slide as next available slide number
    SlideCount = PPPres.Slides.Count
    Set PPSlide = PPPres.Slides.Add(SlideCount + 1, ppLayoutTitleOnly)
    PPSlide.Select

'Paste the picture and adjust its position
    PPSlide.Shapes.Paste.Select
    pp.ActiveWindow.Selection.ShapeRange.Align msoAlignCenters, True
    pp.ActiveWindow.Selection.ShapeRange.Top = 100

'Add the title to the slide then move to next worksheet
    PPSlide.Shapes.Title.TextFrame.TextRange.Text = MyTitle
    Next xlwksht

'Memory Cleanup
    pp.Activate
    Set PPSlide = Nothing
    Set PPPres = Nothing
    Set pp = Nothing

End Sub
```

## 10.5 從 Excel 自動執行 Outlook 任務

在本節中,可以透過一些範例來了解如何自動實現 Excel 和 Outlook 之間的整合。

### 10.5.1 以附件形式發送使用中活頁簿

對於 Outlook 來講,我們能自動執行的最基本任務就是發送郵件。在下面的範例程式碼中,
現有的活頁簿將以附件形式發送給兩位郵件接收者。

名為「Mailing the Active Workbook as Attachment.xlsm」的活頁簿可從範例檔案中取得。

> **注意**
>
> 需要先設定對 Microsoft Outlook 物件庫的參照。在 Excel 中開啟 VBE，選擇〔工具〕→〔設定引用項目〕。啟動「設定引用項目」對話盒後，滑動捲軸找到「Microsoft Outlook XX Object Library」，此處的 XX 指系統上的 Outlook 版本號，選擇該項。

```
Sub EmailWorkbook()

'Declare our variables
    Dim OLApp As Outlook.Application
    Dim OLMail As Object

'Open Outlook start a new mail item
    Set OLApp = New Outlook.Application
    Set OLMail = OLApp.CreateItem(0)
    OLApp.Session.Logon

'Build our mail item and send
    With OLMail
    .To = "admin@datapigtechnologies.com; mike@datapigtechnologies.com"
    .CC = ""
    .BCC = ""
    .Subject = "This is the Subject line"
    .Body = "Sample File Attached"
    .Attachments.Add ActiveWorkbook.FullName
    .Display
    End With

'Memory cleanup
    Set OLMail = Nothing

    Set OLApp = Nothing

End Sub
```

## 10.5.2 以附件形式發送指定儲存格區域

我們可能在發送郵件時並不總是希望發送整個活頁簿。下面這個巨集說明如何發送指定儲存格區域中的資料，而不是發送整個活頁簿。

```
Sub EmailRange()

'Declare our variables
    Dim OLApp As Outlook.Application
    Dim OLMail As Object

'Copy range, paste to new workbook, and save it
    Sheets("Revenue Table").Range("A1:E7").Copy
    Workbooks.Add
    Range("A1").PasteSpecial xlPasteValues
    Range("A1").PasteSpecial xlPasteFormats
    ActiveWorkbook.SaveAs ThisWorkbook.Path & "\TempRangeForEmail.xlsx"

'Open Outlook start a new mail item
    Set OLApp = New Outlook.Application
    Set OLMail = OLApp.CreateItem(0)
    OLApp.Session.Logon

'Build our mail item and send
    With OLMail
    .To = "admin@datapigtechnologies.com; mike@datapigtechnologies.com"
    .CC = ""
    .BCC = ""
    .Subject = "This is the Subject line"
    .Body = "Sample File Attached"
    .Attachments.Add (ThisWorkbook.Path & "\TempRangeForEmail.xlsx")
    .Display
    End With

'Delete the temporary Excel file
    ActiveWorkbook.Close SaveChanges:=True

    Kill ThisWorkbook.Path & "\TempRangeForEmail.xlsx"

'Memory cleanup
    Set OLMail = Nothing
```

```
        Set OLApp = Nothing

    End Sub
```

## 10.5.3 以附件形式發送指定的單個工作表

本範例主要講解如何發送指定工作表中的資料，而不是發送整個活頁簿。

線上資源　　名為「Mailing a SingleSheet as an Attachment.xlsm」的活頁簿可從範例檔案中取得。

注意

> 需要先設定對 Microsoft Outlook 物件庫的參照。在 Excel 中開啟 VBE，選擇〔工具〕→〔設定引用項目〕。啟動「設定引用項目」對話盒後，滑動捲軸找到「Microsoft Outlook XX Object Library」，此處的 XX 指系統上的 Outlook 版本號，選擇該項。

```
Sub EmailWorkSheet()

'Declare our variables
    Dim OLApp As Outlook.Application
    Dim OLMail As Object

'Copy Worksheet, paste to new workbook, and save it
    Sheets("Revenue Table").Copy
    ActiveWorkbook.SaveAs ThisWorkbook.Path & "\TempRangeForEmail.xlsx"

'Open Outlook start a new mail item
    Set OLApp = New Outlook.Application
    Set OLMail = OLApp.CreateItem(0)
    OLApp.Session.Logon

'Build our mail item and send
    With OLMail
    .To = "admin@datapigtechnologies.com; mike@datapigtechnologies.com"
    .CC = ""
    .BCC = ""
    .Subject = "This is the Subject line"
    .Body = "Sample File Attached"
    .Attachments.Add (ThisWorkbook.Path & "\TempRangeForEmail.xlsx")
    .Display

    End With

'Delete the temporary Excel file
```

```
        ActiveWorkbook.Close SaveChanges:=True
        Kill ThisWorkbook.Path & "\TempRangeForEmail.xlsx"

    'Memory cleanup
        Set OLMail = Nothing
        Set OLApp = Nothing


    End Sub
```

## 10.5.4 發送給連絡人列表中的所有 Email 地址

有時我們可能需要向連絡人的地址清單中發送大宗郵件（如簡訊或備忘錄等），手動一個個加入這些連絡人的位址顯然很麻煩，運用下列程序就很簡單了。在這個程序中，只需要發送一封郵件，連絡人列表中的所有 Email 位址都可被自動加入到郵件中。

線上資源
名為「Mailing All Email Addresses in Your Contact List.xlsm」的活頁簿可從範例檔案中取得。

注意

需要先設定對 Microsoft Outlook 物件庫的參照。在 Excel 中開啟 VBE，選擇〔工具〕→〔設定引用項目〕。啟動「設定引用項目」對話盒後，滑動捲軸找到「Microsoft Outlook XX Object Library」，此處的 XX 指你系統上的 Outlook 版本號，選擇該項。

```
    Sub EmailContactList()

    'Declare our variables
        Dim OLApp As Outlook.Application
        Dim OLMail As Object
        Dim MyCell As Range
        Dim MyContacts As Range

    'Define the range to loop through
        Set MyContacts = Sheets("Contact List").Range("H2:H21")

    'Open Outlook
        Set OLApp = New Outlook.Application
        Set OLMail = OLApp.CreateItem(0)
        OLApp.Session.Logon

    'Add each address in the contact list
        With OLMail

            For Each MyCell In MyContacts
```

```
        .BCC = .BCC & Chr(59) & MyCell.Value
      Next MyCell

    .Subject = "Sample File Attached"
    .Body = "Sample file is attached"
    .Attachments.Add ActiveWorkbook.FullName
    .Display

  End With

'Memory cleanup
  Set OLMail = Nothing
  Set OLApp = Nothing


End Sub
```

# 10.6 從 Excel 啟動其他應用程式

從 Excel 啟動另一個應用程式通常是很有用的。例如，可能需要呼叫 Windows 對話盒，開啟 IE，或從 Excel 執行 DOS 批次檔。或者作為一個應用程式開發人員，可能想讓使用者對 Windows 控制台的連接變得更加簡單，以便他們修改系統設定。

在本節中，可了解到從 Excel 啟動各種程式時需要的主要函數。

## 10.6.1 使用 VBA 的 Shell 函數

VBA 的 Shell 函數使得啟動其他程式的程序變得相對簡單。下面的 VBA 程式碼啟動了 Windows 的小算盤應用程式。

```
Sub StartCalc()
  Dim Program As String
  Dim TaskID As Double
  On Error Resume Next
  Program = "calc.exe"
  TaskID = Shell(Program, 1)
  If Err <> 0 Then
    MsgBox "Cannot start " & Program, vbCritical, "Error"
  End If
End Sub
```

Shell 函數傳回在第一個引數中指定的應用程式的任務標識號。可以使用這個數字在稍後啟動該任務。Shell 函數的第二個引數確定如何顯示應用程式（1 是正常大小的視窗程式碼，並具有焦點）。參見「說明」系統可了解該引數的其他值。

如果 Shell 函數沒有成功，那麼會產生錯誤。因此，該程序使用了一個 On Error 陳述式，如果未發現可執行檔或發生其他錯誤，則會顯示一項訊息。

Shell 函數啟動的應用程式正在執行時，VBA 程式碼不會中止，理解這一點非常重要。換言之，Shell 函數非同步執行應用程式。如果執行 Shell 函數後，程序還有其他指令，它們會與新載入的程式同時執行。如果指令要求使用者互動（如顯示一個訊息方塊），那麼 Excel 的標題列會在其他應用程式互動時閃爍。

某些情況下，可能需要用 Shell 函數啟動一個應用程式，但需要在應用程式關閉之前暫停 VBA 程式碼的執行。例如，啟動的應用程式可能會產生一個檔案，用於稍後的程式碼中。雖然不能中止程式碼的執行，但可建立一個迴圈，專門用來監視應用程式的狀態。下例在 Shell 函數啟動的應用程式結束時顯示一個訊息方塊：

```
Declare PtrSafe Function OpenProcess Lib "kernel32" _
    (ByVal dwDesiredAccess As Long, _
    ByVal bInheritHandle As Long, _
    ByVal dwProcessId As Long) As Long

Declare PtrSafe Function GetExitCodeProcess Lib "kernel32" _
    (ByVal hProcess As Long, _
    lpExitCode As Long) As Long

Sub StartCalc2()
    Dim TaskID As Long
    Dim hProc As Long
    Dim lExitCode As Long
    Dim ACCESS_TYPE As Integer, STILL_ACTIVE As Integer
    Dim Program As String

    ACCESS_TYPE = &H400
    STILL_ACTIVE = &H103

    Program = "Calc.exe"
    On Error Resume Next

'   Shell the task
    TaskID = Shell(Program, 1)

'   Get the process handle
    hProc = OpenProcess(ACCESS_TYPE, False, TaskID)

    If Err <> 0 Then
        MsgBox "Cannot start " & Program, vbCritical, "Error"
        Exit Sub

    End If
```

```
        Do  'Loop continuously
'           Check on the process
            GetExitCodeProcess hProc, lExitCode
'           Allow event processing
            DoEvents
        Loop While lExitCode = STILL_ACTIVE

'       Task is finished, so show message
        MsgBox Program & " was closed"
    End Sub
```

當啟動的應用程式正在執行時，該程序會持續從 Do-Loop 結構中呼叫 GetExitCodeProcess
函數，檢測其傳回值（lExitCode）。程序結束時，lExitCode 傳回一個不同的值，結束迴圈，
並且 VBA 程式碼恢復執行。

線上資源

上述兩個範例都可從範例檔案中取得，檔案名為「start calculator.xlsm」。

提示
. . . . . . . . . . . . . . . . . . . . . . . . . . . . . . . . . . . . . . . . . . . . . . . . . . . . . . . . . . . . .
啟動應用的另一種方式是在儲存格裡建立一個超連結（VBA 中不需要）。例如，下面的
公式在儲存格裡建立超連結。在按一下該連結時會執行 Windows 的小算盤程式：

```
=HYPERLINK("C:\Windows\System32\calc.exe","Windows Calculator")
```

你需要確定連結指向正確位置。而且在點選連結時你至少會收到一個安全警告。該技巧
同樣可應用於文件，將文件以某種檔案類型載入到預設應用。例如，點擊由下列公式建
立的超連結，將檔案以文字檔形式載入到預設的應用中：

```
=HYPERLINK("C:\files\data.txt","Open the data file")
```

### 顯示資料夾視窗

如果需要使用 Windows 資源管理器來顯示一個特定目錄，那麼使用 Shell 函數也是很方便
的。例如，下列陳述式顯示開啟的活頁簿所在的資料夾（僅當活頁簿已經被儲存後）：

```
If ActiveWorkbook.Path<> "" Then _
Shell "explorer.exe "&ActiveWorkbook.Path, vbNormalFocus
```

## 10.6.2 使用 Windows 的 ShellExecute API 函數

ShellExecute 是一個 Windows API 函數，對於啟動其他應用程式非常有用。重要的一點是，
該函數只能啟動已知檔案名稱的應用程式（假設檔案類型已在 Windows 中註冊）。例如，
可使用 ShellExecute 函數透過預設的 Web 瀏覽器來開啟一個 Web 文件檔案。或使用電子
郵件地址來啟動預設的電子郵件使用者端程式。

API 宣告如下（這段程式碼只能用在 Excel 2010 或更新版本中）：

```
Private Declare PtrSafe Function ShellExecute Lib "shell32.dll" _
    Alias "ShellExecuteA" (ByVal hWnd As Long, _
    ByVal lpOperation As String, ByVal lpFile As String, _
    ByVal lpParameters As String, ByVal lpDirectory As String, _
    ByVal nShowCmd As Long) As Long
```

下列程序展示如何呼叫 ShellExecute 函數。該範例中透過使用圖形程式開啟一個圖形檔，
建立該圖形程式是用來處理 JPG 檔的。如果函數傳回的結果小於 32，則發生錯誤。

```
Sub ShowGraphic()
    Dim FileName As String
    Dim Result As Long
    FileName = ThisWorkbook.Path & "\flower.jpg"
    Result = ShellExecute(0&, vbNullString, FileName, _
        vbNullString, vbNullString, vbNormalFocus)
    If Result < 32 Then MsgBox "Error"
End Sub
```

下列程序使用預設的文字閱讀器開啟一個純文字檔：

```
Sub OpenTextFile()
    Dim FileName As String
    Dim Result As Long
    FileName = ThisWorkbook.Path & "\textfile.txt"
    Result = ShellExecute(0&, vbNullString, FileName, _
        vbNullString, vbNullString, vbNormalFocus)
    If Result < 32 Then MsgBox "Error"
End Sub
```

下例與上面的類似，它使用預設瀏覽器開啟一個網址：

```
Sub OpenURL()
    Dim URL As String
    Dim Result As Long

    URL = "http://spreadsheetpage.com"
    Result = ShellExecute(0&, vbNullString, URL, _
        vbNullString, vbNullString, vbNormalFocus)
    If Result < 32 Then MsgBox "Error"
End Sub
```

該方法還可用在電子郵件地址上。下例開啟預設的電子郵件使用者端程式（如果存在），然
後將一封電子郵件發送到對應的接收端。

```
Sub StartEmail()
    Dim Addr As String
    Dim Result As Long
```

```
    Addr = "mailto:nobody@example.com"
    Result = ShellExecute(0&, vbNullString, Addr, _
        vbNullString, vbNullString, vbNormalFocus)
    If Result < 32 Then MsgBox "Error"
End Sub
```

這些範例可從範例檔案中取得，檔案名為「shellexecute examples.xlsm」。該檔使用與所有 Excel 版本相容的 API 宣告。

### 10.6.3　使用 AppActivate 陳述式

如果一個應用程式已經在執行，那麼使用 Shell 函數會啟動它的另一個實例（instance）。大多數情況下，需要啟動正在執行中的實例；而不是啟動它的另一個實例。

下面的 StartCalculator 程序使用 AppActivate 陳述式來啟動一個執行中的應用程式（本例中為 Windows 小算盤）。AppActivate 的引數是應用程式標題列的標題。如果 AppActivate 陳述式產生錯誤，則表示小算盤不在執行中。因此，常式會啟動該應用程式。

```
Sub StartCalculator()
    Dim AppFile As String
    Dim CalcTaskID As Double

    AppFile = "Calc.exe"
    On Error Resume Next
    AppActivate "Calculator"
    If Err <> 0 Then
        Err = 0
        CalcTaskID = Shell(AppFile, 1)
        If Err <> 0 Then MsgBox "Can't start Calculator"

    End If
End Sub
```

該範例可從範例檔案中取得，檔案名為「start calculator.xlsm」。

### 10.6.4　啟動「控制台」對話盒

Windows 提供很多系統對話盒和精靈，其中大多數可從 Windows 控制台中連接。我們可能需要從 Excel 應用程式中顯示其中一個或多個對話盒或精靈。例如，需要顯示 Windows 的「日期和時間」設定。

執行其他系統對話盒的關鍵在於使用 VBA 的 Shell 函數來執行 rundll32.exe 應用程式。

下列程序顯示「日期和時間」設定：

```
Sub ShowDateTimeDlg()
  Dim Arg As String
  Dim TaskID As Double
  Arg = "rundll32.exe shell32.dll,Control_RunDLL timedate.cpl"
  On Error Resume Next
  TaskID = Shell(Arg)
  If Err <> 0 Then
      MsgBox ("Cannot start the application.")
  End If
End Sub
```

下面是 rundll32.exe 應用程式的通用格式：

```
rundll32.exe shell32.dll,Control_RunDLL filename.cpl, n,t
```

其中：

➢ filename.cpl：控制台的其中一個 *.CPL 檔的名稱。

➢ n：*.CPL 檔中的小應用程式的數量（基數為零）。

➢ t：活頁標籤數（對於多活頁標籤式的小應用程式而言）。

範例檔案中包含一個「control panel dialogs.xlsm」活頁簿，該活頁簿顯示 12 個控制台小應用程式。

線上資源

# 11

# 處理外部資料和檔案

- 處理外部資料連線
- 使用 **ActiveX** 資料物件導入外部資料
- 執行常見的檔案操作
- 處理文字檔案

## 11.1 處理外部資料連線

顧名思義，外部資料就是位於所開啟的 Excel 活頁簿之外的資料。外部資料來源可以是文字檔案、Access 表、SQL Server 表甚至是其他 Excel 活頁簿。

將資料導到 Excel 中的方法有很多，實際上，不管是從 UI 介面中導入還是透過 VBA 程式碼技術導入，方法都很多，無法用一章的篇幅講完。因此，本章主要講解幾種在大多數情況下都能實現並能避開陷阱的技巧。

第一種技巧就是使用外部資料連線。

### 11.1.1 手動建立連線

在 Excel 中，手動連線外部資料來源（如 Microsoft Access、SQL Server 或其他任何常用的 ODBC 連線）都很簡單。例如可透過下列步驟連線 Access 資料庫：

名 為「Facility Services.accdb」 的 Access 資 料 庫 可 從 範 例 檔 案 中 取 得。
「DynamicDataConnection.xlsm」檔包含了本節中會用到的範例巨集。

線上資源

(1) 開啟一個新的 Excel 活頁簿，按一下功能區上的〔資料〕活頁標籤。

(2) 在〔取得外部資料〕群組選擇〔從 Access〕圖示。

開啟「選取資料來源」對話盒，如圖 11-1 所示。如果想要導入資料的資料庫是本地的，可以瀏覽檔案的位置並選擇它。如果目標 Access 資料庫位於其他位置的網路硬碟上，就需要得到正確的授權才可以選擇它。

▲ 圖 11-1：選擇包含要導入資料的來源資料庫

(3) 找到範例資料庫，然後按一下〔開啟〕按鈕。

在有些環境中，會開啟一系列「資料鏈接屬性」對話盒來詢問憑證（使用者名稱和密碼）。大多數 Access 不要求提供登錄憑證，但是如果你的資料庫確實要求提供使用者名稱和密碼，可在「資料鏈接屬性」對話盒中輸入。

(4) 按一下〔確定〕。開啟如圖 11-2 所示的「選取表格」對話盒。該對話盒列出了所選資料庫中所有可用的表和查詢。

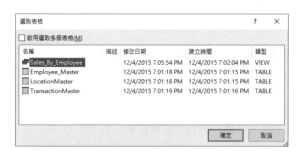

▲ 圖 11-2：選擇想要導入的 Access 物件

> **提示**
>
> 是〔執行〕→〔執行巨集〕指令的快速鍵。

「選取表格」對話盒中有一個名為「類型」的欄。有兩種類型的 Access 物件可以處理：VIEW 和 TABLE。VIEW 表示列出的資料集是 Access 查詢，TABLE 表示該資料集是 Access 表。在這個範例中，Sales_By_Employee 實際上是一個 Access 查詢。這表示導入的是查詢結果。這是真正的互動，Access 完成所有後端資料管理和聚集，而 Excel 執行分析和示範。

(5) 選擇目標表或查詢，按一下〔確定〕。

開啟如圖 11-3 所示的「匯入資料」對話盒。從這個對話盒中確定如何導入表以及放在什麼地方。你可將資料導入成表、樞紐分析表報表、資料透視圖以及 Power View 報表。還可使用「只建立連線」選項，以便為後面的使用建立可用的連線。

注意，如果選擇資料透視圖或樞紐分析表，資料就會儲存為快取樞紐分析表，不會在工作表中寫入實際資料。因此，樞紐分析表的功能如常，但不必兩次導入數十萬行資料（一次導入成快取樞紐分析表，一次導入成試算表）。

(6) 選擇「表格」作為資料顯示方式，將儲存格 A1 確定為輸出位置，如圖 11-3 所示。

(7) 按一下〔確定〕。

這樣就得到一個表格，其中包含從 Access 資料庫導入的資料，如圖 11-4 所示。

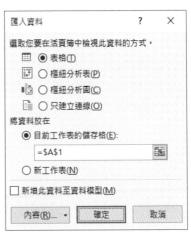

▲ 圖 11-3：選擇檢視 Access 資料的方式和位置

| | A | B | C | D | E | F | G | H |
|---|---|---|---|---|---|---|---|---|
| 1 | Region | Market | Branch_Number | Employee_Number | Last_Name | First_Name | Job_Code | Invoice_Num |
| 2 | MIDWEST | TULSA | 401612 | 1336 | RACHTIR | CHARLES | SR2 | 2 |
| 3 | MIDWEST | TULSA | 401612 | 1336 | RACHTIR | CHARLES | SR2 | 2 |
| 4 | MIDWEST | TULSA | 401612 | 60224 | HERVIY | SHALAN | SR2 | 2 |
| 5 | MIDWEST | TULSA | 401612 | 60224 | HERVIY | SHALAN | SR2 | 2 |
| 6 | MIDWEST | TULSA | 401612 | 55662 | WHATILIY | DOUGLAS | SR2 | 2 |
| 7 | MIDWEST | TULSA | 401612 | 60224 | HERVIY | SHALAN | SR2 | 2 |
| 8 | MIDWEST | TULSA | 401612 | 1336 | RACHTIR | CHARLES | SR2 | 2 |
| 9 | MIDWEST | TULSA | 401612 | 55662 | WHATILIY | DOUGLAS | SR2 | 2 |
| 10 | MIDWEST | TULSA | 401612 | 55662 | WHATILIY | DOUGLAS | SR2 | 2 |
| 11 | MIDWEST | TULSA | 401612 | 1336 | RACHTIR | CHARLES | SR2 | 2 |
| 12 | MIDWEST | TULSA | 401612 | 55662 | WHATILIY | DOUGLAS | SR2 | 2 |
| 13 | MIDWEST | TULSA | 401612 | 55662 | WHATILIY | DOUGLAS | SR2 | 2 |
| 14 | MIDWEST | TULSA | 401612 | 1336 | RACHTIR | CHARLES | SR2 | 2 |
| 15 | MIDWEST | TULSA | 401612 | 1336 | RACHTIR | CHARLES | SR2 | 2 |
| 16 | MIDWEST | TULSA | 401612 | 54564 | HICKLIBIRRY | JERRY | SR2 | 2 |
| 17 | MIDWEST | TULSA | 401612 | 54564 | HICKLIBIRRY | JERRY | SR2 | 2 |
| 18 | MIDWEST | TULSA | 401612 | 60224 | HERVIY | SHALAN | SR2 | 2 |
| 19 | MIDWEST | TULSA | 401612 | 60224 | HERVIY | SHALAN | SR2 | 2 |
| 20 | MIDWEST | TULSA | 401612 | 1336 | RACHTIR | CHARLES | SR2 | 2 |
| 21 | MIDWEST | TULSA | 401612 | 60224 | HERVIY | SHALAN | SR2 | 2 |
| 22 | MIDWEST | TULSA | 401612 | 54564 | HICKLIBIRRY | JERRY | SR2 | 2 |
| 23 | MIDWEST | TULSA | 401612 | 60224 | HERVIY | SHALAN | SR2 | 2 |
| 24 | MIDWEST | TULSA | 401612 | 60224 | HERVIY | SHALAN | SR2 | 2 |
| 25 | MIDWEST | TULSA | 401612 | 54564 | HICKLIBIRRY | JERRY | SR2 | 2 |

▲ 圖 11-4：從 Access 中導入的資料

以這種方式導入資料，最強大之處在於可以進行重新整理。如果你採用這種技巧從 Access 中導入資料，Excel 會建立一個表，你可以右擊，然後從彈出選單中選擇〔重新整理〕，因此對表中資料進行更新，如圖 11-5 所示。更新導入的資料時，Excel 會再次連線到 Access 資料庫，並再次導入資料。只要到資料庫的連線是可用的，輕點滑鼠就能完成對資料的重新整理。

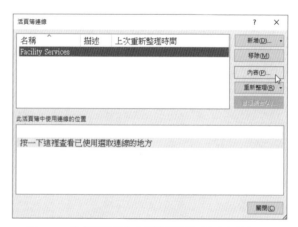

▲ 圖 11-5：只要到資料庫的連線是可用的，就可以用最新的資料來更新表格

使用「取得外部資料」的主要優點是可以在 Excel 和 Access 之間建立一個可重新整理的資料連線。很多情況下，都只需要建立一次連線，當需要時更新資料連線即可。你還可以根據某些觸發條件或事件來記錄一個可以更新資料的巨集，這樣可以自動更新來自 Access 的資料。

## 11.1.2 手動編輯資料連線

如果已經建立了連線，就可以使用連線屬性撰寫 SQL 陳述式。這樣可更好地控制被導入 Excel 模型中的資料，還可執行更高級的動作（如執行 SQL Server 儲存程序）。

在功能區選擇〔資料〕活頁標籤，選擇〔連線〕，這將啟動如圖 11-6 所示的「活頁簿連線」對話盒，選擇想要編輯的連線，然後按一下〔內容〕按鈕。

▲ 圖 11-6：為想要進行修改的連線選擇〔內容〕按鈕

開啟「連線內容」對話盒，按一下〔定義〕
活頁標籤（如圖 11-7 所示），將「命令類型」
改為 SQL，然後輸入你的 SQL 陳述式。

## 11.1.3 使用 VBA 建立動態連線

你可能已經注意到，上面的範例在 SQL 陳述式中寫死了標準。如圖 11-7 所示，SQL 陳述式
的 WHERE 子句直接指定 Tulsa 這個區域。這顯然會使傳回的資料只能是 Tulsa 這個區域的
資料。

但如果你希望選擇一個市場，而 SQL 陳述式能根據你的這個選擇動態更改呢？這時可用少量
的 VBA 來更改 SQL 陳述式，如下所示：

(1) 在工作表中指定一個儲存格以根據你的標
準取得動態選擇結果。例如，如圖 11-8 所
示，儲存格 C2 將用作使用者選擇市場的地
方。通常，會讓使用者透過下拉式選單或
者資料有效性清單來選擇標準。

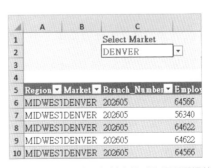

▲ 圖 11-8：指定一個儲存格以取得所選擇的標準

(2) 按一下〔資料〕活頁標籤上的〔連線〕指令，開啟「活頁簿連線」對話盒。留意想要動
態更改的連線名稱，在圖 11-9 中，可看到連線名稱是「Facility Services」。

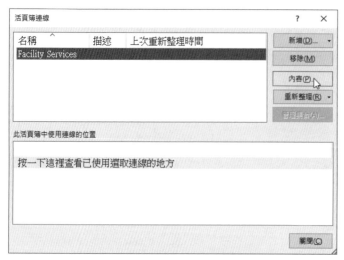

▲ 圖 11-9：注意連線的名稱（本例中是 Facility Services）

(3) 關閉「活頁簿連線」對話盒，按〔ALT〕+〔F11〕，進入 Visual Basic 編輯器。

(4) 在 Visual Basic 編輯器中，從功能表列選擇〔插入〕→〔模組〕。

(5) 在新建的模組中輸入下列程式碼：

```
Sub RefreshQuery()

ActiveWorkbook.Connections( _
"Facility Services").OLEDBConnection.CommandText = _
"SELECT * FROM [Sales_By_Employee] WHERE [Market] = '" & _
 Range("C2").Value & "'"

ActiveWorkbook.Connections("Facility Services").Refresh

End Sub
```

這段程式碼建立一個新巨集 RefreshQuery，這個巨集使用 Workbook.Connections 集合來更改指定連線的屬性。在這個例子中，更改的是 FacilityServices 連線的 CommandText 屬性。

CommandText 本質上就是當連線到資料來源時希望連線使用的 SQL 陳述式。在本例中，CommandText 從 [Sales_By_Employee] 表中的 [Market] 欄位進行選擇，使值出現在儲存格 C2 中，該程式碼然後重新整理 FacilityServices 連線。

(6) 關閉 Visual Basic 編輯器，在工作表上放置一個新的指令按鈕。可按一下〔開發人員〕活頁標籤，選擇〔插入〕下拉清單，從中選擇〔按鈕（表單控制項）〕。

(7) 為指令按鈕加入新建的 RefreshQuery 巨集。

如果這個程序沒問題，就可以基於你指定的標準，從外部資料庫中動態取得資料了，具體如圖 11-10 所示。

## 11.1.4 通過活頁簿中的所有連線

還可以使用 Workbook.Conections 集合來通過工作表中的所有連線物件，並檢測或修改它們的屬性。例如，下面的巨集會用目前活頁簿中的所有連線物件名稱以及與之相關的連線字串和指令文字來填入活頁簿：

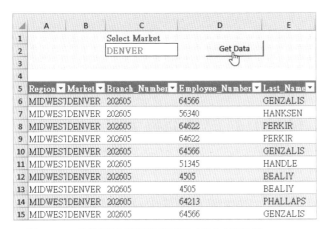

▲ 圖 11-10：此後便可以輕鬆取得指定市場的外部資料

```
Sub ListConnections()
Dim i As Long
Dim Cn As WorkbookConnection

Worksheets.Add
With ActiveSheet.Range("A1:C1")
.Value = Array("Cn Name", "Connection String", "Command Text")
.EntireColumn.AutoFit

End With

For Each Cn In ThisWorkbook.Connections
i = i + 1

Select Case Cn.Type
Case Is = xlConnectionTypeODBC

With ActiveSheet
.Range("A1").Offset(i, 0).Value = Cn.Name
.Range("A1").Offset(i, 1).Value = Cn.ODBCConnection.Connection
.Range("A1").Offset(i, 2).Value = Cn.ODBCConnection.CommandText
```

```
       End With

       Case Is = xlConnectionTypeOLEDB

       With ActiveSheet
       .Range("A1").Offset(i, 0).Value = Cn.Name
       .Range("A1").Offset(i, 1).Value = Cn.OLEDBConnection.Connection
       .Range("A1").Offset(i, 2).Value = Cn.OLEDBConnection.CommandText
       End With

       End Select

       Next Cn

   End Sub
```

## ◦| 11.2 使用 ADO 和 VBA 來取得外部資料

還有一種技巧可處理外部資料，即使用 VBA 和 ADO（ActiveX Data Objects）。組合使用 ADO 和 VBA 可在記憶體中處理資料集。在需要執行複雜的多層程序及檢查外部資料集，又不想建立活頁簿連線或者不需要將這些外部資料集傳回到活頁簿時，這種技巧就可以派上用場了。

---

**注意**

> 如果從外部資料來源取得資料的 Excel 活頁簿比較複雜，你可能會碰到使用了 ADO 的程式碼（由其他人撰寫）。因此，認識並理解 ADO 的一些基本知識非常重要，有助於你處理這類程式碼。本節將介紹一些 ADO 基本概念，並教你如何建立自己的 ADO 程序來取得資料。需要注意，ADO 程式設計這個話題範圍很廣，我們不可能在這節全部討論完。所以如果需要大量使用 ADO 來從 Excel 應用中取得資料，可能還需要多閱讀幾本書以對本主題進行更深入的研究。

---

要快速理解什麼是 ADO，你可將其視為一個能完成以下兩項任務的工具：連線到資料來源，指定要處理的資料集。接下來，你將看到一些如何完成這兩項任務的基本語法。

### 11.2.1 連線字串

首先連線到資料來源。要完成該連線，需要給 VBA 提供一些資訊。該資訊以連線字串的形式傳遞給 VBA，下面列舉一個指向 Access 資料庫的連線字串範例：

```
"Provider=Microsoft.ACE.OLEDB.12.0;" & _
"Data Source= C:\MyDatabase.accdb;" & _
```

```
"User ID=Administrator;" & _
"Password=AdminPassword"
```

別被這裡所有的語法嚇住。從根本上講，連線字串只不過是儲存一系列變數（也可稱之為引數）的文字字串，VBA 用它來識別和開啟到資料來源的連線。連線字串的相關引數和選項有很多，在連線到 Access 或 Excel 時，有幾個引數是會經常用到的。

對於 ADO 新手來說，在使用連線字串時有下述幾個常用的引數：Provider、Data Source、Extended Properties、User ID 和 Password：

**Provider**：Provider 引數告訴 VBA 想要連線的資料來源的類型。使用 Access 或 Excel 作為資料來源時，Provider 語法是這樣的：Provider=Microsoft.ACE.OLEDB.12.0

**Data Source**：Data Source 引數告訴 VBA 可以從哪裡找到包含了所需資料的資料庫或活頁簿。透過 Data Source 引數，可以傳遞資料庫或活頁簿的完整路徑。例如：Source=C:\Mydirectory\ MyDatabaseName.accdb

**Extended Properties**：在連線到 Excel 活頁簿時通常會使用 Extended Properties 引數。這個引數告訴 VBA 資料來源不是資料庫。在連線 Excel 活頁簿時，這個引數如下所示：Extended Properties=Excel 12.0

**User ID**：User ID 引數是可選的，只在連線到資料來源時需要用到使用者 ID 時才使用：User Id=MyUserId

**Password**：Password 引數是可選的，只在連線到資料來源時需要用到密碼時才使用：Password=MyPassword

下面花點時間來學習如何在不同的連線字串使用這些引數：

➢ 連線到 Access 資料庫：

```
"Provider=Microsoft.ACE.OLEDB.12.0;" & _
"Data Source= C:\MyDatabase.accdb"
```

➢ 用密碼和使用者 ID 連線到 Access 資料庫：

```
"Provider=Microsoft.ACE.OLEDB.12.0;" & _
"Data Source= C:\MyDatabase.accdb;" & _
"User ID=Administrator;" & _
"Password=AdminPassword"
```

➢ 連線到 Excel 活頁簿：

```
"Provider=Microsoft.ACE.OLEDB.12.0;" & _
"Data Source= C:\MyExcelWorkbook.xlsx;" &_
"Extended Properties=Excel 12.0"
```

## 11.2.2 宣告記錄集

除了要建立到資料來源的連線外,還需要定義要處理的資料集。在 ADO 中,這個資料集指記錄集。Recordset 物件本質上是一個容器,用來放置從資料來源傳回的記錄和欄位。定義記錄集最常見的做法是使用下列引數開啟已有的表格或查詢:

```
Recordset.Open Source, ConnectString, CursorType, LockType
```

Source 引數指定要被取得的資料。通常會是搜尋記錄的一個表格、一個查詢或者一項 SQL 陳述式。ConnectString 引數指定用來連線到所選擇資料來源的連線字串。CursorType 引數用來定義記錄集所取得的資料中移動。常用的 CursorType 有如下幾種:

- **adOpenForwardOnly**:這是預設設定。如果未指定 CursorType,記錄集自動設定為 adOpenForwardOnly。這個 CursorType 是最有效的類型,因為它只允許你用一種方式在記錄集中移動:從頭到尾。在只需要搜尋(非通過)資料時用這種類型就比較理想。注意,在使用這種 CursorType 時不能更改資料。
- **adOpenDynamic**:需要在資料集中迴圈、上下移動,或想動態檢視資料集的任何編輯時,通常會使用這種 CursorType。這種 CursorType 通常對記憶體和資源佔用較多,只在需要時才使用。
- **adOpenStatic**:在需要快速傳回結果時這種 CursorType 很適用,因為本質上傳回的只是資料快照。這與 adOpenForwardOnly 這種 CursorType 不同,因為它允許在傳回的記錄中導航。另外,在使用這 CursorType 時,透過將它的 LockType 設定為除 adLockReadOnly 之外的其他類型,可對傳回的資料進行更新。

LockType 引數可指定是否更改記錄集傳回的資料。該引數通常設定為 adLockReadOnly (這是預設設定),以表示不需要對傳回的資料進行修改。或者,你可將該引數設定為 adLockOptimistic,這樣就可以對傳回的資料進行任意修改。

## 11.2.3 參照 ADO 物件程式庫

了解了前面所講的一些 ADO 基本知識後,就可以建立 ADO 程序了。不過在建立前,需要先設定對 ADO 物件程式庫的參照。如同每個 Microsoft Office 應用有各自的物件、屬性和方法,ADO 也有對應的物件程式庫。但 Excel 並不能直接連線 ADO 物件模型,你需要先參照 ADO 物件程式庫。

開啟一個新的 Excel 活頁簿,再開啟 Visual Basic 編輯器。

在 VBE 中,在功能表列中選擇〔工具〕→〔設定引用項目〕。開啟如圖 11-11 所示的「設定引用項目」對話盒。透過捲軸找到最新版本的 Microsoft ActiveX Data Objects Library。選擇後按一下〔確定〕按鈕。

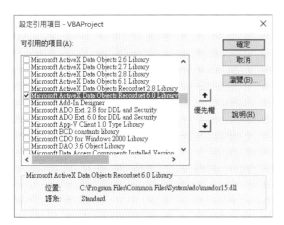

▲ 圖 11-11：選擇最新版本的 Microsoft ActiveX Data Objects Library

按一下〔確定〕按鈕後，可再次開啟「設定引用項目」對話盒，確定設定了參照。這時有核取記號的 Microsoft ActiveX Data Objects Library 會顯示在「設定引用項目」對話盒的頂部，這說明選擇已經生效了。

## 11.2.4　以程式設計方式使用 ADO 連線 Access

理解了 ADO 的基本情況後，現在將準備在 VBA 中執行後續工作。下面的範例程式碼將使用 ADO 來連線到 Access 資料庫並搜尋 Products 表格。

```
Sub GetAccessData()
    Dim MyConnect As String
    Dim MyRecordset As ADODB.Recordset

    MyConnect = "Provider=Microsoft.ACE.OLEDB.12.0;" & _
                "Data Source= C:\MyDir\MyDatabaseName.accdb"

    Set MyRecordset = New ADODB.Recordset
```

```
        MyRecordset.Open "Products", _
        MyConnect, adOpenStatic, adLockReadOnly

        Sheets("MySheetName").Range("A2").CopyFromRecordset _
        MyRecordset

        With ActiveSheet.Range("A1:C1")
            .Value = Array("Product", "Description", "Segment")
            .EntireColumn.AutoFit
        End With

    End Sub
```

我們來理解一下這個巨集做了哪些工作。

首先宣告兩個變數：一個是儲存了連線字串的字串變數，還有一個是儲存了資料搜尋結果的資料集物件。在這個範例中，名為 MyConnect 的變數將儲存用來識別資料來源的連線字串，而名為 MyRecordset 的變數則儲存該程序傳回的資料。

接下來為 ADO 程序定義連線字串。這個例子中，將要連線到 C:\MyDir\ 目錄下的 MyDatabaseName.accdb 文件。一旦定義資料來源，就可以開啟資料集並使用 MyConnect 傳回靜態的唯讀資料。

下面使用 Excel 的 CopyFromRecordset 方法來取得資料集中的資料並放到試算表中。這個方法需要兩段資訊：一個是資料輸出的位置，還有一個是儲存資料的資料集物件。在這個範例中，將 MyRecordset 物件中的資料複製到名為 MySheetName 的工作表中（從儲存格 A2 開始）。

不過，CopyFromRecordset 方法不會傳回列頭或欄位名稱。因此這導致還有最後一步操作要做，必須在陣列中定義在什麼地方加入列頭以及將列頭寫入開啟工作表中。

透過使用 ADO 和 VBA，我們可以一次建立好所有必需的元件，打包到巨集裡，然後不用再操心了。只要不更改程式碼中已定義好的變數（即資料來源的路徑、資料集、輸出路徑），幾乎就不用維護這些基於 ADO 的程序了。

## 11.2.5 對現有的活頁簿使用 ADO

本章講述各類 ADO 基礎知識。ADO 的用途數不勝數，這裡不可能把每種可能性都講述一遍。不過有些常見的情況下使用 VBA 可以極大地整合 Excel 和 Access 的功能。

### 1. 從 Excel 活頁簿中查詢資料

在 ADO 程序中，我們可以使用 Excel 活頁簿作為資料來源。你只需要簡單地建立一項 SQL 陳述式來參照 Excel 活頁簿中的資料即可。只要將表格名稱、儲存格區域或者已命名的儲存格區域傳遞給 SQL 陳述式，就可以準確定位到 Excel 中將被查詢的資料集。

為查詢某個工作表中的所有資料，需要在工作表的名稱後面加上美元符號 $ 作為 SQL 陳述式中的表名。記住必須用方括號將表名括住，如下所示：

```
SELECT * FROM [MySheet$]
```

如果工作表名中包含空格或不是字母數字的字元，就需要用單引號將表名前後標記，如下所示：

```
Select * from ['January;  Forecast vs. Budget$']
```

為查詢指定工作表中的儲存格區域，首先需要像上面那樣識別出工作表，再加上目標儲存格區域，如下所示：

```
SELECT * FROM [MySheet$A1:G17]
```

為查詢已命名的儲存格區域，只需要在 SQL 陳述式中將儲存格區域名稱作為表名，如下所示：

```
SELECT * FROM MyNamedRange
```

在下例中，查詢 SampleData 工作表中的所有非空儲存格，但只傳回 North 這個區域的所有記錄：

```
Sub GetData_From_Excel_Sheet()

    Dim MyConnect As String
    Dim MyRecordset As ADODB.Recordset
    Dim MySQL As String

    MyConnect = "Provider=Microsoft.ACE.OLEDB.12.0;" & _
                "Data Source=" & ThisWorkbook.FullName & ";" & _
                "Extended Properties=Excel 12.0"

    MySQL = " SELECT * FROM [SampleData$]" & _
            " WHERE Region ='NORTH'"

    Set MyRecordset = New ADODB.Recordset
    MyRecordset.Open MySQL, MyConnect, adOpenStatic, adLockReadOnly

     ThisWorkbook.Sheets.Add
     ActiveSheet.Range("A2").CopyFromRecordset MyRecordset

    With ActiveSheet.Range("A1:F1")
        .Value = Array("Region", "Market", "Branch_Number", _
        "Invoice_Number", "Sales_Amount", "Contracted Hours")
        .EntireColumn.AutoFit
    End With

End Sub
```

## 2. 將記錄追加到已有的 Excel 表中

有時你可能碰到這樣的情況，在提交新資料時，並不想重寫 Excel 工作表中的資料，而只是想把新資料簡單地加入或追加到已有的表中。一般情況下，要處理這個問題，可以對想要指定的資料集位置或者儲存格區域進行寫死。不過在此類情形中這個位置必須能根據工作表中第一個空白儲存格位置的變化而動態更改。該技巧的使用方法如下列範例程式碼所示：

```
Sub Append_Results()

    Dim MyConnect As String
    Dim MyRecordset As ADODB.Recordset

    Dim MyRange As String

    MyConnect = "Provider=Microsoft.ACE.OLEDB.12.0;" & _
                "Data Source= C:\MyDir\MyDatabase.accdb"

    Set MyRecordset = New ADODB.Recordset
    MyRecordset.Open "Products", MyConnect, adOpenStatic

    Sheets("AppendData").Select
    MyRange = "A" & _
    ActiveSheet.Cells.SpecialCells(xlCellTypeLastCell).Row + 1

    ActiveSheet.Range(MyRange).CopyFromRecordset MyRecordset

End Sub
```

由於想要將資料追加到已有的表中，所以需要動態確定第一個可用空白儲存格的位置，以便將資料放到這個輸出位置上。解決這個問題的第一步就是找到第一個空白行，有了 Excel 的 SpecialCells 方法，完成這一步就比較簡單。

使用 SpecialCells 方法可以找到表中最後一個非空儲存格，因此取得該儲存格的行號。這樣你就知道了最後一個非空是哪一行。而要取得第一個空行的行號，只需要將最後一個非空行的行號加 1 即可。最後一個非空行的下一行自然就是空的。

將 SpecialCells 常式和列字母（本例中是 A）結合起來就可以建立出一個代表儲存格區域的字串。例如，如果第一個空行的行號是 10，則下列程式碼將傳回「A10」：

```
"A" & ActiveSheet.Cells.SpecialCells(xlCellTypeLastCell).Row + 1
```

MyRange 字串變數取得這個傳回值後，就可以將該值傳遞給 CopyFromRecordset。

VBA包含許多允許對檔案進行底層操作的陳述式。比起Excel的普通文字檔案導入匯出選項，這些輸入/輸出（I/O）陳述式使使用者能更好地控制文件。

可透過以下任意一種方式來連線檔案：

- **循序存取**：目前為止最通用的方法。該方法允許讀寫單獨的字元或整行資料。
- **隨機連線**：只有在撰寫資料庫應用程式時才使用：該方法並不真正適用於VBA。
- **二進位連線**：該方法讀寫一個檔案中的任何位元組位置，例如儲存或顯示點陣圖圖像。在VBA中很少使用這種方法。

由於隨機連線和二進位連線很少在VBA中使用，所以本章主要討論循序存取檔案，該檔案是以連續方式連線的。換言之，程式碼從檔案的起始處按順序讀入每一行。輸出時，程式碼將資料寫入檔案末尾處。

> **注意**
>
> 本書討論的讀寫文字檔案的方法是傳統的資料通道方法。另一個選擇是使用物件。FileSystemObject物件包含一個TextStream物件，該物件可用來讀寫文字檔案。FileSystemObject物件是Windows Scripting Host的一部分。正如前面提到的，由於該腳本服務存在傳播惡意軟體的可能性，因此在一些系統上是被禁用的。

## 11.3.1 開啟文字檔案

VBA的Open陳述式（不要和Workbooks物件的Open方法相混淆）開啟一個檔案以便進行讀寫。在讀寫某個檔案之前，必須先開啟它。

Open陳述式非常豐富，但語法也很複雜：

```
Open pathname For mode [Access access] [lock] _
    As [#]filenumber [Len=reclength]
```

➤ **pathname**（必需的）：Open陳述式的pathname部分是很容易理解的。它包含所要開啟檔案的路徑（可選）和名稱。

➤ **mode**（必需的）：檔案的模式必須是以下模式中的一個：

- **Append**：循序存取模式，允許讀取檔案或將資料追加到檔案末尾。
- **Input**：循序存取模式，允許讀取檔案但不允許寫入檔案。
- **Output**：循序存取模式，允許讀寫入檔案。在該模式下，始終會建立一個新檔（已經存在的同名檔案將被刪除）。
- **Binary**：隨機連線模式，允許資料以位元組方式進行讀寫。
- **Random**：隨機連線模式，允許資料以Open陳述式的reclength引數所確定的單位讀寫。

- ➢ **access**（可選的）：access 引數決定了可對檔案執行什麼操作。可以是 Read、Write 或 Read Write。
- ➢ **lock**（可選的）：lock 引數對於多使用者情況比較有用。可選項是 Shared、Lock Read、Lock Write 和 Lock Read Write。
- ➢ **filenumber**（必需的）：從 1 ～ 511 的文件序號。可使用 FreeFile 函數來取得下一個檔案序號（請查閱第 11.3.4 節中有關 FreeFile 函數的內容）。
- ➢ **reclength**（可選的）：記錄長度（隨機連線檔）或緩衝區間大小（循序存取文件）。

## 11.3.2 讀取文字檔案

用 VBA 讀取文字檔案的基本程序由如下步驟組成：

(1) 使用 Open 陳述式開啟檔案。

(2) 透過 Seek 函數在檔案中指定位置（可選的）。

(3) 透過 Input、Input # 或 Line Input # 陳述式從檔中讀取資料。

(4) 用 Close 陳述式關閉文件。

## 11.3.3 撰寫文字檔案

撰寫文字檔案的基本程序是：

(1) 使用 Open 陳述式開啟或建立一個檔案。

(2) 透過 Seek 函數在檔案中指定位置（可選的）。

(3) 透過 Write # 或 Print # 陳述式將資料寫入檔案。

(4) 用 Close 陳述式關閉文件。

## 11.3.4 取得文件序號

大多數 VBA 程式設計師只是在 Open 陳述式中給檔案分配一個序號，例如：

```
Open "myfile.txt" For Input As #1
```

然後就可以在後續的陳述式中直接參照序號 #1。

如果第二個檔案在第一個檔案開啟的情況下被開啟了，那麼第二個檔案的序號被分配為 #2：

```
Open "another.txt" For Input As #2
```

另一個方法是用 VBA 的 FreeFile 函數來取得檔案控制代碼。然後就可以透過使用變數來參照檔案。以下是一個範例：

```
FileHandle = FreeFile
Open "myfile.txt" For Input As FileHandle
```

## 11.3.5 確定或設定檔案位置

對於順序檔的連線來說，很少需要知道檔案中的目前位置。如果因為某些原因，需要了解其位置，則可以使用 Seek 函數。

Excel 可直接讀寫下列 3 種類型的文字檔案：

- CSV（逗號分隔值）文件：資料列用逗號隔開，每行資料以〔Enter〕結束。在一些非英語版本的 Excel 中，使用的是分號，而不是逗號。

- PRN：資料列按照字元位置對齊，每行資料以〔Enter〕結束。這些檔案也被稱為固定寬度的檔案。

- TXT（定位字元分隔值）文件：資料列被定位字元分隔，每行資料以〔Enter〕結束。

當嘗試用〔檔案〕→〔開啟〕指令來開啟文字檔案時，可能會顯示匯入字串精靈，幫助使用者分隔欄。如果文字檔案是定位字元分隔的檔案或是逗號分隔的檔案，Excel 通常不顯示匯入字串精靈就直接開啟檔案。如果資料沒有正常顯示，請在關閉檔案後，嘗試用 .txt 副檔名重新命名該檔案。

資料剖析精靈（透過〔資料〕→〔資料工具〕→〔資料剖析〕指令連線）與匯入字串精靈是一樣的，但用來處理儲存在單個工作表欄中的資料。

## 11.3.6 讀寫陳述式

VBA 提供了多種陳述式，用於將資料寫入檔案，或從檔案讀取資料。

下面列出 3 個用來讀取循序存取檔案中資料的陳述式：

- ➤ **Input**：從檔案中讀取指定數量的字元。
- ➤ **Input #**：將資料當作一系列變數讀取，變數由逗號分隔開。
- ➤ **Line Input #**：讀取一整列資料（列結束標誌為〔Enter〕和 / 或分行符號）。

下面是兩個用於將資料寫入循序存取檔案的語句：

- ➤ **Write #**：寫入一系列值，每個值帶有引號，並以逗號分隔。如果以分號結束語句，每個值的後面不插入〔Enter〕/ 分行符號。用 Write # 寫入的資料，通常是使用 Input # 語句從檔案中讀取的資料。

- ➤ **Print #**：寫入一系列值，每個值以定位字元分隔。如果以分號結束語句，則每個值後面將不插入〔Enter〕/ 分行符號。以 Print # 寫入的資料通常用 Line Input # 或者 Input 語句從檔案中讀取。

# 11.4 文字檔案操作範例

本節包含許多範例，展示了操作文字檔案的不同技巧。

## 11.4.1 導入文字檔案的資料

下例讀取一個文字檔案，並將每行資料放在單個儲存格中（從作用儲存格開始）：

```
Sub ImportData()
    Open "c:\data\textfile.txt" For Input As #1
    r = 0
    Do Until EOF(1)
        Line Input #1, data
        ActiveCell.Offset(r, 0) = data
        r = r + 1
    Loop
    Close #1
End Sub
```

大多數情況下，該程序並不是非常有用，因為每行資料只被存入單個儲存格中。直接透過〔檔案〕→〔開啟舊檔〕指令來開啟文字檔案會簡單一些。

## 11.4.2 將儲存格區域的資料匯出到文字檔案

本例將選定工作表儲存格區域內的資料寫到一個 CSV 文字檔案中。當然，Excel 可將資料匯出到 CSV 檔。但是，它匯出的是整個工作表。該巨集操作的是一個指定的儲存格區域。

```
Sub ExportRange()
    Dim Filename As String
    Dim NumRows As Long, NumCols As Integer
    Dim r As Long, c As Integer
    Dim Data
    Dim ExpRng As Range
    Set ExpRng = Selection
    NumCols = ExpRng.Columns.Count

    NumRows = ExpRng.Rows.Count
    Filename = Application.DefaultFilePath & "\textfile.csv"
    Open Filename For Output As #1
        For r = 1 To NumRows
            For c = 1 To NumCols
                Data = ExpRng.Cells(r, c).Value
                If IsNumeric(Data) Then Data = Val(Data)
                If IsEmpty(ExpRng.Cells(r, c)) Then Data = ""
                If c <> NumCols Then
```

```
                        Write #1, Data;
                    Else
                        Write #1, Data
                    End If
                Next c
            Next r
        Close #1
    End Sub
```

注意，該程序使用兩個 Write # 陳述式。第一個陳述式以分號結束，所以沒有〔Enter〕/ 分行符號。然而，對於一行中最後一個儲存格而言，第二個 Write # 陳述式沒有使用分號，導致下一個輸出出現在新的一列。

這裡使用名為 Data 的變數儲存每個儲存格的內容。如果儲存格是數值型的，則變數被轉換為一個值。該步驟確保了數值型資料儲存時不具引號。如果儲存格是空的，Value 屬性傳回 0。因此，程式碼也會檢測空的儲存格（使用 IsEmpty 函數）並用 0 代替空字串。

這些匯出和導入的範例可以從範例檔案中取得，檔案名稱為「export and import csv. xlsm」。

## 11.4.3 將文字檔案的內容匯出到儲存格區域

本部分的範例讀取前一個範例中建立的 CSV 檔，然後從現有的工作表中的作用儲存格開始儲存檔案中的值。程式碼讀入每個字元，並徹底分析資料列，忽略其中的引號字元，找出逗號，以便分隔欄。

```
    Sub ImportRange()
        Dim ImpRng As Range
        Dim Filename As String
        Dim r As Long, c As Integer
        Dim txt As String, Char As String * 1
        Dim Data

        Dim i As Integer

        Set ImpRng = ActiveCell
        On Error Resume Next
        Filename = Application.DefaultFilePath & "\textfile.csv"
        Open Filename For Input As #1
        If Err <> 0 Then
            MsgBox "Not found: " & Filename, vbCritical, "ERROR"
            Exit Sub
        End If
        r = 0
        c = 0
```

P
a
r
t
2
```

```
        txt = ""
        Application.ScreenUpdating = False
        Do Until EOF(1)
            Line Input #1, Data
            For i = 1 To Len(Data)
                Char = Mid(Data, i, 1)
                If Char = "," Then 'comma
                    ActiveCell.Offset(r, c) = txt
                    c = c + 1
                    txt = ""
                ElseIf i = Len(Data) Then 'end of line
                    If Char <> Chr(34) Then txt = txt & Char
                    ActiveCell.Offset(r, c) = txt
                    txt = ""
                ElseIf Char <> Chr(34) Then
                    txt = txt & Char
                End If
            Next i
            c = 0
            r = r + 1
        Loop
        Close #1
        Application.ScreenUpdating = True
    End Sub
```

> **注意**
>
> 上述程序對於大部分資料都有效，但有一個缺陷：它並不處理包含逗號或者引號字元的
> 資料。但是，格式中的逗號都會得到正確處理（它們被忽略了）。此外，導入的日期將
> 被井字號 # 所圍繞：例如，#2013-05-12#。

## 11.4.4 記錄 Excel 日誌的用法

本部分的範例在每次開啟和關閉 Excel 時都將資料寫入一個文字檔案中。為使該工作可靠，
程序必須被放在一個每次執行 Excel 時都開啟的活頁簿中。在個人巨集活頁簿中儲存巨集是
個很好的選擇。

當開啟檔案時，執行以下程序。該程序儲存在 ThisWorkbook 物件的程式碼模組中：

```
    Private Sub Workbook_Open()
        Open Application.DefaultFilePath & "\excelusage.txt" For Append As #1
        Print #1, "Started " & Now
        Close #1
    End Sub
```
```

該程序替名為「excelusage.txt」的文件追加了新列。該列包括目前日期和時間，如下所示：

```
Started 11/16/2013 9:27:43 PM
```

下面的程序在活頁簿被關閉以前執行。它將追加一個新列，該列包含單詞 Stopped 以及目前的日期和時間。

```
Private Sub Workbook_BeforeClose(Cancel As Boolean)
    Open Application.DefaultFilePath & "\excelusage.txt" _
      For Append As #1
    Print #1, "Stopped " & Now
    Close #1
End Sub
```

11

可從範例檔案中取得包含這些程序的活頁簿，檔案名稱為「excel usage log.xlsm」。
線上資源

更多關於事件處理常式的資訊（如 Workbook_Open 和 Workbook_BeforeClose），請交叉參考　參見第 6 章。

# 11.4.5 篩選文字檔案

該部分的範例說明了如何一次處理兩個文字檔案。下面的 FilterFile 程序從一個文字檔案（infile.txt）中讀取資料，然後只將包含特殊文字字串（"January"）的列複製到第二個文字檔案（output.txt）中。

```
Sub FilterFile()
    Open ThisWorkbook.Path & "\infile.txt" For Input As #1
    Open Application.DefaultFilePath & "\output.txt" For Output As #2

    TextToFind = "January"
    Do Until EOF(1)
        Line Input #1, data
        If InStr(1, data, TextToFind) Then
            Print #2, data
        End If
    Loop
    Close 'Close all files
End Sub
```

該範例名為「filter text file.xlsm」，可從範例檔案中取得。
線上資源

# 11.5 執行常見的檔案操作

為 Excel 開發的許多應用程式都需要使用外部檔案。例如，你或許需要取得某個目錄下檔案的清單、刪除檔案或重命名檔案等。當然，Excel 可以導入和匯出幾種類型的文字檔案。然而，很多情況下，Excel 內建的文字檔案處理方法並不夠用。例如，你或許想把一個檔案名稱清單貼上到一個儲存格區域，或將儲存格區域匯出為簡單的 HTML 文件。

本章將介紹如何使用 Visual Basic for Applications（VBA）來執行常見（有些不太常見）的檔案操作，以及直接處理文字檔案。

Excel 提供了下列兩種執行常見檔案操作的方法：

➢ 使用傳統的 VBA 陳述式和函數。該方法對所有版本的 Excel 都適用。

➢ 使用 FileSystemObject 物件，該物件利用 Microsoft 的指令庫。這種方法適用於 Excel 2000 及其後續版本。

> 一些早期版本的 Excel 也支援 FileSearch 物件的使用。但這個功能從 Excel 2007 開始已經移除了。如果執行了使用 FileSearch 物件的巨集，則該巨集會無法執行。

接下來將討論這兩個方法及其範例。

## 11.5.1 使用與 VBA 檔相關的指令

用來操作檔的 VBA 指令在表 11-1 中列出。大多數指令是通俗易懂的，並且在說明系統中都有描述。

▼ 表 11-1：VBA 檔案相關指令

| 指令 | 作用 |
|------|------|
| ChDir | 更改目前的目錄 |
| ChDrive | 更改目前磁碟 |
| Dir | 傳回與指定格式或檔案屬性相符合的檔案名稱或目錄 |
| FileCopy | 複製檔案 |
| FileDateTime | 傳回最後一次修改檔案的日期和時間 |
| FileLen | 傳回檔案的大小（單位為位元組） |
| GetAttr | 傳回代表某個檔案屬性的值 |
| Kill | 刪除檔案 |
| MkDir | 建立一個新目錄 |
| Name | 重新命名檔案或目錄 |
| RmDir | 移除空白目錄 |
| SetAttr | 更改檔案屬性 |

下面主要列舉幾個檔案操作指令的範例。

## 1. 確定檔案是否存在的 VBA 函數

如果某個特定檔案存在，則下面的函數傳回 True，反之則為 False。如果 Dir 函數傳回一個空字串，檔案無法找到，則函數傳回 False。

```
Function FileExists(fname) As Boolean
    FileExists = Dir(fname) <> ""
End Function
```

FileExists 函數的引數由完整的路徑和檔案名稱組成。函數可以在工作表中使用，也可以從 VBA 程序中呼叫。如下例所示：

```
MyFile = "c:\budgeting\2013 budget notes.docx"
Msgbox FileExists(MyFile)
```

## 2. 確定路徑是否存在的 VBA 函數

如果某個特定的路徑存在，則下面的函數傳回 True，否則傳回 False：

```
Function PathExists(pname) As Boolean
'   Returns TRUE if the path exists
    On Error Resume Next
    PathExists = (GetAttr(pname) And vbDirectory) = vbDirectory
End Function
```

pname 引數是包含目錄（沒有檔案名稱）的字串。路徑名後面的反斜線是可選的。下面是呼叫該函數的一個範例：

```
MyFolder = "c:\users\john\desktop\downloads\"
MsgBox PathExists(MyFolder)
```

FileExists 和 PathExists 函數可從範例檔案中取得，檔名為「file functions.xlsm」。

線上資源

## 3. 顯示某個目錄下檔案清單的 VBA 程序

下面的程序（在現有的工作表中）顯示某個特定目錄下的檔案清單，以及檔案大小和日期：

```
Sub ListFiles()
    Dim Directory As String
    Dim r As Long
    Dim f As String
    Dim FileSize As Double
    Directory = "f:\excelfiles\budgeting\"
```

```
        r = 1
    '   Insert headers
        Cells(r, 1) = "FileName"
        Cells(r, 2) = "Size"
        Cells(r, 3) = "Date/Time"
        Range("A1:C1").Font.Bold = True
    '   Get first file
        f = Dir(Directory, vbReadOnly + vbHidden + vbSystem)
        Do While f <> ""
            r = r + 1
            Cells(r, 1) = f
            'Adjust for filesize > 2 gigabytes
            FileSize = FileLen(Directory & f)
            If FileSize < 0 Then FileSize = FileSize + 4294967296#
            Cells(r, 2) = FileSize

            Cells(r, 3) = FileDateTime(Directory & f)
    '       Get next file
            f = Dir()
        Loop
    End Sub
```

注意

VBA 的 FileLen 函數使用 Long 資料類型。所以對於大於 2GB 的檔案,它將傳回一個錯誤的大小(是一個負數)。程式碼檢查了 FileLen 函數傳回的負值,並根據需要進行調整。

請注意,該程序使用兩次 Dir 函數。第一次(搭配引數使用),它搜尋到所找到的第一個檔案名稱。後續呼叫(沒有引數)搜尋了其他檔案名稱。當無法找到更多檔案時,Dir 函數傳回一個空字串。

範例檔案中包含該程序,這個版本的程序允許從對話盒中選擇一個目錄。檔案名稱
為「create file list.xlsm」。

線上資源

Dir 函數的第一個引數也可以使用檔案名稱萬用字元。例如,要得到 Excel 檔案的列表,可使用如下所示的陳述式:

```
    f = Dir(Directory & "*.xl??", vbReadOnly + vbHidden + vbSystem)
```

該陳述式在指定目錄中取得第一個 *.xl?? 檔案的名稱。萬用字元傳回一個以 XL 開頭的 4 個字元的副檔名。例如,副檔名可以是 xlsx、xltx 或 xlam。Dir 函數的第二個引數讓你(以內建常數的方式)指定檔案的屬性。在該範例中,Dir 函數取得了沒有屬性的檔案、唯讀檔案、隱藏檔和系統檔的檔案名稱。

為搜尋以前格式的 Excel 檔（例如 .xls 和 .xla 檔案），可使用下列萬用字元：

```
*.xl*
```

表 11-2 列出 Dir 函數的內建常數。

▼ 表 11-2：Dir 函數的檔案屬性常數

| 常數 | 值 | 描述 |
| --- | --- | --- |
| vbNormal | 0 | 不具屬性的檔案。該值是預設設定，並且始終有效 |
| vbReadOnly | 1 | 唯讀檔案 |
| vbHidden | 2 | 隱藏檔案 |
| vbSystem | 4 | 系統檔案 |
| vbVolume | 8 | 標籤。如果指定任何其他屬性，則該屬性被忽略 |
| vbDirectory | 16 | 目錄。該屬性不起作用。以 vbDirectory 屬性呼叫 Dir 函數並不會連續傳回子目錄 |

**注意**

如果使用 Dir 函數通過檔案，並呼叫其他程序來處理文件，那麼請確保其他程序不使用 Dir 函數。任何時候都只能有一「組」Dir 呼叫是開啟的。

## 4. 顯示巢狀目錄中檔案清單的遞迴 VBA 程序

該部分的範例建立一個具體目錄及其所有子目錄中的檔案列表。該程序比較特別，因為它自己呼叫自己，這就是「遞迴」的概念。

```
Public Sub RecursiveDir(ByVal CurrDir As String, Optional ByVal Level As Long)
    Dim Dirs() As String
    Dim NumDirs As Long
    Dim FileName As String
    Dim PathAndName As String
    Dim i As Long
    Dim Filesize As Double

'   Make sure path ends in backslash
    If Right(CurrDir, 1) <> "\" Then CurrDir = CurrDir & "\"

'   Put column headings on active sheet
    Cells(1, 1) = "Path"
    Cells(1, 2) = "Filename"
    Cells(1, 3) = "Size"
    Cells(1, 4) = "Date/Time"
    Range("A1:D1").Font.Bold = True
```

```
'   Get files
    FileName = Dir(CurrDir & "*.*", vbDirectory)
    Do While Len(FileName) <> 0
      If Left(FileName, 1) <> "." Then 'Current dir
        PathAndName = CurrDir & FileName
        If (GetAttr(PathAndName) And vbDirectory) = vbDirectory Then
          'store found directories
            ReDim Preserve Dirs(0 To NumDirs) As String
            Dirs(NumDirs) = PathAndName
            NumDirs = NumDirs + 1
        Else
          'Write the path and file to the sheet
          Cells(WorksheetFunction.CountA(Range("A:A")) + 1, 1) = _
              CurrDir
          Cells(WorksheetFunction.CountA(Range("B:B")) + 1, 2) = _
              FileName
          'adjust for filesize > 2 gigabytes
          Filesize = FileLen(PathAndName)
          If Filesize < 0 Then Filesize = Filesize + 4294967296#
          Cells(WorksheetFunction.CountA(Range("C:C")) + 1, 3) = Filesize
          Cells(WorksheetFunction.CountA(Range("D:D")) + 1, 4) = _
              FileDateTime(PathAndName)
        End If
      End If
        FileName = Dir()
    Loop

' Process the found directories, recursively
    For i = 0 To NumDirs - 1
        RecursiveDir Dirs(i), Level + 2
    Next i
End Sub
```

該程序使用一個引數 CurrDir，此引數表示待檢測的目錄。每個檔案的資訊顯示在開啟的工作表中。因為程序通過了檔案，所以它將子目錄的名稱儲存在一個名為 Dirs 的陣列中。當無法找到更多檔案，程序就使用 Dirs 陣列的項作為引數來呼叫自己。當 Dirs 陣列中的所有目錄都被處理過後，程序才停止。

因為 RecursiveDir 程序使用一個引數，所以必須透過使用如下陳述式從另一個程序中執行：

```
Call RecursiveDir("c:\directory\")
```

範例檔案中包含該程序的一個版本，此程序允許從對話盒中選擇目錄。檔案名是「recursive file list.xlsm」。

線上資源

## 11.5.2 使用 FileSystemObject 物件

FileSystemObject 物件是 Windows Scripting Host 的一個成員，它提供對電腦檔案系統的連線。該物件經常用於導向腳本的 Web 頁面中（如 VBScript 和 JavaScript），並且可以在 Excel 2000 及後續版本中使用。

 Windows Scripting Host 有時被用作傳播電腦病毒和其他惡意軟體的方法。所以，在一些系統上 Windows Scripting Host 是被禁用的。另外，有些反病毒軟體產品會干擾 Windows Scripting Host。因此，如果所開發的應用程式將在很多不同的系統上使用，請注意這個問題。

FileSystemObject 這個名稱有點誤導，因為它事實上包含了許多物件，每個物件都是為某個特定目的設計的：

➢ Drive：表示磁碟或磁碟的集合
➢ File：表示檔案或檔案的集合
➢ Folder：表示資料夾或資料夾的集合
➢ TextStream：表示讀取、寫入或追加到一個文字檔案的文字流

使用 FileSystemObject 物件的第一步是建立一個物件實例。該步驟可用兩種方式來完成：前期綁定和後期綁定。

後期綁定的方法使用如下兩條陳述式：

```
Dim FileSys As Object
Set FileSys = CreateObject("Scripting.FileSystemObject")
```

注意，FileSys 物件變數被宣告為普通物件，而不是實際物件類型。物件類型在執行時被確定。

用前期綁定方法建立物件要求設定參照 Windows Scripting Host 物件模型。可透過 VBE 中的〔工具〕→〔設定引用項目〕指令來實現。建立參照後，使用如下陳述式建立物件：

```
Dim FileSys As FileSystemObject
Set FileSys = CreateObject("Scripting.FileSystemObject")
```

透過使用前期綁定的方法，能夠利用 VBE 的自動列出成員特性來說明確認輸入的屬性和方法。此外，也可以使用物件瀏覽器（按〔F2〕鍵）來了解物件模型的更多資訊。

下例展示如何使用 FileSystemObject 物件來完成不同的任務。

### 1. 使用 FileSystemObject 確定檔案是否存在

下面的 Function 程序接收一個引數（路徑和檔案名稱），如果檔案存在，則傳回 True：

```
Function FileExists3(fname) As Boolean
    Dim FileSys As Object 'FileSystemObject
    Set FileSys = CreateObject("Scripting.FileSystemObject")
```

```
        FileExists3 = FileSys.FileExists(fname)
    End Function
```

Function 建立一個新的 FileSystemObject 物件,名為「FileSys」,然後連線那個物件的
FileExists 屬性。

## 2. 使用 FileSystemObject 確定路徑是否存在

下面的 Function 程序接收一個引數(路徑),如果路徑存在,則傳回 True:

```
Function PathExists2(path) As Boolean
    Dim FileSys As Object 'FileSystemObject
    Set FileSys = CreateObject("Scripting.FileSystemObject")
    PathExists2 = FileSys.FolderExists(path)
End Function
```

## 3. 使用 FileSystemObject 顯示所有可用磁碟機的資訊

這部分的範例使用 FileSystemObject 來搜尋並顯示所有磁碟機的資訊。該程序瀏覽 Drives
集合,並將不同的屬性值寫入工作表中。

可從範例檔案中取得這個名為「show drive info.xlsm」的活頁簿。
線上資源

```
Sub ShowDriveInfo()
    Dim FileSys As FileSystemObject
    Dim Drv As Drive
    Dim Row As Long
    Set FileSys = CreateObject("Scripting.FileSystemObject")
    Cells.ClearContents
    Row = 1
'   Column headers
    Range("A1:F1") = Array("Drive", "Ready", "Type", "Vol. Name", _
      "Size", "Available")
    On Error Resume Next
'   Loop through the drives
    For Each Drv In FileSys.Drives
        Row = Row + 1
        Cells(Row, 1) = Drv.DriveLetter
        Cells(Row, 2) = Drv.IsReady
        Select Case Drv.DriveType
            Case 0: Cells(Row, 3) = "Unknown"
            Case 1: Cells(Row, 3) = "Removable"
            Case 2: Cells(Row, 3) = "Fixed"
            Case 3: Cells(Row, 3) = "Network"
            Case 4: Cells(Row, 3) = "CD-ROM"
```

```
            Case 5: Cells(Row, 3) = "RAM Disk"
        End Select
        Cells(Row, 4) = Drv.VolumeName
        Cells(Row, 5) = Drv.TotalSize
        Cells(Row, 6) = Drv.AvailableSpace
    Next Drv
    'Make a table
    ActiveSheet.ListObjects.Add xlSrcRange, _
        Range("A1").CurrentRegion, , xlYes
End Sub
```

 第 7 章介紹過另一種透過使用 Windows API 函數取得磁碟資訊的方法。

## 11.6 壓縮和解壓縮檔案

或許最常用的檔案壓縮類型就是 ZIP 格式了，甚至連 Excel 2007（以及後續版本）檔案也是以 ZIP 格式儲存的（雖然它們沒有使用 .zip 副檔名）。ZIP 檔案可包含任意數量的檔案，甚至是整個目錄結構。檔案的內容決定了壓縮程度。例如，JPG 圖形和 MP3 音訊檔案是已經被壓縮了的，因此，壓縮這種檔案類型對於減少檔案大小的效果並不明顯。而文字檔案在壓縮後通常縮小得比較明顯。

本節的範例可從範例檔案中取得，檔名為「zip files.xlsm」和「unzip a file.xlsm」。

線上資源

### 11.6.1 壓縮檔案

本節的範例說明如何從一組使用者選定的文件中建立壓縮檔。ZipFiles 程序顯示一個對話盒，以便使用者選擇檔案。然後它在 Excel 的預設目錄中建立一個名為「compressed.zip」的壓縮檔。

```
Sub ZipFiles()
    Dim ShellApp As Object
    Dim FileNameZip As Variant
    Dim FileNames As Variant
    Dim i As Long, FileCount As Long

'   Get the file names
    FileNames = Application.GetOpenFilename _
        (FileFilter:="All Files (*.*),*.*", _
        FilterIndex:=1, _
        Title:="Select the files to ZIP", _
        MultiSelect:=True)
```

```
'   Exit if dialog box canceled
    If Not IsArray(FileNames) Then Exit Sub

    FileCount = UBound(FileNames)
    FileNameZip = Application.DefaultFilePath & "\compressed.zip"

    'Create empty Zip File with zip header
    Open FileNameZip For Output As #1
    Print #1, Chr$(80) & Chr$(75) & Chr$(5) & Chr$(6) & String(18, 0)
    Close #1

    Set ShellApp = CreateObject("Shell.Application")
    'Copy the files to the compressed folder
    For i = LBound(FileNames) To UBound(FileNames)
        ShellApp.Namespace(FileNameZip).CopyHere FileNames(i)
      'Keep script waiting until Compressing is done

      On Error Resume Next
      Do Until ShellApp.Namespace(FileNameZip).items.Count = i
          Application.Wait (Now + TimeValue("0:00:01"))
      Loop
    Next i

    If MsgBox(FileCount & " files were zipped to:" & _
       vbNewLine & FileNameZip & vbNewLine & vbNewLine & _
       "View the zip file?", vbQuestion + vbYesNo) = vbYes Then _
       Shell "Explorer.exe /e," & FileNameZip, vbNormalFocus
    End Sub
```

ZipFiles 程序建立一個名為「compressed.zip」的檔案,並寫入一串字元,該字串標明它是壓縮檔。然後,建立 Shell.Application 物件,程式碼使用其 CopyHere 方法將檔案複製到壓縮存檔中。程式碼的下一個部分是 Do Until 迴圈,該迴圈每秒鐘都會檢測壓縮存檔中的檔案數量。這是有必要的,因為複製檔案將會花費一些時間,如果程序在檔案被複製前就結束了,壓縮檔將會是不完整的(也可能已經受損)。

當壓縮存檔中檔案的數量和應有的檔案數量吻合,則迴圈結束。向使用者呈現一個訊息方塊,詢問是否要檢視檔案。按一下〔是〕按鈕開啟 Windows 檔案總管,視窗中顯示了被壓縮的檔案。

為便於理解,此處顯示的 ZipFiles 程序比較簡單。程式碼並不進行錯誤檢測,並且不是十分靈活。例如,沒有選項供選擇壓縮檔名或者位置,而且目前的 compressed. zip 總是在沒有警告的情況下被覆蓋。它當然無法取代 Windows 中內建的壓縮工具,但它很好地示範 VBA 的用途。

警告

## 11.6.2 解壓縮檔案

本節的範例作用與前一個範例相反。它向使用者要求提供一個壓縮檔名稱，然後將檔案解壓縮，並將其放入一個名為「Unzipped」的目錄中，該目錄在 Excel 的預設檔案目錄中。

```
Sub UnzipAFile()
    Dim ShellApp As Object
    Dim TargetFile
    Dim ZipFolder

'   Target file & temp dir
    TargetFile = Application.GetOpenFilename _
        (FileFilter:="Zip Files (*.zip), *.zip")
    If TargetFile = False Then Exit Sub

    ZipFolder = Application.DefaultFilePath & "\Unzipped\"

'   Create a temp folder

    On Error Resume Next
    RmDir ZipFolder
    MkDir ZipFolder
    On Error GoTo 0

'   Copy the zipped files to the newly created folder
    Set ShellApp = CreateObject("Shell.Application")
    ShellApp.Namespace(ZipFolder).CopyHere _
        ShellApp.Namespace(TargetFile).items

    If MsgBox("The files was unzipped to:" & _
        vbNewLine & ZipFolder & vbNewLine & vbNewLine & _
        "View the folder?", vbQuestion + vbYesNo) = vbYes Then _
        Shell "Explorer.exe /e," & ZipFolder, vbNormalFocus
End Sub
```

UnzipAFile 程序使用 GetOpenFilename 方法來取得壓縮檔。然後建立新的資料夾並使用 Shell.Application 物件將壓縮檔的內容複製到一個新資料夾中。最後，使用者可選擇顯示新目錄。

PART

III

# 操作使用者表單

# 使用自訂對話盒

- 使用輸入欄位取得使用者的輸入資訊
- 使用訊息方塊來顯示訊息或取得簡單的回應
- 從對話盒中選取文件
- 選擇目錄
- 顯示 **Excel** 的內建對話盒

## 12.1 建立使用者表單之前需要了解的內容

在 Windows 程式中，對話盒是最主要的使用者介面元素。事實上，每個 Windows 程式都使用對話盒，而且大部分使用者都能很好地理解對話盒的運作原理。Excel 的開發人員透過建立使用者表單實現了自訂的對話盒。然而，VBA 還提供了顯示一些內建對話盒的方法，只要求撰寫很少的程式碼。

在觸及建立使用者表單（從第 13 章開始）之前，會發現理解 Excel 中顯示對話盒的一些內建工具是很有幫助的。下面將詳細介紹在不建立使用者表單的情況下使用 VBA 顯示的各種對話盒。

## 12.2 使用輸入欄位

「輸入欄位」是一種簡單對話盒，允許使用者輸入單個項目。例如，可使用輸入欄位讓使用者輸入文字、數字或者甚至選擇一個區域。實際上，產生 InputBox 的方法有兩種：一種是透過使用 VBA 函數，另一種是使用 Application 物件中的方法。它們是兩個不同的物件，稍後將加以解釋。

### 12.2.1 VBA 的 InputBox 函數

VBA 的 InputBox 函數的語法如下所示：

```
InputBox(prompt[,title][,default][,xpos][,ypos][,helpfile, context])
```

- ➤ `prompt`：必需的引數。代表顯示在輸入欄位中的文字。
- ➤ `title`：可選的引數。代表顯示在輸入欄位標題列中的標題。
- ➤ `default`：可選的引數。代表顯示在這個輸入欄位中的預設值。
- ➤ `xpos`□`ypos`：可選的引數。代表輸入欄位左上角的螢幕座標值。
- ➤ `helpfile`□`context`：可選的引數。代表說明檔案和說明主題。

InputBox 函數提示使用者輸入一項簡單資訊。該函數總是傳回一個字串，因此程式碼可能需要將結果轉換為值。

提示語可以由 1024 個字元組成。此外，可為對話盒提供標題和預設值，並指定它在螢幕上的位置。還可以指定自訂的說明主題，如果指定了說明主題，這個輸入欄位就會包括一個〔說明〕按鈕。

在下面的範例中（產生的對話盒如圖 12-1 所示），使用 VBA 的 InputBox 函數要求使用者輸入全名。然後從中取出名字，最後使用訊息方塊顯示問候語。

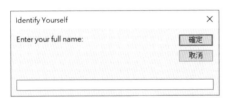

▲ 圖 12-1：VBA 的 InputBox 函數發揮作用

```
Sub GetName()
    Dim UserName As String
    Dim FirstSpace As Long
    Do Until Len(UserName) > 0
        UserName = InputBox("Enter your full name: ", _
            "Identify Yourself")
    Loop
    FirstSpace = InStr(UserName, Space(1))
    If FirstSpace > 0 Then
        UserName = Left$(UserName, FirstSpace - 1)
    End If
    MsgBox "Hello " & UserName
End Sub
```

注意，這個 InputBox 函數字於 Do Until 迴圈中，因此確保在輸入欄位出現時輸入內容。如果使用者按一下〔取消〕按鈕或者不輸入任何文字，那麼 UserName 將包含一個空字串，而輸入欄位會再次出現。然後，該程序試圖取得名字，方法是先搜尋第一個空格字元（透過使用 InStr 函數），接著使用 Left 函數取得出第一個空格之前的所有字元。如果沒有找到空格字元，就使用輸入的整個姓名。

圖 12-2 提供 VBA InputBox 函數的另一個範例。該範例
要求使用者填入缺少的字詞。同時，該範例也說明了命
名的引數的用法。提示文字是從工作表的儲存格中搜尋
到的，並賦值給變數 Prompt。

▲ 圖 12-2：使用一個顯示很長提示的
VBA InputBox 函數

```vba
Sub GetWord()
    Dim TheWord As String
    Dim Prompt As String
    Dim Title As String
    Prompt = Range("A1")
    Title = "What's the missing word?"
    TheWord = InputBox(Prompt:=Prompt, Title:=Title)
    If UCase(TheWord) = "BATTLEFIELD" Then
        MsgBox "Correct."
    Else
        MsgBox "That is incorrect."
    End If
End Sub
```

正如前面提到的那樣，InputBox 函數將傳回一個字串。如果 InputBox 函數傳回的字串像一
個數字，那麼可使用 VBA 的 Val 函數將其轉換為一個值或者只對字串執行數學運算。

下面的程式碼使用 InputBox 函數提示輸入一個數值。它使用 IsNumeric 函數來確定字串是
否可解釋為數字。如果可以，則顯示使用者輸入乘以 12 的結果。

```vba
Sub GetValue()
    Dim Monthly As String
    Monthly = InputBox("Enter your monthly salary:")
    If Len(Monthly) > 0 And IsNumeric(Monthly) Then
        MsgBox "Annualized: " & Monthly * 12
    Else
        MsgBox "Invalid input"
    End If
End Sub
```

可從範例檔案中找到本節中的這 3 個範例，檔案名稱為「VBA inputbox.xlsm」。

線上資源

## 12.2.2 Excel 的 InputBox 方法

使用 Excel 的 InputBox 方法（而不是 VBA 的 InputBox 函數）有下列 3 點好處：

➢ 可以指定要傳回的資料類型（不必是字串）。
➢ 透過在工作表中執行拖放動作，使用者可指定工作表的儲存格區域。
➢ 自動執行輸入有效性驗證。

InputBox 方法的語法如下所示：

```
InputBox(Prompt [,Title][,Default][,Left][,Top][,HelpFile, HelpContextID]
[,Type])
```

➢ Prompt：必需的引數。表示顯示在輸入欄位中的文字。
➢ Title：可選的引數。表示輸入欄位標題列中的標題。
➢ Default：可選的引數。表示使用者沒有輸入內容時該函數傳回的預設值。
➢ Left□Top：可選的引數。表示視窗左上角的螢幕座標值。
➢ HelpFile□HelpContextID：可選的引數。表示說明檔案和說明主題。
➢ Type：可選的引數。傳回資料類型的代號，如表 12-1 所示。

> **注意**
>
> 顯然，Left、Top、HelpFile 和 HelpContextID 引數不再受支援。可以指定這些引數，但它們並不起作用。

▼ 表 12-1：確定 Excel 的 InputBox 方法傳回的資料類型的代號

| 代號 | 含義 |
| --- | --- |
| 0 | 公式 |
| 1 | 數字 |
| 2 | 字串（文字） |
| 4 | 邏輯值（True 或 False） |
| 8 | 儲存格參照，作為 Range 類型的物件 |
| 16 | 錯誤值，如 #N/A |
| 64 | 包含值元素的陣列 |

InputBox 方法用途很廣泛。為傳回多種資料類型，可使用適當代號的和。例如，如果要顯示一個可以接收文字或數字的輸入欄位，就應把 type 設定為 3（也就是 1 和 2 的和，或數字加上文字）。如果使用 8 作為 type 引數的值，那麼使用者可手動輸入一個儲存格或儲存格區域的位址（或命名的儲存格或儲存格區域），或指向工作表中的某個儲存格區域。

下面的 EraseRange 程序使用 InputBox 方法，以允許使用者選擇要清除內容的儲存格區域（如圖 12-3 所示）。使用者可手動輸入儲存格區域的位址，也可使用滑鼠在工作表中選中儲存格區域。

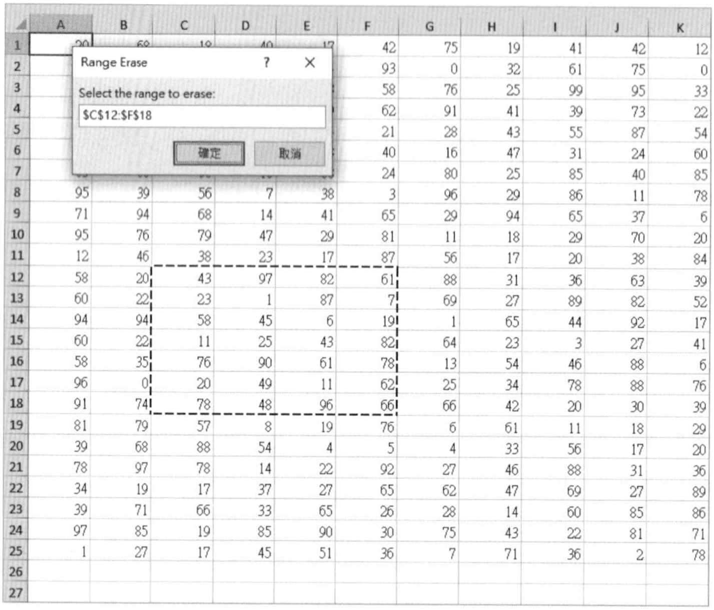

▲ 圖 12-3：使用 InputBox 方法來指定儲存格區域

上述 InputBox 方法的引數 type 設定為 8，它將傳回一個 Range 類型的物件（請注意 Set 關鍵字），然後清除這個儲存格區域的內容（透過使用 ClearContents 方法）。該輸入欄位中顯示的預設值是目前選取區域的地址。如果使用者在對話盒中按一下〔取消〕而不是〔確定〕，InputBox 方法就會傳回布林值 False。不能將布林值賦給儲存格區域，因此將使用 On Error Resume Next 來略過該錯誤。最後，只有輸入儲存格區域，即 UserRange 變數不是 nothing，才會選擇儲存格區域清除內容。

```
Sub EraseRange()
    Dim UserRange As Range
    On Error Resume Next
        Set UserRange = Application.InputBox _
            (Prompt:="Select the range to erase:", _
            Title:="Range Erase", _
            Default:=Selection.Address, _
            Type:=8)
    On Error GoTo 0
    If Not UserRange Is Nothing Then
        UserRange.ClearContents
        UserRange.Select
    End If
End Sub
```

使用 InputBox 方法的另一個好處是 Excel 將自動執行輸入有效性驗證。在 GetRange 範例中，如果輸入的不是儲存格區域的位址，Excel 就會顯示一項訊息並允許使用者再試一次（如圖 12-4 所示）。

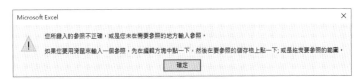

▲ 圖 12-4：Excel 的 InputBox 方法自動執行有效性驗證

下面的程式碼類似於上一節中的 GetValue 程序，但此程序使用 Excel 的 InputBox 方法。儘管指定 type 引數為 1（數值），但將 Monthly 變數宣告為 Variant 類型。那是因為按一下 Cancel 按鈕會傳回 False。如果使用者輸入一個非數值項，Excel 會顯示一項訊息並允許使用者再試一次（如圖 12-5 所示）：

```
Sub GetValue2()
    Dim Monthly As Variant
    Monthly = Application.InputBox _
        (Prompt:="Enter your monthly salary:", _
         Type:=1)
    If Monthly <> False Then
        MsgBox "Annualized: " & Monthly * 12
    End If
End Sub
```

▲ 圖 12-5：用 Excel 的 InputBox 驗證項目的另一範例

 線上資源

可從範例檔案中找到這兩個範例，檔案名稱 為「inputbox method. xlsm」。

注意

在圖 12-5 中，使用者在數字前加了 USD 來代表美國的美元。Excel 不會將其當成一個數字，所以會正確報告說這是無效的。不過，因為 USD1024 是一個有效的儲存格區域參照，該區域被選擇。Excel 會在驗證前對照 Type 引數來處理該項目。

# 12.3 VBA 的 MsgBox 函數

利用 VBA 的 MsgBox 函數可以很容易就給使用者顯示訊息,還可以取得簡單的回應(如〔確定〕或〔取消〕)。本書的很多範例中都使用 MsgBox 函數作為顯示變數值的一種方式。

記住,MsgBox 是一個函數,在使用者消除訊息方塊之前,程式碼會處於中斷狀態。

> **提示**
>
> 當顯示訊息方塊時,可按〔Ctrl〕+〔C〕鍵把訊息方塊的內容複製到 Windows 剪貼簿。

MsgBox 函數的正式語法如下所示:

```
MsgBox(prompt[,buttons][,title][,helpfile, context])
```

➢ `prompt`:必需的引數。表示顯示在訊息方塊中的文字。

➢ `buttons`:可選的引數。數字運算式,用來確定訊息方塊中顯示哪些按鈕和圖示,參見表 12-2。

➢ `title`:可選的引數。表示訊息方塊視窗中的標題。

➢ `helpfile`□`context`:可選的引數。表示說明檔案和說明主題。

▼ 表 12-2:用於 MsgBox 函數中 buttons 引數的常數值說明

| 常數 | 值 | 說明 |
|---|---|---|
| vbOKOnly | 0 | 只顯示〔確定〕按鈕 |
| vbOKCancel | 1 | 顯示〔確定〕按鈕和〔取消〕按鈕 |
| vbAbortRetryIgnore | 2 | 顯示〔異常終止〕、〔重試〕和〔略過〕按鈕 |
| vbYesNoCancel | 3 | 顯示〔是〕、〔否〕和〔取消〕按鈕 |
| vbYesNo | 4 | 顯示〔是〕和〔否〕按鈕 |
| vbRetryCancel | 5 | 顯示〔重試〕和〔取消〕按鈕 |
| vbCritical | 16 | 顯示「關鍵資訊」圖示 |
| vbQuestion | 32 | 顯示「警告詢問」圖示 |
| vbExclamation | 48 | 顯示「警告訊息」圖示 |
| vbInformation | 64 | 顯示「通知訊息」圖示 |
| vbDefaultButton1 | 0 | 第一個按鈕是預設的 |
| vbDefaultButton2 | 256 | 第二個按鈕是預設的 |
| vbDefaultButton3 | 512 | 第三個按鈕是預設的 |
| vbDefaultButton4 | 768 | 第四個按鈕是預設的 |
| vbSystemModal | 4096 | 所有應用程式都暫停,直到使用者對訊息方塊作出反應為止(在一些條件下可能失敗) |
| vbMsgBoxHelpButton | 16384 | 顯示說明按鈕。為在按一下該按鈕時顯示說明,可使用 helpfile、context 引數 |

由於 buttons 引數的靈活性，所以可以很容易自訂訊息方塊（表 12-2 列出可用於這個引數的很多常數）。可以指定要顯示哪些按鈕、是否出現圖示以及哪個按鈕是預設的。

可使用 MsgBox 函數本身（只是簡單地顯示一項訊息）或將它的結果賦值給某個變數。當用 MsgBox 函數傳回結果時，這個值就代表使用者按一下過的按鈕。下例只顯示一項訊息和一個〔確定〕按鈕，並沒有傳回結果：

```
Sub MsgBoxDemo()
    MsgBox "Macro finished with no errors."
End Sub
```

注意，單個引數並沒有括在括弧內，因為 MsgBox 結果沒有賦給一個變數。

為從訊息方塊取得回應，可將 MsgBox 函數的結果賦值給變數。這種情況下，必須將引數括在括弧內。在下面的程式碼中，使用了一些內建的常數（參見表 12-3），這樣更便於處理 MsgBox 傳回的值：

▼ 表 12-3：用於 MsgBox 函數傳回值的常數

| 常數 | 值 | 按一下的按鈕 |
| --- | --- | --- |
| vbOK | 1 | 確定 |
| vbCancel | 2 | 取消 |
| vbAbort | 3 | 終止 |
| vbRetry | 4 | 重試 |
| vbIgnore | 5 | 略過 |
| vbYes | 6 | 是 |
| vbNo | 7 | 否 |

```
Sub GetAnswer()
    Dim Ans As Long
    Ans = MsgBox("Continue?", vbYesNo)
    Select Case Ans
        Case vbYes
'           ...[code if Ans is Yes]...
        Case vbNo
'           ...[code if Ans is No]...
    End Select
End Sub
```

MsgBox 函數傳回 Long 資料類型的變數。實際上，並非只有使用變數才能使用訊息方塊的結果。下面的程序是另一種撰寫 GetAnswer 程序程式碼的方法：

```
Sub GetAnswer2()
    If MsgBox("Continue?", vbYesNo) = vbYes Then
```

```
'           ...[code if Ans is Yes]...
    Else
'           ...[code if Ans is No]...
    End If
End Sub
```

下面的函數範例使用了常數的組合，顯示的訊息方塊中帶有〔是〕按鈕、〔否〕按鈕和問號圖示；將第二個按鈕指定為預設按鈕（如圖 12-6 所示）。為簡單起見，把這些常數賦給 Config 變數。

▲ 圖 12-6：MsgBox 函數的 buttons 引數決定會出現哪些按鈕

```
Private Function ContinueProcedure() As Boolean
    Dim Config As Long
    Dim Ans As Long
    Config = vbYesNo + vbQuestion + vbDefaultButton2
    Ans = MsgBox("An error occurred. Continue?", Config)
    If Ans = vbYes Then ContinueProcedure = True _
        Else ContinueProcedure = False
End Function
```

可從另一個程序中呼叫 ContinueProcedure 函數。例如，以下陳述式就呼叫 ContinueProcedure 函數（它將顯示訊息方塊）。如果這個函數傳回 False（也就是說，使用者選擇了〔否〕按鈕），程序就將結束。否則，將執行下一項陳述式。

```
If Not ContinueProcedure() Then Exit Sub
```

訊息方塊的寬度取決於畫面的解析度。圖 12-7 所示的訊息方塊顯示沒有強制換行的冗長文字。

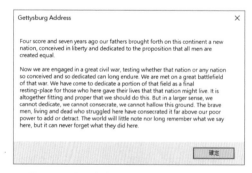

▲ 圖 12-7：在訊息方塊中顯示冗長的文字

如果想要在訊息中強制行，可在文字中使用 vbNewLine 常數。下面的範例顯示了一項分 3 行顯示的訊息：

```
Sub MultiLine()
    Dim Msg As String
    Msg = "This is the first line." & vbNewLine & vbNewLine
    Msg = Msg & "This is the second line." & vbNewLine
    Msg = Msg & "And this is the last line."
    MsgBox Msg
End Sub
```

還可以使用 vbTab 常數插入一個定位字元。下面的程序使用一個訊息方塊來顯示 12×3 的儲存格區域（儲存格 A1:C12）中的所有值（如圖 12-8 所示）。該程序用 vbTab 常數分隔列，並使用 vbNewLine 常數插入一個新行。MsgBox 函數接收的字串最多有 1023 個字元，這就限制了可以顯示其內容的儲存格數目。此外注意，定位停駐點是固定的，所以如果儲存格中包含 11 個以上的字元，將無法對齊列。

```
Sub ShowRange()
    Dim Msg As String
    Dim r As Long, c As Long
    Msg = ""
    For r = 1 To 12
        For c = 1 To 3
            Msg = Msg & Cells(r, c).Text
            If c <> 3 Then Msg = Msg & vbTab
        Next c
        Msg = Msg & vbNewLine
    Next r
    MsgBox Msg
End Sub
```

| | A | B | C | D | E | F | G |
|---|---|---|---|---|---|---|---|
| 1 | Month | Region 1 | Region 2 | | | | |
| 2 | Jan | 45,983 | 29,833 | | Show MsgBox | | |
| 3 | Feb | 45,417 | 31,937 | | | | |
| 4 | Mar | 42,276 | 28,059 | | | | |
| 5 | Apr | 39,668 | 25,853 | | | | |
| 6 | May | 36,058 | 29,850 | | | | |
| 7 | Jun | 33,498 | 30,298 | | | | |
| 8 | Jul | 34,340 | 33,384 | | | | |
| 9 | Aug | 37,729 | 30,931 | | | | |
| 10 | Sep | 40,127 | 31,760 | | | | |
| 11 | Oct | 41,805 | 30,279 | | | | |
| 12 | Nov | 49,173 | 29,650 | | | | |
| 13 | | | | | | | |
| 14 | | | | | | | |
| 15 | | | | | | | |
| 16 | | | | | | | |
| 17 | | | | | | | |
| 18 | | | | | | | |
| 19 | | | | | | | |

Microsoft Excel

```
Month    Region 1  Region 2
Jan      45,983    29,833
Feb      45,417    31,937
Mar      42,276    28,059
Apr      39,668    25,853
May      36,058    29,850
Jun      33,498    30,298
Jul      34,340    33,384
Aug      37,729    30,931
Sep      40,127    31,760
Oct      41,805    30,279
Nov      49,173    29,650
```

確定

▲ 圖 12-8：這個訊息方塊顯示的文字中包含定位字元和分行符號

第 14 章包含一個模擬 MsgBox 函數的使用者表單的範例。

線上資源

# 12.4 Excel 的 GetOpenFilename 方法

如果應用程式需要要求使用者輸入檔案名，可使用 InputBox 函數。但是這種方法顯得很冗長，而且容易導致錯誤，因為使用者必須輸入檔案名稱（不能瀏覽）。更好的辦法是使用 Application.GetOpenFilename 方法，它能夠確保應用程式取得有效的檔案名稱（以及完整的路徑）。

這種方法顯示出標準的「開啟舊檔」對話盒，但並不真正開啟指定的檔案。而是傳回包含使用者所選擇的檔案名稱和路徑的字串。然後可以用檔案名稱撰寫任何程式碼來做想做的事情。

GetOpenFilename 方法的語法如下所示：

```
Application.GetOpenFilename(FileFilter, FilterIndex, Title, ButtonText,
MultiSelect)
```

- ➤ FileFilter：可選的引數。是一個字串，確定在「開啟舊檔」對話盒顯示的檔案類型。
- ➤ FilterIndex：可選的引數。代表預設的檔案篩選條件的索引號。
- ➤ Title：可選的引數。對話盒的標題。如果省略了這個引數，那麼標題為「開啟舊檔」。
- ➤ ButtonText：只用於麥金塔電腦。
- ➤ MultiSelect：可選的引數。如果為 True，則可以選擇多個檔案名稱。預設值為 False。

FileFilter 引數確定出現在對話盒的「檔案類型」下拉式選單中的內容。這個引數由檔案篩選字串和萬用字元表示的檔案篩選規則說明組成，其中每一部分和每一對都用逗號隔開。如果省略了這個引數，那麼該引數的預設值為：

```
"All Files (*.*),*.*"
```

注意，這個字串的第一部分（All Files (*.*)）是顯示在「檔案類型」下拉式選單中的文字。第二部分（*.*）實際上確定了要顯示哪些檔案。

下面的指令把一個字串賦值給一個名為 Filt 的變數。然後，這個字串可以用作 GetOpenFilename 方法的 FileFilter 引數。這種情況下，對話盒將允許使用者從 4 種不同的檔案類型（以及一個「所有檔案」選項）中進行選擇。注意，這裡還使用 VBA 的換行連續序列來設定 Filt 變數；這樣做更容易處理這種較複雜的引數。

```
Filt = "Text Files (*.txt),*.txt," & _
       "Lotus Files (*.prn),*.prn," & _
       "Comma Separated Files (*.csv),*.csv," & _
       "ASCII Files (*.asc),*.asc," & _
       "All Files (*.*),*.*"
```

FilterIndex 引數指定哪個 FileFilter 是預設的，Title 引數是顯示在標題列中的文字。如果 MultiSelect 引數的值為 True，那麼使用者可以選擇多個檔案，所有這些檔案都將傳回到一個陣列中。

下面的範例提示使用者輸入檔案名稱，它定義了 5 種檔案篩選器。

```
Sub GetImportFileName()
    Dim Filt As String
    Dim FilterIndex As Long
    Dim Title As String
    Dim FileName As Variant

'   Set up list of file filters
    Filt = "Text Files (*.txt),*.txt," & _
           "Lotus Files (*.prn),*.prn," & _
           "Comma Separated Files (*.csv),*.csv," & _
           "ASCII Files (*.asc),*.asc," & _
           "All Files (*.*),*.*"

'   Display *.* by default
    FilterIndex = 5

'   Set the dialog box caption
    Title = "Select a File to Import"

'   Get the file name
    FileName = Application.GetOpenFilename _
        (FileFilter:=Filt, _
         FilterIndex:=FilterIndex, _
         Title:=Title)

'   Exit if dialog box canceled
    If FileName <> False Then
'       Display full path and name of the file
        MsgBox "You selected " & FileName
    Else
        MsgBox "No file was selected."
    End If
End Sub
```

圖 12-9 顯示執行上述程序後出現的對話盒，使用者選擇的是 Text Files 篩選器。

下面的範例類似於上一個範例。區別在於顯示對話盒時，使用者可按〔Ctrl〕或〔Shift〕鍵來選擇多個檔案。注意，這裡透過確定 FileName 是不是一個陣列，來檢測使用者是否按一下〔取消〕按鈕。如果使用者沒有按一下〔取消〕按鈕，那麼結果應該是至少包含一個元素的陣列。在這個範例中，訊息方塊中列出所選檔案的列表。

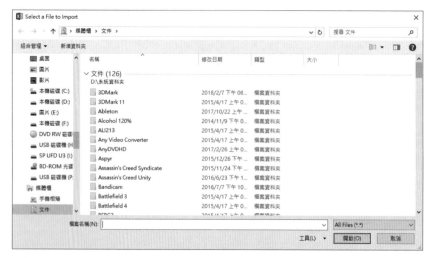

▲ 圖 12-9：GetOpenFilename 方法顯示一個用於指定檔案的對話盒

```
Sub GetImportFileName2()
    Dim Filt As String
    Dim FilterIndex As Long
    Dim FileName As Variant
    Dim Title As String
    Dim i As Long
    Dim Msg As String
'   Set up list of file filters
    Filt = "Text Files (*.txt),*.txt," & _
           "Lotus Files (*.prn),*.prn," & _
           "Comma Separated Files (*.csv),*.csv," & _
           "ASCII Files (*.asc),*.asc," & _
           "All Files (*.*),*.*"
'   Display *.* by default

    FilterIndex = 5

'   Set the dialog box caption
    Title = "Select a File to Import"

'   Get the file name
    FileName = Application.GetOpenFilename _
        (FileFilter:=Filt, _
         FilterIndex:=FilterIndex, _
         Title:=Title, _
         MultiSelect:=True)

    If IsArray(FileName) Then
'       Display full path and name of the files
        For i = LBound(FileName) To UBound(FileName)
```

```
            Msg = Msg & FileName(i) & vbNewLine
        Next i
        MsgBox "You selected:" & vbNewLine & Msg
    Else
    '   Exit if dialog box canceled
        MsgBox "No file was selected."
    End If
End Sub
```

當 MultiSelect 為 True，FileName 變數就會是個陣列，哪怕只選擇一個檔案。

 範例檔案中包含本節的兩個範例，檔案名稱為「prompt for file.xlsm」。

線上資源

## 12.5 Excel 的 GetSaveAsFilename 方法

GetSaveAsFilename 方法類似於 GetOpenFilename 方法。顯示出「另存新檔」對話盒並允許使用者選擇（或指定）某個檔案。該方法傳回一個檔案名稱及其路徑，但不採取任何動作。

這個方法的語法如下所示：

```
Application.GetSaveAsFilename(InitialFilename, FileFilter, FilterIndex,
Title, ButtonText)
```

這個方法的引數為：

➢ InitialFilename：可選的引數。在「檔案名稱」欄中預先填入的字串。
➢ FileFilter：可選的引數。一個字串，確定「存檔類型」下拉式選單顯示的內容。
➢ FilterIndex：可選的引數。預設的檔案篩選條件的索引號。
➢ Title：可選的引數。對話盒的標題。
➢ ButtonText：只用於 Macintosh 機器。

## 12.6 提示輸入目錄名稱

如前所述，如果需要取得檔案名，那麼最簡單的解決辦法是使用 GetOpenFileName 方法。但是，如果只需要取得目錄的名稱（而不是檔名），那麼可以使用 Excel 的 FileDialog 物件。

下面的程序顯示允許使用者選擇目錄的一個對話盒。所選目錄名稱（或 Canceled）使用 MsgBox 函數顯示。

```
Sub GetAFolder ()
    With Application.FileDialog(msoFileDialogFolderPicker)
        .InitialFileName = Application.DefaultFilePath & "\"
        .Title = "Select a location for the backup"
```

```
                .Show
                If .SelectedItems.Count = 0 Then
                    MsgBox "Canceled"
                Else
                    MsgBox .SelectedItems(1)
                End If
        End With
    End Sub
```

FileDialog 物件允許透過指定 InitialFileName 屬性的值來指定起始目錄。在這個範例中，程式碼使用 Excel 的預設檔案路徑作為起始目錄。

## 12.7 顯示 Excel 的內建對話盒

在 VBA 中撰寫的程式碼可以執行很多 Excel 功能區指令。而且，如果指令產生對話盒，那麼撰寫的程式碼可在這個對話盒中做出選擇（雖然不顯示對話盒本身）。例如，下面的 VBA 函式等同於選擇〔開始〕→〔編輯〕→〔尋找〕→〔到〕指令，指定儲存格區域為儲存格 A1:C3 然後按一下〔確定〕按鈕。

```
Application.Goto Reference:=Range("A1:C3")
```

但如果我們執行這條陳述式，將不會出現「尋找及取代」對話盒（這也是我們所期望的）。

然而，某些情況下，可能要顯示其中一個 Excel 的內建對話盒，這樣最終使用者可以做出選擇。為此，可以撰寫執行功能區指令的程式碼。

注意

> 使用 Application 物件的 Dialogs 集合是顯示 Excel 對話盒的另一種方法。但是 Microsoft 沒有適時地更新這個功能，所以本書沒有進行討論。本節介紹的方法是一種更好的方法。

Excel 早期版本中，程式設計人員透過使用 CommandBar 物件建立自訂選單和工具列。在 Excel 2007 和更新的版本中，仍可以使用 CommandBar 物件，但它不再像以前那樣工作了。

從 Excel 2007 開始，CommandBar 物件也得到了加強。可使用 CommandBar 物件來執行使用 VBA 的功能區指令。很多功能區指令都可以顯示一個對話盒。例如，下面的陳述式將顯示「取消隱藏」對話盒（參見圖 12-10）：

```
Application.CommandBars.ExecuteMso("SheetUnhide")
```

記住，程式碼不能取得關於使用者動作的任何資訊。例如，當執行這條陳述式時，無法知道選擇了哪個工作表或使用者是否按一下〔取消〕按鈕。當然，執行功能區指令的程式碼並不與 Excel 2007 之前的版本相容。

▲ 圖 12-10：使用 VBA 函式顯示對話盒

ExecuteMso 方法接收一個引數，即代表某個功能區控制項的 idMso 引數。遺憾的是，這些引數並未條列在說明系統中。

如果試圖在一個錯誤環境中顯示內建對話盒，則 Excel 會顯示一項錯誤訊息。例如，下面的陳述式顯示「設定數字格式」對話盒：

```
Application.CommandBars.ExecuteMso ("NumberFormatsDialog")
```

如果在不適當的情況下（例如選擇一個形狀時）執行這一陳述式，則 Excel 顯示一項錯誤訊息，因為該對話盒只適用於工作表儲存格。

Excel 有數千條指令。如何找到你需要的指令的名稱？一種方法是使用「Excel 選項」對話盒的〔自訂功能區〕活頁標籤（右擊任意功能區控制項並從快速選單中選擇〔自訂功能區〕）。Excel 中實際可用的每個指令列在左邊的頁面中。找到所需的指令，將滑鼠停留在其上，將在工具提示中看到位於括弧內的指令名稱。圖 12-11 顯示一個範例。在這裡，將學習如何顯示「定義名稱」對話盒：

```
Application.CommandBars.ExecuteMso ("NameDefine")
```

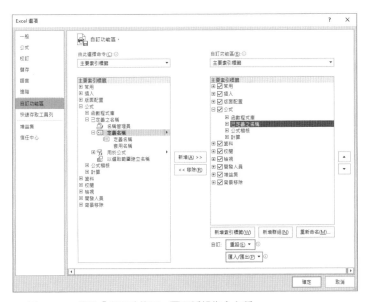

▲ 圖 12-11：使用「自訂功能區」頁面編輯指令名稱

可使用 ExecuteMso 方法顯示內建的對話盒。顯示內建對話盒的另一項技術需要掌握 Excel 2007 之前的關於工具列的知識（正式稱呼為「CommandBar 物件」）。儘管 Excel 不再使用 CommandBar 物件，但出於相容性考慮，它仍然支援這種物件。

例如，下面的陳述式等於在 Excel 2003 的選單中選擇〔格式〕→〔工作表〕→〔取消隱藏〕指令：

```
Application.CommandBars("Worksheet Menu Bar"). _
Controls("Format").Controls("Sheet"). _
Controls("Unhide...").Execute
```

執行該陳述式將顯示「取消隱藏」對話盒。注意，該功能表項目的標題必須完全符合（包括「取消隱藏」後的省略號）。

下面是另一個範例，該陳述式顯示了設定「儲存格格式」的對話盒：

```
Application.CommandBars("Worksheet Menu Bar"). _
    Controls("Format").Controls("Cells...").Execute
```

依賴 CommandBar 物件並非上策，這是因為 Excel 未來的版本中可能移除 CommandBar 物件。

# 12.8 顯示表單

很多人都使用 Excel 來管理按表格形式組織的清單。Excel 提供一種簡單的方法來處理這種類型的資料，方法是使用由 Excel 自動建立的內建的表單。這種表單可以處理正常的資料儲存格區域或指定為表格（透過使用〔插入〕→〔表格〕→〔表格〕指令）的區域。圖 12-12 提供了使用中的表單範例。

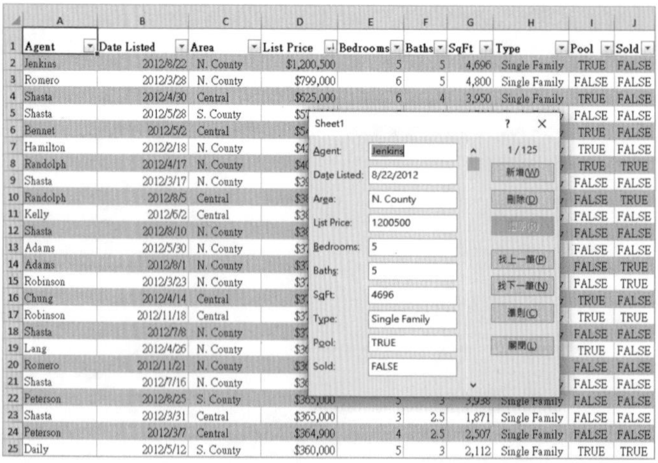

▲ 圖 12-12：一些使用者更喜歡使用 Excel 內建的表單來完成資料輸入工作

## 12.8.1 使得表單變得可以連接

由於某些原因，Excel 功能區中沒有提供連接表單的指令。為能從 Excel 的使用者介面連接表單，必須把它加入到「快速存取工具列」（QAT）或者功能區中。下面列出了把這個指令加入到「快速存取工具列」的步驟：

(1) 右擊「快速存取工具列」，選擇〔自訂快速存取工具列〕。這將顯示「Excel 選項」對話盒中的「快速存取工具列」頁面。

(2) 在「由此選擇命令」下拉式功能表中，選擇「不在功能區中命令」。

(3) 在左邊的清單方塊中，選擇「表單」。

(4) 按一下〔加入〕按鈕，把選擇的指令加入到「快速存取工具列」中。

(5) 按一下〔確定〕按鈕，關閉「Excel 選項」對話盒。

完成上述步驟後，一個新圖示將出現在「快速存取工具列」中。

要使用某個表單，必須對資料進行安排，以便 Excel 可以把其識別為一個表格。首先在資料輸入區域的第一行中輸入各列的標題，然後選擇該表中的任意儲存格，並按一下「快速存取工具列」上的〔表單〕按鈕。Excel 將顯示一個自訂資料的對話盒。可使用〔Tab〕鍵在兩個文字方塊之間移動，並加入資訊。如果儲存格中含有一個公式，那麼該公式的結果將以文字形式顯示出來（而不是作為編輯方塊顯示）。換言之，不能修改來自表單的公式。

完成表單後，按一下〔新建〕按鈕。Excel 把資料登錄工作表的一個列中，並清除對話盒，以輸入下一行資料。

## 12.8.2 透過使用 VBA 來顯示表單

使用 ShowDataForm 方法可以顯示 Excel 的表單。唯一的要求是資料表必須起始於儲存格 A1。或者，資料儲存格區域有一個名為 Database 的儲存格區域名稱。

下列程式碼顯示表單：

```
Sub DisplayDataForm()
ActiveSheet.ShowDataForm
End Sub
```

這個巨集將起作用，即使「表單」指令尚未加入到功能區或「快速存取工具列」也是如此。

範例檔案中提供含有該範例的活頁簿，檔案名稱為「data form example.xlsm」。

線上資源

# 使用者表單概述

- 建立、顯示和移除使用者表單
- 討論使用者可以使用的使用者表單控制項
- 設定使用者表單控制項的屬性
- 透過 **VBA** 程序控制使用者表單
- 建立使用者表單
- 介紹與使用者表單和控制項有關的事件類型
- 自訂控制項「工具箱」
- 建立使用者表單的檢驗表

## 13.1 Excel 如何處理自訂對話盒

Excel 使得為應用程式建立自訂對話盒變得較為簡單。實際上,可複製很多 Excel 對話盒的外觀。自訂對話盒是在使用者表單上建立的,使用者又是在 VBE(Visual Basic 編輯器)中連接使用者表單的。

在建立使用者表單時,應遵守如下的典型步驟:

(1) 在活頁簿的 VB 專案中插入新的使用者表單。

(2) 在使用者表單加入控制項。

(3) 調整所加入控制項的某些屬性。

(4) 為控制項撰寫事件處理常式。

這些程序將位於使用者表單的程式碼視窗中,當各種事件(如按鈕的按一下動作)發生時執行這些程序。

(5) 撰寫顯示使用者表單的程序。

這個程序將位於標準 VBA 模組中(而不是使用者表單的程式碼模組中)。

(6) 加入一種便於使用者執行第 (5) 步建立的程序的方法。

可在工作表中加入按鈕以及建立快速選單指令等。

# 13.2 插入新的使用者表單

如果要插入新的使用者表單,首先啟動 VBE (按〔Alt〕+〔F11〕快速鍵),然後從「專案」視窗選擇活頁簿所在的專案,接著選擇〔插入〕→〔使用者表單〕指令。使用者表單的預設名稱為 UserForm1、UserForm2,依此類推。

> **提示**
>
> 可以透過修改使用者表單的名稱,使其更易於識別,更具描述性。選擇表單並使用「屬性」視窗來修改「名稱」屬性 (如果沒有顯示「屬性」視窗,可以按〔F4〕鍵)。圖 13-1 顯示了當選中了某個空使用者表單時顯示的「屬性」對話盒。

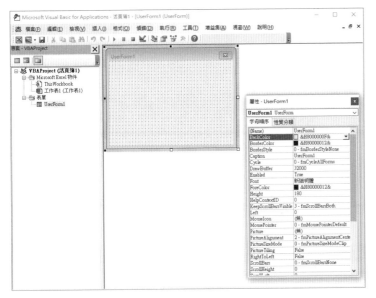

▲ 圖 13-1:空的使用者表單的「屬性」視窗

一個活頁簿可以有任意多的使用者表單,每個使用者表單包含一個自訂對話盒。

# 13.3 在使用者表單中加入控制項

如果要在使用者表單加入控制項,可以使用「工具箱」(VBE 沒有用於加入控制項的選單指令)。如果沒有顯示「工具箱」,可以選擇〔檢視〕→〔工具箱〕指令加以顯示。圖 13-2 顯示了這個「工具箱」。「工具箱」是一個浮動視窗,可以根據需要四處移動。

▲ 圖 13-2:使用「工具箱」
在使用者表單加入控制項

只要先按一下對應於要加入控制項的「工具箱」上的按鈕，然後按一下對話盒的內部即可建立該控制項（使用控制項的預設大小）。或者先按一下控制項，然後將其拖放到對話盒中，進而指定該控制項的大小。

在加入新控制項時，要為它指定名稱，這個名稱中包含控制項類型以及這種控制項類型的數字序號。例如，如果在某個空的使用者表單加入一個 CommandButton 控制項，那麼該控制項的名稱為 CommandButton1。如果隨後又加入一個 CommandButton 控制項，那麼該控制項的名稱為 CommandButton2。

> **提示**
>
> 對於透過 VBA 程式碼處理的所有控制項，重新給它們命名是一個不錯的主意。這樣做之後可以使名稱更有意義（如 ProductListBox）而不是使用一般的名稱（如 ListBox1）。要更改控制項的名稱，可在 VBE 中使用「屬性」視窗。只要在選擇物件後修改「名稱」屬性即可。

## 13.4 「工具箱」中的控制項

下面將簡要描述「工具箱」中可用的控制項。

線上資源　圖 13-3 顯示了一個含有每一個控制項的使用者表單。可以在本書的範例檔案中找到該活頁簿，檔案名稱為「all userform controls.xlsm」。

> **提示**
>
> 使用者表單還可以使用其他沒有包括在 Excel 中的 ActiveX 控制項。詳情請查閱本章後面的 13.12 節。

### 13.4.1 CheckBox 核取方塊

對於二元的選擇來說（例如，是或否、真或假以及開或關等），CheckBox 控制項很有用。當選中核取方塊時，控制項的值即為 True；如果沒有選擇核取方塊，那麼這個核取方塊控制項的值為 False。

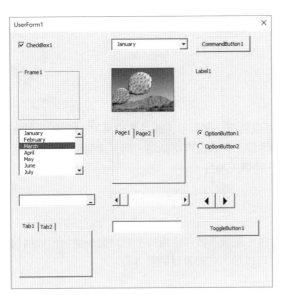

▲ 圖 13-3：該使用者表單顯示所有控制項

## 13.4.2 ComboBox 下拉式方塊

ComboBox 控制項在一個下拉清單中提供一列項目，一次只能顯示一個項目。與 ListBox 控制項不同，下拉式方塊允許使用者輸入沒有出現在列表項目中的值。

## 13.4.3 CommandButton 指令按鈕

建立的每個對話盒至少都有一個 CommandButton 控制項。通常，需要使用標籤為〔確定〕和〔取消〕的指令按鈕。

## 13.4.4 Frame 框架

Frame 控制項用於包含其他控制項。這麼做，一個目的是美觀，另一個目的是對很多控制項進行邏輯分組。當對話盒包含多套 OptionButton 控制項時，使用框架特別有用。

## 13.4.5 Image 圖片

Image 控制項用於顯示圖形圖像，這些圖像可能來自某個檔案，也可能來自剪貼簿。可以在對話盒中使用一個 Image 控制項來顯示公司的標章。圖形圖像儲存在活頁簿中。這樣，如果把活頁簿分發給其他人，就不必再包含影像檔的副本。

影像檔非常大，使用這種圖像可能使活頁簿檔案急劇增大。為取得最佳效果，儘量少使用圖像或使用小型影像檔案。
警告

### 13.4.6 Label 文字標籤

Label 控制項只在對話盒中顯示文字。

### 13.4.7 ListBox 清單方塊

ListBox 控制項展示項目清單，使用者從中可以選擇一個項目（或多個項目）。ListBox 控制項非常靈活。例如，可指定包含清單方塊項目的工作表儲存格區域，而且這個儲存格區域可以由多列組成，也可透過使用 VBA 在清單方塊填入項目。

### 13.4.8 MultiPage 標籤

MultiPage 控制項允許建立活頁標籤式對話盒，就像「儲存格格式」對話盒一樣。預設情況下，一個 MultiPage 控制項包含兩頁，但是可以加入任意數量的額外頁。

### 13.4.9 OptionButton 選項按鈕

當使用者需要從少量選項中選擇一個項目時，OptionButton 控制項很有用。OptionButton 控制項一般分組使用，一組中至少有兩個選項按鈕。選擇某個選項按鈕後，所在組中的其他選項按鈕就會取消選擇狀態。

如果使用者表單包含多套選項按鈕，那麼每套中的選項按鈕都必須共用唯一的 GroupName 屬性值。否則，所有選項按鈕都會成為同一套選項按鈕的一部分。此外，還可將選項按鈕包含在一個 Frame 控制項中，該框架自動將內含的選項按鈕分組。

### 13.4.10 RefEdit

在必須允許使用者選擇工作表中的某個儲存格區域的情況下，可以使用 RefEdit 控制項。這個控制項接收一個類型化儲存格位址（或透過在工作表中指定區域而產生的儲存格位址）。

### 13.4.11 ScrollBar 捲軸

ScrollBar 控制項類似於 SpinButton 控制項。區別在於使用者可以拖動捲軸，大幅度修改該控制項的值。當可能值的選擇範圍很大時，ScrollBar 控制項非常有用。

### 13.4.12 SpinButton 微調按鈕

SpinButton 控制項允許使用者透過按一下其中一個箭頭來選擇某個值，其中一個箭頭用於增加值，另一個箭頭用於減少值。通常，微調按鈕與 TextBox 控制項或 Label 控制項一起使用，透過 TextBox 控制項或 Label 控制項顯示微調按鈕的目前值。微調按鈕可以是水平的，也可以是垂直的。

## 13.4.13 TabStrip 複合頁

TabStrip 控制項類似於 MultiPage 控制項，但用起來不太容易。與 MultiPage 控制項不同，TabStrip 控制項不能作為其他物件的容器。一般而言，會發現 MultiPage 控制項的用途更廣泛。

## 13.4.14 TextBox 文字方塊

TextBox 控制項允許使用者輸入文字或值。

## 13.4.15 按鈕 ToggleButton

ToggleButton 控制項有兩種狀態：開和關。按一下按鈕會導致在兩種狀態之間切換，按鈕也會改變其外觀。它的值或者是 True（按下狀態）或者是 False（未按下狀態）。因為核取方塊更加清晰明瞭，所以該控制項較少使用。

### 在工作表上使用控制項

很多使用者表單控制項都可以直接嵌入工作表中。透過使用 Excel 的〔開發人員〕→〔控制項〕→〔插入〕指令，就可以連接這些控制項。與建立使用者表單相比，在工作表加入這些控制項更省力。此外，因為可以把控制項連結到工作表的儲存格中，所以可能不必建立任何巨集。例如，如果在工作表上插入一個 CheckBox 控制項，那麼透過設定它的 LinkedCell 屬性，可將其連結到某個特殊儲存格。選擇該核取方塊時，連結的儲存格將顯示 TRUE。在沒有選擇該核取方塊時，連結的儲存格將顯示 FALSE。

圖 13-4 顯示了包含很多 ActiveX 控制項的工作表。在本書的範例檔案中可以找到這個活頁簿，檔案名稱為「activex worksheet controls. xlsx」。該活頁簿使用了連結的儲存格而且不含有任何巨集。

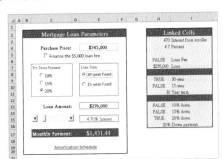

▲ 圖 13-4：包含很多 ActiveX 控制項的工作表

在工作表加入控制項可能會令人有點糊塗，因為控制項可能來自下面任一種工具列：

- **表單控制項**：這些控制項都是可插入的物件。
- **ActiveX 控制項**：這些控制項是可用於使用者表單的控制項子集。

可使用上述任意一種工具列中的控制項，但是要理解它們之間的區別，這很重要。表單控制項的工作方式與 ActiveX 控制項有很大的區別。

在使用 ActiveX 控制項在工作表中加入控制項時，Excel 就進入「設計模式」。這種模式下，可調整工作表上的任何控制項的屬性、為控制項加入或編輯事件處理常式或者更改控制項的大小或位置。為顯示某個 ActiveX 控制項的「屬性」視窗，可使用〔開發人員〕→〔控制項〕→〔屬性〕指令。

對於簡單按鈕，通常使用表單控制項中的 Button 控制項，因為它允許向它加入任何巨集。如果使用 ActiveX 控制項中的 CommandButton 控制項，那麼按一下該控制項後將執行它的事件處理常式（如 CommandButton1_Click），該程式位於 Sheet 物件的程式碼模組中：不能在其加入任何巨集。

當 Excel 處於設計模式時，不能測試控制項的行為。要測試控制項，必須退出設計模式，方法是按一下〔開發人員〕→〔控制項〕→〔設計模式〕按鈕，這是一個按鈕。

## 13.5 調整使用者表單的控制項

將控制項放在使用者表單後，可以用滑鼠移動控制項和重新調整控制項的大小。

> **提示**
>
> 要選擇多個控制項，可按住〔Shift〕鍵並按一下，或按一下並拖動圍住一組控制項。

使用者表單可包含垂直格線和水平格線（用很多點表示），格線有助於對齊加入的控制項。在加入或移動控制項時，這些格線將說明你排列好控制項。如果不願意看到這些格線，可以關閉相對應的選項，方法是在 VBE 中選擇〔工具〕→〔選項〕指令。在「選項」對話盒中，選擇〔一般〕活頁標籤，然後在「表單格線設定」區域設定想要的選項。這些格線只用於設計，將對話盒顯示給使用者時，不會顯示格線。

VBE 視窗中的「格式」選單提供一些有助於精確對齊和安排對話盒中控制項間距的指令。使用這些指令之前，先選擇要處理的控制項。這些指令的功效和所期望的一樣，因此這裡就不再解釋了。圖 13-5 顯示的對話盒中包含幾個要對齊的選項按鈕控制項。圖 13-6 顯示在經過對齊和賦予相等垂直距離後的控制項分佈情況。

> **提示**
>
> 在選擇多個控制項時，所選的最後一個控制項的控點是白色的，而不是正常的黑色控點。有白色控點的控制項可以作為調整控制項大小或位置的基準。

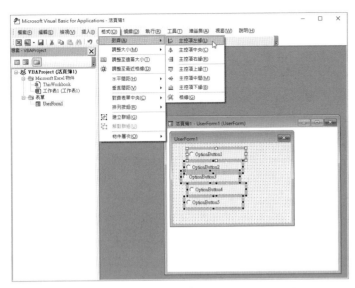

▲ 圖 13-5：使用〔格式〕→〔對齊〕指令來修改控制項的對齊方式

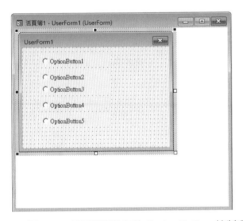

▲ 圖 13-6：排列間隔均勻的 OptionButton 控制項

## 13.6 調整控制項的屬性

每個控制項都有很多屬性，這些屬性確定控制項的外觀和行為。可按下列所示修改屬性：

➤ 在**設計**期間：在開發使用者表單時。可使用「屬性」視窗實現設計時變化。

➤ 在**執行**期間：當正在為使用者顯示使用者表單時。在執行時使用 VBA 指令更改控制項的屬性。

## 13.6.1 使用「屬性」視窗

在 VBE 中,「屬性」視窗調整為顯示所選項(可以是控制項或使用者表單本身)的屬性。此外,可從「屬性」視窗頂部的下拉式選單中選擇某個控制項。圖 13-7 顯示了一個選項按鈕控制項的「屬性」視窗。

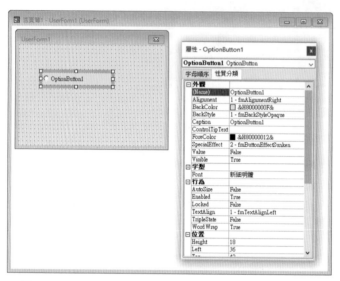

▲ 圖 13-7:一個 OptionButton 控制項的「屬性」視窗

**注意**

「屬性」視窗有兩個活頁標籤。〔字母順序〕活頁標籤以字母順序為所選的物件顯示屬性。〔性質分類〕活頁標籤按照邏輯類別將屬性進行分組。這兩個活頁標籤包含的屬性都一樣,但顯示順序不同。

要更改屬性,只要按一下它並指定新屬性即可。有些屬性可以採用有限數量的值中的一個,可以從列表中進行選擇。如果是這樣,「屬性」視窗將顯示一個有向下箭頭的按鈕。按一下這種按鈕,就能從清單中選擇屬性的值。例如,TextAlign 屬性可以採用下列其中一個值:1–fmTextAlignLeft、2–fmTextAlignCenter 或 3–fmTextAlignRight。

**提示**

如果按兩下某個屬性的值,該屬性所有可用的值會迴圈出現。

在選擇少數幾個屬性(如 Font 和 Picture)時,這些屬性將顯示一個有省略號的小按鈕。按一下這種按鈕即可顯示出與該屬性關聯的對話盒。

Image 控制項的 Picture 屬性值得一提，原因是可以選擇包含圖像的圖片檔，也可以從剪貼簿貼上圖像。當貼上某個圖像時，先將其複製到剪貼簿上，然後選擇圖像控制項的 Picture 屬性，最後按〔Ctrl〕+〔V〕快速鍵來貼上剪貼簿上的內容。

## 13.6.2 共同屬性

雖然每一種控制項都有它自己獨特的一套屬性，但很多控制項都有某些共同的屬性。例如，每個控制項都有 Name 屬性以及確定控制項大小和位置的屬性（Height、Width、Left 和 Right）。

如果正在使用 VBA 處理某個控制項，那麼為控制項提供一個有意義的名稱是個極好的主意。例如，加入到使用者表單的第一個選項按鈕的預設名稱為 OptionButton1。在程式碼中使用類似下面的陳述式可以參照這個物件：

```
Me.OptionButton1.Value = True
```

但是，如果為這個選項按鈕賦予了更有意義的名稱（如 optLandscape），那麼可以使用下列陳述式：

```
Me.optLandscape.Value = True
```

一次可以調整幾個控制項的屬性。例如，有幾個選項按鈕，想讓它們靠左對齊。只要選擇所有這些選項按鈕，然後在「屬性」欄位中更改 Left 屬性即可。然後，所有選擇的控制項都會應用 Left 屬性的新值。

要了解控制項的各種屬性，最好使用說明系統。只要在「屬性」視窗中按一下某個屬性，然後按下〔F1〕鍵即可。

## 📖 使用命名約定

給使用者表單上的控制項命名時，許多開發人員都會使用命名約定。這並不是必需的，但這樣做可以在縮寫程式碼時更方便地參照控制項，在設定活頁標籤順序時更易於識別出控制項（本章後面將會提到）。

最常見的命名約定是使用首碼來表示控制項的類型，後面加上描述性名稱。並沒有什麼標準的首碼，因此可以自由選擇首碼堅持使用就行了。表 13-1 列舉命名約定範例，首碼是 3 個字母，後跟一個描述性名稱。

▼ 表 13-1：命名約定範例

| 控制項 | 首碼 | 範例 |
|---|---|---|
| CheckBox | chk | chkActive |
| ComboBox | cbx | cbxLocations |
| CommandButton | cmd | cmdCancel |
| Frame | frm | frmType |
| Image | img | imgLogo |
| Label | lbl | lblLocations |
| ListBox | lbx | lbxMonths |
| MultiPage | mpg | mpgPages |
| OptionButton | opt | optOrientation |
| RefEdit | ref | refRange |
| ScrollBar | scr | scrLevel |
| SpinButton | spb | spbAmount |
| TabStrip | tab | tabTabs |
| TextBox | tbx | tbxName |
| ToggleButton | tgb | tgbActive |

使用命名約定有個優點，Excel 中選中「自動列出成員」功能後可以取得一個控制項清單。在使用者表單的程式碼模組中使用 Me 關鍵字就可以參照使用者表單。如果輸入 Me 後再加上 (.)，VBE 就會列出使用者表單的所有屬性和其中控制項的所有屬性。輸入控制項名後，就可以依據你所輸入的名稱縮小列表的選擇範圍。

圖 13-8 顯示了你輸入 me.tbx 後出現的「自動列出成員」視窗。在圖中你可以看到緊挨在一起（因為它們的首碼一樣）的 5 個文字方塊，而它們的描述性名稱可以讓你輕鬆了解該選擇哪個控制項。

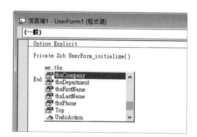

▲ 圖 13-8：「自動列出成員」視窗

## 13.6.3 滿足鍵盤使用者的需求

很多使用者都喜歡用鍵盤上的鍵在對話盒中定位：使用〔Tab〕鍵和〔Shift〕+〔Tab〕快速鍵可以通過控制項，並且按某個快速鍵（有底線的字母）可以操作控制項。為確保鍵盤使用者操作對話盒時一切順利，就必須注意兩個問題：〔Tab〕鍵的順序和快速鍵。

### 1. 更改控制項的〔Tab〕鍵的順序

定位順序確定當使用者按下〔Tab〕鍵或〔Shift〕+〔Tab〕快速鍵時控制項啟動的順序，還可以確定最初焦點落在哪個控制項上。例如，如果使用者在一個TextBox控制項中輸入文字，那麼這個文字方塊就擁有焦點。如果使用者按一下選項按鈕，那麼這個選項按鈕就擁有焦點。當首次顯示對話盒時，在定位順序中第一個控制項擁有焦點。

要設定控制項的定位順序，可以選擇〔檢視〕→〔定位順序〕指令。還可以先在使用者表單上右擊，然後從快速選單中選擇〔定位順序〕功能表項目。無論使用哪種方法，Excel 都會顯示出「定位順序」對話盒。「定位順序」對話盒列出所有控制項，控制項順序對應於在使用者表單中傳遞焦點的順序。要移動某個控制項，先選擇它，然後按一下向上或向下的方向鍵即可。可以選擇多個控制項（按下〔Shift〕鍵或〔Ctrl〕鍵時按一下），然後一次移動這些控制項。

還可透過「屬性」視窗設定單獨控制項在定位順序中的位置，定位順序中位列第一的控制項的 TabIndex 屬性值為 0。更改控制項的 TabIndex 屬性值還可能影響其他控制項的 TabIndex 屬性值，這些調整工作將自動完成，進而確保沒有哪個控制項的 TabIndex 屬性值大於控制項數目。要從定位順序中刪除某個控制項，可將它的 TabStop 屬性設定為 False。

**注意**

某些控制項（如 Frame 和 MultiPage 控制項）可以成為其他控制項的容器。容器內的控制項都有它們自己的〔Tab〕鍵順序。為給一個 Frame 控制項內的一組選項按鈕設定定位順序，在選擇〔檢視〕→〔定位順序〕指令之前先要選擇這個 Frame 控制項。圖 13-9 顯示選擇 Frame 控制項時的「定位順序」對話盒。

▲ 圖 13-9：使用「定位順序」對話盒來指定 Frame 控制項中控制項的定位順序

## 2. 設定快速鍵

可以給大部分對話盒控制項指定快速鍵或稱熱鍵。設定快速鍵後，就允許使用者透過按〔Alt〕+〔快速鍵〕來連接控制項。為此，可使用「屬性」視窗中的 Accelerator 屬性。

**提示**

> 某些控制項（如 TextBox 控制項）沒有 Accelerator 屬性，因為它們不顯示標題。透過使用 Label 控制項，允許繼續使用鍵盤上的鍵直接連接這些控制項。先給文字標籤控制項指定快速鍵，然後使得這個文字標籤控制項的定位順序優先於文字方塊。

### 📖 測試使用者表單

> 通常，在開發使用者表單的同時還想測試一下。下列 3 種方式都可以測試使用者表單，它們都不需要從 VBA 程序呼叫使用者表單：
>
> - 選擇〔執行〕→〔執行 Sub 或 UserForm〕指令。
> - 按〔F5〕鍵。
> - 在「一般」工具列上按一下〔執行 Sub 或 UserForm〕按鈕。
>
> 這 3 種方法都可以觸發使用者表單的 Initialize 事件。在測試模式下，當顯示出對話盒時，可以試試定位順序和快速鍵的功效。

## 13.7 顯示使用者表單

為從 VBA 中顯示某個使用者表單，可以建立一個使用 UserForm 物件的 Show 方法的程序。如果使用者表單名為 UserForm1，那麼下面的程序將在這個表單上顯示對話盒：

```
Sub ShowForm()
    UserForm1.Show
End Sub
```

上述程序必須位於一個標準的 VBA 模組中，而不能位於使用者表單的程式碼模組中。

顯示出使用者表單後，在使其消失之前，使用者表單將一直可見。通常，要在使用者表單上加入一個指令按鈕，使其執行消除使用者表單的程序。該程序可以移除使用者表單（用 Unload 指令），也可以隱藏使用者表單（用 UserForm 物件的 Hide 方法）。閱讀了本章以及後續章節後，這個概念會越來越清晰。

### 13.7.1 調整顯示位置

UserForm 物件的 StartUpPosition 屬性決定對話盒將顯示在螢幕的哪個位置。可在「屬性」

欄位中或執行時指定這個屬性。預設值是 1-CenterOwner，它在 Excel 視窗的中心顯示對話盒。

然而，如果使用雙螢幕，有時會發現 StartUpPosition 屬性似乎被忽略了。特別是，如果 Excel 視窗在輔助顯示器中，那麼使用者表單可能出現在主視窗的左側。

下面的程式碼確保使用者表單始終顯示在 Excel 視窗的中心位置：

```
With UserForm1
  .StartUpPosition = 0
  .Left = Application.Left + (0.5 * Application.Width) - (0.5 * .Width)
  .Top = Application.Top + (0.5 * Application.Height) - (0.5 * .Height)
  .Show
End With
```

## 13.7.2 顯示非強制回應的使用者表單

預設情況下顯示的使用者表單是強制回應（modally）的。這就意味著在做別的事情之前，必須讓使用者表單消失。也可以顯示非強制回應（modeless）的使用者表單。在顯示非強制回應使用者表單時，使用者可以繼續在 Excel 中工作，而這個使用者表單仍然保持可見狀態。可使用下列語法來顯示非強制回應的使用者表單：

```
UserForm1.Show vbModeless
```

> **注意**
>
> Excel 2013 導入的單一文件檔案介面會影響非強制回應使用者表單。在之前的 Excel 版本中，不管哪個活頁簿視窗處於使用中狀態，非強制回應的使用者表單都是可見的。在 Excel 2013 和 2016 中，非強制回應的使用者表單與使用者表單顯示時處於現用狀態的活頁簿視窗相關。如果切換到另一個不同的活頁簿視窗，則使用者表單不可見。第 15 章有一個例子說明如何使非強制回應的使用者表單在所有活頁簿視窗中可見。

## 13.7.3 顯示依據變數的使用者表單

某些情況下，專案中包含幾個使用者表單，而由程式碼確定要顯示的使用者表單。如果使用者表單的名稱儲存為一個字串變數，那麼可使用 Add 方法把這個使用者表單加入到 UserForms 集合中，然後使用 UserForms 集合的 Show 方法。在下面的範例中，把使用者表單的名稱賦給 MyForm 變數，然後顯示出這個使用者表單：

```
MyForm = "UserForm1"
UserForms.Add(MyForm).Show
```

## 13.7.4 載入使用者表單

VBA 也有 Load 陳述式。載入使用者表單是將其載入到記憶體中並觸發使用者表單的 Initialize 事件。但在使用 Show 方法之前，該使用者表單是不可見的。如果要載入某個使用者表單，可以使用如下的陳述式：

```
Load UserForm1
```

如果使用者表單比較複雜，需要花一些時間初始化，那麼在需要它之前可能要將其載入到記憶體中，這樣在使用 Show 方法時就可以顯示得很快。但絕大多數情況下，沒必要使用 Load 陳述式。

## 13.7.5 關於事件處理常式

顯示使用者表單後，使用者即可與之互動，例如從清單方塊中選中一個項目、按一下某個指令按鈕等。在正式術語中，使用者將導致「事件」發生。例如，按一下某個指令按鈕將在這個指令按鈕控制項上發生 Click 事件。需要撰寫當這些事件發生時要執行的程序。這些程序有時稱為「事件處理常式」。

> **注意**
>
> 事件處理常式必須位於使用者表單的「程式碼」視窗中。然而，事件處理常式可以呼叫位於某個標準 VBA 模組中的另一個程序。

在顯示使用者表單的同時，VBA 程式碼可以更改控制項的屬性值（也就是在執行時更改）。例如，可為某個 ListBox 控制項指定一個程序，該程序將在選擇某個列表項目時更改標籤中的文字。這種處理方法是使對話盒變成互動式的關鍵，後面還要加以解說。

## 13.8 關閉使用者表單

如果要關閉使用者表單，可以使用 Unload 指令。例如：

```
Unload UserForm1
```

或者，如果程式碼位於使用者表單的程式碼模組中，則可以使用下列陳述式：

```
Unload Me
```

在這個範例中，關鍵字 Me 參照的就是目前的使用者表單。使用 Me 而不是使用者表單的名稱可以避免在修改使用者表單名稱的情況下還需要修改程式碼。

一般而言，在使用者表單執行完動作後，VBA 程式碼中應該包括 Unload 指令。例如，使用者表單中有一個指令按鈕控制項，用作〔確定〕按鈕。按一下該按鈕將執行某個巨集，巨集中的一項陳述式將移除這個使用者表單。在包含 Unload 陳述式的巨集結束之前，使用者表單在螢幕上一直可見。

在移除使用者表單時，其中的控制項將重新設定成最初的值。換言之，移除使用者表單後，程式碼就不能連接使用者的選擇了。如果以後必須使用使用者的選擇（移除使用者表單之後），那麼需要把值儲存到一個 Public 類型的變數中，並在標準的 VBA 模組中宣告這個變數。也可以把值儲存到某個工作表儲存格中，甚至 Windows 登錄檔中。

**注意**

當使用者按一下〔關閉〕按鈕（使用者表單標題列上的 × 符號）時，將自動移除使用者表單。這個動作還會觸發使用者表單的 QueryClose 事件以及隨後的使用者表單 Terminate 事件。

13

使用者表單還包含一個 Hide 方法。在呼叫這個方法時，使用者表單將消失，但它依然載入在記憶體中，因此程式碼仍然可以連接控制項的各種屬性。下面的陳述式就隱藏了一個使用者表單：

```
UserForm1.Hide
```

或者，如果程式碼位於使用者表單的程式碼模組中，則可以使用下列陳述式：

```
Me.Hide
```

如果因為某種原因，當巨集正在執行時希望使用者表單立即消失，可以在程序的頂端使用 Hide 方法。例如，在下面的程序中，當按一下 CommandButton1 按鈕時，使用者表單將立即消失。該程序中的最後一項陳述式移除這個使用者表單。

```
Private Sub CommandButton1_Click()
    Me.Hide
    Application.ScreenUpdating = True
    For r = 1 To 10000
        Cells(r, 1) = r
    Next r
    Unload Me
End Sub
```

本例中將 ScreenUpdating 設定為 True，以強制 Excel 徹底隱藏使用者表單。如果不使用該陳述式，使用者表單實際上仍然可能可見。

第 15 章將詳細介紹如何顯示一個進度指示器，該指示器利用了這樣一個事實：即使用者表單在巨集執行期間保持可見。

# 13.9 建立使用者表單的範例

如果從未建立過使用者表單，你最好親手試一下本節的範例。該範例逐步講述如何建立簡單的對話盒以及開發支援這個對話盒的 VBA 程序。

這個範例使用一個使用者表單取得兩條資訊：個人的姓名和性別。這個對話盒使用 TextBox 控制項取得姓名資訊，使用 3 個選項按鈕取得性別資訊（Male、Female 或者 Unknown）。然後，這個對話盒又把收集到的資訊發送到工作表的下一個空行。

## 13.9.1 建立使用者表單

圖 13-10 顯示使用者表單的最終樣子。

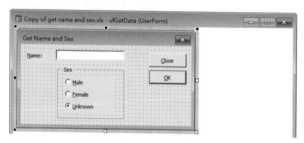

▲ 圖 13-10：上述對話盒要求使用者輸入姓名和性別

為取得最佳效果，先建立一個新的活頁簿，使其只有一個工作表。然後按照如下步驟操作：

(1) 按〔Alt〕+〔F11〕快速鍵啟動 VBE。

(2) 在「專案」視窗中，選擇活頁簿的專案名稱，然後選擇〔插入〕→〔使用者表單〕指令以加入一個空的使用者表單。

　　使用者表單的 Caption 屬性將擁有預設值：UserFom1。

(3) 使用「屬性」視窗將使用者表單的 Caption 屬性值改為 Get Name and Sex（如果「屬性」視窗不可見，則按〔F4〕鍵）。

(4) 加入一個 Label 控制項，然後按照表 13-2 所示調整屬性的值。

▼ 表 13-2：Label 控制項屬性

| 屬性 | 值 |
| --- | --- |
| Name | lblName |
| Accelerator | N |
| Caption | Name： |
| TabIndex | 0 |

(5) 加入一個 TextBox 控制項，然後按照表 13-3 所示調整屬性的值。

▼ 表 13-3：TextBox 控制項屬性

| 屬性 | 值 |
|---|---|
| Name | TbxName |
| TabIndex | 1 |

(6) 加入一個 Frame 控制項，然後按照表 13-4 所示調整屬性的值。

▼ 表 13-4：Frame 控制項屬性

| 屬性 | 值 |
|---|---|
| Name | frmSex |
| Caption | Sex |
| TabIndex | 2 |

(7) 將一個 OptionButton 控制項加入到上述框架控制項內，然後按照表 13-5 所示調整屬性的值。

▼ 表 13-5：OptionButton 控制項屬性

| 屬性 | 值 |
|---|---|
| Accelerator | M |
| Caption | Male |
| Name | OptMale |
| TabIndex | 0 |

(8) 將另一個 OptionButton 控制項加入到上述框架控制項內，然後按照表 13-6 所示調整屬性的值。

▼ 表 13-6：第二個 OptionButton 控制項屬性

| 屬性 | 值 |
|---|---|
| Accelerator | F |
| Caption | Female |
| Name | OptFemale |
| TabIndex | 1 |

(9) 再將一個 OptionButton 控制項加入到上述框架控制項內，然後按照表 13-7 所示調整屬性的值。

▼ 表 13-7：第三個 OptionButton 控制項屬性

| 屬性 | 值 |
|---|---|
| Accelerator | U |
| Caption | Unknown |
| Name | OptionUnknown |
| TabIndex | 2 |
| Value | True |

(10) 在上述框架控制項外加入一個 CommandButton 控制項，然後按照表 13-8 所示調整屬性的值。

▼ 表 13-8：CommandButton 控制項屬性

| 屬性 | 值 |
|---|---|
| Accelerator | O |
| Caption | OK |
| Default | True |
| Name | cmdOK |
| TabIndex | 3 |

(11) 再加入一個 CommandButton 控制項，然後按照表 13-9 所示調整屬性的值。

▼ 表 13-9：第二個 CommandButton 控制項屬性

| 屬性 | 值 |
|---|---|
| Accelerator | C |
| Caption | Close |
| Cancel | True |
| Name | cmdClose |
| TabIndex | 4 |

提示

在建立類似的控制項時會發現，相較於新建一個控制項而言，複製已有的控制項更容易。如果要複製某個控制項，在拖放這個控制項的同時按〔Ctrl〕鍵，即可新建一個控制項的副本。然後，再調整複製後控制項的屬性值。

## 13.9.2 撰寫程式碼顯示對話盒

接下來,要往工作表中加入一個 ActiveX 指令按鈕,這個按鈕將執行顯示使用者表單的程序。具體步驟如下所示:

(1) 啟動 Excel(按下〔Alt〕+〔F11〕快速鍵組合)。

(2) 選擇〔開發人員〕→〔控制項〕→〔插入〕指令,然後從「ActiveX 控制項」部分選擇指令按鈕(底部那組控制項)。

(3) 在工作表中進行拖放操作來建立該按鈕。

如果願意,還可以修改工作表的指令按鈕的標題。為此,需先在按鈕上右擊,然後從快速選單中選擇〔按鈕物件〕→〔編輯〕功能表項目,最後編輯出現在指令按鈕上的文字。要修改物件的其他屬性,可右擊並選擇屬性。然後在「屬性」欄位中進行修改。

(4) 按兩下這個指令按鈕。

這就啟動 VBE。更具體地說,將顯示出工作表的程式碼模組,其中的一個是為工作表的指令按鈕準備的空事件處理常式。

(5) 在 CommandButton1_Click 程序中輸入一項陳述式(如圖 13-11 所示)。這個簡短程序將使用 frmGetData 物件的 Show 方法來顯示這個使用者表單。

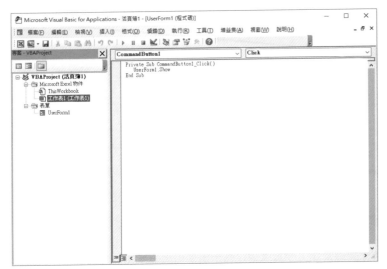

▲ 圖 13-11:按一下工作表上的按鈕時,將執行 CommandButton1_Click 程序

## 13.9.3 測試對話盒

下一步是重新啟動 Excel,並測試一下顯示對話盒的這個程序。

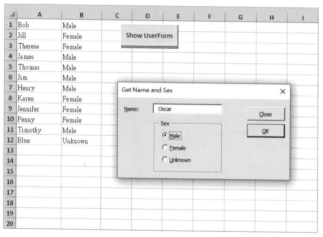

**注意**

當在工作表上按一下指令按鈕時，會發現沒有發生任何情況。相反，會選擇按鈕，這是因為 Excel 依然處於設計模式：當插入一個 ActiveX 控制項時將自動進入這種模式。如果要退出設計模式，可以按一下〔開發人員〕→〔控制項〕→〔設計模式〕按鈕。如果要對指令按鈕做任何修改，還必須使得 Excel 再次傳回設計模式。

退出設計模式後，按一下這個指令按鈕將顯示出使用者表單（如圖 13-12 所示）。

在顯示出該對話盒時，在文字方塊中輸入一些文字並按一下 OK 按鈕。會發現沒有任何事情發生，這種情況可以理解，因為還沒有為這個使用者表單的 OK 按鈕建立事件處理常式。

**注意**

按一下使用者表單標題列上的關閉按鈕即可去掉這個對話盒。

▲ 圖 13-12：指令按鈕的 Click 事件程序將顯示該使用者表單

## 13.9.4 加入事件處理常式

這一節將解釋如何撰寫事件處理常式，使其處理在顯示出使用者表單後發生的事件。繼續上述這個範例，按照如下步驟操作：

(1) 按〔Alt〕+〔F11〕快速鍵啟動 VBE。

(2) 確保顯示出使用者表單並按兩下它的 Close 指令按鈕。

   這將啟動這個使用者表單的「程式碼」視窗，然後插入一個名為 cmdClose_Click 的空程序。注意，這個程序由物件名稱、底線和它處理的事件組成。

(3) 按照下面這樣修改該程序（這是 CloseButton 的 Click 事件的處理常式）。

```
Private Sub cmdClose_Click()
    Unload Me
End Sub
```

當使用者按一下這個 Close 按鈕時將執行該程序,該程序只是移除該使用者表單。

(4) 按〔Shift〕+〔F7〕快速鍵重新顯示 UserForm1(或者在「專案資源管理器」視窗頂部按一下「檢視物件」圖示)。

(5) 按兩下 OK 按鈕並輸入下面的程序(這是 cmdOK 按鈕的 Click 事件的處理常式)。

```
Private Sub cmdOK_Click()
    Dim lNextRow As Long
    Dim wf As WorksheetFunction

    Set wf = Application.WorksheetFunction

'    Make sure a name is entered
    If Len(Me.tbxName.Text) = 0 Then
        MsgBox "You must enter a name."
        Me.tbxName.SetFocus
    Else
'       Determine the next empty row
        lNextRow = wf.CountA(Sheet1.Range("A:A")) + 1
'       Transfer the name
        Sheet1.Cells(lNextRow, 1) = Me.tbxName.Text

'       Transfer the sex
        With Sheet1.Cells(lNextRow, 2)
            If Me.optMale.Value Then .Value = "Male"
            If Me.optFemale.Value Then .Value = "Female"
            If Me.optUnknown.Value Then .Value = "Unknown"
        End With

'       Clear the controls for the next entry
        Me.tbxName.Text = vbNullString
        Me.optUnknown.Value = True
        Me.tbxName.SetFocus
    End If
End Sub
```

(6) 啟動 Excel,然後再次按一下指令按鈕即可顯示出使用者表單。重新執行這個程序。

你會發現使用者表單的控制項現在正確運作了,可以使用它們在工作表的欄表(兩欄)加入新名稱。

cmdOK_Click 程序的運作原理如下所述:首先,程序確保在文字方塊中輸入了內容。如果沒輸入內容(文字長度為 0),就會顯示出一項訊息,焦點傳回到 TextBox 控制項。

如果輸入了內容，就會使用 Excel 的 COUNTA 函數來確定列 A 中下一個空白儲存格。接下來將 TextBox 控制項中的內容傳遞給列 A。使用一系列 If 陳述式來確定選擇哪個 OptionButton，將相對應的文字（Male、Female 或 Unknown）寫入列 B 中。最後重置對話盒為下一項做準備。注意，按一下〔OK〕按鈕並不能關閉對話盒。要想結束輸入資料項目（和移除使用者表單），需要按一下 Close 按鈕。

## 13.9.5 完成對話盒

執行上述修改後，會發現對話盒運作得非常好（不要忘記測試快速鍵）。在現實中，可能會收集更多資訊，而不僅是姓名和性別。然而，基本原理都是一樣的，只是要處理更多使用者表單控制項而已。

範例檔案中提供含有該範例的活頁簿，檔案名稱為「get name and sex.xlsm」。

線上資源

## 13.10 理解使用者表單的事件

將每個使用者表單控制項（以及使用者表單本身）設計成對某些類型的事件做出回應，就可以由使用者或 Excel 觸發這些事件。例如，按一下指令按鈕產生該指令按鈕的 Click 事件。我們可以撰寫當某個具體的事件發生時要執行的程式碼。

某些動作將產生多個事件。例如，按一下 SpinButton 控制項的向上箭頭將產生 SpinUp 事件以及 Change 事件。在使用 Show 方法顯示某個使用者表單時，Excel 將為使用者表單產生 Initialize 事件和 Activate 事件（實際上，在把使用者表單載入到記憶體中時，並且在實際顯示使用者表單之前，也會產生 Initialize 事件）。

交叉參考 Excel 還支援與 Sheet 物件、Chart 物件和 ThisWorkBook 物件有關的事件。第 6 章中討論了這些類型的事件。

## 13.10.1 了解事件

為找出某個特定的控制項支援哪些事件，需要按照如下步驟操作：

(1) 在使用者表單中加入控制項。

(2) 按兩下控制項以啟動使用者表單的程式碼模組。

VBE 將插入一個空的事件處理常式作為控制項的預設事件。

(3) 在程式碼模組視窗中按一下右上角的下拉式選單，然後會看到該控制項完整的事件清單。圖 13-13 顯示一個 CheckBox 控制項的完整事件清單。

▲ 圖 13-13：CheckBox 控制項的事件清單

(4) 從事件列表中選中某個事件，然後 VBE 將自動建立一個空的事件處理常式。

為找出有關事件的詳細說明，可以查閱說明系統。說明系統還會為每個控制項列出可用的事件。

警告

事件處理常式把物件的名稱合併到程序的名稱中。因此，如果要更改某個控制項的名稱，還需要對該控制項的事件處理常式的名稱做相對應修改。不會自動執行名稱更改！為簡便起見，建議在開始建立事件處理常式之前就為控制項確定名稱。

## 13.10.2 使用者表單的事件

使用者表單有相當多的事件。下列一些事件與顯示和移除使用者表單相關：

➢ Initialize：發生在載入或顯示使用者表單之前，但是如果之前使用者表單隱藏起來了，就不會發生這種事件。
➢ Activate：在顯示使用者表單時發生這種事件。
➢ Deactivate：當使用者表單處於非現用狀態時發生的事件，但是如果隱藏了表單，就不會發生這種事件。
➢ QueryClose：在移除使用者表單之前發生。
➢ Terminate：在移除使用者表單之後發生。

注意

通常，為事件處理常式選擇合適的事件以及了解事件發生的順序非常重要。使用 Show 方法呼叫 Initialize 和 Activate 事件（按照這種順序呼叫）。使用 Load 指令將只呼叫 Initialize 事件。使用 Unload 指令將相繼觸發 QueryClose 和 Terminate 事件（按照這種順序）。使用 Hide 方法不會觸發上面兩個事件。

範例檔案中包含一個名為「userform events.xlsm」的活頁簿，它監視所有這些事件，當有事件發生時就顯示出一個訊息方塊。如果沒弄明白使用者表單事件，可以研究一下這個範例中的程式碼，這樣可以幫助釐清思路。

### 13.10.3 微調按鈕的事件

為清楚解說事件的概念，本節具體介紹與 SpinButton 控制項有關的事件。其中一些事件是 SpinButton 獨有的，一些是其他控制項也有的。

範例檔案中包含一個活頁簿，它說明了微調按鈕控制項以及包含該按鈕的使用者表單的事件發生順序。這個活頁簿（名為「spinbutton events.xlsm」）包含一系列事件處理常式的常式，這些常式都針對每個 SpinButton 事件以及 UserForm 事件。每個常式只是顯示一個訊息方塊，告知剛剛觸發的是哪個事件。

表 13-10 列出了 SpinButton 控制項的所有事件。

▼ 表 13-10 微調按鈕控制項的事件

| 事件 | 說明 |
|---|---|
| AfterUpdate | 透過使用者介面修改控制項之後觸發該事件 |
| BeforeDragOver | 在進行拖放操作時觸發該事件 |
| BeforeDropOrPaste | 當使用者準備把資料放置或貼上到控制項時觸發該事件 |
| BeforeUpdate | 修改控制項之前觸發該事件 |
| Change | 當 Value 屬性的值發生變化時觸發該事件 |
| Enter | 當控制項實際從同一個使用者表單上的某個控制項接收焦點之前觸發該事件 |
| Error | 當控制項檢測到錯誤並不能向呼叫程式傳回錯誤資訊時觸發該事件 |
| Exit | 在控制項把焦點傳遞給位於同一表單上的另一個控制項之前立即觸發該事件 |
| KeyDown | 當使用者按下某個鍵和某個物件擁有焦點時觸發該事件 |
| KeyPress | 當使用者按下產生可列印字元的任意鍵時觸發該事件 |
| KeyUp | 當使用者釋放某個鍵且該物件擁有焦點時觸發該事件 |
| SpinDown | 當使用者按一下微調按鈕向下（或向左）的箭頭時觸發該事件 |
| SpinUp | 當使用者按一下微調按鈕向上（或向右）的箭頭時觸發該事件 |

使用者可以操縱 SpinButton 控制項，方法是用滑鼠按一下它或者（如果控制項擁有焦點的話）使用向下或向上方向鍵。

#### 1. 滑鼠觸發的事件

當使用者按一下微調按鈕的向上箭頭時，將按如下順序觸發事件：

(1) Enter（只當微調按鈕還沒有取得焦點時觸發）

(2) Change

(3) SpinUp

### 2. 鍵盤觸發事件

使用者還可以按〔Tab〕鍵來給微調按鈕設定焦點，然後使用方向鍵遞增或遞減控制項。如果採用這種方法，將按照如下順序觸發事件：

(1) Enter（當微調按鈕取得焦點時觸發）

(2) keyUp（釋放〔Tab〕鍵時觸發）

(3) KeyDown

(4) Change

(5) SpinUp（或者 SpinDown）

(6) keyUp

### 3. 透過程式碼改變

還可以用 VBA 程式碼修改 SpinButton 控制項，它也將觸發相對應的事件。例如，下面的語句將 spbDemo 的 Value 屬性的值設定為 0，還將為 SpinButton 控制項觸發 Change 事件（但只有在這個微調按鈕的值不為 0 時）：

```
Me.spbDemo.Value = 0
```

你可能會認為只需要將 Application 物件的 EnableEvents 屬性設定為 False 即可禁止事件發生。遺憾的是，這個屬性只應用於涉及真正 Excel 物件（Workbooks、Worksheets 和 Charts 物件）的事件。

## 13.10.4 微調按鈕與文字方塊配套使用

微調按鈕有一個 Value 屬性，但是這種控制項沒有用於顯示它數值的標題。然而，很多情況下，都希望使用者看到微調按鈕的值。有時，還希望使用者能夠直接修改微調按鈕的值，而不用反覆按下微調按鈕。

解決的辦法是把微調按鈕與文字方塊配套使用，這將允許使用者指定值，方法是直接在文字方塊中輸入值，也可以按一下微調按鈕遞增或遞減文字方塊中的值。

圖 13-14 列舉了一個簡單範例。這個微調按鈕的 Min 屬性值為 -10，Max 屬性值為 10。因此，按一下微調按鈕的箭頭就會將它的值變為介於 -10 ～ 10 之間的某個整數。

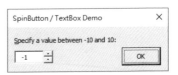

▲ 圖 13-14：微調按鈕與文字方塊配套使用

把微調按鈕與文字方塊連結起來的程式碼比較簡單。基本上就是撰寫事件處理常式，確保微調按鈕的 Value 屬性值與文字方塊的 Text 屬性值始終同步即可。在下面的程式碼中，控制項都採用預設名稱（SpinButton1 和 TextBox1）。

無論何時觸發微調按鈕的 Change 事件，都會執行下面的程序。也就是說，在使用者按一下微調按鈕或透過按上下箭頭改變它的值時，將執行下面的這個程序。

```vb
Private Sub SpinButton1_Change()
    Me.TextBox1.Text = Me.SpinButton1.Value
End Sub
```

上述程序只是將微調按鈕的 Value 屬性值賦值給 TextBox 控制項的 Text 屬性。如果使用者直接在文字方塊中輸入了某個值，就會觸發 Change 事件，接著執行下面的程序：

```vb
Private Sub TextBox1_Change()
    Dim NewVal As Long
    If IsNumeric(Me.TextBox1.Text) Then
        NewVal = Val(Me.TextBox1.Text)
        If NewVal >= Me.SpinButton1.Min And _
            NewVal <= Me.SpinButton1.Max Then _
            Me.SpinButton1.Value = NewVal
    End If
End Sub
```

在上面的程序中，首先確定文字方塊中的輸入項是不是數字。如果是，程序將繼續並將文字賦給 NewVal 變數。下一項陳述式確定文字方塊中的值是否在微調按鈕值的範圍之內。如果是，微調按鈕的 Value 屬性就設定為在文字方塊中輸入的這個值。如果輸入值不是數值或超出範圍，則什麼也不發生。

在這個範例中，按一下 OK 按鈕（名為 OKButton）的動作將把微調按鈕的值傳遞給現用的儲存格。這個指令按鈕的 Click 事件的處理常式程式碼如下所示：

```vb
Private Sub OKButton_Click()
'   Enter the value into the active cell
    If CStr(Me.SpinButton1.Value) = Me.TextBox1.Text Then
        ActiveCell.Value = Me.SpinButton1.Value
        Unload Me
    Else
        MsgBox "Invalid entry.", vbCritical
        Me.TextBox1.SetFocus
        Me.TextBox1.SelStart = 0
        Me.TextBox1.SelLength = Len(Me.TextBox1.Text)
    End If
End Sub
```

上述程序進行了最後的檢測：確保輸入到文字方塊中的值與微調按鈕的值符合。讀者必須要這麼做，以防輸入無效值。例如，使用者在文字方塊中輸入了「3r」，不會對微調按鈕的值進行修改，放在作用儲存格中的結果也不是使用者所預想的那樣。注意，這裡使用 CStr 函數把微調按鈕的 Value 屬性值轉換為一個字串，這樣就確保當值與文字比較時不會產生錯誤。如果微調按鈕的值與文字方塊中的內容不符合，就會顯示一個訊息方塊。注意，焦點設定到 TextBox 物件上，並選擇了其中的內容（透過使用 SelStart 和 SelLength 屬性），這樣便於使用者糾正輸入項。

### 關於 Tag 屬性

每個使用者表單和控制項都有一個 Tag 屬性。該屬性沒有什麼特別之處，而且預設情況下為空。可以使用 Tag 屬性儲存個人使用的資訊。

例如，在一個使用者表單上可以有一系列 TextBox 控制項。使用者可能必須把文字輸入某些文字方塊中，但不一定是全部文字方塊，可使用 Tag 屬性識別（只供自己使用）哪些欄位是必須填寫的。在這個範例中，可以把 Tag 屬性設定為諸如 Required 的字串。然後在撰寫程式碼驗證使用者輸入項的有效性時，可以參考這個 Tag 屬性。

下面的函數檢查 UserForm1 上的所有 TextBox 控制項，並傳回必須要輸入文字而此時為空的 TextBox 控制項的數目：如果函數傳回的數字大於 0，則意味著還有必填的欄位沒有完成。

```
Function EmptyCount() As Long
  Dim ctl As Control
  EmptyCount= 0
  For Each ctl In UserForm1.Controls
    If TypeName(ctl) = "TextBox" Then
      If ctl.Tag = "Required" Then
        If Len(ctl.Text) = 0 Then
          EmptyCount = EmptyCount + 1
        End If
      End If
    End If
  Next ctl
End Function
```

在使用使用者表單工作時，可能需要考慮 Tag 屬性的用途。

## 13.11 參照使用者表單的控制項

在處理使用者表單上的控制項時，VBA 程式碼通常包含在使用者表單的「程式碼」視窗中。這種情況下，不需要限定對控制項的參照，因為這些控制項都假定屬於使用者表單。

也可從某個通用的 VBA 模組中參照使用者表單的控制項。為此，必須透過指定使用者表單的名稱來限定對控制項的參照。例如，下面的程序位於某個 VBA 模組中。這個程序只顯示名為 UserForm1 的使用者表單。

```
Sub GetData()
    UserForm1.Show
End Sub
```

假設 UserForm1 包含一個文字方塊（名為 TextBox1），要為這個文字方塊提供預設值，可以把該程序改成如下形式：

```
Sub GetData()
    UserForm1.TextBox1.Value = "John Doe"
    UserForm1.Show
End Sub
```

設定預設值的另一種方法是利用使用者表單的 Initialize 事件。可在 UserForm_Initialize 程序中撰寫程式碼，該程序位於使用者表單的程式碼模組中，如下所示：

```
Private Sub UserForm_Initialize()
    Me.TextBox1.Value = "John Doe"
End Sub
```

注意，在使用者表單的程式碼模組中參照控制項時，可用關鍵字 Me 來替代使用者表單的名稱。事實上，在使用者表單的程式碼模組中，不需要使用 Me 關鍵字。如果忽略它，VBA 會假定你正在參照所在表單上的控制項。不過，確定對控制項的參照範圍有一個好處，即可以利用「自動列出成員」功能，該功能允許從下拉式選單中選擇控制項的名稱。

提示

與其使用使用者表單的真實名稱倒不如用 Me。這樣，如果修改使用者表單的名稱，就不必在程式碼中替換原來的參照了。

### 理解控制項集合

使用者表單上的控制群組成了一個集合。例如，下面的陳述式顯示出 UserForm1 上的控制項數目：

```
MsgBox UserForm1.Controls.Count
```

VBA 不會為每種控制項類型都儲存一個集合。例如，沒有 CommandButton 控制項的集合。然而，可使用 TypeName 函數確定控制項的類型。下面的程序使用 For Each 結構通過了 Controls 集合，然後顯示出 UserForm1 上 CommandButton 控制項的數目：

```
Sub CountButtons()
    Dim cbCount As Long
    Dim ctl as Control
    cbCount = 0
    For Each ctl In UserForm1.Controls
        If TypeName(ctl) = "CommandButton" Then cbCount = cbCount + 1
    Next ctl
    MsgBox cbCount
End Sub
```

## 13.12 自訂「工具箱」

當某個使用者表單在 VBE 中處於現用狀態時,「工具箱」顯示了可以加入到使用者表單中的控制項。如果「工具箱」不可見,點選〔檢視〕→〔工具箱〕使其顯示出來。本節將介紹自訂「工具箱」的方法。

### 13.12.1 在「工具箱」中加入新頁面

「工具箱」最初只包含一個活頁標籤。在這個活頁標籤上右擊,然後選擇〔新增工具頁〕功能表項目給「工具箱」加入新的活頁標籤。還可以修改顯示在活頁標籤上的文字,方法是從快速選單中選擇〔重新命名〕功能表項目。

### 13.12.2 自訂群組控制項

有一個非常方便的功能,可以讓你自訂控制項並將其儲存以備將來使用。例如,建立可用作〔確定〕按鈕的 CommandButton 控制項。可設定下面的屬性來自訂指令按鈕:Width、Height、Caption、Default 和 Name。然後將自訂指令按鈕拖放到「工具箱」中,這樣就會建立一個新控制項。在新控制項上右擊後,重命名該控制項或更改它的圖示。

還可以建立由多個控制群組成的新工具箱的項目。例如,可以建立兩個指令按鈕,使得它們分別代表使用者表單的〔確定〕按鈕和〔取消〕按鈕。隨意自訂這些按鈕,然後同時選擇它們並拖放到「工具箱」中。這種情況下,可使用這個新工具箱控制項一次性加入兩個自訂的按鈕。

這類自訂也適用於作為容器的控制項。例如,建立一個 Frame 控制項,然後在其中加入 4 個自訂的選項按鈕,對齊並保持同樣的間距。最後將這個框架拖放到「工具箱」中,進而建立出一個自訂的 Frame 控制項。

為說明識別自訂控制項,右擊該控制項,然後從快速選單中選擇〔自訂×××〕功能表項目(這裡的 ××× 代表控制項的名稱),隨後將出現一個新的對話盒,它允許更改工具提示文字、編輯圖示或者從檔案中載入新的圖示圖像。

> **提示**
>
> 還可以把自訂的控制項放到「工具箱」中的一個單獨頁面內。這樣就可以匯出整個頁面,因此便於其他 Excel 使用者分享。為匯出某個「工具箱」頁面,在這個活頁標籤上右擊,然後選擇〔匯出工具頁〕功能表項目即可。

圖 13-15 所示為一個包含 8 個自訂控制項的新頁:

➢ 一個有 4 個選項按鈕控制項的框架
➢ 一個文字方塊和一個微調按鈕
➢ 6 個核取方塊

> ➤ 一個紅色的 X 圖示
> ➤ 一個感嘆號圖示
> ➤ 一個問號圖示
> ➤ 一個資訊圖示
> ➤ 兩個指令按鈕

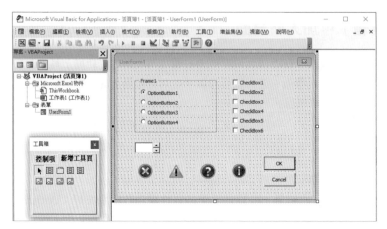

▲ 圖 13-15：含有新控制項頁的「工具箱」

4 個圖示是由 MsgBox 函數顯示的相同圖像。

線上資源　本書的範例檔案中包含了一個分頁檔（名為 newcontrols.pag），其中含有一些自訂控制項。可作為新頁將它們導入到「工具箱」中。在某個活頁標籤上右擊，然後選擇〔匯入工具頁〕功能表項目，最後定位和關閉這個分頁檔案。

## 13.12.3　加入新的 ActiveX 控制項

使用者表單可以包含由 Microsoft 或其他開發商開發出的其他 ActiveX 控制項。如果要在「工具箱」加入其他 ActiveX 控制項，可以先在「工具箱」上右擊，然後選擇〔新增控制項〕功能表項目，隨即將顯示出如圖 13-16 所示的對話盒。

▲ 圖 13-16：「新增控制項」對話盒允許加入其他 ActiveX 控制項

「新增控制項」對話盒列出了安裝在系統上的所有 ActiveX 控制項。選擇要加入的控制項，然後按一下〔確定〕按鈕，可以為每個選擇的控制項加入圖示。

**警告**

不是所有安裝在系統上的 ActiveX 控制項都能在 Excel 的使用者表單上執行。實際上，大部分 ActiveX 控制項可能都不能用。而且某些控制項需要許可證才能用在應用程式中。如果開發人員（或應用程式的使用者）沒有使用某種特定控制項的許可證，就會出現錯誤訊息。

## 13.13 建立使用者表單的範本

在設計新的使用者表單時，可能會每次都需要加入同樣的控制項。例如，每個使用者表單可能有兩個指令按鈕，分別是〔確定〕按鈕和〔取消〕按鈕。上一節詳細介紹了如何建立一個把兩個（自訂）按鈕組合到一個控制項中的新控制項。還有一種辦法是先建立使用者表單的範本，然後將其匯出，再導入到其他專案中。這樣做的一個好處是控制項的事件處理程式碼與範本儲存在一起。

首先建立包含所有控制項的使用者表單，其中還包括需要在其他專案中重複使用的自訂選項。然後，確保選擇了使用者表單並選擇〔檔案〕→〔匯出檔案〕（或者按〔Ctrl〕+〔E〕快速鍵）指令，隨即將提示輸入檔案名稱。

然後，在開發下一個專案時，選擇〔檔案〕→〔匯入檔案〕指令即可載入儲存過的使用者表單。

### 模仿 Excel 的對話盒

Windows 對話盒的外觀和感覺因程式的不同而異。在為 Excel 開發應用程式時，最好盡可能模仿 Excel 的對話盒樣式。

實際上，要學習如何建立高效的對話盒，一個好辦法就是複製一種 Excel 對話盒的所有細節。例如，確保定義所有快速鍵，而且定位順序相同。要想重新建立一個 Excel 對話盒，需要在各種環境下進行測試並檢視對話盒的行為方式。對 Excel 的對話盒進行分析將有助於提升自己的對話盒的品質。

另外，你可能還會發現，Excel 的某些對話盒不能被複製。例如不能複製「資料剖析精靈」對話盒，選擇〔資料〕→〔資料工具〕→〔資料剖析〕可開啟此對話盒。這個對話盒使用了 VBA 使用者不可用的控制項。

# 13.14 使用者表單問題檢測清單

在把製作好的使用者表單展現給最終使用者之前,要確保一切都能正常工作。下面的問題檢測列表有助於查出潛在的問題:

➢ 相似控制項的大小一樣嗎?

➢ 控制項的間距均勻嗎?

➢ 對話盒中的控制項太多嗎?如果控制項太多,可使用 MultiPage 控制項對控制項進行分組。

➢ 每個控制項都能使用快速鍵連接嗎?

➢ 有重複的快速鍵嗎?

➢ 定位順序設定正確嗎?

➢ 如果使用者按〔Esc〕鍵或在使用者表單上按一下〔關閉〕按鈕,撰寫的 VBA 程式碼會採取相對應的動作嗎?

➢ 文字中有拼寫錯誤嗎?

➢ 對話盒的標題合適嗎?

➢ 對話盒在所有影像解析度下都能正確顯示嗎?

➢ 控制項的分組符合邏輯嗎?即是否依據功能進行了分組?

➢ ScrollBar 和 SpinButton 控制項只允許有效的值嗎?

➢ 使用者表單有沒有使用可能不會安裝在每個系統上的控制項?

➢ 清單方塊設定正確嗎(單項目、多項目或可擴展項目)?

Chapter

# 14

# 使用者表單範例

- 使用使用者表單作為簡易版選單
- 從使用者表單選擇儲存格區域
- 用使用者表單作為歡迎畫面
- 當顯示使用者表單時改變使用者表單的大小
- 從使用者表單捲動和縮放工作表
- 理解涉及 **ListBox** 控制項的各種技巧
- 使用外部控制項
- 使用多重頁面控制項
- 使 **Label** 控制項動畫化

## ◢ **14.1** 建立使用者表單式選單

有時，你可能希望使用使用者表單作為某種類型的選單。換言之，使用者表單可以呈現出一些選項，使用者在其中做出選擇。做出選擇有兩種方式：使用指令按鈕或者使用清單方塊。

 交叉參考　*第 15 章中包含的範例運用更進階的使用者表單技巧。*

### 14.1.1 在使用者表單中使用指令按鈕

圖 14-1 列舉了作為簡單選單的一個使用者表單，其中使用一些 CommandButton 控制項作為簡單的功能表項目。

建立這種使用者表單式的選單非常容易，使用者表單的程式碼也非常簡單。每個指令按鈕都有自己的事件處理常式。例如，按一下〔CommandButton1〕按鈕時執行以下程序：

```
Private Sub CommandButton1_Click()
    Me.Hide
    Macro1
    Unload Me
```

```
        End Sub
```

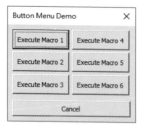

▲ 圖 14-1：使用命令按鈕作為功能表項目的對話盒

上述程序隱藏使用者表單，呼叫 Macro1，然後關閉使用者表單。其他按鈕的事件處理常式與此類似。

## 14.1.2 在使用者表單中使用清單方塊

圖 14-2 示範了使用清單方塊作為選單的範例。

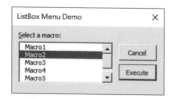

▲ 圖 14-2：使用清單方塊作為選單的對話盒

這個樣式更容易維護，因為可以簡單地加入新功能表項目而不必調整使用者表單的大小。在顯示這個使用者表單之前，呼叫它的 Initialize 事件處理常式。下面的程序將使用 AddItem 方法在清單方塊中加入 6 個項目：

```
    Private Sub UserForm_Initialize()
        With Me.ListBox1
            .AddItem "Macro1"
            .AddItem "Macro2"
            .AddItem "Macro3"
            .AddItem "Macro4"
            .AddItem "Macro5"
            .AddItem "Macro6"
        End With
    End Sub
```

〔Execute〕按鈕也有一個處理它的 Click 事件的程序：

```
    Private Sub ExecuteButton_Click()
        Select Case Me.ListBox1.ListIndex
            Case -1
```

```
             MsgBox "Select a macro from the list."
             Exit Sub
        Case 0: Macro1
        Case 1: Macro2
        Case 2: Macro3
        Case 3: Macro4
        Case 4: Macro5
        Case 5: Macro6
      End Select
      Unload Me
  End Sub
```

上述程序透過連接清單方塊的 ListIndex 屬性來確定選擇哪個項目。該程序使用一個 Select Case 結構來執行相對應的巨集。如果 ListIndex 屬性值為 -1, 表示沒有選擇清單方塊中的任何項目,同時使用者將看到一項訊息。

此外,使用者表單有一個程序,可以處理清單方塊的按兩下事件。按兩下清單方塊中的項目將執行對應的巨集。

範例檔案中提供本節中的這兩個範例,檔案名稱為「userform menus.xlsm」。

交叉參考 第 15 章將提供一個類似範例,該範例使用一個使用者表單來模仿工具列。

## 14.2 從使用者表單選擇儲存格區域

很多 Excel 內建的對話盒允許使用者指定某個儲存格區域。例如,〔目標搜尋〕對話盒(透過選擇〔資料〕→〔預測〕→〔模擬分析〕→〔目標搜尋〕開啟)就會要求使用者選擇兩個單獨儲存格區域。使用者可以直接輸入儲存格區域的位址(或名稱),也可以使用滑鼠在工作表中選擇儲存格區域。

使用者表單也可以提供這種功能,這多虧有了 RefEdit 控制項。RefEdit 控制項的外觀與 Excel 內建對話盒使用的儲存格區域選取控制項的外觀不完全相同,但工作方式一樣。如果使用者按一下了這種控制項右側的小按鈕,對話盒就會暫時消失,而顯示一個小的儲存格區域選取器,這點與 Excel 內建的對話盒完全一致。

> **注意**
>
> 遺憾的是,Excel 的 RefEdit 控制項還有一些有待改進的地方。它不允許使用者使用快速鍵選取儲存格區域(例如,按〔End〕+〔Shift〕+〔↓〕不會選擇到列尾處的所有儲存格)。此外,該控制項是以滑鼠為中心的。在按一下控制項右邊的小按鈕(因此可以暫時隱藏該對話盒)之後,只能侷限於透過滑鼠選擇。鍵盤根本不能用於區域選擇。

圖 14-3 顯示一個包含 RefEdit 控制項的使用者表單。在所選儲存格區域內的所有非公式（和非空白）的儲存格上，這個對話盒允許執行簡單數學運算。執行的運算對應於所選的選項按鈕。

| | A | B | C | D | E | F | G | H | I | J |
|---|---|---|---|---|---|---|---|---|---|---|
| 1 | -91 | -43 | 92 | -60 | -73 | | | | | |
| 2 | -26 | 49 | 53 | 29 | -9 | | | | | |
| 3 | 38 | 11 | 58 | 10 | 3 | | | | | |
| 4 | 45 | 12 | -23 | -14 | -41 | | | | | |
| 5 | -85 | -51 | -94 | -76 | 93 | | | | | |
| 6 | 72 | 93 | 55 | -90 | 63 | | | | | |
| 7 | 81 | 23 | -76 | -89 | -97 | | | | | |
| 8 | 47 | 63 | -74 | 42 | 87 | | | | | |
| 9 | 46 | 83 | -17 | 77 | -69 | | | | | |
| 10 | -84 | -62 | -10 | 55 | -79 | | | | | |
| 11 | 16 | 15 | -81 | 58 | -6 | -51 | 77 | | | |
| 12 | -42 | 36 | 29 | 30 | -55 | -24 | -21 | | | |
| 13 | 69 | -54 | 89 | -40 | 29 | -77 | -96 | | | |
| 14 | -71 | 93 | -12 | -10 | -75 | -37 | 32 | | | |
| 15 | 18 | -24 | 26 | -34 | 52 | -97 | 19 | | | |
| 16 | -4 | 89 | -94 | -57 | 41 | -64 | 66 | | | |
| 17 | | | | | | | | | | |
| 18 | | | | | | | | | | |

B3

Range Selection Demo

Select the range to modify:

Sheet1!$B$3:$D$8

Cancel

Operation

○ Add ○ Multiply
○ Subtract ○ Divide

OK

Operand:

▲ 圖 14-3：這裡顯示的 RefEdit 控制項允許使用者選擇某個儲存格區域

線上資源　範例檔案中提供這個範例，檔案名稱為「range selection demo.xlsm」。

在使用 RefEdit 控制項時，請記住以下事項：

- RefEdit 控制項傳回代表儲存格區域位址的文字字串。透過使用下列陳述式可以將這個字串轉換為一個 Range 物件：

```
Set UserRange = Range(Me.RefEdit1.Text)
```

- 較好的方法是初始化 RefEdit 控制項以便顯示目前的儲存格區域選區。為此，可在 UserForm_Initialize 程序中使用如下陳述式：

```
Me.RefEdit1.Text = ActiveWindow.RangeSelection.Address
```

- 為取得最佳結果，不要把 RefEdit 控制項放在 Frame 或多重頁面控制項內。這樣做可能導致 Excel 當機。

- 不要假設 RefEdit 總會傳回有效的儲存格區域的位址。指向某個儲存格區域並不是在這種控制項中輸入文字的唯一方式。使用者可以輸入任意文字，還可以編輯或刪除顯示的文字。因此，必須確保輸入的儲存格區域的位址是有效的。下面的程式碼列舉了檢測儲存格區域是否有效的一種方法。如果檢測出儲存格區域的位址是無效的，就會給使用者發出一項訊息，然後焦點會設定到 RefEdit 控制項上，這樣使用者可以再試一次。

```
On Error Resume Next
Set UserRange = Range(Me.RefEdit1.Text)
If Err.Number <> 0 Then
    MsgBox "Invalid range selected"
```

```
        Me.RefEdit1.SetFocus
        Exit Sub
    End If
    On Error GoTo 0
```

- 在用 RefEdit 控制項選擇儲存格區域時，使用者還可以按一下工作表的標籤。因此，不能假設選擇就在現用工作表上進行。然而，如果選擇了另一個工作表，儲存格區域的位址前將加上工作表的名稱。例如：

```
Sheet2!$A$1:$C$4
```

- 如果需要從使用者那裡得到單個儲存格的選擇區域，可使用下列陳述式挑選出選擇的儲存格區域左上角的儲存格：

```
Set OneCell = Range(Me.RefEdit1.Text).Cells(1)
```

交叉參考　正如第 12 章討論的那樣，還可以使用 Excel 的 InputBox 方法來允許使用者選擇儲存格區域。

## ◦▌14.3 建立歡迎畫面

有些開發人員喜歡在開啟應用程式時顯示一些介紹性資訊，通常稱之為「歡迎畫面」。

可以用使用者表單為自己的 Excel 應用程式建立一個歡迎畫面。下面的範例將在開啟活頁簿時自動顯示一個使用者表單，5 秒後，使用者表單消失。

線上資源　範例檔案中提供這個範例，檔案名稱為「splash screen.xlsm」。

按照如下步驟為專案建立歡迎畫面：

(1) 建立活頁簿。

(2) 啟動 VBE，然後在專案中插入一個新的使用者表單。本範例中的程式碼假設這個表單名為「frmSplash」。

(3) 可以在 frmSplash 上放置任何控制項。

例如，插入一個圖像控制項，將其做成公司的 LOGO。圖 14-4 顯示了一個範例。

▲ 圖 14-4：在開啟活頁簿時，簡單地顯示歡迎畫面

(4) 把下面的程序插入 ThisWorkbook 物件的程式碼模組中：

```
Private Sub Workbook_Open()
    frmSplash.Show
End Sub
```

(5) 把下面的程序插入 frmSplash 使用者表單的程式碼模組中。

如果要把 5 秒的延遲時間改為其他時間，可以更改 TimeValue 函數的引數：

```
Private Sub UserForm_Activate()
    Application.OnTime Now + _
        TimeSerial(0,0,5), "KillTheForm"
End Sub
```

(6) 把下面的程序插入通用的 VBA 模組中：

```
Private Sub KillTheForm()
    Unload frmSplash
End Sub
```

在開啟活頁簿時，執行 Workbook_Open 程序。第 (4) 步中的程序將顯示出使用者表單。此時，使用者表單的 Activate 事件發生，它將觸發 UserForm_Activate 程序（參見第 (5) 步）。這個程序使用 Application 物件的 OnTime 方法在某個特定時刻執行 KillTheForm 程序。在這個範例中，在啟動事件之後，使用者表單將延續 5 秒，KillTheForm 程序只是移除使用者表單。

(7) 此外，還可以加入一個小的指令按鈕 cmdCancel，將它的 Cancel 屬性設定為 True，然後把下面的事件處理常式插入使用者表單的程式碼模組中：

```
Private Sub cmdCancel_Click()
    Unload Me
End Sub
```

這麼做允許使用者在顯示時間未滿之前透過按下〔Esc〕鍵取消歡迎畫面。可以把這個小按鈕隱藏在另一個物件的後面，這樣就看不到它了。

警告　記住，在活頁簿載入完畢之前，不會顯示出上面的歡迎畫面。換言之，如果希望在載入活頁簿的程序當中看到這個歡迎畫面，這種方法還不能滿足這個要求。

提示

如果應用程式在啟動時必須執行一些 VBA 程序，那麼可以顯示非強制回應的使用者表單，以便在顯示使用者表單的同時繼續執行程式碼。為此，按照如下所示修改 Workbook_Open 程序的程式碼：

```
    Private Sub Workbook_Open()
        frmSplash.Show vbModeless
        ' other code goes here
    End Sub
```

## 14.4 禁用使用者表單的關閉按鈕

在顯示使用者表單時，按一下〔關閉〕按鈕（右上角的 X 圖示）可以移除這個表單。某些情況下，可能不希望出現這種狀況。例如，可能想要只透過按一下某個特定的指令按鈕關閉使用者表單。

雖然不能真正禁用〔關閉〕按鈕，但是可以防止使用者透過按一下它來關閉使用者表單。為此，需要監視使用者表單的 QueryClose 事件。

下面的程序位於使用者表單的程式碼模組中，它將在關閉表單之前（也就是在 QueryClose 事件發生時）執行：

```
Private Sub UserForm_QueryClose _
  (Cancel As Integer, CloseMode As Integer)
    If CloseMode = vbFormControlMenu Then
        MsgBox "Click the OK button to close the form."
        Cancel = True
    End If
End Sub
```

UserForm_QueryClose 程序接收兩個引數。CloseMode 引數包含的值表示 QueryClose 事件發生的原因。如果 CloseMode 的值等於 vbFormControlMenu（一個內建常數），就意味著使用者按一下〔關閉〕按鈕。如果顯示出一項訊息，將把 Cancel 引數的值設定為 True，而不會真正關閉表單。

線上資源

範例檔案中提供本節中的這個範例，檔案名稱為「queryclose demo.xlsm」。

---

**避免跳出巨集**

請記住，使用者可以按〔Ctrl〕+〔Break〕快速鍵跳出巨集的執行。在這個範例中，在顯示使用者表單時，如果按了〔Ctrl〕+〔Break〕快速鍵，就會導致使用者表單不可見。為避免這種情況的發生，在顯示使用者表單之前應執行下面的陳述式：

```
Application.EnableCancelKey = xlDisabled
```

確保在加入這條陳述式之前偵錯應用程式。否則，就會發現無法跳出無意間發生的閉環。

---

## 14.5 改變使用者表單的大小

很多應用程式都使用可以改變大小的對話盒。例如，當使用者在 Excel 的〔尋找及取代〕對話盒（當選擇〔常用〕→〔編輯〕→〔尋找與選取〕→〔取代〕指令時顯示中按一下〔Options（選項）〕按鈕時，這個對話盒的高度將增加。

下面這個範例解說如何使得使用者表單可以動態改變大小，透過修改這個 UserForm 物件的 Width 或 Height 屬性的值來改變對話盒的大小。這個範例顯示現在使用活頁簿中的一個工作表列表，並讓使用者選擇要列印的工作表。

交叉參考　可參考第 15 章中的一個範例，該範例允許使用者透過拖放右下角來修改使用者表單的大小。

圖 14-5 顯示了對話盒的兩種狀態：一個是首次顯示的對話盒，另一個是使用者按一下〔Options（選項）〕按鈕之後的對話盒。請注意，根據使用者表單的大小不同，按鈕的標題也相對應發生改變。

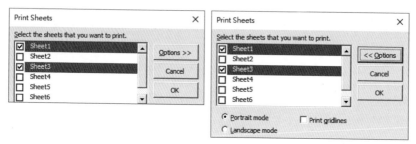

▲ 圖 14-5：顯示選項之前和之後的對話盒

建立使用者表單時，將其設定為最大尺寸便於處理控制項。然後使用 UserForm_Initialize 程序將其設定為預設大小（小一些）。

程式碼在模組頂部定義要用到的兩個常數：

```
Const SmallSize As Long = 124
Const LargeSize As Long = 164
```

在按一下 cmdOptions 指令按鈕時執行下面的事件處理常式：

```
Private Sub cmdOptions_Click()
    Const OptionsHidden As String = "Options >>"

    Const OptionsShown As String = "<< Options"

    If Me.cmdOptions.Caption = OptionsHidden Then
        Me.Height = LargeSize
        Me.cmdOptions.Caption = OptionsShown
    Else
        Me.Height = SmallSize
        Me.cmdOptions.Caption = OptionsHidden
    End If
End Sub
```

上述程序檢查這個指令按鈕的 Caption 屬性值，然後相對應設定使用者表單的 Height 屬性。

## 14.6 在使用者表單中縮放和捲動工作表

這一節的範例解說了在顯示對話盒時如何使用 ScrollBar 控制項來捲動和縮放工作表，圖 14-6 顯示如何建立這個對話盒。在顯示這個使用者表單時，使用者可以調整工作表的縮放比例（縮放比例為 10% ～ 400%），方法是在頂部使用捲軸進行縮放。對話盒底部的兩個捲軸允許使用者水平或垂直捲動工作表。

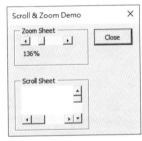

▲ 圖 14-6：ScrollBar 控制項允許縮放和捲動工作表

如果檢視這個範例的程式碼，就會發現程式碼相當簡單。在 UserForm_Initialize 程序中初始化控制項，初始化程式碼如下所示：

```
Private Sub UserForm_Initialize()
    Me.lblZoom.Caption = ActiveWindow.Zoom & "%"
'   Zoom
    With Me.scbZoom
        .Min = 10
        .Max = 400
        .SmallChange = 1
        .LargeChange = 10
        .Value = ActiveWindow.Zoom
```

```
            End With

    '       Horizontally scrolling
            With Me.scbColumns
                .Min = 1
                .Max = ActiveSheet.UsedRange.Columns.Count
                .Value = ActiveWindow.ScrollColumn
                .LargeChange = 25
                .SmallChange = 1
            End With

    '       Vertically scrolling
            With Me.scbRows
                .Min = 1
                .Max = ActiveSheet.UsedRange.Rows.Count
                .Value = ActiveWindow.ScrollRow
                .LargeChange = 25
                .SmallChange = 1
            End With
    End Sub
```

上述程序使用使用中視窗上的值設定 ScrollBar 控制項的各種屬性。

在使用 ScrollBarZoom 控制項時，將執行下面的 scbZoom_Change 程序。這個程序將 ScrollBar 控制項的 Value 屬性值設定為 ActiveWindow 的 Zoom 屬性值，還改變了一個標籤，以便顯示出目前的縮放比例。

```
    Private Sub scbZoom_Change()
        With ActiveWindow
            .Zoom = Me.scbZoom.Value
            Me.lblZoom = .Zoom & "%"
            .ScrollColumn = Me.scbColumns.Value

            .ScrollRow = Me.scbRows.Value
        End With
    End Sub
```

可使用下面的兩個程序完成工作表的捲動動作，這些程序把相對應 ScrollBar 控制項的值賦給 ActiveWindow 物件的 ScrollRow 或者 ScrollColumns 屬性。

```
    Private Sub scbColumns_Change()
        ActiveWindow.ScrollColumn = Me.scbColumns.Value
    End Sub

    Private Sub scbRows_Change()
        ActiveWindow.ScrollRow = Me.scbRows.Value
    End Sub
```

與其在上述程序中使用 Change 事件，倒不如使用 Scroll 事件。區別在於當拖動捲軸時將觸發 Scroll 事件，其結果是縮放和捲動的動作比較平滑。要使用 Scroll 事件，只要把上述程序的 Change 部分改成 Scroll 即可。

## 14.7 清單方塊技巧

ListBox 控制項的用途極其廣泛，但使用時需要一點技巧。這一節中包含了很多簡單範例，它們展示了與 ListBox 控制項有關的一些常用技巧。

大部分情況下，本節描述的這些技巧同樣適用於 ComboBox 控制項。

下面是在使用 ListBox 控制項時需要記住的幾點。從本節的範例中可以看到其中的很多注意事項：

➢ 可從儲存格區域（由 RowSource 屬性指定）搜尋清單方塊中的項目，或使用 VBA 程式碼加入清單方塊的項目（使用 AddItem 或 List 方法）。

➢ 清單方塊可設定為允許單項選擇或多項選擇，這要由 MultiSelect 屬性決定。

➢ 如果清單方塊沒有設定為多項選擇，可使用 ControlSource 屬性將清單方塊的值連結到某個工作表的儲存格上。

➢ 可以顯示沒有選擇項目的清單方塊（ListIndex 屬性的值為 -1）。然而，在選擇某個項目後，使用者就不能取消選定所有項目。有一種情況例外，即 MultiSelect 屬性設定為 True 時。

➢ 清單方塊可以包含多列（由 ColumnCount 屬性控制），甚至可以包含具描述性的標題（由 ColumnHeads 屬性控制）。

➢ 設計時在使用者表單視窗中顯示的清單方塊的垂直高度不一定與實際顯示使用者表單時的垂直高度一樣。

➢ 清單方塊中的項目可以顯示為核取方塊（如果允許多項選擇的話）或選項按鈕（如果允許單項選擇的話），這些由 ListStyle 屬性控制。

有關 ListBox 控制項的完整的屬性和方法介紹請查閱說明系統。

### 14.7.1 在清單方塊控制項中加入項目

在顯示使用了 ListBox 控制項的使用者表單之前，需要先給清單方塊填入項目。在設計階段填入清單方塊時，需要使用儲存在工作表儲存格區域中的項目，或在執行階段使用 VBA 程式碼將項目加入到清單方塊中。

這一節中的兩個範例都假設：

➢ 有一個名為 UserForm1 的使用者表單。

➢ 這個使用者表單包含名為 ListBox1 的 ListBox 控制項。

➢ 活頁簿包含一個名為 Sheet1 的工作表，而儲存格區域 A1:A12 中包含要顯示在清單方塊中的項目。

## 1. 在設計階段向清單方塊中加入項目

如果要在設計時向清單方塊中加入項目，那麼清單方塊項目必須儲存在工作表的儲存格區域中。使用 RowSource 屬性可以指定包含清單方塊項目的儲存格區域。圖 14-7 顯示一個 ListBox 控制項的「屬性」視窗，RowSource 屬性的值設定為 Sheet1!A1:A12。在顯示這個使用者表單時，清單方塊控制項將包含這個儲存格區域中的 12 個項目。如果為 RowSource 屬性指定了儲存格區域，那麼在設計時項目就立即出現在清單方塊中。

---

### 📖 確保使用正確的區域

很多情況下，在指定 RowSource 屬性時，要確保包含工作表的名稱；否則清單方塊將使用現用工作表上特定的儲存格區域。某些情況下，必須透過包含活頁簿名稱來完全限定儲存格區域名稱。例如：

```
[budget.xlsx]Sheet1!A1:A12
```

還有一個更好的辦法，先定義儲存格區域的活頁簿等級的名稱，然後在程式碼中使用這個定義的名稱。這樣，即使在儲存格區域中加入或刪除了列，也能夠確保使用的是正確的儲存格區域。

---

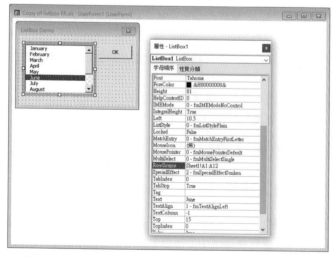

▲ 圖 14-7：在設計時設定 RowSource 屬性

## 2. 在執行階段向清單方塊加入項目

如果要在執行階段向清單方塊中加入項目，有下列三種辦法：

➢ 使用程式碼將 RowSource 屬性設定為某個儲存格區域的位址。

➢ 撰寫使用 AddItem 方法的程式碼來加入清單方塊項目。

➢ 將一個陣列賦值給 ListBox 控制項的 List 屬性。

正如所期望的那樣，可透過程式碼而不是「屬性」視窗來設定 RowSource 屬性的值。例如，下面的程序在顯示使用者表單之前為清單方塊設定 RowSource 屬性。這種情況下，項目由 Budget 工作表上的 Categories 儲存格區域中的儲存格記錄項組成。

```
UserForm1.ListBox1.RowSource = "Budget!Categories"
UserForm1.Show
```

如果清單方塊的項目沒有包含在某個工作表儲存格區域中，可撰寫 VBA 程式碼，因此在出現該對話盒之前填入清單方塊。下面的程序使用 AddItem 方法為清單方塊填入月份的名稱。

```
Sub ShowUserForm2()
'    Fill the list box
    With UserForm1.ListBox1
        .RowSource=""
        .AddItem "January"
        .AddItem "February"
        .AddItem "March"
        .AddItem "April"
        .AddItem "May"
        .AddItem "June"
        .AddItem "July"
        .AddItem "August"
        .AddItem "September"
        .AddItem "October"
        .AddItem "November"
        .AddItem "December"
    End With
    UserForm1.Show
End Sub
```

**警告**　在上面的程式碼中，請注意把 RowSource 屬性設定為一個空字串。這是為了避免當「屬性」視窗有非空白的 RowSource 設定時出現潛在錯誤。如果要給擁有非空白的 RowSource 設定的清單方塊加入項目，就會得到「無效的屬性值」的錯誤訊息。

還可從儲存格區域搜尋清單方塊的項目，使用 AddItem 方法將它們加入到清單方塊。下面的範例使用 Sheet1 上的儲存格 Al:A12 的內容填入清單方塊。

```
For Row = 1 To 12
  UserForm1.ListBox1.AddItem Sheets("Sheet1").Cells(Row, 1)
Next Row
```

使用 List 屬性甚至更簡單。下面的陳述式與前面的 For Next 迴圈具有相同的效果：

```
UserForm1.ListBox1.List = _
    Application.Transpose(Sheets("Sheet1").Range("A1:A12"))
```

注意，這裡使用一個 Transpose 函數，這是因為 List 屬性希望取得一個水平陣列，而且儲存格區域位於一列中而不是一行中。

如果資料儲存在一維陣列中，那麼也可以使用 List 屬性。例如，假設有一個名為 MyList 的陣列，包含了 50 個元素。下面的陳述式在 ListBox1 中將建立一個包含 50 個項目的列表：

```
UserForm1.ListBox1.List = MyList
```

VBA 中的 Array 函數和 Split 函數都可傳回一維陣列。這兩種函數的傳回結果都可以作為值被賦給 List 屬性，如下列範例所示：

```
UserForm1.ListBox1.List = Array("January", "February", _
    "March","April", "May", "June", "July", "August", _
    "September", "October", "November", "December")
UserForm1.ListBox1.List = Split("Mon Tue Wed Thu Fri Sat Sun")
```

線上資源　範例檔案中提供本節的這個範例，檔案名稱為「listbox fill.xlsm」。

## 3. 向清單方塊中加入唯一的項目

某些情況下，可能要從某個列表向清單方塊中加入唯一的（沒有重複的）項目。例如，假設有一個工作表包含客戶資料，其中一列包含州名（如圖 14-8 所示），接下來用客戶所在的州名填入清單方塊，但不希望包含重複的州名。

| | A | B | C | D | E | F | G |
|---|---|---|---|---|---|---|---|
| 1 | Customer ID | State | | | | | |
| 2 | 1001 | California | | | | | |
| 3 | 1002 | Ohio | | | | | |
| 4 | 1003 | California | | | | | |
| 5 | 1004 | New York | | | | | |
| 6 | 1005 | Ohio | | | | | |
| 7 | 1006 | Pennsylvania | | | | | |
| 8 | 1007 | California | | | | | |
| 9 | 1008 | Illinois | | | | | |
| 10 | 1009 | Arizona | | | | | |
| 11 | 1010 | Arizona | | | | | |
| 12 | 1011 | California | | | | | |
| 13 | 1012 | Florida | | | | | |
| 14 | 1013 | Nevada | | | | | |
| 15 | 1014 | New Jersey | | | | | |
| 16 | 1015 | Minnesota | | | | | |
| 17 | 1016 | California | | | | | |

Select an item　×

Unique items: 40

California
Ohio
New York
Pennsylvania
Illinois
Arizona
Florida
Nevada

OK

▲ 圖 14-8：使用 Collection 物件從列 B 把唯一的項目填入到清單方塊中

使用 Collection 物件是一種快速有效的技術。在建立新的 Collection 物件後，可採用下面的語法給該物件加入項目：

```
object.Add item, key, before, after
```

如果使用 key 引數，那麼該引數必須是指定某個單獨鍵值的唯一文字字串，可使用這個鍵連接集合中的某個成員。這裡一個很重要的詞語是「唯一的」。如果要向集合中加入非唯一鍵值，就會出錯，項目也就加入不進去。可以利用這個特點，建立一個只由唯一項目組成的集合。

在下面的程序中，首先宣告了一個名為 NoDupes 的新 Collection 物件。它假設 Data 儲存格區域包含了項目清單，其中有一些可能還是重複的。

這些程式碼迴圈通過儲存格區域中的儲存格，然後嘗試將儲存格的值加入到 NoDupes 集合中。還使用儲存格的值（轉換為字串）作為 key 引數。使用 On Error Resume Next 陳述式可使得 VBA 忽略當 key 不唯一時產生的錯誤。在出現錯誤時，不能把項目加入到這個集合中，這正是使用者所希望的。然後，該程序又將 NoDupes 集合中的項目傳遞到清單方塊中。使用者表單還包含一個顯示唯一項目數量的標籤。

```vba
Sub RemoveDuplicates1()
    Dim AllCells As Range, Cell As Range
    Dim NoDupes As Collection
    Dim Item as Variant

    Set NoDupes = New Collection

    On Error Resume Next
    For Each Cell In Range("State").Cells
        NoDupes.Add Cell.Value, CStr(Cell.Value)
    Next Cell
    On Error GoTo 0

'   Add the non-duplicated items to a ListBox
    For Each Item In NoDupes
        UserForm1.ListBox1.AddItem Item
    Next Item

'   Display the count
    UserForm1.Label1.Caption = "Unique items: " & NoDupes.Count

'   Show the UserForm
    UserForm1.Show
End Sub
```

在範例檔案中可以找到上述這個範例（檔案名稱為「listbox unique items1.xlsm」）以及更複雜的版本（檔案名稱為「listbox unique items2.xlsm」，該活頁簿還顯示經過排序的項目）。

線上資源

## 14.7.2 確定清單方塊中選中的項目

在上一節範例的使用者表單中，只顯示一個填入各種項目的清單方塊。這些程序都省略了一個關鍵點，即如何確定使用者選擇了哪個或哪些項目。

下面的討論將假設使用單選的 ListBox 物件，它的 MultiSelect 屬性設定為 0。

為確定選擇了哪個項目，需要連接清單方塊的 Value 屬性。例如，下面的陳述式顯示在 ListBox1 中選中的項目的文字：

```
MsgBox Me.ListBox1.Value
```

如果沒有選擇任何項目，上述這條陳述式就會出錯。

如果需要知道所選擇的項目在列表中的位置（而不是該項目的內容），可以連接清單方塊的 ListIndex 屬性。在下面的範例中，使用訊息方塊來顯示所選擇的清單方塊項目的項目編號：

```
MsgBox "You selected item #" &Me.ListBox1.ListIndex
```

如果沒有選擇任何項目，ListIndex 屬性就會傳回 -1。

注意

清單方塊中的專案編號是從 0 開始的，而不是從 1 開始的。因此，第一個項目的 ListIndex 值為 0，最後一個項目的 ListIndex 值等於 ListCount 屬性的值再減 1。

## 14.7.3 確定清單方塊中的多個選擇項目

清單方塊的 MultiSelect 屬性的值可能是下面 3 種之一：

➢ 0（fmMultiSelectSingle）：只能選擇一個項目，這是預設設定。

➢ 1（fmMultiSelectMulti）：按下〔Space〕空白鍵或按一下滑鼠可以選擇或取消清單方塊的某個項目。

➢ 2（fmMultiSelectExtended）：按住〔Ctrl〕鍵再按一下想要選擇的多個項目，或者按住〔Shift〕鍵然後按一下滑鼠可以擴展選擇範圍，從之前選擇的項目到目前項目。還可以使用〔Shift〕鍵和某個方向鍵來擴展選擇的項目。

如果清單方塊允許選擇多個項目（也就是說，如果 MultiSelect 屬性的值為 1 或者 2），對 ListIndex 或 Value 屬性的連接將產生錯誤。這裡必須改用 Selected 屬性，它將傳回一個陣列，該陣列中的第一個項目的索引號為 0。例如，如果選擇清單方塊中的第一個項目，那麼下面的陳述式將顯示 True：

```
MsgBox ListBox1.Selected(0)
```

 範例檔案中包含一個活頁簿,它說明如何識別清單方塊中已選擇的項目。這個活頁簿只適用於單項選擇和多項選擇的清單方塊。檔名為「listbox selected items. 線上資源 xlsm」。

從本書範例檔案的範例活頁簿中可以找到下面的程式碼,該程式碼迴圈通過清單方塊中的每個項目。如果選擇項目,這些程式碼將把項目的文字加入到變數 Msg 中。最後,在一個訊息方塊中顯示了所有已選擇項目的名稱。

```vba
Private Sub cmdOK_Click()
    Dim Msg As String
    Dim i As Long

    If Me.ListBox1.ListIndex = -1 Then
        Msg = "Nothing"
    Else
        For i = 0 To Me.ListBox1.ListCount - 1
            If ListBox1.Selected(i) Then _
                Msg = Msg & Me.ListBox1.List(i) & vbNewLine
        Next i
    End If
    MsgBox "You selected: " & vbNewLine & Msg
    Unload Me
End Sub
```

圖 14-9 顯示在選擇多個清單方塊項目時的結果。

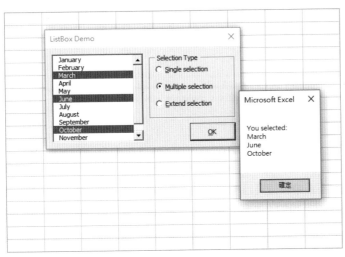

▲ 圖 14-9:訊息方塊中顯示在清單方塊中選中的多個項目

## 14.7.4 單個清單方塊中的多個列表

接下來的範例示範如何建立清單方塊，使它的內容隨使用者選擇的選項按鈕而改變。

這個清單方塊從工作表的儲存格區域中取得它的項目。處理 OptionButton 控制項的 Click 事件的程序只是把清單方塊的 RowSource 屬性設定為另一個儲存格區域。下面是其中一個程序的程式碼：

```
Private Sub optMonths_Click()
    Me.ListBox1.RowSource = "Sheet1!Months"
End Sub
```

圖 14-10 提供範例的使用者表單。

| | A | B | C | D | E | F | G | H |
|---|---|---|---|---|---|---|---|---|
| 1 | January | Jeep | Red | | | | | |
| 2 | February | Ford | Orange | | | | | |
| 3 | March | Chevrolet | Yellow | | | | | |
| 4 | April | Toyota | Green | | | | | |
| 5 | May | Nissan | Blue | | | | | |
| 6 | June | Volkswagen | Indigo | | | | | |
| 7 | July | | Violet | | | | | |
| 8 | August | | | | | | | |
| 9 | September | | | | | | | |
| 10 | October | | | | | | | |
| 11 | November | | | | | | | |
| 12 | December | | | | | | | |
| 13 | | | | | | | | |
| 14 | | | | | | | | |

▲ 圖 14-10：根據所選的選項按鈕不同，清單方塊的內容也有所不同

按一下名為 obMonths 的選項按鈕將改變清單方塊的 RowSource 屬性值，因此可以使用 Sheet1 上名為 Months 的儲存格區域。

線上資源　範例檔案中提供該範例，檔案名稱為「listbox multiple lists.xlsm」。

## 14.7.5 清單方塊項目的轉移

有些應用程式需要使用者從清單中選中幾個項目。通常，建立一個所選項目的新列表並在另一個清單方塊中顯示該新清單是很有用的。為此，可參考「Excel 選項」對話盒的〔快速存取工具列〕活頁標籤。

圖 14-11 顯示一個有兩個清單方塊的對話盒。〔Add〕按鈕把在左邊清單方塊中選中的項目加入到右邊的清單方塊，而〔Remove〕按鈕從右邊的清單中刪除選擇的項目。Allow Duplicates 核取方塊用來決定當把重複的項目加入到列表中之後的行為。顧名思義，如果選

擇這個核取方塊，那麼當使用者加入列表中已經存在的項目時，就什麼都不會發生。

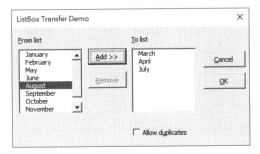

▲ 圖 14-11：依據一個列表的項目建立另一個列表

這個範例的程式碼相對比較簡單。當使用者按一下〔Add〕按鈕時將執行下面的這個程序：

```
Private Sub cmdAdd_Click()
    'Add the value
    Me.lbxTo.AddItem Me.lbxFrom.Value
    If Not Me.chkDuplicates.Value Then
        'If duplicates aren't allowed, remove the value
        Me.lbxFrom.RemoveItem Me.lbxFrom.ListIndex
    End If
    EnableButtons
End Sub
```

〔Remove〕按鈕的程式碼與之類似：

```
Private Sub cmdRemove_Click()
    If Not Me.chkDuplicates.Value Then
        Me.lbxFrom.AddItem Me.lbxTo.Value
    End If
    Me.lbxTo.RemoveItem Me.lbxTo.ListIndex
    EnableButtons
End Sub
```

注意，上述兩個常式都要檢查以確認真正選擇了某個項目。如果在設計時兩個按鈕的 Enabled 屬性都被設定為 False，那麼只在需要時才會呼叫另一個程序 EnableButtons 去啟用按鈕。

除了可從 cmdAdd_Click 和 cmdRemove_Click 中呼叫 EnableButtons 外，清單方塊的 Change 事件也可以呼叫它。清單方塊的 Change 事件程序和 EnableButtons 程序如下所示：

```
Private Sub lbxFrom_Change()
Private Sub lbxFrom_Change()
    EnableButtons
End Sub


Private Sub lbxTo_Change()
```

```
        EnableButtons
    End Sub


    Private Sub EnableButtons()
        Me.cmdAdd.Enabled = Me.lbxFrom.ListIndex > -1
        Me.cmdRemove.Enabled = Me.lbxTo.ListIndex > -1
    End Sub
```

如果清單方塊的 ListIndex 屬性的值與 -1 進行比較，就會傳回 True 或 False。傳回的值被賦給 Enabled 屬性，主要用於允許使用者在選擇項目後按一下按鈕。

線上資源　範例檔案中提供該範例，檔案名稱為「listbox item transfer.xlsm」。

## 14.7.6 在清單方塊中移動項目

清單中項目的順序通常是很重要的。本節中的範例將解釋如何允許使用者在清單方塊中上下移動項目。VBE 使用這種方法以允許使用者控制使用者表單中項目的〔Tab〕鍵順序（在使用者表單上右擊，然後從快速選單中選擇〔定位順序〕）。

圖 14-12 顯示一個對話盒，其中包含了一個清單方塊和兩個指令按鈕。按一下〔Move Up〕按鈕將把清單方塊中選中的項目向上移動；按一下〔Move Down〕按鈕將把清單方塊中選中的項目向下移動。

線上資源　範例檔案中提供該範例，檔案名稱為「listbox move items.xlsm」。

▲ 圖 14-12：對話盒中的按鈕允許在清單方塊中上下移動項目

這兩個指令按鈕的事件處理常式的程式碼如下所示：

```
    Private Sub cmdUp_Click()
        Dim lSelected As Long
        Dim sSelected As String
```

```
'    Store the currently selected item
     lSelected = Me.lbxItems.ListIndex
     sSelected = Me.lbxItems.Value

'    Remove the selected item
     Me.lbxItems.RemoveItem lSelected
'    Add back the item one above
     Me.lbxItems.AddItem sSelected, lSelected - 1
'    Reselect the moved item
     Me.lbxItems.ListIndex = lSelected - 1
End Sub

Private Sub cmdDown_Click()
    Dim lSelected As Long
    Dim sSelected As String

'    Store the currently selected item
     lSelected = Me.lbxItems.ListIndex
     sSelected = Me.lbxItems.Value

'    Remove the selected item
     Me.lbxItems.RemoveItem lSelected
'    Add back the item one below
     Me.lbxItems.AddItem sSelected, lSelected + 1
'    Reselect the moved item
     Me.lbxItems.ListIndex = lSelected + 1
End Sub
```

預設情況下，向上和向下按鈕是被禁用的（因為在設計時它們的 Enabled 屬性被設定為 False）。清單方塊的 Click 事件僅用來在需要按一下按鈕的情況下啟用按鈕。而當選中一些項目（ListIndex 屬性為 0 或更大）以及所選項目不是最後一項時，cmdDown 按鈕才可用。除了所選項目不是第一條外，cmdUp 控制項的啟用方式類似。事件的程序如下所示：

```
Private Sub lbxItems_Click()
    Me.cmdDown.Enabled = Me.lbxItems.ListIndex > -1 _
        And Me.lbxItems.ListIndex < Me.lbxItems.ListCount - 1

    Me.cmdUp.Enabled = Me.lbxItems.ListIndex > -1 _
        And Me.lbxItems.ListIndex > 0
End Sub
```

注意，由於一些原因，快速按一下〔Move Up〕或〔Move Down〕按鈕並沒有設定為多擊。為修正這一問題，筆者又加入兩個程序，來回應每個按鈕的 Double Click 事件。這些程序只是呼叫之前列出的相對應 Click 事件處理常式。

## 14.7.7 使用多列的清單方塊控制項

普通的清單方塊只用一個列包含它的項目。然而,可以建立顯示多個欄和(可選的)欄標題的清單方塊。圖 14-13 列舉了一個多欄的清單方塊範例,它從工作表儲存格區域中取得資料。

線上資源　　範例檔案中提供該範例,檔案名稱為「listbox multicolumn1.xlsm」。

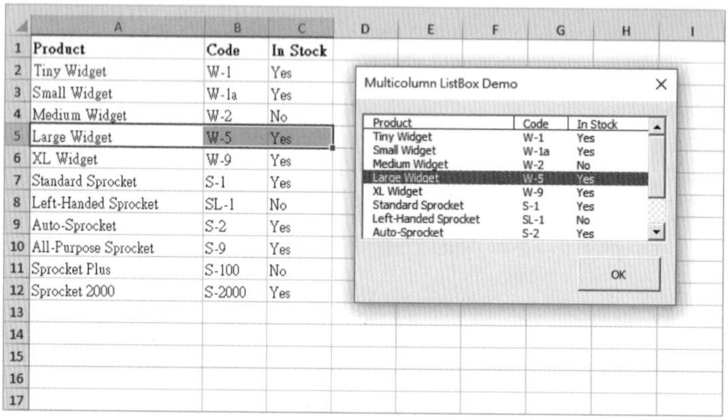

▲ 圖 14-13:清單方塊顯示了 3 欄且有欄標題的列表

如果要設定一個多欄清單方塊,使其使用儲存在工作表儲存格區域中的資料,可以按照如下步驟進行操作:

(1) 確保清單方塊的 ColumnCount 屬性設定了正確的欄數。

(2) 在 Excel 工作表中指定合適的多欄儲存格區域,使其作為清單方塊的 RowSource 屬性的值。

(3) 如果要顯示欄標題,可將 ColumnHeads 屬性設定為 True。

請不要把工作表上的欄標題包含在 RowSource 屬性的儲存格區域設定中。VBA 自動使用 RowSource 儲存格區域第一行正上方的行。

(4) 透過給 ColumnWidths 屬性指定一系列值來調整欄寬,單位為 points,也就是 1 英寸的 1/72,每個值之間用分號隔開。這需要反復試驗。

例如,對於包含 3 欄的清單方塊來說,ColumnWidths 屬性可以設定為以下文字字串:

```
110 pt;40 pt;30 pt
```

(5) 指定合適的欄作為 BoundColumn 屬性的值。

繫結欄位指定指令輪詢清單方塊的 Value 屬性要參照的欄。

如果要填入含有多欄資料的清單方塊，又不想使用儲存格區域，那麼需要首先建立一個二維陣列，然後把這個陣列賦給清單方塊的 List 屬性。下面的陳述式對此做了解釋，其中使用含有〔14列×2欄〕的名為 Data 的陣列。在含有兩欄的清單方塊中，第一列顯示了月份的名稱，第二列顯示了該月份中的天數（如圖 14-14 所示）。注意，下面的程序將 ColumnCount 屬性的值設定為 2。

```
Private Sub UserForm_Initialize()
    Dim i As Long
    Dim Data(1 To 12, 1 To 2) As String
    Dim ThisYear As Long
    ThisYear = Year(Now)
'   Fill the list box
    For i = 1 To 12
        Data(i, 1) = Format(DateSerial(ThisYear, i, 1), "mmmm")
        Data(i, 2) = Day(DateSerial(ThisYear, i + 1, 0))
    Next i
    Me.ListBox1.ColumnCount = 2
    Me.ListBox1.List = Data
End Sub
```

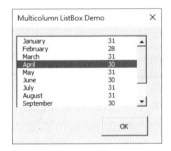

▲ 圖 14-14：用儲存在某個陣列中的資料填入兩欄的清單方塊

線上資源　下載包中提供該範例，檔案名稱為「listbox multicolumn2.xlsm」。

注意

當清單的資料來源是一個 VBA 陣列時，無法為 ColumnHeads 屬性指定列標題。

## 14.7.8　使用清單方塊選擇工作表中的列

這一節中的範例所顯示的清單方塊由現用工作表中用過的所有儲存格區域的內容組成（如圖 14-15 所示）。使用者可在清單方塊中選中多個項目，按一下〔All〕按鈕可以選擇所有項目，而按一下〔None〕按鈕將取消選擇所有項目。按一下〔OK〕按鈕選擇對應於工作表中某些列的項目。當然，可在工作表中直接選取多個非鄰接的列，方法是在按一下列的邊框時按〔Ctrl〕鍵。然而，可能發現使用清單方塊的方法更容易選取列。

| 5 | Agent ▾ | Date Listed▾ | Area ▾ | List Price ▾ | Be▾ | Baths ▾ | SqFt ▾ | Type ▾ | Pool ▾ | Sold ▾ |
|---|---------|--------------|--------|--------------|-----|---------|--------|--------|--------|--------|
| 6 | Adams | 2012/5/17 | N. County | $349,000 | 4 | 2.5 | 2,730 | Condo | TRUE | TRUE |
| 7 | Adams | 2012/5/30 | N. County | $379,900 | 3 | 2.5 | 2,468 | Condo | FALSE | FALSE |
| 8 | Adams | 2012/8/1 | N. Co | | | | | | | |
| 9 | Adams | 2012/10/2 | Centra | | | | | | | |
| 10 | Adams | 2012/4/8 | N. Co | | | | | | | |
| 11 | Adams | 2012/4/14 | S. Cou | | | | | | | |
| 12 | Adams | 2012/4/21 | Centra | | | | | | | |
| 13 | Adams | 2012/6/8 | Centra | | | | | | | |
| 14 | Adams | 2012/7/12 | Centra | | | | | | | |
| 15 | Adams | 2012/7/25 | Centra | | | | | | | |
| 16 | Adams | 2012/8/12 | Centra | | | | | | | |
| 17 | Adams | 2012/11/29 | Centra | | | | | | | |
| 18 | Barnes | 2012/2/29 | N. Co | | | | | | | |
| 19 | Barnes | 2012/3/7 | N. Co | | | | | | | |
| 20 | Barnes | 2012/3/15 | N. Co | | | | | | | |
| 21 | Barnes | 2012/6/19 | N. Co | | | | | | | |
| 22 | Barnes | 2012/8/3 | N. Co | | | | | | | |
| 23 | Barnes | 2012/9/20 | N. County | $239,900 | 4 | 3 | 2,041 | Condo | FALSE | FALSE |
| 24 | Barnes | 2012/6/19 | S. County | $208,750 | 4 | 2 | 1,800 | Single Family | FALSE | FALSE |
| 25 | Bennet | 2012/4/14 | N. County | $229,900 | 3 | 3 | 2,266 | Condo | FALSE | FALSE |
| 26 | Bennet | 2012/5/20 | N. County | $229,900 | 4 | 3 | 2,041 | Condo | FALSE | FALSE |
| 27 | Bennet | 2012/5/2 | Central | $549,000 | 4 | 3 | 1,940 | Single Family | TRUE | FALSE |
| 28 | Bennet | 2012/5/5 | Central | $229,500 | 4 | 3 | 2,041 | Single Family | FALSE | TRUE |
| 29 | Bennet | 2012/6/19 | S. County | $229,900 | 3 | 2.5 | 1,580 | Single Family | TRUE | FALSE |

**Row Selector** ✕

Row 12

| | Agent | Date Listed | Area | List Price | Bedro | Baths |
|---|-------|-------------|------|-----------|-------|-------|
| ☐ | Adams | 2012/5/17 | N. County | $349,000 | 4 | 2.5 |
| ☐ | Adams | 2012/5/30 | N. County | $379,900 | 3 | 2.5 |
| ☑ | Adams | 2012/8/1 | N. County | $379,000 | 3 | 3 |
| ☐ | Adams | 2012/10/2 | Central | $199,000 | 3 | 2.5 |
| ☐ | Adams | 2012/4/8 | N. County | $339,900 | 3 | 2 |
| ☑ | Adams | 2012/4/14 | S. County | $208,750 | 4 | 3 |
| ☑ | Adams | 2012/4/21 | Central | $265,000 | 4 | 3 |
| ☐ | Adams | 2012/6/8 | Central | $325,000 | 3 | 2.5 |
| ☐ | Adams | 2012/7/12 | Central | $268,750 | 4 | 2.5 |
| ☐ | Adams | 2012/7/25 | Central | $309,950 | 4 | 3 |

[All] [None]　　　　　[Cancel] [OK]

▲ 圖 14-15：使用清單方塊更容易選取工作表中的列

範例檔案中提供該範例，檔案名稱為「listbox select rows.xlsm」。

線上資源

可以選取多個項目，因為清單方塊的 MultiSelect 屬性設定為 1-fmMultiSelectMulti。同時，顯示出了每個項目的核取方塊，這是因為清單方塊的 ListStyle 屬性設定為 1-fmListStyleOption。

使用者表單的 Initialize 程序程式碼如下所示。這個程序建立了一個名為 rng 的 Range 物件，該物件由現用工作表中使用的儲存格區域組成。剩下的程式碼設定清單方塊的 ColumnCount 和 RowSource 屬性，然後調整 ColumnWidths 屬性的值，使得清單方塊中的欄寬與工作表中的欄寬成比例。

```
Private Sub UserForm_Initialize()
    Dim ColCnt As Long
    Dim rng As Range
    Dim ColWidths As String
    Dim i As Long

    ColCnt = ActiveSheet.UsedRange.Columns.Count
    Set rng = ActiveSheet.UsedRange
    With Me.lbxRange
        .ColumnCount = ColCnt
        .RowSource = _
```

```
              rng.Offset(1).Resize(rng.Rows.Count - 1).Address
          For i = 1 To .ColumnCount
              ColWidths = ColWidths & rng.Columns(i).Width & ";"
          Next i
          .ColumnWidths = ColWidths
          .ListIndex = 0
      End With
  End Sub
```

〔All〕和〔None〕按鈕（名稱分別為 cmdAll 和 cmdNone）擁有簡單的事件處理常式，程式碼如下：

```
  Private Sub cmdAll_Click()
      Dim i As Long
      For i = 0 To Me.lbxRange.ListCount - 1
          Me.lbxRange.Selected(i) = True
      Next i
  End Sub

  Private Sub cmdNone_Click()
      Dim i As Long
      For i = 0 To Me.lbxRange.ListCount - 1

          Me.lbxRange.Selected(i) = False
      Next i
  End Sub
```

cmdOK_Click 程序的程式碼如下所示。這個程序建立一個名為 RowRange 的 Range 物件，它由對應於在清單方塊中選中項目的行組成。為確定是否選擇了行，程式碼將檢查 ListBox 控制項的 Selected 屬性。注意，將使用 Union 函數向 RowRange 物件加入儲存格區域。

```
  Private Sub cmdOK_Click()
      Dim RowRange As Range
      Dim i As Long

      For i = 0 To Me.lbxRange.ListCount - 1
        If Me.lbxRange.Selected(i) Then
        If RowRange Is Nothing Then
        Set RowRange = ActiveSheet.UsedRange.Rows(i + 2)
        Else
            Set RowRange = Union(RowRange, ActiveSheet.UsedRange.Rows(i + 2))
        End If
        End If
      Next i
      If Not RowRange Is Nothing Then RowRange.Select
      Unload Me
  End Sub
```

## 14.7.9 使用清單方塊啟動工作表

這一節中的範例很有用處，同時也很有指導意義。這個範例使用一個含有多列的清單方塊來顯示現用活頁簿中的一列工作表。這些列分別代表：

➢ 工作表的名稱

➢ 工作表的類型（工作表、圖表或 Excel 5/95 對話盒編輯表）

➢ 工作表中非空儲存格的數目

➢ 工作表是否可見

圖 14-16 顯示這種對話盒的一個範例。

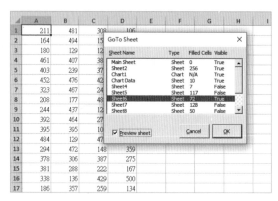

▲ 圖 14-16：該對話盒允許使用者啟動工作表

UserForm_Initialize 程序中的程式碼（如下所示）建立了一個二維陣列，還透過迴圈通過現用活頁簿中的工作表來收集資訊。然後將陣列中的資料傳遞給清單方塊。

```
Public OriginalSheet As Object

Private Sub UserForm_Initialize()
    Dim SheetData() As String, Sht As Object
    Dim ShtCnt As Long, ShtNum As Long, ListPos As Long

    Set OriginalSheet = ActiveSheet
    ShtCnt = ActiveWorkbook.Sheets.Count
    ReDim SheetData(1 To ShtCnt, 1 To 4)
    ShtNum = 1
    For Each Sht In ActiveWorkbook.Sheets
        If Sht.Name = ActiveSheet.Name Then _
          ListPos = ShtNum - 1
        SheetData(ShtNum, 1) = Sht.Name
        Select Case TypeName(Sht)
            Case "Worksheet"
                SheetData(ShtNum, 2) = "Sheet"
                SheetData(ShtNum, 3) = _
                    Application.CountA(Sht.Cells)
```

```
                    Case "Chart"
                         SheetData(ShtNum, 2) = "Chart"
                         SheetData(ShtNum, 3) = "N/A"
                    Case "DialogSheet"
                         SheetData(ShtNum, 2) = "Dialog"
                         SheetData(ShtNum, 3) = "N/A"
             End Select

             If Sht.Visible Then
                  SheetData(ShtNum, 4) = "True"
             Else
                  SheetData(ShtNum, 4) = "False"
             End If
             ShtNum = ShtNum + 1
         Next Sht
         With Me.lbxSheets
             .ColumnWidths = "100 pt;30 pt;40 pt;50 pt"
             .List = SheetData
             .ListIndex = ListPos
         End With
    End Sub
```

lbxSheets_Click 程序的程式碼如下：

```
    Private Sub lbxSheets_Click()
        If chkPreview.Value Then Sheets(Me.lbxSheets.Value).Activate
    End Sub
```

CheckBox 控制項（名為 chkPreview）的值確定當使用者按一下清單方塊中的某個項目時是否預覽所選擇的工作表。

按一下〔OK〕按鈕（名為 cmdOK）執行 cmdOK_Click 程序，程式碼如下：

```
    Private Sub cmdOK_Click()
        Dim UserSheet As Object
        Set UserSheet = Sheets(Me.lbxSheets.Value)
        If UserSheet.Visible Then
            UserSheet.Activate
        Else
            If MsgBox("Unhide sheet?", _
               vbQuestion + vbYesNoCancel) = vbYes Then
                UserSheet.Visible = True
                UserSheet.Activate
            Else
                OriginalSheet.Activate
            End If
        End If
        Unload Me
    End Sub
```

cmdOK_Click 程序建立一個代表選擇工作表的物件變數。如果工作表可見，就可以啟動它。如果工作表不可見，就會出現一個訊息方塊，詢問是否應該使得該工作表可見。如果使用者的回答是肯定的，就解除工作表的隱藏狀態並啟動它。否則，啟動原來的工作表（儲存在公共物件變數 OriginalSheet 中）。

在清單方塊中按兩下某個項目與按一下〔OK〕按鈕的效果是一樣的。下面的 lbxSheets_DblClick 程序只呼叫了 cmdOK_Click 程序。

```
Private Sub lbxSheets_DblClick(ByVal Cancel As MSForms.ReturnBoolean)
    cmdOK_Click
End Sub
```

範例檔案中提供該範例，檔案名稱為「listbox activate sheet.xlsm」。

線上資源

## 14.7.10 透過文字方塊來篩選清單方塊

如果清單方塊中有大量項目，可對清單方塊進行篩選以免必須捲動如此多的項目。圖 14-17 的清單方塊中的項目就透過文字方塊進行篩選。

使用者表單使用如下的 FillContacts 程序向清單方塊中加入項目。FillContacts 接受一個用來篩選內容的可選引數。如果不提供 sFilter 引數，所有 1000 條內容都會顯示出來，使用了該引數的話，就會只顯示出與篩選器相符合的那些內容，具體如下所示：

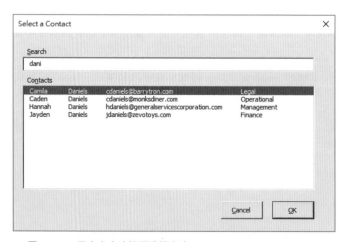

▲ 圖 14-17：用文字方塊篩選清單方塊

```
Private Sub FillContacts(Optional sFilter As String = "*")
    Dim i As Long, j As Long

    'Clear any existing entries in the ListBox
    Me.lbxContacts.Clear
```

```
'Loop through all the rows and columns of the contact list
For i = LBound(maContacts, 1) To UBound(maContacts, 1)
    For j = 1 To 4
        'Compare the contact to the filter
        If UCase(maContacts(i, j)) Like UCase("*" & sFilter & "*") Then
            'Add it to the ListBox
            With Me.lbxContacts
                .AddItem maContacts(i, 1)
                .List(.ListCount - 1, 1) = maContacts(i, 2)
                .List(.ListCount - 1, 2) = maContacts(i, 3)
                .List(.ListCount - 1, 3) = maContacts(i, 4)
            End With
            'If any column matched, skip the rest of the columns
            'and move to the next contact
            Exit For
        End If
    Next j
Next i
'Select the first contact
If Me.lbxContacts.ListCount > 0 Then Me.lbxContacts.ListIndex = 0
End Sub
```

首先，FillContacts 會從清單方塊中清除所有項目。接著，程序會通過陣列中的所有列和 4
個欄，並將每個值與 sFilter 進行比較。使用 Like 操作符並在 sFilter 的前後加上星號，輸入
想要進行符合的值進行符合。為讓篩選器能區分大小寫，利用 UCase 函數將值改成了大寫。
只要有值（名、姓、email 或部門）能與篩選器相符合，相關內容就會被加入到清單方塊中。

FillContacts 所使用的 maContacts 陣列在 Userform_Initialize 事件中建立。利用 Sheet1
中的 tblContacts 表來填入陣列。然後呼叫不具篩選器引數的 FillContacts，所有內容都會
如最初所見顯示出來。初始化事件的程式碼如下所示：

```
Private maContacts As Variant

Private Sub UserForm_Initialize()
    maContacts = Sheet1.ListObjects("tblContacts").DataBodyRange.Value
    FillContacts
End Sub
```

最後，文字方塊的 Change 事件也會呼叫 FillContacts。但該事件不會忽略篩選器，而會提
供文字方塊中目前的文字。Change 事件是一行簡單的程式碼：

```
Private Sub tbxSearch_Change()
    FillContacts Me.tbxSearch.Text
End Sub
```

這是一個在使用者表單程式碼模組中使用無事件程序來完成工作的好例子。不需要在
Userform_Initialize 事件和 tbxSearch_Change 事件中重複輸入程式碼，這兩個事件只需要
呼叫 FillContacts 程序就可以了。

範例檔案中提供該範例，檔案名稱為「listbox filter.xlsm」。

線上資源

# 14.8 在使用者表單中使用標籤控制項

當使用者表單必須顯示很多控制項時，多重頁面控制項就會很有用。多重頁面控制項可以把選項進行分組，並把每組選項放在一個單獨的活頁標籤上。

圖 14-18 顯示一個包含多重頁面控制項的使用者表單。在這個範例中，標籤控制項有 3 頁，每一頁有各自的活頁標籤。

範例檔案中提供該範例，檔案名稱為「multipage control demo.xlsm」。

線上資源

---

注意

「工具箱」還包含一個名為 TabStrip 的控制項，它與多重頁面控制項很相似。然而，與多重頁面控制項不同的是，TabStrip 控制項不能作為其他物件的容器。多重頁面控制項用途很廣泛，目前還未曾遇到必須使用 TabStrip 控制項的情況。

---

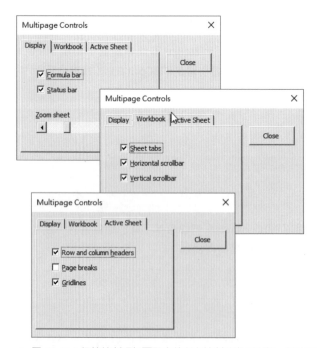

▲ 圖 14-18：標籤控制項把頁面中的所有控制項進行分組，因此可以從活頁標籤連接這些控制項

使用多重頁面控制項需要一點技巧。當使用這種控制項時，需要記住以下幾點：

➢ 控制項的 Value 屬性決定哪個活頁標籤（或頁）顯示在最前面。值為 0 則顯示第一個活頁標籤，值為 1 則顯示第二個活頁標籤，依此類推。

➢ 預設情況下，多重頁面控制項有兩個頁。要在 VBE 中加入新工具頁，可以在一個活頁標籤上右擊，然後從快速選單中選擇〔新增工具頁〕指令即可。

➢ 使用多重頁面控制項時，只要按一下活頁標籤，為這個特殊的頁設定屬性即可。「屬性」視窗將顯示出可以調整的屬性。

➢ 可能會發現很難選擇真正的多重頁面控制項，這是因為按一下這個控制項會選擇該控制項內的某個頁。為選擇控制項本身，按一下它的邊框即可。或者使用〔Tab〕鍵，在所有控制項之間迴圈選用。另一個辦法是從「屬性」視窗的下拉式選單中選中多重頁面控制項。

➢ 如果多重頁面控制項有很多活頁標籤，可以把 MultiRow 屬性的值設定為 True，以便在多行中顯示這些活頁標籤。

➢ 如果願意，可顯示按鈕，而不是活頁標籤，只要把 Style 屬性的值改為 1 即可。如果 Style 屬性的值為 2，多重頁面控制項不會顯示活頁標籤或按鈕。

➢ TabOrientation 屬性確定多重頁面控制項上活頁標籤的位置。

## 14.9 使用外部控制項

本節中的範例使用了 Microsoft 的 Windows Media Player Active X 控制項。儘管該控制項並不是 Excel 的控制項（該控制項是隨 Windows 一起安裝的），但它在使用者表單中仍能很好地運作。

為了讓該控制項變得可用，可以把一個使用者表單加入到活頁簿中，然後採取如下步驟：

(1) 啟動 VBE。

(2) 在「工具箱」上右擊，並選擇〔新增控制項〕。

如果「工具箱」不可見，選擇〔檢視〕→〔工具箱〕。

(3) 在「新增控制項」對話盒中，向下捲動，並選擇「Windows Media Player」核取方塊。

(4) 按一下〔確定〕按鈕。

此時，「工具箱」將顯示一個新控制項。

圖 14-19 顯示使用者表單中的 Windows Media Player 控制項以及「屬性」視窗。URL 屬性代表正在播放的媒體專案（音樂或者影像）。如果該專案儲存在硬碟上，那麼 URL 屬性將包含檔案的完整路徑和檔案名稱。

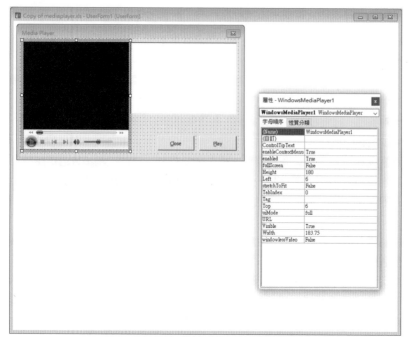

▲ 圖 14-19：使用者表單中的 Windows Media Player 控制項

圖 14-20 顯示了正在使用的這一控制項。影像顯示出一個隨音訊即時改變的視覺效果。筆者加入包含 MP3 音訊檔案名稱的清單方塊。按一下〔Play〕按鈕將播放選擇的檔案。按一下〔Close〕按鈕將停止音訊播放，並關閉使用者表單。這個使用者表單是非強制回應的，因此使用者在不顯示該對話盒的情況下仍然可以繼續工作。

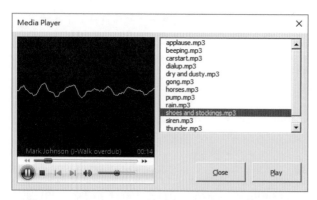

▲ 圖 14-20：Windows Media Player 控制項

範例檔案中提供該範例，檔案名稱為「mediaplayer.xlsm」，它與一些 MP3 音效檔一起儲存在一個單獨的目錄中。

線上資源

這個範例非常容易建立。UserForm_Initialize 程序把 MP3 檔案名加入到清單方塊中。為簡單起見，它讀取活頁簿所在目錄下的檔案。更靈活的方法是讓使用者選擇一個目錄。

```
Private Sub UserForm_Initialize()
    Dim FileName As String
'   Fill listbox with MP3 files
    FileName = Dir(ThisWorkbook.Path & "\*.mp3", vbNormal)
    Do While Len(FileName) > 0
        Me.lbxMedia.AddItem FileName
        FileName = Dir()
    Loop
    Me.lbxMedia.ListIndex = 0
End Sub
```

cmdPlay_Click 事件處理常式程式碼包含一項陳述式，該陳述式把選擇的檔案名加入到 WindowsMediaPlayer1 物件的 URL 屬性中。

```
Private Sub cmdPlay_Click()
'   URL property loads track, and starts player
    WindowsMediaPlayer1.URL = _
      ThisWorkbook.Path & "\" & _
      Me.lbxMedia.List(Me.lbxMedia.ListIndex)
End Sub
```

你可能想到許多增強這個簡單應用程式的方法。還要注意一點，這個控制項對應許多事件。

## 14.10 使標籤動畫化

本章最後一個範例示範如何使一個 Label 控制項以動畫方式呈現。如圖 14-21 所示的使用者表單是一個互動的亂數生成器。

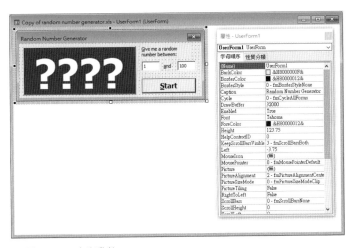

▲ 圖 14-21：產生亂數

兩個 TextBox 控制項存放了亂數最小和最大的數值。Label 控制項最初是以 4 個問號顯示的，但一旦使用者按一下〔Start〕按鈕，該文字就將以動畫形式顯示亂數。〔Start〕按鈕變為 Stop 按鈕，再次按一下該按鈕將停止動畫程序並顯示出該隨機的數字。圖 14-22 提供了一個對話盒，該對話盒顯示了在 -1000 ～ 1000 之間的亂數。

▲ 圖 14-22：選擇一個亂數

附加到按鈕上的程式碼如下所示：

```
Private Stopped As Boolean

Private Sub cmdStartStop_Click()
    Dim Low As Double, Hi As Double
    Dim wf As WorksheetFunction

    Set wf = Application.WorksheetFunction

    If Me.cmdStartStop.Caption = "Start" Then
'       validate low and hi values

        If Not IsNumeric(Me.tbxStart.Text) Then
            MsgBox "Non-numeric starting value.", vbInformation
            With Me.tbxStart
                .SelStart = 0
                .SelLength = Len(.Text)
                .SetFocus
            End With
            Exit Sub
        End If

        If Not IsNumeric(Me.tbxEnd.Text) Then
            MsgBox "Non-numeric ending value.", vbInformation
            With Me.tbxEnd
                .SelStart = 0
                .SelLength = Len(.Text)
                .SetFocus
            End With
            Exit Sub
        End If

'       Make sure they aren't in the wrong order
```

```
            Low = wf.Min(Val(Me.tbxStart.Text), Val(Me.tbxEnd.Text))
            Hi = wf.Max(Val(Me.tbxStart.Text), Val(Me.tbxEnd.Text))

'           Adjust font size, if necessary
            Select Case _
                wf.Max(Len(Me.tbxStart.Text), Len(Me.tbxEnd.Text))

                Case Is < 5: Me.lblRandom.Font.Size = 72
                Case 5: Me.lblRandom.Font.Size = 60
                Case 6: Me.lblRandom.Font.Size = 48
                Case Else: Me.lblRandom.Font.Size = 36
            End Select

            Me.cmdStartStop.Caption = "Stop"
            Stopped = False
            Randomize
            Do Until Stopped
                Me.lblRandom.Caption = _
                    Int((Hi - Low + 1) * Rnd + Low)
                DoEvents ' Causes the animation
            Loop
        Else
            Stopped = True
            Me.cmdStartStop.Caption = "Start"
        End If
    End Sub
```

因為該按鈕有兩個用途（開始和停止），所以該程序使用了一個模組層級變數 Stopped 來跟蹤狀態。該程序的第一部分由兩個 If-Then 結構組成，用於驗證 TextBox 控制項中內容的有效性，並用另外兩個陳述式來確保較小的數值確實小於最大的數值。程式碼隨後的部分將根據最大的數值來調整文字標籤控制項的字體大小。Do Until 迴圈主要用來產生並顯示亂數。

注意 DoEvents 陳述式，該語句導致 Excel「服從於」作業系統。如果沒有該陳述式，Label 控制項就不能在每個亂數產生時顯示它。換言之，DoEvents 陳述式是讓動畫成為可能的關鍵。

使用者表單還有一個指令按鈕，用作〔取消〕按鈕。該控制項放在使用者表單外，因此它是不可見的。這個指令按鈕把其 Cancel 屬性設定為 True，因此按〔Esc〕鍵等於按一下該按鈕。該按鈕的按一下事件處理常式只把 Stopped 變數設定為 True，並移除該使用者表單：

```
    Private Sub cmdCancel_Click()
        Stopped = True
        Unload Me
    End Sub
```

線上資源

範例檔案中提供該範例，檔案名稱為「random number generator.xlsm」。

# 進階使用者表單技巧

- 使用非強制回應的使用者表單
- 顯示進度條
- 建立包含一系列互動式對話盒的精靈
- 建立函數以模擬 VBA 的 **MsgBox** 函數
- 允許使用者移動使用者表單的控制項
- 顯示沒有標題列的使用者表單
- 使用使用者表單來模擬工具列
- 使用使用者表單來模擬任務面板
- 允許使用者調整使用者表單的大小
- 使用單個事件處理常式處理多個控制項
- 使用對話盒選擇顏色
- 在使用者表單中顯示圖表
- 使用使用者表單建立數字推盤和遊戲

## 15.1 非強制回應對話盒

使用者所遇到的大部分對話盒都是「強制回應」對話盒，這意味著使用者在底層的應用程式中採取任何動作之前，必須取消這種對話盒。然而，有些對話盒是「非強制回應的」，這意味著在顯示這種對話盒的同時，使用者可以繼續在底層的應用程式中工作。

可使用如下陳述式來顯示非強制回應的使用者表單：

```
UserForm1.Show vbModeless
```

其中，vbModeless 關鍵字是值為 0 的內建常數。因此，下面的陳述式具有同樣的效果：

```
UserForm1.Show 0
```

圖 15-1 是一個非強制回應對話盒，其中顯示了有關作用儲存格的資訊。顯示這種對話盒時，使用者可以自由移動儲存格上的指標、啟動其他工作表以及執行其他 Excel 動作。作用儲存

格發生變化時，對話盒中顯示的資訊也會改變。

| | A | B | C | D | E | F | G | H | I | J |
|---|---|---|---|---|---|---|---|---|---|---|
| 1 | 2018/6/26 | | | | | | | | | |
| 2 | | | | | | | | | | |
| 3 | Product | Sales | Units | Per Unit | Pct of Total | | | | | |
| 4 | Widgets | $1,322.50 | 20 | $66.13 | 89.7% | | | InfoBox | | |
| 5 | Shapholytes | $902.44 | 6 | $150.41 | 204.1% | | | | | |
| 6 | Hinkers | $322.40 | 8 | $40.30 | 54.7% | | | | | |
| 7 | Ralimongers | $32.00 | 1 | $32.00 | 43.4% | | | | | |
| 8 | Total: | $2,579.34 | 35 | $73.70 | | | | | | |
| 9 | | | | | | | | | | |

Cell: O28 ×

|  | |
|---|---|
| Formula: | (none) |
| Number Format: | General |
| Locked: | True |

Close

▲ 圖 15-1：在使用者繼續工作的同時，這個非強制回應對話盒保持可見

線上資源　在範例檔案中可以找到這個範例，檔案名稱為「modeless userform1.xlsm」。

這裡的關鍵是確定何時更新對話盒中的資訊。為此，這個範例監視了兩個活頁簿事件：
SheetSelectionChange 和 SheetActivate 事件。這些事件處理常式位於 ThisWorkbook 物件的程式碼模組中。

交叉參考　關於事件的更多資訊，請查閱第 6 章。

這些事件處理常式的程式碼如下所示：

```
Private Sub Workbook_SheetSelectionChange _
  (ByVal Sh As Object, ByVal Target As Range)
    UpdateBox
End Sub

Private Sub Workbook_SheetActivate(ByVal Sh As Object)
    UpdateBox
End Sub
```

上述兩個程序呼叫以下的 UpdateBox 程序，如下所示：

```
Sub UpdateBox()
    With UserForm1
```

```
'          Make sure a worksheet is active
          If TypeName(ActiveSheet) <> "Worksheet" Then
              .lblFormula.Caption = "N/A"
              .lblNumFormat.Caption = "N/A"
              .lblLocked.Caption = "N/A"
          Else
              .Caption = "Cell: " & _
                  ActiveCell.Address(False, False)
'             Formula
              If ActiveCell.HasFormula Then
                  .lblFormula.Caption = ActiveCell.Formula
              Else
                  .lblFormula.Caption = "(none)"
              End If
'             Number format
              .lblNumFormat.Caption = ActiveCell.NumberFormat
'             Locked
              .lblLocked.Caption = ActiveCell.Locked
          End If
      End With
  End Sub
```

UpdateBox 程序改變使用者表單的標題，進而顯示作用儲存格的位址，然後更新 3 個 Label 控制項（lblFormula、lblNumFormat 和 lblLocked）。

下面幾點有助於理解這個範例的運作原理：

➢ 顯示的使用者表單是非強制回應的，因此在顯示它的同時仍然可以連接工作表。

➢ 程序頂端的程式碼進行檢查，以確保現用表是一個工作表。如果不是工作表，就把文字值 N/A 賦給 Label 控制項。

➢ 活頁簿使用 SheetSelectionChange 事件監視作用儲存格（該事件的程式碼位於 ThisWorkbook 的程式碼模組中）。

➢ 資訊顯示在使用者表單的 Label 控制項中。

圖 15-2 提供該範例一個更複雜的版本。該版本加入很多與選擇的儲存格有關的其他資訊。這個範例的程式碼很長，這裡就不一一條列了，但是可以在範例活頁簿中檢視具有清晰注釋的程式碼。

在範例檔案中可以找到這個範例，檔案名稱為「modeless userform2.xlsm」。
線上資源

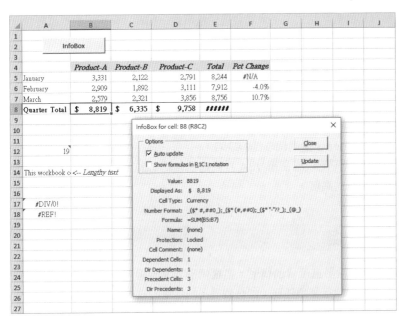

▲ 圖 15-2：這個非強制回應的使用者表單顯示有關作用儲存格的各種資訊

關於這個更複雜的範例，需要理解以下關鍵的幾點：

➢ 使用者表單中有一個核取方塊（Auto Update）。選擇這個核取方塊時，會自動更新這個使用者表單。如果沒有選擇 Auto Update 核取方塊，使用者則可以使用 Update 按鈕重新整理資訊。

➢ 活頁簿使用了物件類別模組為所有開啟的活頁簿監控兩個事件：SheetSelectionChange 事件和 SheetActivate 事件。其結果是，在任何活頁簿中無論何時發生這些事件（假設選擇了 Auto Update 選項），都會自動執行顯示有關目前的儲存格資訊的程式碼。有些動作（如更改儲存格的數字格式）不會觸發這兩種事件。因此，使用者表單還要包含一個 Update 按鈕。

**交叉參考** 更多關於物件類別模組的資訊，請查閱第 20 章。

➤ 為參照儲存格和從屬儲存格欄位顯示所提供的計數只包括現用工作表中的儲存格。這也是 Precedents 和 Dependents 這兩個屬性的缺陷。

➤ 因為資訊的長度不盡相同，所以應使用 VBA 程式碼調整標籤的大小和垂直間距，還要根據需要改變使用者表單的高度。

## 15.2 顯示進度條

Excel 開發人員經常遇到需要設計進度條的情形，這種情形非常普遍。「進度條」就是圖形化的溫度計式顯示，用於表示執行某項任務（如一個很長的巨集的執行）的進度。

這一節將詳細介紹如何建立 3 種類型的進度條：

➤ 在使用者表單中由單獨的巨集呼叫的進度條（獨立的進度條）。

➤ 在初始化了巨集的使用者表單中整合進來的進度條。

➤ 在使用者表單中顯示正在完成的任務而不是圖形化的進度條。

如果要使用進度條，需要能測定巨集在完成指定給它的任務中執行到什麼程度。根據巨集的不同，採用的方法也有所區別。例如，如果巨集把資料寫到儲存格且已知要寫資料的儲存格數目，那麼可以很容易就撰寫出計算完成比例的程式碼。即使不能準確地計算出巨集的進度，向使用者提供一些關於巨集正在執行且 Excel 並未當機的指示資訊也是個很好的主意。

### 在狀態列中顯示進度條

要顯示巨集的執行進度，一個簡單方法就是使用 Excel 的狀態列。使用狀態列有一個好處，即很容易程式設計。然而，不好之處是大部分使用者都不習慣於觀察狀態列，而更願意看到視覺化更強的進度條顯示。

要把文字寫到狀態列中，可以使用如下陳述式：

```
Application.StatusBar = "Please wait..."
```

當然，在巨集執行的程序中還可以更新狀態列。例如，如果用一個變數 Pct 來代表完成的百分比，可以撰寫程式碼來定期執行如下陳述式：

```
Application.StatusBar = "Processing... " & Pct & "% Completed"
```

透過重複一個字元作為程式碼中的進度，可以模擬出狀態列中的圖形化進度條。VBA 函數 Chr$(149) 會產生實點字元，String() 函數將任意字元重複指定的次數。下列陳述式將重複 50 個實點：

```
    Application.StatusBar = String(Int(Pct * 50), Chr$(149))
```

在巨集執行結束時，必須把狀態列重新設定為它的正常狀態，此時可以使用下列陳述式：

```
    Application.StatusBar = False
```

如果沒有重新設定狀態列，那麼最後的訊息將會繼續顯示。

**警告** 因為必須不斷更新進度條，所以進度條會減慢巨集的執行速度。如果速度是需要考慮的重要因素，可考慮不使用進度條。

## 15.2.1 建立獨立的進度條

這一節講述如何設定獨立的進度條（也就是說，不透過顯示使用者表單來初始化進度條）來顯示巨集的執行進度。巨集只是清空了工作表，並在儲存格區域中寫入了 20000 個亂數：

```
Sub GenerateRandomNumbers()
'   Inserts random numbers on the active worksheet
    Const RowMax As Long = 500
    Const ColMax As Long = 40
    Dim r As Long, c As Long
    If TypeName(ActiveSheet) <> "Worksheet" Then Exit Sub
    Cells.Clear
    For r = 1 To RowMax
        For c = 1 To ColMax
            Cells(r, c) = Int(Rnd * 1000)
        Next c
    Next r
End Sub
```

對這個巨集（下一節將予以描述）進行一些修改後，使用者表單顯示了相對應的進度，如圖 15-3 所示。

**線上資源** 在範例檔案中可以找到這個範例，檔案名稱為「progress indicator1.xlsm」。

### 1. 構建獨立進度條的使用者表單

按照下列步驟，建立用於顯示任務進度的使用者表單：

(1) 插入新的使用者表單，然後將它的 Name 屬性改為 UProgress，將 Caption 屬性的設定更改為 Progress。

(2) 加入 Frame 控制項，並將其命名為 frmProgress。

| | A | B | C | D | E | F | G | H | I | J |
|---|---|---|---|---|---|---|---|---|---|---|
| 1 | 705 | 533 | 579 | 289 | 301 | 774 | 14 | 760 | 814 | 709 |
| 2 | 106 | 999 | Enter Random | | 575 | 100 | 103 | 798 | 284 | 45 |
| 3 | 561 | 694 | Numbers | | 22 | 543 | 916 | 430 | 677 | 502 |
| 4 | 73 | 105 | 331 | 128 | 0 | 536 | 657 | 544 | 827 | 81 |
| 5 | 790 | 297 | 235 | 480 | 254 | 340 | 44 | 482 | 206 | 864 |
| 6 | 495 | 412 | 695 | 179 | 422 | 543 | 814 | 540 | 427 | 509 |
| 7 | 115 | 173 | 48 | 714 | 533 | 561 | 216 | 468 | 746 | 752 |
| 8 | 217 | 378 | 395 | 281 | 503 | 138 | 517 | 965 | 557 | 909 |
| 9 | 509 | 406 | 106 | 276 | 643 | 849 | 497 | 187 | 896 | 372 |
| 10 | 339 | 710 | 312 | 798 | 151 | 592 | 956 | 243 | 939 | 114 |
| 11 | 195 | 326 | 413 | 152 | 619 | 99 | 205 | 692 | 504 | 183 |
| 12 | 207 | 364 | 573 | 344 | 528 | 425 | 573 | 50 | 547 | 206 |
| 13 | 645 | 516 | 223 | 582 | 748 | 456 | 904 | 283 | 667 | 890 |
| 14 | 420 | 548 | 558 | 781 | 42 | 405 | 58 | 311 | 603 | 517 |
| 15 | 582 | 807 | 40 | 54 | 564 | 314 | 412 | 510 | 733 | 450 |
| 16 | 824 | 718 | 895 | 222 | 356 | 553 | 355 | 204 | 578 | 629 |
| 17 | 978 | 283 | 618 | 306 | 852 | 318 | 795 | 174 | 300 | 72 |
| 18 | 518 | 582 | 465 | 32 | 377 | 137 | 654 | 153 | 198 | 375 |
| 19 | 57 | 275 | 960 | 326 | 647 | 363 | 369 | 326 | 214 | 212 |
| 20 | 850 | 97 | 394 | 822 | 268 | 678 | 396 | 834 | 432 | 835 |
| 21 | 291 | 364 | 321 | 353 | 235 | 592 | 702 | 268 | 575 | 576 |
| 22 | 416 | 470 | 63 | 458 | 437 | 945 | 273 | 173 | 506 | 343 |
| 23 | 402 | 384 | 205 | 875 | 151 | 401 | 608 | 549 | 729 | 123 |

▲ 圖 15-3：該使用者表單顯示了巨集的進度

(3) 在框架內加入一個 Label 控制項，將其命名為 lblProgress，刪除標籤的標題，然後將它的背景色（BackColor 屬性）改為一種比較醒目的顏色。

現在不必去管標籤的大小和位置。

(4) 在框架的上面另外加入一個標籤，用它來說明現在進行的動作（這個步驟是可選的）。

(5) 調整使用者表單和控制項，使得其效果如圖 15-4 所示。

▲ 圖 15-4：該使用者表單將用作進度條

當然，可以對控制項應用其他任何一種類型的格式。例如，修改 Frame 控制項的 SpecialEffect 屬性值，使得該控制項看起來凹陷進去了。

## 2. 建立遞增進度條的程式碼

第一次呼叫表單時，就會觸發它的 Initialize 事件。下面的事件程序將進度條的顏色設定為紅色，並將起始寬度設為 0。

```
Private Sub UserForm_Initialize()
    With Me
        .lblProgress.BackColor = vbRed
        .lblProgress.Width = 0
    End With
End Sub
```

使用表單的 SetDescription 方法可用來在進度條上加入一些文字，因此可以讓使用者知道進度情況。如果沒有在表單上放置這個標籤，就不需要加入下面這段程序。

```
Public Sub SetDescription(Description As String)
    Me.lblDescription.Caption = Description
End Sub
```

表單的 UpdateProgress 方法設定框架的標題並增加進度標籤的寬度。呼叫程序進度後，更高的百分比被傳遞給 UpdateProgress 方法，標籤變得更寬。注意，UpdateProgress 方法使用 UserForm 物件的 Repaint 方法。沒有這條陳述式的話，標籤上的變化不會被更新：

```
Public Sub UpdateProgress(PctDone As Double)
    With Me
        .frmProgress.Caption = Format(PctDone, "0%")
        .lblProgress.Width = PctDone * (.frmProgress.Width - 10)
        .Repaint
    End With
End Sub
```

**提示**

另一個需要考慮的問題是應該使進度條的顏色與活頁簿目前的主題相符合。為此，在 ShowUserForm 程序中加入如下陳述式即可：

```
.lblProgress.BackColor = ActiveWorkbook.Theme. _
ThemeColorScheme.Colors(msoThemeAccent1)
```

## 3. 從程式碼中呼叫獨立的進度條

GenerateRandomNumbers 程序（前面提到過）的修改版如下所示。注意，多出來的程式碼用來顯示表單並更新控制項以表示進度。

```
Sub GenerateRandomNumbers()
'   Inserts random numbers on the active worksheet
    Dim Counter As Long
    Dim r As Long, c As Long
    Dim PctDone As Double
    Const RowMax As Long = 500
    Const ColMax As Long = 40

    If TypeName(ActiveSheet) <> "Worksheet" Then Exit Sub
    ActiveSheet.Cells.Clear
    UProgress.SetDescription "Generating random numbers..."
    UProgress.Show vbModeless
    Counter = 1
    For r = 1 To RowMax
        For c = 1 To ColMax
```

```
                ActiveSheet.Cells(r, c) = Int(Rnd * 1000)
                Counter = Counter + 1
            Next c
            PctDone = Counter / (RowMax * ColMax)
            UProgress.UpdateProgress PctDone
        Next r
        Unload UProgress
    End Sub
```

GenerateRandomNumbers 程序呼叫表單的 SetDescription 屬性並顯示非強制回應的表單，剩下的程式碼繼續執行。程序繼續執行兩個迴圈將隨機值寫到儲存格中，並持續記數。在外部迴圈中，程序呼叫表單的 UpdateProgress 方法，該方法帶了一個引數（PctDone 變數，用來表示巨集的進度）。PctDone 包含一個 0 和 1 之間的值，在程序的最後移除表單。

### 4. 獨立進度條的優點

現在已經有一個使用者表單，你可以從能顯示進度的程序中呼叫該使用者表單，可以簡單地顯示非強制回應表單，在程式碼中的恰當位置呼叫 UpdateProgress 方法。該使用者表單沒有受到某個具體的呼叫程序的制約。唯一的要求就是將增長的百分比傳遞給它，其他的都由表單來處理。

在呼叫程序中，需要考慮如何確定完成的百分比，並將該值賦給 PctDone 變數。在這個例子中，你知道需要填入多少個儲存格，只需要持續計算已經填入了多少個儲存格因此計算出進度。對於其他呼叫程序來講，這種計算會有所不同。如果你的程式碼在迴圈中執行（如範例中所示），可以輕鬆地確定完成了百分之幾。如果程式碼不在迴圈中，那麼可能需要在程式碼中估算各個時刻的完成進度了。

## 15.2.2  整合到使用者表單中的進度條

在前一節的例子中，被呼叫的進度條使用者表單是完全獨立於呼叫程序的。你可能也會希望在執行程式碼的使用者表單中直接整合進度條。在本節中，將列舉幾個例子來介紹位於表單中的具有專業外觀的進度條。

範例檔案中包含介紹該技巧的範例，檔案名稱為「progress indicator2.xlsm」。
線上資源

與前面的範例相似，該範例向一個工作表中輸入了隨機的數字。區別在於該應用套裝程式含了一個使用者表單，它允許使用者指定用於亂數的列數和欄數（如圖 15-5 所示）。

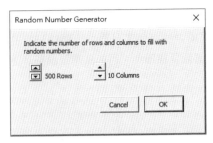

▲ 圖 15-5：使用者指定用於亂數的列數和欄數

## 1. 修改具標籤控制項的進度條的使用者表單

這個技巧用來在多重頁面控制項的另一頁上顯示進度條。假定已經設計好了使用者表單，現在要給它加入一個多重頁面控制項。多重頁面控制項的第一頁將包含所有最初的使用者表單控制項，第二頁將包含顯示進度條的控制項。當巨集開始執行時，VBA 程式碼將改變多重頁面控制項的 Value 屬性，這個動作將有效地隱藏最初的控制項並顯示進度條。

第一步是向使用者表單中加入一個多重頁面控制項。然後把現有的所有控制項移到使用者表單上，並把它們貼上到多重頁面控制項的 Page1 上。

接下來，啟動多重頁面控制項的 Page2，並將其設定為如圖 15-6 所示的效果。這些控制群組合基本上與上一節中的範例相同。

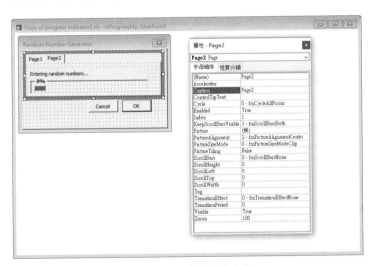

▲ 圖 15-6：多重頁面控制項的 Page2 將顯示進度條

透過下列步驟來設定多重頁面控制項：

(1) 加入一個 Frame 控制項，並將其命名為 frmProgress。

(2) 在框架的內部加入一個 Label 控制項並將其命名為 lblProgress，刪除標籤的標題並將背景色改為紅色。

(3) 加入另一個標籤以說明目前狀況（可選擇的步驟）。

(4) 接下來，啟動多重頁面控制項本身（而不是該控制項中的某個工具頁），然後把它的 Style 屬性設定為 2-fmTabStyleNone（該設定將隱藏活頁標籤）。可能還需要調整多重頁面控制項的大小，以便活頁標籤都能夠顯示出來。

> **提示**
>
> 在隱藏活頁標籤的情況下，選擇多重頁面控制項的最簡單方法是使用「屬性」視窗中的下拉式選單。要選擇指定的工具頁，要為多重頁面控制項指定 Value 的值：Page1 對應的 Value 為 0，Page2 對應的 Value 為 1，依此類推。

## 2. 為具有標籤控制項的進度條插入 UpdateProgress 程序

把下面的程序插入使用者表單的程式碼模組中：

```
Sub UpdateProgress(Pct)
    With Me
        .frmProgress.Caption = Format(Pct, "0%")
        .frmProgress.Width = Pct * (.frmProgress.Width - 10)
        .Repaint
    End With
End Sub
```

在使用者按一下〔OK〕按鈕時，將從所執行的巨集中呼叫上述 UpdateProgress 程序，該程序將對進度條進行更新。

## 3. 為具有標籤控制項的進度條修改程序

需要修改使用者按一下〔OK〕按鈕時執行的程序，也就是該按鈕的 Click 事件的處理常式 cmdOK_Click。首先，把下面的陳述式插到程序的頂端：

```
Me.mpProgress.Value = 1
```

上述這條陳述式將啟動多重頁面控制項的 Page2（顯示進度條的頁面）。如果你沒有將多重頁面控制項命名為 mpProgress，那在程式碼中必須改成你所命名的控制項名稱。

下一步可以比較隨意。需要撰寫程式碼計算任務已完成的百分比，並把這個值賦給一個名為 PctDone 的變數。這個計算步驟最有可能在某個迴圈中執行。然後插入下面的陳述式，該陳述式將更新進度條：

```
UpdateProgress(PctDone)
```

## 4. 具標籤控制項的進度條的工作原理

將標籤控制項用作進度條，會非常直觀，它只涉及一個使用者表單。程式碼的任務就是切換多重頁面控制項的多個頁，然後把普通的對話盒轉換成一個進度條。因為隱藏了 MultiPage 活頁標籤，所以它甚至不像一個多重頁面控制項。

## 5. 在不使用標籤控制項的情況下顯示進度條

這種技巧更簡單，因為它沒有使用多重頁面控制項，而是把進度條儲存在使用者表單的底部，但是縮減使用者表單的高度即可使得進度條不可見。在需要顯示進度條時，就增加使用者表單的高度，使得進度條為可見。

圖 15-7 顯示了位於 VBE 中的使用者表單。

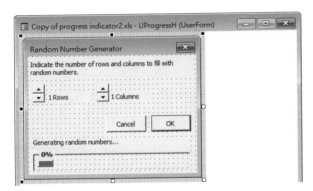

▲ 圖 15-7：縮減使用者表單的高度將隱藏進度條

這個使用者表單的 Height 屬性值為 177。然而，在顯示使用者表單之前，VBA 程式碼把 Height 的屬性值改為 130（在這種高度值下，使用者看不見進度條控制項）。當使用者按一下〔OK〕按鈕時，VBA 程式碼就把 Height 屬性的值改為 177，此時使用下面的陳述式：

```
Me.Height =177
```

圖 15-8 顯示具有未隱藏的進度條部分的使用者表單。

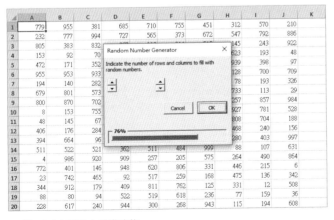

▲ 圖 15-8：工作中的進度條

## 15.2.3 建立非圖形化進度條

前面的例子展示透過增加標籤寬度來代表進度的圖形化進度條。如果處理步驟很少,那你可能會更傾向於直接描述處理步驟。下面的程序就是處理資料夾中的少量文字檔。不需要顯示進度條,在處理檔時直接將檔案名稱列出來就可以了。

線上資源　範例檔案中包含解說這種方法的範例,檔名為「progress indicator3.xlsm」。

```
Sub ProcessFiles()

    Dim sFile As String, lFile As Long
    Const sPATH As String = "C:\Text Files\"

    sFile = Dir(sPATH & "*.txt")
    Do While Len(sFile) > 0
        ImportFile sFile
        sFile = Dir
    Loop

End Sub
```

這個程序找到目錄中所有的文字檔,呼叫另一個程序匯入這些文字檔。怎麼處理這些文件並不重要,因為要完成的步驟確實很少。

### 1. 建立使用者表單來顯示步驟

圖 15-9 展示 VBE 中一個簡單的使用者表單。僅有兩個控制項:一個描述發生了什麼事的標籤,和一個列出處理步驟的清單方塊控制項。

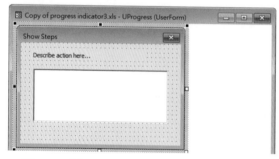

▲ 圖 15-9:清單方塊控制項中列出的步驟

使用者表單中的程式碼相當簡單。透過呼叫 SetDescription 可以修改用於進行描述的標籤。在呼叫程序處理進度時,可呼叫 AddStep 程序向清單方塊中加入條目。如果清單方塊不夠高,ListBox 物件的 TopIndex 屬性會使得最近的處理步驟變成可見。

```
Public Sub AddStep(sStep As String)
    With Me.lbxSteps
        .AddItem sStep
        .TopIndex = Application.Max(.ListCount, .ListCount - 6)
    End With
    Me.Repaint
End Sub
```

## 2. 修改呼叫程式來使用進度條

下面所示的 ProcessFiles 程序已被修改，這樣在處理檔時就可以使用進度條了。首先使用者
表單的 Caption 屬性被設定為描述發生了什麼事情。接下來呼叫 SetDescription 方法，這
樣使用者可以知道在清單方塊控制項中會顯示什麼。具有 vbModeless 引數的 Show 方法允
許呼叫程序繼續執行。在迴圈裡面，AddStep 方法加入檔案名以表示進度。圖 15-10 展示正
在工作中的使用者表單。

```
Sub ProcessFiles()
    Dim sFile As String, lFile As Long
    Const sPATH As String = "C:\Text Files\"

    sFile = Dir(sPATH & "*.txt")
    UProgress.Caption = "Proccesing File Progress"
    UProgress.SetDescription "Completed files..."
    UProgress.Show vbModeless

    Do While Len(sFile) > 0
        ImportFile sFile
        UProgress.AddStep sPATH & sFile
        sFile = Dir
    Loop
    Unload UProgress
End Sub
```

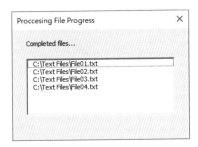

▲ 圖 15-10：檔案被加入到清單中以顯示進度

這個進度條類似於前一節講述的獨立進度條，它並不在意程序中採取了哪些步驟，你可以
處理檔、填入工作表中的儲存格，或者執行其他很多步驟。如果修改 Caption 屬性並呼叫
SetDescription 方法，不管想完成什麼樣的程序都可以自訂這種進度條。

## 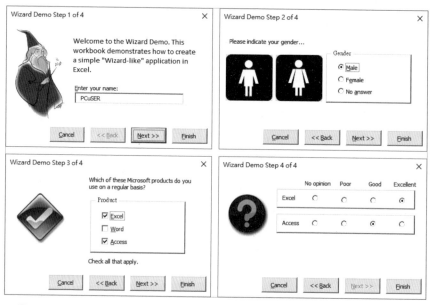15.3　建立精靈

很多應用程式都會使用一些精靈來指導使用者如何操作。Excel 的「文字匯入精靈」就是一個很好的範例。「精靈」本質上就是一系列徵求使用者資訊的對話盒。通常，使用者在前面的對話盒中所做的選擇會影響後面對話盒的內容。在大部分精靈中，使用者可以自由地向前或向後在對話盒序列中穿梭，或按一下〔完成〕按鈕接受所有的預設值。

當然，可以使用 VBA 和一系列使用者表單建立精靈。但是筆者發現，最有效的辦法是建立使用單個使用者表單和一個具有隱藏活頁標籤的多重頁面控制項的精靈。

圖 15-11 列舉一個簡單的精靈範例，該精靈包含 4 個步驟，由一個包含多重頁面控制項的使用者表單組成。精靈的每一步都會顯示這個多重頁面控制項中不同的工具頁。

▲ 圖 15-11：這個 4 步驟精靈使用一個多重頁面控制項

　範例檔案中提供本節中的這個範例精靈，檔案名稱為「wizard demo.xlsm」。
線上資源

下面將描述如何建立上面的範例精靈。

### 15.3.1　為精靈設定標籤控制項

首先，建立一個新的使用者表單，再加入一個多重頁面控制項。預設情況下，這個控制項包含兩頁。右擊標籤活頁標籤，在多重頁面控制項中插入處理精靈的足夠多新頁面（一個步驟對應一頁）。本書的範例檔案中的範例是一個包含 4 個步驟的精靈，因此，這個多重頁面控

制項有 4 頁。多重頁面控制項的各個活頁標籤的名稱無關緊要，因為它們是不可見的。最終把多重頁面控制項的 Style 屬性值設定為 2 - fmTabstyleNone。

接下來，向多重頁面控制項的每一頁加入所需的控制項。當然，根據應用程式的不同，加入的控制項也會不同。在設計使用者表單時可能需要重新調整多重頁面控制項的大小，以便為其他控制項留出足夠的空間。

## 15.3.2 在精靈使用者表單中加入按鈕

現在，開始加入用於控制精靈進度的一些按鈕。這些按鈕都放在多重頁面控制項的外面，因為顯示任意一頁時都會用到這些按鈕。大部分精靈都有以下 4 個按鈕：

- ➢ 取消（Cancel）：取消精靈，不執行任何操作。
- ➢ 上一步（Back）：傳回到上一步。在精靈的第一步中，該按鈕應該是禁用的。
- ➢ 下一步（Next）：推進到下一步。在精靈的最後一步中，該按鈕應該是禁用的。
- ➢ 完成（Finish）：結束精靈。

在這個範例中，這些指令按鈕的名稱分別是 cmdCancel、cmdBack、cmdNext 和 cmdFinish。

## 15.3.3 撰寫精靈按鈕的程式

這 4 個精靈按鈕都需要撰寫程序來處理它們各自的 Click 事件，下面是 CancelButton 按鈕控制項的事件處理常式的程式碼。

```
Private Sub cmdCancel_Click()
    Dim Msg As String
    Dim Ans As Long
    Msg = "Cancel the wizard?"
    Ans = MsgBox(Msg, vbQuestion + vbYesNo, APPNAME)
    If Ans = vbYes Then Unload Me
End Sub
```

這個程序使用 MsgBox 函數（如圖 15-12 所示）檢驗使用者是否真的想退出精靈。如果使用者按一下了〔是〕按鈕，就會移除這個使用者表單，而不會發生任何動作。當然，這種檢驗是可選擇的操作。

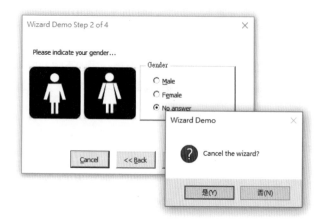

▲ 圖 15-12：按一下〔Cancel〕按鈕顯示出一個確認資訊的訊息方塊

Back 和 Next 這兩個按鈕的事件處理常式的程式碼分別如下所示：

```
Private Sub cmdBack_Click()
    Me.mpgWizard.Value = Me.mpgWizard.Value - 1
    UpdateControls
End Sub


Private Sub cmdNext_Click()
    Me.mpgWizard.Value = Me.mpgWizard.Value + 1
    UpdateControls
End Sub
```

上述兩個程序的程式碼非常簡單。它們先更改了多重頁面控制項的 Value 屬性的值，然後呼叫另一個名為 UpdateControls 的程序（其程式碼如下所示）。

UpdateControls 程序負責啟用和禁用 cmdBack 和 cmdNext 這兩個控制項。

```
Sub UpdateControls()
'    Enable back if not on page 1
    Me.cmdBack.Enabled = Me.mpgWizard.Value > 0
'    Enable next if not on the last page
    Me.cmdNext.Enabled = Me.mpgWizard.Value < Me.mpgWizard.Pages.Count - 1

'    Update the caption
    Me.Caption = APPNAME & " Step " _
      & Me.mpgWizard.Value + 1 & " of " _
      & Me.mpgWizard.Pages.Count
```

```
    '    the Name field is required
        Me.cmdFinish.Enabled = Len(Me.tbxName.Text) > 0
    End Sub
```

這個程序檢測多重頁面控制項的 Value 屬性了解頁面中顯示的內容。如果顯示了第一頁，
cmdBack 的 Enabled 屬性就被設定為 False。如果顯示最後一頁，cmdNext 的 Enabled 屬
性就被設定為 False。接下來，程序將使用者表單的標題改為用來顯示目前的步驟以及步
驟的總數。APPNAME 是公共常數，它定義在 Module1 模組中。然後，檢查第一頁中的
姓名欄位（名為 tbxName 的文字方塊）。這個欄位是必需的，因此如果它為空，使用者
就不能按一下〔Finish〕按鈕。如果這個文字方塊是空的，就禁用 cmdFinish；否則就啟用
cmdFinish。

## 15.3.4 撰寫精靈中的相關程式碼

在大部分精靈中，使用者在某個特定步驟上做出的反應可能影響後續步驟中所顯示的內容。
在這個範例中，使用者將在第三步中指出他或她使用的產品，然後在第四步中評價這些產品
的等級。只有在使用者指出某個具體產品後，作為產品等級的選項按鈕才是可視的。

在程式中，透過監控標籤控制項的 Change 事件可以完成這一任務。只要標籤控制項的值發
生改變（透過按一下〔Back〕或〔Next〕按鈕實現），都會執行 mpgWizard_Change 程序。
如果多重頁面控制項在最後一個活頁標籤上（第四步驟），這個程序就會檢查第三步驟中的
CheckBox 控制項的值，然後在第四步驟中做出相對應的調整。

在這個範例中，程式碼使用兩個控制項陣列，其中一個是為產品 CheckBox 控制項準備的（第
三步驟），另一個則是為 Frame 控制項準備的（第四步驟）。這些程式碼使用了 For-Next
迴圈為沒有使用的產品隱藏框架，然後調整它們的垂直位置。如果在第三步中沒有選擇任何
一個核取方塊，那麼到了第四步，除了一個文字方塊顯示出 Click Finish to exit（表示按一
下〔Finish〕按鈕退出，假如在第一步輸入了名稱的話）或 A name is required in Step1（表
示必須在第一步驟中輸入姓名，假如在第一步沒有輸入姓名的話），其他所有控制項都會隱
藏起來。mpgWizard_Change 程序的程式碼如下所示：

```
    Private Sub mpgWizard_Change()
        Dim TopPos As Long
        Dim FSpace As Long
        Dim AtLeastOne As Boolean
        Dim i As Long

    '    Set up the Ratings page?
        If Me.mpgWizard.Value = 3 Then
    '        Create an array of CheckBox controls
            Dim ProdCB(1 To 3) As MSForms.CheckBox
            Set ProdCB(1) = Me.chkExcel
            Set ProdCB(2) = Me.chkWord
```

```
                Set ProdCB(3) = Me.chkAccess

    '           Create an array of Frame controls
                Dim ProdFrame(1 To 3) As MSForms.Frame
                Set ProdFrame(1) = Me.frmExcel
                Set ProdFrame(2) = Me.frmWord
                Set ProdFrame(3) = Me.frmAccess


                TopPos = 22
                FSpace = 8
                AtLeastOne = False


    '           Loop through all products
                For i = 1 To 3
                    If ProdCB(i).Value Then
                        ProdFrame(i).Visible = True
                        ProdFrame(i).Top = TopPos
                        TopPos = TopPos + ProdFrame(i).Height + FSpace
                        AtLeastOne = True
                    Else
                        ProdFrame(i).Visible = False
                    End If
                Next i


    '           Uses no products?
                If AtLeastOne Then
                    Me.lblHeadings.Visible = True
                    Me.imgRating.Visible = True
                    Me.lblFinishMsg.Visible = False
                Else
                    Me.lblHeadings.Visible = False
                    Me.imgRating.Visible = False
                    Me.lblFinishMsg.Visible = True
                    If Len(Me.tbxName.Text) = 0 Then
                        Me.lblFinishMsg.Caption = _
                            "A name is required in Step 1."
                    Else
                        Me.lblFinishMsg.Caption = _
                            "Click Finish to exit."
                    End If
                End If
            End If
    End Sub
```

## 15.3.5 使用精靈執行任務

當使用者按一下〔Finish〕按鈕時，該精靈將執行它的任務：把使用者表單上的資訊傳遞到工作表的下一個空行中。這個程序名為 cmdFinish_Click，它的程式碼非常簡單。首先確定工作表的下一個空行，然後把這個值賦給一個變數（r）。這個程序剩餘的程式碼部分將取得出控制項的值並把資料登錄工作表。

```vba
Private Sub cmdFinish_Click()
    Dim r As Long

    r = Application.WorksheetFunction. _
      CountA(Range("A:A")) + 1

'   Insert the name
    Cells(r, 1) = Me.tbxName.Text

'   Insert the gender
    Select Case True
        Case Me.optMale.Value: Cells(r, 2) = "Male"
        Case Me.optFemale: Cells(r, 2) = "Female"
        Case Me.optNoAnswer: Cells(r, 2) = "Unknown"
    End Select

'   Insert usage
    Cells(r, 3) = Me.chkExcel.Value
    Cells(r, 4) = Me.chkWord.Value
    Cells(r, 5) = Me.chkAccess.Value

'   Insert ratings
    If Me.optExcelNo.Value Then Cells(r, 6) = ""
    If Me.optExcelPoor.Value Then Cells(r, 6) = 0
    If Me.optExcelGood.Value Then Cells(r, 6) = 1
    If Me.optExcelExc.Value Then Cells(r, 6) = 2
    If Me.optWordNo.Value Then Cells(r, 7) = ""
    If Me.optWordPoor.Value Then Cells(r, 7) = 0
    If Me.optWordGood.Value Then Cells(r, 7) = 1
    If Me.optWordExc.Value Then Cells(r, 7) = 2
    If Me.optAccessNo.Value Then Cells(r, 8) = ""
    If Me.optAccessPoor.Value Then Cells(r, 8) = 0
    If Me.optAccessGood.Value Then Cells(r, 8) = 1
    If Me.optAccessExc.Value Then Cells(r, 8) = 2

    Unload Me
End Sub
```

測試精靈後，如果所有部分都能正常執行，可以把多重頁面控制項的 Style 屬性值設定為 2–fmTabStyleNone 以隱藏活頁標籤。

## 15.4 模擬 MsgBox 函數

VBA 的 MsgBox 函數（第 12 章已經介紹過）有點特殊，因為與大部分函數的不同之處在於，它會顯示出一個對話盒。但與其他函數一樣，它也會傳回一個值：一個整數，這個整數表示使用者按一下的是哪個按鈕。

本節介紹模擬 VBA 中的 MsgBox 函數而建立的一個自訂函數。表面看來，建立這類函數似乎很簡單。但仔細想想，因為 MsgBox 函數接收的引數各種各樣，所以它的用途極其廣泛。因此，建立一個模擬 MsgBox 的函數並非一件很簡單的事情。

注意

> 這個練習的目的並不在於建立一種可以替換 MsgBox 的訊息函數，而是講解如何開發一個結合使用者表單且比較複雜的函數。然而，有些人認為只要能夠自訂他們的訊息就行。如果是這樣，就會發現非常容易自訂這種函數。例如，可以更改字體、顏色以及按鈕的文字等。

筆者模擬的 MsgBox 函數名為 MyMsgBox，然而這種模擬並不完美，MyMsgBox 函數存在以下一些缺陷：

➢ 不支援 Helpfile 引數（該引數將加入一個〔說明〕按鈕，當按一下這個按鈕時將開啟一個說明檔案）。

➢ 不支援 Context 引數（該引數為說明檔指定了上下文 ID）。

➢ 不支援「系統模式」選項，這種模式的對話盒在對其做出反應之前會暫停 Windows 中的所有動作。

➢ 在呼叫該函數時不會發出聲音。

MyMsgBox 函數的語法如下所示：

```
MyMsgBox(prompt[, buttons] [, title])
```

與 MsgBox 函數的語法相比，MyMsgBox 函數的語法除了沒有使用最後兩個可選引數（Helpfile 和 Context）外，其他的完全一樣。MyMsgBox 函數還使用了與 MsgBox 函數相同的預先定義常數：vbOKOnly、vbQuestion 以及 vbDefaultButton1 等。

注意

> 如果對上述 VBA 的 MsgBox 函數的引數不太熟悉，最好查閱說明系統，以便熟悉它的引數。

## 15.4.1 模擬 MsgBox 函數：MyMsgBox 函數的程式碼

MyMsgBox 函數使用一個名為 UMsgBox 的使用者表單。這個函數根據傳遞過來的引數來設定使用者表單。它會呼叫其他一些程序來做很多設定工作。

```
Function MyMsgBox(ByVal Prompt As String, _
    Optional ByVal Buttons As Long, _
    Optional ByVal Title As String) As Long
'    Emulates VBA's MsgBox function
'    Does not support the HelpFile or Context arguments
    With UMsgBox
'       Do the Caption
        If Len(Title) > 0 Then .Caption = Title _
            Else .Caption = Application.Name
        SetImage Buttons
        SetPrompt Prompt
        SetButtons Buttons
        .Height = .cmdLeft.Top + 54
        SetDefaultButton Buttons
        .Show
    End With
    MyMsgBox = UMsgBox.UserClick
End Function
```

 由於程式碼太長，所以並未列出 MyMsgBox 函數的完整程式碼，但是在範例檔案中可以找到這個活頁簿，檔案名稱為「msgbox emulation.xlsm」。這個活頁簿已經建立好了，你可以很輕鬆地嘗試各種操作。

線上資源

圖 15-13 顯示實際呼叫 MyMsgBox 函數的結果。看起來與 VBA 的訊息方塊非常相似，但這裡的訊息文字使用了另一種字體，並使用了一些不同的圖示。

▲ 圖 15-13：模擬 MsgBox 函數的結果

如果使用多監視器系統，顯示的使用者表單的位置可能不在 Excel 視窗的正中間。為解決這個問題，用下面的程式碼來顯示使用者表單 UMsgBox：

```
With UMsgBox
    .StartUpPosition = 0
    .Left = Application.Left + (0.5 * Application.Width) - (0.5 * .Width)
```

```
        .Top = Application.Top + (0.5 * Application.Height) - (0.5 * .Height)
        .Show
    End With
```

下面的程式碼用於執行該函數：

```
    Prompt = "You have chosen to save this workbook" & vbCrLf
    Prompt = Prompt & "on a drive that is not available to"  & vbCrLf
    Prompt = Prompt & "all employees." & vbCrLf & vbCrLf
    Prompt = Prompt & "OK to continue?"
    Buttons = vbQuestion + vbYesNo
    Title = "Network Location Notice"
    Ans = MyMsgBox(Prompt, Buttons, Title)
```

## 15.4.2 MyMsgBox 函數的工作原理

MyMsgBox 函數檢查引數，所呼叫的程序完成下列工作：

➢ 如果有圖像，確定要顯示哪個圖像（以及隱藏哪些圖像）
➢ 確定要顯示哪個或哪些按鈕（以及隱藏哪些按鈕）
➢ 確定哪個按鈕是預設按鈕
➢ 使得按鈕在對話盒中置中
➢ 確定指令按鈕的標題
➢ 確定對話盒內文字的位置
➢ 確定對話盒的寬度和高度（透過呼叫一個 API 函數來取得影像解析度）
➢ 顯示使用者表單

第二個引數（buttons）的情況比較複雜，這個引數可以由許多常數累加組成。例如，第二個引數可能如下所示：

```
    VbYesNoCancel + VbQuestion + VbDefaultButton3
```

上面這個引數建立包含 3 個按鈕的 MsgBox 訊息方塊（〔是〕、〔否〕和〔取消〕按鈕），顯示了問號圖示，並把第三個按鈕設定成預設按鈕。引數的實際值為 547（3+32+512）。

為確定在使用者表單上的顯示內容，函數使用了名為「Bitwise And」的技巧。這三個引數，每個引數都是某系欄數字之一，這些數字不會跟其他引數重合。可以顯示出來的 6 種按鈕，其對應的數字是 0~5。如果將 0~5 的數字加起來，就可以得到 15。圖示值的最低值是 16，這比所有按鈕對應的值的和都要大。

MyMsgBox 函式呼叫的程序之一是 SetDefaultButtons，如下所示。它使用 Bitwise And 將 Buttons 引數與常數進行比較，例如 vbDefaultButton3。如果 Bitwise And 的結果等於 vbDefaultButton3，就可以確定 vbDefaultButton3 是組成 Buttons 引數的選擇之一，而不用管該引數中的任何其他選擇。

```
    Private Sub SetDefaultButton(Buttons As Long)
        With UMsgBox
            Select Case True
                Case (Buttons And vbDefaultButton4) = vbDefaultButton4
                    .cmdLeft.Default = True
                    .cmdLeft.TabIndex = 0
                Case (Buttons And vbDefaultButton3) = vbDefaultButton3
                    .cmdRight.Default = True
                    .cmdRight.TabIndex = 0
                Case (Buttons And vbDefaultButton2) = vbDefaultButton2
                    .cmdMiddle.Default = True
                    .cmdMiddle.TabIndex = 0
                Case Else
                    .cmdLeft.Default = True
                    .cmdLeft.TabIndex = 0
            End Select
        End With
    End Sub
```

下面這個使用者表單（如圖 15-14 所示）包含 4 個 Label 控制項。每個 Label 控制項都對應著一幅圖，這些圖片都貼上到 Picture 屬性中。使用者表單也有 3 個 CmmandButton 控制項和一個 TextBox 控制項。

注意

筆者最初使用 Image 控制項來儲存 4 個圖示，但是圖片顯示時具有一個淡淡的邊框。所以筆者轉為使用 Label 控制項，這樣顯示的圖片就不具邊框。

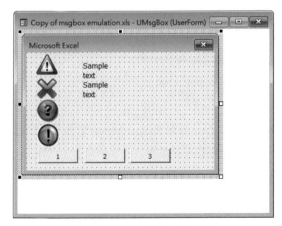

▲ 圖 15-14：MyMsgBox 函數的使用者表單

此外，還包含其他 3 個事件處理常式（每個指令按鈕對應一個事件處理常式）。這些常式確定按一下了哪個按鈕，然後透過為 UserClick 變數設定值的方法為函數傳回一個值。

### 15.4.3 使用 MyMsgBox 函數

要在自己的專案中使用 MyMsgBox 函數，需要先導出 MyMsgBoxMod 模組和 UMsgBox 使用者表單，然後將這兩個文件匯入到專案中。這樣就可以在程式碼中使用 MyMsgBox 函數了，方法與使用 MsgBox 函數一樣。

## 15.5 具有可移動控制項的使用者表單

圖 15-15 所示的使用者表單包含 3 個 Image 控制項，使用者可以使用滑鼠在對話盒內拖放這些圖像。雖然不能確定這項技巧的實際意義有多大，但是本節中提供的範例將說明你理解與滑鼠有關的事件。

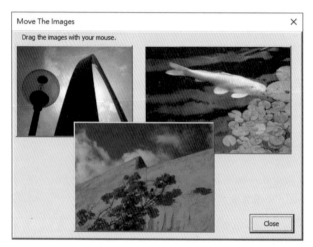

▲ 圖 15-15：可使用滑鼠來拖放和重新安排這 3 個 Image 控制項

線上資源
　　範例檔案中提供該範例，檔案名稱為「move controls.xlsm」。

每個 Image 控制項都有兩個相關的事件程序：MouseDown 和 MouseMove 事件。控制項 Image1 的事件程序如下所示（除了控制項名稱外，其他控制項的事件程序與之完全一樣）。

```
Private Sub Image1_MouseDown(ByVal Button As Integer, _
    ByVal Shift As Integer, ByVal X As Single, ByVal Y As Single)
'   Starting position when button is pressed
    OldX = X
    OldY = Y
    Image1.ZOrder 0
End Sub


Private Sub Image1_MouseMove(ByVal Button As Integer, _
```

```
         ByVal Shift As Integer, ByVal X As Single, ByVal Y As Single)
'      Move the image
       If Button = 1 Then
           Image1.Left = Image1.Left + (X - OldX)
           Image1.Top = Image1.Top + (Y - OldY)
       End If
   End Sub
```

按下滑鼠按鈕後，就會發生 MouseDown 事件，並儲存滑鼠指標在 X 和 Y 方向上的位置。同時該程序使用兩個公有變數來跟蹤控制項初始的位置：OldX 和 OldY。此外，該程序還修改了 ZOrder 屬性，該屬性使得該圖片位於其他圖片的「上面」。

移動滑鼠時，就會反復發生 MouseMove 事件。事件程序將檢查滑鼠按鈕，如果 Button 引數的值為 1，就意味著按下了滑鼠左鍵。如果這樣，就相對於原位置移動 Image 控制項。

同時注意，當位於圖片上時滑鼠指標會發生變化。這是因為 MousePointer 屬性設定為 15-fmMousePointerSizeAll。這種滑鼠指標的風格通常用於指明可以被移動的情況。

## 15.6 沒有標題列的使用者表單

Excel 沒有提供一種直接的方法來顯示沒有標題列的使用者表單。但透過使用一些 API 函數，這種想法也變成可能。圖 15-16 顯示一個沒有標題列的使用者表單。

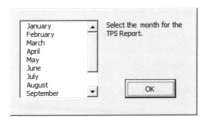

▲ 圖 15-16：缺少標題列的使用者表單

另一個不具標題列的使用者表單範例如圖 15-17 所示。該對話盒包含一個 Image 控制項和一個 CommandButton 控制項。

Close

▲ 圖 15-17：另一個不具標題列的使用者表單

範例檔案在一個活頁簿中提供這兩個範例，該活頁簿的檔案名稱為「no title bar.xlsm」。範例檔包中還包含第 12 章中提供的歡迎畫面的另一個版本。該版本（名
線上資源　為「splash screen2.xlsm」）顯示不具標題列的使用者表單。

顯示不具標題列的使用者表單需要 4 個 Windows API 函數：GetWindowLong、SetWindowLong、DrawMenuBar 和 FindWindowA 函數（關於這些函數的宣告，可以參考範例檔案中的範例演練）。UserForm_Initialize 程序呼叫了如下函數：

```
Private Sub UserForm_Initialize()
    Dim lngWindow As Long, lFrmHdl As Long
    lFrmHdl = FindWindowA(vbNullString, Me.Caption)
    lngWindow = GetWindowLong(lFrmHdl, GWL_STYLE)
    lngWindow = lngWindow And (Not WS_CAPTION)
    Call SetWindowLong(lFrmHdl, GWL_STYLE, lngWindow)
    Call DrawMenuBar(lFrmHdl)
End Sub
```

在沒有標題列的情況下，隨之而來的問題是使用者無法重新定位對話盒。解決的方法是使用前一節中描述的 MouseDown 和 MouseMove 事件。

注意

因為 FindWindowA 函數使用的是使用者表單的標題，所以如果 Caption 屬性設定為空字串，那麼這項技巧就無法奏效。

使用使用者表單模擬工具列

在 Excel 2007 之前的版本中，建立自訂的工具列是一件很容易的事情。但從 Excel 2007 開始，不能再建立自訂的工具列。確切地講，使用 VBA 來建立自訂的工具列仍然是可行的，但是 Excel 會忽略很多 VBA 指令。從 Excel 2007 開始，所有自訂的工具列都是在〔增益集〕→〔自訂工具列〕功能區組中出現的。不能對這些工具列執行移動、浮動、調整大小或停靠等操作。

本節將詳細說明建立另一種工具列：即透過一個非強制回應的使用者表單來模擬浮動的工具列。圖 15-18 顯示一個可能代替工具列的使用者表單。它使用 Windows API 呼叫使標題列比正常時略短，還顯示具有方角（非圓角）的使用者表單。〔Close〕按鈕也略小。

| ▲ | A | B | C | D | E | F | G | H |
|---|---|---|---|---|---|---|---|---|
| 1 | 202 | 227 | 317 | 127 | 122 | 180 | 169 | 134 |
| 2 | 142 | 253 | 191 | 322 | 325 | 276 | 174 | 289 |
| 3 | 127 | 157 | 339 | 30 | 236 | 150 | 58 | 205 |
| 4 | 302 | 198 | 142 | 232 | 226 | 195 | 350 | 149 |
| 5 | 83 | 259 | 347 | 94 | 4 | 187 | 154 | 155 |
| 6 | 93 | 219 | 286 | 54 | 82 | 140 | 284 | 194 |
| 7 | 347 | 83 | | | | | 320 | 283 |
| 8 | 18 | 281 | | | | | 16 | 102 |
| 9 | 72 | 76 | | | | | 313 | 291 |
| 10 | 152 | 79 | 230 | 127 | 121 | 141 | 96 | 315 |
| 11 | 336 | 218 | 95 | 157 | 259 | 196 | 284 | 241 |
| 12 | 167 | 158 | 266 | 243 | 192 | 112 | 119 | 336 |
| 13 | 150 | 337 | 34 | 173 | 332 | 228 | 213 | 115 |
| 14 | 96 | 270 | 175 | 167 | 259 | 198 | 216 | 99 |
| 15 | 111 | 31 | 333 | 185 | 29 | 302 | 130 | 126 |
| 16 | 337 | 1 | 350 | 277 | 155 | 172 | 301 | 242 |
| 17 | 301 | 292 | 178 | 223 | 105 | 86 | 159 | 47 |

▲ 圖 15-18：建立一個使用者表單，使它可以像工具列一樣運作

線上資源　範例檔案中提供這個範例，檔案名稱為「simulated toolbar.xlsm」。

該使用者表單含有 8 個 Image 控制項，每個控制項都執行一個巨集。圖 15-19 顯示了 VBE 中的使用者表單。請注意下列幾點：

➤ 這些控制項並沒有對齊。
➤ 顯示的圖像不是最終圖像。
➤ 使用者表單並不是最終大小。
➤ 標題列是標準尺寸。

VBA 程式碼很注重外觀上的一些細節問題，包括從 Excel 的功能區借用圖片。例如，下列陳述式將一個圖片指派給 Image1 控制項：

```
Image1.Picture = Application.CommandBars. _
    GetImageMso("ReviewAcceptChange", 32, 32)
```

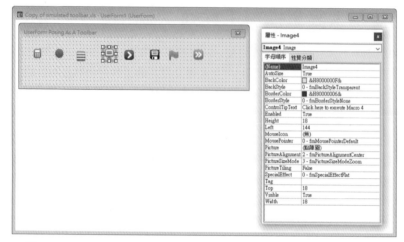

▲ 圖 15-19：模擬工具列的使用者表單

查閱第 17 章，可了解關於從功能區連接圖像的更多資訊。

程式碼還會對齊控制項並調整使用者表單，使其不會浪費任何空間。此外，該程式碼還使用了 Windows API 函數使使用者表單的標題列變得更小：就像一個真正的標題列一樣。為了讓使用者表單看起來更像工具列，這裡還設定了每個 Image 控制項的 ControlTipText 屬性。當滑鼠懸浮在控制項上方時，該屬性將顯示與工具列相同的工具提示。

如果開啟了範例檔案，可能還會注意到當滑鼠懸浮在圖片上時，圖片還會有一些微小變化。這是因為每個 Image 控制項都有一個關聯的 MouseMove 事件處理常式，該程式將改變圖片的大小。下面提供控制項 Image1 的 MouseMove 事件處理常式（其他圖片的完全類似）：

```
Private Sub Image1_MouseMove(ByVal Button As Integer, _
    ByVal Shift As Integer, ByVal X As Single, ByVal Y As Single)
    Call NormalSize
    Image1.Width = 26
    Image1.Height = 26
End Sub
```

上述程序呼叫了 NormalSize 程序，該程序將使每個圖片變成正常大小。

```
Private Sub NormalSize()
'   Make all controls normal size
    Dim ctl As Control
    For Each ctl In Controls
        ctl.Width = 24
        ctl.Height = 24
    Next ctl
End Sub
```

明顯的效果是當滑鼠移動到某個類似於實際工具列中的控制項上時，使用者將得到一些視覺上的回饋資訊。然而，對工具列的模擬也只能到此為止了。不能重新調整使用者表單（如讓圖片以垂直方式而非水平方式顯示）。當然，把這個偽工具列停靠在其中一個 Excel 視窗邊緣也是不可能的。

## ◦▌15.8 使用使用者表單來模擬任務面板

在 Office 2013 中，任務面板擔任一個延伸的角色，用於調整許多物件的格式，包括圖表和圖片。任務面板的外觀也是新的。

我花了一些時間試圖透過使用者表單來模擬任務面板的外觀。結果如圖 15-20 所示。該範例與本章開頭的非強制回應使用者表單範例相同（參見圖 15-2）。可以透過拖動標題列來移動使用者表單（方法與移動任務面板一樣）。使用者表單在左上角還有一個〔X（關閉）〕按鈕。與任務面板一樣，它只在需要時顯示垂直捲動捲軸。

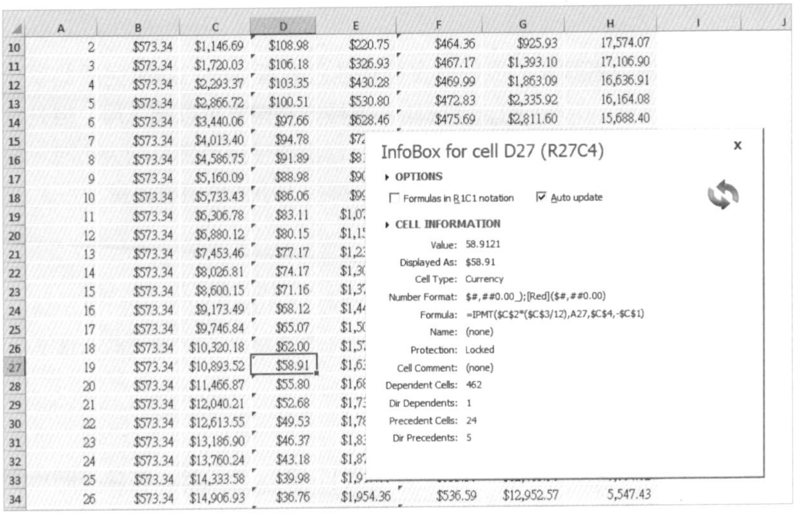

▲ 圖 15-20：類似於任務面板的使用者表單

圖中所示的任務面板的背景色是白色。任務面板的背景色可根據 Office 主題的變化（從Excel 的「選項」對話盒中的〔一般〕活頁標籤中指定）而發生改變。此處先把控制項的背景色透明化，再透過程式碼來設定背景色：

```
Me.BackColor = RGB(255, 255, 255)
Frame1.BackColor = RGB(255, 255, 255)
Frame2.BackColor = RGB(255, 255, 255)
```

Frame 控制項不能有透明的背景，因此必須分別為兩個 Frame 控制項設定背景色。

為建立一個其背景色與 Light Gray 主題相符的使用者表單，使用下列運算式：

```
RGB(240, 240, 240)
```

為模擬 Dark Gray 主題，使用下列運算式：

```
RGB(222, 222, 222)
```

雖然任務面板的基本外觀已經設定完畢，但它在行為上仍有不足之處。例如，各部分不能折疊，不能將使用者表單停靠到螢幕一側。使用者不能調整其大小：但實際是可以的（見下一節）。

線上資源　　範例檔案中提供這個範例，檔案名稱為「emulate task pane.xlm」。

## 15.9 可調整大小的使用者表單

Excel 使用幾個可調整大小的對話盒。例如，透過按一下和拖放右下角可以調整「名稱管理器」對話盒的大小。

如果要建立一個可調整大小的使用者表單，很快就會發現並沒有直接的方法來完成此項任務。其中一種解決方法是求助於 Windows 的 API 呼叫。這種方法確實可以起作用，但是建立起來比較複雜。而且，這種方法不會產生任何事件，所以當調整使用者表單的大小時，程式碼不能回應。本節提供一種更簡單的方法來建立使用者可調整大小的使用者表單。

> **注意**
>
> 精通這項技巧的人是 Andy Pope，他是一名 Excel 專家，也是 Microsoft 的 MVP，現居住在英國。Andy 是筆者見過的最具有創造力的開發人員之一。要了解更多資訊（以及很多有趣的下載資訊），可以連上他的網站「http://andypope.info」。

圖 15-21 顯示本節將要詳細介紹的使用者表單。它含有一個 ListBox 控制項，在該控制項中顯示的資料來自工作表。請注意清單方塊上的捲軸，它意味著裡面有無法一次性全部顯示的資訊。此外請注意，對話盒的右下角顯示了一個（可能）很熟悉的可調整大小的控制項。

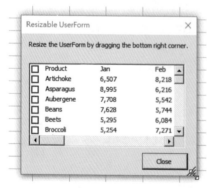

▲ 圖 15-21：這是一個可調整大小的使用者表單

圖 15-22 顯示經過使用者調整大小後的同一個使用者表單。請注意，清單方塊的尺寸也增大了，〔Close〕按鈕仍停留在相同的相對位置上。可以把該使用者表單延展到監視器的極限。

| Product | Jan | Feb | Mar | Apr |
|---|---|---|---|---|
| Artichoke | 6,507 | 8,218 | 6,584 | 5,942 |
| Asparagus | 8,995 | 6,216 | 5,829 | 6,268 |
| Aubergene | 7,708 | 5,542 | 9,407 | 5,369 |
| Beans | 7,628 | 5,744 | 7,261 | 8,673 |
| Beets | 5,295 | 6,084 | 5,817 | 8,853 |
| Broccoli | 5,254 | 7,271 | 5,852 | 6,469 |
| Brussel sprouts | 8,634 | 9,301 | 8,106 | 5,105 |
| Cabbage | 5,483 | 8,870 | 9,898 | 5,373 |
| Carrot | 5,773 | 7,729 | 8,764 | 7,720 |
| Cauliflower | 9,989 | 5,609 | 8,701 | 9,338 |
| Celeriac | 5,022 | 5,086 | 5,586 | 8,434 |
| Celery | 6,775 | 9,352 | 9,243 | 6,467 |
| Chard | 9,642 | 9,654 | 5,530 | 8,669 |
| Chicory | 7,818 | 6,437 | 6,372 | 9,133 |
| Collards | 7,325 | 6,469 | 9,372 | 9,757 |
| Corn | 6,180 | 6,494 | 9,307 | 6,365 |
| Cress | 9,902 | 8,386 | 8,034 | 6,426 |

Resizable UserForm

Resize the UserForm by dragging the bottom right corner.

Close

▲ 圖 15-22：增加尺寸後的使用者表單

**線上資源** 範例檔案中提供這個範例，檔案名稱為「resizable userform.xlsm」。

右下角的可調整大小的控制項實際上是一個 Label 控制項，它顯示一個單獨的字元：字母 o（即字元 111）來自於 Marlett 字體的字元集 2。在 UserForm_Initialize 程序中，把該控制項（名為 objResizer）加入到使用者表單中：

```
Private Sub UserForm_Initialize()
'   Add a resizing control to bottom right corner of UserForm
    Set objResizer = Me.Controls.Add("Forms.label.1", MResizer, True)
    With objResizer
        .Caption = Chr(111)
        .Font.Name = "Marlett"
        .Font.Charset = 2
        .Font.Size = 14
        .BackStyle = fmBackStyleTransparent
        .AutoSize = True
        .ForeColor = RGB(100, 100, 100)
        .MousePointer = fmMousePointerSizeNWSE
        .ZOrder
        .Top = Me.InsideHeight - .Height
        .Left = Me.InsideWidth - .Width
    End With
End Sub
```

**注意**

儘管 Label 控制項是在執行時加入的，但該物件的事件處理程式碼包含在模組中。包含並不存在的物件的程式碼並不會引起什麼問題。

這項技巧依賴於如下一些事實：

➤ 使用者可以移動使用者表單上的控制項（參見前面的 15.5 節）。

➤ 存在可以識別滑鼠移動和指標座標的事件。具體來說，這些事件是 MouseDown 和 MouseMove 事件。

➤ VBA 程式碼可在使用者表單執行時修改其大小，但使用者不能修改。

仔細思考上述事實，會發現可以把使用者對 Label 控制項的移動轉換成可用於調整使用者表單尺寸的資訊。

在使用者按一下 Label 物件 objResizer 時，將執行如下的 objResizer_MouseDown 事件處理常式：

```
Private Sub objResizer_MouseDown(ByVal Button As Integer, _
    ByVal Shift As Integer, ByVal X As Single, ByVal Y As Single)
    If Button = 1 Then
        LeftResizePos = X
        TopResizePos = Y
    End If
End Sub
```

只有當按下滑鼠左鍵（即 Button 引數的值為 1）且游標位於 objResizer 標籤上時，才會執行上述程序。按一下按鈕時 X 和 Y 的滑鼠座標儲存在模組層次的變數中，即變數 LeftResizePos 和 TopResizePos。

隨後的滑鼠移動將觸發 MouseMove 事件，並且 objResizer_MouseMove 事件處理常式也將開始執行。下面是該程序最初的情況：

```
Private Sub objResizer_MouseMove(ByVal Button As Integer, _
    ByVal Shift As Integer, ByVal X As Single, ByVal Y As Single)
    If Button = 1 Then
        With objResizer
            .Move .Left + X - LeftResizePos, .Top + Y - TopResizePos
            Me.Width = Me.Width + X - LeftResizePos
            Me.Height = Me.Height + Y - TopResizePos
            .Left = Me.InsideWidth - .Width
            .Top = Me.InsideHeight - .Height
        End With
    End If
End Sub
```

仔細研究上述程式碼，可以發現在 Label 控制項 objResizer 移動的基礎上，也調整了使用者表單 Width 和 Height 屬性的值。圖 15-23 顯示了在使用者把 Label 控制項往右下方移動後使用者表單的情況。

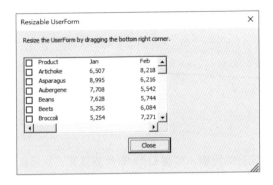

圖 15-23：VBA 程式碼把 Label 控制項的移動轉換成使用者表單新的 Width 和 Height 屬性值

當然，還有一個問題就是使用者表單中的其他控制項沒有對使用者表單的新尺寸做出反應。清單方塊的大小本應該增大，並且本應重新佈置指令按鈕以便其能保持在左下角。

當使用者表單的大小發生改變後，還需要更多的 VBA 程式碼來調整控制項。這些新程式碼位於 objResizer_MouseMove 事件處理常式中。完成此項工作的陳述式如下所示：

```
'    Adjust the ListBox
    On Error Resume Next
    With ListBox1
        .Width = Me.Width - 37
        .Height = Me.Height - 100
    End With
    On Error GoTo 0


'    Adjust the Close Button
    With CloseButton
        .Left = Me.Width - 85
        .Top = Me.Height - 54
    End With
```

根據使用者表單（即 Me）的大小，調整兩個控制項。加入這些新程式碼後，對話盒就可以很好地工作。使用者可以隨意地調整它的大小，控制項也隨之做出調整。

需要弄明白的是，建立可調整大小的對話盒的主要困難在於弄清如何調整這些控制項。如果含多個（多於 2 個或 3 個）控制項，事情可能會變得更複雜。

# 15.10 用一個事件處理常式處理多個使用者表單控制項

使用者表單上的每個指令按鈕都必須有它自己的程序來處理它的事件。例如，如果有兩個指令按鈕，就至少需要兩個事件處理常式來處理控制項的 Click 事件：

```
Private Sub CommandButton1_Click()
' Code goes here
End Sub


Private Sub CommandButton2_Click()
' Code goes here
End Sub
```

換言之，不能指定當按一下任意指令按鈕時要執行的巨集。每個 Click 事件處理常式都是直接與它的指令按鈕相關聯的。但是，可以讓每個事件處理常式在程式中呼叫另一個通用的巨集，但是必須傳遞引數以指出按一下的是哪個按鈕。在下例中，按一下 CommandButton1 或 CommandButton2 按鈕都會執行 ButtonClick 程序，而傳遞的單個引數會告訴 ButtonClick 程序按一下的是哪個按鈕。

```
Private Sub CommandButton1_Click()
    Call ButtonClick(1)
End Sub


Private Sub CommandButton2_Click()
    Call ButtonClick(2)
End Sub
```

如果使用者表單中有很多指令按鈕，那麼設定所有這些事件處理常式可能會比較麻煩。可能希望用一個程序來確定按一下的是哪個按鈕並採取相對應的動作。

本節介紹一種解決辦法可以解決這種問題，就是使用物件類別模組來定義一個新類別。

> **注意**
>
> 可在範例檔案中找到這個範例，檔案名稱為「multiple buttons.xlsm」。

下面的步驟描述如何重建如圖 15-24 所示的範例使用者表單：

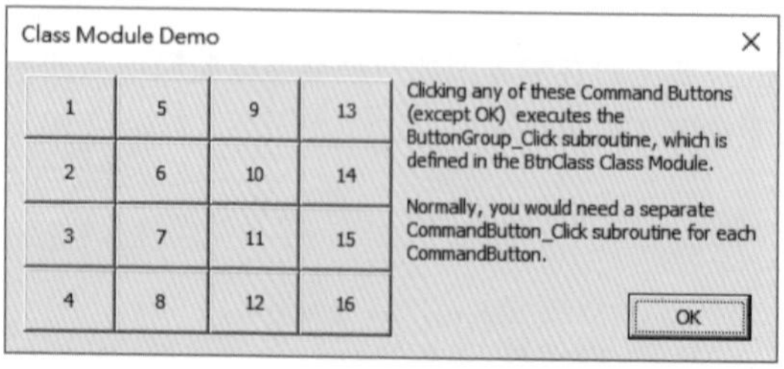

▲ 圖 15-24：很多指令按鈕都具有一個事件處理常式

(1) 像平常一樣建立一個使用者表單並加入一些指令按鈕。

這個範例包含 16 個 CommandButton 控制項，該範例假設表單名為 UserForm1。

(2) 在專案中插入一個物件類別模組 ( 選擇〔插入〕→〔物件類別模組〕指令 )，將其命名為 BtnClass，然後輸入下面的程式碼。可自訂 ButtonGroup_Click 程序。

```
Public WithEvents ButtonGroup As MsForms.CommandButton

Private Sub ButtonGroup_Click()
    Dim Msg As String
    Msg = "You clicked " & ButtonGroup.Name & vbCrLf & vbCrLf
    Msg = Msg & "Caption: " & ButtonGroup.Caption & vbCrLf
    Msg = Msg & "Left Position: " & ButtonGroup.Left & vbCrLf
    Msg = Msg & "Top Position: " & ButtonGroup.Top
    MsgBox Msg, vbInformation, ButtonGroup.Name
End Sub
```

15

提示

可採用這項技巧來處理其他類型的控制項。為此，需要在 Public WithEvents 宣告的宣告中修改類型名稱。例如，如果使用選項按鈕來代替指令按鈕，那麼可以使用如下所示的宣告陳述式：

```
Public WithEvents ButtonGroup As MsForms.OptionButton
```

(3) 插入一個普通的 VBA 模組並輸入下面的程式碼。

這個常式只是顯示使用者表單。

```
Sub ShowDialog()
    UserForm1.Show
End Sub
```

(4) 在使用者表單的程式碼模組中，輸入如下的 UserForm_Initialize 程式碼。

當發生使用者表單的 Initialize 事件時觸發這個程序。注意，這些程式碼把名為 cmdOK 的按鈕放在按鈕組外。因此，按一下 cmd〔OK〕按鈕不會執行 ButtonGroup_Click 程序。

```
Dim Buttons() As New BtnClass

Private Sub UserForm_Initialize()
    Dim ButtonCount As Long
    Dim ctl As Control

'   Create the Button objects
    ButtonCount = 0
    For Each ctl In Me.Controls
        If TypeName(ctl) = "CommandButton" Then
```

```
                    'Skip the OK Button
                    If ctl.Name <> "cmdOK" Then
                        ButtonCount = ButtonCount + 1
                        ReDim Preserve Buttons(1 To ButtonCount)
                        Set Buttons(ButtonCount).ButtonGroup = ctl
                    End If
                End If
            Next ctl
    End Sub
```

完成上述這些步驟後，可執行 **ShowDialog** 程序來顯示使用者表單。按一下任意一個指令按鈕（除〔OK〕按鈕之外），都會執行 **ButtonGroup_Click** 程序。當按一下某個按鈕時，會顯示相對應的訊息，如圖 15-25 所示。

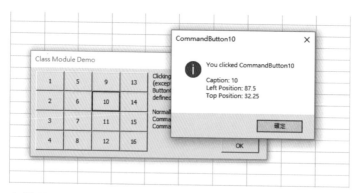

▲ 圖 15-25：ButtonGroup_Click 程序將描述按一下的按鈕

## 15.11 在使用者表單中選擇顏色

本節中的範例是一個顯示對話盒的函數（類似於本章前面討論過的 **MyMsgBox** 函數的概念）。這個函數名為 **GetAColor**，它將傳回一個顏色的數值：

```
Function GetAColor() As Variant
    UGetAColor.Show
    GetAColor = UGetAColor.ColorValue
    Unload UGetAColor
End Function
```

**GetAColor** 函數的使用方式如下所示：

```
UserColor = GetAColor()
```

執行上述陳述式將顯示出使用者表單。使用者選擇一個顏色，然後按一下〔OK〕按鈕。然後，該函數把這個使用者選擇的顏色值賦給 **UserColor** 變數。

該使用者表單如圖 15-26 所示，它含有 3 個 ScrollBar 控制項，每個捲軸都對應於一個顏色元件（分別是紅色、綠色和藍色）。每個捲軸數值的取值範圍為 0 ～ 255。模組中包含捲軸的 Change 事件的程序。例如，下面所示為第一個捲軸改變時執行的程序：

```
Private Sub scbRed_Change()
    Me.lblRed.BackColor = RGB(Me.scbRed.Value, 0, 0)
    UpdateColor
End Sub
```

UpdateColor 程序調整顯示的顏色樣本，同時更新 RGB 值。

線上資源　　　可在範例檔案中找到這個範例，檔案名稱為「getacolor function.xlsm」。

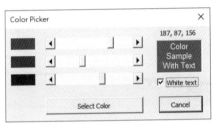

▲ 圖 15-26：透過指定紅色、綠色和藍色份量，該對話盒允許使用者選擇顏色

GetAColor 使用者表單還有一個技巧：它可以記住選擇的最後一個顏色。當函數結束後，這 3 個捲軸的數值就儲存在 Windows 登錄檔中，方法是使用以下程式碼（其中，APPNAME 是在 Module1 中定義的字串）：

```
SaveSetting APPNAME, "Colors", "RedValue", Me.scbRed.Value
SaveSetting APPNAME, "Colors", "BlueValue", Me.scbBlue.Value
SaveSetting APPNAME, "Colors", "GreenValue", scbGreen.Value
```

UserForm_Initialize 程序將搜尋這些數值並把它們賦給捲軸：

```
Me.scbRed.Value = GetSetting(APPNAME, "Colors", "RedValue", 128)
Me.scbGreen.Value = GetSetting(APPNAME, "Colors", "GreenValue", 128)
Me.scbBlue.Value = GetSetting(APPNAME, "Colors", "BlueValue", 128)
```

GetSetting 函數的最後一個引數是預設值，如果沒有找到登錄檔鍵就會使用到這個值。在本例中，每個顏色的預設值為 128，這將產生一個中度的灰色。

SaveSetting 和 GetSetting 函數總是使用以下的登錄檔鍵：

```
HKEY_CURRENT_USER\Software\VB and VBA Program Settings\
```

圖 15-27 顯示登錄檔中的資料，它是在執行 Windows 的 Regedit.exe 程式後顯示的。

▲ 圖 15-27：使用者的 ScrollBar 值儲存在 Windows 登錄檔中，在下次使用 GetAColor 函數時將搜尋這些值

## 15.12 在使用者表單中顯示圖表

很奇怪的是，Excel 沒有直接的方法可在使用者表單中顯示圖表。當然，可以複製該圖表並將其貼上到一個 Image 控制項的 Picture 屬性中，但是這樣建立的是圖表的靜態圖像，因此不會顯示圖表的任何變化。

這一節講述一種在使用者表單中顯示圖表的方法。圖 15-28 顯示了在 Image 物件中顯示的一個具有圖表的使用者表單。該圖表實際上位於工作表中，而且使用者表單總是顯示目前的圖表。這種方法把圖表複製到臨時的圖形檔案中，然後使用 LoadPicture 函數把該暫存檔案指定為圖像控制項的 Picture 屬性。

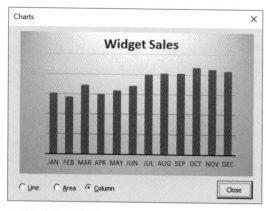

▲ 圖 15-28：透過使用一點小技巧，使用者表單可顯示「動態」圖表

線上資源　在範例檔案中可以找到這個活頁簿，檔案名稱為「chart in userform.xlsm」。

按以下一般步驟，可在使用者表單中顯示圖表：

(1) 像平常一樣建立圖表。

(2) 插入一個使用者表單並加入一個 Image 控制項。

(3) 撰寫 VBA 程式碼將圖表儲存為一個 GIF 檔，然後將這個 Image 控制項的 Picture 屬性設定為 GIF 檔。為此，需要使用 VBA 的 LoadPicture 函數。

(4) 根據需要加入其他元件。例如，這個範例檔中的使用者表單包含了可以更改圖表類型的控制項，還可以撰寫程式碼以顯示多個圖表。

## 15.12.1 將圖表儲存為 GIF 檔

下面的程式碼說明了如何從圖表中建立 GIF 檔（將其命名為 temp.gif），在這個範例中，工作表上的第一個圖表物件名為 Data：

```
Set CurrentChart = Sheets("Data").ChartObjects(1).Chart
Fname = ThisWorkbook.Path & "\temp.gif"
CurrentChart.Export FileName:=Fname, FilterName:="GIF"
```

## 15.12.2 更改圖片控制項的 Picture 屬性

如果使用者表單上的 Image 控制項是 Image1，下面的陳述式將把圖片（用 Fname 變數表示）載入到 Image 控制項中：

```
Me.Image1.Picture = LoadPicture(Fname)
```

> **注意**
>
> 這種技巧很有用，但在儲存圖表以及隨後搜尋圖表時，時間會有點延遲。不過在速度較快的系統上，這種延遲幾乎很難引起人們的注意。

## ◁‖15.13 使使用者表單半透明

通常，使用者表單是不透明的，也就是說，使用者表單底下的內容將被徹底覆蓋。但是，可以使使用者表單半透明，因此使使用者能夠看到使用者表單下面的工作表。

建立半透明使用者表單需要呼叫多個 Windows API 函數。可以使用 0（使用者表單不可見）到 255（使用者表單完全不透明，這是一般情況）之間的值設定透明度。0~255 之間的每個值都指定了一個半透明程度。

圖 15-29 顯示一個透明度為 128 的使用者表單。

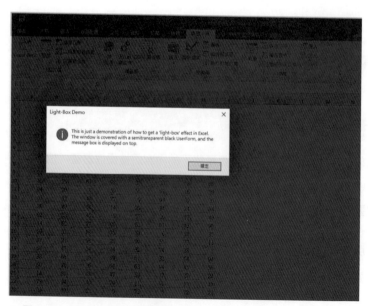

在範例檔案中可以找到這個活頁簿，檔名為「semi-transparent userform.xlsm」。

線上資源

半透明表單有什麼好處呢？經過思考後，筆者想出了這種技巧的潛在應用：建立燈箱效果。讀者可能已經見過使用燈箱效果的網站。網頁變暗（就好像燈的亮度變低），圖像或快顯視窗隨之顯現。這種效果用於將使用者的注意力集中到螢幕上的特定項上。

| 5 | 95 | 65 | 99 | 38 | 1 | 25 | 39 | 28 |
| 6 | 40 | 53 | 67 | 97 | 12 | 93 | 39 | 85 |
| 7 | 12 | 8 | 62 | 94 | 44 | 63 | 44 | 46 |
| 8 | 22 | 31 | 100 | 56 | 27 | 94 | 22 | 63 |
| 9 | 13 | 73 | 41 | 99 | 1 | 10 | 58 | 58 |
| 10 | 67 | 43 | 41 | 18 | 34 | | 13 | 24 |
| 11 | 49 | 70 | 53 | 28 | | | | 71 |
| 12 | 29 | 94 | 40 | 40 | | | | 42 |
| 13 | 41 | 7 | 24 | 22 | 100 | 23 | 72 | 89 |
| 14 | 45 | 16 | 40 | 57 | 97 | 99 | 255 | 36 |
| 15 | 34 | 20 | 60 | 62 | 81 | 43 | 20 | 8 |
| 16 | 76 | 80 | 23 | 31 | 36 | 45 | 33 | 90 |
| 17 | 3 | 62 | 89 | 10 | 48 | | 71 | 49 |
| 18 | 21 | 99 | 29 | 72 | 37 | 27 | 100 | 51 |
| 19 | 40 | 60 | 64 | 71 | 82 | 42 | 33 | 46 |
| 20 | 92 | 100 | 61 | 8 | 69 | | 75 | 61 |
| 21 | 58 | 24 | 53 | 27 | 43 | 86 | 9 | 12 |
| 22 | 48 | 43 | 22 | 83 | 80 | 60 | 100 | 30 |
| 23 | 6 | 15 | 66 | 56 | 55 | 95 | 24 | 31 |
| 24 | 15 | 93 | 41 | 49 | 84 | 84 | 87 | 5 |

Transparent UserForm Demo

Use the scroll bar to specify the level of transparency.

0　　　　　　255

(If the UserForm disappears, press Esc to close it)

Close

▲ 圖 15-29：半透明使用者表單

圖 15-30 所示為使用燈箱效果的 Excel 活頁簿。Excel 的視窗變暗，但是訊息方塊正常顯示。這如何實現呢？在一個黑色背景上建立一個使用者表單。然後撰寫程式碼，調整使用者表單的大小和位置，使其完全覆蓋 Excel 視窗。下面的程式碼實現這種覆蓋：

Light-Box Demo

This is just a demonstration of how to get a 'light-box' effect in Excel. The window is covered with a semitransparent black UserForm, and the message box is displayed on top.

確定

▲ 圖 15-30：在 Excel 中建立燈箱效果

```
With Me
    .Height = Application.Height
    .Width = Application.Width
    .Left = Application.Left
    .Top = Application.Top
End With
```

然後，使使用者表單半透明，這就使 Excel 的視窗變暗。訊息方塊（或另一個使用者表單）就顯示在半透明使用者表單的上面。

在範例檔案中可以找到這個活頁簿，檔案名稱為「excel light-box.xlsm」。

線上資源

## 15.14 使用者表單上的數字推盤

本章最後一個範例是一個非常熟悉的數字推盤，顯示在一個使用者表單中（如圖 15-31 所示）。這個數字推盤是 19 世紀末由 Noyes Chapman 發明的。可利用這個小遊戲放鬆一下，同時讀者可能會發現這種編碼方式很具有啟發性。

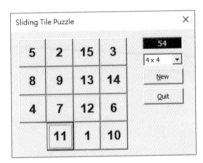

▲ 圖 15-31：位於使用者表單中的一個數字推盤

目標是把面板上的方格（CommandButton 控制項）按數字順序安排。按一下空格旁邊的按鈕，按鈕就將移到這個空格上。ComboBox 控制項允許使用者從 3 個配置中進行選擇：3×3、4×4 和 5×5。New 按鈕將重新打亂方格，Label 控制項將跟蹤移動次數。

該應用程式使用一個物件類別模組來處理所有的按鈕事件（參見本章前面的第 15.10 節）。

這裡的 VBA 程式碼相當冗長，因此不再一一條列。在檢查該程式碼時應牢記如下幾點：

➤ 透過程式碼把 CommandButton 控制項加入到使用者表單中。數字和按鈕的大小都是由 ComboBox 的值決定的。

➤ 透過模擬按鈕上千次的隨機按一下來打亂方格。另一種方法是只賦給隨機的數字，但這樣可能會導致一些無法解決的遊戲。

➤ 空白區實際上是一個 CommandButton，其 Visible 屬性被設定為 False。

> 物件類別模組包含一個事件程序（MouseUp），一旦使用者按一下該方格就會執行該程序。

> 當使用者按一下 CommandButton 方格時，它的 Caption 屬性就與隱藏的按鈕交換。實際上，程式碼並沒有移動任何按鈕。

範例檔案中提供該活頁簿，檔案名稱為「sliding tile puzzle.xlsm」。

線上資源

## 15.15 使用者表單上的電子撲克

最後這個範例是為了證明 Excel 並不一定很枯燥。圖 15-32 所示的使用者表單被設定成一個類似於娛樂場所中的電子撲克。

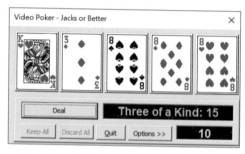

▲ 圖 15-32：頗具特色的電動撲克遊戲

這款遊戲的功能是：

> 可以選擇兩種遊戲：Joker's Wild 和 Jacks Or Better。
> 顯示輸贏記錄的圖表。
> 可修改牌的收益情況。
> 說明（顯示在工作表上）。
> 快速隱藏使用者表單的快捷按鈕。

所缺少的只是娛樂場所的氣氛了。

範例檔案中提供該活頁簿，檔案名稱為「video poker.xlsm」。

線上資源

如你所料，這個範例的程式碼十分冗長，這裡沒有列出。如果檢視活頁簿，就可以從中找到許多有用的使用者表單提示，包括一個物件類別模組的範例。

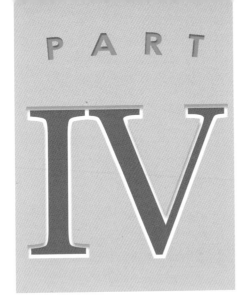

P A R T

IV

# 開發 Excel 應用程式

# 建立和使用增益集

- 概述增益集
- 詳細介紹 **Excel** 的增益集管理器
- 建立增益集
- **XLAM** 增益集檔案與 **XLSM** 檔的區別
- 操作增益集的 **VBA** 程式碼範例
- 檢測是否正確安裝增益集

## 16.1 什麼是增益集

Excel 中對開發人員最有用的功能之一是建立增益集的功能。建立增益集增加工作的專業度，並且與標準的活頁簿檔案相比，提供一些關鍵優勢。

一般來說，試算表增益集是指加入到試算表中後使其擁有額外功能的東西。例如，Excel 中裝有一些增益集。例如 Analysis ToolPak（加入了 Excel 本身所沒有的統計和分析功能），以及 Solver（執行進階的最佳化計算功能）。

有些增益集還提供可以用在公式中的新工作表函數。一個設計良好的增益集，其新功能必須與原有介面良好地整合，因此顯示為 Excel 程式的一部分。

### 16.1.1 增益集與標準活頁簿的比較

所有熟悉 Excel 的使用者都可以從 Excel 活頁簿檔案中建立增益集，而不需要額外的軟體或程式設計工具。所有活頁簿檔案都可以轉換為增益集，但並不是每一個活頁簿都適合用作增益集。從根本上講，Excel 增益集是一個一般的 XLSM 活頁簿，它與標準活頁簿的區別如下：

➢ ThisWorkbook 物件的 IsAddin 屬性為 True。預設情況下，該屬性的值為 False。

➢ 活頁簿視窗隱藏後，不能透過選擇〔檢視〕→〔視窗〕→〔取消隱藏〕指令顯示視窗。這表示不能顯示包含在增益集中的工作表或圖表工作表，只能撰寫程式碼將工作表複製到一個標準的活頁簿中才可以顯示。

➢ 增益集並不是 Workbooks 集合的成員，而是 AddIns 集合的成員。但是，可以透過

Workbooks 集合來連接增益集（參見 16.5.1 節）。

➢ 可使用「增益集」對話盒來安裝或移除增益集。安裝完畢後，增益集在 Excel 執行期間保持已安裝狀態。

➢ 「巨集」對話盒（透過選擇〔開發人員〕→〔程式碼〕→〔巨集〕或〔檢視〕→〔巨集〕→〔巨集〕指令呼叫）並不顯示包含在增益集中的巨集名稱。

➢ 儲存在增益集中的自訂工作表函數可以用在公式中，而不需要在其名稱前加入來源活頁簿的名稱。

> **注意**
>
> 以前，Excel 允許使用具有任意副檔名的增益集。從 Excel 2007 開始，仍然可以使用具有任意副檔名的增益集，但是如果副檔名不是 XLA 或 XLAM，那麼會出現如圖 16-1 所示的警告。即使該增益集是個已安裝過的增益集，而且在 Excel 啟動時自動開啟的，即使檔案是可信任的，仍然會顯示該提示。

▲ 圖 16-1：如果增益集使用一個非標準的副檔名，則會出現 Excel 警告

## 16.1.2 建立增益集的原因

由於以下某個原因，可能需要將 Excel 應用程式轉換為增益集：

- **限制對程式碼或工作表的連接**：當將某個應用程式發佈為增益集，並用密碼保護其 VBA 專案時，使用者就不能瀏覽或修改活頁簿中的工作表或 VBA 程式碼了。因此，如果在應用程式中使用權限技術，則可以阻止他人複製程式碼；或至少使該操作變得困難一些。
- **將 VBA 程式碼與資料分離**：如果將一個啟用巨集包含了程式碼和資料的活頁簿發送給使用者，那更新程式碼就很困難。使用者可能已更新程式碼或改變了已有的資料。如果給使用者發送更新過程式碼的另一個活頁簿，就會遺失已改變的資料。
- **使部署應用更輕鬆**：你可以把增益集放在網上共用，使用者可直接從網上下載。如果發生改變，可以從網路共用中把增益集替換掉。這樣當使用者重啟 Excel 時，會載入新的增益集。
- **避免混淆**：如果有使用者將應用程式載入為增益集，該檔案就不可見了，因此降低了初學者混淆的可能性。與隱藏的活頁簿不同，增益集不能顯示出來。
- **簡化對工作表函數的連接**：儲存在增益集中的自訂工作表函數並不需要活頁簿名稱限定詞。例如，如果將名為 MOVAVG 的自訂函數儲存在名為「Newfuncs.xlsm」的活頁簿中，就必須使用下列語法在其他活頁簿的公式中使用該函數：

```
=Newfuncs.xlsm!MOVAVG(A1:A50)
```

但是如果該函數儲存在一個開啟的增益集中，則可以使用如下更簡單的語法，因為不再需要包含檔案參照：

```
=MOVAVG(A1:A50)
```

- **向使用者提供更簡便的連接方式**：標識增益集的位置後，「增益集」對話盒中將用一個易記的名稱顯示該增益集，並為其提供說明資訊。
- **更好地控制載入程序**：增益集可以在 Excel 啟動時自動開啟，不管儲存在哪個目錄中。
- **避免在移除時顯示提示訊息**：當增益集被關閉時，使用者不會看到如「是否儲存對×××的更改？」這樣的提示。

### 📖 關於 COM 增益集

Excel 還支援 COM（Component Object Model，元件物件模型）增益集。這些檔案具有 .dll 或 .exe 文件副檔名。可以撰寫 COM 增益集，使其與所有支援增益集的 Office 應用程式一起使用。另一個好處是，增益集的程式碼是經過編譯的，因此可以提供更高的安全性。與 XLAM 增益集不同的是，COM 增益集不能包含 Excel 工作表或圖表。COM 增益集是用 Visual Basic.NET 平台開發的。對建立 COM 增益集程式的討論已經遠超出了本書的範疇。

### 注意

使用增益集的能力取決於使用者在「信任中心」對話盒中的「增益集」活頁標籤中的安全設定，如圖 16-2 所示，選擇〔開發人員〕→〔程式碼〕→〔巨集安全性〕指令。如果〔開發人員〕活頁標籤沒有顯示，則選擇〔檔案〕→〔選項〕→〔信任中心〕指令，然後按一下〔信任中心設定〕按鈕。

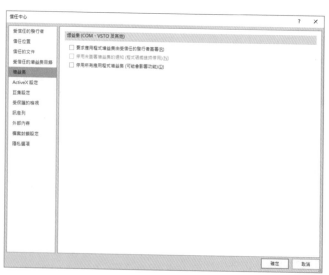

▲ 圖 16-2：這些設定會影響是否使用增益集

## 16.2 理解 Excel 的增益集管理器

載入和移除增益集最有效的方法是使用 Excel 的「增益集」對話盒，你可以透過以下方法之一進行連接：

➤ 選擇〔檔案〕→〔選項〕→〔增益集〕。然後，在「Excel 選項」對話盒中，從〔管理〕下拉清單中選擇〔Excel 增益集〕，然後按一下〔執行〕按鈕。

➤ 選擇〔開發人員〕→〔增益集〕→〔Excel 增益集〕。注意，預設情況下，〔開發人員〕活頁標籤是不可見的。

➤ 按〔Alt〕+〔T〕〔I〕，這種在 Excel 早期版本中使用的快捷方式現在依然可用。

圖 16-3 顯示「增益集」對話盒。清單中包含 Excel 可以分辨的所有增益集名稱，核取方塊標記用於識別開啟的增益集。可透過清除或標記核取方塊來從該對話盒中開啟或關閉增益集。當移除外掛程式時，並不會從系統中刪除它。它依然保留在系統中，供以後安裝。使用〔瀏覽〕按鈕找到附加的外掛程式，並將它們加入到列表中。

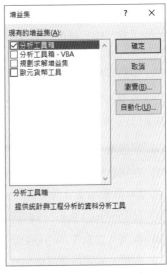

▲ 圖 16-3：「增益集」對話盒

可透過選擇〔檔案〕→〔開啟〕指令來開啟大多數增益集文件。由於增益集永遠都不可能是開啟的活頁簿，因此不能透過選擇〔檔案〕→〔關閉〕指令來關閉增益集。可透過退出和重啟 Excel 來刪除增益集，或執行 VBA 程式碼來關閉增益集。例如：

警告

```
Workbooks("myaddin.xlam").Close
```

使用〔檔案〕→〔開啟〕指令開啟增益集會開啟檔案，但是增益集不會被正式安裝。

開啟一個增益集時，你可能會注意到 Excel 的一些不同之處。幾乎所有情況下，使用者介面都會以某種方式變化：Excel 會在功能區中顯示一項新指令，或者在快速選單中顯示新功能表項目。例如，安裝「分析工具箱」增益集時，會提供一項新指令：〔資料〕→〔分析〕→〔資料分析〕指令。安裝 Excel 的「歐元貨幣工具」增益集時，會在〔公式〕活頁標籤中出現一個新群組：解決方案。

如果增益集只包括自訂工作表函數，那麼新函數會出現在「插入函數」對話盒中。

注意

> 如果開啟用 Excel 2007 之前的版本建立的增益集，增益集做出的任何使用者介面修改都不會像預期那樣進行顯示。而必須選擇〔增益集〕→〔選單指令或增益集〕→〔自訂工具列〕來連接使用者介面項目（選單和工具列）。

## 16.3 建立增益集

如前所述，可將任何活頁簿轉換為增益集，但是並非所有活頁簿都適合轉換為增益集。首先，增益集必須包含巨集（否則，就沒有任何用處）。

一般來說，適合轉換為增益集的活頁簿是一個包含通用巨集程式的活頁簿。只包含工作表的活頁簿轉換為增益集後將會無法連接，因為增益集中的工作表對於使用者來說是隱藏的。但是，可以撰寫程式碼，將工作表的全部或部分從增益集中複製到一個可見的活頁簿中。

從活頁簿中建立增益集是很簡單的。下面的步驟介紹如何從一個一般活頁簿檔案中建立增益集：

(1) 開發應用程式，確保一切都正常工作。

(2) 在增益集中包含一種執行巨集的方法（參見第 17 章和第 18 章，可以取得更多關於修改 Excel 使用者介面的資訊）。

(3) 啟動 Visual Basic 編輯器 (VBE)，在「專案」視窗中選擇活頁簿。

(4) 選擇〔工具〕→〔xxx 屬性（xxx 表示專案名稱）〕，然後按一下〔保護〕活頁標籤。選擇「鎖定專案以供檢視」核取方塊，然後輸入密碼（兩次）。按一下〔確定〕按鈕。

### 於密碼的一些知識

> Microsoft 從未宣稱使用 Excel 可以建立確保原始程式碼安全的應用程式。Excel 中提供的密碼功能足以防止使用者無意間連接你本想隱藏的部分應用程式。如果要絕對保證沒有人曾經看過你的程式碼或公式，那麼 Excel 並不是開發平台的最佳選擇。

只有想要阻止其他人瀏覽或修改自己的巨集或使用者表單時，該步驟才是必需的。

(5) 重新啟動 Excel，選擇〔開發人員〕→〔修改〕→〔文件資訊面板〕顯示「文件屬性」面板。

(6) 在「標題」欄位中輸入一個簡潔的說明性標題，在「備註」欄位中輸入較詳細的說明資訊。

該步驟不是必需的，但透過在「增益集」對話盒中顯示描述性文字，可使得增益集更容易使用。

(7) 選擇〔檔案〕→〔另存新檔〕對話盒。

(8) 在「另存新檔」對話盒中，從「儲存類型」下拉式選單中選擇「Excel 增益集 (*.xlam)」。Excel 會提供標準增益集目錄，但你可以將增益集儲存到其他位置上。

(9) 按一下〔儲存〕按鈕。

活頁簿的一個副本被儲存（具有 .xlam 副檔名），原始活頁簿仍然保持開啟的狀態。

(10) 關閉原始活頁簿，然後安裝增益集版本。

(11) 測試增益集，確保其正確工作。

如果不能正確工作，則對程式碼做些修改。並且不要忘記儲存修改。由於增益集不會顯示在 Excel 視窗中，你必須從 VBE 儲存它。

**警告** 轉換為增益集的活頁簿必須至少包含一個工作表，而且在建立增益集時工作表必須處於啟動狀態。如果圖表工作表處於啟動狀態，那麼將工作表儲存為增益集的選項就不會出現在「另存新檔」對話盒中。

## 16.4 增益集範例

本節介紹建立一個有用的增益集的步驟。範例中使用了筆者建立的一個實用程式，該實用程式可將圖表匯出為單獨的圖片檔案。它會在〔開始〕活頁標籤中加入一個新群組（即 Export Charts，也可按〔Ctrl〕+〔Shift〕+〔E〕來連接）。圖 16-4 顯示了這個實用程式的主對話盒。這是一個比較複雜的實用程式，可能需要一點時間來熟悉它的工作方式。

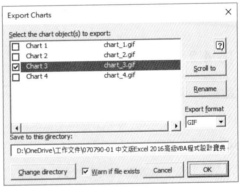

▲ 圖 16-4：Export Charts 活頁簿是一個有用的增益集

**線上資源** Export Charts 實用程式的 XLSM 版本（名為「export charts.xlsm」）可以從範例檔案中取得。可以使用該檔來建立前面介紹的增益集。

在這個範例中，將使用一個已經開發和偵錯完成的活頁簿。該活頁簿包含下列項目：

- **工作表 Sheet1**：不會使用該工作表，但是它必須存在，因為每個增益集必須至少有一個工作表。
- **使用者表單 UExport**：該對話盒用作主使用者介面。該使用者表單的程式碼模組包含一些事件處理常式。
- **使用者表單 URename**：當使用者按一下 Rename 按鈕，修改要匯出的圖表的檔案名稱時，顯示這個對話盒。

- **使用者表單 USplash**：當活頁簿開啟時顯示這個對話盒。它簡單地描述如何連接 Export Charts 實用程式，還包含一個「Don't Show This Message Again」核取方塊。
- **VBA 模組 Module1**：該模組包含一些程序，其中包括一個用來顯示 UExport 對話盒的主程序 StartExpotCharts。
- **ThisWorkbook 程式碼模組**：該模組包含一個讀取儲存的設定和顯示啟動訊息的 Workbook_Open 程序。
- **自訂功能區的 XML 程式碼**：該自訂在 Excel 外部完成。參見第 17 章，可以取得更多關於使用 RibbonX 來自訂功能區的資訊。

## 16.4.1 為增益集範例加入描述資訊

要為增益集輸入標題和簡要描述，可選擇〔檔案〕→〔資訊〕，然後從「屬性」下拉式選單中選擇〔進階屬性〕。

在「標題」欄位中輸入增益集的標題。該文字會出現在「增益集」對話盒的列表中。在「備註」欄位中，輸入對增益集的描述資訊。該資訊將在選擇增益集時出現在「增益集」對話盒的底部。

為增益集加入標題和描述資訊都是可選的，但是筆者非常推薦進行這些操作。

## 16.4.2 建立增益集

要建立一個增益集，可按如下步驟進行操作：

(1) 啟動 VBE，在「專案」視窗中選擇要載入的增益集活頁簿。

(2) 選擇〔偵錯〕→〔編譯 xxx（xxx 表示專案名稱）〕指令。

該步驟強制編譯 VBA 程式碼，並識別所有的語法錯誤，以便改正。將活頁簿儲存為增益集時，即使包含語法錯誤，Excel 也會建立增益集。

(3) 選擇〔工具〕→〔xxx 屬性（xxx 表示專案名稱）〕顯示「專案屬性」對話盒。按一下〔一般〕活頁標籤，輸入專案的新名稱。

預設情況下，所有 VBA 專案都被命名為 VBAProject。在本例中，專案名稱被修改為 ExpCharts。該步驟是可選的，但推薦使用。

(4) 最後使用 *.XLSM 名稱儲存活頁簿。

嚴格來說，該步驟並不是必需的，但它會給使用者的XLAM增益集做一個XLSM備份（沒有密碼）。

(5) 在「專案屬性」對話盒仍然顯示時，按一下〔保護〕活頁標籤，選擇「鎖定專案以供檢視」核取方塊，輸入密碼（兩次），按一下〔確定〕。

這時程式碼仍然是可見的，密碼保護將在下次開啟檔案時起作用。如果不需要保護專案，可跳過該步驟。

(6) 在 Excel 中，選擇〔檔案〕→〔另存新檔〕指令。

Excel 會顯示「另存新檔」對話盒。

(7) 在「儲存類型」下拉式選單中，選擇「Excel 增益集 (*.xlam)」。

(8) 按一下〔儲存〕按鈕。

新的增益集已建立，原來的 XLSM 版本仍然是開啟的。

在建立增益集時，Excel 會建議放到標準增益集目錄中，但實際上增益集可以放在任何目錄中。

---

📖 **關於 Excel 的增益集管理器**

透過 Excel 的「增益集」對話盒可以安裝和移除增益集。該對話盒列出所有可用增益集的名稱。被選擇的增益集都是開啟的。

在 VBA 中，「增益集」對話盒列出了 AddIns 集合中每個 AddIn 物件的 Title 屬性。每個帶有核取記號的增益集的 Installed 屬性都被設定為 True。

可以透過標記核取方塊來安裝增益集，透過刪除核取記號來清除已經安裝的增益集。如果要向列表中加入一個增益集，則使用〔瀏覽〕按鈕來定位增益集檔案。預設情況下，「增益集」對話盒列出了下列類型的文件：

- XLAM：從 XLSM 檔中建立的 Excel 2007 或更新版本的增益集
- XLA：從 XLS 檔中建立的 Excel 2007 之前版本的增益集
- XLL：獨立編譯過的 DLL 檔

如果按一下〔自動化〕按鈕，則可以瀏覽 COM 增益集。請注意，「自動化伺服器」對話盒可能會列出許多檔案，而且檔案列表並不限於使用 Excel 的 COM 增益集。

可用 VBA 的 AddIns 集合的 Add 方法向 AddIns 集合中註冊一個增益集檔案，但是不能使用 VBA 刪除增益集檔案。還可以透過將 AddIn 物件的 Installed 屬性設定為 True，來用 VBA 程式碼開啟一個增益集。將屬性設定為 False 則關閉增益集。

退出 Excel 時，「增益集管理器」會將增益集的安裝狀態儲存在 Windows 登錄檔中。因此，關閉 Excel 時，所有安裝的增益集都會在下次啟動 Excel 時自動開啟。

---

## 16.4.3 安裝增益集

為避免混淆，在安裝從活頁簿中建立的增益集之前先關閉 XLSM 活頁簿。

要安裝一個增益集，可按如下步驟進行操作：

(1) 選擇〔檔案〕→〔選項〕指令，按一下「增益集」活頁標籤。

(2) 從「管理」下拉式選單中選擇「Excel 增益集」，按一下〔執行〕（或按〔Alt〕+〔T〕〔I〕快速鍵）。Excel 會顯示「增益集」對話盒。

(3) 按一下〔瀏覽〕按鈕，定位並按兩下剛才建立的增益集。

發現新的增益集後，「增益集」對話盒會在清單中顯示該增益集。如圖 16-5 所示，「增益集」對話盒還會顯示使用者在「文件屬性」面板中提交的描述資訊。

(4) 按一下〔確定〕來關閉對話盒和開啟增益集。

當 Export Charts 增益集被開啟時，〔開始〕活頁標籤會顯示一個新組：Export Charts，該組有兩個控制項。一個控制項顯示 Export Charts 對話盒，另一個控制項顯示說明檔。

也可以透過快速鍵組合〔Ctrl〕+〔Shift〕+〔E〕來使用增益集。

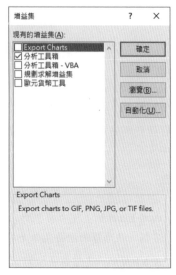

▲ 圖 16-5：「增益集」對話盒以及新選擇的增益集

## 16.4.4 測試增益集

安裝增益集後，應該執行一些額外的測試。對於該範例來說，開啟一個新活頁簿，並建立一些圖表，來測試 Export Charts 實用程式中的各個功能。盡一切可能使其執行失敗。最好尋求一個不熟悉該應用程式的人的說明，對其進行破壞性測試。

如果發現錯誤，就可以在增益集中（並不要求在原始檔中）改正程式碼。修改後，在 VBE 中選擇〔檔案〕→〔儲存〕指令來儲存文件。

## 16.4.5 發佈增益集

要向其他 Excel 使用者發佈該增益集，可以簡單地透過向他們提供一個 XLAM 檔副本（他們不需要 XLSM 版本）以及關於如何安裝的說明書。如果用密碼鎖定檔案，那麼巨集將不能被其他人瀏覽或修改，除非他們知道密碼。

## 16.4.6 修改增益集

如果需要修改一個增益集，首先開啟該增益集，如果使用了密碼，則解鎖該 VB 專案。要進行解鎖，需要啟動 VBE，然後在「專案」視窗中按兩下其專案名稱。該專案會被要求輸入密碼。做出修改後，從 VBE 中儲存檔案（選擇〔檔案〕→〔儲存〕指令）。

如果要建立一個增益集，並將其資訊儲存在一個工作表中，必須將其 IsAddIn 屬性設定為 False，這樣才能在 Excel 中瀏覽該活頁簿。這些工作可以在 ThisWorkbook 專案被選擇後，在如圖 16-6 所示的「屬性」視窗中完成。做出修改後，將 IsAddIn 屬性設定回 True，然後儲存檔案。如果想讓 IsAddIn 屬性保持為 False，則 Excel 不允許以 XLAM 副檔名儲存檔案。

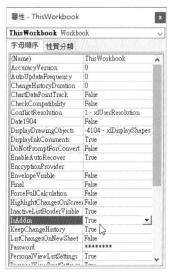

▲ 圖 16-6：使增益集不再是增益集

---

### 📖 建立增益集的檢查列表

在向外界發佈增益集之前，你應該花費一些時間思考下列檢查列表中的問題：

- 是否用所有支援的平台和 Excel 版本都進行增益集測試？

- 是否為 VB 專案指定一個新名稱？預設情況下，每個專案都被命名為 VBAProject。應該為專案指定一個更有意義的名稱。

- 增益集是否對使用者的目錄結構和目錄名稱做出假設？

- 使用「增益集」對話盒載入增益集時，其名稱和描述是否正確和合適？

- 如果增益集使用一個不能在工作表中使用的 VBA 函數，是否已將該函式宣告為 Private 類型？如果沒有，這些函數將出現在「插入函數」對話盒中。

- 是否記得將所有 Debug.Print 陳述式從程式碼中刪除？

- 是否強制重新編譯增益集，以確保其不包含語法錯誤？

- 是否考慮了國際性問題？

- 增益集檔案的速度是否進行最佳化？參見 16.7 節。

---

## 16.5 比較 XLAM 和 XLSM 文件

本節首先將 XLAM 增益集檔案與其 XLSM 原始檔案做了比較。本章後面將介紹可以用來最佳化增益集性能的方法。

基於 XLSM 原始檔案的增益集與其原始大小是相同的。XLAM 檔中的 VBA 程式碼並沒有被最佳化，因此使用增益集並沒有加快執行速度。

## 16.5.1 XLAM 檔中的 VBA 集合成員

增益集是 AddIns 集合中的一個成員，但並不是 Workbooks 集合的正式成員。可透過使用 Application 物件的 Workbooks 方法，並將增益集的檔名作為索引來參照增益集。下列指令建立一個物件變數，該變數表示的是名為「myaddin.xlam」的增益集：

```
Dim TestAddinAs Workbook
Set TestAddin = Workbooks("myaddin.xlam")
```

不能透過 Workbooks 集合中的索引號來參照增益集。如果使用下列程式碼來迴圈通過 Workbooks 集合，則不會顯示 myaddin.xlam 活頁簿：

```
Dim w as Workbook
ForEach w in Application.Workbooks
    MsgBoxw.Name
Next w
```

另一方面，下面的 For-Next 迴圈會在「增益集」對話盒中顯示「myaddin.xlam」：假設 Excel 中有的話：

```
Dim a as Addin
For Each a in Application.AddIns
    MsgBoxa.Name
Next a
```

## 16.5.2 XLSM 和 XLAM 文件的可見性

普通活頁簿顯示在一個或多個視窗中。例如，下列陳述式顯示所有開啟的活頁簿的視窗數：

```
MsgBoxActiveWorkbook.Windows.Count
```

透過選擇〔檢視〕→〔視窗〕→〔隱藏視窗〕指令或使用 VBA 修改 Visible 屬性，來操縱活頁簿中每個視窗的可視性。下列程式碼隱藏開啟的活頁簿中的所有視窗：

```
DimWin As Window
ForEach Win In ActiveWorkbook.Windows
    Win.Visible = False
Next Win
```

增益集檔案永遠是不可見的，並且沒有正式的視窗，即使它們有不可見的工作表。因此，當選擇〔檢視〕→〔視窗〕→〔切換視窗〕指令時，增益集並不會出現在視窗列表中。如果「myaddin.xlam」檔是開啟的，那麼下列陳述式會傳回 0：

```
MsgBoxWorkbooks("myaddin.xlam").Windows.Count
```

## 16.5.3 XLSM 和 XLAM 檔的工作表和圖表工作表

增益集檔案和普通的活頁簿檔案一樣，可以包含任意數量的工作表或圖表工作表。但是，如本章前面所述，XLSM 檔必須至少包含一個工作表，以便可以轉換為增益集。很多情況下，這個工作表都是空的。

增益集開啟時，VBA 程式碼可以像連接普通活頁簿一樣連接其工作表。因為增益集檔案並不是 Workbooks 集合的一部分，因此必須透過增益集的名稱而非索引號來進行參照。下面的範例顯示「myaddin.xla」中的第一個工作表中儲存格 A1 中的值，假設「myaddin.xla」是開啟的：

```
MsgBoxWorkbooks("myaddin.xlam").Worksheets(1).Range("A1").Value
```

如果增益集包含一個希望讓使用者看到的工作表，則可以將其複製到一個開啟的活頁簿中，或從工作表中建立一個新的活頁簿。

例如，下列程式碼複製增益集的第一個工作表，並將其放在開啟的活頁簿中（作為該活頁簿中的最後一個工作表）：

```
Sub CopySheetFromAddin()
    Dim AddinSheet As Worksheet
    Dim NumSheets As Long
    Set AddinSheet = Workbooks("myaddin.xlam").Sheets(1)
    NumSheets = ActiveWorkbook.Sheets.Count
    AddinSheet.Copy After:=ActiveWorkbook.Sheets(NumSheets)
End Sub
```

注意，即使增益集的 VBA 專案使用密碼保護，這個程序仍然可以工作。

從增益集的一個工作表中建立一個新活頁簿甚至更簡單：

```
SubCreateNewWorkbook()
Workbooks("myaddin.xlam").Sheets(1).Copy
End Sub
```

> **注意**
>
> 上述範例假設該段程式碼位於非增益集的檔案中。增益集中的 VBA 程式碼必須使用 ThisWorkbook 來限定指向增益集中的工作表或儲存格區域的參照。例如，下列程式假設是某個增益集檔案中的 VBA 模組。該陳述式顯示工作表 Sheet1 中儲存格 A1 的值：
>
> ```
> MsgBoxThisWorkbook.Sheets("Sheet1").Range("A1").Value
> ```

# 16.5.4 連接增益集中的 VBA 程序

連接增益集中的 VBA 程序與連接普通 XLSM 活頁簿中的程序有一些不同。首先，選擇〔檢視〕→〔巨集〕→〔巨集〕指令時，「巨集」對話盒不會顯示開啟的增益集中的巨集名稱。看起來似乎 Excel 在阻止連接這些巨集。

提示

> 如果知道增益集中程序的名稱，則可以直接輸入到「巨集」對話盒中，按一下〔執行〕按鈕執行該程序。Sub 程序一定要在通用 VBA 模組中而非物件的程式碼模組中。

由於包含在增益集中的程序並沒有在「巨集」對話盒中列出，所以必須提供其他方法進行連接。可以選擇直接的方法（如快速鍵和功能區指令）和間接的方法（如事件處理常式）。例如，可以選擇 OnTime 方法，在一天的某個特定時刻執行一個程序。

可使用 Application 物件的 Run 方法來執行增益集中的程序。例如：

```
Application.Run "myaddin.xlam!DisplayNames"
```

另一個選擇是使用 VBE 中的〔工具〕→〔設定引用項目〕指令來支援對增益集的參照。這樣，就可以在 VBA 程式碼中直接參照其中某個程序，而不用限定檔案名稱。實際上，只要該程序沒有被宣告為 Private，並不需要使用 Run 方法，而是可以直接呼叫該程序。下列陳述式執行了加入為參照的增益集中名為 DisplayNames 的程序：

```
Call DisplayNames
```

注意

> 即使已經建立了對增益集的參照，增益集的巨集名稱仍然不會出現在「巨集」對話盒中。

增益集中定義的函數程序與 XLSM 活頁簿中定義的函數程序使用起來一樣。連接這些程序很容易，因為 Excel 會將這些程序的名稱顯示在「插入函數」對話盒的「使用者定義」類別下（預設情況下）。唯一的例外是如果用 Private 關鍵字宣告 Function 程序，函數就不會出現在其中。正因為如此，如果自訂函數僅被其他 VBA 程序使用且不會在工作表公式中使用時，最好將自訂函式定義為 Private。

如前所述，可以使用增益集中包含的工作表函數，而不必限定活頁簿名稱。例如，如果有一個名為 MOVAVG 的自訂函數儲存在「newfuncs.xlsm」中，可使用下列指令從其他活頁簿中的工作表定址該函數：

```
=newfuncs.xlsm!MOVAVG(A1:A50)
```

但是，如果該函數儲存在一個開啟的增益集檔案中，則可以省略檔案參照，而是撰寫如下指令即可：

```
=MOVAVG(A1:A50)
```

記住，如果活頁簿使用了在增益集中定義的函數，就會有一個指向該增益集的連結，因此，在使用活頁簿時，該增益集也必須是可用的。

### 探究受保護的增益集

「巨集」對話盒並不會顯示增益集中包含的程序名稱。如果想要執行這樣一個程序，該怎麼辦呢？不知道程序名稱也可以執行它們，但是這需要使用「瀏覽物件」對話盒。

為說明問題，筆者安裝了「歐元貨幣工具」增益集。這個增益集隨 Excel 一起發佈，並且是受保護的，所以不能檢視其程式碼。安裝這個增益集後，它會在功能區的〔公式〕活頁標籤下建立一個名為〔方案〕的新群組。按一下〔歐元轉換〕按鈕時，將顯示「歐元轉換」對話盒。在這裡可以轉換包含貨幣的儲存格區域。

為確定顯示這個對話盒的程序的名稱，可執行下列步驟：

(1) 啟動 VBE，然後選擇「專案」視窗中的「EUROTOOL.XLAM」專案。

(2) 按〔F2〕鍵，啟動「瀏覽物件」對話盒。

(3) 在「程式庫」下拉式選單中，選擇「EuroTool」。這樣就會顯示「EUROTOOL. XLAM」增益集中的所有類別，如圖 16-7 所示：

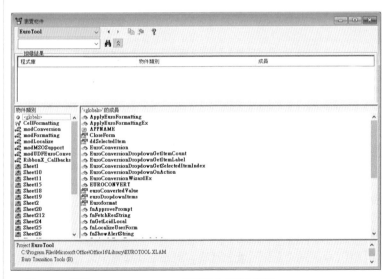

▲ 圖 16-7：顯示 EUROTOOL.XLAM 增益集中的所有類別

(4) 在類列表中選擇各個項目，檢視它們屬於哪些類別以及包含哪些成員。

可以看到，這個增益集中有不少工作表。Excel 允許複製受保護增益集中的工作表，所以如果想要檢視其中某個工作表，使用如下陳述式，透過「即時運算視窗」將工作表複製到一個新活頁簿中：

```
Workbooks("eurotool.xlam").Sheets(1).Copy
```

或者，為了檢查全部工作表，執行如下陳述式，將該增益集轉換為一個標準活頁簿：

```
Workbooks("eurotool.xlam").IsAddin = False
```

圖 16-8 顯示了從 EUROTOOL.XLAM 中複製的工作表的一部分。這個工作表（和其他工作表）包含用於為不同語言當地語系化該增益集的資訊。

這幅圖很有趣，但是對識別我們尋找的程序名稱沒有幫助。

這個增益集有許多程序，筆者嘗試執行幾個可能的程序，但是沒有一個顯示「歐元轉換」對話盒。然後，筆者檢視 ThisWorkbook 程式碼模組中列出的成員，注意到一個名為 EuroConversionWizard 的程序。筆者嘗試執行這個程序，但是出現一個錯誤。然後筆者嘗試另外一項指令：

```
Application.Run "eurotool.xlam!ThisWorkbook.EuroConversionWizard"
```

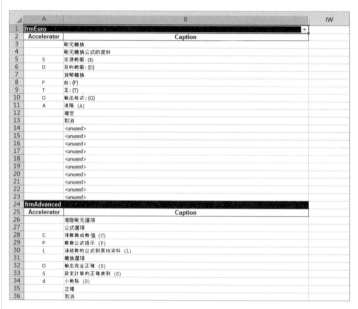

▲ 圖 16-8：工作表的部分

這次成功了。執行這條陳述式會顯示「歐元轉換」對話盒。

根據該資訊，可以撰寫 VBA 程式碼來顯示「歐元轉換」對話盒：當然，假設你有理由這麼做。

## 16.6 用 VBA 操作增益集

本節介紹了一些有助於撰寫用來操作增益集的 VBA 程序的資訊。

AddIns 集合包含了所有 Excel 能夠識別的增益集。這些增益集可以進行安裝，也可以選擇不安裝。「增益集」對話盒列出 AddIns 集合的所有成員。其中選上核取記號的項目已經安裝了。

## 16.6.1 在 AddIns 集合中加入增益集

構成 AddIns 集合的增益集檔案可以儲存在任何地方。Excel 將這些檔和它們的位置儲存在 Windows 登錄檔中。在 Excel 2016 中，該列表儲存在：

```
HKEY_CURRENT_USER\Software\Microsoft\Office\16.0\Excel\Add-in Manager
```

可使用 Windows 登錄編輯程式（regedit.exe）來瀏覽登錄檔鍵值。請注意，Excel 安裝的標準增益集並不出現在該登錄檔鍵值中。此外，儲存在下列目錄中的增益集檔案也會出現在列表中，但並沒有在登錄檔中列出：

```
C:\Program Files\Microsoft Office\Office16\Library
```

可以透過手動方式或透過使用 VBA 以程式設計方式將一個新的 AddIn 物件加入到 AddIns 集合中。如果要手動加入一個新的增益集到集合中，則需要顯示「增益集」對話盒，按一下〔瀏覽〕按鈕，並找到增益集。

如果要用 VBA 為 AddIns 集合加入一個新成員，則使用該集合的 Add 方法。下面是一個範例：

```
Application.AddIns.Add "c:\files\newaddin.xlam"
```

執行上述指令後，AddIns 集合就有一個新成員，「增益集」對話盒會在其清單中顯示一個新項。如果該增益集已經存在於集合中，則不會發生任何操作，也不會產生錯誤。

如果增益集位於一個可移動的介質中（如光碟），那麼也可以用 Add 方法將該檔複製到 Excel 的程式庫目錄下。下例從 E 磁碟中複製「myaddin.xla」檔，將其加入到 AddIns 集合中。Add 方法的第二個引數（本例中為 True）指定是否要複製該增益集。如果增益集位於本機磁碟中，則可以忽略第二個引數。

```
Application.AddIns.Add "e:\myaddin.xla", True
```

**注意**

在 AddIns 集合中加入一個新檔時，並不會對該增益集進行安裝。要安裝增益集，則要將其 Installed 屬性設定為 True。

Excel 正常關閉之前，Windows 登錄檔並不會進行更新。因此，如果 Excel 非正常結束（即當機），那麼該增益集的名稱不會被加入到登錄檔中，Excel 重啟時該增益集不會存在於 AddIns 集合中。

## 16.6.2 從 AddIns 集合中刪除項

奇怪的是，並沒有方法能從 AddIns 集合中刪除增益集。AddIns 集合不包含 Delete 或 Remove 方法。從「增益集」對話盒中刪除增益集的一種方法是編輯 Windows 登錄檔資料庫（使用 regedit.exe）。這樣，下次啟動 Excel 時，增益集就不會出現在「增益集」對話盒中了。注意，這種方法並不能保證適用於所有增益集檔案。

從 AddIns 集合中刪除增益集的另一種方法是刪除、移動或重命名其 XLAM（或 XLA）檔案。下一次安裝或移除增益集時，會得到如圖 16-9 所示的警告，也使使用者可以根據該警告資訊從 AddIns 集合中刪除增益集。

▲ 圖 16-9：刪除 AddIns 集合中成員的一種方法

## 16.6.3 AddIn 物件屬性

AddIn 物件是 AddIns 集合中的一個獨立成員。例如，要顯示 AddIns 集合中第一個成員的檔案名，則使用下列陳述式：

```
MsgboxAddIns(1).Name
```

一個 AddIn 物件有 15 個屬性，可以從說明系統中了解到。其中 5 個屬性是隱藏屬性。其中一些屬性有些容易混淆，因此將在接下來的部分介紹一些重要屬性。

### 1. AddIn 物件的 Name 屬性

該屬性儲存增益集的檔案名稱。Name 屬性是一個唯讀屬性，因此不能透過改變 Name 屬性來修改檔案名稱。

### 2. AddIn 物件的 Path 屬性

該屬性儲存增益集儲存的驅動器和路徑。它並不包括反斜線結束符號或檔案名稱。

### 3. AddIn 物件的 FullName 屬性

該屬性儲存增益集的驅動器、路徑和檔案名稱。該屬性是多餘的，因為這些資訊也可以從

Name 屬性和 Path 屬性中取得。下列指令產生的訊息實際上是相同的：

```
MsgBoxAddIns(1).Path & "\" &AddIns(1).Name
MsgBoxAddIns(1).FullName
```

## 4. AddIn 物件的 Title 屬性

這個被隱藏的 Title 屬性儲存增益集的描述資訊。Title 屬性出現在「增益集」對話盒中。當 Excel 從視窗中讀取檔的 Title 屬性時可以設定該屬性，且不能從程式碼中修改該屬性。要加入或修改增益集的 Title 屬性，首先要將 IsAddin 屬性設定為 False（這樣增益集可以正常的活頁簿形式出現在 Excel 中），然後選擇〔檔案〕→〔資訊〕，在「屬性」區域對 Title 進行修改。別忘了將 IsAddin 屬性設定回 True，並從 VBE 中儲存增益集。因為在安裝增益集時 Excel 僅讀取檔案屬性，它不會知道這些變化，除非移除並重新安裝該增益集（或者重啟 Excel）。

當然，也可透過 Windows 資源管理器來更改任何檔案屬性（包括 Title 屬性）。在 Windows 資源管理器中右擊增益集文件，從快速選單中選擇「屬性」。然後按一下〔詳細資訊〕活頁標籤進行修改。如果檔已經在 Excel 中開啟了，在 Windows 資源管理器所做的修改就不能被儲存，因此在使用該方法前需要先移除它或者關閉 Excel。

通常，集合中的成員透過 Name 屬性設定來定址。AddIns 集合則不同，它使用 Title 屬性來定址。下列範例顯示了 Analysis ToolPak 增益集的檔案名稱（即 analys32.xll），其 Title 屬性為「Analysis ToolPak」。

```
SubShowName()
MsgBoxAddIns("Analysis Toolpak").Name
End Sub
```

當然，如果你碰巧知道增益集的索引號，也可以用索引號來參照某個特定的增益集。但在大多數情況下，需要透過使用 Name 屬性來參照增益集。

## 5. AddIn 物件的 Comments 屬性

這個屬性儲存選擇某個特定增益集時「增益集」對話盒中顯示的文字。與 Title 屬性類似，讀取檔的 Title 屬性時可以設定該屬性，且不能從程式碼中修改該屬性。要修改該屬性，也與上一節所述的修改 Title 屬性的方法一樣。Comments 屬性可以長達 255 個字元，但是「增益集」對話盒只能顯示大約 100 個字元。

## 6. AddIn 物件的 Installed 屬性

如果目前已經安裝增益集（即如果在「增益集」對話盒中選中該增益集），Installed 屬性為 True。將 Installed 屬性設定為 True 會開啟該增益集。將其設定為 False 則會移除該增益集。下面的範例顯示如何使用 VBA 安裝（即開啟）Analysis ToolPak 增益集：

```
SubInstallATP()
AddIns("Analysis ToolPak").Installed = True
End Sub
```

執行該程序後，「增益集」對話盒會在「分析工具箱」旁邊顯示一個核取記號。如果增益集已經安裝，那麼將 Installed 屬性設定為 True 並沒有任何影響。如果要刪除（移除）增益集，將 Installed 屬性設定為 False 即可。

 如果用〔檔案〕→〔開啟〕指令開啟一個增益集，則並不會認為要正式安裝。結果是其 Installed 屬性為 False。只有增益集顯示在「增益集」對話盒中，並且旁邊選上核取記號時，它才會進行安裝。

下面的 ListAllAddIns 程序建立一個表，列出了 AddIns 集合的所有成員，並顯示下列屬性：Name、Title、Installed、Comments 和 Path 屬性。

```
Sub ListAllAddins()
    Dim ai As AddIn
    Dim Row As Long
    Dim Table1 As ListObject
    Cells.Clear
    Range("A1:E1") = Array("Name", "Title", "Installed", _
      "Comments", "Path")
    Row = 2
    On Error Resume Next
    For Each ai In Application.AddIns
        Cells(Row, 1) = ai.Name
        Cells(Row, 2) = ai.Title
        Cells(Row, 3) = ai.Installed
        Cells(Row, 4) = ai.Comments
        Cells(Row, 5) = ai.Path
        Row = Row + 1
    Next ai
    On Error GoTo 0
    Range("A1").Select
    ActiveSheet.ListObjects.Add
    ActiveSheet.ListObjects(1).TableStyle = _
      "TableStyleMedium2"
End Sub
```

圖 16-10 顯示執行該程序的結果。如果修改程式碼，以便使用 AddIns2 集合，表中還會包含使用〔檔案〕→〔開啟〕指令開啟的增益集（如果有）。AddIns2 集合只在 Excel 2010 或後續版本中提供。

| | A | B | C | D | E |
|---|---|---|---|---|---|
| | List All Addins | | | | |
| 1 | Name | Title | Installed | Comments | Path |
| 2 | export charts.xlam | Export Charts | TRUE | | C:\Users\智傑\AppData\Roaming\Microsoft\AddIns |
| 3 | ANALYS32.XLL | 分析工具箱 | TRUE | | C:\Program Files\Microsoft Office\Office16\Library\Analysis |
| 4 | ATPVBAEN.XLAM | 分析工具箱 - VBA | FALSE | | C:\Program Files\Microsoft Office\Office16\Library\Analysis |
| 5 | SOLVER.XLAM | 規劃求解增益集 | FALSE | | C:\Program Files\Microsoft Office\Office16\Library\SOLVER |
| 6 | EUROTOOL.XLAM | 歐元貨幣工具 | TRUE | | C:\Program Files\Microsoft Office\Office16\Library |

▲ 圖 16-10：該表列出了 AddIns 集合中的所有成員

線上資源　可以從範例檔案中取得該程序，檔案名稱為「list add-in information.xlsm」。

注意

可以透過連接活頁簿的 IsAddIn 屬性來確定其是不是一個增益集。該屬性並不是唯讀屬性，因此可以透過將 IsAddIn 屬性設定為 True 來將活頁簿轉換成增益集。然而，也可透過將 IsAddIn 屬性設定為 False 將增益集轉換成活頁簿。這樣一來，增益集的工作表在 Excel 中就可見了（即使增益集的 VBA 專案被保護）。透過使用這種技術，筆者了解到 SOLVER.XLAM 中的大多數對話盒都是舊式的 Excel 5/95 對話盒編輯表，而不是使用者表單。另外，SOLVER.XLAM 僅包含 500 多種命名的區域。

## 16.6.4 作為活頁簿連接增益集

有兩種方法可開啟增益集檔案：透過使用「增益集」對話盒和選擇〔檔案〕→〔開啟〕指令。前一種方法是優先考慮的方法，這是因為：當用〔檔案〕→〔開啟〕指令開啟增益集時，其 Installed 屬性並未被設定為 True。因此，不能透過使用「增益集」對話盒來關閉檔案。事實上，關閉這種增益集的唯一方法是用類似下列所示的 VBA 函式：

```
Workbooks("myaddin.xlam").Close
```

警告　對一個安裝好的增益集使用 Close 方法會將增益集從記憶體中刪除掉，但是並不會將其 Installed 屬性設定為 False。因此，「增益集」對話盒仍然會列出該增益集，讓人以為其已經安裝。刪除一個安裝好的增益集的正確方法是將增益集的 Installed 屬性設定為 False。

Excel 的增益集功能有一點奇怪。這一元件（除了加入 AddIns2 集合以外）經過了許多年之後仍未得到改善。因此，作為一個開發人員，特別需要注意由安裝和移除增益集引起的問題。

## 16.6.5 AddIn 物件事件

AddIn 物件包含兩個事件：AddInInstall 事件（安裝增益集時出現）和 AddInUninstall 事件（移除增益集時出現）。可在 ThisWorkbook 程式碼模組中為增益集的這兩個事件撰寫事件處理常式。

下面的範例會在安裝增益集時彈出一項訊息：

```
Private Sub Workbook_AddInInstall()
    MsgBoxThisWorkbook.Name& _" add-in has been installed."
End Sub
```

不要混淆 AddInInstall 事件與 Open 事件。AddInInstall 事件只在第一次安裝增益集時發生：並不是每次開啟時都發生。如果需要在每次開啟增益集時執行程式碼，則使用 Workbook_Open 程序。

警告

交叉參考　關於事件的更多資訊，請參見第 6 章。

# 16.7 最佳化增益集的性能

如果讓一些 Excel 程式設計人員自動操作一項特定任務，很可能會得到一些不同的途徑。並且很可能並不是所有的途徑都能執行得很好。

下面是一些簡單提示，可以用來確保程式碼盡可能快地執行。這些提示可以運用於所有的 VBA 程式碼，而不僅是增益集中的程式碼：

- **將 Application.ScreenUpdating 屬性設定為 False**：用於向工作表中寫入資料或執行一些會引起顯示變化的行為時。
- **儘量為所有使用的變數宣告資料類型，避免使用 Variant 類型**：在每個模組的頂端使用 Option Explicit 陳述式來強制自己宣告所有變數。
- **建立物件變數時，避免過長的物件參照**：例如，如果正在使用圖表的 Series 物件，則可以透過使用下列程式碼來建立一個物件變數：

```
Dim S1 As Series
Set S1 = ActiveWorkbook.Sheets(1).ChartObjects(1). _
    Chart.SeriesCollection(1)
```

- **盡可能將物件變數宣告為一個具體的物件類型**：而不是僅使用 As Object。
- **適當時使用 With-End With 結構**：在合適時，為單個物件設定多個屬性或呼叫多個方法。
- **刪除所有無關程式碼**：如果已經使用巨集錄製器來建立程序，這就非常重要了。
- **如果可能，用 VBA 陣列而非工作表儲存格區域來運算元據**：讀取和寫入工作表所花費的時間比在記憶體中運算資料要長得多。但這並非固定規則。為得到更好的結果，可以同時嘗試兩種選擇。
- **如果程式碼向工作表中寫入大量資料，考慮將計算模式設為「手動」**：這可以顯著提高速度。下面這條陳述式改變了計算模式：

```
Application.Calculation = xlCalculationManual
```

- **避免將使用者表單控制項連結到工作表儲存格**：這樣可能會在使用者修改使用者表單控制項時觸發重新計算操作。
- **在建立增益集之前編譯程式碼**：這樣可能會增加檔案大小，但是消除 Excel 在執行程序前編譯程式碼的需要。

## 16.8 增益集的特殊問題

增益集是強大的，但到目前為止，應該要意識到「天下沒有白吃的午餐」。增益集也有自己的問題：或者，能否把這稱之為挑戰？本節將介紹為廣大使用者開發增益集時需要知道的知識。

### 16.8.1 確保增益集已經安裝

某些情況下，可能需要確保增益集已正確安裝：即使用「增益集」對話盒而不是〔檔案〕→〔開啟〕指令開啟增益集。本節介紹了一種方法，用來確定增益集是如何被開啟的，以及如果增益集沒有正確安裝，如何讓使用者正確安裝增益集。

如果增益集沒有正確安裝，則程式碼會顯示一項訊息（如圖 16-11 所示）。按一下〔是〕按鈕則安裝增益集。按一下〔否〕按鈕則保持檔開啟，但是不安裝增益集。按一下〔取消〕按鈕則關閉檔案。

▲ 圖 16-11：試圖錯誤地開啟增益集時，使用者會看到該訊息

下列程式碼是增益集的 ThisWorkbook 物件的程式碼模組。該技術依賴於這種情況：AddInInstall 事件在活頁簿的 Open 事件之前發生。

```
Dim InstalledProperly As Boolean

Private Sub Workbook_AddinInstall()
    InstalledProperly = True
End Sub

Private Sub Workbook_Open()
    Dim ai As AddIn, NewAi As AddIn
    Dim M As String
```

```
    Dim Ans As Long
    'Was just installed using the Add-Ins dialog box?
    If InstalledProperly Then Exit Sub

    'Is it in the AddIns collection?
    For Each ai In AddIns
        If ai.Name = ThisWorkbook.Name Then
            If ai.Installed Then
                MsgBox "This add-in is properly installed.", _
                    vbInformation, ThisWorkbook.Name
                Exit Sub
            End If
        End If
    Next ai

    'It's not in AddIns collection, prompt user.
    M = "You just opened an add-in. Do you want to install it?"
    M = M & vbNewLine
    M = M & vbNewLine & "Yes - Install the add-in. "
    M = M & vbNewLine & "No - Open it, but don't install it."
    M = M & vbNewLine & "Cancel - Close the add-in"
    Ans = MsgBox(M, vbQuestion + vbYesNoCancel, _
        ThisWorkbook.Name)
    Select Case Ans
        Case vbYes
            ' Add it to the AddIns collection and install it.
            Set NewAi = _
                Application.AddIns.Add(ThisWorkbook.FullName)
            NewAi.Installed = True
        Case vbNo
            'no action, leave it open
        Case vbCancel
            ThisWorkbook.Close
    End Select
End Sub
```

該程序包含下列幾種可能性：

➤ 因為增益集已經安裝，並在「增益集」對話盒中列出和選擇，所以會自動開啟。使用者看不到訊息。

➤ 使用者使用「增益集」對話盒來安裝增益集。使用者看不到訊息。

➤ 增益集被手動開啟（透過〔檔案〕→〔開啟〕指令），它不是 AddIns 集合的成員。使用者看到訊息，必須採取 3 個動作中的某一個。

➤ 增益集被手動開啟，它是 AddIns 集合的成員：但沒有被安裝（沒有選擇）。使用者看到訊息，必須採取 3 個動作中的某一個。

順便提一句，該段程式碼還能用來簡化他人對增益集的安裝。只要告訴他們按兩下增益集的檔案名（在 Excel 中開啟），並對提示資訊按一下〔是〕按鈕進行回應。更好的方法是修改程式碼，使其不彈出對話盒就會安裝增益集。

該增益集名為「check addin.xlam」，可從本書的範例檔案中取得。試著用兩種方法（「增益集」對話盒和選擇〔檔案〕→〔開啟〕指令）開啟。

## 16.8.2 從增益集中參照其他文件

如果增益集使用了其他檔案，則發佈應用程式時要特別小心。不能假定使用者執行應用程式的系統使用一種特定的儲存結構。最簡單的方法是將應用程式的所有檔複製到一個目錄下。然後選擇應用程式的活頁簿的 Path 屬性，來建立對其他所有檔的路徑參照。

例如，如果應用程式使用自訂說明檔案，則要確保該幫助檔被複製到與應用程式相同的目錄下。然後，可使用如下所示的程序來確保說明系統可以進行定位：

```
SubGetHelp()
Application.HelpThisWorkbook.Path& "\userhelp.chm"
End Sub
```

如果應用程式使用 API 呼叫標準的 Windows DLL，那麼可以假設這些可以由 Windows 找到。但如果使用自訂 DLL，那麼最好確保它們被正確安裝在「Windows\System」目錄下（目錄名稱可能是 Windows\System，也可能不是）。需要使用 GetSystemDirectory Windows API 函數來確定 System 目錄的具體路徑。

## 16.8.3 為增益集檢測適用的 Excel 版本

對於那些使用 Excel 早期版本的使用者，如果他們安裝了 Microsoft 的 Compatibility Pack，則可以開啟 Excel 2007 及更高版本的檔案。如果增益集使用 Excel 2007 或 Excel 後續版本中獨有的功能，將需要提醒那些試圖用早期版本開啟增益集的使用者。下列程式碼做了這項工作：

```
Sub CheckVersion()
    If Val(Application.Version) < 12 Then
        MsgBox "This works only with Excel 2007 or later"
        ThisWorkbook.Close
    End If
End Sub
```

Application 物件的 Version 屬性傳回了一個字串。例如，可能傳回 12.0a。該程序使用 VBA 的 Val 函數，它會忽略第一個非數字字元後面的所有內容。

交叉參考　更多關於相容性的資訊，請查閱第 21 章。

# 17

# 使用功能區

- 從使用者角度看 **Excel** 功能區使用者介面
- 使用 **VBA** 操作功能區
- 用 **RibbonX** 程式碼自訂功能區
- 修改功能區的活頁簿範例
- 建立一個舊式工具列的範例程式碼

## 17.1 功能區基礎

從 Microsoft Office 2007 開始，沿用多年的選單 + 工具列式的使用者介面已被棄用，已被功能區取而代之。雖然功能區與功能表列有些類似，但是你會發現它們有本質上的不同，尤其是 VBA 區域。

功能區由活頁標籤、群組和控制項這三層構成。活頁標籤位於頂層，每個活頁標籤由一個或多個群組構成，而每個群組又由一個或多個控制項組成。

- **活頁標籤**：這是功能區等級中的頂層物件。可以用活頁標籤將絕大多數的功能操作進行邏輯分組。預設的功能區包含了〔常用〕、〔插入〕、〔版面配置〕、〔公式〕、〔資料〕、〔校閱〕、〔檢視〕活頁標籤。你可以將控制項加入到已有的活頁標籤中，或者建立新的活頁標籤。例如，你可使用公司的名稱建立一個新的活頁標籤，裡面包含的控制項都是針對公司辦公時需要執行的操作。
- **群組**：這是功能區等級中的第二層物件。群組中包含了很多不同類的控制項，用來將功能區活頁標籤下的各種操作進行邏輯分組。預設的〔公式〕活頁標籤包含〔函數程式庫〕、〔已定義之名稱〕、〔公式稽核〕、〔計算〕群組。在群組中，不是必須包含相關的控制項，但這樣分組有助於更方便地使用控制項。
- **控制項**：這是動作實際發生的區域。透過控制項可與 Excel 或者自訂的 VBA 程式碼進行互動。功能區支援各種控制項，本章將具體討論這些控制項。

功能區支援許多類型的控制項。不過本章不打算把每種類型的控制項都討論一遍，主要介紹一些常用控制項。如果你習慣使用舊式選單或工具列，也會很喜歡功能區中控制項的靈活度。圖 17-1 中展示了包含一些好用控制項類型的〔版面配置〕活頁標籤。下面主要講解其中一些控制項：

- **按鈕**：按鈕控制項是最基本的功能區控制項，如果你用慣舊式工具列使用者介面，對它也應該很熟悉。按一下按鈕，然後它就執行動作。〔常用〕活頁標籤中的〔剪下〕按鈕執行內建的剪下動作。也可以用自訂按鈕來執行你所撰寫的巨集。
- **分割按鈕**：分割按鈕控制項跟按鈕控制項類似，但帶有其他功能。它可對按鈕部分和清單部分進行橫向或縱向分割。以箭頭顯示的清單部分會顯示出一欄相似的按鈕。〔常用〕活頁標籤中的〔貼上〕分割按鈕就是個很好的例子。按鈕部分會執行正常的貼上操作。如果按一下箭頭，就會將清單顯示出來，你可以選擇不同的貼上操作，如〔僅貼上文字〕或〔保持來源格式設定〕。
- **核取方塊**：核取方塊控制項和使用者表單中的核取方塊類似。在未勾選時是一個空方框，勾選後方框中就出現一個勾勾。〔版面配置〕→〔工作表選項〕中的「格線」控制項就是關於核取方塊的一個好例子。
- **下拉式清單方塊**：如果你用過使用者表單，就會發現下拉式方塊控制項也很熟悉。跟使用者表單中的控制項同名，你可以在下拉式清單方塊的文字方塊部分（功能區中稱為編輯方塊）輸入文字，或者從列表中選擇列表項。〔常用〕→〔數值〕群組中的會計數字格式控制項就是下拉式清單方塊的好例子。例如，你可以直接在文字方塊部分直接輸入貨幣，也可以按一下下拉箭頭，從清單中選擇一種數值格式。
- **選單**：選單控制項顯示了一組其他的控制項。你可以在清單中包含按鈕、分割按鈕、核取方塊，甚至另一個選單控制項。這跟分割按鈕還是有區別的，因為按一下它會顯示出清單。也就是說，它沒有一個已有預設控制項的選項。〔常用〕活頁標籤中的〔設定格式化的條件〕控制項就是選單控制項的例子。

▲ 圖 17-1：包含了很多不同控制項類型的頁面配置活頁標籤

功能區還提供了一些其他控制項，包括開關按鈕、Gallery 控制項、編輯方塊控制項、dynamicMenu 控制項和文字標籤控制項。本章將用到其中一些控制項，要了解更多控制項知識，可以連上微軟的網站「https://msdn.microsoft.com/en-us/library/bb386089.aspx」。

## 17.2 自訂功能區

Excel 提供了幾種方法可以讓你向功能區中加入巨集。這些功能不能讓你建立一個自訂的功能區，雖然它們不能滿足自訂功能，但可以簡化功能區。

## 17.2.1 在功能區中加入按鈕

使用功能區來執行程式碼的最簡單方式就是利用 Excel 的自訂功能區介面將巨集加入到自訂群組中。在一個新的活頁簿中，插入模組並將下面這個簡單的程序加進去：

```
Public Sub HelloWorld()

    MsgBox "Hello World!"

End Sub
```

這個名為「Custom Ribbon and QAT.xlsm」的活頁簿可從範例檔案中找到。

線上資源

傳回到 Excel，在功能區中的任意地方右擊，從快速選單中選擇〔自訂功能區〕，在 Excel 選項對話盒中顯示出了〔自訂功能區〕活頁標籤。〔自訂功能區〕活頁標籤主要由兩個列表組成。左邊的列表包含了所有可能的指令，而右邊的列表展示了目前功能區中的功能。

這兩個列表的頂部都是下拉式清單方塊，可從中進行篩選，這樣尋找指令可以更方便。從指令列表的下拉式清單方塊中，選擇如圖 17-2 所示的〔巨集〕，這時左邊的清單就會顯示出所有可以加入到功能區的可用的巨集，包括你剛才所建立的 HelloWorld 程序。

▲ 圖 17-2：自訂功能區允許在功能區中加入巨集

你不能將巨集隨意加入到功能區中的任何位置，Excel 會防止你更改它內建的群組。要加入巨集，必須先建立一個自訂的群組。透過下面的步驟，可以將 HelloWord 程序加入到〔常用〕活頁標籤中的自訂群組中。

(1) 選擇〔自訂功能區〕活頁標籤中右邊列表內的〔常用〕活頁標籤。如果看不到〔常用〕活頁標籤，從該列表的下拉式選單中選擇〔主要索引標籤〕。

(2) 按一下列表下方的〔新增群組〕按鈕，將自訂的群組加入到〔常用〕活頁標籤中。

(3) 預設情況下，新建群組的名稱是「新增群組（自訂）」。右擊後選擇〔重新命名〕將新建群組的名稱改為 MyGroup。

(4) 選擇自訂的群組後，在左邊列表中選擇 HelloWorld 項，按一下〔新增〕按鈕，HelloWorld 巨集就被加入到自訂群組中。

(5) 在右邊列表中選擇 HelloWorld，右擊後選擇〔重新命名〕按鈕。在〔重新命名〕對話盒中，可以修改控制項的標籤以及從預設巨集圖示中選擇其他圖示。圖 17-3 顯示〔重新命名〕對話盒，其中藍色資訊圖示被選擇，而「顯示名稱」欄位中，Hello 和 World 之間多了一個空格。

(6) 按一下〔確定〕後關閉「Excel 選項」對話盒。

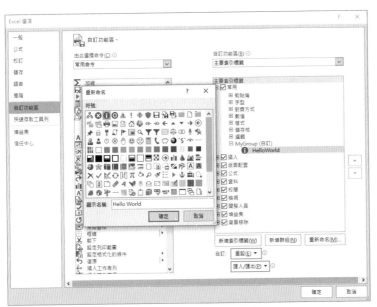

▲ 圖 17-3：透過「重新命名」對話盒可為功能區按鈕選擇圖示

現在〔常用〕活頁標籤包含一個名為 MyGroup 的自訂群組，該群組包含一個標籤名為 Hello World 的控制項。圖 17-4 顯示了新的控制項和按一下該控制項時顯示的訊息方塊。

▲ 圖 17-4：自訂功能區按鈕執行 HelloWorld 巨集

## 17.2.2 在快速存取工具列中加入按鈕

另一種連接巨集的方法是將它們加入到快速存取工具列（QAT）中。QAT 是一組按鈕，不管活頁標籤是否在功能區中顯示，這群組按鈕都是可見的。預設情況下，QAT 位於功能區中活頁標籤的上方，但也可以在功能區下方顯示。如果你更喜歡在功能區下方顯示 QAT，可以按一下 QAT 右側的向下小箭頭，然後選擇〔在功能區下方顯示快速存取工具列〕。

預設情況下，QAT 顯示〔儲存檔案〕、〔復原〕和〔取消復原〕指令。在這個例子中，我們將上一節所建立的 HelloWorld 程序加入到 QAT 中，加入步驟與將按鈕加入到功能區類似。

按一下 QAT 的向下箭頭，從選單中選擇〔其他命令〕，因此開啟 Excel 選項對話盒的〔快速存取工具列〕活頁標籤。注意，這個活頁標籤與前一節中提到的〔自訂功能區〕活頁標籤也非常相似。左邊是一組指令，右邊是 QAT 的目前狀態。

接下來，從左邊列表上方的下拉式清單方塊中選擇〔巨集〕。HelloWorld 程序就顯示在清單中。從左邊列表中選擇 HelloWorld，按一下〔新增〕按鈕將該程序加入到 QAT 中（如圖 17-5 所示）。與自訂功能區不同的是，這裡沒有〔重新命名〕按鈕。要自訂 QAT 按鈕，按一下〔修改〕按鈕，選擇圖示並修改名稱。QAT 不會實際顯示名稱。在「修改按鈕」對話盒中改變「顯示名稱」就可以改變把游標放在按鈕上出現的工具提示中的名稱。

傳回 Excel 主視窗時，QAT 中會包含 4 個按鈕來執行 HelloWorld 程序。圖 17-6 展示位於功能區下方的 QAT，以及按一下新按鈕後的結果。

▲ 圖 17-5：把巨集加入到快速存取工具列

▲ 圖 17-6：新的 QAT 按鈕執行巨集

### 17.2.3　自訂功能區的限制

現在，我們在功能區和快速存取工具列都建立一個自訂按鈕，可以輕鬆地執行 HelloWorld 程序了。在儲存和關閉包含了 HelloWorld 的活頁簿時，功能區和 QAT 上的按鈕仍在原處。如果在關閉活頁簿時按一下這兩個按鈕中的任何一個，Excel 都會試圖開啟活頁簿。如果 Excel 找不到它，則說明你已經刪除或重命名活頁簿，Excel 找不到巨集時會跳出一項訊息，如圖 17-7 所示。

▲ 圖 17-7：Excel 找不到與功能區按鈕相關聯的巨集

要阻止出現該訊息，可將巨集作為必須載入的增益集來處理。第 16 章講解如何建立增益集。如果開啟活頁簿時只希望出現按鈕，或者希望使用功能區而非按鈕控制項，就必須在活頁簿中建立自訂的功能區。

## 17.3　建立自訂的功能區

使用 VBA 不能執行任何功能區的修改操作。因此，需要撰寫 RibbonX 程式碼，將其插入活頁簿檔案中：這些都在 Excel 外部完成。不過，你可以建立在啟動自訂的功能區控制項時執行的 VBA 巨集。

RibbonX 程式碼是用來描述控制項的可延伸標記語言（XML），主要描述控制項在功能區中的顯示位置、控制項的外觀以及控制項啟動時發生的事件。本書並沒有詳細介紹 RibbonX：它太過複雜，甚至可用整本書來描述。

# 17.3.1 將按鈕加入到現有的活頁標籤中

本節透過一步步的操作建立兩個控制項，這兩個控制項位於功能區〔資料〕活頁標籤的自訂群組中。你將使用 Microsoft Office 自訂 UI 編輯器和 Microsoft 建立的應用程式，將表示新功能區的 XML 插入活頁簿中。

線上資源　Microsoft Office 的自訂 UI 編輯器可從「http://openxmldeveloper.org/blog/b/openxmldeveloper/archive/2009/08/06/7293.aspx」下載。

## 檢視錯誤資訊

在開始使用功能區自訂之前，必須啟動 RibbonX 錯誤的顯示。連接〔檔案〕→〔選項〕對話盒，按一下〔進階〕活頁標籤。向下捲動到〔一般〕部分，選擇「顯示增益集使用者介面錯誤」核取方塊。

啟動該設定後，開啟活頁簿時就會顯示 RibbonX 錯誤（如果有）：這有助於偵錯。

下面列出建立一個活頁簿的步驟，這個活頁簿包含修改功能區的 RibbonX 程式碼：

(1) 建立一個新的 Excel 活頁簿，並插入一個標準模組。

(2) 將活頁簿儲存為啟用巨集的活頁簿，命名為「ribbon modification.xlsm」。

(3) 關閉活頁簿。

(4) 開啟 Microsoft Office 的自訂 UI 編輯器。

(5) 按一下自訂 UI 編輯器工具列上的〔Open〕按鈕並定位到「ribbon modification.xlsm」，開啟該文件。

(6) 從 Insert 選單中選擇 Office 2007 UI Part。這樣可以向左邊樹狀檢視的活頁簿中加入 customUI.xml 項目。

(7) 在主視窗中輸入如圖 17-8 所示的程式碼，XML 是區分大小寫的，所以要確保輸入的程式碼跟圖中所示完全一樣。

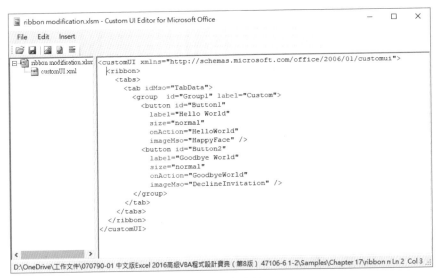

▲ 圖 17-8：在自訂群組中建立兩個按鈕的 XML 程式碼

(8) 按一下工具列上的 Validate 按鈕，確保 XML 是有效的。如果沒有出錯，編輯器會顯示出「Custom UI is well formed!」訊息。

(9) 按一下工具列上的〔Generate Callbacks〕按鈕。圖 17-9 顯示讓按鈕工作的程序。將這些程序複製到剪貼簿上，後面再貼上到活頁簿中。

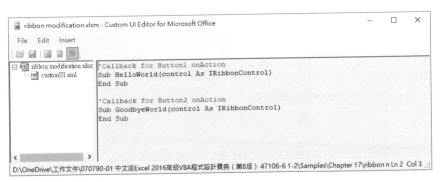

▲ 圖 17-9：編輯器產生用於活頁簿的 VBA 程式碼

(10) 按兩下樹狀檢視中的 custonUI.xml 項目，以回到 XML 視窗。

(11) 選擇〔File〕→〔Save〕，然後選擇〔File〕→〔Close〕。

(12) 啟動 Excel，開啟活頁簿。

(13) 按〔Alt〕+〔F11〕開啟 VBE，將第 9 步驟中複製的文字貼上到第 1 步中建立的模組中。

(14) 在每個程序中加入 MsgBox 行，如圖 17-10 所示。

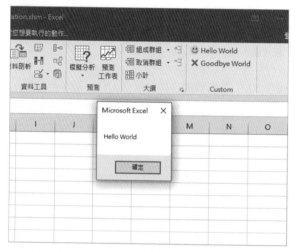

```
ribbon modification.xlsm - Module1 (程式碼)

(一般)                              Goodbye World

Option Explicit

'Callback for Button1 onAction
Sub HelloWorld(control As IRibbonControl)
    MsgBox "Hello World"
End Sub

'Callback for Button2 onAction
Sub GoodbyeWorld(control As IRibbonControl)
    MsgBox "Goodbye World"
End Sub
```

▲ 圖 17-10：在 VBE 中修改回呼程序

(15) 回到 Excel，啟動〔資料〕活頁標籤，按一下新建立的按鈕，測試一下工作情況（如圖 17-11 所示）。

▲ 圖 17-11：加入到〔資料〕活頁標籤中的兩個新按鈕

線上資源　　該活頁簿名稱為「ribbon modification.xlsm」，可從範例檔案中取得。

功能區的修改是基於具體文件檔案的，理解這一點非常重要。換言之，只有當包含 RibbonX 程式碼的活頁簿是一個現用活頁簿時，才會顯示新的功能區群組。這與 Excel 2007 之前的版本中的使用者介面修改有很大不同。

## 1. RibbonX 程式碼

本範例中使用的 RibbonX 程式碼是 XML。Excel 可讀取 XML 並將之轉換成 UI 元素，如活頁標籤、群組和按鈕。XML 由開始標記和結束標記（有些情況下使用 self-closing 標籤）之間的資料組成。第一行定義 customUI 的模式：這是為了告訴 Excel 如何去讀取 XML。最後一行是 customUI 的結束標記。

```
<customUI xmlns="http://schemas.microsoft.com/office/2006/01/customui">

</customUI>
```

這兩個標記之間的任何內容都會被 Excel 解讀為 RibbonX 程式碼。下一行，ribbon 標記指定你要使用 Ribbon。它的結束標記在倒數第二行中。XML 跟 Ribbon 一樣，是分層的。看一下圖 17-8 就知道，button（按鈕）標記是包含在 group（群組）標記中的，而 group 標記又包含在 tab( 活頁標籤 ) 標記中，tab 標記包含在 tabs（多個活頁標籤）標記中，tabs 標記則包含在 ribbon（功能區）標記中。

標記還可以包含屬性。活頁標籤標記包含了 idMso 屬性以告訴 Excel 使用哪個活頁標籤：

```
<tab idMso="TabData">
```

每個內建的活頁標籤和群組都有一個唯一的 idMso。在這個範例中，TabData 告訴 Excel 使用哪個內建的 Data 活頁標籤。

線上資源

要取得內建的 Ribbon 元素的 idMso 值的完整列表，請連接微軟的網站「http://www.microsoft.com/en-us/download/confirmation.aspx?id=727」。

像群組和按鈕標記這樣的自訂元素，使用的是 id 屬性而不是 idMso。你可以為 id 屬性賦予任何值，如本例中的 Group1 和 Button1，只要是唯一的即可。下面列出範例中會用到的屬性，並簡單描述它們的主要作用：

➢ idMso：內建 UI 元素的唯一標識。
➢ id：為自訂元素建立的唯一標識。
➢ label：功能區中控制項上的文字。
➢ size：按鈕控制項可被放大、縮小以及正常化。
➢ onAction：按一下按鈕時執行的 VBA 程序的名稱。
➢ imageMso：標識內建的圖片。可以使用內建的圖片用於自訂按鈕上。具體見注解「使用 imageMso 圖片」。

由於篇幅所限，無法列出所有 UI 元素的所有屬性，你可在網上找到很多 RibbonX 範例，然後加以更改，以滿足自己的需要。

注意

> RibbonX 程式碼區分大小寫。例如，可用 IMAGEMSO 替代 imageMso，RibbonX 程式碼將無法正常工作。

Miscrosoft Office 提供超過 1000 個指定圖片，這些圖片與各種指令相關聯。可以為自訂的功能區控制項指定其中的任何圖片（如果了解圖片的名稱）。

圖 17-12 顯示一個活頁簿，該活頁簿包含了各種 Office 版本中所有 imageMso 圖片的名稱。捲動這些圖片名稱，會發現一次顯示 50 個圖片（以小圖或大圖的形式），從作用儲存格中的圖片名稱開始。該活頁簿名為「mso image browser.xlsm」，可從範例檔案中取得。

▲ 圖 17-12：一個活頁簿

還可在使用者表單上放置的圖片控制項中使用這些圖片。下列陳述式將名為 ReviewAcceptChanges 的 imageMso 圖片賦值給使用者表單上名為 Image1 的圖片控制項的 Picture 屬性。圖片大小被指定為 32×32 像素。

```
Image1.Picture = Application.CommandBars. _
  GetImageMso("ReviewAcceptChange", 32, 32)
```

## 2. 回呼（Callback）程序

VBA 透過事件（詳見第 6 章）來回應使用者的動作。而功能區使用了另一種不同的技術：回呼程序。本範例中的按鈕透過 onAction 屬性與 VBA 程式碼關聯起來。大多數控制項都有

OnAction 屬性，不同的控制項所發生的動作也是不一樣的。按鈕的動作是按一下，但核取方塊的是動作是勾選或取消勾選。

大多數屬性都有一個對應的回呼屬性，通常都有一個 get 首碼。例如，label 屬性設定控制項上顯示的文字，那它就有一個 getLabel 屬性。可為 VBA 程序的名稱設定 getLabel 屬性，以確定顯示什麼文字。本章後面還將討論動態控制項，但現在只需要理解回呼程序並不僅限於 OnAction。

這兩個 VBA 程序都包含一個名為 control 的引數，該引數是一個 IRibbonControl 物件。該物件具有下列 3 個屬性，可從 VBA 程式碼中連接：

➢ `Context`：使用中視窗的控制碼，該視窗包含了觸發回呼的功能區。例如，可使用下列運算式來取得包含 RibbonX 程式碼的活頁簿名稱：

```
control.Context.Caption
```

➢ `Id`：包含了控制項的名稱，指定為 Id 引數。
➢ `Tag`：包含與控制項相關聯的所有隨機文字。

VBA 回呼程序的複雜度可以根據需要設定。

### 3. Custom UI Part

在前面的第 6 步中，插入 Office 2007 Custom UI Part。這個選擇可以讓 Excel 2007 及後續版本中的活頁簿相容。Insert 選單中的另一個選項是 Office 2010 Custom UI Part。如果在 RibbonX 程式碼中用了 Office 2010 Custom UI Part，活頁簿就不能與 Excel 2007 相容。

Microsoft 將功能區改為需要 Custom UI Part 後，新的 Custom UI Part 就可用了。不用尋找 2016 或 2013 版的 Custom UI Part，2016 和 2013 版的 Office 都還使用 Office 2010 Custom UI Part。

## 17.3.2　在已有的活頁標籤中加入核取方塊

本節介紹使用 RibbonX 來修改 UI 的另一個範例。這個活頁簿在〔版面配置〕活頁標籤中建立了一個新群組，並加入一個切換分頁符號顯示的核取方塊控制項。

> **注意**
>
> 雖然 Excel 中包含的指令超過 1700 個，卻沒有一個可切換分頁符號顯示的指令。在列印或預覽一個工作表後，隱藏分頁符號顯示的唯一方法是使用「Excel 選項」對話盒。因此，該範例還具有一些實際價值。

該範例有一些困難，因為它要求新的功能區控制項與現用工作表同步。例如，如果啟動一個不顯示分頁符號的工作表，那麼核取方塊控制項就應當處於未選擇狀態。如果啟動一個顯示分頁符號的工作表，核取方塊控制項就應當是被選擇的。此外，分頁符號與圖表工作表並不相關，因此，如果啟動一個圖表工作表，那麼該核取方塊控制項應該是禁用的。

## 1. RibbonX 程式碼

向〔版面配置〕活頁標籤中加入一個新群組的 RibbonX 程式碼（使用核取方塊控制項）如下：

```
<customUI
    xmlns="http://schemas.microsoft.com/office/2006/01/customui"
    onLoad="Initialize">
<ribbon>
<tabs>
<tab idMso="TabPageLayoutExcel">
    <group id="FileName_Group1" label="Custom">
        <checkBox id="FileName_Checkbox1"
            label="Page Breaks"
            onAction="TogglePageBreakDisplay"
            getPressed="GetPressed"
            getEnabled="GetEnabled"/>
    </group>
</tab>
</tabs>
</ribbon>
</customUI>
```

該 RibbonX 程式碼參照了下列 4 個 VBA 回呼函數（每個函數都將在稍後進行介紹）：

- ➤ **Initialize**：開啟活頁簿時執行。
- ➤ **TogglePageBreakDisplay**：使用者按一下核取方塊控制項時執行。
- ➤ **GetPressed**：控制項失效（使用者啟動另一個工作表）時執行。
- ➤ **GetEnabled**：控制項失效（使用者啟動另一個工作表）時執行。

圖 17-13 顯示了這個新控制項。

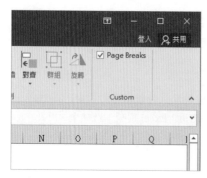

▲ 圖 17-13：該核取方塊與現用工作表的分頁符號顯示是同步的

## 2. VBA 程式碼

CustomUI標籤包含一個onLoad引數,該引數指定了Initialize VBA回呼程序,如下所示(這段程式碼是在一個標準的 VBA 模組中):

```
Public MyRibbon As IRibbonUI

Sub Initialize(Ribbon As IRibbonUI)
'    Executed when the workbook loads
    Set MyRibbon = Ribbon
End Sub
```

Initialize 程序建立一個名為 MyRibbon 的 IRibbonUI 物件。注意,MyRibbon 是一個公有變數,因此可以從模組的其他程序中連接。

建立了一個簡單的事件程序,該程序在工作表被啟動時執行。它位於 ThisWorkbook 程式碼模組中,呼叫 CheckPageBreakDisplay 程序:

```
Private Sub Workbook_SheetActivate(ByVal Sh As Object)
    CheckPageBreakDisplay
End Sub
```

CheckPageBreakDisplay 程序使核取方塊控制項失效。換言之,它銷毀了與該控制項相關的所有資料。

```
Sub CheckPageBreakDisplay()
'    Executed when a sheet is activated
    MyRibbon.InvalidateControl ("Checkbox1")
End Sub
```

當控制項失效時,GetPressed 和 GetEnabled 程序被呼叫。

```
Sub GetPressed(control As IRibbonControl, ByRef returnedVal)
'    Executed when the control is invalidated
    On Error Resume Next
    returnedVal = ActiveSheet.DisplayPageBreaks
End Sub

Sub GetEnabled(control As IRibbonControl, ByRef returnedVal)
'    Executed when the control is invalidated
    returnedVal = TypeName(ActiveSheet) = "Worksheet"
End Sub
```

注意,returnedVal 引數是由 ByRef 進行傳遞。這意味著程式碼可改變該引數的值。這也確實發生了。在 GetPressed 程序中,returnedVal 變數被設定為現用工作表的 DisplayPageBreaks 屬性的狀態。產生的結果是,如果分頁符號被顯示,則控制項的 Pressed 引數為 True(並且控制項被選擇)。否則,控制項未被選擇。

在 GetEnabled 程序中，如果現用工作表是一個工作表（與圖表工作表相對），則 returnedVal 變數被設定為 True。因此，只有在現用工作表為一個工作表時，該控制項才被啟動。

還有一個 VBA 程序是 onAction 程序，名為 TogglePageBreakDisplay，使用者選擇或取消選擇核取方塊時執行該程序。

```
Sub TogglePageBreakDisplay(control As IRibbonControl, pressed As Boolean)
'    Executed when check box is clicked
    On Error Resume Next
    ActiveSheet.DisplayPageBreaks = pressed
End Sub
```

如果使用者選擇核取方塊，則 pressed 引數為 True；如果取消選擇核取方塊，則傳遞的引數為 False。程式碼根據此來設定 DisplayPageBreaks 屬性。

**線上資源**　該活頁簿名為「page break display.xlsm」，可以從範例檔案中取得。檔案包中還包含該活頁簿的一個增益集版本（名為 page break display add-in.xlam），它使得新的 UI 指令對所有活頁簿都是可用的。增益集版本使用一個類別模組來監視所有活頁簿的工作表啟動事件。查閱第 6 章取得更多關於事件的資訊，查閱第 20 章取得更多關於類別模組的資訊。

## 17.3.3 功能區控制項示範

圖 17-14 顯示一個自訂的功能區活頁標籤（My Stuff），其中包含 5 組控制項。本節簡要介紹了 RibbonX 程式碼和 VBA 回呼程序。

▲ 圖 17-14：包含 5 組控制項的新功能區活頁標籤

**線上資源**　該活頁簿名為「ribbon controls demo.xlsm」，可從範例檔案中取得。

### 1. 建立一個新活頁標籤

建立新活頁標籤的 RibbonX 程式碼如下：

```
<ribbon>
  <tabs>
    <tab id="FileName_CustomTab" label="My Stuff">
```

```
        </tab>
      </tabs>
    </ribbon>
```

> **提示**

如果要建立一個最小的 UI，可以使用 ribbon 標籤的 startFromScratch 屬性。如果將其設定
為 True，那麼所有的內建活頁標籤都會被隱藏。

```
    <ribbon startFromScratch="true" >
```

## 2. 建立一個功能區群組

「ribbon controls demo.xlsm」範例中的程式碼在 My Stuff 活頁標籤上建立了 4 個群組。
下面是建立這 4 個群組的程式碼：

```
<group  id="FileName_grpInfo" label="Information">
</group>

<group  id="FileName_grpMath" label="Math">
</group>

<group  id="FileName_grpFeedback" label="Feedback">
</group>

<group  id="FileName_grpBuiltIn" label="Built In Stuff">
</group>

<group  id="FileName_grpGalleries" label="Galleries">
</group>
```

<group> 和 </group> 標籤被放在建立新活頁標籤的 <tab> 和 </tab> 標籤中。

## 3. 建立控制項

下面的 RibbonX 程式碼建立了第一群組
（Information）中的控制項，圖 17-15 在功能區
中顯示了這些控制項。

▲ 圖 17-15：包含了兩個標籤的功能區群組

```
<group id="FileName_grpInfo" label="Information">
    <labelControl id="FileName_lblUser" getLabel="getlblUser"/>
    <labelControl id="FileName_lblDate" getLabel="getlblDate"/>
</group>
```

兩個文字標籤控制項都有一個相關聯的 VBA 回呼程序（名為 getlblUser 和 getlblDate）。
這些程序如下：

```
Sub getlblUser(control As IRibbonControl, ByRef returnedVal)
    returnedVal = "Hello " & Application.UserName
End Sub

Sub getlblDate(control As IRibbonControl, ByRef returnedVal)
    returnedVal = "Today is " & Date
End Sub
```

載入 RibbonX 程式碼時，將執行這兩個程序，使用使用者名
稱和日期動態更新 label 控制項的標題。

圖 17-16 顯示了第二群組中的控制項，標籤名為 Math。

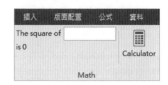

▲ 圖 17-16：自訂功能區群組
　中的 editBox 控制項

Math 群組的 RibbonX 程式碼如下所示：

```
<group id="FileName_grpMath" label="Math">
  <editBox id="FileName_ebxSquare"
    showLabel="true"
    label="The square of"
    onChange="ebxSquare_Change"/>

  <labelControl id="FileName_lblSquare"
    getLabel="getlblSquare"/>
  <separator id="FileName_sepMath"/>
  <button id="FileName_btnCalc"
    label="Calculator"
    size="large"
    onAction="ShowCalculator"
    imageMso="Calculator"/>
</group>
```

editBox 控制項有一個名為 ebxSquare_Change 的 onChange 回呼程序，該程序會更新標
籤以顯示輸入數字的平方（如果不能計算平方則出現錯誤訊息）。ebxSquare_Change 程序
如下：

```
Private sq As Double
Sub ebxSquare_Change(control As IRibbonControl, text As String)
    sq = Val(text) ^ 2
    MyRibbon.Invalidate
End Sub
```

文字標籤控制項顯示 MyRibbon 無效時所更新的結果。功能區無效會使得所有的控制項重新初始化。這個程序將 sq 變數設定為輸入數字的平方,會由下一個程序中的標籤來使用。

文字標籤控制項有一個名為 getlblSquare 的 getLabel 回呼程序。當功能區無效時就執行該程序。如何使功能區無效的例子,可參見本章前面的 17.3.2 節內容。

```
Sub getlblSquare(control As IRibbonControl, ByRef returnedVal)
    returnedVal = "is " & sq
End Sub
```

Separator 控制項 sepMath 加入一項垂直線用最後一個控制項將求平方的控制項隔開。該群組中的最後一個控制項是一個簡單按鈕。它的 onAction 引數執行名為 ShowCalculator 的 VBA 程序:使用 VBA 的 Shell 函數來顯示 Windows 小算盤:

```
Sub ShowCalculator(control As IRibbonControl)
    On Error Resume Next
    Shell "calc.exe", vbNormalFocus
    If Err.Number <> 0 Then MsgBox "Can't start calc.exe"
End Sub
```

圖 17-17 顯示了第三群組中的控制項,標籤名為「Feedback」。

▲ 圖 17-17:自訂功能區群組中的 3 個控制項

第二群組中的 RibbonX 程式碼如下所示:

```
<group  id="FileName_grpFeedback" label="Feedback">
  <toggleButton id="FileName_ToggleButton1"
    size="large"
    imageMso="FileManageMenu"
    label="Toggle Me"
    onAction="ToggleButton1_Click" />

  <checkBox id="FileName_Checkbox1"
    label="Checkbox"

    onAction="Checkbox1_Change"/>

  <comboBox id="FileName_Combo1"
    label="Month"
    onChange="Combo1_Change">
    <item id="FileName_Month1" label="January" />
    <item id="FileName_Month2" label="February"/>
```

```
            <item id="FileName_Month3" label="March"/>
            <item id="FileName_Month4" label="April"/>
            <item id="FileName_Month5" label="May"/>
            <item id="FileName_Month6" label="June"/>
            <item id="FileName_Month7" label="July"/>
            <item id="FileName_Month8" label="August"/>
            <item id="FileName_Month9" label="September"/>
            <item id="FileName_Month10" label="October"/>
            <item id="FileName_Month11" label="November"/>
            <item id="FileName_Month12" label="December"/>
        </comboBox>
    </group>
```

群組中包含了切換按鈕、核取方塊和下拉式方塊控制項。這些控制項都很直覺，每個控制項都有一個相關的回呼程序，可以簡單顯示控制項的狀態：

```
Sub ToggleButton1_Click(control As IRibbonControl, pressed As Boolean)
    MsgBox "Toggle value: " & pressed
End Sub

Sub Checkbox1_Change(control As IRibbonControl, pressed As Boolean)
    MsgBox "Checkbox value: " & pressed
End Sub

Sub Combo1_Change(control As IRibbonControl, text As String)
    MsgBox text
End Sub
```

> **注意**
>
> 下拉式方塊控制項還接受使用者輸入的文字。如果想要限定選擇，可以使用下拉式選單控制項。

第四群組中的控制項由內建控制組成，如圖 17-18 所示。為在自訂群組中包含內建控制項，只需要知道控制項名稱（透過 idMso 引數）就可以了。

▲ 圖 17-18：該群組中包含內建控制項

RibbonX 程式碼如下所示：

```
<group id="FileName_grpBuiltIn" label="Built In Stuff">
    <control idMso="Copy" label="Copy" />
    <control idMso="Paste" label="Paste" enabled="true" />
    <control idMso="WindowSwitchWindowsMenuExcel"
        label="Switch Window" />
```

```
   <control idMso="Italic" />
   <control idMso="Bold" />
   <control idMso="FileOpen" />
</group>
```

這些控制項沒有回呼程序，因為它們執行標準動作。

圖 17-19 顯示最後一組控制項，由兩個 Gallery 控制組成。

▲ 圖 17-19：功能區群
組包含兩個 Gallery
控制項

這兩個 Gallery 控制項的 RibbonX 程式碼如下所示：

```
<group id="FileName_grpGalleries" label="Galleries">
  <gallery id="FileName_galAppointments"
    imageMso="ViewAppointmentInCalendar"
    label="Pick a Month:"
    columns="2" rows="6"
    onAction="MonthSelected">
    <item id="FileName_January" label="January"
      imageMso="QuerySelectQueryType"/>
    <item id="FileName_February" label="February"
      imageMso="QuerySelectQueryType"/>
    <item id="FileName_March" label="March"
      imageMso="QuerySelectQueryType"/>
    <item id="FileName_April" label="April"
      imageMso="QuerySelectQueryType"/>
    <item id="FileName_May" label="May"
      imageMso="QuerySelectQueryType"/>
    <item id="FileName_June" label="June"
      imageMso="QuerySelectQueryType"/>
    <item id="FileName_July" label="July"
      imageMso="QuerySelectQueryType"/>
    <item id="FileName_August" label="August"
      imageMso="QuerySelectQueryType"/>
    <item id="FileName_September" label="September"
      imageMso="QuerySelectQueryType"/>
    <item id="FileName_October" label="October"
      imageMso="QuerySelectQueryType"/>
    <item id="FileName_November" label="November"
      imageMso="QuerySelectQueryType"/>
    <item id="FileName_December" label="December"
      imageMso="QuerySelectQueryType"/>
    <button id="FileName_Today"
      label="Today..."
```

17

```
          imageMso="ViewAppointmentInCalendar"
          onAction="ShowToday"/>
    </gallery>
    <gallery id="FileName_galPictures"
      label="Sample Pictures"
      columns="4"
      itemWidth="100" itemHeight="125"
      imageMso="Camera"
      onAction="galPictures_Click"
      getItemCount="galPictures_ItemCount"
      getItemImage="galPictures_ItemImage"
      size="large"/>
  </group>
```

圖 17-20 顯示第一個 Gallery 控制項，月份名稱分兩列顯示：

onAction 引數執行 MonthSelected 回呼程序，以顯示所選月份（儲存為 id 引數）

```
Sub MonthSelected(control As IRibbonControl, _
    id As String, index As Integer)
    MsgBox "You selected " & id
End Sub
```

▲ 圖 17-20：顯示月份名稱的 Gallery 控制項以及一個按鈕控制項

名為 Pick a Month 的 Gallery 控制項在底部包含了一個自身帶有回呼程序的按鈕控制項（標籤名為 Today）：

```
Sub ShowToday(control As IRibbonControl)
    MsgBox "Today is " & Date
End Sub
```

第二個 Gallery 控制項如圖 17-21 所示，顯示 8 張 JPG 圖片。

▲ 圖 17-21：顯示圖片的 Gallery 控制項

這些圖片都儲存在名為「demopics」的資料夾中，跟活頁簿在同一個資料夾內。Gallery 控制項使用 getItemImage 回呼程序來填入圖片。第一次載入功能區時，如下所示的 onLoad 回呼程序會在目錄中建立一個圖片檔陣列，對圖片計數，將資訊儲存在模組等級變數 aFiles() 和 ImgCnt 中，這樣其他的回呼程序可以讀取這些資訊。

```
Private ImgCnt As Long
Private aFiles() As String
Private sPath As String

Sub ribbonLoaded(ribbon As IRibbonUI)
    Set MyRibbon = ribbon

    Dim sFile As String
    sPath = ThisWorkbook.Path & "\demopics\"
    sFile = Dir(sPath & "*.jpg")
    Do While Len(sFile) > 0
        ImgCnt = ImgCnt + 1
        ReDim Preserve aFiles(1 To ImgCnt)
        aFiles(ImgCnt) = sFile
        sFile = Dir
    Loop
End Sub
```

按一下 Gallery 控制項，名為 galPictures_ItemCount 的 getItemCount 回呼程序就會讀取 ImgCnt 變數，並多次呼叫 galPictures_ItemImage。每次呼叫它時，索引引數就會遞增 1。VBA 的 LoadPicture 函數用來將圖片插入 Gallery 控制項中。

```
Sub galPictures_ItemCount(control As IRibbonControl, ByRef returnedVal)
```

```
         returnedVal = ImgCnt
   End Sub


   Sub galPictures_ItemImage(control As IRibbonControl, index As Integer,
   ByRef returnedVal)

         Set returnedVal = LoadPicture(sPath & aFiles(index + 1))
   End Sub
```

注意，像 Gallery 這樣的動態控制項，起始索引號都是 0。

## 17.3.4 dynamicMenu 控制項範例

最有趣的功能區控制項之一是 dynamicMenu 控制項。該控制項讓 VBA 程式碼將 XML 資料導入到控制項中：為選單提供基於上下文進行修改的基礎。

建立 dynamicMenu 控制項並不是一項簡單的工作，但是該控制項在使用 VBA 來動態修改功能區方面提供極大靈活性。

筆者建立一個簡單的 dynamicMenu 控制項示範，為活頁簿中的 3 個工作表分別顯示不同的選單。圖 17-22 顯示了工作表 Sheet1 被啟動時顯示的選單。當工作表被啟動時，VBA 程序會發送工作表的 XML 程式碼。對於該示範來說，XML 程式碼直接被儲存在工作表中，使其便於閱讀。XML 標記也可以作為字串變數儲存在程式碼中。

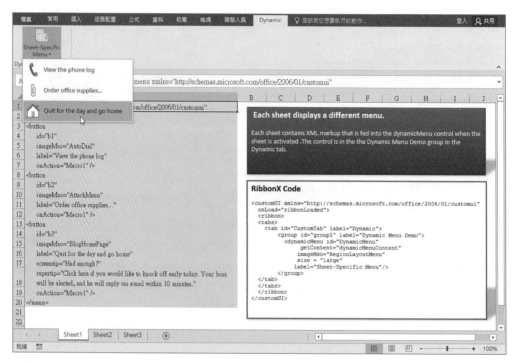

▲ 圖 17-22：dynamicMenu 控制項允許建立一個基於上下文而變化的選單

建立新活頁標籤、新群組和 dynamicMenu 控制項的 RibbonX 程式碼如下：

```
<customUI xmlns="http://schemas.microsoft.com/office/2006/01/customui"
    onLoad="ribbonLoaded">
  <ribbon>
  <tabs>
    <tab id="FileName_CustomTab" label="Dynamic">
        <group id="FileName_group1" label="Dynamic Menu Demo">
          <dynamicMenu id="FileName_DynamicMenu"
              getContent="dynamicMenuContent"
              imageMso="RegionLayoutMenu"
              size = "large"
              label="Sheet-Specific Menu"/>
        </group>
    </tab>

  </tabs>
  </ribbon>
</customUI>
```

該範例需要一種方法使功能區在使用者啟動一個新的工作表時失效。這裡使用與本章前面的分頁符號顯示範例（參見 17.3.2 節）相同的方法：宣告一個 Public 類型變數 MyRibbon，該變數為 IRibbonUI 類型。使用 Workbook_SheetActivate 程序，在啟動一個新的工作表時呼叫 UpdateDynamicRibbon 程序：

```
Sub UpdateDynamicRibbon()
'   Invalidate the Ribbon to force a call to dynamicMenuContent
    On Error Resume Next
    MyRibbon.Invalidate
    If Err.Number <> 0 Then
        MsgBox "Lost the Ribbon object. Save and reload."
    End If
End Sub
```

UpdateDynamicRibbon 程序使 MyRibbon 物件失效，強制呼叫 VBA 回呼程序 dynamicMenuContent（由 RibbonX 程式碼中的 getContent 引數參照的程序）。請注意錯誤處理程式碼。對 VBA 程式碼的某些編輯會破壞開啟活頁簿時建立的 MyRibbon 物件。使某個並不存在的物件失效時會引起錯誤，訊息方塊會通知使用者活頁簿必須被儲存和重新開啟。

接下來是 dynamicMenuContent 程序。該程序迴圈透過工作表 A 列中的儲存格，讀取 XML 程式碼，將其儲存在名為 XMLcode 的變數中。加入完所有的 XML 程式碼後，就被傳遞到 returnedVal 引數中。實際結果是 dynamicMenu 控制項中包含新程式碼，因此顯示一個不同的功能表選項集。

```
Sub dynamicMenuContent(control As IRibbonControl, _
    ByRef returnedVal)
    Dim r As Long
    Dim XMLcode As String
'    Read the XML markup from the active sheet
    For r = 1 To Application.CountA(Range("A:A"))
        XMLcode = XMLcode & ActiveSheet.Cells(r, 1).Value & " "
    Next r
    returnedVal = XMLcode
End Sub
```

範例中包含的活頁簿可以從範例檔案中取得,檔案名稱為「dynamicmenu.xlsm」。

線上資源

## 17.3.5 關於自訂功能區的其他內容

本節總結了探索自訂 Excel 功能區時需要記住的一些其他要點:

➤ 使用功能區時,確保開啟錯誤訊息顯示。參見本章前面介紹的 17.3.1 節中的補充說明。

➤ 請記住 RibbonX 程式碼是區分大小寫的。

➤ 所有指定控制項的 ID 都是英文的,在 Excel 的所有語言版本中都是一致的。因此,功能區修改的工作不用考慮使用的是 Excel 的哪種語言版本。

➤ 功能區修改只有在包含 RibbonX 程式碼的活頁簿處於現用狀態時才顯示。要使功能區修改在所有活頁簿中都能顯示,RibbonX 程式碼必須位於增益集中。

➤ 內建控制項在 Excel 視窗調整大小時自我調整。在 Excel 2007 中,自訂控制項大小不會調整,但在 Excel 2010 及後續版本中則會進行調整。

➤ 無法從內建功能區群組中加入或刪除控制項。

➤ 可以隱藏活頁標籤。下列 RibbonX 程式碼隱藏 3 個活頁標籤:

```
<customUI xmlns="http://schemas.microsoft.com/office/2006/01/customui">
<ribbon>
  <tabs>
    <tab idMso="TabPageLayoutExcel" visible="false" />
    <tab idMso="TabData" visible="false" />
    <tab idMso="TabReview" visible="false" />
  </tabs>
</ribbon>
</customUI>
```

➤ 還可以隱藏活頁標籤中的群組。下面的 RibbonX 程式碼隱藏了〔插入〕活頁標籤上的 4 個群組(只留下〔圖表〕群組):

```
<customUI xmlns="http://schemas.microsoft.com/office/2006/01/customui">
<ribbon>
```

```
    <tabs>
      <tab idMso="TabInsert">
       <group idMso="GroupInsertTablesExcel" visible="false" />
       <group idMso="GroupInsertIllustrations" visible="false" />
       <group idMso="GroupInsertLinks" visible="false" />
       <group idMso="GroupInsertText" visible="false" />
      </tab>
    </tabs>
  </ribbon>
</customUI>
```

➢ 可將自己的巨集賦給內建控制項,這稱為「重定義控制項目標」。下列 RibbonX 程式碼攔截了 3 個內建指令:

```
<customUI xmlns="http://schemas.microsoft.com/office/2006/01/customui">
<commands>
  <command idMso="FileSave" onAction="mySave"/>
  <command idMso="FilePrint" onAction="myPrint"/>
  <command idMso="FilePrintQuick" onAction="myPrint"/>
</commands>
</customUI>
```

➢ 還可以撰寫 RibbonX 程式碼來禁用一個或多個內建控制項。下列程式碼禁用了「插入美工圖案」指令:

```
<customUI xmlns="http://schemas.microsoft.com/office/2006/01/customui">
<commands>
  <command idMso="ClipArtInsert" enabled="false"/>
</commands>
</customUI>
```

➢ 如果有兩個或多個活頁簿(或增益集)向同一個自訂的功能區群組中加入控制項,就要確保它們使用了相同的名稱空間。在 RibbonX 程式碼頂部的 <CustomUI> 標籤中執行這一操作。

# 17.4 VBA 和功能區

如本章前面所述,處理功能區的常見工作流程是建立 RibbonX 程式碼,使用回呼程序來回應使用者的動作。透過 VBA 還可透過其他一些方式與功能區互動,但這些方式都受到一定的限制。

下面是可以使用 VBA 對功能區執行的操作列表:

➢ 確定某個特定控制項是否被啟用。
➢ 確定某個特定控制項是否可見。
➢ 確定某個特定控制項是否被按下(對於切換按鈕和核取方塊而言)。

> 取得控制項的標籤、螢幕提示或超級提示（即對控制項更詳細的描述）。
> 顯示與控制項相關聯的圖片。
> 執行與某個特定控制項關聯的指令。

## 17.4.1 連接功能區控制項

Excel 包含的功能區控制項超過 1700 個。每個功能區控制項都有一個名稱，使用 VBA 操作控制項時可以使用該名稱。

例如，下列陳述式顯示一個訊息方塊，其中顯示了 ViewCustomViews 控制項的 Enabled 狀態（該控制項位於〔檢視〕→〔活頁簿檢視〕群組中）。

```
MsgBox Application.CommandBars.GetEnabledMso("ViewCustomViews")
```

這個控制項一般是啟用的。但如果活頁簿中包含表（使用〔插入〕→〔表格〕→〔表格〕指令建立），ViewCustomViews 控制項會被禁用。換句話說，活頁簿可以使用「自訂檢視」功能或「表格」功能，但不能同時使用兩者。

確定特定控制項的名稱需要手動來完成。首先，開啟「Excel 選項」對話盒中的〔自訂功能區〕活頁標籤。在左側的清單方塊中定位控制項，然後將滑鼠指標移動到該項上。控制項名會出現在跳出的螢幕提示的括號中（參見下頁圖 17-23）。

遺憾的是，不可能透過撰寫 VBA 程式碼來迴圈透過功能區上的所有控制項並顯示控制項名稱清單。

## 17.4.2 使用功能區

上一節介紹了一個使用 CommandBars 物件的 GetEnabledMso 方法的範例。下面是 CommandBars 物件中所有與使用功能區相關的方法的列表。所有這些方法都包含一個引數 idMso，該引數是字串資料型別，表示的是指令的名稱。你必須知道名稱：無法使用索引號。

> ExecuteMso：執行控制項。
> GetEnabledMso：如果啟用指定的控制項，則傳回 True。
> GetImageMso：傳回控制項的圖片。
> GetLableMso：傳回控制項的標籤。

▲ 圖 17-23：使用「Excel 選項」對話盒的〔自訂功能區〕活頁標籤來確定控制項名稱

➤ GetPressedMso：如果指定控制項被按下，則傳回 True（適用於核取方塊和切換按鈕控制項）。

➤ GetScreentipMso：傳回控制項的螢幕提示（顯示在控制項中的文字）。

➤ GetSupertipMso：傳回控制項的超級提示（當滑鼠指標移到控制項上方時顯現的對控制項的描述）。

下列 VBA 函式切換「選擇」任務窗格（Excel 2007 中導入的一項新功能，幫助選擇工作表上的物件）：

```
Application.CommandBars.ExecuteMso "SelectionPane"
```

以下陳述式顯示「選擇性貼上」對話盒（如果 Windows 的「剪貼簿為空白」，則顯示一項錯誤訊息）：

```
Application.CommandBars.ExecuteMso "PasteSpecialDialog"
```

下面的指令告訴我們資料編輯列是否可見（對應於〔檢視〕→〔顯示〕群組中的〔資料編輯列〕控制項的狀態）：

```
MsgBox Application.CommandBars.GetPressedMso "ViewFormulaBar"
```

要切換資料編輯列，可使用下列陳述式：

```
Application.CommandBars.ExecuteMso "ViewFormulaBar"
```

要確保資料編輯列可見，可使用下列程式碼：

```
With Application.CommandBars
  If Not .GetPressedMso("ViewFormulaBar") Then .ExecuteMso "ViewFormulaBar"
End With
```

為確保資料編輯列不可見，可使用如下程式碼：

```
With Application.CommandBars
If Not .GetPressedMso("ViewFormulaBar") Then .ExecuteMso "ViewFormulaBar"
End With
```

或者不使用功能區，而是設定 Application 物件的 DisplayFormulaBar 屬性為 True 或 False。以下陳述式顯示資料編輯列（如果資料編輯列已經可見，則沒有效果）：

```
Application.DisplayFormulaBar = True
```

以下陳述式在〔跨欄置中〕控制項被啟動時顯示 True（該控制項在工作表被保護或作用儲存格位於表格內時被禁用）：

```
MsgBox Application.CommandBars.GetEnabledMso("MergeCenter")
```

下列 VBA 程式碼將 ActiveX 圖片控制項加入到現用工作表中，並使用 GetImageMso 方法來顯示〔常用〕→〔編輯〕群組中的〔尋找與選取〕控制項的放大鏡圖示：

```
Sub ImageOnSheet()
    Dim MyImage As OLEObject
    Set MyImage = ActiveSheet.OLEObjects.Add _
      (ClassType:="Forms.Image.1", _
      Left:=50, _
      Top:=50)
    With MyImage.Object
        .AutoSize = True
        .BorderStyle = 0
        .Picture = Application.CommandBars. _
          GetImageMso("FindDialog", 32, 32)
    End With
End Sub
```

要在使用者表單上的 Image 控制項（名為 Image1）中顯示功能區圖示，可使用下面的程序：

```
Private Sub UserForm_Initialize()
    With Image1
        .Picture = Application.CommandBars.GetImageMso _
            ("FindDialog", 32, 32)
```

```
            .AutoSize = True
        End With
    End Sub
```

## 17.4.3 啟動活頁標籤

Microsoft 並沒有提供一種直接的方法從 VBA 中啟動功能區活頁標籤。但是，如果你真的想這麼做，那麼使用 SendKeys 方法是唯一的選擇。SendKeys 方法模擬按鍵。啟動〔常用〕活頁標籤的快速鍵是〔Alt〕+〔H〕。這些按鍵會在功能區中顯示按鍵提示。要隱藏按鍵提示，只須按下〔F6〕鍵。有了這些資訊，下列陳述式發送所需按鍵來啟動〔常用〕活頁標籤：

```
    Application.SendKeys "%h{F6}"
```

為避免顯示按鍵提示，可關閉螢幕更新：

```
    Application.ScreenUpdating = False
    Application.SendKeys "%h{F6}"
    Application.ScreenUpdateing=True
```

警告　應該將 SendKeys 作為最後採取的方法。要知道使用 SendKeys 方法並不一定完全可靠。例如，如果在使用者表單顯示的情況下執行前面的範例，那麼按鍵將被發送到使用者表單中，而不是功能區中。

## 17.5 建立舊式工具列

如果覺得自訂功能區工作過於繁雜，可以考慮使用 Excel 2007 之前的版本的 CommandBar 物件，來建立一個簡單的自訂工具列。這種方法適用於任何僅限於個人使用的活頁簿。它提供了一種快速連接多個巨集的簡單方法。

本節介紹一個範例檔案，使用者可根據需要進行調整。本書不打算佔用很多篇幅進行說明。如果想要取得更多關於 CommandBar 物件的資訊，可以在網上搜尋或參考本書的舊版本 Excel 2003 版。CommandBar 物件的功能遠比這裡所介紹的範例要強大得多。

## 17.5.1 Excel 2007 及後續版本中舊式工具列的限制

如果決定要在 Excel 2007 及後續版本中建立一個工具列，就必須清楚了解下列限制：

➢ 工具列不能自由浮動。
➢ 總是顯示在〔增益集〕→〔自訂工具列〕群組中（和其他工具列一起）。
➢ Excel 會忽略 CommandBar 物件的一些屬性和方法。

## 17.5.2 建立工具列的程式碼

本節的程式碼假定活頁簿中有兩個巨集（分別命名為 Macro1 和 Macro2）。還假定在活頁簿開啟時建立工具列，在活頁簿關閉時刪除工具列。

> **注意**
>
> 在 Excel 2007 或 Excel 2010 中，無論活頁簿是否是現用的，自訂工具列都是可見的。然而在 Excel 2013 和 Excel 2016 中，自訂工具列只在建立它的活頁簿中可見，也在原活頁簿現用時建立的新活頁簿中可見。

在 **ThisWorkbook** 程式碼模組中，輸入下列程序。第一個程序在活頁簿開啟時呼叫程序建立工具列。第二個程序呼叫程序在活頁簿關閉時刪除工具列：

```
Private Sub Workbook_Open()
    Call CreateToolbar
End Sub

Private Sub Workbook_BeforeClose(Cancel As Boolean)
    Call DeleteToolbar
End Sub
```

第 6 章中介紹了 Workbook_BeforeClose 事件中一個潛在的重要問題。Workbook_BeforeClose 事件處理常式執行之後，會顯示 Excel 的「是否儲存…」提示。因此，如果使用者按一下〔取消〕按鈕，活頁簿仍然是開啟的，但是自訂功能表項目已經被刪除。第 6 章還介紹了一種方法來處理這種問題。

CreatToolbar 程序如下：

```
Const TOOLBARNAME As String = "MyToolbar"

Sub CreateToolbar()

    Dim TBar As CommandBar
    Dim Btn As CommandBarButton

'   Delete existing toolbar (if it exists)
    On Error Resume Next
    CommandBars(TOOLBARNAME).Delete
    On Error GoTo 0

'   Create toolbar
    Set TBar = CommandBars.Add
    With TBar
        .Name = TOOLBARNAME
        .Visible = True
```

```
          End With

'     Add a button
      Set Btn = TBar.Controls.Add(Type:=msoControlButton)
      With Btn
         .FaceId = 300
         .OnAction = "Macro1"
         .Caption = "Macro1 Tooltip goes here"
      End With

'     Add another button
      Set Btn = TBar.Controls.Add(Type:=msoControlButton)
      With Btn
         .FaceId = 25
         .OnAction = "Macro2"
         .Caption = "Macro2 Tooltip goes here"
      End With
End Sub
```

17

線上資源　包含這段程式碼的活頁簿可從範例檔案中取得，檔名為「old-style toolbar.xlsm」。

圖 17-24 顯示這個帶有兩個按鈕的工具列。

▲ 圖 17-24　一個舊式工具列，位於「增益集」活頁標籤的「自訂工具列」群組中

筆者使用一個模組等級的常數 TOOLBAR 來儲存工具列的名稱。該名稱還可在 DeleteToolbar 程序中使用，因此使用常數可以確保兩個程序使用相同的名稱。

該程序一開始就刪除了具有相同名稱的現有工具列（如果存在這樣的工具列）。在開發程序中包含這個陳述式是很有用的，它還能避免使用相同的名稱建立工具列時發生的錯誤。

工具列透過使用 CommandBars 物件的 Add 方法進行建立。兩個按鈕則透過使用 Controls 物件的 Add 方法進行加入。每個按鈕具有下列 3 個屬性：

➢ FaceID：用來確定按鈕上顯示圖片的數字。第 18 章將更詳細地介紹 FaceID 圖片。

➢ OnAction：按一下按鈕時執行的巨集。

➢ Caption：將滑鼠指標移到按鈕上時出現的螢幕提示。

如果不設定 FaceID 屬性，也可用任意 imageMso 圖片設定 Picture 屬性。例如，下列陳述式顯示一個綠色的核取記號：

```
.Picture = Application.CommandBars.GetImageMso _
("AcceptInvitation", 16, 16)
```

更多關於 imageMso 圖片的資訊可以參見 17.3.1 節中的補充說明。

當活頁簿被關閉時，Workbook_BeforeClose 事件程序被觸發，該程序呼叫 DeleteToolBar 程序：

```
Sub DeleteToolbar()
    On Error Resume Next
    CommandBars(TOOLBARNAME).Delete
    On Error GoTo 0
End Sub
```

注意，在其建立後開啟的活頁簿視窗中沒有刪除工具列。

# 使用快速選單

- 如何標識快速選單
- 如何自訂快速選單
- 如何禁用快速選單
- 如何將事件與快速選單相關聯
- 如何建立一個全新的快速選單

## 18.1 命令列簡介

Excel 中的下列 3 個使用者介面元素都用到 CommandBar 物件：

- 自訂工具列
- 自訂選單
- 自訂快捷（右擊）選單

從 Excel 2007 開始，CommandBar 物件的地位變得比較奇特。如果撰寫自訂選單或工具列的 VBA 程式碼，Excel 會攔截程式碼並忽略一些指令。透過使用〔增益集〕→〔功能表命令〕群組或〔增益集〕→〔自訂工具列〕群組中的 CommandBar 物件可以自訂選單和工具列。因此實際上，Excel 中的 CommandBar 物件僅限於快速選單操作。

本節介紹一些關於命令列的背景資訊。

### 18.1.1 命令列的類型

Excel 支援 3 種類型的 CommandBar，透過其 Type 屬性來區分。而 Type 屬性可以取下面 3 個值中的任何一個：

- msoBarTypeNormal：工具列（Type=0）
- msoBarTypeMenuBar：功能表列（Type=1）
- msoBarTypePopUp：快速選單（Type=2）

雖然在 Excel 2007 及後續版本中沒有使用工具列和功能表列，但這些 UI 元素仍然被包括在物件模型中，以便與老版本的應用程式相相容。但是，如果想在 Excel 2003 之後的版本中顯示 Type 0 或 Type 1 的命令列是無效的。在 Excel 2003 中，下列陳述式將顯示標準工具列：

```
CommandBars("Standard").Visible = True
```

而在 Excel 的後續版本中，該陳述式則會被忽略。

本章專門討論 Type 2 類型的命令列（快速選單）。

## 18.1.2 列出快速選單

Excel 2016 中有 67 個快速選單。可以執行下面的 ShowShortcutMenuNames 程序，該程序迴圈透過所有的命令列。如果 Type 屬性為 msoBarTypePopUp（內建常數，其值為 2），則會顯示快速選單的索引、名稱及其包含的功能表項目數量。

```
Sub ShowShortcutMenuNames()
    Dim Row As Long
    Dim cbar As CommandBar
    Row = 1
    For Each cbar In CommandBars
        If cbar.Type = msoBarTypePopUp Then
            Cells(Row, 1) = cbar.Index
            Cells(Row, 2) = cbar.Name
            Cells(Row, 3) = cbar.Controls.Count
            Row = Row + 1
        End If
    Next cbar
End Sub
```

圖 18-1 顯示了該程序的部分輸出。快速選單索引值的範圍是 22 ~ 156。要注意並不是所有名稱都是唯一的。例如，CommandBar 36 和 CommandBar 39 的 Name 都為 Cell。這是因為，當工作表為分頁預覽模式時，右擊一個儲存格會彈出一個不同的快速選單。

| | A | B | C | D |
|---|---|---|---|---|
| 1 | 11 | Excel Control | 8 | |
| 2 | 12 | Cell | 29 | |
| 3 | 23 | PivotChart Menu | 6 | |
| 4 | 36 | Workbook tabs | 16 | |
| 5 | 37 | Column | 13 | |
| 6 | 38 | Row | 13 | |
| 7 | 39 | Cell | 21 | |
| 8 | 40 | Column | 19 | |
| 9 | 41 | Row | 19 | |
| 10 | 42 | Ply | 11 | |
| 11 | 43 | XLM Cell | 15 | |
| 12 | 44 | Document | 9 | |
| 13 | 45 | Desktop | 5 | |
| 14 | 46 | Nondefault Drag and Drop | 11 | |
| 15 | 47 | AutoFill | 12 | |
| 16 | 48 | Button | 12 | |
| 17 | 49 | Dialog | 4 | |
| 18 | 50 | Series | 5 | |
| 19 | 51 | Plot Area | 8 | |
| 20 | 52 | Floor and Walls | 3 | |
| 21 | 53 | Trendline | 2 | |
| 22 | 54 | Chart | 2 | |

▲ 圖 18-1：一個簡單的巨集產生了所有快速選單的列表

線上資源

該範例可從本書的範例檔案中取得，檔案名稱為「show shortcut menu names. xlsm」」。

## 18.1.3 參照命令列

可透過 Index 或 Name 屬性來參照某個特定的 CommandBar 物件。例如，下列兩個運算式都參照了右擊 Excel 2016 中的字母欄時顯示的快速選單：

```
Application.CommandBars (37)
Application.CommandBars("Column")
```

CommandBars 集合是 Application 物件的成員。在標準 VBA 模組或工作表模組中參照該集合時，可以省略對 Application 物件的參照。例如，下列陳述式（包含在標準 VBA 模組中）顯示了 CommandBars 集合中某個物件的名稱，該物件的索引為 42：

```
MsgBox CommandBars(42).Name
```

從程式碼模組中為 ThisWorkbook 物件參照 CommandBars 集合時，必須首先參照 Application 物件，如下所示：

```
MsgBox Application.CommandBars(42).Name
```

注意

遺憾的是，CommandBars 的 Index 值在不同的 Excel 版本中並非始終保持不變。例如，在 Excel 2016 中，CommandBar 36 的 Name 屬性的值是 Cell。在 Excel 2013 中，CommandBar 36 的 Name 屬性值卻是 Workbook tabs。因此，最好使用名稱，而不是索引值。

## 18.1.4 參照命令列中的控制項

CommandBar 物件中包含 Control 物件，該物件是按鈕或選單。可透過 Index 屬性或 Caption 屬性參照控制項。下面是一個簡單的範例程序，顯示了儲存格快速選單中第一個功能表項目的標題：

```
Sub ShowCaption()
    MsgBox CommandBars("Cell").Controls(1).Caption
End Sub
```

下列程序顯示了右擊工作表活頁標籤時，出現在快速選單中的每個控制項的 Caption 屬性（該快速選單名為 Ply）：

```
Sub ShowCaptions()
    Dim txt As String
    Dim ctl As CommandBarControl
```

```
            For Each ctl In CommandBars("Ply").Controls
                txt = txt & ctl.Caption & vbNewLine
            Next ctl
            MsgBox txt
        End Sub
```

執行該程序後，會看到如圖 18-2 所示的訊息方塊。圖中的 & 用來表示文字中的底線字母（相對應的按鍵會執行功能表項目）。

▲ 圖 18-2：顯示控制
項的 Caption 屬性

某些情況下，快速選單上的 Control 物件包含其他 Control 物件。例如，儲存格右鍵選單中的「篩選」控制項包含其他一些控制項。「篩選」控制項是一個子選單，而另外的項是子功能表項。

下列陳述式顯示「篩選」子功能表中的第一個子選單項目：

```
MsgBoxCommandBars("Cell").Controls("Filter").Controls(1).Caption
```

### 📖 尋找控制項

如果所撰寫的程式碼將在不同語言版本的 Excel 中使用，就要避免使用 Caption 屬性來連接某個具體的快速選單項目。Caption 屬性因語言而異，因此如果使用者使用 Excel 的不同語言版本，程式碼就會失效。

你應當使用 FindControl 方法與控制項的 ID（它們獨立於 Excel 語言版本）。例如，假設要禁用右擊工作表活頁標籤時顯示的快速選單中的「剪下」選單。如果該活頁簿僅由 Excel 英文版本的使用者使用，那麼下列陳述式可完成該操作：

```
CommandBars("Column").Controls("Cut").Enabled = False
```

要確保該指令可在非英文版本中使用，則需要知道控制項的 ID。下列陳述式告訴我們 ID 為 21：

```
MsgBox CommandBars("Column").Controls("Cut").ID
```

然後，如果要禁用該控制項，可以使用下列陳述式：

```
CommandBars("Column").FindControl(ID:=21).Enabled = False
```

命令列的名稱並沒有被國際化，因此對 CommandBars("Column") 的參照總是有效的。如果兩個命令列有相同的名稱，則使用第一個。

## 18.1.5 命令列控制項的屬性

CommandBar 控制項有一些屬性可用於確定控制項的外觀和工作方式。下面列出 CommandBar 控制項的一些最常用屬性：

➢ Caption：控制項中顯示的文字。如果控制項只顯示圖片，則滑鼠指標移動到控制項上時出現標題。

➢ ID：控制項的數字識別碼符，這些識別字都是唯一的。

➢ FaceID：表示顯示在控制項文字旁的內建圖形圖片的數字。

➢ Type：該值用來確定控制項是按鈕（msoControlButton）還是子功能表（msoControlPopup）。

➢ Picture：顯示在控制項文字旁邊的圖形圖片。如果想從功能區顯示圖形，則這個屬性很有用。

➢ BeginGroup：如果分隔符號欄出現在控制項的前面，則為 True。

➢ OnAction：使用者按一下控制項時所執行的 VBA 巨集的名稱。

➢ BuiltIn：如果控制項是 Excel 內建控制項，則為 True。

➢ Enabled：如果控制項可以被按一下，則為 True。

➢ Visible：如果控制項可見，則為 True。許多快速選單都包含隱藏的控制項。

➢ ToolTipText：當使用者將滑鼠指標移到控制項上時出現的文字（快速選單不適用）。

## 18.1.6 顯示所有的快速選單項目

下面的 ShowShortcutMenuItems 程序建立了一個表，該表列出了每個快速選單上所有的第一級控制項。對於每個控制項，該表都包含快速選單的 Index 和 Name 屬性值，以及 ID、Caption、Type、Enabled 和 Visible 屬性值。

```
Sub ShowShortcutMenuItems()
  Dim Row As Long
  Dim Cbar As CommandBar
  Dim ctl As CommandBarControl
  Range("A1:G1") = Array("Index", "Name", "ID", "Caption", _
    "Type", "Enabled", "Visible")
  Row = 2
  Application.ScreenUpdating = False
  For Each Cbar In Application.CommandBars
    If Cbar.Type = 2 Then
      For Each ctl In Cbar.Controls
          Cells(Row, 1) = Cbar.Index
          Cells(Row, 2) = Cbar.Name

          Cells(Row, 3) = ctl.ID
          Cells(Row, 4) = ctl.Caption
          If ctl.Type = 1 Then
```

```
                    Cells(Row, 5) = "Button"
            Else
                    Cells(Row, 5) = "Submenu"
            End If
            Cells(Row, 6) = ctl.Enabled
            Cells(Row, 7) = ctl.Visible
            Row = Row + 1
        Next ctl
    End If
  Next Cbar
  ActiveSheet.ListObjects.Add(xlSrcRange, _
    Range("A1").CurrentRegion, , xlYes).Name = "Table1"
End Sub
```

圖 18-3 顯示部分輸出結果。

| | Index | Name | ID | Caption | Type | Enabled | Visible |
|---|---|---|---|---|---|---|---|
| 1 | Index | Name | ID | Caption | Type | Enabled | Visible |
| 2 | 11 | Excel Control | 21 | 剪下(&T) | Button | TRUE | TRUE |
| 3 | 11 | Excel Control | 19 | 複製(&C) | Button | TRUE | TRUE |
| 4 | 11 | Excel Control | 22 | 貼上(&P) | Button | TRUE | TRUE |
| 5 | 11 | Excel Control | 1401 | 編輯文字(&X) | Button | FALSE | FALSE |
| 6 | 11 | Excel Control | 30175 | 群組物件(&G) | Submenu | TRUE | TRUE |
| 7 | 11 | Excel Control | 30078 | 順序(&R) | Submenu | TRUE | TRUE |
| 8 | 11 | Excel Control | 859 | 指定巨集(&N)... | Button | FALSE | TRUE |
| 9 | 11 | Excel Control | 962 | 物件格式(&O)... | Button | FALSE | TRUE |
| 10 | 12 | Cell | 21 | 剪下(&T) | Button | TRUE | TRUE |
| 11 | 12 | Cell | 19 | 複製(&C) | Button | TRUE | TRUE |
| 12 | 12 | Cell | 22 | 貼上(&P) | Button | TRUE | TRUE |
| 13 | 12 | Cell | 21437 | 選擇性貼上(&S)... | Button | TRUE | TRUE |
| 14 | 12 | Cell | 3624 | 貼上表格(&P) | Button | TRUE | TRUE |
| 15 | 12 | Cell | 25536 | 智慧查閱(&L) | Button | TRUE | TRUE |
| 16 | 12 | Cell | 3181 | 插入(&D)... | Button | TRUE | TRUE |
| 17 | 12 | Cell | 292 | 刪除(&D)... | Button | TRUE | TRUE |
| 18 | 12 | Cell | 3125 | 清除內容(&N) | Button | TRUE | TRUE |
| 19 | 12 | Cell | 24508 | 快速分析(&Q) | Button | TRUE | TRUE |
| 20 | 12 | Cell | 31623 | 走勢圖(&A) | Submenu | TRUE | FALSE |
| 21 | 12 | Cell | 31402 | 篩選(&E) | Submenu | TRUE | TRUE |
| 22 | 12 | Cell | 31435 | 排序(&O) | Submenu | TRUE | TRUE |
| 23 | 12 | Cell | 2031 | 插入註解(&M) | Button | TRUE | TRUE |

▲ 圖 18-3：列出所有快速選單項目

線上資源

該範例名稱為「show shortcut menu items.xlsm」，可從範例檔案中取得。

內建的快速選單中有一個名為 Built-In Menus 的快速選單，它包含 Excel 2003（Excel 的最後一個沒有使用功能區的版本）中使用的功能表項目。這個快速選單沒有與物件關聯，但是可以使用下面的 VBA 指令顯示它：

```
Application.CommandBars("Built-in Menus").ShowPopup
```

本書的範例檔案中有一個檔案包括了將這些快速選單複製到工具列的程式碼，檔案名稱為「make xl 2003 menus.xlsm」。當〔增益集〕活頁標籤使用中時，該工具列顯示在功能區中。結果就是，可在 Excel 2016 使用 Excel 2003 中的選單。

圖 18-4 顯示了 Excel 2003 選單在 Excel 2016 中的樣子。

▲ 圖 18-4：Excel 2003 選單在 Excel 2016 中的樣子

有些指令不再有用，當然較新的功能也沒有在此選單中，因此顯示 Excel 2003 選單更多是出於好奇，而非作為有用的工具。

## 18.2 使用 VBA 自訂快速選單

本節介紹了一些對 Excel 的快速選單進行操作的 VBA 程式碼的實際範例。這些範例可以讓我們大致了解能夠用快速選單進行哪些操作，也可以按需要對這些快速選單進行修改。

## 18.2.1 快速選單和單文件檔案介面

在 Excel 2013 之前的版本中,如果在程式碼中修改快速選單,修改會對所有活頁簿生效。例如,如果向儲存格的右擊選單中加入新項目,那在任何活頁簿(包括開啟的其他活頁簿)中右擊儲存格時都會出現這個新項目。也就是說,對快速選單的修改是應用程式等級的。

從 Excel 2013 開始使用單文件檔案介面,這會影響到快速選單。對快速選單所做的修改僅影響現用的活頁簿視窗。在執行修改快速選單的程式碼時,除使用中視窗外的所有視窗的快速選單不會被改變。這種做法跟 Excel 2013 之前版本的做法完全相反。

還有一個變化:如果使用者在使用中視窗顯示修改後的快速選單時開啟活頁簿(或建立新活頁簿),新活頁簿也會顯示修改後的快速選單。換句話說,就是新視窗顯示的快速選單與開啟新視窗時處於現用狀態的視窗所顯示的快速選單是一樣的。如果你撰寫程式碼來刪除快速選單,只會在原活頁簿中刪除它們。

雖然快速選單的修改僅作用於單個活頁簿,但仍存在潛在的問題:如果使用者開啟新的活頁簿,新的活頁簿會顯示自訂的快速選單。因此,你需要修改程式碼,使得快速選單所執行的巨集僅在設計了這些巨集的活頁簿中工作。

如果你想將自訂的快速選單作為在增益集中執行巨集的方式,那麼只能在開啟增益集後開啟的活頁簿中使用功能表項目。

關鍵在於:過去,如果開啟一個修改了快速選單的活頁簿或增益集,可確保修改後的快速選單在所有活頁簿中起作用。而在 Excel 2013 中及後續版本中,你無法保證這一點。

### 使用 RibbonX 程式碼自訂快速選單

也可使用 RibbonX 程式碼自訂快速選單。當開啟一個包含此類程式碼的活頁簿時,快速選單的更改只會影響該活頁簿。為使快速選單修改在所有活頁簿中起作用,可將 RibbonX 程式碼放在一個增益集中。

這裡有一個 RibbonX 程式碼的簡單例子,它修改了「儲存格」右鍵快速選單。如圖 18-5 所示,程式碼在「超連結」功能表項目後加入了一個快速選單項目:

```
<customUI xmlns="http://schemas.microsoft.com/office/2009/07/customui">
    <contextMenus>
        <contextMenu idMso="ContextMenuCell">
            <button id="FileName_MyMenuItem"
                label="Run My Macro..."
                insertAfterMso="HyperlinkInsert"
                onAction="MyMacro"
                imageMso="AdvancedFileProperties"/>
        </contextMenu>
    </contextMenus>
</customUI>
```

▲ 圖 18-5：加入了一個快速選單項目

使用 RibbonX 修改快速選單的做法是在 Excel 2010 中導入的，因此該技術不能在 Excel 2007 中使用。

正如第 17 章所述，需要使用單獨的程式來加入 RibbonX 程式碼。

## 18.2.2 重置快速選單

Reset 方法將快速選單重置為預設的初始值（預設條件下）。下列程序將儲存格快速選單重置為正常狀態：

```
Sub ResetCellMenu()
    CommandBars("Cell").Reset
End Sub
```

在 Excel 2016 中，Reset 方法只影響使用中視窗中的「儲存格」快速選單。

前面已經提到過，Excel 提供了兩個名為「儲存格」的快速選單。上述程式碼重置了第一個「儲存格」快速選單（索引值為 36）。如果要重置第二個「儲存格」快速選單，只需要將名稱替換為索引值（39）。但要記住，索引值在 Excel 的各個版本中並不一致。下面這個程序可更好地重置使用中視窗中「儲存格」快速選單的兩個實例：

```
Sub ResetCellMenu()
    Dim cbar As CommandBar
    For Each cbar In Application.CommandBars
        If cbar.Name = "Cell" Then cbar.Reset
    Next cbar
End Sub
```

下列程序將所有的內建工具列重置為初始狀態：

```
Sub ResetAllShortcutMenus()
    Dim cbar As CommandBar
    For Each cbar In Application.CommandBars
        If cbar.Type = msoBarTypePopup Then
```

```
            cbar.Reset
            cbar.Enabled = True
        End If
    Next cbar
End Sub
```

在 Excel 2016 中，ResetAllShortcutMenus 程序只在使用中視窗中起作用。要重置所有開啟的視窗中的快速選單，程式碼會稍複雜些：

```
Sub ResetAllShortcutMenus2()
'   Works with all windows
    Dim cbar As CommandBar
    Dim activeWin As Window
    Dim win As Window
'   Remember current active window
    Set activeWin = ActiveWindow
'   Loop through each visible window
    Application.ScreenUpdating = False
    For Each win In Windows
        If win.Visible Then
            win.Activate
            For Each cbar In Application.CommandBars
                If cbar.Type = msoBarTypePopup Then
                    cbar.Reset
                    cbar.Enabled = True
                End If
            Next cbar

        End If
    Next win
'   Activate original window
    activeWin.Activate
    Application.ScreenUpdating = True
End Sub
```

程式碼首先跟蹤使用中視窗並將它儲存為物件變數（activeWin）。接著迴圈透過所有開啟的視窗，並啟動每個視窗：但跳過隱藏的視窗，因為啟動隱藏的視窗會使其可見。對於每個現用的視窗，它迴圈透過每個 CommandBar，並重置快速選單。最終，程式碼重新啟動原視窗。

線上資源　ResetAllShortcutMenus 程序的兩個版本都可以從範例檔案中取得，檔案名稱為「reset all shortcut menus.xlsm」。

## 18.2.3　禁用快速選單

Enabled 屬性可將某個快速選單全部禁用。例如，可以設定該屬性，這樣右擊某個儲存格時就不會顯示正常的快速選單。下列陳述式禁用使用中視窗中活頁簿的「儲存格」快速選單：

```
Application.CommandBars("Cell").Enabled = False
```

如果要重置快速選單，只需要將其 Enabled 屬性設定為 True。重置一個快速選單並不會啟用它。

如果要禁用使用中視窗中的所有快速選單，可使用下列程序：

```
Sub DisableAllShortcutMenus()
    Dim cb As CommandBar
    For Each cb In CommandBars
        If cb.Type = msoBarTypePopup Then _
           cb.Enabled = False
    Next cb
End Sub
```

## 18.2.4　禁用快速選單項目

在應用程式執行時，可能需要禁用某個快速選單中的一個或多個快速選單項目。當某個項被禁用時，其文字會變為淺灰色，按一下該項也沒有任何反應。下列程序禁用使用中視窗中「列」和「欄」快速選單的「隱藏」功能表項目：

```
Sub DisableHideMenuItems()
    CommandBars("Column").Controls("Hide").Enabled = False
    CommandBars("Row").Controls("Hide").Enabled = False
End Sub
```

該程序並沒有阻止使用者使用其他方法隱藏列或欄，例如〔常用〕→〔儲存格〕群組中的〔格式〕指令。

## 18.2.5　在「儲存格」快速選單中加入一個新項目

下面的 AddToShortcut 程序將一個新的功能表項目加入到「儲存格」快速選單中：Toggle Wrap Text。前面提到過，Excel 提供了兩個「儲存格」快速選單。該程序修改普通的右擊選單，但不是「分頁預覽」模式下的右擊選單。

```
Sub AddToShortCut()
'   Adds a menu item to the Cell shortcut menu
    Dim Bar As CommandBar
    Dim NewControl As CommandBarButton
    DeleteFromShortcut
```

```
        Set Bar = CommandBars("Cell")
        Set NewControl = Bar.Controls.Add _
            (Type:=msoControlButton)
        With NewControl
            .Caption = "Toggle &Wrap Text"
            .OnAction = "ToggleWrapText"
            .Picture = Application.CommandBars.GetImageMso _
                ("WrapText", 16, 16)
            .Style = msoButtonIconAndCaption
        End With
    End Sub
```

圖 18-6 顯示右擊儲存格後出現的新功能表項目。

宣告一些變數後，第一個指令呼叫了 DeleteFromShortcut 程序（在本節後面列出）。該陳述式保證只有一個 Toggle Word Wrap 功能表項目出現在「儲存格」快速選單中。請注意，該功能表項目標有底線的快速鍵為〔W〕，而不是〔T〕。這是因為〔T〕已經被「剪下」功能表項目使用過了。

Picture 屬性透過參照功能區中 Wrap Text 指令使用的圖片進行設定。關於功能區指令中所使用圖片的更多資訊請參見第 17 章。

選定功能表項目時執行的巨集由 OnAction 屬性指定。本例中巨集名稱為 ToggleWordText：

```
    Sub ToggleWrapText()
        On Error Resume Next
        CommandBars.ExecuteMso "WrapText"
        If Err.Number <> 0 Then MsgBox "Could not toggle Wrap Text"
    End Sub
```

該程序執行 WrapText 功能區指令。如果有錯誤發生（例如工作表被保護），則使用者會收到訊息。

▲ 圖 18-6：帶有一個自訂功能表項目的「儲存格」快速選單

DeleteFromShortcut 程序將「儲存格」快速選單中的新增功能表項目刪除。

```
Sub DeleteFromShortcut()
    On Error Resume Next
    CommandBars("Cell").Controls ("Toggle &Wrap Text").Delete
End Sub
```

大多數情況下，需要自動加入和刪除快速選單增添項：當活頁簿開啟時加入快速選單項目，當活頁簿關閉時刪除該功能表項目。在 ThisWorkbook 程式碼模組中加入下面兩個事件程序：

```
Private Sub Workbook_Open()
    AddToShortCut
End Sub


Private Sub Workbook_BeforeClose(Cancel As Boolean)
    DeleteFromShortcut
End Sub
```

當活頁簿開啟時執行 Workbook_Open 程序，在活頁簿關閉前執行 Workbook_BeforeClose 程序。

順便說一下，如果快速選單僅在 Excel 2016 中使用，那麼不需要在關閉活頁簿時刪除它們，因為快速選單的修改只應用於現用活頁簿視窗。

本節描述的活頁簿可範例檔案中取得，檔案名稱為「add to cell shortcut.xlsm」。這個檔還包括該巨集的另一個版本，將一個新快速選單項目加入到所有開啟的視窗中。

線上資源

## 18.2.6 在快速選單加入一個子選單

本節中的範例向「儲存格」快速選單中加入一個含有 3 個選項的子功能表。圖 18-7 顯示了右擊某行之後的工作表。每個子功能表項都會執行一個巨集，修改選定儲存格中文字的大小寫。

建立子功能表和子功能表項的程式碼如下：

```
Sub AddSubmenu()
    Dim Bar As CommandBar
    Dim NewMenu As CommandBarControl
    Dim NewSubmenu As CommandBarButton

    DeleteSubmenu
    Set Bar = CommandBars("Cell")
'   Add submenu
    Set NewMenu = Bar.Controls.Add _
        (Type:=msoControlPopup)
    NewMenu.Caption = "Ch&ange Case"
    NewMenu.BeginGroup = True
'   Add first submenu item
    Set NewSubmenu = NewMenu.Controls.Add _
      (Type:=msoControlButton)
    With NewSubmenu
        .FaceId = 38
        .Caption = "&Upper Case"
        .OnAction = "MakeUpperCase"
    End With
'   Add second submenu item
    Set NewSubmenu = NewMenu.Controls.Add _
      (Type:=msoControlButton)
    With NewSubmenu
        .FaceId = 40
        .Caption = "&Lower Case"
        .OnAction = "MakeLowerCase"
    End With
'   Add third submenu item
    Set NewSubmenu = NewMenu.Controls.Add _
      (Type:=msoControlButton)
    With NewSubmenu
        .FaceId = 476
        .Caption = "&Proper Case"
        .OnAction = "MakeProperCase"
    End With
End Sub
```

▲ 圖 18-7：該快速選單含有一個包含了 3 個子選單項目的子功能表

### 尋找 FaceID 圖像

快速選單項目上顯示的圖示由兩個屬性設定中的任意一個確定：

- Picture：該選項允許使用功能區中的 imageMso。例如，可以參見本章前面的第 18.2.5 節。
- FaceID：這是最簡單的選項，因為 FaceID 屬性只是一個數值，表示幾百個圖片中的某一個。

那麼如何尋找某個特定的 FaceID 圖片所對應的數字呢？Excel 並沒有提供方法，因此筆者建立了一個應用程式，可在其中輸入開始的 FaceID 數值和結束的 FaceID 數值。按一下某個按鈕，圖片就會在工作表中顯示。每個圖片都有一個與其 FaceID 值對應的數值。圖 18-8 顯示了 1～500 的 FaceID 值。該活頁簿名稱為「show faceids.xlsm」，可從範例檔案中取得。

▲ 圖 18-8：顯示的 Face ID 值

程序中首先加入了子功能表，其 Type 屬性為 msoControlPopup。然後加入了 3 個子選單項目，每個子功能表項的 OnAction 屬性都不同。

刪除子功能表的程式碼要簡單多了：

```
Sub DeleteSubmenu()
    On Error Resume Next
    CommandBars("Cell").Controls("Cha&nge Case").Delete
End Sub
```

線上資源 本節描述的活頁簿可從範例檔案中取得，檔名為「shortcut with submenu.xlsm」。

### 18.2.7 將快速選單限制到單個活頁簿

正如前面提到的，在 Excel 2016 中，快速選單的修改只應用於現用活頁簿視窗（活頁簿 A）。例如，你可能加入了一個新項到活頁簿 A 的「儲存格」右鍵快速選單中。但如果使用者在活頁簿 A 使用中開啟了一個新活頁簿，則新活頁簿將顯示修改過的快速選單。如果希望快速選單只在活頁簿 A 使用中起作用，則可將一些程式碼加入到快速選單執行的巨集中。

假定撰寫了程式碼加入一個在按一下時執行 MyMacro 巨集的快速選單。為將該程序限制到在其中定義它的活頁簿，可使用如下程式碼：

```
Sub MyMacro()
    If Not ActiveWorkbook Is ThisWorkbook Then
        MsgBox "This shortcut menu doesn't work here."
    Else
'        [Macro code goes here]
    End If
End Sub
```

## 18.3 快速選單與事件

本節中的範例介紹與事件一起使用的各種快速選單程式設計技術。

交叉參考 第 6 章詳細介紹了事件程式設計。

### 18.3.1 自動加入和刪除選單

如果需要在活頁簿開啟時修改快速選單，則使用 Workbook_Open 事件。下列程式碼儲存在 ThisWorkbook 物件的程式碼模組中，執行 ModifyShortcut 程序（該程序並未在此顯示）：

```
Private Sub Workbook_Open()
    ModifyShortcut
End Sub
```

要使快速選單恢復到其修改之前的狀態，則使用下面的程序。該程序在關閉活頁簿之前執行，並會執行 RestoreShortcut 程序（該程序並未在此顯示）：

```
Private Sub Workbook_BeforeClose(Cancel As Boolean)
    RestoreShortcut
End Sub
```

如果此程式碼只在 Excel 2013 和 Excel 2016 中使用，則在活頁簿關閉時沒必要恢復快速選單，因為修改只應用於現用活頁簿，在活頁簿關閉時會消失。

## 18.3.2 禁用或隱藏快速選單項目

當某功能表項目被禁用時，其文字顯示為灰色陰影，按一下該功能表項目時沒有任何反應。當某功能表項目被隱藏時，就不會顯示在快速選單中。當然，也可撰寫 VBA 程式碼來啟用或禁用快速選單項目。同樣可撰寫 VBA 程式碼來隱藏快速選單項目。當然，關鍵是要使用正確的事件。

例如，下面的程式碼在啟動工作表 Sheet2 的同時禁用了 Change Case 快速選單項目（該項已被加入到「儲存格」選單中）。該程序位於工作表 Sheet2 的程式碼模組中：

```
Private Sub Worksheet_Activate()
    CommandBars("Cell").Controls("Change Case").Enabled = False
End Sub
```

要在工作表 Sheet2 取消啟動時啟用該功能表項目，則加入下列程序。其效果是，除了啟動工作表 Sheet2 外，Change Case 功能表項目在所有其他情況下均可用。

```
Private Sub Worksheet_Deactivate()
    CommandBars("Cell").Controls("Change Case").Enabled = True
End Sub
```

要隱藏功能表項目而不是禁用它，只需要用 Visible 屬性代替 Enabled 屬性。

## 18.3.3 建立一個上下文相關的快速選單

我們可以建立一個全新的快速選單，並透過激發特定的事件來顯示它。下面的程式碼建立了一個名為 MyShortcut 的快速選單，並向其中加入了 6 個功能表項目。這些功能表項目的 OnAction 屬性分別設定為執行一個簡單的程序，顯示設定「儲存格格式」對話盒中的某一個活頁標籤（參見圖 18-9）。

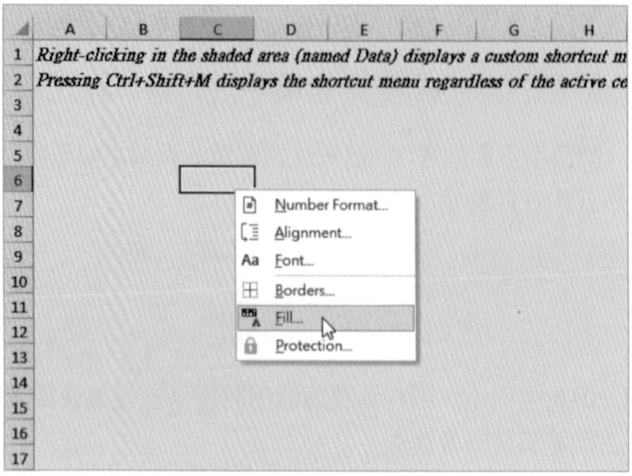

▲ 圖 18-9：一個新的快速選單，僅當使用者右擊工作表陰影區域中的某儲存格時才出現

```
Sub CreateShortcut()
    Set myBar = CommandBars.Add _
      (Name:="MyShortcut", Position:=msoBarPopup)


'   Add a menu item
    Set myItem = myBar.Controls.Add(Type:=msoControlButton)
    With myItem
        .Caption = "&Number Format..."
        .OnAction = "ShowFormatNumber"
        .FaceId = 1554
    End With


'   Add a menu item
    Set myItem = myBar.Controls.Add(Type:=msoControlButton)
    With myItem
        .Caption = "&Alignment..."
        .OnAction = "ShowFormatAlignment"
        .FaceId = 217
    End With


'   Add a menu item
    Set myItem = myBar.Controls.Add(Type:=msoControlButton)
    With myItem
        .Caption = "&Font..."
        .OnAction = "ShowFormatFont"
        .FaceId = 291
    End With


'   Add a menu item
    Set myItem = myBar.Controls.Add(Type:=msoControlButton)
    With myItem
        .Caption = "&Borders..."
```

```
            .OnAction = "ShowFormatBorder"
            .FaceId = 149
            .BeginGroup = True
        End With

    '   Add a menu item
        Set myItem = myBar.Controls.Add(Type:=msoControlButton)
        With myItem
            .Caption = "&Patterns..."
            .OnAction = "ShowFormatPatterns"
            .FaceId = 1550
        End With

    '   Add a menu item
        Set myItem = myBar.Controls.Add(Type:=msoControlButton)
        With myItem
            .Caption = "Pr&otection..."
            .OnAction = "ShowFormatProtection"
            .FaceId = 2654
        End With
    End Sub
```

建立快速選單後，可透過使用 ShowPopup 方法來顯示該選單。下列程序位於 Worksheet
物件的程式碼模組中，當使用者右擊 data 儲存格區域中的儲存格時執行該程序：

```
Private Sub Worksheet_BeforeRightClick _
    (ByVal Target As Excel.Range, Cancel As Boolean)
    If Union(Target.Range("A1"), Range("data")).Address = _
        Range("data").Address Then
            CommandBars("MyShortcut").ShowPopup
            Cancel = True
    End If
End Sub
```

當使用者右擊時，如果作用儲存格在名為 data 的儲存格區域內，則顯示 MyShortcut 選單。
將 Cancel 引數設定為 True，確保不顯示正常的快速選單。請注意，浮動工具列也沒有顯示。

甚至還可以不使用滑鼠來顯示快速選單。建立一個簡單的程序，並透過使用「巨集」對話盒
中的〔選項〕按鈕來指定一個快速鍵。

```
Sub ShowMyShortcutMenu()
    '   Ctrl+Shift+M shortcut key
    CommandBars("MyShortcut").ShowPopup
End Sub
```

線上資源

範例檔案中包含一個名為「context-sensitive shortcut menu.xlsm」的範例，該範例建
立一個新的快速選單，並在普通的「儲存格」快速選單的位置進行顯示。

# 為應用程式提供說明

- 為應用程式提供使用者說明
- 僅使用 **Excel** 的元件提供說明
- 顯示用 **HTML** 說明系統建立的說明檔案
- 將說明檔案與應用程式相關聯
- 採用其他方式顯示 **HTML** 說明

## 19.1 Excel 應用程式的「說明」

如果要在 Excel 中開發一個比較重要的應用程式，需要考慮為終端使用者提供某種說明。這樣可使得使用者在應用程式中更加運用自如，而且可減少使用者打電話來詢問基本問題所耗費的時間。另一個好處是說明始終是可用的：也就是說，不會將應用程式的使用說明放到找不到的地方或埋在一堆書裡。

為 Excel 應用程式提供說明的方法有很多種，有簡單的，也有複雜的。選擇的方法取決於應用程式的範圍和複雜度，以及想在該開發階段投入多少精力。有些應用程式可能只需要一組關於如何啟動的簡單指示。其他應用程式可能需要成熟的、可搜尋的「說明」系統。最常見的情形是應用程式的需求介於兩者之間。

本章將使用者說明分為下列兩類：

- **非官方說明系統**：這種顯示說明的方法使用標準的 Excel 元件（如使用者表單）。或者，你可以用文字檔、Word 文件檔案或 PDF 檔簡單地顯示支援資訊。
- **官方說明系統**：這種說明系統使用一個經過編譯的 CHM 檔，該檔由 Microsoft 的 HTML Help Workshop 產生。

建立一個經過編譯的說明系統並不是一項微不足道的工作。但是如果應用程式比較複雜，或者應用程式將被相當多的人使用，那麼就很值得努力了。

**線上資源**

本章的所有範例都可從下載的壓縮檔中取得。因為多數範例都包含多個檔案，所以每個範例都放在一個單獨目錄中。

## 關於本章中的範例

本章中的許多範例都使用了一個通用的活頁簿應用程式來示範提供說明的各種方式。該應用程式使用儲存在工作表中的資料來產生和列印套用信函。

在圖 19-1 中可以看到，儲存格顯示了資料庫中的記錄總數（C2，透過公式計算出）、目前記錄號（C3）、列印的第一個記錄（C4）和列印的最後一個記錄（C5）。要顯示某個特定記錄，使用者只需要在儲存格 C3 中輸入一個值。要列印一系列套用信函，使用者只需要在儲存格 C4 和 C5 中指定第一個和最後一個記錄號。

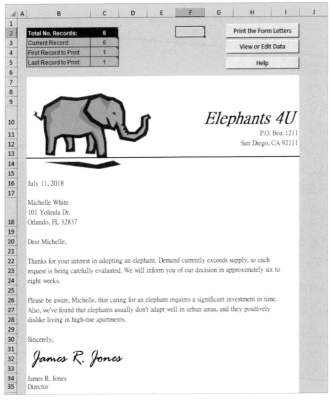

▲ 圖 19-1：儲存格顯示的內容

該應用程式非常簡單，卻是由一些相互沒什麼關聯的元件構成的。本書用這個範例來示範顯示即時線上說明的各種方法。

套用信函活頁簿包含下列組件：

- Form：一個工作表，其中包含套用信函的文字。
- Data：一個工作表，其中包含一個 7 個欄位的資料庫表單。
- HelpSheet：只顯示在範例中的一個工作表，該範例將說明文字儲存在工作表。
- PrintMod：一個 VBA 模組，其中包含一些用來列印套用信函的巨集。
- HelpMod：一個 VBA 模組，其中包含一些用來控制說明顯示的巨集。該模組的內容因所示範的說明類型而異。
- UHelp：僅在說明技巧涉及使用者表單時，才會顯示的使用者表單。

## 19.2 使用 Excel 元件的說明系統

給使用者提供說明的最直接方法可能是使用 Excel 本身所含的功能。這種方法最大的好處就是不需要學習如何建立 HTML 說明檔案：這是一項重大工作，可能比開發應用程式花費的時間更多。

本節提供了一些說明技巧的簡介，這些說明技巧使用了下列 Excel 內建群組元件：

- **儲存格註解**：使用註解就像取得它一樣簡單。
- **文字方塊控制項**：採用簡單的巨集來切換顯示包含說明資訊的文字方塊。
- **工作表**：加入說明的一種簡單方法就是插入一個工作表，輸入說明資訊，將其活頁標籤命名為「說明」。當使用者按一下該活頁標籤時，工作表被啟動。
- **自訂使用者表單**：可實現很多功能，如在使用者表單中顯示說明文字。

### 19.2.1 為說明系統使用儲存格註解

給使用者提供說明的最簡單方法可能是使用儲存格註解。這種方法最適於描述儲存格預期輸入的類型。當使用者將滑鼠指標移到一個包含註解的儲存格上時，註解會出現在一個小視窗中，像工具提示一樣（參見圖 19-2）。這種方法的另一個優點是不需要任何巨集。

是否自動顯示儲存格註解是可以選擇的。下面的 VBA 指令可放在 Workbook_Open 程序中，確保所有包含註解的儲存格都顯示儲存格註解指標：

```
Application.DisplayCommentIndicator = xlCommentIndicatorOnly
```

示範如何使用儲存格註解的活頁簿可從範例檔案中取得，檔案名稱為「cell comments\formletter.xlsm」。

線上資源

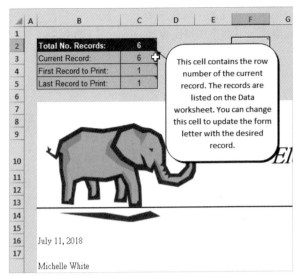

▲ 圖 19-2：使用儲存格註解來顯示說明

> **提示**
>
> 大多數使用者並沒有意識到，註解還可以顯示一幅圖片。右擊註解邊框，從快速選單中選擇「註解格式」。在「註解格式」對話盒中，選擇〔色彩和線條〕活頁標籤。按一下「色彩」下拉式選單，選擇「填滿效果」。在「填滿效果」對話盒中，按一下〔圖片〕活頁標籤，然後按一下〔選取圖片〕按鈕選擇圖片檔。

還有一種方法是選擇 Excel 的〔資料〕→〔資料工具〕→〔資料驗證〕指令，將顯示一個對話盒，讓使用者指定儲存格或儲存格區域的驗證條件。可以忽略資料驗證，使用「資料驗證」對話盒中的〔提示訊息〕活頁標籤來指定儲存格被啟動時顯示的資訊。文字限於大約 255 個字元。

## 19.2.2 為說明系統使用文字方塊

使用文字方塊來顯示說明資訊也很容易實現。只需要選擇〔插入〕→〔文字〕→〔文字方塊〕指令來建立一個文字方塊，輸入說明文字，然後根據需要進行格式化。

> **提示**
>
> 除了使用文字方塊以外，還可以使用不同的形狀，將文字加入到其中。選擇〔插入〕→〔圖例〕→〔圖案〕，選擇一種圖案。然後開始輸入文字。

圖 19-3 的範例中設定一個圖案來顯示說明資訊。本例加入了陰影效果，使物件看起來浮在工作表上。

大多數時候，並不需要讓文字方塊可見。因此，可在應用程式中加入一個按鈕來執行一個巨集，該巨集用來切換文字方塊的 Visible 屬性。下面是這種巨集的一個範例。本例中，文字方塊的名稱為 HelpText。

```
Sub ToggleHelp()
ActiveSheet.TextBoxes("HelpText").Visible = _
Not ActiveSheet.TextBoxes("HelpText").Visible
End Sub
```

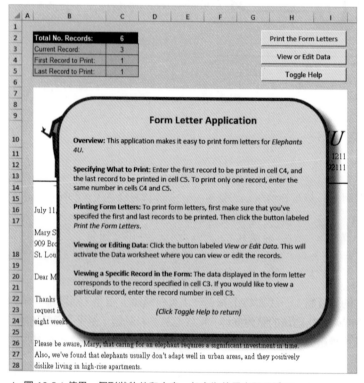

▲ 圖 19-3：使用一個形狀物件和文字一起來為使用者顯示說明

示範使用文字方塊的說明資訊的活頁簿可從範例檔案中取得，檔案名稱為「textbox\formletter.xlsm」。

線上資源

## 19.2.3 使用工作表來顯示說明文字

在應用程式中加入說明的另一種簡單方法是建立一個巨集，啟動用於儲存說明資訊的單獨工作表。將該巨集綁定到一個按鈕控制項上，就建立了一個快速說明。

圖 19-4 顯示了一個樣本說明工作表。在本例中將包含說明文字的儲存格區域設計為模擬黃色便利貼的頁面（這種嘗試使用者可能會喜歡，也可能不喜歡）。

為使使用者可以捲動 HelpSheet 工作表，該巨集設定了工作表的 ScrollArea 屬性。由於該屬性並沒有儲存在活頁簿中，因此需要在啟動工作表時進行設定。

```
Sub ShowHelp()
'   Activate help sheet
    Worksheets("HelpSheet").Activate
    ActiveSheet.ScrollArea = "A1:C35"
    Range("A1").Select
End Sub
```

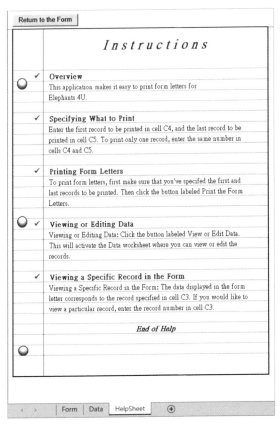

▲ 圖 19-4：將使用者說明資訊放在單獨工作表中是一種簡捷方法

筆者對工作表進行了保護，防止使用者修改文字和選擇儲存格，還將第一行「凍結」，使得不論使用者捲動到工作表下面多遠的位置，Return to the Form 按鈕始終都是可見的。

使用這種方法的主要缺點是，說明文字在主工作區並不是可見的。一種可能的解決方法是撰寫巨集來開啟一個新視窗，顯示該工作表。

範例檔案中包含了一個名為「worksheet\formletter.xlsm」的活頁簿，該活頁簿示範了使用工作表的說明資訊。

線上資源

## 19.2.4 在使用者表單中顯示說明資訊

給使用者提供說明的另一種方法是在使用者表單中顯示文字。本節介紹了一些涉及使用者表單的技術。

### 1. 使用文字標籤控制項來顯示說明文字

圖 19-5 顯示的使用者表單包含兩個 Label 控制項：一個用於標題，另一個用於實際的說明文字。SpinButton 控制項支援使用者在主題間導航。文字本身儲存在一個工作表中，主題儲存在 A 列，文字儲存在 B 列。用一個巨集把工作表中的文字轉移給 Label 控制項。

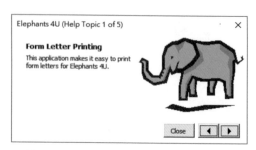

▲ 圖 19-5：按一下微調按鈕上的箭頭按鈕可修改標籤中顯示的文字

按一下 SpinButton 控制項將執行下列程序。該程序只是將兩個 Label 控制項的 Caption 屬性設定為工作表（名為 HelpSheet）對應行中的文字：

```
Private Sub sbTopics_Change()
    HelpTopic = Me.sbTopics.Value
    Me.lblTitle.Caption = _
      Sheets("HelpSheet").Cells(HelpTopic, 1).Value
    Me.lblTopic.Caption = _
      Sheets("HelpSheet").Cells(HelpTopic, 2).Value
    Me.Caption = APPNAME & " (Help Topic " & HelpTopic & " of " _
      & Me.sbTopics.Max & ")"
End Sub
```

其中，APPNAME 是一個全域常數，包含應用程式的名稱。

---

#### 在使用者表單中使用控制項提示

每個使用者表單控制項都有一個 ControlTipText 屬性，可用來儲存簡單的描述性文字。當使用者將滑鼠指標移到某個控制項上時，控制項提示（如果有）被顯示在一個快顯視窗中。參見圖 19-6。

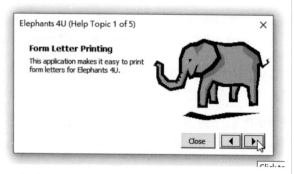

▲ 圖 19-6：控制項提示顯示在一個快顯視窗中

線上資源　　該技術的活頁簿可從範例檔案中取得，檔名為「userform1\ formletter.xlsm」。

## 2. 使用捲動標籤來顯示說明文字

該技術將說明文字顯示在一個 Label 控制項中。由於 Label 控制項不能包含垂直捲動條，因此標籤被放在 Frame 控制項中，Frame 控制項是可以放置捲軸的。圖 19-7 顯示這樣一個使用者表單的範例。使用者可以透過使用框架的捲軸來捲動文字。

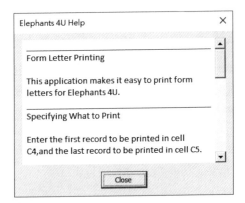

▲ 圖 19-7：在 Frame 控制項中插入一個 Label 控制項可以在標籤中加入捲軸

使用者表單被初始化時，標籤中顯示的文字是從 HelpSheet 工作表中讀取的。下面是該工作表的 UserForm_Initialize 程序：

```
Private Sub UserForm_Initialize()
    Dim LastRow As Long
    Dim r As Long
    Dim txt As String
    Me.Caption = APPNAME & " Help"
    LastRow = Sheets("HelpSheet").Cells(Rows.Count, 1).End(xlUp).Row
    txt = ""
    For r = 1 To LastRow
        txt = txt & Sheets("HelpSheet").Cells(r, 1).Text & vbCrLf
    Next r
    With Me.lblMain
        .Top = 0
        .Caption = txt
        .Width = 260
        .AutoSize = True
    End With
    Me.frmMain.ScrollHeight = Me.lblMain.Height
    Me.frmMain.ScrollTop = 0
End Sub
```

注意，程式碼調整框架的 ScrollHeight 屬性，確保捲動範圍可以覆蓋標籤的整個高度。APPNAME 是一個全域常數，其中包括應用程式的名稱。

由於標籤不能顯示格式化的文字，因此，使用 HelpSheet 工作表中的底線來描述「說明」主題標題。

該技術的活頁簿可從範例檔案中取得，檔名為「userform2\ formletter.xlsm」。

線上資源

## 3. 使用下拉式方塊控制項來選擇「說明」主題

這一部分的範例在前面範例的基礎上有所提高。圖 19-8 顯 示 包 含 一 個 ComboBox 控 制 項 和 Label 控制項的使用者表單。使用者可透過按一下〔Previous〕或〔Next〕按鈕從下拉式清單中選擇一個主題或按順序瀏覽主題。

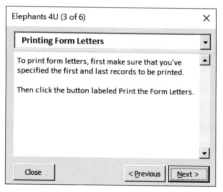

▲ 圖 19-8：使用一個下拉式選單控制項來選擇一個說明主題

該範例比上一部分介紹的範例要複雜一些，但更靈活。它使用之前介紹的「在可捲動框架內包含標籤」技術來支援任意長度的說明文字。

說明文字被儲存在 HelpSheet 工作表的兩列中（A 列和 B 列）。第一列包含主題標題，第二列包含文字。下拉式清單中的項被加入到 UserForm_Initialize 程序中。CurrentTopic 變數是一個模組等級的變數，其中儲存了一個表示說明主題的整數。

```
Private Sub UpdateForm()
    Me.cbxTopics.ListIndex = CurrentTopic - 1
    Me.Caption = APPNAME & _
      " (" & CurrentTopic & " of " & TopicCount & ")"

    With Me.lblMain
        .Caption = HelpSheet.Cells(CurrentTopic, 2).Value
        .AutoSize = False
        .Width = 212
        .AutoSize = True
    End With

    With Me.frmMain

        .ScrollHeight = Me.lblMain.Height + 5
        .ScrollTop = 1
    End With

    If CurrentTopic = 1 Then
        Me.cmdNext.SetFocus
    ElseIf CurrentTopic > TopicCount Then
```

```
            Me.cmdPrevious.SetFocus
        End If
        Me.cmdPrevious.Enabled = CurrentTopic > 1
        Me.cmdNext.Enabled = CurrentTopic < TopicCount
    End Sub
```

## 19.3 在 Web 瀏覽器中顯示「說明」

本節介紹在 Web 瀏覽器中顯示使用者說明的兩種方法。

### 19.3.1 使用 HTML 檔

為 Excel 應用程式顯示說明的另一種方法是建立一個或多個 HTML 檔，提供一個超連結，在預設的 Web 瀏覽器中顯示檔案。HTML 檔可在本機存放區，或儲存在使用者企業的內部網路上。你可在儲存格中建立一個到說明檔案的超連結（並不需要使用巨集）。圖 19-9 的範例在瀏覽器中顯示說明資訊。

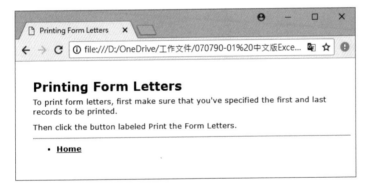

▲ 圖 19-9：在 Web 瀏覽器中顯示說明資訊

簡單易用的 HTML 編輯器是很容易取得的，基於 HTML 的說明系統的複雜程度可以按需要進行選擇。這種方法的一個缺點是需要發佈很多 HTML 檔。對該問題的一個解決方法是使用 MHTML 檔，見接下來的描述。

## 19.3.2 使用 MHTML 檔

MHTML（MIME Hypertext Markup Language 的縮寫）是一種 Web 存檔格式。MHTML 檔可以在 Microsoft IE 和其他一些瀏覽器中顯示。

為 Excel 說明系統使用 MHTML 檔的好處是，可在 Excel 中建立這些檔。可使用任意數量的工作表建立說明文字。然後選擇〔檔案〕→〔另存新檔〕指令，按一下「存檔類型」下拉式選單，選擇「單一檔案網頁（*.mht、*.mhtml）」。VBA 巨集不能以這種格式儲存。

在 Excel 中，可建立一個超連結來顯示 MHTML 檔。

圖 19-10 顯示一個在 IE 中顯示的 MHTML 檔。注意，檔案的底部包含連結到說明主題的活頁標籤。這些活頁標籤對應用於建立 MHTML 檔的 Excel 活頁簿中的活頁標籤。

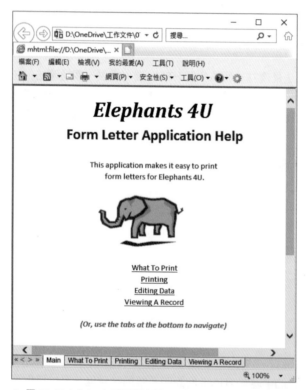

▲ 圖 19-10：在 Web 瀏覽器中顯示一個 MHTML 檔

線上資源

示範該技術的活頁簿可從範例檔案中取得，檔案名稱為「mhtml_file\ formletter. xlsm」。其中還包括了一個用於建立 MHTML 檔（helpsource.xlsx）的活頁簿。顯然，如果從 Microsoft Office 連結的 MHTML 檔的檔案名或路徑中包含空格字元，則一些版本的 IE 不會顯示這些檔。本書範例檔案中的範例使用一個 Windows API 函數（ShellExecute）顯示 MHTML 檔（如果超連結失敗）。

## 19.4 使用 HTML 說明系統

目前，Windows 應用程式中最常用的說明系統是 HTML 說明，HTML 說明使用 CHM 檔。該系統代替了老的 Windows 說明系統（WinHelp），WinHelp 使用的是 HLP 檔。這兩種說明系統都支援開發人員將上下文 ID 與某個特定的說明主題關聯起來。這樣就能以上下文相關的方式來顯示特定的說明主題。

Office XP 是使用 HTML 說明的最後一個 Microsoft Office 版本。Office 的每個後續版本都使用不同的說明系統。儘管 HTML 說明不能複製 Windows Office 說明的外觀和感覺，但它仍有用，因為它便於使用，至少對於簡單的說明系統來說是這樣。

本節簡要介紹 HTML 說明編輯系統。關於建立這樣的說明系統的細節已經遠遠超出了本書的範圍。但是，可線上找到很多資訊和範例。

編譯過的 HTML 說明系統將一連串 HTML 檔轉換到一個簡潔的說明系統中。此外，還可以建立一個內容和索引的組合表，並使用關鍵字來實現優異的超連結性能。HTML 說明還可以使用附加工具，如圖形檔、ActiveX 控制項、腳本和 DHTML（動態 HTML）。圖 19-11 中的範例是一個簡單的 HTML 說明系統。

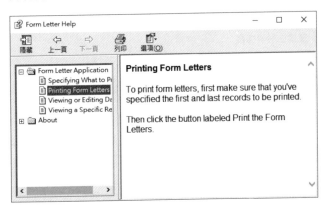

示範該技術的活頁簿可從範例檔案中取得，檔案名稱為「html help\formletter.xlsm」。

線上資源

▲ 圖 19-11：HTML 說明的一個範例

HTML 說明由 HTML 說明閱讀器顯示，它使用的是 IE 的頁面配置引擎。資訊顯示在一個視窗中，內容表、索引和搜尋工具都顯示在單獨的窗格中。另外，說明文字可以包含標準的超連結，用來顯示其他主題，甚至可以是網路上的文件檔案。另一點很重要的是，HTML 說明可以連接儲存在網站上的檔案。這樣可以說明使用者取得在說明系統中取得不到的最新資訊來源。

建立 HTML 說明系統需要一個專門的編譯器（HTML Help Workshop）。HTML Help Workshop 以及很多附加資訊可從 Microsoft 的 MSDN 網站上免費下載，連接如下地址並搜尋 HTML Help Workshop：

```
http://msdn.microsoft.com
```

圖 19-12 顯示建立圖 19-11 中所示的說明系統的 HTML Help Workshop 以及專案檔案。

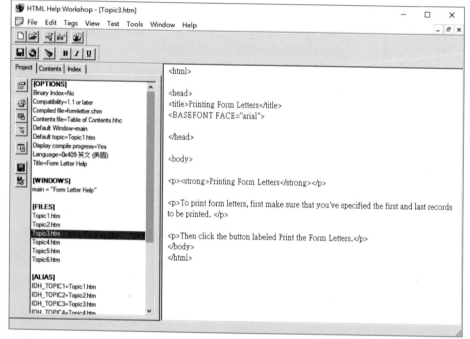

▲ 圖 19-12：使用 HTML Help Workshop 來建立說明檔案

## 顯示某個 Excel 說明主題

有時，可能需要讓 VBA 程式碼顯示 Excel 說明系統中的某個特定主題。每個說明主題都有一個主題 ID，但在 Excel 2016 中識別該主題 ID 有些複雜。例如，假設想讓使用者能夠選擇檢視 Excel 的說明系統中有關 AGGREGATE 函數的資訊。

首先在 Excel 說明系統中搜尋本主題。在搜尋結果中，突出顯示合適的超連結並按〔Ctrl〕+〔C〕鍵複製該連結。然後啟動一個空儲存格，按〔Ctrl〕+〔V〕鍵貼上該連結。按

〔Ctrl〕＋〔K〕鍵顯示「編輯超連結」對話盒，其中顯示超連結的位址。例如，你會發現 AGGREGATE 函數說明主題的位址為：

```
https://support.office.microsoft.com/client/AGGREGATE-function-
43B9278E-6AA7-4F17-92B6-E19993FA26DF?NS=EXCEL&Version=16
```

複製該網址並將其貼上到 Web 瀏覽器中。右擊頁面選擇「檢視網頁原始碼」（不同瀏覽器可能會有不同的功能表項目）。在這個 head 標籤中，靠近頂端，找到如下所示的 meta 標籤：

```
<meta name="search.contextid" content="xlmain11.chm60533,
AGGREGATE, XLWAEnduser_AGGREGATE" />
```

使用 Chrome 瀏覽器可看到第 26 行的 meta 標籤，具體如圖 19-13 所示。

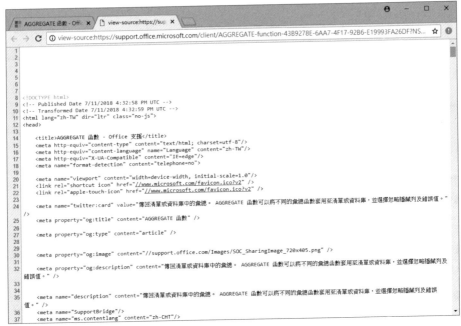

▲ 圖 19-13：網頁原始碼中的 meta 標籤

主題 ID 是內容引數的第一部分。在此例中，主題 ID 為 xlmain11.cm60533。將這個主題 ID 作為使用 Assistance 物件中 ShowHelp 方法的 VBA 函式中的引數。對於此例，陳述式為：

```
Application.Assistance.ShowHelp" xlmain11.chm60533"
```

當執行此陳述式時，Excel 的說明系統會顯示關於 AGGREGATE 函數的資訊。

另一種方法是使用 SearchHelp 方法。只需要提供一個搜尋術語，使用者就能看到相符合的說明主題列表。下面是一個範例：

```
Application.Assistance.SearchHelp "AGGREGATE function"
```

## 19.4.1 使用 Help 方法來顯示 HTML 說明資訊

使用 Application 物件的 Help 方法來顯示說明檔案（可以是 WinHelp HLP 檔或 HTML Help CHM 檔）。即使說明檔案中沒有定義過任何說明主題代碼，該方法也是可用的。

Help 方法的語法如下：

```
Application.Help(helpFile, helpContextID)
```

兩個引數都是可選的。如果說明檔案的名稱被省略，則顯示 Excel 的說明檔案。如果說明主題代碼引數被省略，則顯示指定的預設主題的說明檔案。

下面的範例顯示了 myapp.chm 的預設主題，假設與其被呼叫的活頁簿在同一目錄中。請注意，第二個引數被省略了。

```
Sub ShowHelpContents()
    Application.Help ThisWorkbook.Path & "\myapp.chm"
End Sub
```

下列指令顯示了 myapp.chm HTML 說明檔案中上下文標示為 1002 的說明主題：

```
Application.HelpThisWorkbook.Path& "\myapp.chm", 1002
```

## 19.4.2 將「說明」檔與應用程式相關聯

讀者可將某個具體的 HTML 說明檔案與 Excel 應用程式關聯起來，可使用以下兩種方式：使用「專案屬性」對話盒，或透過撰寫 VBA 程式碼。

在 VBE 中，選擇〔工具〕→〔×××屬性〕指令（×××對應於專案名稱）。在「專案屬性」對話盒中，按一下〔一般〕活頁標籤，為專案指定一個編譯過的 HTML 說明檔案。副檔名必須為 .chm。

以下陳述式示範如何使用 VBA 函式將一個說明檔案與應用程式關聯起來。下列指令建立一個到「myfuncs.chm」的關聯，假設說明檔案與活頁簿在同一目錄下：

```
ThisWorkbook.VBProject.HelpFile = ThisWorkbook.Path& "\myfuncs.chm"
```

> **注意**
>
> 如果這段產生一個錯誤，則必須允許透過程式連接 VBA 專案。在 Excel 中，選擇〔開發人員〕→〔程式碼〕→〔巨集安全性〕指令，顯示、「信任中心」對話盒。然後取消選擇「信任存取 VBA 專案物件模型」核取方塊。

當說明檔案與應用程式關聯後，可以用下列方法呼叫某個具體的說明主題：

➤ 在使用者按下〔F1〕鍵的同時在「插入函數」對話盒中選擇一個自訂工作表函數。

➤ 在使用者按下〔F1〕鍵的同時顯示某個使用者表單。與現用控制項相關聯的說明主題就會被顯示。

## 19.4.3 將一個說明主題與一個 VBA 函數相關聯

如果用 VBA 建立了自訂工作表函數，則可能需要將一個說明檔案和說明主題代碼與每個函數關聯起來。這些項被關聯到函數後，在「插入函數」對話盒中按〔F1〕鍵就可以顯示說明主題了。

要為自訂工作表函數指定一個說明主題代碼，可遵守下列步驟：

(1) 如常建立函數。

(2) 確保專案有一個相關聯的說明檔案（查閱上一節）。

(3) 在 VBE 中，按〔F2〕鍵啟動「瀏覽物件」。

(4) 從「專案 / 庫」下拉式選單中選擇專案。

(5) 在「物件類別」視窗中，選擇包含函數的模組。

(6) 在「成員」視窗中，選擇函數。

(7) 右擊函數，從快速選單中選擇「屬性」項目。這樣就會顯示「成員選項」對話盒，如圖 19-14 所示。

▲ 圖 19-14：為自訂函數指定一個說明主題代碼

(8) 為函數輸入說明主題的說明主題代碼。也可以輸入函數的描述資訊。

> 注意
>
> 「成員選項」對話盒並不允許指定說明檔案。它始終使用與專案相關聯的說明檔案。

你可能更喜歡撰寫 VBA 程式碼為自訂函數設定說明主題代碼和說明檔案，可以使用 MacroOptions 方法來執行。

下列程序使用 MacroOptions 方法為兩個自訂函數（AddTwo 和 Squared）指定描述資訊、說明檔案和說明主題代碼。只需要執行一次巨集。

```
Sub SetOptions()
'    Set options for the AddTwo function
    Application.MacroOptions Macro:="AddTwo", _
        Description:="Returns the sum of two numbers", _
        HelpFile:=ThisWorkbook.Path & "\myfuncs.chm", _
        HelpContextID:=1000, _
        ArgumentDescriptions:=Array("The first number to add", _
          "The second number to add")

'    Set options for the Squared function
    Application.MacroOptions Macro:="Squared", _
        Description:="Returns the square of an argument", _
        HelpFile:=ThisWorkbook.Path & "\myfuncs.chm", _
        HelpContextID:=2000, _
        ArgumentDescriptions:=Array("The number to be squared")
End Sub
```

執行這些程序後，使用者可透過在「插入函數」對話盒中按一下「有關該函數的說明」連結來取得說明。

線上資源　　示範該技術的活頁簿可以從範例檔案中取得，檔案名稱為「function help\ myfuncs. xlsm」。

# 了解物件類別模組

- 簡要介紹物件類別模組
- 物件類別模組的幾個典型應用
- 介紹與物件類別模組相關的幾個主要概念的範例

## 20.1 什麼是物件類別模組

對於大多數 VBA 程式設計人員來說，物件類別模組是一個神秘的概念。該功能容易讓人混淆，但本章中的範例有助於揭開這個強大功能的神秘面紗。

「物件類別模組」是一個特殊類型的 VBA 模組，可將其插入 VBA 專案中。基本上，物件類別模組能夠讓程式設計人員建立一個新物件。Excel 程式設計歸根結底就是操作物件。物件類別模組允許建立新的物件，以及對應的屬性、方法和事件。

你可能會問，「我真的需要建立新物件嗎？」答案是：「不·需·要」。但是，當了解到這麼做的一些好處後，你可能就想這麼做。很多情況下，物件類別模組只是作為函數或者程序的替代品而已。但它可能是一個更加方便和可控制的選擇。然而，在其他一些情況下，物件類別模組是完成某個特定任務的唯一方法。

下面列舉了物件類別模組的一些典型用法：

➢ 封裝程式碼及提升可讀性：例如，將所有與薪資相關的程式碼都移到用來表示雇員和薪水的物件中，這樣更便於管理程式碼。

➢ 處理 Excel 中某些物件事件：例如 Application 物件事件、Chart 物件事件或 QueryTable 物件事件，第 15 章提供了一個使用 Application 物件事件的例子。

➢ 將 Windows API 函數封裝起來，使其在程式碼中更加容易使用：例如，可以建立一個類別，使得對〔Num Lock〕或者〔Caps Lock〕鍵狀態的檢測和設定更加簡單。或者可以建立一個類別，簡化對 Windows 登錄檔的連接。

➢ 啟用使用者表單中的多個物件來執行單個程序：通常情況下，每個物件都有自己的事件處理常式。第 15 章中的範例展示了如何使用物件類別模組使多個指令按鈕都有單個 Click 事件處理常式。

➤ 建立可以導入到其他專案中的可重覆使用元件：建立通用物件類別模組後，可將其導入其他專案中，因此縮減開發時間。

## 20.1.1 內建的物件類別模組

如果你一直模仿學習本書的例子，那就已經使用過物件類別模組了。Excel 會自動為活頁簿物件、每個工作表物件和所有使用者表單物件建立物件類別模組。沒錯，ThisWorkbook 是個物件類別模組。當你將使用者表單插入專案中時，就正在插入物件類別模組。

使用者表單的物件類別模組和自訂物件類別模組之間的區別在於，使用者表單有一個使用者介面元件（表單和它的控制項），而自訂物件類別模組沒有。不過，可在使用者表單的物件類別模組中建立屬性和方法，以拓展它的功能（畢竟它只是個物件類別模組）。

## 20.1.2 自訂物件類別模組

本章剩餘內容都用來建立自訂的物件類別模組。Excel 在內建的物件類別模組中定義物件和它的屬性、方法。與內建的物件類別模組不一樣的是，自訂物件類別模組可以讓你直接定義。建立什麼自訂物件取決於你的應用程式。如果撰寫一個連絡人管理應用程式，應該有一個 Company 類別和一個 Contact 類別。要撰寫一個銷售提成計算器，應該有一個 Salesperson 類別和一個 Invoice 類別。物件類別模組的好處之一是可以將它們設計成完全符合你的個人需求。

### 1. 類別和物件

對於很多 VBA 開發人員來說，術語「類別」和「物件」都是通用的。它們的關係十分緊密，但還是存在細微的差別。物件類別模組定義物件，但這並不是實際的物件。

可以將物件類別模組看成房子的藍圖。藍圖描述房子的所有屬性和面積，但它還不是房子。你可以透過一張藍圖建立許多房子。同樣，透過一個類別也可建立許多物件。

### 2. 物件、屬性和方法

從語法上來考慮物件、屬性和方法有助於了解它們的關係。物件是名詞，它們是事物。代表了實際事物，如員工、客戶、車子等。它們還可以代表無形的事物，如交易等。當使用物件類別模組設計應用程式時，需要先標識出域（domain）中的物件。

物件有屬性。在語法中，屬性可以看成是形容詞。它們描述物件的特徵。房子的一個特徵是車庫裡可以停幾輛車。如果建立了一個 house 類別，就需要建立 GarageCarCount 屬性。類別似地，還可建立 ExteriorColor 屬性來儲存用來刷房子外牆的塗料顏色。沒必要為物件所有可能的特徵都建立屬性，只需要建立對應用程式有重要作用的屬性即可。Excel 中的

Font 物件，就只帶了 Size 這個屬性。你可以讀取這個屬性來了解字體的大小，或者可以透過設定這個屬性來改變字體的大小。

可將「方法」看成是語法中的動詞。方法描述物件類別模組所發生的動作。一般來講，有兩種類型的方法：一次改變多個屬性的方法，和與外界進行互動的方法。Excel 的活頁簿物件有 Name 屬性，你可以讀取這個屬性，但不能改變它。要改變 Name 屬性，必須使用方法（如 Save 或 SaveAs），因為外界（即作業系統）需要知道活頁簿的名稱是什麼。

## 20.2 建立 NumLock 類別

物件類別模組的優點之一是為複雜的難以使用的程式碼（如 Windows API）提供一個更好的介面。檢測或者改變數字鎖定鍵（NumLock）的狀態需要數個 Windows API 函數，而且相當複雜。你可將 API 函數放到物件類別模組中，然後建立比 API 函數更易於使用的屬性和方法。

本節將循序漸進地指導讀者建立一個簡單卻很有用的物件類別模組。該物件類別模組建立一個 NumLock 類別，這個類別有一個屬性（Value）和一個方法（Toggle）。

建立這個類別後，透過使用如下指令，VBA 程式碼可確定目前〔NumLock〕鍵的狀態。該指令顯示 Value 屬性：

```
MsgBoxclsNumLock.Value
```

此外，可透過使用 Toggle 方法來切換〔Num Lock〕鍵：

```
NumLock.Toggle
```

類別設計完後不能簡單地設定 Value 屬性。Value 屬性並不是儲存在類別中的值，而是鍵盤的實際狀態。要改變 Value 屬性，可以透過 Windows API 定義與鍵盤互動的方法，然後改變屬性值。了解物件類別模組包含定義物件（包括屬性和方法）的程式碼是非常重要的。你可以在 VBA 通用程式碼模組中建立該物件的一個實例，然後操作其屬性和方法。

為更好地了解建立物件類別模組的程序，可按下面的指示進行操作。首先要建立一個空活頁簿。

### 20.2.1 插入物件類別模組

啟動 Visual Basic Editor（VBE），然後選擇〔插入〕→〔物件類別模組〕指令。該步驟加入了一個空的物件類別模組 Class1。如果「屬性」視窗沒有顯示，請按〔F4〕鍵來顯示。然後，將這個物件類別模組的名稱改為 CNumLock（參見圖 20-1）。

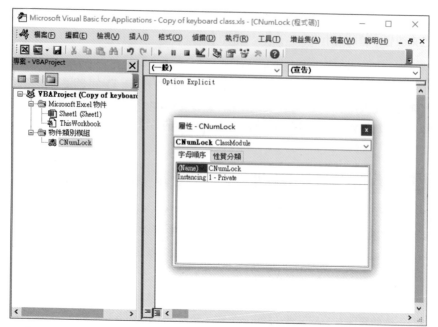

▲ 圖 20-1：名為 NumLockClass 的空物件類別模組

## 20.2.2 替物件類別模組加入 VBA 程式碼

在該步驟中，為 Value 屬性建立程式碼。為檢測或者改變〔Num Lock〕鍵的狀態，物件類別模組需要用 Windows API 宣告來檢測和設定〔Num Lock〕鍵。程式碼如下。

```
Private Declare Sub keybd_event Lib "user32" _
    (ByVal bVk As Byte, _
    ByVal bScan As Byte, _
    ByVal dwFlags As Long, ByVal dwExtraInfo As Long)

Private Declare PtrSafe Function GetKeyboardState Lib "user32" _
    (pbKeyState As Byte) As Long

Private Declare PtrSafe Function SetKeyboardState Lib "user32" _

    (lppbKeyState As Byte) As Long

'Constant declarations
Const VK_NUMLOCK = &H90
```

接下來，需要使用一個程序來取得〔Num Lock〕鍵的目前狀態。這裡將稱其為物件的 Value 屬性。可給這個屬性任意命名。為取得狀態，在程式碼中插入如下 Property Get 程序：

```
Public Property Get Value() As Boolean
'    Get the current state
     Dim Keys(0 To 255) As Byte
     GetKeyboardState Keys(0)
     Value = CBool(Keys(VK_NUMLOCK))
End Property
```

 交叉參考　Property 程序的細節在本章的後面部分描述。請參見第 20.3.1 節。

Property Get 程序使用 GetKeyboardState Windows API 函數來確定〔Num Lock〕鍵的目前狀態，一旦 VBA 程式碼讀取物件的 Value 屬性，就會呼叫這個程序。例如，建立物件後，如下所示的 VBA 函式就會執行 Property Get 程序：

```
MsgBoxclsNumLock.Value
```

如果讀寫 Value 屬性，除 Property Get 程序外，還需要使用 Property Let 程序。因為我們透過 Toggle 方法來設定 Value 屬性，沒有 Property 程序。

現在需要一個程序來設定〔Num Lock〕的狀態：開或關。使用 Toggle 方法呼叫該程序：

```
Public Sub Toggle()
'    Toggles the state
'    Simulate Key Press
     keybd_event VK_NUMLOCK, &H45, KEYEVENTF_EXTENDEDKEY Or 0, 0
'    Simulate Key Release
     keybd_event VK_NUMLOCK, &H45, KEYEVENTF_EXTENDEDKEY _
         Or KEYEVENTF_KEYUP, 0
End Sub
```

注意，Toggle 方法是標準的 Sub 程序（不是 Property Let 或者 Property Get 程序）。如下所示的 VBA 函式透過執行 Toggle 程序來切換 clsNumLock 物件的狀態。

```
clsNumLock.Toggle
```

## 20.2.3 使用 CNumLock 類別

在使用 CNumLock 類別之前，必須建立一個物件實例。下列陳述式就完成這樣的工作，該陳述式位於一般 VBA 模組（不是物件類別模組）中：

```
Dim clsNumLock As CNumLock
```

注意，物件類型是 CNumLock（即物件類別模組的名稱）。物件變數自身可以使用任何名稱，但本例中的約定是，在物件類別模組名稱前用大寫的 C 作為首碼，繼承自這些物件類別模組的物件變數用 cls 作為首碼。因此，CNumLock 類別被產生實體成 clsNumLock 物件變數。

下面的程序讀取 clsNumLock 物件的 Value 屬性，切換該值，再次讀取值，為使用者顯示描述發生了什麼事情的訊息：

```vb
Public Sub NumLockTest()
    Dim clsNumLock As CNumLock
    Dim OldValue As Boolean

    Set clsNumLock = New CNumLock
    OldValue = clsNumLock.Value
    clsNumLock.Toggle
    DoEvents
    MsgBox "[Num Lock] was changed from " & _
        OldValue & " to " & clsNumLock.Value
End Sub
```

圖 20-2 顯示了執行 NumLockTest 的結果。使用 NumLock 模擬直接使用 API 函數要簡單得多。建立物件類別模組後，透過導入物件類別模組可以簡單地在任何其他專案中重用它。

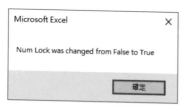

Microsoft Excel

Num Lock was changed from False to True

確定

▲ 圖 20-2：顯示改變〔NumLock〕鍵狀態的訊息方塊

線上資源　該範例完整的物件類別模組可從範例檔案中取得。該活頁簿名為「keyboard classes. xlsm」，還包含了檢測和設定大寫鎖定鍵和捲動鎖定鍵的狀態的物件類別模組。

## 20.3 屬性、方法和事件程式設計

上一節的範例展示了如何使用 Value 讀寫屬性和 Toggle 方法建立一個新的物件類別。物件類別可以包含任意數量的屬性、方法和事件。

定義物件類別的物件類別模組的名稱也是物件類別的名稱。預設情況下，物件類別模組被命名為 Class1、Class2 等。通常，需要給物件類別提供一個更有意義的名稱。

### 20.3.1 物件屬性程式設計

大多數物件都至少有一個屬性，可以根據需要給它們定義任意多個屬性。定義屬性和建立物件後，便可以在程式碼中用標準的「點」語法使用它：

```
object.property
```

VBE 的「自動列出成員」選項與物件類別模組中定義的物件協同工作。這就使撰寫程式碼時選擇屬性或者方法更加簡單了。

所定義的物件屬性可以是唯讀、只寫或者讀寫方式的。可以使用單個程序定義一個唯讀屬性：使用 Property Get 關鍵字。下面是 Property Get 程序的一個範例：

```
Public Property Get FileNameOnly() As String
    Dim Sep As String, LastSep As Long
    Sep = Application.PathSeparator
    LastSep = InStrRev(FullName, Sep)
    FileNameOnly = Right(FullName, Len(FullName) - LastSep)
End Property
```

Property Get 程序就像 Function 程序一樣工作。程式碼進行計算，然後傳回與程序名稱相對應的屬性值。在該範例中，程序名為 FileNameOnly。傳回的屬性值是路徑字串（包含在 FullName 公開變數中）的檔案名部分。例如，如果 FullName 是 c:\data\myfile.txt，程序傳回一個 myfile.txt 屬性值。當 VBA 程式碼參照物件和屬性時，FileNameOnly 程序被呼叫。

對於讀寫屬性，建立兩個程序：Property Get 程序（讀取屬性值）和 Property Let 程序（寫入屬性值）。指派給屬性的值將作為 Property Get 程序的最後引數（或僅有的引數）。

下面是兩個範例程序：

```
Dim XLFile As Boolean

Property Get SaveAsExcelFile() As Boolean
    SaveAsExcelFile = XLFile
End Property

Property Let SaveAsExcelFile(bVal As Boolean)
    XLFile = bVal
End Property
```

> **注意**
>
> 當屬性是一個物件資料類型時，用 Property Set 代替 Property Let。

物件類別模組中的公開變數也可以作為物件屬性使用。在前面的範例中，Property Get 和 Property Let 程序可以被刪除，並用模組等級的宣告代替：

```
Public SaveAsExcelFileAs Boolean
```

如果需要建立一個只寫屬性，那就建立沒有對應的 Property Get 程序的單個 Property Let 程序。這種情況一般不可能發生。

前面的範例使用模組等級的布林類型的變數，名為 XLFile。Property Get 程序只是將該變數的值作為屬性的值傳回。例如，如果物件名為 FileSys，下面的陳述式將顯示 SaveAsExcelFile 屬性目前的值：

```
MsgBoxFileSys.SaveAsExcelFile
```

另一方面，Property Let 陳述式接收引數並使用該引數改變屬性的值。例如，可以撰寫如下陳述式將 SaveAsExcelFile 屬性設定為 True：

```
FileSys.SaveAsExcelFile = True
```

在該例中，True 值被傳遞給 Property Let 陳述式，因此改變了屬性的值。

需要建立一個代表每個屬性值的變數，這些屬性在物件類別模組中定義。

> **注意**
>
> 一般的程序命名規則適用於屬性程序。VBA 不允許使用保留字作為名稱。因此，如果在建立屬性程序時出現了語法錯誤，請嘗試改變程序的名稱。

## 20.3.2 物件的方法程式設計

物件類別的方法是使用物件類別模組中的標準 Sub 程序或者 Function 程序進行程式設計的。物件可能使用方法，也可能不使用方法。可以透過使用標準標記法執行方法：

```
object.method
```

就像其他任何 VBA 方法一樣，為物件類別撰寫的方法將執行幾種類型的動作。下面的程序是一種可以使用兩種檔案格式儲存活頁簿的方法，具體使用的檔案格式取決於 XLFile 變數的值。這個程序沒有什麼特別的地方。

```
Sub SaveFile()
    If XLFile Then
        ActiveWorkbook.SaveAs FileName:=FName, _
            FileFormat:=xlWorkbookNormal
    Else
        ActiveWorkbook.SaveAs FileName:=FName, _
            FileFormat:=xlCSV
    End If
End Sub
```

## 20.3.3 物件類別模組事件

每個物件類別模組都有兩個事件：Initialize 和 Terminate 事件。當一個新的物件實例被建立時，Initialize 事件被觸發；當物件被銷毀時，Terminate 事件被觸發。可能想使用

Initialize 事件設定預設的屬性值。

這些事件處理常式程序的框架如下所示：

```
Private Sub Class_Initialize()
'     Initialization code goes here
End Sub

Private Sub Class_Terminate()
'     Termination code goes here
End Sub
```

當宣告物件的程序或者模組執行完畢時，物件被銷毀（它使用的記憶體被釋放）。使用者任何時候都可以透過將其設定為 Nothing 來銷毀一個物件。例如，以下陳述式銷毀名為 MyObject 的物件：

```
Set MyObject = Nothing
```

# 20.4 QueryTable 事件

Excel 會為一些物件（如 ThisWorkbook 和 Sheet1）自動建立物件類別模組。這些物件類別模組在一定程度上類別似於 Workbook_SheetActive 和 Worksheet_SelectionChange 的事件。Excel 物件模型中的其他物件有事件，卻必須建立自訂的物件類別模組來使用它們。本節介紹如何使用 QueryTable 物件的事件。

20

圖 20-3 展示了一個帶有 Web 查詢的工作表，起始位置位置為儲存格 A5。Web 查詢從網站上搜尋金融資訊並放到表中。其中唯一缺少的是 Web 查詢最後更新的日期（透過日期可知道表中的價格是不是最新價格）。

在 VBA 中，Web 查詢是 QueryTable 物件。QueryTable 物件有兩個事件：BeforeRefresh 和 AfterRefresh。這些事件的名稱很好地表明暸它們的作用，啟動時應該就能猜到是什麼事件了。

為能使用 QueryTable 事件，需要：

➢ 建立一個自訂的物件類別模組
➢ 利用 WithEvents 關鍵字宣告 QueryTable
➢ 撰寫事件程序程式碼
➢ 建立 Public 變數使物件位於域中
➢ 建立程序將類別產生實體

| | A | B | C | D | E | F | G |
|---|---|---|---|---|---|---|---|
| 1 | | | | | | | |
| 2 | | | | | | | |
| 3 | | | | | | | |
| 4 | | | | | | | |
| 5 | Currency | Last | Day High | Day Low | % Change | Bid | Ask |
| 6 | EUR/USD | 1.1191 | 1.1197 | 1.1181 | 0.02% | 1.1191 | 1.1192 |
| 7 | GBP/USD | 1.5145 | 1.5151 | 1.5138 | 0.01% | 1.5145 | 1.515 |
| 8 | USD/JPY | 120.45 | 120.49 | 120.39 | -0.01% | 120.45 | 120.47 |
| 9 | USD/CHF | 0.9759 | 0.9766 | 0.9742 | 0.12% | 0.9759 | 0.9769 |
| 10 | USD/CAD | 1.3087 | 1.309 | 1.3076 | 0.03% | 1.3087 | 1.3093 |
| 11 | AUD/USD | 0.7077 | 0.7088 | 0.7075 | -0.06% | 0.7077 | 0.7085 |
| 12 | | | | | | | |
| 13 | DOW | 16,776.43 | 304.06 | 1.85% | | | |
| 14 | S&P 500 | 1,987.05 | 35.69 | 1.83% | | | |
| 15 | NASDAQ | 4,781.26 | 73.49 | 1.56% | | | |
| 16 | TR US Index | 178.53 | 3.32 | 1.89% | | | |
| 17 | | | | | | | |
| 18 | EUR/USD | 1.1191 | 0.02% | | | | |
| 19 | GBP/USD | 1.5145 | 0.01% | | | | |
| 20 | USD/JPY | 120.45 | -0.01% | | | | |

▲ 圖 20-3：搜尋金融資訊的 Web 查詢

對於帶有事件的物件來說，上述內容都是使用這些事件的基本操作步驟（不是所有步驟都需要）。使用 WithEvents 關鍵字時，VBA 僅會讓你宣告支援事件的物件。透過下列步驟可以在工作表中加入一項訊息，以便在 Web 查詢最近更新時通知使用者：

(1) 在 VBE 中，選擇〔插入〕→〔物件類別模組〕以插入新的物件類別模組。

(2) 按〔F4〕進入「屬性」對話盒，將模組命名為 CQueryEvents。

(3) 在物件類別模組中輸入下列程式碼：

```
Private WithEvents qt As QueryTable

Public Property Get QTable() As QueryTable
    Set QTable = qt
End Property

Public Property Set QTable(rQTable As QueryTable)
    Set qt = rQTable
End Property
```

第一行宣告一個模組等級的變數，該變數將儲存 Web 查詢。使用 WithEvents 關鍵字宣告它。接著撰寫 Property Get 和 Property Set 程序，在類別的外部設定變數。

(4) 從程式碼面板（如圖 20-4 所示）頂部的下拉式清單方塊中選擇 qt 和 AfterRefresh。這樣會在事件模組中插入 Sub 和 End Sub 陳述式。

(5) 在事件程序中輸入下列程式碼：

```
Private Sub qt_AfterRefresh(ByVal Success As Boolean)
    If Success Then
```

```
            Me.QTable.Parent.Range("A1").Value = _
                "Last updated: " & Format(Now, "mm-dd-yyyy hh:mm:ss")
        End If
    End Sub
```

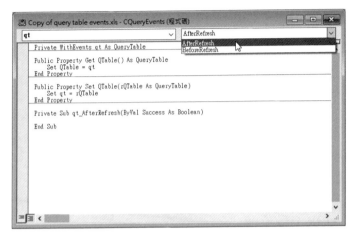

▲ 圖 20-4：程式碼面板列出可用的事件

事件程序有一個內建引數 Success，如果查詢更新時沒有發生錯誤，就顯示為 True。設定完類別後，現在需要基於該類別來建立物件。

(6) 插入一個標準的模組（〔插入〕→〔模組〕）。在這個練習中你可以接受預設的名稱 Module1 或者按自己的需求修改名稱。

(7) 將下面的程式碼輸入到模組中：

```
Public clsQueryEvents As CQueryEvents

Sub Auto_Open()
    Set clsQueryEvents = New CQueryEvents
    Set clsQueryEvents.QTable = Sheet1.QueryTables(1)
End Sub
```

只要開啟工作表，全域變數（以 Public 關鍵字宣告）都會留在域中。這說明在活頁簿關閉之前，類別一直在「監聽」事件。當活頁簿第一次開啟時會執行 Auto_Open 程序。它建立 clsQueryEvents 物件，然後為 Sheet1 上的 Web 查詢設定事件變數。

(8) 在 VBE 中，從即時運算視窗中執行 Auto_Open 或按〔F5〕鍵。

重新整理 Sheet1 中的 Web 查詢後，現在已經有程式碼可以執行了。你可以按一下功能區中〔資料〕活頁標籤上的〔全部重新整理〕。如果你執行這些步驟，可以看到如圖 20-5 所示的內容。

線上資源　名為「query table events.xlsm」的活頁簿在範例檔案中可以取得。其中包含本節範例中所使用的 Web 查詢。另一個名為「query table events complete.xlsm」的活頁簿包含 Web 查詢和完整的程式碼。

| | A | B | C | D | E | F | G |
|---|---|---|---|---|---|---|---|
| 1 | Last updated: 07-17-2018 17:33:51 | | | | | | |
| 2 | | | | | | | |
| 3 | | | | | | | |
| 4 | | | | | | | |
| 5 | Currency | Last | Day High | Day Low | % Change | Bid | Ask |
| 6 | EUR/USD | 1.1733 | 1.1744 | 1.1701 | 0.12% | 1.1733 | 1.1737 |
| 7 | GBP/USD | 1.3258 | 1.3268 | 1.3227 | 0.19% | 1.3258 | 1.326 |
| 8 | USD/JPY | 112.32 | 112.56 | 112.24 | 0.04% | 112.32 | 112.35 |
| 9 | USD/CHF | 0.9944 | 0.9975 | 0.9927 | -0.22% | 0.9944 | 0.9947 |
| 10 | USD/CAD | 1.3119 | 1.3141 | 1.3111 | -0.11% | 1.3119 | 1.3123 |
| 11 | AUD/USD | 0.7425 | 0.7438 | 0.7403 | 0.09% | 0.7425 | 0.7426 |
| 12 | | | | | | | |
| 13 | DOW | 25,064.36 | 44.95 | 0.18% | | | |
| 14 | S&P 500 | 2,798.43 | -2.88 | -0.10% | | | |
| 15 | NASDAQ | 7,805.72 | -- | --% | | | |
| 16 | TR US Index | 249.75 | -0.39 | -0.16% | | | |

▲ 圖 20-5：重新整理 Web 查詢後，記錄最後的更新時間

## 20.5 建立儲存類別的類別

使用物件類別模組的好處之一是可以根據程式碼所能影響的物件來管理程式碼。例如，你可以建立 CEmployee 類別來管理雇員物件，但你可能並非只有一個雇員。通常情況下，透過一個類別可以建立出許多物件，而跟蹤它們的最好辦法是放在另一個類別中。

在本節中，將會學習如何在一個傭金計算應用中建立父類別和子類別。你可以建立 CSalesRep 子類別並在 CSalesReps 類別中跟蹤它的所有實例（通用規則是：子類別名的複數是父類別名）。同樣，可建立 CInvoices 父類別來儲存 CIvoice 物件。

線上資源　本節中帶有所有資料和程式碼的活頁簿「commission calc.xlsm」在範例檔案中可以取得。

### 20.5.1 建立 CSalesRep 和 CSalesReps 類別

圖 20-6 展示了兩個表。第一個表列出所有銷售代表和一些傭金資訊。第二個表列出出貨單資訊。首先建立 CSalesRep 物件類別模組，並輸入下列程式碼：

```
Private mSalesRepID As Long
Private mSalesRep As String
Private mCommissionRate As Double
Private mThreshold As Double

Public Property Let SalesRepID(ByVal lSalesRepID As Long)
```

```
        mSalesRepID = lSalesRepID
End Property
Public Property Get SalesRepID() As Long
        SalesRepID = mSalesRepID
End Property
Public Property Let SalesRep(ByVal sSalesRep As String)
        mSalesRep = sSalesRep
End Property
Public Property Get SalesRep() As String
        SalesRep = mSalesRep
End Property

Public Property Let CommissionRate( _
        ByVal dCommissionRate As Double)
        mCommissionRate = dCommissionRate
End Property
Public Property Get CommissionRate() As Double
        CommissionRate = mCommissionRate
End Property
Public Property Let Threshold(ByVal dThreshold As Double)
        mThreshold = dThreshold
End Property
Public Property Get Threshold() As Double
        Threshold = mThreshold
End Property
```

可以看到，銷售代表的表中每一列都有一個私有變數，每個變數都有對應的 Property Get
和 Property Let 陳述式。接下來加入另一個物件類別模組 CSalesReps。這是個父類別可儲
存所有 CSalesRep 物件。

在父類別中，建立 Collection 變數來儲存所有子物件：

```
        Private mSalesReps As New Collection
```

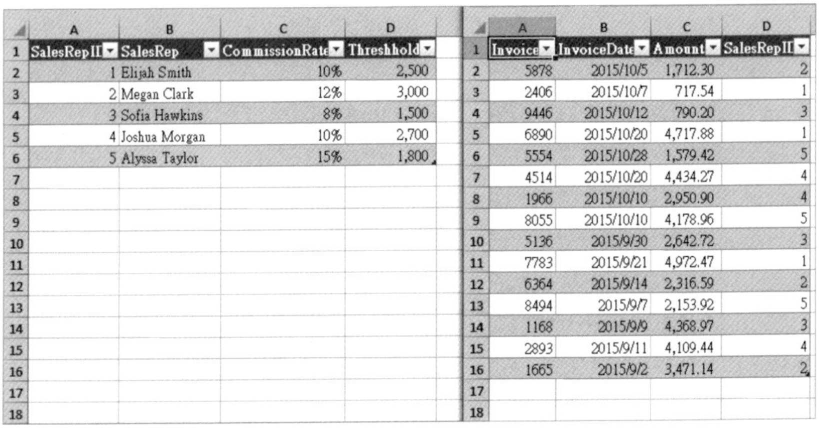

| | A | B | C | D |
|---|---|---|---|---|
| 1 | SalesRepII | SalesRep | CommissionRate | Threshhold |
| 2 | 1 | Elijah Smith | 10% | 2,500 |
| 3 | 2 | Megan Clark | 12% | 3,000 |
| 4 | 3 | Sofia Hawkins | 8% | 1,500 |
| 5 | 4 | Joshua Morgan | 10% | 2,700 |
| 6 | 5 | Alyssa Taylor | 15% | 1,800 |
| 7 | | | | |
| 8 | | | | |
| 9 | | | | |
| 10 | | | | |
| 11 | | | | |
| 12 | | | | |
| 13 | | | | |
| 14 | | | | |
| 15 | | | | |
| 16 | | | | |
| 17 | | | | |
| 18 | | | | |

| | A | B | C | D |
|---|---|---|---|---|
| 1 | Invoice | InvoiceDate | Amount | SalesRepII |
| 2 | 5878 | 2015/10/5 | 1,712.30 | 2 |
| 3 | 2406 | 2015/10/7 | 717.54 | 1 |
| 4 | 9446 | 2015/10/12 | 790.20 | 3 |
| 5 | 6890 | 2015/10/20 | 4,717.88 | 1 |
| 6 | 5554 | 2015/10/28 | 1,579.42 | 5 |
| 7 | 4514 | 2015/10/20 | 4,434.27 | 4 |
| 8 | 1966 | 2015/10/10 | 2,950.90 | 4 |
| 9 | 8055 | 2015/10/10 | 4,178.96 | 5 |
| 10 | 5136 | 2015/9/30 | 2,642.72 | 3 |
| 11 | 7783 | 2015/9/21 | 4,972.47 | 1 |
| 12 | 6364 | 2015/9/14 | 2,316.59 | 2 |
| 13 | 8494 | 2015/9/7 | 2,153.92 | 5 |
| 14 | 1168 | 2015/9/9 | 4,368.97 | 3 |
| 15 | 2893 | 2015/9/11 | 4,109.44 | 4 |
| 16 | 1665 | 2015/9/2 | 3,471.14 | 2 |
| 17 | | | | |
| 18 | | | | |

▲ 圖 20-6：Excel 表中儲存的物件資訊

現在需要將子物件放到集合中。利用下列程式碼在 CSalesReps 物件類別模組中建立 Add 方法、Item 屬性和 Count 屬性：

```
Public Sub Add(clsSalesRep As CSalesRep)
    mSalesReps.Add clsSalesRep, CStr(clsSalesRep.SalesRepID)
End Sub

Public Property Get Count() As Long
    Count = mSalesReps.Count
End Property

Public Property Get Item(lId As Long) As CSalesRep
    Set Item = mSalesReps(lId)
End Property
```

可以注意到，所有的操作都模仿 Collection 物件的 Add 方法以及 Item 和 Count 屬性。Collection 物件的 key 引數應該是唯一的字串，因此使用 SalesRepID 屬性和 Cstr() 函數來確保 key 是唯一的字串。

上述就是建立父類別的所有內容。簡單地加入 Collection 變數，模仿你所需要的任何 Collection 屬性和方法。

## 20.5.2　建立 CInvoice 和 CInvoices 類別

透過下列程式碼來建立 CInvoice 類別：

```
Private mInvoice As String
Private mInvoiceDate As Date
Private mAmount As Double

Public Property Let Invoice(ByVal sInvoice As String)
    mInvoice = sInvoice
End Property
Public Property Get Invoice() As String
    Invoice = mInvoice
End Property
Public Property Let InvoiceDate(ByVal dtInvoiceDate As Date)
    mInvoiceDate = dtInvoiceDate
End Property
Public Property Get InvoiceDate() As Date
    InvoiceDate = mInvoiceDate
End Property
Public Property Let Amount(ByVal dAmount As Double)
    mAmount = dAmount
End Property
Public Property Get Amount() As Double
    Amount = mAmount
```

```
End Property
```

這裡不打算深入講解 CInvoice，因為與 CSalesRep 一樣，就是簡單地為表中的每一列建立屬性。但並沒有為 SalesRepID 列建立屬性，本節後面將介紹原因。下面是 CInvoices 物件類別模組中的程式碼：

```
Private mInvoices As New Collection

Public Sub Add(clsInvoice As CInvoice)
    mInvoices.Add clsInvoice, clsInvoice.Invoice
End Sub

Public Property Get Count() As Long
    Count = mInvoices.Count
End Property
```

與 CSalesReps 類別似，該類別有 Collection 變數、Add 方法和 Count 屬性。但沒有 Item 屬性，因為目前並不需要。但如果應用程式需要的話，可在後面加入 Item 屬性。現在已經有兩個父類別和兩個子類別了。建立物件的最後一步是定義它們之間的關係。在 CSalesRep 中輸入下列程式碼：

```
Private mInvoices As New CInvoices
Public Property Get Invoices() As CInvoices
    Set Invoices = mInvoices
End Property
```

現在繼承關係是 CSalesReps > CSalesRep > CInvoices > Cinvoice。

## 20.5.3 用物件填入父類別

定義類別後，建立新的 CSalesRep 和 CInvoice 物件，將它們加入到各自的父類別中，下面兩個程序執行這些操作：

```
Public Sub FillSalesReps(ByRef clsSalesReps As CSalesReps)
    Dim i As Long
    Dim clsSalesRep As CSalesRep
    Dim loReps As ListObject

    Set loReps = Sheet1.ListObjects(1)
    'loop through all the sales reps
    For i = 1 To loReps.ListRows.Count
        'create a new sales rep object
        Set clsSalesRep = New CSalesRep
        'Set the properties

        With loReps.ListRows(i).Range
```

```
                    clsSalesRep.SalesRepID = .Cells(1).Value
                    clsSalesRep.SalesRep = .Cells(2).Value
                    clsSalesRep.CommissionRate = .Cells(3).Value
                    clsSalesRep.Threshold = .Cells(4).Value
            End With
            'Add the child to the parent class
            clsSalesReps.Add clsSalesRep
            'Fill invoices for this rep
            FillInvoices clsSalesRep
        Next i
    End Sub

    Public Sub FillInvoices(ByRef clsSalesRep As CSalesRep)
        Dim i As Long
        Dim clsInvoice As CInvoice
        Dim loInv As ListObject

        'create a variable for the table
        Set loInv = Sheet2.ListObjects(1)
        'loop through the invoices table
        For i = 1 To loInv.ListRows.Count
            With loInv.ListRows(i).Range
                'Only if it's for this rep, add it
                If .Cells(4).Value = clsSalesRep.SalesRepID Then
                    Set clsInvoice = New CInvoice
                    clsInvoice.Invoice = .Cells(1).Value
                    clsInvoice.InvoiceDate = .Cells(2).Value
                    clsInvoice.Amount = .Cells(3).Value

                    clsSalesRep.Invoices.Add clsInvoice
                End If
            End With
        Next i
    End Sub
```

第一個程序接收 CSalesReps 引數。這是繼承鏈上最頂級的類別。這個程序透過銷售代表表中所有的行，建立新的 CSalesRep 物件，設定新物件的屬性，將其加入到父類別中。

在迴圈中，FillSalesReps 程序呼叫 FillInvoices，並將它傳遞給 CSalesRep 物件。只有這些與 CSaleRep 物件相關的出貨單才會被建立並加入到該物件。CSalesReps 類別只有一個，而 CInvoices 父類別卻不止一個。每個 CSalesRep 都有各自的 CSalesReps 實例來儲存與之相關的出貨單。使用如 CInvoices 這樣的父類別作為另一個類別的子類別，是一種雖然複雜卻非常有用的程式設計技術。

## 20.5.4  計算傭金

插入一個標準模組，輸入下列程式碼來計算傭金並輸出結果：

```
Public Sub CalculateCommission()
    Dim clsSalesReps As CSalesReps
    Dim i As Long
    'Create a new parent object and fill it with child objects
    Set clsSalesReps = New CSalesReps
    FillSalesReps clsSalesReps

    'Loop through all the reps and print commissions
    For i = 1 To clsSalesReps.Count
        With clsSalesReps.Item(i)
            Debug.Print .SalesRep, _
                Format(.Commission, "$#,##0.00")
        End With
    Next i
End Sub
```

可以看到，上述程序中使用了尚未建立的 Commission 屬性。在 CSalesRep 類別中，插入下列程式碼來建立 Commission 屬性：

```
Public Property Get Commission() As Double
    If Me.Invoices.Total < Me.Threshhold Then
        Commission = 0
    Else
        Commission = (Me.Invoices.Total - Me.Threshhold) _
            * Me.CommissionRate
    End If
End Property
```

如果所有出貨單的總額少於所規定的臨界值，該程序就將傭金設定為零。反之，如果總銷售額超過臨界值，就可以根據傭金率來計算傭金，即用傭金率乘以超過的數量。為取得出貨單總額，這個屬性使用 CInvoices 的 Total 屬性。因為之前尚未建立該屬性，可將下列程式碼插入 CInvoices 中完成建立操作：

```
Public Property Get Total() As Double
    Dim i As Long
    For i = 1 To mInvoices.Count
        Total = Total + mInvoices.Item(i).Amount
    Next i
End Property
```

圖 20-7 展示了執行 CalculateCommissions 後在即時運算視窗中的輸出結果。你可能會注意到，與撰寫正常的程序相比，使用的物件類別模組需要的設定更多一些。如果撰寫的應用像

範例那樣簡單的話，並沒必要使用物件類別模組。但如果你的應用更複雜，就會發現在物件類別模組中管理程式碼會使得程式碼可讀性更強，更易於維護，在需要時也更易於修改。

▲ 圖 20-7：傭金計算結果輸出到即時運算視窗中

# 相容性問題

- 使 Excel 2016 應用程式能與 Excel 之前版本相容
- 宣告可用在 32 位元的 **Excel 2013**、64 位元的 **Excel 2016** 和 **Excel** 早期版本中的 **API** 函數
- 開發國際通用的 **Excel** 應用程式時，需要了解哪些問題

## 21.1 什麼是相容性

「相容性」是電腦領域的常用術語。它通常指軟體在不同條件下的適應能力。這些條件可能是硬體、軟體或兩者的組合。例如，針對 Windows 撰寫的軟體不可以直接在其他作業系統上執行，如 Mac OS X 或 Linux。

本章將討論更具體的相容性問題，它涉及 Excel 2016 應用程式如何在早期版本的 Excel（包括 Windows 以及 Mac 版本）上工作。事實上，兩個版本的 Excel 使用相同格式的檔案也不足以保證檔內容之間完全相容。例如，Excel 97、Excel 2000、Excel 2002、Excel 2003 以及針對 Mac 平臺的 Excel 2008 都使用相同的檔案格式，但相容性問題卻很嚴重。特定版本的 Excel 可開啟工作表檔案或者增益集，但並不保證該版本可以執行其中包含的 VBA 巨集指令。另一個範例是，Excel 2016 和 Excel 2007 使用相同的檔案格式。如果應用程式使用了 Excel 2010 或後續版本中導入的功能，就不能指望 Excel 2007 使用者能使用這些新功能。

Excel 的版本多樣化，根本沒辦法保證完全的相容。很多情況下，需要做相當多的額外工作才能達到相容的目的。

> 注意
>
> 現在，Microsoft Office 可上網取得，而且對於像平板和手機這樣的 Windows RT 設備，筆者預計相容性問題會更為複雜。這些非桌面的 Office 版本不支援 VBA、增益集以及依賴 ActiveX 控制項的功能。

## 21.2 相容性問題的類型

我們有必要知道一些潛在的相容性問題，如下所示。具體內容在本章還要深入探討：

- **檔案格式問題**：活頁簿可被儲存為幾種不同的 Excel 檔案格式。早期版本的 Excel 可能無法開啟後續版本所儲存的活頁簿。關於共用 Excel 2007 ～ Excel 2016 檔的更多資訊可參見稍後的補充說明「Microsoft Office 相容性套件」。
- **新功能問題**：很顯然，某個特定版本的 Excel 中導入的新功能是無法在之前的 Excel 版本中使用的。
- **Microsoft 問題**：無論什麼理由，Microsoft 對某些種類的相容性問題都有不可推卸的責任。例如，正如第 18 章所述，快速選單的索引值在 Excel 各個版本中並沒有保持一致。
- **Windows 與 Mac 的問題**：如果應用程式必須用在兩個平臺上，就需要準備好花很多時間來解決相容性問題。注意，針對 Mac 的 Excel 2008 中移除了 VBA，但在針對 Mac 的 Excel 2011 中又將其移回。
- **位元版本問題**：Excel 2010 是第一個同時提供 32 位元和 64 位元版本的 Excel 版本。如果 VBA 程式碼中使用了 API 函數，那麼當程式碼必須執行在 32 位元或 64 位元 Excel 中，或者其他 Excel 版本中時，必須注意一些潛在的問題。
- **國際化問題**：如果應用程式將被不同母語的人使用，那麼必須解決一系列額外的問題。

閱讀完本章後，很明確的一點是，只有一個方法可以保證相容性：必須在每個目標平臺和每個目標版本的 Excel 上測試應用程式。

---

**注意**

如果想透過閱讀本章來尋找不同 Excel 版本之間的相容性問題的完整列表，那麼會感到失望。據筆者所知，這樣的列表並不存在。事實上，編製這麼一個表也是不可能的。這些問題的種類太多，太複雜了。

---

**提示**

有關潛在的相容性問題，有一個很好的資訊來源是 Microsoft 的支援網站，網址是「https://support.microsoft.com/zh-tw」。該網站上的資訊可以說明使用者識別出某個特定 Excel 版本中的故障。

---

### Microsoft Office 相容性套件

如果打算和那些使用 Excel 2007 之前版本的使用者共用 Excel 2016 應用程式，有兩種選擇：

- 始終將文件儲存為舊的 XLS 檔案格式。
- 確保檔案使用者已經安裝了 Microsoft Office 相容性套件。

如果打算和那些使用 Excel 2007 之前版本的使用者共用 Excel 2016 應用程式，有兩種選擇：

- 始終將文件儲存為老的 XLS 檔案格式。
- 確保檔案使用者已經安裝了 Microsoft Office 相容性套件。

可從「https://www.microsoft.com/zh-tw/download/details.aspx?id=12439」免費下載 Microsoft Office 相容性套件。安裝後，Office 2003 使用者可以使用 Word、Excel 和 PowerPoint 的新檔案格式開啟、編輯和儲存文件檔案、活頁簿以及示範檔案。

記住，相容性套件並沒有讓早期版本的 Excel 增加任何 Excel 2007 和後續版本中的新功能。它只是讓使用者可以開啟和儲存新格式的檔案。

# 21.3 避免使用新功能

如果應用程式必須同時用在 Excel 2016 以及早期版本中，就要避免使用想要支援的最早的 Excel 版本之後加入的新功能。另一個方法是有選擇地整合新功能。換言之，程式碼可以判斷什麼版本的 Excel 正在被使用，然後決定是否使用新功能。

VBA 程式師必須注意不能使用早期版本中沒有的任何物件、屬性或方法。通常，最安全的方法是針對最低的版本號開發應用程式。為相容 Excel 2003 以及後續版本，需要使用 Excel 2003 開發，然後用後續版本徹底地進行測試。

### 確定 Excel 的版本號碼

Application 物件的 Version 屬性可以傳回 Excel 的版本資訊。傳回的值是一個字串，所以可能需要轉換該值。使用 VBA 的 Val 函數可以很好地完成該任務。例如，如果使用者正在使用 Excel 2007 或者更高的版本，則下面的函數會傳回 True：

```
Function XL12OrLater()
XL12OrLater = Val(Application.Version) >= 12
EndFunction
```

Excel 2007 的版本號是 12，Excel 2010 的版本號是 14，Excel 2013 的版本號是 15，Excel 2016 的版本號是 16。不存在版本 13，可能是因為一些人認為這個數字不吉利。

Excel 2007 導入了一個非常有用的功能，即「相容性檢查程式」，如圖 21-1 所示。選擇〔檔案〕→〔資訊〕→〔查看問題（在「檢查活頁簿」旁）〕→〔檢查相容性〕指令來顯示該對話盒。相容性檢查程式可檢測檔案被一個早期版本的 Excel 開啟時可能引起的任何相容性問題。

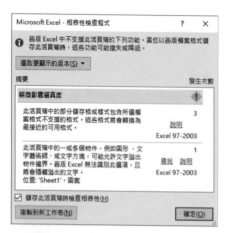

▲ 圖 21-1：相容性檢查程式

但是，相容性檢查程式並不檢測 VBA 程式碼，而相容性問題主要就是由 VBA 程式碼引起的。不過，可以下載 Microsoft Office Code Compatibility Inspector（可在「https://www.microsoft.com/en-us/download/details.aspx?id=15001」下載）。這個工具會作為增益集安裝，並在〔開發人員〕活頁標籤中加入新指令。它可以幫助定位 VBA 程式碼中潛在的相容性問題。檢查器會給程式碼加入註釋來標識潛在的問題，而且也會建立報告。圖 21-2 顯示了一個摘要報告。

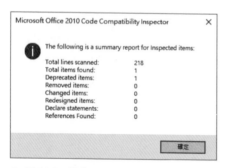

▲ 圖 21-2：來自 Microsoft Office Code Compatibility Inspector 的摘要報告

## 21.4 在 Mac 電腦上是否可用

最普遍的問題之一就是 Mac 平臺上的相容性問題。Mac 版的 Excel 在整個 Excel 市場中只占非常小的份額，並且很多開發人員都選擇忽略它。好消息是，老版本 Excel 的檔案格式在所有平臺上都是相容的。但壞訊息是，各個版本所支援的功能並不一致，並且 VBA 巨集的相容性也非常不盡如人意。事實上，針對 Mac 電腦的 Excel 2008 不支援 VBA。

可透過撰寫 VBA 程式碼來判斷應用程式所執行的平臺。下面的函數將連接 Application 物件的 OperatingSystem 屬性，如果作業系統是 Windows 的任何版本（也就是說，傳回的字串中包含文字「Win」），它將傳回 True：

```
Function WindowsOS() As Boolean
    WindowsOS = Application.OperatingSystem Like "*Win*"
End Function
```

Windows 版本的 Excel 和 Mac 版本的 Excel 存在很多細微（並不是微不足道）的差別。其中有很多是外觀上的差別（如預設字體的差別），但其他差別就要嚴重得多。例如，Mac 版本的 Excel 不包含 ActiveX 控制項。並且預設情況下，有些 Mac 版本使用的是 1904 日期系統，而 Windows 版本的 Excel 使用的是 1900 日期系統，所以使用日期的活頁簿在日期上可能差 4 年。

另一個侷限涉及 Windows API 函數：在 Mac 版本的 Excel 中，它們是不起作用的。如果你的應用程式基於這樣的函數，就需要開發一個替代方案。

這裡有一個潛在相容性問題的例子。如果程式碼要處理路徑和檔案名，那麼在路徑中要使用適當的分隔符號（在 Mac 中使用冒號，在 Windows 中使用反斜線）。較好的方法是避免寫死確切的路徑分隔符號，而由 VBA 來確定用什麼分隔符號。下面的陳述式將路徑分隔符號分配給一個名為 PathSep 的變數：

```
PathSep = Application.PathSeparator
```

該陳述式執行後，程式碼就可以使用 PathSep 變數來替代寫死的冒號或者反斜線。

大多數開發人員選擇在一個平臺上開發，然後修改該應用程式，使其能在另一個平臺上工作，而不是試圖讓單個文件相容兩個平臺。換言之，可能需要維護兩個版本的應用程式。

只有一個辦法可以確保應用程式和 Mac 版本的 Excel 相容：必須在 Mac 電腦上徹底地測試應用程式：並準備好為沒有正常工作的程序開發一些替代方案。

　　Ron de Bruin（荷蘭的 Microsoft Excel MVP）建立了一個網頁，其中有許多與 Mac 版本的 Excel 2011 和 Windows 版本的 Excel 之間的相容性相關的例子。該網頁的網
線上資源　址為：「http://www.rondebruin.nl/mac.htm」。

## 21.5 處理 64 位元 Excel

從 Excel 2010 開始，可以把 Excel 安裝為 32 位元或 64 位元應用程式。後者只在執行 64 位元的 Windows 時才可以正常工作。64 位元 Excel 版本可以處理更大的活頁簿，因為它利用了 64 位元 Windows 中更大的位址空間。

大多數使用者並不需要 64 位元的 Excel，因為他們在一個活頁簿中要處理的資料量沒有那麼大。還要注意，64 位元的版本並不能提高性能。實際上，64 位元版本中的一些操作還可能執行得更慢。

一般來說，使用 32 位元版本建立的活頁簿和增益集可在 64 位元版本中工作得很好。然而注意，ActiveX 控制項在 64 位元版本中不可用。另外，如果活頁簿中包含的 VBA 程式碼使用了 Windows API 函數，則 32 位元的 API 函式宣告在 64 位元版本中不能編譯。

例如，下面的宣告在 32 位元 Excel 版本中工作得很好，但在 64 位元的 Excel 中會產生編譯錯誤：

```
Declare Function GetWindowsDirectoryA Lib "kernel32" _
(ByVallpBuffer As String, ByValnSize As Long) As Long
```

下面的宣告在 Excel 2010 及後續版本（包括 32 位元和 64 位元版本）中工作得很好，但在早期版本中會產生編譯錯誤：

```
Declare PtrSafe Function GetWindowsDirectoryA Lib "kernel32" _
(ByVallpBuffer As String, ByValnSize As Long) As Long
```

要同時在 32 位元和 64 位元的 Excel 中使用這個 API 函數，必須使用兩個條件編譯指令，宣告該函數的下列兩個版本：

➤ 如果程式碼使用的是 VBA 的版本 7（Office 2010 及後續版本中包含該版本），VBA 7 將傳回 True。

➤ 如果程式碼執行的是 64 位元的 Excel，Win64 會傳回 True。

下面顯示了如何使用這些指令宣告與 32 位元和 64 位元 Excel 相容的 API 函數：

```
#If VBA7 And Win64 Then
  Declare PtrSafe Function GetWindowsDirectoryA Lib "kernel32" _
  (ByVal lpBuffer As String, ByVal nSize As Long) As Long
#Else
  Declare Function GetWindowsDirectoryA Lib "kernel32" _
  (ByVal lpBuffer As String, ByVal nSize As Long) As Long
#End If
```

當 VBA7 和 Win64 都是 True 時（只有 16 位的 Excel 2010 和後續版本才是這種情況），使用第一條 Declare 陳述式。在其他所有版本中，使用第二條 Declare 陳述式。

## 21.6 建立一個國際化應用程式

最後一個相容性問題與語言和國際化設定有關。Excel 有很多不同語言的版本可供選擇。以下陳述式顯示對應 Excel 版本的國家程式碼：

```
MsgBox Application.International(xlCountryCode)
```

美國 / 英國版本的 Excel 國家程式碼是 1。其他程式碼參見表 21-1。

| 國家程式碼 | 國家 / 地區 | 語言 |
|---|---|---|
| 1 | 美國 | 英語 |
| 7 | 俄羅斯 | 俄語 |
| 30 | 希臘 | 希臘語 |
| 31 | 荷蘭 | 荷蘭語 |
| 33 | 法國 | 法語 |
| 34 | 西班牙 | 西班牙語 |
| 36 | 匈牙利 | 匈牙利語 |
| 39 | 義大利 | 義大利語 |
| 42 | 捷克 | 捷克語 |
| 45 | 丹麥 | 丹麥語 |
| 46 | 瑞典 | 瑞典語 |
| 47 | 挪威 | 挪威語 |
| 48 | 波蘭 | 波蘭語 |
| 49 | 德國 | 德語 |
| 55 | 巴西 | 葡萄牙語 |
| 66 | 泰國 | 泰語 |
| 81 | 日本 | 日語 |
| 82 | 韓國 | 韓語 |
| 84 | 越南 | 越南語 |
| 86 | 中國 | 簡體中文 |
| 90 | 土耳其 | 土耳其語 |
| 91 | 印度 | 印度語 |
| 92 | 巴基斯坦 | 烏爾都語 |
| 351 | 葡萄牙 | 葡萄牙語 |
| 358 | 芬蘭 | 芬蘭語 |
| 966 | 沙烏地阿拉伯 | 阿拉伯語 |
| 972 | 以色列 | 希伯來語 |
| 982 | 伊朗 | 波斯語 |

Excel 還支援語言包，所以一個 Excel 副本實際上可以顯示任意數量的不同語言。該語言主要用於兩個方面：使用者介面和執行模式。

可以透過如下陳述式，確定使用者介面目前使用的語言：

```
MsgboxApplication.LanguageSettings.LanguageID(msoLanguageIDUI)
```

英語的語言 ID 是 1033。

如果應用程式將被那些使用其他語言的人使用，就需要確保對話盒中使用適當的語言。同樣，也要注意區分使用者的小數和千位數分隔符號。在美國，通常是使用句點和逗號。但是，其他國家的使用者使用的系統中可能採用了其他字元。另一個問題是日期和時間的格式：美國是為數不多的幾個使用「月 / 日 / 年」（不合邏輯）格式的國家之一。

如果開發的應用程式只用於本公司，可能不必考慮國際化的問題。但是，如果公司在世界各地都設有辦事處，或者計畫在本國之外發佈應用程式，就需要處理一系列問題，以保證應用程式能正常執行。接下來將討論這些問題。

## 21.6.1 多語言應用程式

一個明顯需要考慮的問題就是應用程式中所使用的語言。例如，如果使用一個或多個對話盒，就可能需要讓文字內容以使用者的語言顯示。幸運的是，這並不會十分困難（當然，前提是你自己可以翻譯文字的內容，或者有人會翻譯）。

線上資源　範例檔案中包含一個範例，該範例說明了如何讓使用者在對話盒中從 3 種語言裡作出選擇：英語、西班牙語或者德語。檔案名稱是「multilingual wizard.xlsm」。

多語言精靈中的第一步包含 3 個選項按鈕，讓使用者可以選擇一種語言。3 種語言的文字儲存在一個工作表上。

UserForm_Initialize 程序包含的程式碼透過檢查 International 屬性來嘗試猜測使用者的語言。

```
Select Case Application.International(xlCountryCode)
    Case 34 'Spanish
        UserLanguage = 2
    Case 49 'German
        UserLanguage = 3
    Case Else 'default to English
        UserLanguage = 1 'default
End Select
```

圖 21-3 展示用 3 種語言顯示文字的使用者表單。

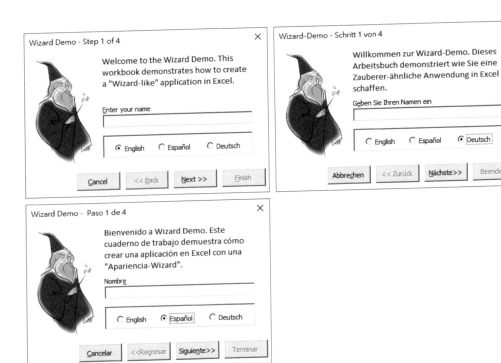

▲ 圖 21-3：英語、西班牙語和德語的精靈介面

## 21.6.2 VBA 語言的考慮

通常來說，不需要關心 VBA 程式碼用什麼語言來書寫。Excel 使用兩個物件程式庫：Excel 物件程式庫和 VBA 物件程式庫。安裝 Excel 時，預設註冊的物件程式庫是英文版本的（無論使用哪種語言版本的 Excel 都是如此）。

## 21.6.3 使用本地屬性

如果程式碼要顯示工作表資料（例如公式或者一個儲存格區域的位址），那麼可能要使用本地語言。例如，下面的陳述式在儲存格 A1 中顯示了公式：

```
MsgBoxRange("A1").Formula
```

對於國際化的應用程式而言，更好的方法是使用 FormulaLocal 屬性，而不是 Formula 屬性：

```
MsgBoxRange("A1").FormulaLocal
```

其他一些屬性也有本地版本，如表 21-2 所示（詳細內容請參照說明系統）。

▼ 表 21-2：具有本地版本的屬性

| 屬性 | 本地版本 | 傳回的內容 |
|------|---------|-----------|
| Address | AddressLocal | 地址 |
| Category | CategoryLocal | 函數類別（僅限於 XLM 巨集） |
| Formula | FormulaLocal | 公式 |
| FormulaR1C1 | FormulaR1C1Local | 公式，使用 R1C1 標記法 |
| Name | NameLocal | 名稱 |
| NumberFormat | NumberFormatLocal | 數字格式 |
| RefersTo | RefersToLocal | 參照 |
| RefersToR1C1 | RefersToR1C1Local | 參照，使用 R1C1 標記法 |

## 21.6.4 系統設定識別

一般來說，不能想當然地認為使用者的系統和開發應用程式時所用的系統是一樣的。對於國際化應用程式而言，你需要知道如下設定：

- **小數分隔符號**：用來分隔值的小數部分。
- **千位分隔符號**：用來對值的每 3 個數字位元進行分隔。
- **清單分隔符號**：用來分隔列表中的項。

可透過連接 Application 物件的 International 屬性來確定目前分隔符號。例如，下列陳述式展示了小數分隔符號，小數分隔符號並不總是句點：

```
MsgBoxApplication.International(xlDecimalSeparator)
```

可透過 International 屬性來連接的 45 個國際化設定，如表 21-3 所示。

▼ 表 21-3：International 屬性使用的常數

| 常數 | 傳回值 |
|------|--------|
| xlCountryCode | Microsoft Excel 的國家版本 |
| xlCountrySetting | Windows 控制台中的目前國家設定 |
| xlDecimalSeparator | 小數分隔符號 |
| xlThousandsSeparator | 千位分隔符號 |
| xlListSeparator | 清單分隔符號 |
| xlUpperCaseRowLetter | 大寫行字母（對於 R1C1 樣式的參照） |
| xlUpperCaseColumnLetter | 大寫列字母 |
| xlLowerCaseRowLetter | 小寫行字母 |

| 常數 | 傳回值 |
|---|---|
| xlLowerCaseColumnLetter | 小寫列字母 |
| xlLeftBracket | 在 R1C1 相對參照中，用來代替左方括號（[）的字元 |
| xlRightBracket | 在 R1C1 相對參照中，用來代替右方括號（]）的字元 |
| xlLeftBrace | 在陣列常值中，用來代替左大括弧（{）的字元 |
| xlRightBrace | 在陣列常值中，用來代替右大括弧（?）的字元 |
| xlColumnSeparator | 在陣列常值中，用來分隔列的字元 |
| xlRowSeparator | 在陣列常值中，用來分隔行的字元 |
| xlAlternateArraySeparator | 目前排列分隔符號和小數分隔符號一樣的情況下，所使用的排列分隔符號 |
| xlDateSeparator | 日期分隔符號（/） |
| xlTimeSeparator | 時間分隔符號（:） |
| xlYearCode | 數字格式中的「年」符號（y） |
| xlMonthCode | 「月」符號（m） |
| xlDayCode | 「日」符號（d） |
| xlHourCode | 「小時」符號（h） |
| xlMinuteCode | 「分」符號（m） |
| xlSecondCode | 「秒」符號（s） |
| xlCurrencyCode | 貨幣符號 |
| xlGeneralFormatName | 通用數字格式名稱 |
| xlCurrencyDigits | 貨幣格式中使用的小數字數 |
| xlCurrencyNegative | 貨幣格式中負數貨幣值的表示 |
| xlNoncurrencyDigits | 非貨幣格式中使用的小數字數 |
| xlMonthNameChars | 為保持向後相容，總是傳回 3 個字元；可從 Microsoft Windows 中讀取縮寫的月份名稱，並且可以是任意長度 |
| xlWeekdayNameChars | 為保持向後相容，總是傳回 3 個字元；可從 Microsoft Windows 中讀取縮寫的星期名稱，並且可以是任意長度 |
| xlDateOrder | 代表日期元素順序的整數 |
| xl24HourClock | 如果使用的是 24 小時制，則傳回 True；如果使用的是 12 小時制，則傳回 False |
| xlNonEnglishFunctions | 如果系統沒有用英語顯示函數，則為 True |
| xlMetric | 如果使用公制度量系統，則為 True；如果使用英制度量系統，則為 False |
| xlCurrencySpaceBefore | 如果在貨幣符號前有空格，則為 True |
| xlCurrencyBefore | 如果貨幣符號在貨幣值的前面，則為 True；如果貨幣符號在貨幣值的後面，則為 False |

21

| 常數 | 傳回值 |
|------|--------|
| xlCurrencyMinusSign | 如果系統用減號表示負數，則為 True；如果用圓括號表示負數，則為 False |
| xlCurrencyTrailingZeros | 如果顯示零貨幣值的尾碼零，則為 True |
| xlCurrencyLeadingZeros | 如果顯示零貨幣值的前置字元為零，則為 True |
| xlMonthLeadingZero | 如果在月份中顯示前置字元為零，則為 True（當月份顯示為數字時） |
| xlDayLeadingZero | 如果在日期中顯示前置字元為零，則為 True |
| xl4DigitYears | 如果系統使用 4 位元數年份，則傳回 True；如果系統使用兩位元數年份，則傳回 False |
| xlMDY | 如果日期順序是以長格式顯示的月 - 日 - 年，則傳回 True；如果順序是日 / 月 / 年，則傳回 False |
| xlTimeLeadingZero | 如果時間中顯示前置字元為零，則為 True |

## 21.6.5 日期和時間設定

如果應用程式用的是格式化的日期，並且將在別的國家使用，那麼應該確保使用者熟悉該日期的形式。最好的辦法就是透過 VBA 的 DateSerial 函數來確定日期，讓 Excel 來處理格式細節（它會使用使用者的短日期格式）。

下面的程序使用 DateSerial 函數將日期分配給 StartDate 變數。該日期隨後以本地短日期格式寫入儲存格 A1。

```
Sub WriteDate()
    Dim StartDate As Date
    StartDate = DateSerial(2016, 4, 15)
    Range("A1") = StartDate
End Sub
```

如果需要對日期做其他格式處理，則可以在將日期輸入儲存格後，用程式碼來實現。Excel 提供了幾種指定的日期和時間格式，還有非常多其他指定的數字格式。這些格式在線上說明中有詳細介紹（可以搜尋 named date/time formats 或者 named numeric formats）。

PART

V

# 附 錄

Append

# A

# VBA 函式和函數參照

本附錄包含了一個完整列表，列出了所有的 VBA（Visual Basic for Applications）函式（見表 A-1）和內建函數（見表 A-2）。詳細資訊可參見 Excel 的線上說明。

> **注意**
>
> Excel 2016 中沒有新的 VBA 函式。

### ▼ 表 A-1：VBA 函式匯總

| 陳述式 | 動作 |
|---|---|
| AppActivate | 啟動一個應用程式視窗 |
| Beep | 透過電腦喇叭發出一個聲音 |
| Call | 將控制權轉移到另一個程序 |
| ChDir | 改變目前的目錄 |
| ChDrive | 改變目前磁碟 |
| Close | 關閉一個文字檔案 |
| Const | 宣告一個常數值 |
| Date | 設定目前系統日期 |
| Declare | 宣告對動態連結程式庫（Dynamic Link Library，DLL）中外部程序的參照 |
| DefBool | 將以指定字母開頭的變數的預設資料類型設定為 Boolean |
| DefByte | 將以指定字母開頭的變數的預設資料類型設定為 Byte |
| DefCur | 將以指定字母開頭的變數的預設資料類型設定為 Currency |
| DefDate | 將以指定字母開頭的變數的預設資料類型設定為 Date |
| DefDbl | 將以指定字母開頭的變數的預設資料類型設定為 Double |
| DefDec | 將以指定字母開頭的變數的預設資料類型設定為 Decimal |
| DefInt | 將以指定字母開頭的變數的預設資料類型設定為 Integer |
| DefLng | 將以指定字母開頭的變數的預設資料類型設定為 Long |

| 陳述式 | 動作 |
|---|---|
| DefObj | 將以指定字母開頭的變數的預設資料類型設定為 Object |
| DefSng | 將以指定字母開頭的變數的預設資料類型設定為 Single |
| DefStr | 將以指定字母開頭的變數的預設資料類型設定為 String |
| DefVar | 將以指定字母開頭的變數的預設資料類型設定為 Variant |
| DeleteSetting | 在 Windows 登錄檔案中，從應用程式專案中刪除區域或登錄檔案項目設定 |
| Dim | 宣告變數及其資料類型（可選） |
| Do-Loop | 通過一組指令 |
| End | 程式本身使用，用來退出程式；也用來結束一個以 If、With、Sub、Function、Property、Type 或 Select 開頭的陳述式區塊 |
| Enum | 宣告枚舉類型 |
| Erase | 重新初始化一個陣列 |
| Error | 模擬一個特定的錯誤條件 |
| Event | 宣告一個使用者定義的事件 |
| Exit Do | 退出 Do-Loop 程式碼區塊 |
| Exit For | 退出 For-Next 程式碼區塊 |
| Exit Function | 退出 Function 程序 |
| Exit Property | 退出一個屬性程序 |
| Exit Sub | 退出一個子程序 |
| FileCopy | 複製一個檔案 |
| For Each-Next | 通過序列中每個成員的指令集 |
| For-Next | 按指定次數通過一個指令集 |
| Function | 宣告 Function 程序的名稱和引數 |
| Get | 從文字檔案中讀取數據 |
| GoSub…Return | 從一個程序跳到另一個程序執行，執行後傳回 |
| GoTo | 跳到程序中指定的語句 |
| If-Then-Else | 有條件地執行語句 |
| Implements | 指定將在類別模組中實現的介面或類別 |
| Input # | 從順序文字檔案中讀取資料 |
| Kill | 從磁碟中刪除檔案 |
| Let | 將運算式的數值賦給一個變數或屬性 |
| Line Input # | 從順序文字檔案中讀取一行資料 |
| Load | 載入一個物件，但是不進行顯示 |

| 陳述式 | 動作 |
|---|---|
| Lock…Unlock | 控制連接一個文字檔案 |
| Lset | 左對齊一個字串變數中的字串 |
| Mid | 用其他字元代替字串中的字元 |
| MkDir | 建立一個新目錄 |
| Name | 重新命名一個檔案或目錄 |
| On Error | 在出現錯誤時提供具體指示 |
| On…GoSub | 根據條件轉到特定行執行 |
| On…GoTo | 根據條件轉到特定行執行 |
| Open | 開啟一個文字檔案 |
| Option Base | 修改陣列的預設下限 |
| Option Compare | 比較字串時宣告預設比較方式 |
| Option Explicit | 強制宣告模組中的所有變數 |
| Option Private | 指明整個模組都是私有的 |
| Print # | 在順序檔案中寫入資料 |
| Private | 宣告一個本地陣列或變數 |
| Property Get | 宣告一個 Property Get 程序的名稱和引數 |
| Property Let | 宣告一個 Property Let 程序的名稱和引數 |
| Property Set | 宣告一個 Property Set 程序的名稱和引數 |
| Public | 宣告一個公共陣列或變數 |
| Put | 在文字檔案中寫入一個變數 |
| RaiseEvent | 引發一個使用者定義的事件 |
| Randomize | 初始化亂數生成器 |
| ReDim | 修改陣列的維度 |
| Rem | 包含一個注釋行（與單引號 ['] 相同） |
| Reset | 關閉所有開啟的文字檔案 |
| Resume | 當錯誤處理常式結束後，恢復執行 |
| RmDir | 刪除一個空目錄 |
| RSet | 右對齊一個字串變數中的字串 |
| SaveSetting | 在 Windows 登錄檔案中儲存或建立應用程式記錄 |
| Seek | 設定文字檔案中下一個連接的位置 |
| Select Case | 有條件地執行陳述式 |
| SendKeys | 將按鍵發送到使用中視窗 |

| 陳述式 | 動作 |
|---|---|
| Set | 將物件參照賦值給一個變數或屬性 |
| SetAttr | 修改檔案的屬性資訊 |
| Static | 在程序等級中宣告變數，以便在程式碼執行程序中始終儲存變數的值 |
| Stop | 暫停程式的執行 |
| Sub | 宣告 Sub 程序的名稱和引數 |
| Time | 設定系統時間 |
| Type | 定義一個自訂資料類型 |
| Unload | 從記憶體中刪除一個物件 |
| While…Wend | 只要指定條件為真，通過一個指令集 |
| Width # | 設定文字檔案的輸出行寬度 |
| With | 設定一個物件的一系列屬性 |
| Write # | 在順序文字檔案中寫入資料 |

## A.1 在 VBA 指令中呼叫 Excel 函數

如果與 Excel 中所使用的等效的 VBA 函數不可用，可直接在 VBA 程式碼中使用 Excel 的工作表函數，只要在函數名稱前加上對 WorksheetFunction 物件的參照即可。例如，VBA 中沒有將弧度轉換為角度的函數。因為 Excel 有一個具有這種功能的工作表函數，所以可按如下所示使用 VBA 指令：

```
Deg = Application.WorksheetFunction.Degrees(3.14)
```

注意

在 Excel 2016 中沒有新增 VBA 函數。

▼ 表 A-2：VBA 函數概述

| 函數 | 動作 |
|---|---|
| Abs | 傳回一個數的絕對值 |
| Array | 傳回包含一個陣列的變數 |
| Asc | 將字串的第一個字元轉換成它的 ASCII 值 |
| Atn | 傳回一個數的反正切值 |
| CallByName | 執行方法，設定或傳回物件的某個屬性 |
| CBool | 將運算式轉換成 Boolean 資料類型 |

| 函數 | 動作 |
|------|------|
| CByte | 將運算式轉換成 Byte 資料類型 |
| CCur | 將運算式轉換成 Currency 資料類型 |
| CDate | 將運算式轉換成 Date 資料類型 |
| CDbl | 將運算式轉換成 Double 資料類型 |
| CDec | 將運算式轉換成 Decimal 資料類型 |
| Choose | 選擇和傳回引數列表中的某個值 |
| Chr | 將字元程式碼轉換成字串 |
| CInt | 將運算式轉換成 Integer 資料類型 |
| CLng | 將運算式轉換成 Long 資料類型 |
| Cos | 傳回一個數的餘弦值 |
| CreateObject | 建立一個 OLE 自動化物件 |
| CSng | 將運算式轉換成 Single 資料類型 |
| CStr | 將運算式轉換成 String 資料類型 |
| CurDir | 傳回目前的路徑 |
| CVar | 將運算式轉換成 Variant 資料類型 |
| CVDate | 將運算式轉換成 Date 資料類型（考慮到相容性，不建議使用） |
| CVErr | 傳回對應於錯誤編號的使用者定義的錯誤值 |
| Date | 傳回目前的系統日期 |
| DateAdd | 給某個日期加入時間間隔 |
| DataDiff | 傳回某兩個日期的時間間隔 |
| DatePart | 傳回日期的特定部分 |
| DateSerial | 將日期轉換成序號 |
| DateValue | 將字串轉換成日期 |
| Day | 傳回一月中的某一日 |
| DDB | 傳回某個資產的折舊 |
| Dir | 傳回與模式符合的檔案或者目錄的名稱 |
| DoEvents | 轉讓控制權，以便讓作業系統處理其他的事件 |
| Environ | 傳回一個作業系統環境字串 |
| EOF | 如果到達文字檔案的末尾就傳回 True |
| Error | 傳回對應於錯誤編號的錯誤訊息 |
| Exp | 傳回自然對數底（e）的某次方 |
| FileAttr | 傳回文字檔案的檔案模式 |

| 函數 | 動作 |
|---|---|
| FileDateTime | 傳回上次修改檔案時的日期和時間 |
| Filelen | 傳回檔案中的位元組數 |
| Filter | 傳回指定篩選條件的一個字串陣列的子集 |
| Fix | 傳回一個數的整數部分 |
| Format | 以某種特殊格式顯示運算式 |
| FormatCurrency | 傳回用系統貨幣符號格式化後的運算式 |
| FormatDateTime | 傳回格式化為日期或者時間的運算式 |
| FormatNumber | 傳回格式化為數值的運算式 |
| FormatPercent | 傳回格式化為百分數的運算式 |
| FreeFile | 當處理文字檔案時，傳回下一個可用的檔案編號 |
| FV | 傳回年金終值 |
| GetAllSettings | 傳回 Windows 登錄檔案中的設定和值的列表 |
| GetAttr | 傳回表示檔案屬性的程式碼 |
| GetObject | 從檔案中搜尋出一個 OLE 自動化物件 |
| GetSetting | 傳回 Windows 登錄檔案中應用程式項目的特定設定 |
| Hex | 從十進位數字轉換成十六進位數 |
| Hour | 傳回一天中的某個小時 |
| IIf | 求出運算式的值並傳回兩部分之一 |
| Input | 傳回順序文字檔案中的字元 |
| InputBox | 顯示一個訊息方塊提示使用者輸入資訊 |
| InStr | 傳回字串在另一個字串中的位置 |
| InstrRev | 從字串的末尾開始算起，傳回字串在另一個字串中的位置 |
| Int | 傳回一個數的整數部分 |
| IPmt | 傳回在一段時間內對年金所支付的利息值 |
| IRR | 傳回一系列週期性現金流的內部利率 |
| IsArray | 如果變數是陣列，就傳回 True |
| IsDate | 如果變數是日期，就傳回 True |
| IsEmpty | 如果沒有初始化變數，就傳回 True |
| IsError | 如果運算式的值為一個錯誤值，就傳回 True |
| IsMissing | 如果沒有在程序傳遞可選的引數，就傳回 True |
| IsNull | 如果運算式包含一個 Null 值，就傳回 True |
| InNumeric | 如果運算式的值是一個數值，就傳回 True |

| 函數 | 動作 |
|------|------|
| IsObject | 如果運算式參照了 OLE 自動化物件，就傳回 True |
| Join | 將包含在陣列中的字元串連接起來 |
| LBound | 傳回陣列維可用的最小下標 |
| LCase | 傳回轉換成小寫字母的字串 |
| Left | 從字串的左邊開始算起，傳回指定數量的字元 |
| Len | 傳回字串中的字元數量 |
| Loc | 傳回目前讀或寫文字檔案的位置 |
| LOF | 傳回開啟的文字檔案中的位元組數 |
| Log | 傳回一個數的自然對數 |
| LTrim | 傳回不帶前導空格的字串的副本 |
| Mid | 傳回字串中指定數量的字元 |
| Minute | 傳回一小時中的某分鐘 |
| MIRR | 傳回一系列修改過的週期性現金流的內部利率 |
| Month | 作為數字傳回某個月份 |
| MonthName | 作為字串傳回某個月份 |
| MsgBox | 顯示模態訊息方塊 |
| Now | 傳回目前的系統日期和時間 |
| NPer | 傳回年金總期數 |
| NPV | 傳回投資淨現值 |
| Oct | 從十進位數字轉換成八進位數 |
| Partition | 傳回代表值寫入的儲存格區域的字串 |
| Pmt | 傳回年金支付額 |
| Ppmt | 傳回年金的本金償付額 |
| PV | 傳回年金現值 |
| QBColor | 傳回紅 / 綠 / 藍（RGB）顏色碼 |
| Rate | 傳回每一期的年金利率 |
| Replace | 傳回其中的子字串被另一個字串取代的字串 |
| RGB | 傳回代表 RGB 顏色值的數值 |
| Right | 從字串的右邊開始算起，傳回字串指定數量的字元 |
| Rnd | 傳回 0 ～ 1 之間的某個亂數 |
| Round | 傳回取整後的數值 |
| RTrim | 傳回不具最後空格的字串的副本 |

| 函數 | 動作 |
|---|---|
| Second | 傳回特定時間的秒數 |
| Seek | 傳回目前在文字檔案中的位置 |
| Sgn | 傳回表示一個數正負號的整數 |
| Shell | 執行可執行的程式 |
| Sin | 傳回一個數的正弦值 |
| SLN | 傳回指定期間一項目資產的直線折舊 |
| Space | 傳回具有帶指定空格數的字串 |
| Spc | 當列印某個檔案時定位輸出 |
| Split | 傳回一個包含指定數目的子字串的一維陣列 |
| Sqr | 傳回一個數的平方根 |
| Str | 傳回代表一個數值的字串 |
| StrComp | 傳回指示字串比較結果的值 |
| CtrConv | 傳回轉換後的字串 |
| String | 傳回重複的字元或者字串 |
| StrReverse | 傳回順序反轉的字串 |
| Switch | 求出一系列 Boolean 運算式的值，傳回與第一個為 True 的運算式關聯的值 |
| SYD | 傳回某項目資產在指定期間用年數總計法計算的折舊 |
| Tab | 當列印檔案時定位輸出 |
| Tan | 傳回數值的正切值 |
| Time | 傳回目前的系統時間 |
| Timer | 傳回從午夜開始到現在經過的秒數 |
| TimeSerial | 傳回具有特定時、分和秒的時間 |
| TimeValue | 將字串轉換成時間序列號 |
| Trim | 傳回不帶前導空格和 / 或尾隨空格的字串 |
| TypeName | 傳回描述變數資料類型的字串 |
| UBound | 傳回陣列維可用的最大下標 |
| UCase | 將字串轉換成大寫字母 |
| Val | 傳回包含於字串內的數字 |
| VarType | 傳回指示變數子類型的值 |
| Weekday | 傳回代表一周內的星期幾的數值 |
| WeekdayName | 傳回代表一周內的星期幾的字串 |
| Year | 傳回年份 |

A

2AC720X

# Excel VBA最強權威〈國際中文版〉
## Power Programming全方位實作範例聖經【新裝版】

| | |
|---|---|
| 作　　　　者 | Michael Alexander, Dick Kusleika |
| 責 任 編 輯 | 單春蘭 |
| 譯　　　　者 | 姚瑤、王戰紅 |
| 特 約 美 編 | 葳豐設計 |
| 封 面 設 計 | 走路花工作室 |
| 行 銷 主 任 | 辛政遠 |
| 資深行銷專員 | 楊惠潔 |
| 總 　 編 　 輯 | 姚蜀芸 |
| 副 社 長 | 黃錫鉉 |
| 總 經 理 | 吳濱伶 |
| 發 行 人 | 何飛鵬 |
| 出 　 　 版 | 電腦人文化 |
| 發 　 　 行 | 城邦文化事業股份有限公司 |
| | 城邦讀書花園網址：www.cite.com.tw |

香港發行所　城邦（香港）出版集團有限公司
香港九龍土瓜灣土瓜灣道86號順聯工業大廈6樓A室
電話：(852) 25086231　傳真：(852) 25789337
E-mail：hkcite@biznetvigator.com

馬新發行所　城邦（馬新）出版集團 Cite(M)Sdn Bhd
41,jalan Radin Anum,
Bandar Baru Sri Petaling,
57000 Kuala Lumpur,Malaysia.
電話：(603) 90578822　傳真：(603) 90576622
E-mail:cite@cite.com.my

印刷／凱林彩印股份有限公司

2024年 05 月 二版一刷 Printed in Taiwan.
定價／660 元

若書籍外觀有破損、缺頁、裝訂錯誤等不完整現象，想要換書、退書，或您有大量購書的需求服務，都請與客服中心聯繫。

●客戶服務中心
地址：105臺北市南港區昆陽街16號5樓
服務電話：(02) 2500-7718、(02) 2500-7719
服務時間：周一至周五9：30～18：00
24 小時傳真專線：(02) 2500-1990 ～13
E-mail：service@readingclub.com.tw

廠商合作、作者投稿、讀者意見回饋，請至：
FB 粉絲團・http://www.facebook.com /InnoFair
E-mail 信箱・ifbook@hmg.com.tw

國家圖書館出版品預行編目資料

Excel VBA最強權威〈國際中文版〉：Power Programming全方位實作範例聖經【新裝版】/Michael Alexander, Dick Kusleika著. -- 二版. -- 臺北市：電腦人文化出版：城邦文化事業股份有限公司發行, 2024.05
　面；　公分
譯自：Excel power programming with VBA
ISBN 978-957-2049-36-5(平裝)

312.49E9

113005095

Excel

# VBA